工业和信息化部“十二五”规划教材

飞机电气系统原理和维护

(第3版)

周洁敏　编著

北京航空航天大学出版社

内 容 简 介

本书是工业和信息化部“十二五”规划教材《飞机电气系统原理和维护(第2版)》的修订版,系统地介绍了飞机电气系统的基础知识和电气系统工作的基本概念与原理及维护方法,包括飞机电气系统概述、电气导线互联系统、直流电源系统、交流电源系统、外电源与辅助动力装置、电动机的工作原理、发动机点火启动与控制、飞机操纵系统电气设备、燃油系统、飞机防冰与防雾系统、飞机火警与烟雾探测系统、告警和保护系统、灯光照明系统、环境系统的电气控制等,并编写了实验项目和实验指导书。书中尽量收集A380、B787等多电飞机的电气系统的结构和原理,以增加本书的针对性和适用性。本书还利用二维码技术,通过手机扫码使读者获取更为丰富生动的内容。

本书是专门为民用航空专业的大学本科专业学位课编写的教材,也是民航电子电气工程专业人员的必读教材,并可供民航和军航航空机务、飞行技术、飞机电气设备制造与维修的工程技术人员和工程管理人员以及航空航天大学的师生参考使用。

图书在版编目(CIP)数据

飞机电气系统原理和维护 / 周洁敏编著. -- 3版. -- 北京 : 北京航空航天大学出版社, 2019.1
ISBN 978-7-5124-2493-7

Ⅰ. ①飞… Ⅱ. ①周… Ⅲ. ①航空电气设备—理论—高等学校—教材 ②航空电气设备—维修—高等学校—教材 Ⅳ. ①V242

中国版本图书馆CIP数据核字(2018)第265081号

飞机电气系统原理和维护(第3版)
周洁敏 编著
责任编辑 赵延永
*
北京航空航天大学出版社出版发行
北京市海淀区学院路37号(邮编100191) http://www.buaapress.com.cn
发行部电话:(010)82317024 传真:(010)82328026
读者信箱:goodtextbook@126.com 邮购电话:(010)82316936
北京建宏印刷有限公司印装 各地书店经销
*
开本:787×1 092 1/16 印张:27 字数:691千字
2019年2月第3版 2024年1月第4次印刷 印数:3 501~4 500册
ISBN 978-7-5124-2493-7 定价:79.00元

第3版前言[①]

先进飞机的新技术主要体现在：发动机电气功率的提取方式，现在已接近全部用电能而不再提取气压能、机械能和液压能；新型变频启动VFSG发电机技术使发电机的单机容量达到250 kV·A；先进配电技术使电能使用更安全可靠且质量更轻。电刹车、电环控、电驱动、RAT应急发电机等众多新技术的采用，大大提升了飞机的性能。

目前大型民用飞机电气系统，用电负载的用电量大幅度增加、技术指标显著提高，对飞机飞行任务的完成、飞行员负担的减轻、航空的节能性提出了新的需求。工业和信息化部“十二五”规划的《飞机电气系统原理和维护（第2版）》已不完全适合当前行业的发展现状，不再满足教学需求，因此有必要进行修订。主要修订内容如下：

1. 删除或简化已被淘汰的飞机电气装备的内容，增加B787、A380等先进飞机采用的电气技术。

（1）对于电气导线互联系统，删除一些认知型或不再采用的电气设备的介绍，如插头座、接线端子、套管等；补充各种特殊场合导线的使用与选取，增加多电飞机由于变频电源的使用而导致的导线选取问题，增加系统的接地、搭接、B787电能回馈网络等新问题的介绍。

（2）保留极化继电器的内容，删除电磁继电器的内容。重新编写直流电源系统，删除银锌蓄电池部分，增加了镍镉碱性电瓶的工作原理、维护方法及电瓶维护的设备使用。

（3）先进飞机使用电动机的数量和种类都有所增加，其功率等级和性能指标也有不小的变化，已经成为飞机主要的用电负载之一，同时也带来了新的技术难点和必须处理的技术问题，因此增加了与之相关的内容。

（4）对于飞机操纵系统的电气设备，简化了操纵系统常规电气设备的介绍，增加了多电飞机电力作动系统的内容，补充了以A380为代表的EMA、EHA、EBHA等的组成结构和工作原理，增加了多电发动机的电气功率的提取方法的介绍，补充了LED照明技术在飞机上的应用及电力电子技术在多电飞机上的应用。

---

① 为简省版面，本书省去了第2版前言。由于民机中的大量资料都使用英制单位，从业人员也习惯于使用英制单位，故本书中保留了一部分英制单位，大部分英制单位的参数表值都给出了换算为国际标准单位的数值，特此说明。

2. 自行开发实验装置,融入实验实训内容。根据课程要求和教材内容,针对性地自制了实验装置,包括飞机舱门启闭信号实验系统、飞机电源过压保护实验系统、飞机发电机GB控制逻辑电路系统等,并以该实验装置为平台,将实验实训的内容融入教材,为提升学生的创新实践能力奠定了基础。

3. 融合数字化教学资源,构建二维码数字化教材。书中增加了二维码,读者可以通过扫码方式,用手机或者相应的电子设备浏览数字化资源,从而更好地理解相关内容,提高学习效率。

参加本次修订的人员除原版的郑罡、宫淑丽、陶思钰、高艳辉、吴在桂、张勇老师外,还有研究生朱紫涵、李涛、吴中豪、殷成彬、杜泽霖等。在此向他们表示诚挚的谢意!此外,本书的修订工作得到南京航空航天大学的大力支持,并入选了学校"十三五"重点教材。

周洁敏
2019年1月
于南京航空航天大学

第1版前言

由于电能具有清洁、安静、容易实现自动控制等特点，飞机上完成飞行任务的各个系统几乎都想用电能作为工作能源，因此飞机电气系统具有从飞机的“心脏”——发动机获取新鲜的“血液”——电流向飞机机身的各个部件和组件输送电能的功能。飞机电气系统的性能直接影响到整个飞机的运行质量。

航空公司在机务执照上岗前培训工作中，往往把电气和机械的机务维修工作结合在一起，也就是说机械装置的动作几乎离不开电能的驱动。应运而生的“多电飞机”已投入运行，典型的民用飞机有波音787和空客A380，军用飞机有F-35。它们的电气系统已经采用了新的供电体制，其中有少量的28 V低压直流电源及115 V低压交流电源、230 V变频交流电源和270 V高压直流电源。输配电线路中大量采用了带微处理器控制的固态功率控制器SSPC，新型的负载管理系统对故障的检测、隔离、保护和监控有很好的实时性，作动系统已经逐步改用电能驱动，液压作动系统越来越少。

自1996年起，作者陆续为大学本科生开设了“飞机电气仪表与设备”“飞机电气系统”的学位课，并于2003年出版了《民用飞机电气系统》的校内教材，2007年修订后再次出版，于2004年建设了校级百门精品课程网站，2009年列入校“十一五”教材建设规划，于2010年出版《飞机电气系统》。经过一段时间的使用，根据用户的反映和专家的意见，着手编写以使用维护为目的，提供案例和练习题，并对开展教学和工程实践有指导帮助作用的教材。

考虑到各航空公司现役飞机的机种较多，书中以讲解原理为主，并列举一些例子。即便电子电气技术发展迅速，只要清楚理解了飞机电气系统的工作原理，就可以在工程应用维护领域进行深入的研究。

作为教学用书，本书以讲解飞机电气系统的基本原理和组成结构为主，但不可能穷尽某机型的各个电气部分的原理。书中的例子摘自某些机型相应部分的线路图，仅用以说明工作原理。学习者掌握了基本原理，就应着力培养举一反三、融会贯通及触类旁通的能力。

书中所选内容符合飞机电气工程专业本科生专业学位课时数的要求，涉及的一些电气和电子方面的名词术语、计量单位力求与国际计量委员会、国家技术监督局、民航总局机务工程部所颁发的标准相符。

考虑到目前大学生除已具备工科的数理基础外，还已具备电路分析、数字电路、模拟电路、自动控制原理、电器原理、磁场理论、电力电子技术、传感器原理和

电机学等的基础和专业知识，有关定理和公式推导与证明不再详述。在编著体系和叙述方法上，除考虑教学要求外，还兼顾自学的需要，编入了各种电路图例及分析，以便于读者掌握和运用所讲述的内容。

本书可作为高等学校民航和航空电子电气专业、民航机务工程、飞行技术及航空器应用专业的飞机电气系统的教材，也可供研究生、科研和生产部门的电子电气人员及相关科技人员参考。

本书由南京航空航天大学周洁敏教授编著，部分内容是作者科研工作的总结。在编著过程中，得到作者的学生——上海航空公司浦东国际机场机务工程部吴跃刚同志无私提供的有关各种机型的光盘资料，南京航空航天大学民航学院同事郑罡博士提供的来自国外电气专业教学的专业教材。关于最新型飞机的资料大都来自各专家学者在杂志上公开发表的论文及各种相关的博士和硕士学位论文。在编著过程中，帝国理工学院(英)陶思钰同学为本书做英文翻译和校对工作；浙江大学梁斯庄同学在文字录入和图表制作方面做了大量的工作；研究生吴雄林、赵晨、孙雨、洪冰寒、李杨、姜春燕、周迪等进行了详细的文字校对与编排；同事宫淑丽为收集航空公司的资料提供了帮助，张勇、吴在桂、高艳辉提供部分章节的仿真实验数据；南京航空航天大学严仰光教授审核了全书，并提出了非常宝贵的、有建设性的建议，还给予了不断的鼓励和支持；东南大学路小波教授为本书审稿，提供了很多合理化建议；北京航空航天大学胡晓柏、赵延永、蔡喆老师为教材的编写出谋划策；南京航空航天大学教材科吕勉哉老师在出版过程中给予了极大的帮助。作者在此一并向他们表示衷心感谢。

本书适用于60～80学时的专业课教学，对应课程可安排在专业教学的第四学年第七学期，如果有条件的学校，还可以开设相应的动手实验和观摩实验，以缩小书本理论学习与工程应用实践方面的差距。

本书是工业和信息化部“十二五”规划教材。由于经验和水平所限，对于书中的不足或错误之处，恳请读者批评指正。

周洁敏

2015年1月

于南京航空航天大学

目　录

第 1 章　飞机电气系统概述

在 21 世纪开始的 10 多年内，美国波音公司的 B787、欧洲空中客车公司的 A380 及四代战斗机F－35 三种航空史上令人瞩目的飞机上天了。这三种飞机都是越来越多地使用电能的飞机。飞机是借助于空气飞行的装置，飞行功能需要有机地协调众多设备的工作才能完成。图 1.0.1 是通用飞机系统与设备简图。飞机上几乎每个分系统都要用到电源，为了提高经济效益和减轻飞行员的负担，几乎所有的设备都离不开电气自动化的控制。本书将以飞机电气系统的结构组成为单元向读者介绍各个系统的工作原理。

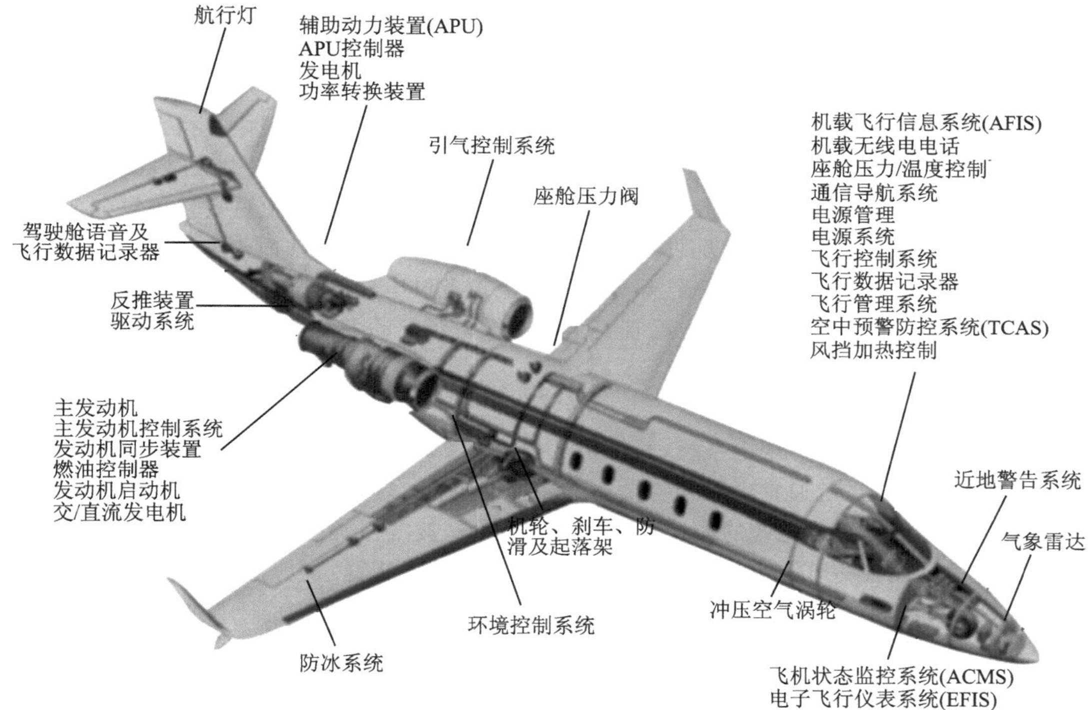

图 1.0.1　通用飞机系统及设备

从图 1.0.1 可以看出，飞机座舱仪表、发动机及附件、APU 控制器、环境控制系统、机轮刹车防滑及起落架、防冰系统、引气控制、座舱压力控制、飞行状态监控等都需要电能工作和电气自动化的控制。

飞机的飞行除必须有发动机产生的推力外，还必须有专门的设备协调工作。发动机及其附件是必须的。飞机设备用电能工作，必须由发动机驱动发电机发电，发电机发出的电能再输送到飞机的各个部分。通常将航空发动机产生的能源分为两部分：用于推进飞机的部分称为一次能源；借助于发动机附件机匣上的液压泵、发电机产生的液压能、气压能和电能统称为二次能源。二次能源的功率只占发动机总功率的一小部分。

1.1 飞机电气系统的组成和作用

飞机电气系统是现代飞机的一个重要组成部分,由供电系统和用电设备组成。供电系统指的是电能的产生、变换、调节和输配的一整套装置所组成的完整系统,又可以分为电源系统和输配电系统两大部分。

1.1.1 供电系统

飞机电源系统按其功用可分为主电源、二次电源和应急电源,中大型飞机上还包括辅助电源。主电源由航空发动机传动的发电机和电源的调节、控制、保护设备等构成,是机上全部用电设备的能源。二次电源是指将主电源电能变换为另一种形式或规格的电能装置,用以满足不同用电设备的需要,也是飞机电源系统的重要组成部分。在低压直流电源系统中,有变流机、静止变流器、直流变换器等装置,它们将低压直流电变换成交流电或另一种(或多种)电压的直流电。在交流电源系统中,有变压器和变压整流器,它们将一种交流电变换成另一种电压的交流电或直流电。应急电源是一个独立的电源系统。飞行中当主电源失效时,飞机蓄电池或应急发电机(例如冲压空气涡轮发电机 RAT)即成为应急电源,向机上重要设备供电。辅助电源是在航空发动机不运转时,由辅助动力装置驱动而发电,常用于地面检查机上用电设备和启动飞机发动机,在空中也可以用来给部分机上用电设备供电。此外,机上都备有地面电源插座,用以接通地面电源,以便地面通电检查机上用电设备和启动发动机。

1.1.2 配电系统

飞机输配电系统简称为配电系统,其作用是将电源所产生或变换的电能传输并分配到各个飞机用电设备。该系统通常由下列各设备或装置构成:

① 传输电能的导线或电缆的连接装置,包括汇流条、接线板、配电板、连接器等;

② 控制用电设备和电源运行的电路控制装置(又称配电装置),包括开关、继电器、接触器和固态功率控制器等;

③ 防止导线和设备短路与过载的电路保险装置,包括各种保险丝、自动保险开关等;

④ 电路检测设备,包括各种指示、显示仪表及信号装置等;

⑤ 抗干扰装置,如各种滤波器、防波套及其他屏蔽装置等。

1.1.3 用电设备

用电设备(又称负载)是使用电能进行工作的设备。在用电设备中,电能被转换成机械能、热能、光能、声能或化学能,以达到某种特定的目的。飞机用电设备是飞机电气系统的重要组成部分。随着航空事业日新月异地发展,飞机用电设备的数量和种类也越来越多。根据飞机的大小和类型以及所用系统是全部用电还是部分用电,飞机用电设备的研究可能涉及很宽的领域。按照一般习惯,通常将飞机用电设备分为以下几类:

①飞机电力传动设备,如调整片电动机构、起落架收放和舱门启闭设备、电动泵和电磁活门等;

② 发动机的启动、喷油和点火设备,如电力启动机、启动箱、启动自动定时器、高能点火装

置和电咀等；

③ 灯光系统和加温防冰设备，如各种照明灯、信号灯、电加温和防冰设备等；

④ 电气仪表和控制设备，如电动地平仪、转弯仪、自动驾驶仪、火警探测与灭火设备以及由各种电力电子装置构成的控制系统等；

⑤ 航空电子设备，如无线电通信、导航设备、雷达设备等；

⑥ 民用飞机厨房用电设备等。

如果按重要性划分，飞机用电设备还可分为重要负载、主要负载、次要负载。重要负载（又称应急负载）是确保飞机安全返航或就近降落（包括维持可操纵飞行）所必需的最低限度的用电设备，如甚高频电台、地平仪、火警探测器与灭火设备等。重要负载一旦断电，将威胁飞机和机上人员的安全，因此必须将其配置在重要的负载汇流条上，正常供电期间由主电源供电，当主电源失效转入应急供电时，应能自动或人工转为由应急电源供电。主要负载是保证飞机安全飞行和完成特定任务所需要的用电设备，是机上电能的主要使用者。但在飞机应急供电时，为确保重要负载得到供电，将视故障程度，切除部分以至全部主要负载用电。次要负载是与飞行安全无关的负载，为完成某项任务或满足某项要求而设置的用电设备，如旅客机厨房中的某些用电设备。次要设备不工作时，并不危及飞行安全，故当主电源发生局部故障而提供的功率有限时，为确保对重要负载和主要负载的供电，根据故障的严重程度，将首先切除部分以致全部次要负载用电。此外，还常用到下列分类方法：按用电种类可分为直流用电设备和交流用电设备；按对电压精度的要求分可分为一、二、三类用电设备；按工作制还可分为连续工作（用电设备的接通时间足以达到稳定温升）、短时工作（用电设备的接通时间不足以达到稳定温升）、重复短时工作（用电设备多次接通和断开，而且它们的一次接通时间和接通之间的间隔时间都不足以达到稳定温升或完全冷却）的用电设备。

1.1.4　多电飞机用电负载

图 1.1.1 是 A380 飞机机舱示意图。为了分析方便，其用电负载区共分 3 个部分，即驾驶舱、客舱和上下货舱、乘客便利部分。

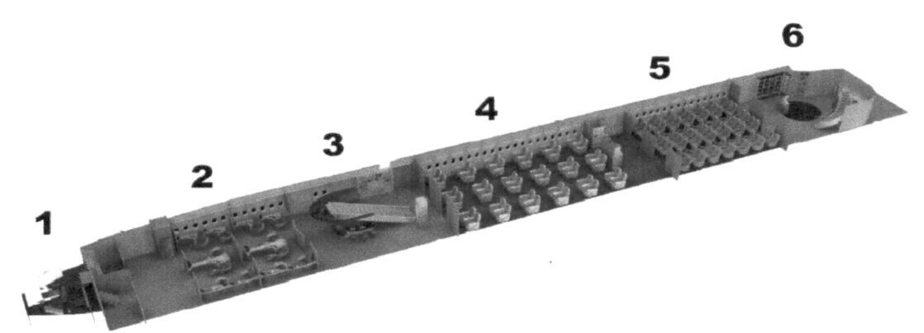

1. 驾驶舱；2. 头等舱；3. 休息吧台区；4. 商务舱；5. 经济舱；6. 商店

图 1.1.1　A380 机舱示意图

1. 驾驶舱用电负载

表 1.1.1 列出了驾驶舱的用电负载，大多数是为完成飞行任务和关系到飞机安全所需要应急供电的重要负载。

表 1.1.1 驾驶舱用电负载

序 号	负载类型	用电负载参数				
		电压/V	频率/Hz	性质	相数	负载重要性
1	无线电导航设备(呼叫)	115	400	AC	单相	重要负载
2	雷达设备	115	400	AC	单相	重要负载
3	陀螺仪表	36	400	AC	三相	重要负载
4	电动仪、转动仪、自动驾驶仪	36	400	AC	三相	重要负载
5	指示系统	115	400	AC	单相	重要负载
6	除冰设施	115	电脉冲	AC	单相	重要负载
7	飞行控制计算机	115	400	AC	单相	重要负载
序 号	负载类型	启动或供电方式				负载性质
8	EHA 电液作动筒	航空蓄电池启动				重要负载
9	驱动泵	航空蓄电池启动				重要负载
10	辅助动力装置	航空蓄电池启动				重要负载
11	飞行数据记录器	航空蓄电池				—

2. 客舱和上下货舱用电负载

客舱和上下货舱用电负载如表 1.1.2 所列。上下货仓总容积为 1 570 m^3,两个客舱总面积为 550 m^2。其中,中央空调负载还包含对设备冷却的负载。A380 有 15 个不同的温度控制区,容积为 1 500 m^3,每 3 min 更换空气一次,温度调节范围在 18~30 ℃。对于多媒体娱乐设施的用电,机上有 70 座头等舱和 428 座经济舱及 8 个豪华头等包厢,其中豪华包厢参照四星级酒店房间用电参数,客舱照明采用荧光灯和 LED 照明技术,有 5 000 个灯光情景可供选择。目前,在中国服役的 A380 型飞机有 5 种适用灯光情景。

供氧系统参考空调用电,但是和空调系统分开,作为备份。

A380 上有 19 个厨房为乘客提供机上食品。厨房设备用电参照厨房用电,仅考虑了一台加热微波炉、一台电冰箱、一台咖啡机、一台烤箱。

表 1.1.2 客舱和上下货舱用电负载

序 号	负载类型		用电负载参数				
			电压/V	频率/Hz	性质	相数	重要性
1	中央空调		115	400	AC	单相	主要负载
2	多媒体界面		115	400	AC	单相	次要负载
3	照明灯		36	400	AC	三相	主要负载
4	供氧系统		36	400	AC	三相	重要负载
5	厨房用电	加热微波炉	115	400	AC	单相	主要负载
		冷鲜冰箱	115	400	AC	单相	次要负载
		咖啡机	115	400	AC	单相	次要负载
		烤箱	115	400	AC	单相	次要负载

3. 乘客便利设施用电负载

表 1.1.3 是乘客便利设施用电负载表，其中酒吧用电是指吧台设备用电，卫生间用电是指供水系统、照明和马桶里的抽水马达用电，警告信号和机外灯光照明系统指所有传感器用电、舱门用电、警告系统用电、舱门用电标志灯和机外照明的用电。

表 1.1.3　乘客便利设施用电负载

序　号	负载类别	负载名称	电压/V	频率/Hz	性质	相数	重要性
1	酒吧用电	冰箱系统	115	400	AC	单相	次要负载
		灯光系统	36	400	AC	三相	主要负载
		音响系统	36	400	AC	三相	次要负载
2	卫生间用电	供水系统	36	400	AC	三相	主要负载
		照明系统	36	400	AC	三相	主要负载
		抽水系统	36	400	AC	三相	次要负载
		换气系统	36	400	AC	三相	主要负载
3	包厢商店用电						次要负载
4	电梯用电		115	400	AC	单相	主要负载
5	警告信号		28		DC		主要负载
6	机外灯光照明系统		115	400	AC	单相	主要负载

1.2　大型民用飞机电源系统的现状与发展

1.2.1　飞机电源系统的发展历程

飞机电源系统经历了低压直流、交流、高压直流的发展过程。交流电源系统还经历了恒速恒频、变速恒频、变速变频交流电源系统几个过程。

1. 低压直流电源系统

自 1914 年飞机上第一次使用航空直流发电机以来，飞机直流电源系统经历了 90 余年的发展过程，其额定电压由 6 V、12 V，逐步发展为 28 V 的低压直流电源系统，并沿用至今。28 V 低压直流电源系统主要由直流发电机、调压器、保护器、滤波器和蓄电池等组成。

低压直流电源系统适合中小型飞机使用。由于发电机的装机容量不断增加，如果继续使用低压直流电源系统，将使配电系统的质量变得非常大，因此大中型飞机上已很少采用主电源为 28 V 的低压直流系统。

2. 交流电源系统

交流电源系统有恒速恒频交流电源系统、变速恒频交流电源系统、变速变频交流电源系统 3 种。

(1) 恒速恒频交流电源系统

恒速恒频交流电源系统是一种通过各种恒速传动装置(简称恒装)使发电机恒速运行以产生恒频交流电的系统，是目前应用最为广泛的一种飞机电源系统。飞机主电源是 115 V、三相、400 Hz 的交流电。传统的恒频是通过恒速传动装置 CSD(costant speed device)把发动机主齿轮箱的变速输出转变为恒定转速传动的交流发电机。

一段时间内产生恒频的最佳方法是使用组合驱动发电机 IDG(integrated driver generator),如图 1.2.1 所示。组合驱动发电机把恒速传动装置和发电机合二为一,构成一个整体。组合驱动发电机的结构简单、体积较小、质量较轻,且维护较为简单。

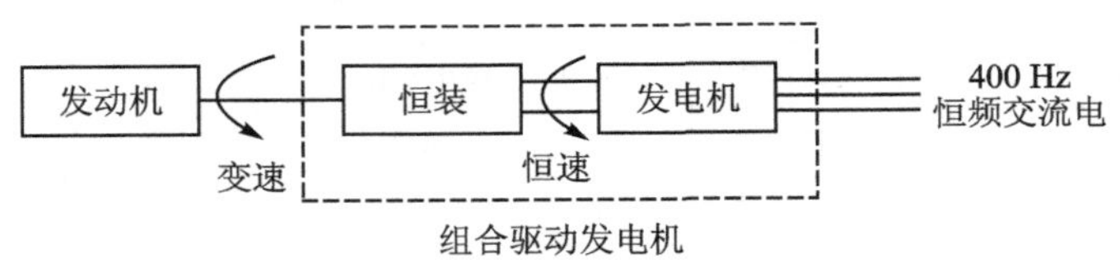

图 1.2.1　组合驱动发电机示意图

虽然恒速恒频电源系统目前仍广泛用于各种军、民用飞机,而且经过几十年的发展,有了很大的改进,但在可靠性、维修性、质量、费用、战损生存能力等方面一直存在着不同程度的缺陷。

(2) 变速恒频交流电源系统

变速恒频交流电源系统指通过功率变换器把变频发电机输出的变频交流电变换为恒频交流电的系统。在变速恒频电源系统中,交流发电机由飞机发动机直接驱动,发电机所输出的交流电的频率随发动机转速的变化而变化,通过功率变换器将变频交流电变换为 400 Hz 恒频交流电。

过去 30 年中,在若干民用飞机上试验并使用过一种产生恒频电源的替代方法,即试图通过电子变频装置把由变速发动机附件齿轮箱直接驱动的一台发电机产生的变频电源转换为恒频电源。这就是所谓的变速恒频 VSCF 技术。图 1.2.2 所示的变速恒频交流电源系统与恒速恒频交流电源系统相比,具有电气性能好、效率高、可靠性高、维护费用低等优点,曾一度受到很高的重视。但大功率变速恒频电源系统主要受到功率器件的限制。经过实践发现,这一技术没有达到预期的可靠性要求。

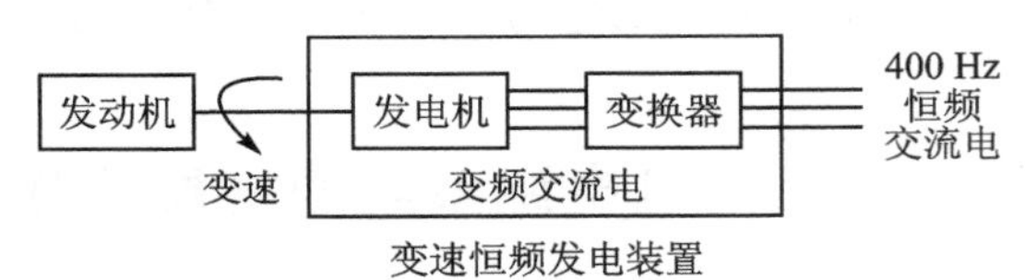

图 1.2.2　变速恒频电源系统示意图

(3) 变频交流电源系统

变频交流电源系统是最早在飞机上使用的交流电源系统。变频交流电源系统中,交流发电机是由发动机通过减速器直接驱动的,因而输出的交流电频率随发动机转速的变化而变化。它主要用于装有涡轮螺旋桨发动机和涡轮轴发动机的飞机或直升机上,称为窄变频交流电源系统。新一代飞机 A380 和 B787 已使用 360～800 Hz 的宽变频交流电源。

变频交流电源系统具有结构简单、能量转换效率高、功率密度高等优点,系统只有一次变换过程,交流发电机直接由发动机附件传动机匣驱动,没有恒速传动装置和二次变换装置,易于构成启动发电系统。因此单从电源系统本身而不考虑配电系统、用电设备和发动机启动等因素来讲,在各种电源系统方案中,变频交流发电系统具有结构最简单、可靠性最高、效率最高、费用最低等优点,而且具有较小的质量和体积。但由于其输出频率取决于发动机输出转速,但多数飞机均采用涡喷发动机或涡扇发动机,发动机转速变化范围大,因此这种变频交流电源系统称为宽变频交流电源系统,具有频率变化大的缺点。

随着电力电子技术的发展及其在飞机上的应用，变频交流电源系统更易于构成变频交流启动发电系统，在最新研制的大型民用飞机上也得到了应用，如 B787 飞机和 A380 飞机。使用变频电源的飞机如表 1.2.1 所列。

表 1.2.1　变频电源飞机列表

序　号	飞机名称	产　地	生产年代	主发电机容量/kVA	频率范围/Hz
1	贝尔法斯特	英国	1996	8×50	334～485
2	全球快车	加拿大	1994	4×40	324～596
3	新舟－60	中国	1997	2×20	325～528
4	B787	美国	2009	4×250	360～800
5	A380	欧洲	2008	4×150	360～800

由于交流发电机直接由发动机附件传动机匣驱动，其转速随着发动机的转速而变化，频率变化范围较大，一般为 2:1 左右。

3. 高压直流电源系统

270 V 直流电源系统由发电机和控制器构成。美国的 F－14A 战斗机、S－3A 和 P－3C 反潜机等局部采用了高压直流供电技术，而 F－22 战斗机上已采用了 65 kW 的 270 V 高压直流电源系统，F－35 战斗机则采用了 250 kW 的 270 V 高压直流启动发电系统。因此，270 V 直流电源系统将是今后飞机电源的发展方向之一。

270 V 直流电源系统由发电机和控制器构成。恒速恒频交流电源效率在 68%左右，高压直流电源的效率可达到 85% 以上。270 V 高压直流电源系统具有结构简单、能量转换效率高、功率密度高、易实现不中断供电以及使用安全等优点。

1.2.2　飞机电源系统的发展方向

B737－800 与 B737－300 相比，驾驶舱的仪表板采用了大尺寸显示器，增加了航空电子设备，改进了座舱的内饰，乘客会感到更加宽敞和舒适。以上的改进对于电源系统而言，是驾驶舱和客舱用电量的增加，如表 1.2.2 所列。另外，飞机上存在多种二次能源，如以电能逐步取代液压能、气压能等其他形式的二次能源，可提高飞机的可靠性、维护性、经济性，提高飞机的总体性能。被列为多电的子系统有：飞控系统、液压系统、环控系统和防冰系统。

表 1.2.2　部分 150 座级飞机电源容量对比

序　号	参　数	机　型		
		B737－300	B737－800	A320－200
1	主发电机容量/kVA	2×60(CSCF)	2×90(CSCF)	2×90(CSCF)
2	APU 发电机/kVA	40(CF)	90(CF)	90(CF)
3	RAT 发电机/kVA	7.5(CF)	5(CF)	5(CF)
4	蓄电池/Ah	36 或 38	2×47	2×23
5	逆变器/VA	500，单相	1 000，单相	1 000，单相
6	28V TRU/A	3×50	3×200	3×200

多电飞机是未来飞机发展的方向之一，但是多电的程度需要根据飞机的航程、载客量以及设备的体积、质量、效率、可靠性、经济技术风险等方面综合考虑。

1.2.3 先进飞机电源系统状况

随着 B787 飞机项目的实现,多电飞机将成为现实。多电飞机的特征是具有大容量的供电系统和广泛采用电力作动技术,具有飞机质量相对较轻、可靠性高、维修性好、营运成本低等优势。

1. 空客 A380 飞机

A380 飞机是一个典型的多电商用飞机。它完全按多电飞机电力系统来设计,总的发电功率是 915 kVA。其中,由发动机驱动 4 台 150 kVA 的变频交流发电系统,发电容量共 600 kVA,频率为 360～800 Hz;由辅助动力装置(APU)驱动 2 台 120 kVA 恒速发电机,共 240 kVA;空气冲压涡轮驱动一个 75 kVA 发电系统作为应急电源。A380 飞机大部分的备份作动装置采用电力作动,从而使设计更为简单,地面保障设备减少,性能大为提高。

2. B787 飞机

B787 飞机是一个典型的多电商用飞机。与 A380 飞机相比,它更接近全电飞机,完全按全电飞机来设计,总发电功率是 1 450 kVA。

B787 飞机的电源系统与以往的波音飞机有着很大的区别。飞机上的电源来自 4 个安装在发动机上的 230 V 交流 250 kVA 变频发电机和 2 个安装在辅助动力装置(APU)上的 230 V 交流 225 kVA 变频发电机组成,变频系统取代了传统的恒频系统,频率范围为 360～800 Hz;空气冲压涡轮驱动一个 10 kVA 交流发电系统。电源经过变频、整流、变压分配后形成飞机的 4 种电源模式,即传统的 115 V 交流、28 V 直流和新的 230 V 交流、270 V 直流。其中,230 V 交流和 270 V 直流电源主要用于以往由液压源和气压源驱动的系统部件。

B787 飞机上取消了传统的气源系统,优化了飞机能源的使用,提高了发动机的效率。由于取消了气源系统的各个部件(活门、管道等),大大降低了飞机的质量,系统的可靠性得到显著提高,飞机的维修成本也得到有效降低。

3. F-35 战斗机

F-35 战斗机是一个典型多电战斗机,技术更加先进,能携带更大的高能武器。它完全按多电飞机来设计,总的发电功率是 250 kVA。

F-35 战斗机采用固态配电技术,对飞机的电力系统进行了优化设计,一次配电和二次配电系统用集中控制方式,飞机可靠性大为提高,飞机质量大大减轻,飞机性能更为优越。F-35 战斗机成为典型的第二代多电飞机。

F-35 的综合机载机电系统主要包括热/能量管理系统(T/EMM)、启动/发电系统和电静液作动器系统(EHA),并由飞机管理系统控制,从而使机载机电系统在布局、能量利用和控制信息共享上实现了最优化,接近于全电飞机。

复习思考题

1. 飞机电气系统由哪几部分组成的,各部分的功用是什么?
2. 民用飞机的主电源是什么?
3. 多电飞机的主电源是什么?
4. 用电负载分成哪几类?各在什么情况下工作?
5. 多电飞机有哪些典型机型?请查阅资料,全面了解多电飞机电气系统。
6. 以 B787 为例,有哪些电源品种?其功率大小如何?
7. 变频交流电源交流系统有哪些优点?

第 2 章　电气导线互联系统

电气导线互联系统主要由导线、电缆、断路器、保险开关、保险丝、继电器和接触器等组成。大型客机的安全与经济飞行越来越取决于电气和电子系统。这些系统都用导线和电缆互相连在一起。电气导线和电缆必须看成是飞机不可分割的一部分，需要仔细安装，并应为满足持续适航不断进行检查和维护。

导线和电缆及其他装置不是“安装好后就不用管了”，没有正确安装和维护的导线会对系统可靠性造成严重影响。有人建议在立法中引入新术语：电气导线互联系统 EWIS，认为导线将是很多安装在飞机上的部件之一。电气导线互联系统可以指任何导线、布线装置或它们的组合，包括终端装置。它们装在飞机上用于在两个或多个端点之间传送电能。

2.1　飞机导线和电缆

导线和电缆是组成电源配电系统的重要装置，连接在飞机电源和用电设备之间，及用电设备之间。图 2.1.1 是一架飞机的发电机馈线图。导线和电缆一旦投入工作，必须防止过载的发生。过载会导致过热、释放有毒气体、引起火灾等隐患。

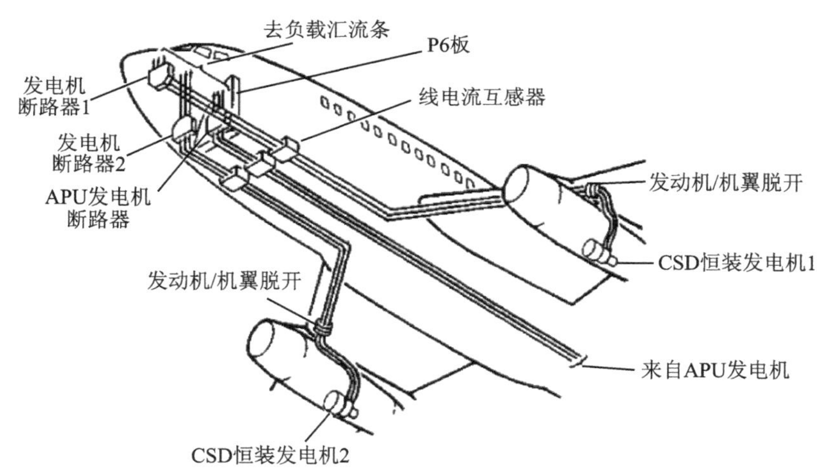

图 2.1.1　发电机馈线图

一架飞机使用的导线和电缆有很多种，按照用途和使用方式一般分为机身导线和电缆、设备导线和电缆、启动导线和电缆、热电偶电缆、数据总线电缆及射频（RF）电缆等。导线和电缆安装环境较为恶劣，除了传输电流外，导线还暴露在各种环境和工作条件下，包括污染物周围，例如液压油、燃料和润滑油、高温（火灾区）、磨损及振动等。

导线和电缆由于通过不同频率和功率的信号，其电磁干扰和电磁兼容问题十分重要。要对传输功率高及高频导线和电缆进行屏蔽，防止产生电磁干扰。

2.1.1 导　线

1. 导线的作用和特点

导线担负输送电能和传递电磁信号的重要任务，是飞机电网的主要组成部分。飞机上通常用浸锡、镀锌、镀银和镀镍的铜线作为导体(线芯)，其额定工作温度分别为135 ℃、200 ℃和260 ℃，导体及其周围的绝缘层构成导线。

电压较低的电路的导线，绝缘层比较薄，其结构如图2.1.2(a)所示。线芯由多股细铜丝绞合而成，有的用强度大的铜合金丝绞合，后者仅用于较细的导线。绝缘层则采用各种塑料管，保护部分是涂有蜡克油的棉纱编织套或尼龙套。在发动机高压点火电路和无线电设备的高压电路中，电压可达10 000 V以上，导线绝缘层比较厚，这种导线称为高压导线，如图2.1.2(b)所示，其绝缘材料过去采用硫化橡胶，现已改用耐高温塑料。

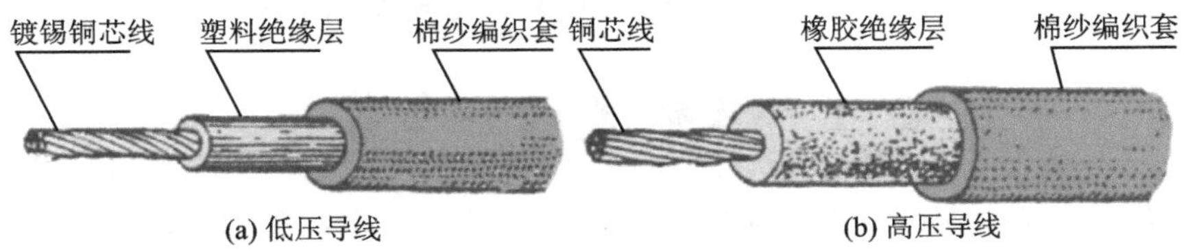

图2.1.2　飞机导线

绝缘材料决定了导线的型别，例如：聚氯乙烯PVC型PVL塑料绝缘棉纱编织蜡克线，内层绝缘为聚氯乙烯塑料套管，外层为涂有蜡克的棉纱编织套，芯线外涂锡(Tin)，使用环境温度为－60～＋70 ℃，标称芯线截面有0.35～95 mm^2 等24种。FVN型聚氯乙烯绝缘尼龙护套导线，外层绝缘为尼龙，使用温度为－60～＋80 ℃。AF－250氟塑料绝缘线、TFBL－2聚四氟乙烯薄膜绝缘玻璃编织涂漆导线的使用温度为－60～＋250 ℃。国内研制的聚酰亚胺绝缘线，芯线外包一层或两层聚酰亚胺绕带，工作温度为200 ℃。因铝导线较轻，截面积大，部分采用铝导线，但接头不易处理。无线电电子设备常用金属编织套的屏蔽导线。

高压导线为FGF型，采用聚四氟乙烯(PTFE)塑料，一种合成含氟聚合物，绝缘层较厚，因此可以耐高压。图2.1.3是几种常用的电线结构图。

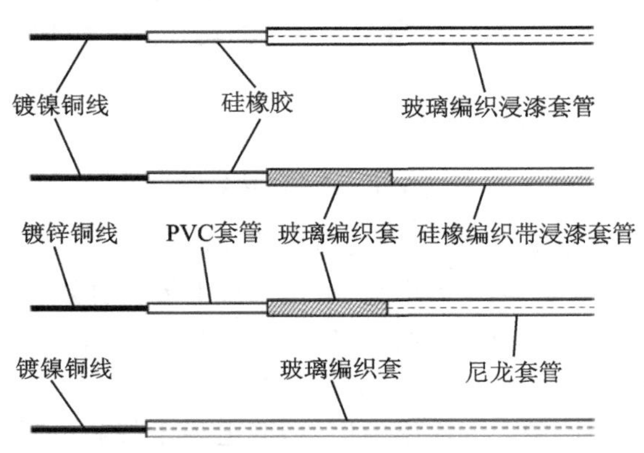

图2.1.3　几种常用的电线结构

镀层和绝缘材料不同，导线的耐压和使用的温度则不同。用于导线和电缆的典型技术规

范包含在美国军用标准 MIL－W－M22759E 中。该规范包含了带含氟聚合物绝缘层、用镀锡、镀银或镀镍的铜合金导体制成的单股导线。表 2.1.1 列出了常见的几种导线材料的使用特点。

表 2.1.1　导线型号与应用选择

序　号	导线型号	镀层类别	绝缘外包材料	耐压/V	环境温度/℃
1	MIL－W－22759/1	镀银铜导线	碳氟化合物	600	260
2	MIL－W－22759/41	镀镍铜导线	ETFE 塑料双层绝缘	600	105
3	MIL－W－22759/16	镀锡铜导线	ETFE 塑料绝缘	600	150
4	MIL－W－22759/19	包银-镀金高强度合金铜导线	ETFE 塑料绝缘	600	150
5	MIL－W－81044/9	镀锡铜导线	PVF 聚氟乙烯绝缘	600	150
6	MIL－W－81044/7	镀银高强度铜合金	交联聚乙烯	600	150
7	MIL－W－81044/9	镀锌铜导线	交联聚乙烯	600	150
8	MIL－W－81044/10	镀银高强度铜合金	交联聚乙烯	600	150

大部分绝缘材料是有机化合物，在热、湿作用下，材料由于分解和挥发导致绝缘性能下降、耐潮湿性能变差和机械强度下降，称为热老化。绝缘层损坏和液体污染时会出现电弧、系统破坏和设备故障，因此绝缘材料的寿命基本上就是导线的寿命。一般从寿命的角度规定材料的极限温度。国际电工协会 IEC 规定了绝缘材料的 7 个耐温等级，如表 2.1.2 所列。

表 2.1.2　IEC 绝缘等级极限温度

绝缘等级	Y	A	E	B	F	H	C
工作温度/℃	90	105	120	130	155	180	>180

2. 导线材料和直径的选取

飞机上的导线需要能够物理变形，便于安装，且要能够承受引起导线变形的振动。多股导线能增加它们的变形能力使其容易安装，更容易承受振动。

材料导体通常选择铜芯线，也有铝芯线，因铜导线的电阻率低、高延展性、高拉伸强度及便于焊接而得到广泛应用。铝芯线因能自氧化可以降低制造成本，但端接处处理不好容易增加接触电阻。

选择导线时应根据通电电流的大小和电流密度进行计算。定义电流密度 j 为单位铜截面积通过电流的大小，即 $j=I/A_{Cu}$。其中，A_{Cu} 为铜芯截面积，常用单位为 mm^2；I 为电流。电流密度一般选取 3～5 A/mm^2，电流密度选得太小，则质量过大，不够经济；选得太大，则引起导线阻抗增加，并使发热损耗增加。此外，电流密度的选择与通入导线的电流性质有关，特别是与交流电的频率密切相关。在选择和使用导线时必须考虑载流导体的集肤效应。

研究表明，导线中电流密度从导线表面到中心按指数规律下降。导线有效截面积减少而等效电阻加大，损耗加大。为了便于计算和比较，工程上定义从表面到电流密度下降到表面电流密度的 0.368 的厚度为穿透深度 Δ，即

$$\Delta=\sqrt{2k/(\omega\mu\gamma)} \tag{2.1.1}$$

式中，$\mu=\mu_0=4\pi\times10^{-7}$ H/m，为导线材料的磁导率；γ 为材料的电导率，$\gamma=1/\rho$；20 ℃时，

$\rho_{20℃}=1.724\times10^{-8}\ \Omega\cdot m$；$k$ 为导线材料电导率的温度系数，当温度为 T 时的电阻率为

$$\rho_T=\rho_{20℃}[1+(T-20)/234.5] \tag{2.1.2}$$

式中，ω 为通入信号的角频率，$\omega=2\pi f$。由于导线的穿透深度与导线的工作温度密切相关，表 2.1.3 列出了 20 ℃时铜导体的穿透深度与频率的关系(由式 $\Delta_{20℃}=6.6/\sqrt{f}$(cm)计算，频率 f 的单位为 Hz)。考虑到交流电通过导线时的集肤效应，经常采用多股芯线替代单股芯线以解决大电流问题，所以飞机上用到的导线大多是多股芯线。

表 2.1.3　铜导体的穿透深度与频率的关系(20 ℃)

f/kHz	1	3	5	7	10	13	15	18	20
Δ/mm	2.089	1.206	0.934 6	0.789 9	0.660 8	0.579 6	0.539 6	0.492 6	0.467 3
f/kHz	25	30	35	40	50	60	70	80	100
Δ/mm	0.418 0	0.381 5	0.353 2	0.330 4	0.295 5	0.269 7	0.249 7	0.233 6	0.208 9

【例 2.1.1】 已知导线的工作温度为 $T=70$ ℃，工作频率为 f，求导线的穿透深度及此时的电阻率。

【答】

$$k_{70℃}=1+\frac{70-20}{234.5}=1+0.21=1.21$$

$$\rho_{70℃}=\rho_{20℃}\times k_{70℃}=1.724\times10^{-8}\times1.21=2.09\times10^{-8}\ \Omega\cdot m$$

$$\Delta_{70℃}=\sqrt{\frac{2\rho_{70℃}}{2\pi\times4\pi\times10^{-7}f}}=\sqrt{\frac{2\times2.09\times10^{-8}}{8\times\pi^2\times10^{-7}f}}\ m=\frac{0.0727}{\sqrt{f}}\ m=\frac{7.27}{\sqrt{f}}\ cm$$

航空上对导线的电压降允许值也有规定。它不仅与所加的电压值有关，还与导线中电流是连续工作还是断续工作模式有关。表 2.1.4 所列是导线在不同的供电系统中允许的最大电压降。

表 2.1.4　最大允许电压降

序　号	工作电压值/V	允许的电压降/V		序　号	工作电压值/V	允许的电压降/V	
		连续工作模式	断续工作模式			连续工作模式	断续工作模式
1	14	0.5	1.0	3	115	4.0	8.0
2	28	1.0	2.0	4	200	7.0	14.0

3. 导线标记编码、规格和性能要求

(1) 标　记

为了便于安装、排故和改动，导线和电缆应带有标识且标识要规范，一般在导线端部标记起点和终点，以及所属系统的类型、编号和线规。有时在导线上每隔一定距离做一次标识。在复杂场合(电缆被捆绑成束)给定整个线束一个识别码，标识在套管和套环上，如图 2.1.4 所示。

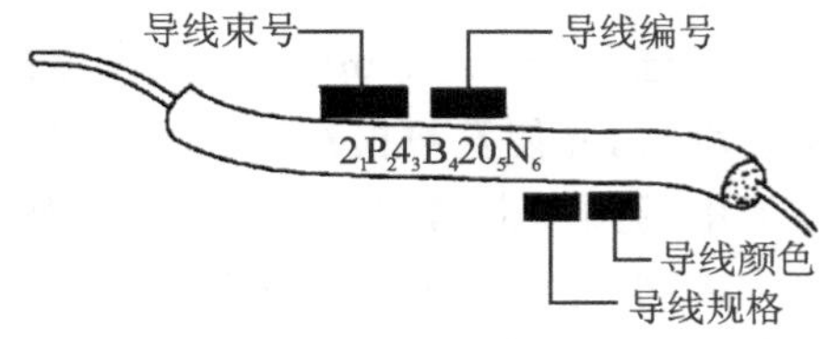

图 2.1.4　导线束标记

导线的编码包括 6 个位置上的字母和数字组合，标记在导线或电缆上并写入布线图册中。

例如导线编号为 $2_1P_24_3B_420_5N_6$，则其注释如下：

第一位表示系统编号，即双发动机飞机中与 2 号发动机有关的布线。

第二位表示电路功能或系统，即 P 表示供电系统。用于位置二的编码如表 2.1.5 所列。

表 2.1.5　导线代码与电路功能/系统标识

序　号	代　码	所属系统	序　号	代　码	所属系统	序　号	代　码	所属系统
1	C	飞行控制	6	J	点火	11	R	无线电导航/通信
2	D	防冰/除冰	7	K	发动机控制	12	V	变流器
3	E	发动机仪表	8	L	照明	13	W	告警装置
4	F	飞行仪表	9	P	供电	14	X	交流供电
5	H	加热/通风	10	Q	燃料/润滑油	15	M	其他

第三位 4 表示同一电路中导线的序列号。例如同步电机的定子绕组使用的 3 根导线将标记为 1 号、2 号和 3 号。

第四位 B 表示导线在电路中的分段，即两个连接点之间的部分导线。导线分段通常从 A 开始，然后按顺序给电路中所有的导线分段编号。

第五位表示导线或电缆的尺寸 AWG(美国线规)。在有些电缆上，该编码没有使用，用符号"—"代替。

第六位表示导线用于连接接地/中线点、交流电源还是热电偶，编码如表 2.1.6 所列。

表 2.1.6　导线代码与型别标识

序　号	代　码	型　别	序　号	代　码	型　别	序　号	代　码	型　别
1	N	接地、中线	4	AL	阿鲁麦尔合金热电偶	6	CU	铝热电偶
2	V	单相交流电源	5	CH	镍铬热电偶	7	CN	康铜热电偶
3	ABC	三相交流电源						

还有的用导线表皮的颜色作为分系统的标记，例如：三相电源的 A 相导线用红色，B 相导线用黄色，C 相导线用蓝色，中线(零线)用黑色。

(2) 导线规格

飞机上所用导线的规格是根据美国线规(AWG)定义的。最大直径是 10 AWG，最小直径是 40 AWG。导线的标识以 6～60 in(英寸)[①]的间隔打印在外壳上，包括导线产品号和制造商的商业和政府机构代码。打印颜色可以是绿色或白色(取决于导线的颜色)。

(3) 性能要求

按照 MIL－W－M22759E 制造的导线必须符合尺寸和构造要求，且性能指标符合绝缘层容易去除、容易焊接、电介质试验、柔性、拉伸强度、高低温试验、可燃性能、生命周期试验、液体浸泡、湿度、烟雾散发和虹吸性能等方面的要求。

---

① 由于 AWG 是用 in 来定义的，为方便使用，本书予以保留。1 in＝2.54 cm。

2.1.2 电　缆

为了适应结构特点并方便维护，导线必须成束地有规则地安装在飞机上。这种成束的导线称为电缆，如图2.1.5所示。图2.1.5(a)为不带屏蔽层的电缆，图2.1.5(b)为带屏蔽层的电缆。

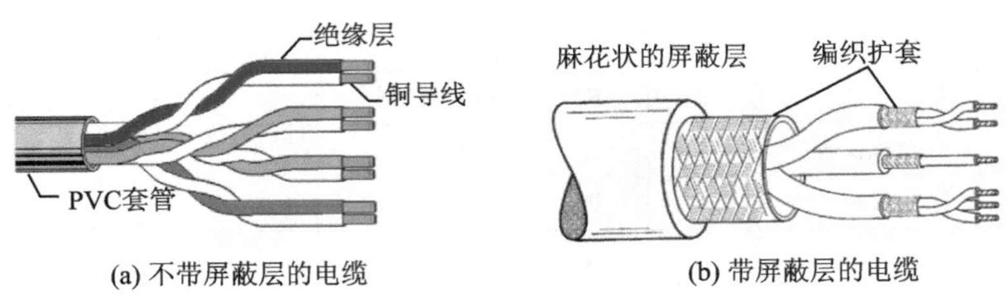

(a) 不带屏蔽层的电缆　　(b) 带屏蔽层的电缆

图2.1.5　电　缆

电缆外部一般还套有起不同作用的保护层，如用防波套将电缆套起来，起到电磁屏蔽作用，以避免其对无线电设备工作的干扰。图2.1.5(b)所示的屏蔽能够防护来自大电流转换电路的辐射，或者保护易受影响的电路。使用时屏蔽层一定要良好接地，把电磁干扰信号接入大地后才有屏蔽效果。用胶管(或胶带)将电缆套(或缠)起来，以防止油类、雨水、潮湿等的侵蚀；用石棉条将电缆包扎起来，以防止电缆遭受高温而烧坏。此外，有的电缆也采用塑料管、硬铝管、防火布等作为其外部的保护层。为了防止电缆因飞机振动而磨损，常用固定卡或固定带将电缆固定在飞机上。图2.1.6所示是安装在飞机上的带屏蔽层的电缆。

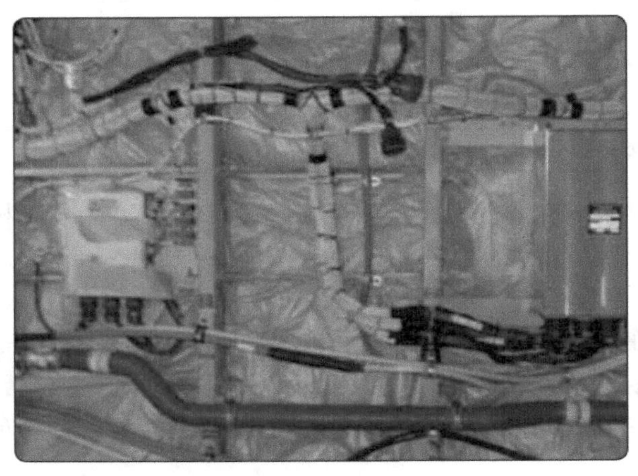

图2.1.6　安装在飞机上的带屏蔽层的电缆

配电系统的导线数量是由系统的大小和复杂程度决定的，然而导线在飞机上的走向方式必须考虑下列问题：安全性，信号接收发射的相互干扰，系统进行指示、安装、隔离和测试等问题。还必须依据系统的大小和复杂程度选择电缆的布置方法。一般情况电缆的布置可分为两种情况，即机架开放式和机架涵道式。

1. 机架开放式电缆布局

根据机上用电设备的来源用蜡克编织线或PVC套管把同一走向的导线和电缆并行捆成

一束，成束的电缆通过夹子相应地安装在电缆机架上，如图 2.1.7(a)所示。

(a) 机架开放式

(b) 机架涵道式

图 2.1.7　电缆布置

2. 机架涵道式电缆布局

机架涵道式和机架开放式有相似之处，涵道材料一般用铝合金、石棉或玻璃纤维防雨塑料。一个主涵道可能包括多个通道，每个通道的电缆来自于同一特定的用电设备，并用彩色的蜡克编织线来区分走向。图 2.1.7(b)是机架涵道式电缆布置图。

电缆将承担不同特定功能，并根据功能不同进行命名，如用在活塞式发动机和涡轮螺旋桨式发动机的点火电缆，用于测量发动机燃气高温的热电偶电缆，以及传递信号要求比较高的同轴电缆（用于天线和接收机或发射机之间连接，引导射频信号）等。这里不再详细介绍。

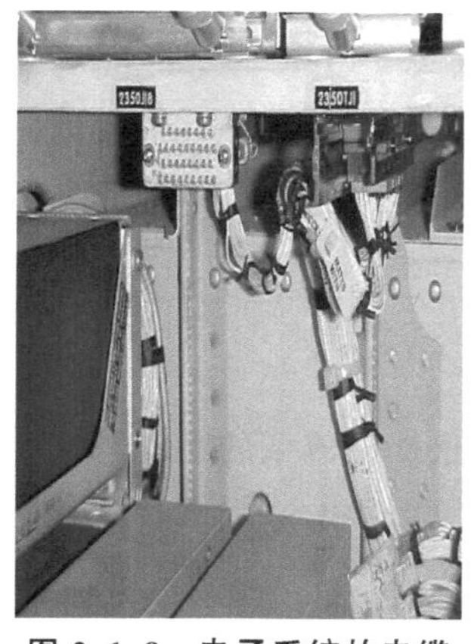

图 2.1.8　电子系统的电缆

对各个系统电缆的形式必须有所考虑。电子系统的电缆主要考虑传递信号的电缆免受电磁干扰的影响。图 2.1.8 所示是某飞机电子系统和某飞行控制系统的电缆。对于传送大电流信号的电源系统的电缆，除了要考虑电源系统的高可靠性等一般问题外，还需要考虑对空间强磁场的干扰，应远离信号线。

建议使用覆盖 85%以上的防护层，通常要用到同轴电缆、双轴电缆、三轴电缆或四轴电缆，可以是单点接地或者是多点接地，无论什么地方，屏蔽层都必须良好接地。飞机的机体作为接地点，同样可用作 EMI 屏蔽接地。

2.1.3　汇流条

各个电气部分的连接主要受结构体的装配影响，并用汇流条把全机进行电源和电气连接，因此飞机上存在着永久性的连接，如钎焊和压接。对于永久性的连接的地方，需要在规定的时间内进行检修。

图 2.1.9 所示是某型飞机上汇流条的应用，图中有主汇流条、1 号电子设备汇流条、2 号电子设备汇流条和电瓶汇流条等。

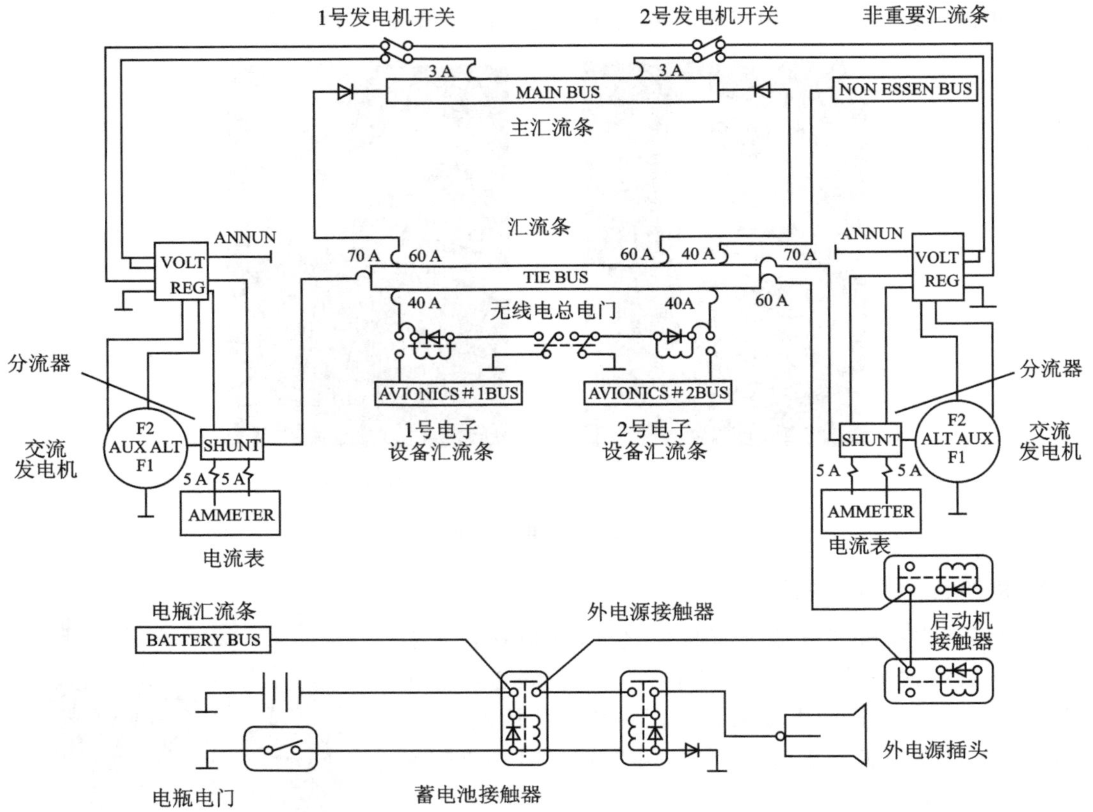

图 2.1.9 汇流条在飞机上的应用

根据汇流条的功能与作用,机上有各种级别的汇流条,主要有主汇流条、蓄电池汇流条(或称应急汇流条),以及各个分系统的供电汇流条。

2.1.4 接 地

相关内容请扫码查阅。

2.1.5 电气搭接

搭接是指使两个金属部件之间实现低阻抗的电流通路。导线的连接及接地是一个物理概念,而搭接则是实现这个物理概念的具体手段。

电气搭接又称“搭铁”,是飞机各金属结构之间以及机体与飞机设备、附件之间的一种专门的低阻抗电气连接。它是保证飞机安全可靠、改善性能的一项措施。搭接电阻的测定是飞机质量检验的重要项目,通常搭接电阻约为 600～2 000 $\mu\Omega$。

1. 搭接的一般要求

相关内容请扫码查阅。

2. 电流回路搭接技术要求

相关内容请扫码查阅。

3. 雷电防护搭接技术要求

相关内容请扫码查阅。

4. 搭接的典型安装方法

① 铆接连接。飞机结构、设备支架铆接安装时，铆钉被镦粗充塞了整个铆钉孔，形成良好的电接触。此时无须考虑采用其他搭接措施，因铆钉一般是经氧化处理的。

② 钎焊、熔焊或压焊。用于永久性连接及搭接线制造。钎焊不能用于雷击防护的主搭接设备。

③ 螺钉螺接。用螺钉将搭接线端子固定在结构部件、设备支架、电连接器外壳或通过卡箍搭接导管等。

④ 搭接工艺要求。首先是表面预加工。对有导电镀层及未涂漆的不锈钢表面用规定的溶剂进行清洗。对有非导电涂层的表面应进行打磨或清洗，去掉全部油漆层、氧化层、阳极化层、非导电涂层及油脂等高电阻面层。打磨时既要使接触面洁净平滑，又不可过多地去掉本体金属材料，也不可采用嵌入金属表面后会使其腐蚀的磨料。打磨范围一般超过接触面外缘2～3 mm，在导管上则应超过2～5 mm。表面预加工应在搭接安装前1 h内进行。其次是表面涂封。搭接体安装完成后，应在规定时间内采用原有涂料或与其等效的涂料重新进行表面涂封。使涂料严密覆盖接合处周围裸露的金属表面及连接件，以防止其腐蚀。对于硬铝和钢制件，规定时间为6 h，对于镁合金制件为2 h。在环境条件较好的区域，必要时也可用透明清漆涂封，以便于检查。

5. 搭接的检验

相关内容请扫码查阅。

6. 飞机搭接的实例

图2.1.10～2.1.14是飞机搭接实例。为保证搭接可靠，在制造与安装过程中采取了一些工艺措施，如利用机体本身起搭接作用，或采用搭接线、搭接片、搭接卡箍、法兰盘和耳片等搭接标准件。为确保低阻抗连接，搭接线应尽可能短，且其安装接触面要均匀打磨、清洗。

随着复合材料等非金属材料在飞机机体上的大量应用，飞机整体实现低电阻变得十分重要，这对防雷击、提供静电放电通路、甚至整机的安全至关重要。

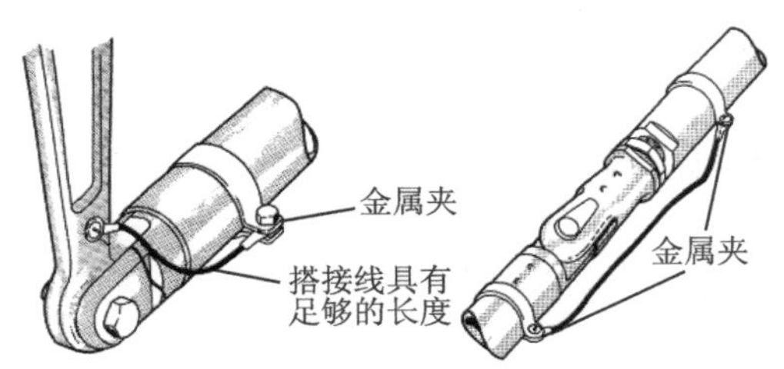

图 2.1.10　控制杆(棒)的搭接

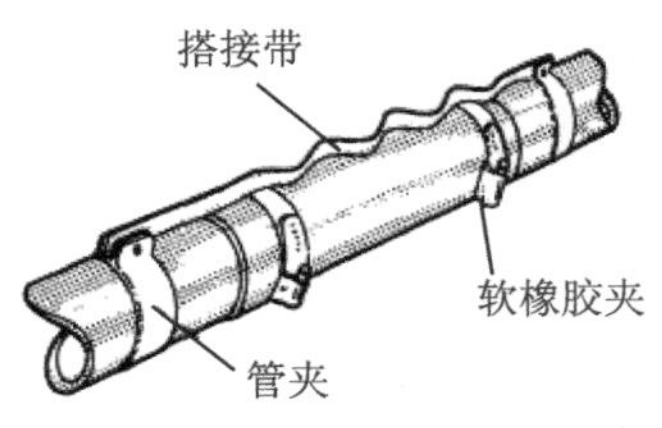

图 2.1.11　非金属耦合管的搭接

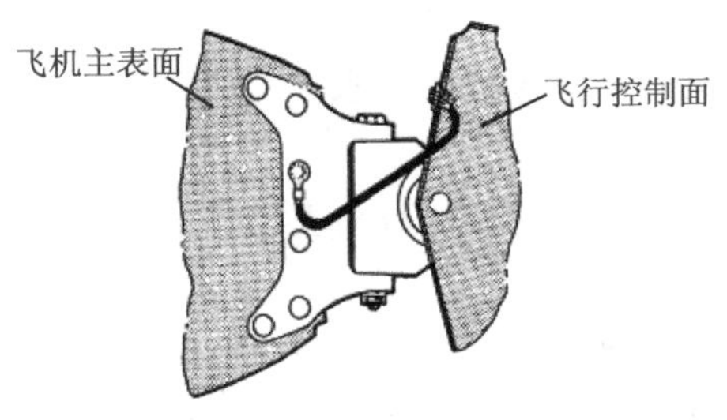

图 2.1.12　飞行控制面的搭接

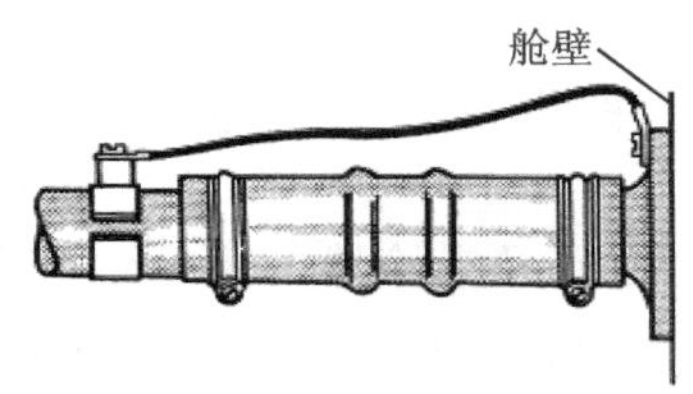

图 2.1.13　舱壁的弹性连轴节的搭接

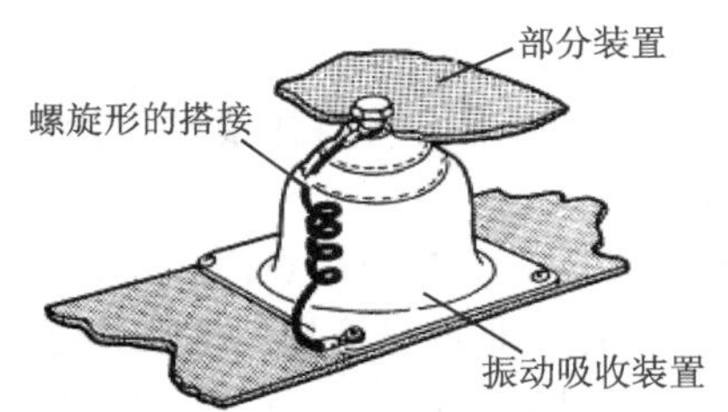

图 2.1.14　振动吸收装置的搭接

7. 电能回馈网络

现代飞机机体越来越多地使用复合材料,导电性能很差,而且用搭接的方式使飞机的机体成为等电位体,需要的搭接材料多、质量大、复杂度增加。为此常采用电流回馈网络。图 2.1.15 是典型飞机的电流回馈网络连接图。图 2.1.15(a)中标注“CRN Bars”是电流回馈网络汇流条;“CRN Tie Brackets”是电流回馈网络扎箍;“CRN Straps”是电流回馈网络扎带;“CRN Wiring”是电流回馈网络导线。图 2.1.15(b)也是电流回馈网络的典型连接图。大部分零部件与图 2.1.15(a)相同,此外还有“Termination Fittings”端接适配和“CRN Cables”电能回馈网络电缆。

有了电流回馈网络,可以方便地解决由于大功率电动机、储能电感和电容需要的能量回馈通路问题。

大功率电动机在多电飞机中越来越普遍(估计可达 70%的动作装置采用电动机)。电动机的工作状态发生转换时会产生再生能源,可破坏电源系统的瞬态特性及稳定性。例如,当惯性较大的感应电动机的实际输出瞬态速度比电动机控制器给定同步瞬态速度大时,电动机的工作就像发电机,引起逆向电流。再例如各种电路中的电感具有储能的特点,当电感所处电路

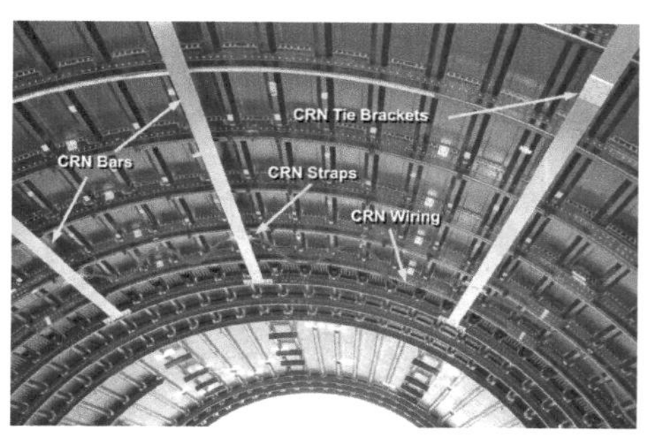

(a) 机身桶状部分

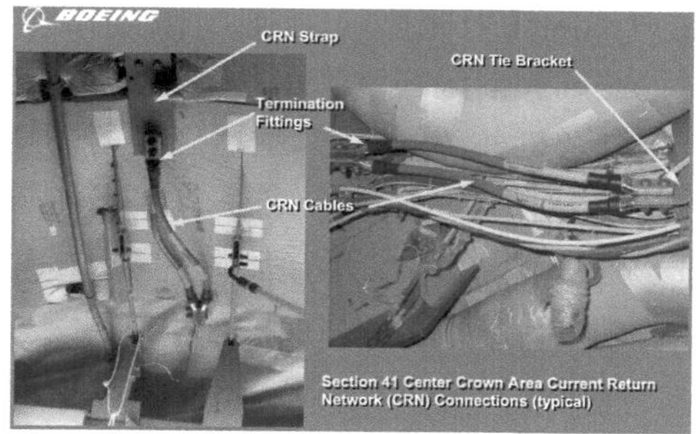

(b) 电流回馈网络连接

图 2.1.15　典型飞机的电流回馈网络连接

由接通转向断开时，电感中释放出来的能量，可能回馈给电源或通过吸收电路消耗掉。为了提高电源系统的可靠性和安全性，未来先进飞机的电源品质要求考虑电源系统上所有再生能源的限值。图 2.1.16 是 B787 多电飞机电流回馈网络布局图。

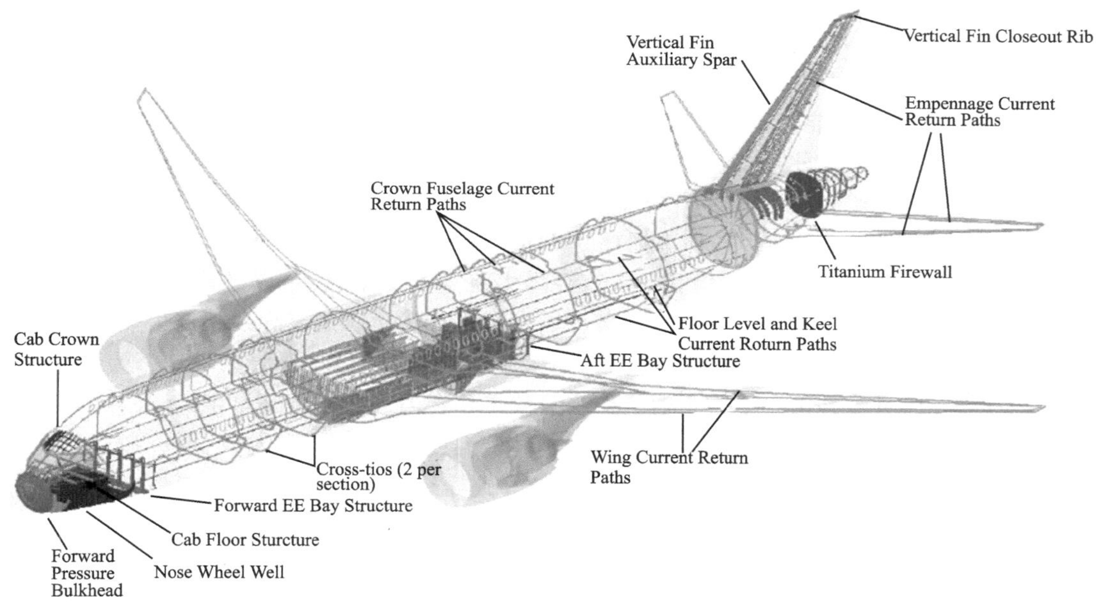

注：Cab Crown Structure:座舱顶结构；Vertical Fin Auxiliary Spar：垂直的鳍辅助梁；Vertical Fin Closeout Rib：垂直尾翼收尾的梁骨；Forward Pressure Bulkhead：前耐压舱壁；Nose Wheel Well ：前轮舱；Cab Floor Structure：驾驶舱地板结构；Forward EE Bay Structure：前电气设备舱结构；Cross-ties (2 Per section):交错连接；Wing Current Return 机翼电流回馈通路；Aft EE Bay Structure：后电气设备舱结构；Floor Level and Keel Current Return Paths：地板和龙骨的电流返回路径；Titanium Firewall：钛防火墙；Empennage Current Return Paths:尾翼的电流返回路径

图 2.1.16　B787 电流回馈网络

2.1.6　导线故障

导线故障是飞机常见故障。工作环境恶劣、导线通电电流超过定额、导线绝缘耐压击穿等都是引起导线绝缘老化而产生故障的原因。

1. 导线工作的环境

空中迎风和潮湿环境下工作的导线不同于飞机内部工作的导线,通常靠近机轮、机翼、折弯搭接处以及机外部分区域,这些区域的环境通常十分恶劣。用于这些环境下的导线通常与它们的结构有关,而且需要专门设计,不能随意替代。使用飞机制造商维修手册中推荐的导线,并根据环境工作条件选择绝缘和套管非常重要。图 2.1.17 所示是带有专用防护套管的导线。

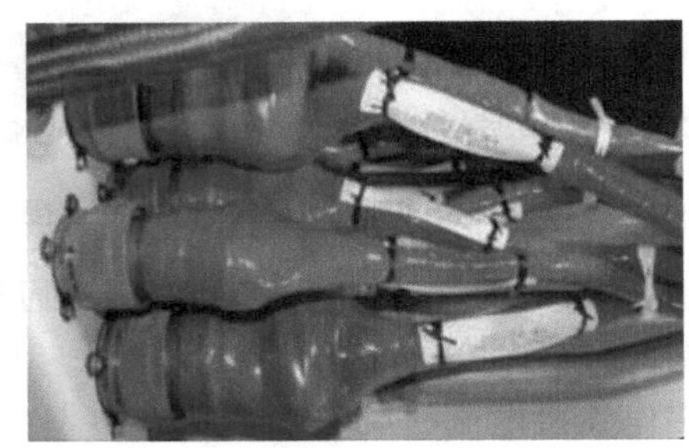

图 2.1.17　带有专用防护套管的导线

2. 导线的降额使用

在选择导线进行电能传输和分配时,应考虑几个选择导线尺寸的因素:

① 根据应用场合不同,导线必须有足够的机械强度。导线直径太小将在受到振动、弯曲时容易断裂。

② 导线中输送电流时产生的功率损耗为 I^2R。由于导线输送电流时产生热量,导线不能满足要求时,只有增大直径才行,但是导线直径增大将增加成本、质量以及需要更多的其他物体支持。因此,导线直径的选取必须考虑各种因素后进行优化。通流导线将产生热量,直到导线散热和发热平衡时导线温度才不再升高。如果导线有绝缘包裹,则散热不良。为了减小绝缘材料受热,导体电流必须小于规定值。但当导线工作在温度较高的环境中时,外界的热量也影响导线的工作,导线的最大允许电流值也受到环境温度的影响。

③ 如果导线上的电压一定,则负载的突变会导致导线通流变化,使阻抗压降变化,从而使电压调节特性变差。可采取的弥补方法就是加大导线直径,减小导线电阻,但这会使导线的尺寸和质量增加。

④ 导线捆扎的影响。当导线被捆扎使用时,与单根导线相比,散热变差,必须降额使用。图 2.1.18 所示是导线的降额使用与导线捆扎数量的关系。

⑤ 飞行高度引起的降额因数。随着飞行高度的增加,捆扎在一起的导线散热愈发困难,导线的通流容量必须降额使用。图 2.1.19 所示是导线随飞行高度降额使用曲线。

3. 导线故障的规律

使用初期,由于厂家装配不适当的原因,容易出现导线故障。在装配问题凸显后,通过适当地调整和修理,存在较长的平稳期,导线故障率很低,甚至为零。随着机龄的增长,由于导线老化、腐蚀、磨损等原因,故障变得相对频繁。导线故障有隐蔽性和影响性的特点,严重威胁着飞行安全,影响航班的正点,给航空公司造成了较大的经济损失。

新飞机和部件的故障发生率与制造和修理厂家的制造工艺和技术水平有关,属于航空公

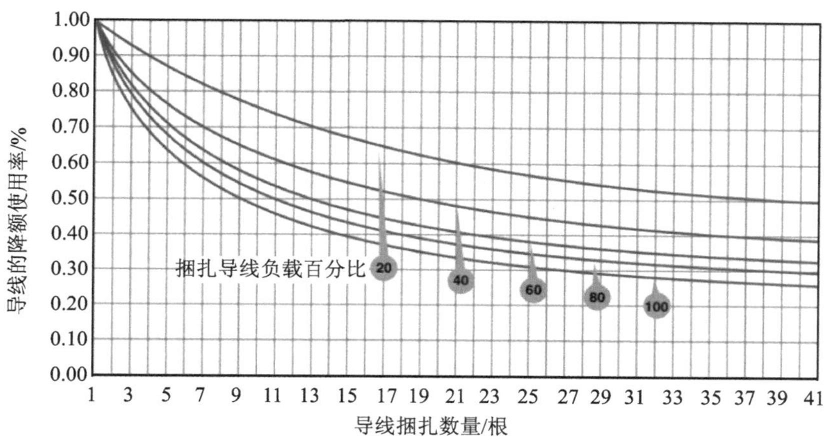

图 2.1.18　导线降额使用率与导线捆扎数量的关系

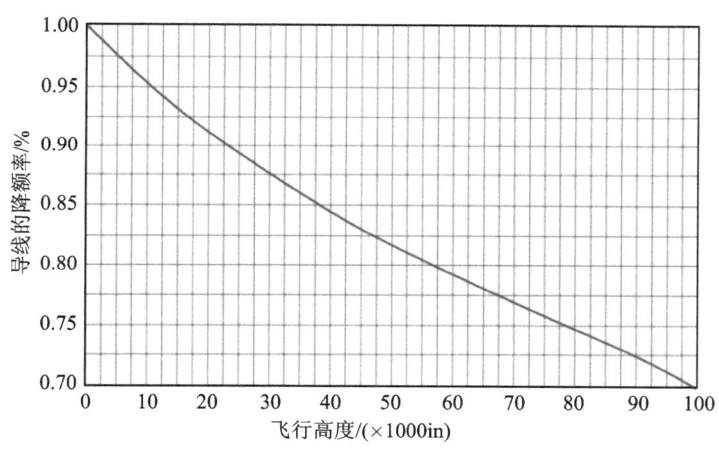

图 2.1.19　导线的降额使用与飞行高度的关系

司不可控因素，而且长期的高温、污染、低压、高频振动等，其故障发生率也同样会处于一个较高的水平。需要考虑的问题是，如何将导线故障运行的影响降到最小，如何尽快进入平稳区及延长平稳区的时间，以及如何降低平稳区的故障发生率。

4. 导线故障的预防

根据故障发生规律，可以采用主动预防的措施，在故障发生之前就对故障隐患进行纠正。先对新飞机部件进行反复而仔细的检查，尽早发现导线装配上的问题，并采取正确的方法进行纠正。还要重视一些严重导线污染（油污）和导线安装固定松动和不规范的情况，并对此及时进行清洁和纠正，降低因为污染和摩擦而对导线产生腐蚀和损坏，推迟导线故障发生的时间，有效地延长导线故障稳定期时间，降低故障发生率，从而提高飞机和部件的可用性。

除了使用一些仪器来检查导线的通路和绝缘外，目视检查也是有效和重要的方法。一方面要注意破损或者污染严重的地方，另一方面应注意导线的装配错误问题。

【例 2.1.1】　负极线失效原因分析及改进方法研究。

(1) 负极线在飞机上的配置及维护

通常交流电网布设采用三相四线制,其中零线为飞机壳体。直流电网采用单线制电路,其中负极线由飞机壳体充当。负极线的连接方法是通过一定面积的接线片将负极线端子固定在机壳某处的螺杆上。当负极线数目较多时,这些螺杆共同固定在一个有统一编号的负极线配置板上,配置板与飞机壳体直接连接。当机上的用电设备接通时,飞机机身会形成一个回路。因此,负极线是接通机上用电设备的重要保证。

机体主要为铝钛合金,由于各种载荷的作用以及环境条件的影响,机体结构强度和刚度会逐渐降低,会发生变形、裂纹等故障。负极线端子的接线片也是采用质地较为柔软的铜质镀镍材料,有个别负极线直接固定在飞机壳体和框架上,受振动后极易松动、脱落甚至断裂,从而造成故障。位于发动机部位的负极线,受振动较大,平时就应加强监控。

应及时清除负极线接线柱及连接点的灰尘、污垢、润滑油和燃油,表面镀银、镀镉、镀锡的负极线禁止用沙纸打磨,应用汽油或松香水脱脂,不允许接线端头移动、导线断线或断股,连接负极线的地方不应有锈蚀,必要时检查负极线接线处的接触电阻。

(2) 某型飞机负极线失效原因分析

某飞机准备加油时,发现燃油无法加入,检查发现发动机机舱负极线区加油开关的负极线断裂;某飞机周检后试车,发现小发动机的风门无法打开,发动机启动失败,检查后发现发动机机匣的排气门电动机构的负极线断裂;某飞机启动 20 s 后停止工作,更换大量附件后故障仍然存在,经检查发现,发动机机舱负极线区启动系统的一根负极线断裂,修复后故障消失。

通过以上分析可知,负极线的失效模式有:

① 由于发动机振动较大,工作环境温度高,燃油和润滑油易侵蚀,位于发动机机舱的部分负极线常发生松动甚至断裂,引起燃油系统、启动系统、空调系统和液压系统等的故障。

② 发动机机舱、前设备舱由于机件拆装频繁,负极线易受到碰擦而造成负极线松动甚至脱落。

③ 一旦负极线发生断裂,修理时就要把接线头剪掉,从而使导线长度减少,本身所受张力增加,使负极线更容易拉断。

④ 负极线断裂后,如果采用截面积不符合规定的接线片,导致线路接触电阻增加引发故障,或由于条件限制,应该采用压接的负极线却采用了焊接,将使负极线脱落的概率增大。

(3) 负极线断裂原因分析

负极线断裂是负极线失效的主要模式。材料的断裂是一个很复杂的过程,有很多因素,可能是材料本身的性质、环境因素、工作应力状态、构件的性状及尺寸、材料的结构及缺陷等综合作用的结果,从而给断裂过程的分析增加了许多不确定因素。

对于发动机机舱等部位的负极线来说,随着发动机的工作,温度变化较大,热胀冷缩导致导线承受的应力在不断变化,加上燃油、润滑油的侵蚀,由应力和腐蚀介质共同作用的应力腐蚀断裂也是失效的模式之一。发动机启动时,各部件间的温差很大,如果发动机立即高速大负荷运转,则由热应力引起的应力集中能加速负极线断裂。在某次检查飞机时,发现数根由于重复修理导致其冷态时拉断的现象。

负极线和导线的外套是塑料。如果工作区域燃油或润滑油较多,极易对导线的塑料造成腐蚀。塑料腐蚀老化后,导线直接裸露在外,可能与机件摩擦发生断裂;同一束导线调试裸露后因互相接触而引发故障;老鼠咬断导线的现象也较为常见。

(4) 某型飞机负极线改进方法

① 负极线接线片断裂后，应当在修理时注意操作方法和维修要求。要选用与原型号一致的接线片，压接时注意工艺要求，选用规定的压接钳口，压接力太大会导致压断导线，压接力太小会使导线脱落。此外，应该压接的不能采用焊接的方式，否则会改变负极线的接触电阻，发生故障。有时，修理负极线需剪去部分导线或接线片接头。此时，在保证不改变线路接触电阻的情况下，可适当用压接的方式延长导线，以减小接线片承受的拉力。

② 改变发生断裂的负极线配置区域。由于发动机机舱附近负极线工作条件恶劣，应尽量降低发动机振动、高温和油污对负极线的影响。

③ 选用合适的航材。根据航空材料的力学性能、断裂力学特性、防腐蚀性及价格等因素，采用新材料代替容易断裂的导线和焊接片，并要进行强度计算，对结构可能产生的断裂破坏进行计算，使之具备较高强度和屈服极限，以增加导线强度，提高飞机可靠性。

④ 改进负极线接线片的设计方案。负极线接线片前端为扁平状，固定在机体上。由于人为检查因素，检查晃动时容易使金属发生疲劳断裂。通过改进设计方案，可消除由于疲劳断裂引起的故障隐患。

⑤ 提高负极线接线片的装配精度。负极线接线片前端钻孔，套入固定在机体上的螺杆后用螺母固定并漆封。但是不正确的装配、检查也会降低部件的寿命。据资料显示，螺杆倾斜、垫片装配不正，不仅使接线片承受的载荷集中，而且会因偏心引起附加弯曲力矩。

2.2　电路控制装置

电路控制装置是用来接通、断开或转换电路的，其最基本的组成部分是活动触点与固定触点，利用触点对的闭合与断开控制电路中电流的通断。因此，电路控制装置又叫开关电器。按照操纵活动触点的方法，通常将电路控制装置分为手动控制装置、机械控制装置和电磁控制装置。这里主要介绍后两种控制装置。

2.2.1　机械控制装置

机械控制装置是由机械外力来操纵的一类控制装置，用于由机械力自动控制接触点接通或断开的电路中。飞机上使用的机械控制装置种类繁多，构造各异。下面简要介绍终点开关、微动开关和接近开关。

1. 终点开关

终点开关要在较大的外力作用下才能转换电路，在飞机操纵机构中有着广泛的应用。例如，在起落架收起达到预定的位置后，起落架收起终点开关会切断起落架收放液压作动筒电路，锁定起落架并接通起落架收起指示灯电路，告诉飞行员起落架已收好。

终点开关的动作原理如图 2.2.1 所示。当顶杆上没有外力作用时，活动触点 0 与固定触点 2 接通。当外力向下压动顶杆使传动杆向下移动时，恢复弹簧被压缩；同时，与传动杆相连接的摇臂围绕其右端支点转动，带动菱形弹簧的右端下移。传动杆向下移动一定距离（5～6 mm，称为工作行程）后，在菱形弹簧的作用下，固定在菱形弹簧左端的滚轮便迅速地由凹形板的下部滚到上部，使凹形板向反时针转动。结果，活动触点 0 就转换到与固定触点 1 接通。去掉外力后，开关在恢复弹簧的作用下恢复为原来状态，又使活动触点 0 与固定触点 2

接通。

图 2.2.1　QLK－5 型终点开关的结构图

2. 微动开关

微动开关又称为微动开关、灵敏开关、速动开关,是一种具有微小触头间隙的施压促动快速开关。其主要特点是动作迅速、工作可靠、精度高、寿命长、体积小。

在飞机上用于感知一个器件是否运动或者是否达到其极限行程,例如襟翼驱动机构或起落架机构,就会采用微动开关。图 2.2.2 中驱动柱塞的微小运动都能使触头断开和闭合。衔铁在通、断之间运动的距离小到千分之几厘米。

微动开关用于感测各种装置的机械位移。这些装置包括各种控制面、起落架、压力传感器、双金属温度传感器、机械计时器等。

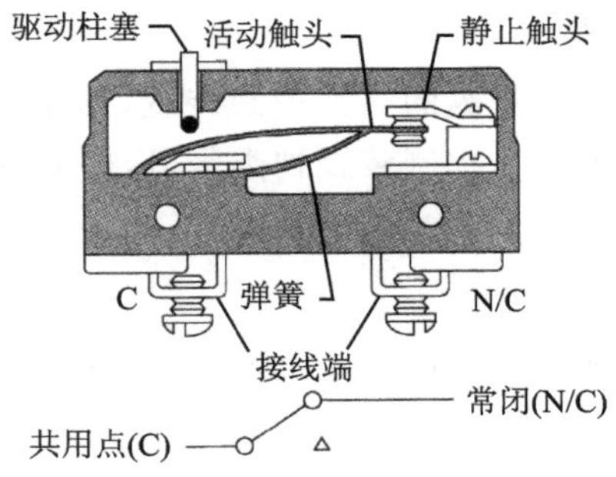

图 2.2.2　微动开关结构

3. 接近开关

接近开关又称无触点行程开关,能够在被监测物体与之接近到一定距离时,不需要接触,就能发出动作信号,达到控制电路接通或断开的目的。它具有反应迅速、定位精确、寿命长以及没有机械碰撞等优点,目前已被广泛应用于行程控制、定位控制、自动计数以及各种安全保护等方面。例如,在飞机上用做指示客舱门、货舱门等是否安全关闭并锁住的告警电路中就使

用了接近开关。接近开关一般由感应头、电子振荡器、电子开关电路、输出器、稳压源等几个部分组成。

图 2.2.3 是簧片型接近开关原理图。一个腔体(作动器)包含电磁铁,另一个腔体(传感器)包含带镀铑触头的簧片衔铁。使用时,传感器组件通常安装在飞机结构上,作动器安装在被监控的物体上(如舱门)。当作动器和传感器之间的间隙达到预定的距离时,簧片触头闭合。当作动器和传感器分开时,触头断开。图 2.2.4 是电磁型接近开关外形图。

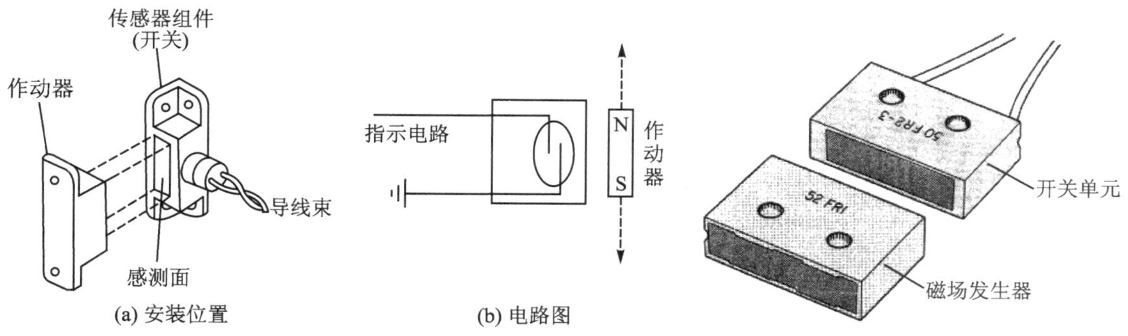

图 2.2.3　接近开关原理图(簧片型)　　**图 2.2.4　接近开关外形(电磁型)**

由于接近开关是通过其感应头与被测物体间介质能量的变化来取得信号的,因此,接近开关可以将任何一种物理量,如电、光电、磁场、声音及超声波等,变换为电量来制成它的感应机构,从而出现了不同类型的接近开关。目前应用较多的有:电磁感应型(包括差动变压器型,检测导磁或非导磁金属),电容型(检测各种导电或不导电的液体或固体),永磁型和磁敏元件型(检测磁场或磁性金属),光电型(检测不透光的所有物质),超声波型(检测不透过超声波的物质),高频振荡器型(检测各种金属)。

固态型接近开关基于一个电感回路和磁性目标而工作。电感回路是一个开关组件的输入级,电子开关组件构成作动器的一部分。当目标靠近线圈时,线圈的电感发生变化,电路用于确定电感何时到达了预先设定的量值。图 2.2.5 是固态型接近开关原理图。图 2.2.6 是接近开关在飞机上的应用原理图。

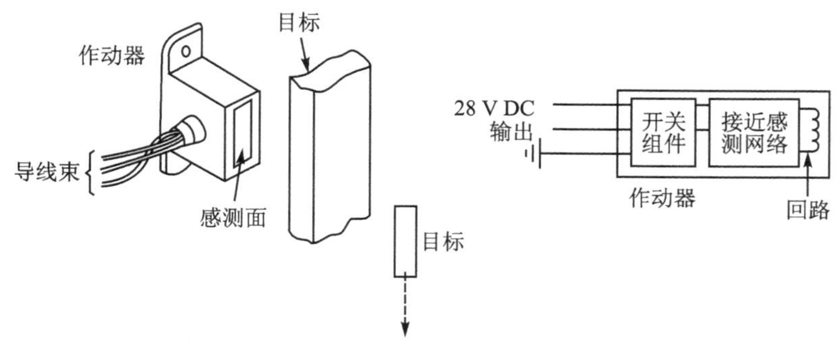

图 2.2.5　固态型接近开关原理图

有些飞机装有接近开关电子组件 PSEU(proximity switch electronic unit),用以接收各种部件的位置信息,并将该位置信息传给其他系统。这些系统主要有:起飞和着陆可变外形告警

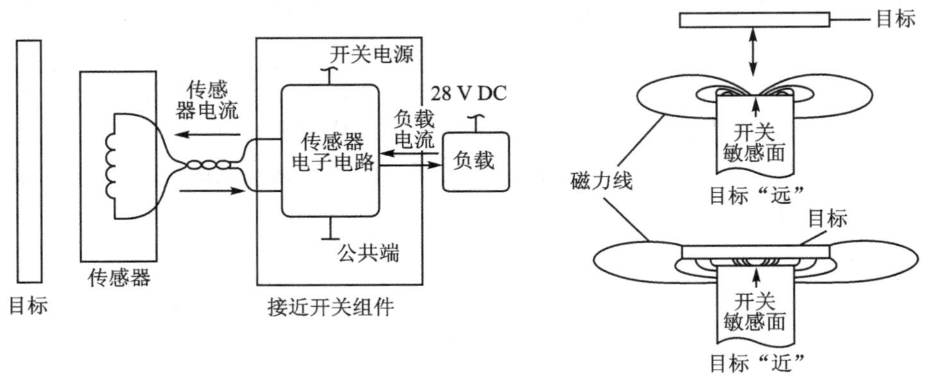

图 2.2.6　接近开关在飞机上的应用

系统，起落架位置指示和告警系统，空中/地面继电器，登机舷梯和舱门告警系统。PSEU 与主警示系统集成在一起，用于指示是否有起飞前必须纠正的问题。

在大型客机上，微动开关和接近开关的典型应用包括襟翼、起落架、舱门等，共有 100 多个这样的器件。维护时需要调整微动开关和接近开关的位置，确保正确定位。

【例 2.2.1】 故障维修案例。

接近开关也会有些故障，例如因发生电子舱门未关的假信号，导致飞机滑回，从而使航班延误，严重威胁的航班的正常、正点运行。发生假信号的故障原因主要有以下几种。

（1）标靶和传感器间隙不满足要求（过大或过小均不满足要求）

某飞机前端的探测距离为 45.6～46.7 mm，可以看出其有效的靶标距离只有 1.1 mm。如有间隙不准确，会导致接近开关工作不正常，即出现假信号。影响靶标间隙的因素又有哪些呢？

① 建议采用调节间隙的专用工具（355M03210000），利于工作，可提高维修质量。

② 必须严格按照飞机维修手册 AMM 要求调整接近开关间隙，往接近开关旋转的圈数取下限 2 圈为宜。选 2 圈的原因在于电子舱门受增压的影响会向外膨胀，即向接近开关靠近，可以适当抵消增压的影响。此外 2 圈为整数，有利于操作人员正确调节。

③ 做好预防性维修，建议自编工卡，确立维修方案，定期对传感器间隙进行调整。维修中应严格按照工卡要求进行间隙调整，严控维修质量。

（2）靶标机械机构设计差异和润滑不同从而影响间隙

某飞机上客舱门与电子舱门的接近开关相同，但前者很少出现“未关”的假信号，那是因为客舱门和电子舱门标靶的机械机构的设计不同。客舱门的靶标机械扣紧机构非常牢固和可靠，一旦关闭扣紧靶标，则靶标与接近开关之间的间隙就是定值，在实际运行中变化很小，客舱门出现假信号很少。

而电子舱门的靶标机械机构比客舱门简单。当电子舱门关闭时，依靠电子舱门上的顶轮与靶标上的滚轮接触将靶标顶进去，从而使接近开关探知到靶标，给出关闭信号。由于是圆形滚轮，两个滚轮之间的接触必然相对松动，飞机抖动或是增压变形都会对间隙造成影响，有出现假信号的可能。

（3）客舱增压对间隙的影响

多次出现飞机在地面阶段电子舱门接近开关工作正常，而在飞机增压滑出或是在飞机巡

航阶段出现接近开关假信号，然而飞机落地后，指示又正常的情况。是什么原因导致故障现象出现呢？在空中和地面，飞机状态最大的区别在于，在空中飞机是增压的，即使飞机在地面，发动机启动，关舱门准备滑出，飞机就开始预增压了。

【实验 2.2.1】 飞机舱门启闭信号实验系统。

相关内容请扫码查阅。

2.2.2　电磁控制装置

电磁控制装置是飞机电气系统中广泛使用的一种控制装置，是利用电磁铁来操纵活动触点，以控制电路的接通、断开或转换的。电磁控制装置通常分为接触器和继电器两大类。

1. 接触器

接触器是一种用于远距离频繁地接通、断开或转换大功率电路的电磁控制装置。它可以安装在远离驾驶员的任何地点，驾驶员通过操纵安装在驾驶舱里的手动开关来控制它的线圈电路，实现接通、断开大电流的目的。

接触器的种类很多，按照其接触点所控制电路性质的不同，可分为直流和交流两种；按照触点的类型不同，可有单极单投、单极双投、双极双投、三极单投、三极双投等多种；按照接触器本身的结构原理则可分为单绕组、双绕组和机械闭锁式接触器等。

(1) 单绕组接触器

单绕组接触器的原理如图 2.2.7 所示。从图中可以看出，当线圈没有通电时，电磁铁的电磁力等于零，活动铁芯在返回弹簧力的作用下被推向上方，使触点分离。线圈通电后，电磁铁所产生的电磁力大于返回弹簧的弹力时，返回弹簧被压缩，活动铁芯向固定铁芯一边运动，活动触点与固定触点接通，从而使外电路接通；线圈断电后，在返回弹簧的作用下，活动铁芯带动活动触点恢复原位，将外电路断开。

(2) 双绕组接触器

双绕组接触器的结构与单绕组接触器基本相同，主要不同点是双绕组接触器采用两个电磁线圈，一个称为吸合绕组，另一个称为保持绕组，如图 2.2.8 所示。当线圈接上电源时，由于保持绕组被辅助触点短接，电源电压只加在吸合绕组上。因为吸合绕组导线粗，电阻小，电流比较大，所以能产生较大的电磁力，将主触点接通，从而接通外电路。在主触点接通的同时，连杆的末端(系用绝缘胶木制成)即将辅助接触点顶开，这时，保持绕组与吸合绕组串联，电路中的电阻增大，接触器就以较小的线圈电流维持主触点在接通状态。

(3) 机械闭锁式

机械闭锁式(又称机械自锁型)接触器是以机械方法使主触点在电磁线圈断电后仍能自行保持其工作位置的接触器。这种接触器的结构比较复杂，其原理如图 2.2.9 所示。它有两个电磁铁：吸合电磁铁和脱扣电磁铁。吸合电磁铁的工作线圈称为吸合线圈，脱扣电磁铁的工作线圈称为脱扣线圈。吸合线圈通电后，吸合电磁铁的活动铁芯被吸下并被脱扣电磁铁的活动铁芯锁住。此时，三对主触点接通被控制的电路，活动铁芯下端的辅助触点转换，吸合线圈电路断开，脱扣线圈电路接通，为脱扣线圈通电做准备。当需要接触器断开被控制的电路时，只需要给脱扣线圈通电即可。脱扣线圈通电后，机械闭锁机构脱钩，活动铁芯在返回弹簧的作用下恢复原位,主触点跳开。由于机械闭锁接触器具有可靠性高、长时间工作不消耗电能等优点,因此在飞机上得到广泛的使用。

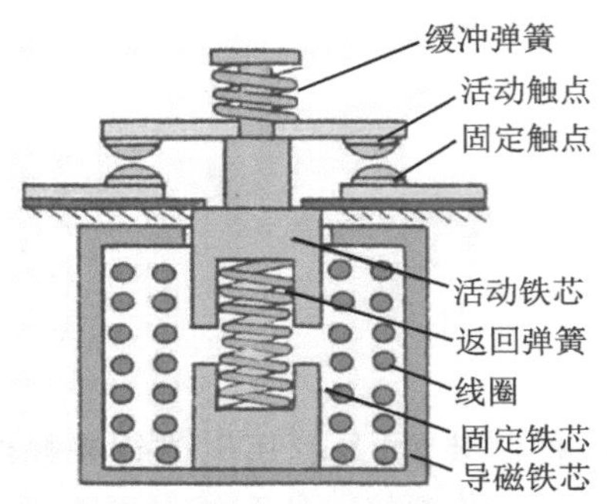

图 2.2.7 单绕组接触器原理图

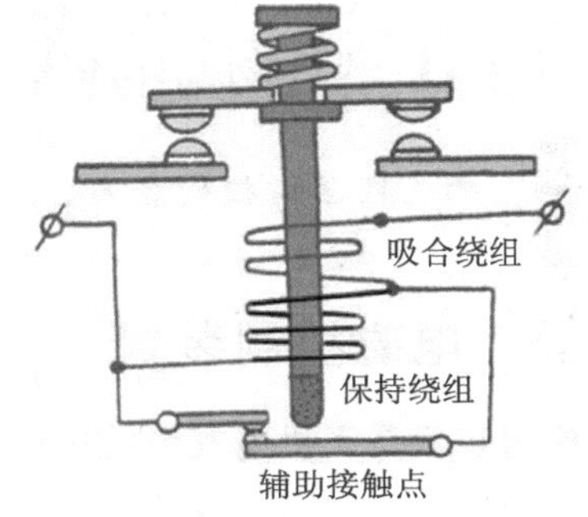

图 2.2.8 双绕组接触器

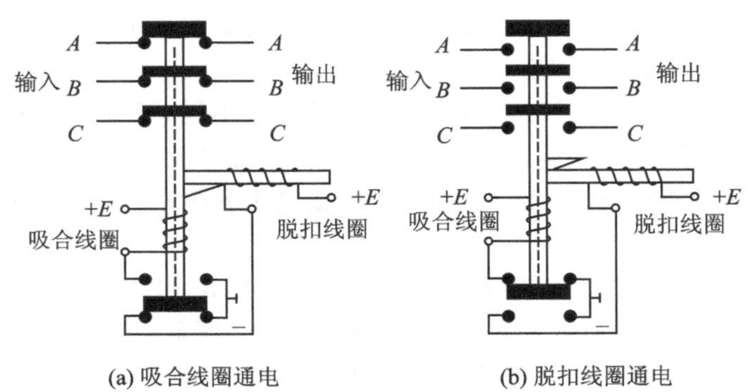

图 2.2.9 机械闭锁式接触器

(4) 磁保持接触器

如图 2.2.10 所示,磁保持接触器有两组线圈,即跳开线圈和吸合线圈(或叫闭合线圈)。当吸合线圈通电时,主回路三对触点吸合,即 T_1-L_1、T_2-L_2、T_3-L_3 由断开转换为闭合,此时辅助触点让跳开线圈的接通做好准备。如果此时给跳开线圈加电,则 T_1-L_1、T_2-L_2、T_3-L_3 由闭合转换为断开。一旦闭合线圈吸合,在永久磁铁的作用下,可以在不外加电的情况下保持闭合,具有节约电能、减少损耗的作用。

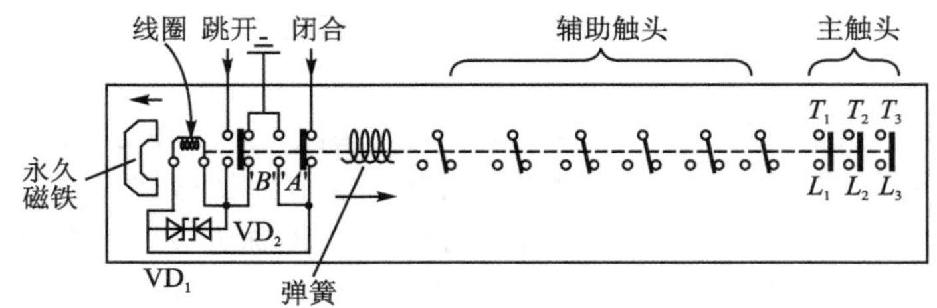

图 2.2.10 磁保持接触器原理图

磁保持型接触器的主要技术数据如表 2.2.1 所列。

表 2.2.1　磁保持型接触器的主要技术数据

序　号	技术指标	定义说明
1	主触点额定电流	主触点允许通过的额定电流值
2	主触点额定电压	触点长时间正常工作的电压
3	闭合绕组的工作电压	给闭合绕组加电,使主触点闭合的最小工作电压
4	跳开绕组的工作电压	给跳开绕组加电,使主触点跳开的最小工作电压

2. 继电器

继电器是远距离和自动控制系统中应用极广的一种开关电器。与接触器相比,继电器的触点所控制的电路功率小,能够在自动与遥控装置中保证实现规定的动作程序。在航空上,它对实现飞行控制的综合自动化起着主要作用。继电器的主要技术指标如表 2.2.2 所列。下面分别介绍电磁继电器、极化继电器、晶体管继电器、混合式继电器和固态继电器。

表 2.2.2　继电器的主要技术指标

序　号	技术指标	定义说明
1	额定电源电压	使电磁继电器线圈长时间正常工作的电压
2	接通电压	在常温条件下,继电器线圈通电后,由衔铁带动触点可靠动作所需要的最小电压值
3	断开电压	继电器在吸合工作状态下,降低电磁工作线圈到使衔铁刚要返回原位时的电压值,即使触点能够断开时的最高电压值
4	额定负载	继电器控制触点允许通过的额定电流值
5	触点压降	一对触点在通过额定负载电流时,在触点两端产生的电压误差
6	接点压力	触点接通时,两触点之间的压力
7	动作时间	从继电器工作线圈开始通电的瞬间至衔铁带动触点完成工作所需要的时间
8	线圈的工作电流	继电器线圈在额定电压作用下,长时间稳定工作状态通入线圈的电流。它产生的电磁吸力是衔铁保持工作的需要,通过线圈电阻的发热是线圈发热的来源
9	寿命	触点保持正常转换电路的能力,常用继电器的动作次数表示

(1) 电磁继电器

当线圈通电时,由于磁通的作用产生吸力,吸动衔铁,带动触点,使被控制电路接通、断开或转换的继电器就叫电磁继电器。

一种具有拍合式电磁系统的继电器(通常称为摇臂式继电器)的基本结构如图 2.2.11 所示。它的电磁铁的活动部分是一块可以转动的平板衔铁,衔铁的支点在支架上。电磁铁的线圈未通电时,恢复弹簧的弹力使活动触点与常通触点接通,并使弹性导电片变形,以给触点提供一定的接触压力。

线圈通电后,当电压达到其动作电压值时,电磁吸力便大于弹簧弹力,衔铁就绕支点转动,使活动触点离开常通触点,而与常断触点接通。线圈断电时,在恢复弹簧的作用下,衔铁与活动触点都回到原来的位置。

(2) 极化继电器

摇臂式继电器所加电源不能反映输入至继电器线圈上的信号电压的方向或极性,故习惯上又称之为非极化继电器。

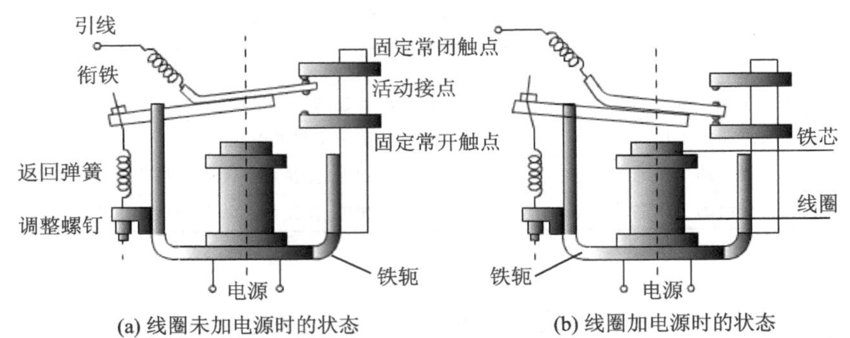

图 2.2.11　摇臂式电磁继电器原理图

一般的电磁继电器是没有极性的,不能反映输入信号的方向。而极化继电器却具有两个显著的特点。一是能反映输入信号的极性;二是具有很高的灵敏度,即其所需动作电流值很小。极化继电器的磁路里有两个互不相关的磁通:一是永久磁铁产生的极化磁通;二是工作线圈产生的工作磁通,工作磁通的大小和方向决定于输入信号的大小和方向。下面讨论极化继电器的工作原理。

1) 极化继电器的工作原理

极化继电器的工作原理如图 2.2.12 所示。磁路里有由永久磁铁产生的极化磁通 Φ_m,还有输入信号通过工作线圈Ⅰ和Ⅱ产生的工作磁通 Φ_g。极化磁通经过衔铁从气隙的左、右两边分成 Φ_{m1} 和 Φ_{m2} 两部分进入铁芯,然后回到永久磁铁的另一极而构成回路。

当输入信号 $I=0$ 时,磁路里只有永久磁铁产生的极化磁通。它分两路通过气隙,对衔铁产生向左和向右的两个吸力 F_{m1} 与 F_{m2}。设衔铁处于对称中心位置,由于气隙 $\delta_1=\delta_2$,$\Phi_{m1}=\Phi_{m2}$,则 $F_{m1}=F_{m2}$,衔铁应处于中立位置。但这是一种极不稳定的状态,在某种外界干扰力的作用下必然要偏向一边(或左或右),只要衔铁一偏,两个气隙不再相等,从而两部分磁通以及它们的吸力也就不再相等,于是衔铁迅速倒向一边并保持在这一边。

如图 2.2.12(b)所示,设由于某种原因衔铁倒在左边。如果工作线圈输入 A 到 B 的电流信号 I,将在磁路中产生工作磁通 Φ_g。由于永久磁铁的磁阻特别大,通过它的工作磁通可以忽略不计,所以工作磁通是串联通过气隙 δ_1 和 δ_2 的,而不经过 R_m,然后在铁芯中构成磁通回路。因此,输入信号和它产生的工作磁通方向如图 2.2.12(b)中所示。气隙 δ_1 中合成磁通 $\Phi_1=\Phi_{m1}-\Phi_g$,气隙 δ_2 中的合成磁通 $\Phi_2=\Phi_{m2}+\Phi_g$,分别产生吸力与 F_1 和 F_2。

当输入信号 I 较小时,可假设 Φ_{m1} 比 Φ_{m2} 大得多,故仍然有 $\Phi_1>\Phi_2$ 与 $F_1>F_2$ 的关系,衔铁仍停留在左边。只有当输入信号增大到使 $\Phi_1<\Phi_2$ 与 $F_1<F_2$ 时,衔铁便开始向右偏转,衔铁一经触动,使 δ_1 增大,δ_2 减小,从而使 Φ_{m2} 增大,Φ_{m1} 减小。这时即使输入信号电流大小保持触动值不变,也会使 $\Phi_1<\Phi_2$ 与 $F_1<F_2$,而且随着衔铁的偏移,这种差值还会越来越大,促使衔铁偏转速度加快,特别是衔铁越过中线以后,由于 $\Phi_{m1}<\Phi_{m2}$ 的出现,衔铁急速偏向右边。此时,即使切断输入信号,衔铁也将偏向右边并稳定在这种状态。显而易见,如果此时再加入原极性的信号,衔铁是不会再运动的。若要使衔铁返回左边,则必须改变输入信号极性,如图 2.2.12(c)所示。由于极化继电器采用了永久磁铁,借助于它在左、右气隙中产生的极化磁通与信号产生的工作磁通进行对比,就达到了反映输入信号极性的目的,这就是极化继电器

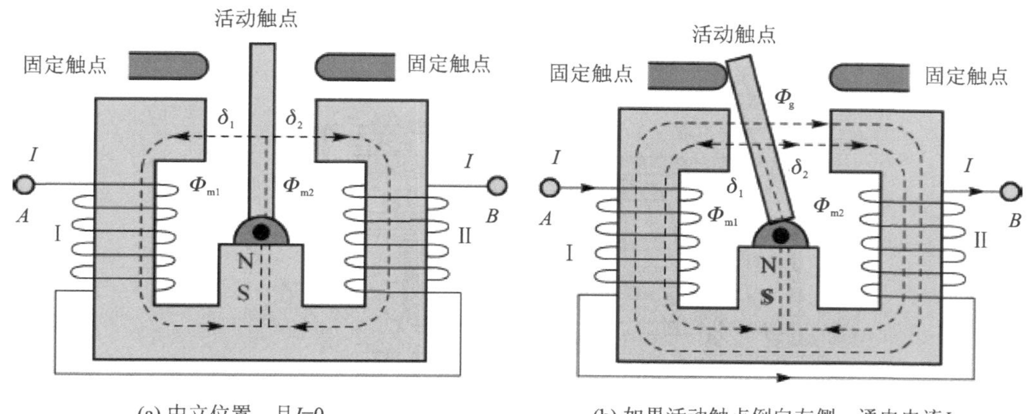

(a) 中立位置，且I=0

(b) 如果活动触点倒向左侧，通电电流I由A到B才能使活动触点倒向右侧

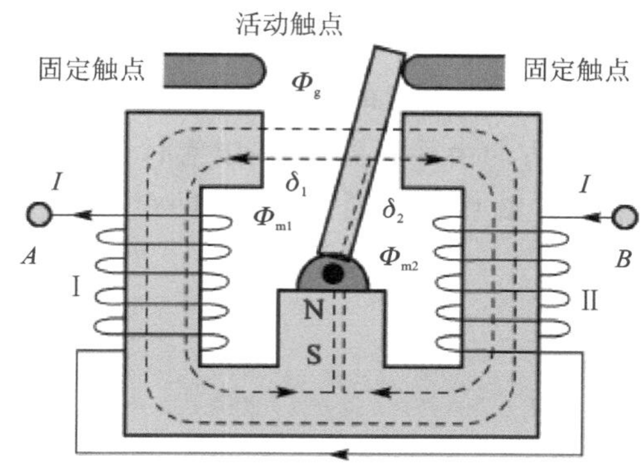

(c) 如果活动触点倒向右侧，通电电流I由B到A才能使活动触点倒向左侧

图 2.2.12　极化继电器原理图

的一个重要特点。

在飞机电源系统中，用做判断电网与发电机之间电流流向的一种极化继电器称为反流割断器里的专用极化继电器，即差动继电器。当某台发电机故障时，端电压下降而电网电压向故障的发电机输入反流。出现这种情况时，必须将出现故障的发电机从电网上切除，反流割断器能起到这个作用。

2）极化继电器的结构

差动继电器的结构简如图 2.2.13 所示。它的骨架由上、下两块导磁钢板以及夹于两板之间的三根永久磁棒和一根穿导线用的空心铜管（引线管）组成。在上下两块导磁钢板上各固定着两个软磁铁做成的磁极，上面两个为 S 极，下面两个为 N 极。位于两对磁极之间的条形钢片为衔铁，它的正中间铆有青铜片以构成衔铁转动的支点。衔铁右端焊有银质触点（活动触点），以便与上导磁钢板上的接触螺钉（其下端有固定触点）形成电流通路；衔铁左端向上运动的极限位置是受限位螺钉限制的。衔铁上绕有两组线圈，一个是跨接在发电机正端与飞机电网汇流条之间用来反映发电机与电网差值的差动线圈 W_1，另一个是串联在发电机输出电路中用来反映发电机反向电流的反流线圈 W_2，它只是一匝粗导线构成的 Ω 形线圈。

当 W_1、W_2 中无电流时，衔铁可处于任意一个位置。当 W_1 两端电压差达一定值，且电流

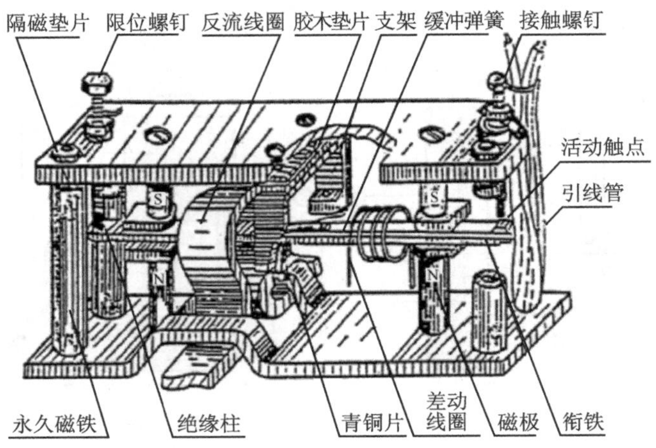

图 2.2.13 差动极化继电器的结构

由 W_2 的右端流入、左端流出时，衔铁将向反时针方向转动，由接触螺钉限位并使触点接通。当 W_2 中流过发电机的反流(反流方向由外向里)达一定值时，衔铁将向顺时针方向转动，并由限位螺钉限位，而触点则会断开。触点的接通与断开，即可控制反流割断器中主接触器的工作。

(3) 晶体管继电器

相关内容请扫码查阅。

(4) 混合式继电器

相关内容请扫码查阅。

(5) 固态功率控制器

固态功率控制器 SSPC(solid state power controller)的初期产品系由分立元件组成，前述晶体管继电器就是如此。随着电子技术的发展，已广泛使用集成化的固态继电器，图 2.2.14(a)所示是固态功率控制器的外形图，引脚 3、4 为控制信号，其幅度为 3～32 V，适用于各类电平；引脚 1、2 为继电器开关输出信号，根据各种信号不同其触点电流能达到几十至几百安培。由于可以采用微处理器进行编程数字化控制，这种固态功率继电器在飞机配电系统中得到广泛应用。

图 2.2.14(b)是直流型 SSPC 的原理图。从图中可以看出，这种固态继电器的输入端采用光耦合方式，可为输入控制信号提供一个输入与输出端之间的通道，又可在电气上断开 SSPC 中输入端与输出端之间的电气联接，防止输出端对输入端的影响。这种耦合方式动作非常灵敏，响应速度极高。由于输入端的负载是发光二极管，这使 SSPC 的输入端很容易做到与输入信号电平相匹配，在使用中能与逻辑电路直接接口，能用微处理器或集成电路输出电平直接驱动，即受 1 与 0 的逻辑电平控制。从整体上看，SSPC 只有“＋”“－”两个输入端和“C＋”“E－”两个输出端，是一个四端器件，工作时，只要在输入端加上一定的控制信号，就可

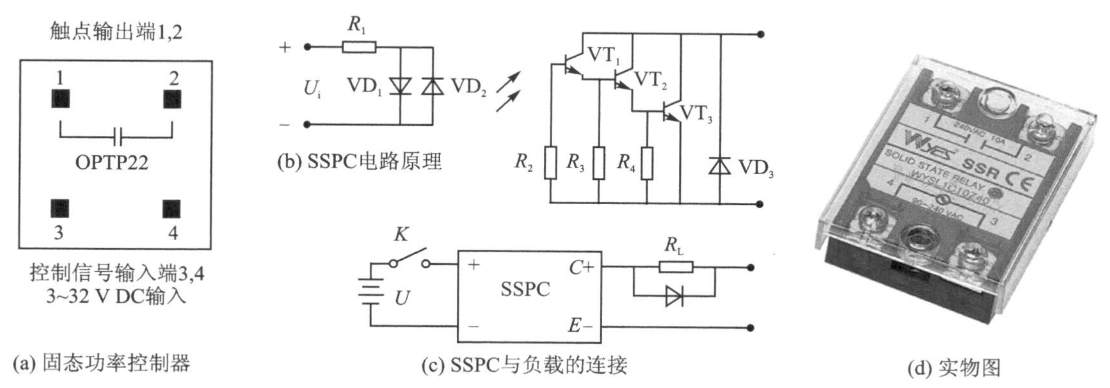

(a) 固态功率控制器　(b) SSPC电路原理　(c) SSPC与负载的连接　(d) 实物图

图 2.2.14　直流型 SSPC 电路原理

控制输出端 $C+$ 与 $E-$ 之间的"通"与"断",实现开关功能。这种 SSPC 的典型使用接线图如图 2.2.14(c)所示,正电源经负载 R_L 接 SSPC 的 $C+$ 端。当有信号输入时,二极管的 VD_1 或 VD_2 发光,光电晶体三极管 VT_3 导通,晶体管 VT_2、VT_1 也饱和导通,R_L 通电工作。对电感性负载(如继电器线圈、电磁铁线圈等),则应在负载两端反并联一只二极管 VD_3,以便为负载电路断开时提供一个续流通路。

2.2.3　电路保险装置

飞机上用电设备很多,导线比较长,多数飞机又以金属机体作为公共负线或"地"线,如果对飞机电气设备使用不当或者由于摩擦、振动等,很可能使用电设备和输电导线受到损伤,绝缘层遭到破坏,造成短路。另外,如果用电设备工作不正常,还可能出现电流长时间过载(超过额定值)的情况。短路和长时间过载不仅会烧坏导线和用电设备,造成供电中断,还可能引起火灾,导致严重事故。为了避免这种情况的发生,飞机输电线路中设置了保险装置,当电路发生短路或长时间过载时,保险装置自动将短路(或较大过载)的部分立即从电路中切除,从而保证电源的正常供电和其他电气设备的正常工作。飞机电路保险装置(又称电网保护器)有保险丝和自动保险开关两种。

1. 保险丝

保险丝又称熔断器,主要构成元件是金属熔丝,串接在被保护的电路中。当被保护的电路出现短路或长时间过载时,熔丝就会发热到熔化温度而熔断,从而切断电路,起到保护电路的作用。保险丝虽存在只能使用一次等缺点,但具有结构简单,成本低廉等优点,因此在航空上得到了广泛应用,飞机保险丝可分为易熔保险丝、难熔保险丝、惯性保险丝三种。

(1) 易熔保险丝

易熔保险丝的熔丝常用铜、银、锌、铅、锡等材料制成。飞机上的易熔保险丝是将熔丝装在玻璃管内,玻璃管两头有金属插脚(或套管)插入专用的保险丝座内。这种保险丝的主要特点是熔丝惯性比较小,主要用来保护电路免遭短路的危害。因此,在过载能力比较小的用电设备电路中,常采用这类保险丝。图 2.2.15 所示是飞机上采用的易熔保险丝。

英美制飞机上还常用一种指示型熔断器,即在其管座顶端有个与熔丝并联的指示灯。用于交流电路的是氖气灯,琥珀色透明灯罩;用于直流电路的是白炽灯泡,淡色透明灯罩。当熔

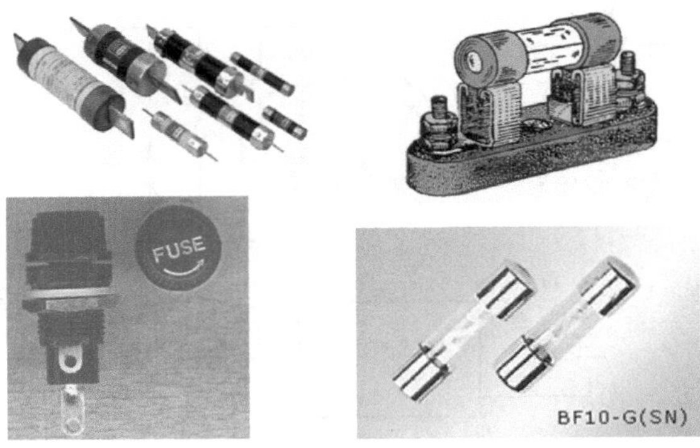

图 2.2.15 易熔保险丝

断器完好时,灯泡被熔丝短路,灯不亮;当熔断器烧断时,就有电压加在灯泡和与其串联的电阻上使灯燃亮,表明电路故障。易熔保险丝的额定电流一般为 0.15～20 A,为适应电子计算机、微型电子设备等现代化科学技术发展的需要,已出现微电流(例如 0.002 A)规格的小型化保险丝。

(2) 难熔保险丝

难熔保险丝是采用难熔金属做熔断片,在铜片(铜的熔点为 1 083 ℃)上挂上薄层锡(熔点为 231.9 ℃)。这样,在熔断片发热至锡的熔点时,便有一部分锡熔化并渗入到铜片中去,形成类似锡铜合金,其熔点比铜要低一些。在熔断片周围包有石棉水泥,能吸收熔断片的一部分热量,增大熔断器的热惯性,使熔断片断开时产生的电弧迅速熄灭。难熔保险丝对小电流不敏感,但在发生大电流短路时有明显的限流作用,主要用于飞机电源系统的短路保护。飞机上常用的难熔保险丝外形如图 2.2.16 所示,其额定电流一般为 200～900 A,典型型号为 NB－100、NB－200 和 NB－300 等。

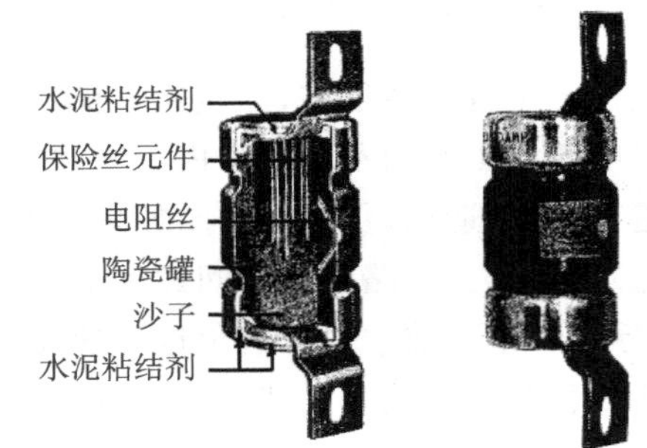

图 2.2.16 难熔保险丝

(3) 惯性保险丝

某些用电设备(如电动机)允许短时过载,采用上述保险丝将不能满足电路保护的要求,因为它们的热惯性较小。如果采用额定电流同电动机的额定电流相配的熔断器,则熔丝在电动机启动过程中将会因启动电流大大超过其额定值而迅速熔断,中止电动机的启动;如果用额定电流大于电动机额定电流的普通熔断器,又不能保护电动机免受长时间过载的危害。因此,要保护容许有较大的短时过载的电路,就需要热惯性较大的保险装置。它在过载时,须较长时间才熔断;而在短路时,又能很快熔断。惯性保险丝就是适应这种需要制作的。

这种保险丝在结构上包括短路保护部分和过载保护部分,如图 2.2.17 和图 2.2.18 所示。短路保护部分的熔化材料是黄铜熔片,装在纤维管左隔腔内,被熄弧用的石膏粉或磷石灰粉包围着。黄铜熔片的熔断电流比额定电流大得多,只在短路或过载电流很大时才能熔断。过载保护部分的熔化材料是低熔点焊料,它将两个 U 形铜片焊接在一起,其作用是在过载电流不很大，但超过一定时间之后切断电路。熔化易熔焊料所需的热量，主要由装在纤维管右腔中的加温元件经质量较大的铜板供给。由于铜板的热容量和散热面积较大，故有较大的热惯性。

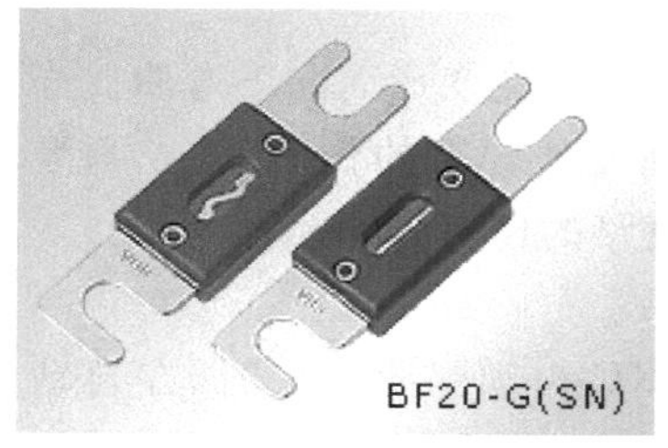

图 2.2.17　惯性保险丝外形图

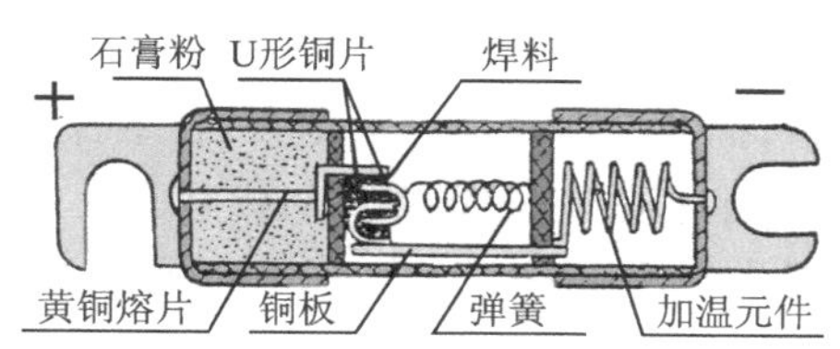

图 2.2.18　惯性保险丝的内部结构图

当有电流通过时，加温元件和黄铜熔片同时发热。在过载电流不很大的情况下，黄铜熔片由于其熔化电流比过载电流大不会熔断；而易熔焊料则在经过一段时间后就会被熔化，焊料熔化后，弹簧把一个 U 形铜片拉开，电路就被切断。因为铜板有较大的热惯性，故易熔焊料达到熔化温度需要一定时间，这就使惯性保险丝具有较大的热惯性。在发生短路或过载特别严重的情况下，易熔焊料因铜板的热惯性较大不能立即熔化，而黄铜熔片则迅速熔断，切断电路。图 2.2.18 中还标注了安装极性，因为引起发热的是带负电的电子，过热加温元件接在了负端。

飞机上常用的惯性保险丝保护的额定电流一般为 5～250 A，主要用于电机和具有启动特性要求的电路。

2. 自动保险开关

自动保险开关又叫自动保护开关或断路器。它利用双金属片发热变形的原理，在短路或过载时自动操纵开关的触点使之断开，从而保护电路，不仅能将电路保护和普通开关的作用合而为一，而且能多次使用。因此自动保险开关在飞机上被大量采用，用以取代保险丝。自动保险开关的类型很多，按其操作机构可分为扳动式和按压式两种。

(1) 扳动式自动保险开关

飞机上采用的自动保险开关有非自由脱钩型(如国产 ZKC 型)和自由脱钩型(如国产 ZKP 型)两种。它们都具有扳动开关和保护设备的双重作用，其构造也都由开关结构和保护机构两部分组成。

1) 非自由脱钩 ZKC 型自动保险开关

这种保险门的结构如图 2.2.19 所示。它的开关机构主要由手柄、拨板和触点组成；保护机构又叫双金属，主要由双金属片、挡板、复位弹簧、胶木滑块和固定于胶木滑块下的卡销组成。

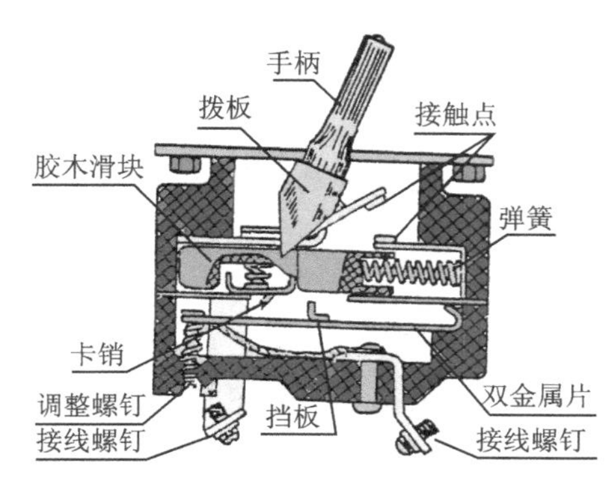

图 2.2.19　ZKC 型自动保险开关的结构

将手柄向左扳，活动触点与固定触点闭合，同时，手柄上的三角形拨板带动胶木滑块向右移动，压缩复位弹簧，当胶木滑块下的卡销滑过双金属片上的挡板后，即被挡板卡住。这时自动保险开关处于接通状态，工作电流通过左接线螺钉、接触点、双金属片、导线和右接线螺钉形成通路。以后再来回扳动手柄时，就只能控制接触点的接通与断开，胶木滑块不能返回原位，而停在右边。这样，自动保险开关就起到开关作用。

在保险开关接通情况下，若电路过载或短路，双金属片由于发热变形而向下弯曲。当双金属片弯曲到一定程度时，挡板脱离胶木滑块上的卡销，于是在复位弹簧的作用下，胶木滑块迅速左移，推动手柄而使触点断开，自动保险开关就起到保护电路的作用。

2）自由脱钩型 ZKP 自动保险开关

有些电动油泵容易发生火灾，所以采用非自由脱钩型 ZKC 自动保险开关时，在自动切断电路后可用手柄使电路强制接通的特点不再适用。在这种情况下，可采用 ZKP 型自动保险开关，其结构如图 2.2.20 所示。

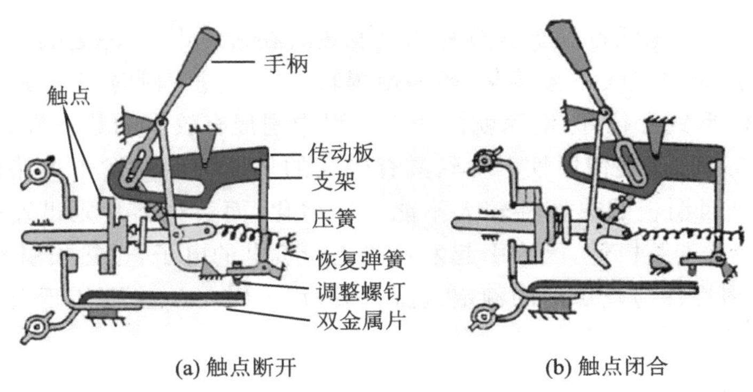

(a) 触点断开　　(b) 触点闭合

图 2.2.20　ZKP 自动保险开关

ZKP 型自动保险开关的开关机构由手柄、压簧、传动板、恢复弹簧和触点组成；保护机构由双金属片、支架、调整螺钉等组成。

如图 2.2.20 所示，当向左扳动手柄时，传动板右端由于被支架顶住而不能转动，压簧被压缩；当手柄移过中立位置后，压簧则产生向左的弹力，迫使活动触点向左移动而与固定触点接通，并使恢复弹簧拉长，接通以后的情况如图 2.2.20(b)所示。当向右扳动手柄时，则在手柄超过中立位置后，恢复弹簧的拉力将使触点断开。

在触点接通的情况下，若电路过载或短路，双金属片发热变形，右端向上翘起，顶动调整螺钉，使支架顺时针方向转动而脱离传动板。这时传动板在压簧的作用下顺时针方向转动，压簧本身放松，作用在触点上的压力消失。于是，在恢复弹簧的作用下，触点自动断开。

触点自动断开以后，如果立即强行接通手柄，触点不会接通。因为此时双金属片尚未冷却复原，支架还不能顶住传动板，压簧没有向左的力，触点就不可能接通。此种不能手动强迫接通的保险开关称为自由脱扣型。

(2) 断路器

断路器(breaker)也称跳开关，具有按钮开关和保险丝的双重作用，如图 2.2.21 所示。与保险丝不同的是，断路器可以复位(假定故障已经排除)。

正常工作时，按下按钮，电路接通，使电源和负载接通。当接通的电路电流超过规定值时，双金属片受热元件受热后发生变形，压迫弹簧，使闩锁机构发生逆时针方向转动而脱钩。如果再想接通电路，必须等双金属片降温恢复形状后，才可再次接通电路。这种按压式自动保险门

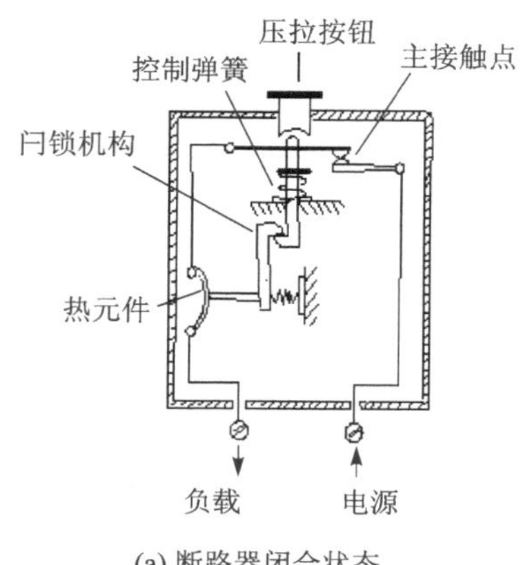

(a) 断路器闭合状态

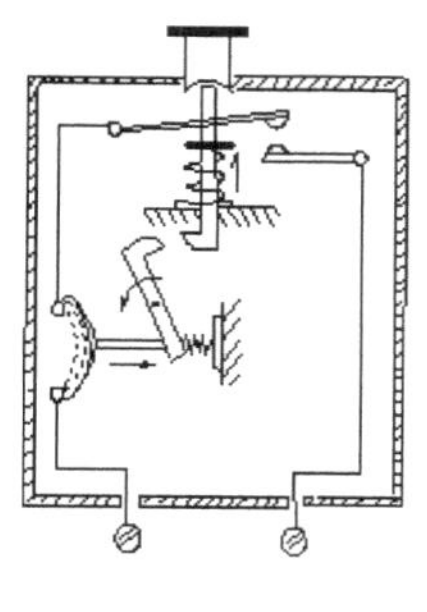

(b) 断路器断开状态

图 2.2.21　断路器的工作原理

能够重复利用,但在出现跳开现象后必须排除原有故障,方可再次接通电路。

在飞机上,断路器安装在电源设备舱内,按压开关集中地安装于断路器板(跳开关板)上,如图 2.2.22 所示,只有压拉按钮露出在板面上。压拉按钮用来在电路过载或短路时自动跳开之后进行人工复位以及在必要时人工断开或接通被控电路。

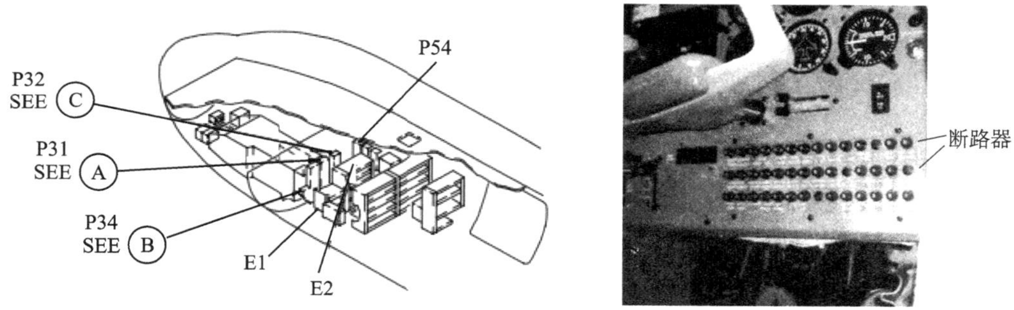

图 2.2.22　断路器在飞机上的位置及面板

压拉按钮上套有一圈白色标志带,可为脱扣情况提供目视指示。压拉按钮的表面还标有表示断路器的额定电流值数字,图 2.2.23 中标注为 2,表示额定电流值为 2 A。这种断路器的使用方法比较简单:按下压拉按钮,白色标志带被压进壳体内无法看到,表示断路器已接通电路;当发生短路或过载现象时,压拉按钮自动跳起,露出了白色标志带,这表明断路器已将电路自动切断。如果断路器在接通电路正常工作的情况下需要人工断开电路时,只需将压拉按钮拉出即可,故称为压拉断路器。还有一种按钮只能压下接通电路而不能拉出断开电路的断路器,称为压通断路器。压通断路器相当于一个可以多次重复使用的保险丝。

图 2.2.23 所示的断路器设置了两个按钮:闭合按钮和脱扣按钮。这种具有手动脱扣按钮的断路器,在正常情况下只需按下闭合按钮就可以使电路接通,按下脱扣按钮就可使电路断开。有的断路器还装有一个脱扣按钮盖以防止因疏忽而错误地操作脱扣按钮。这种具有闭合按钮和脱扣按钮的断路器多用于需要经常接通与断开的小功率电路中,主要起开关的作用,习惯上又常将这种断路器叫作跳开关。

在三相交流中,采用了三极断路器。它只有一个按钮(或手柄)供操作。只要有一相电路

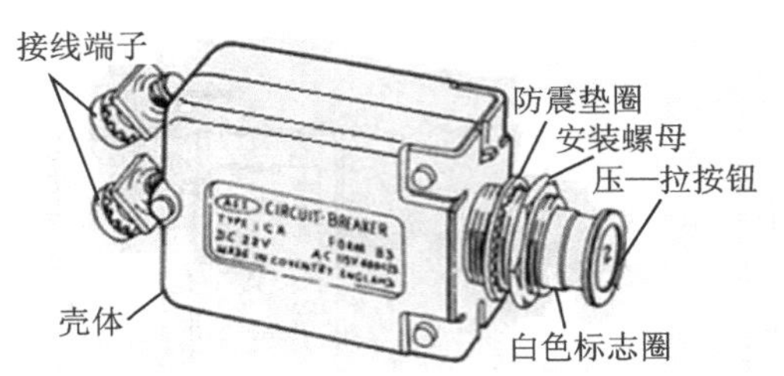

图 2.2.23　断路器外形

发生故障,就能使保护机构动作而使三相电路同时断开。

2.2.4　开关电器在功率分配中的应用

1. 功率切换

为了重构或改变系统状态,必须在系统的不同层次切换功率。在系统主功率部分占主导的大功率级,由大功率电磁装置接触器进行功率切换。这些装置可切换数百安培的电流,并用于直流和交流系统中使发电机功率与主汇流条接通。通过电磁吸力保持在选定的状态或位置,直至施加一个信号来改变这一状态。在其他情况下,需要给接触器持续作用一个信号来保持触点闭合,去除信号则使触点断开。

切换电流低于 20 A 时,一般采用继电器。其工作形式与接触器类似,继电器可用于主电气系统中的某些部位,用于切换中等功率和大功率的次级负载或控制用电装置。在电流更低但还需要指示机构状态的场合,可以应用简单的开关,如行程限制开关、压力开关和温度开关等。

2. 负载保护

断路器在出现过载时执行保护电路的功能。断路器与保险丝或限流器有同样的用途。断路器包括一组在电路正常工作时闭合的触点。该装置具有双金属元件作动的机械脱开机构。当过负荷电流流过时,双金属元件作动脱开机构,因而开启触点,断开电路的供电。为了隔断设备或方便飞机维护,可以用机械的方法向外拉出按钮使断路器断开电路。断路器具有不同的额定电流值,用于不同的载流电路中。这使其脱开特性可与其他电路匹配。脱开特性的选择必须与上游的馈线脱开机构相协调。在飞机配电系统中断路器得到广泛应用,数量有几百个。图 2.2.24 所示是断路器的脱开特性,不同的环境温度,脱开特性会发生变化。

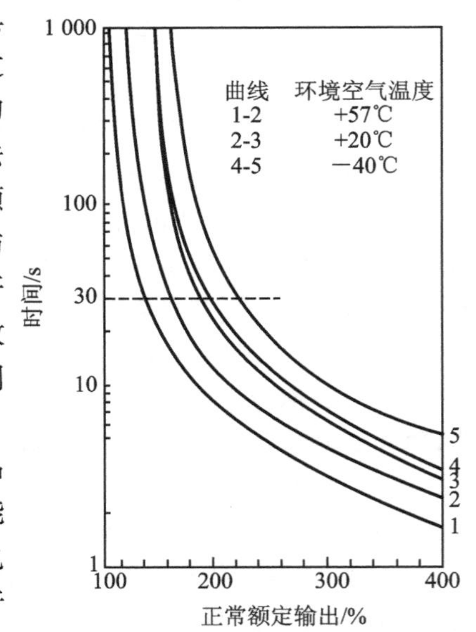

图 2.2.24　典型断路器的脱开特性

固态功率控制器所使用的大功率固态开关器件,在品质和规格方面都已稳步增加,最近已发展为既提供保护能力也可切换功率的固态功率开关装置,有效地组合了继电器或开关和断路器的功能。现有装置的不足之处是,对于直流负载应用,很容易达到 22.5 A 的额定容量,而交流负载的切换仅能在较低的额定容量下进行,并且具有通常不

可接受的功耗。SSPC 的价格昂贵，其价位与它们所替代的继电器/断路器组合无法相比。SSPC 在高工作循环场合也具有优势，因为在这些场合继电器容易磨损。

现有的 SSPC 额定容量为 5 A，7.5 A，12.5 A 和 22.5 A，并可用于切换直流 28 V 和 270 V。

固态功率控制器(SSPC)比传统的断路器或断路器加继电器的组合有了巨大的改进。除成本以外，应用 SSPC 很重要的考虑也是因为它们提供了比传统军标断路器更高的脱开精度，如图 2.2.25 所示。电保护装置，是在某种(故障)状态时必须脱开，如图中脱开特性的上半部分所示，而在其他状态时必须不能脱开，否则没有受到故障时将出现误切换。

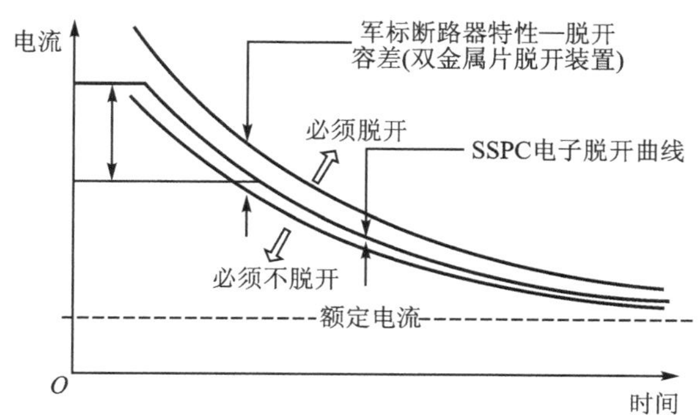

图 2.2.25 断路器与 SSPC 保护的比较

航空断路器是以简单的双金属片脱开装置工作为基础的，但其不足之处是制造公差将不可避免地引起装置脱开点之间存在一定的偏差。在某些应用场合，尤其是较复杂的系统中，必须考虑各种保护装置之间脱开特性的协调。要用监控器进行远距离监控断路器的工作状态。

SSPC 的脱开特性曲线是由微处理器实现的，精度高，控制灵活，可使达到的脱开容差在较严的边界内，可以实现不同于 I^2R 的脱开策略。对于某些负载，可以采用修正的 I^2R 特性。而对启动时具有大启动电流的其他负载，必须增加短时间的脱开电流门限。SSPC 还具有更多的优点，更易于提供状况信息，还可以与计算机通信配合。

选择题

1. 与电磁继电器相比，极化继电器最突出的特点是________。
   A. 能反映输入信号的极性； B. 能反映输入信号的大小
   C. 动作速度快 D. 尺寸和质量小
2. 下列有关双金属片式热敏继电器的说法正确的是________。
   A. 双金属片通常由两层厚度和热膨胀系数都相同的金属层组成
   B. 当温度高于常温一定值时，双金属片的自由端向下弯曲，使触点断开电路
   C. 当温度降低时，触点能自动闭合
   D. 双金属片热敏继电器感受温度范围宽，工作可靠性高
3. 接触器触点系统安装缓冲弹簧可以________。
   A. 减小或消除触点的接触电阻 B. 加速活动触点闭合的速度
   C. 减轻触点的撞击和弹跳 D. 增大触点允许的负载电流
4. 双绕组接触器中的两个绕组的作用是________。

A. 启动瞬时启动绕组独立工作,然后与保持绕组串联工作

B. 启动瞬时启动绕组独立工作,启动后保持绕组独立工作

C. 启动瞬时启动绕组与保持绕组串联工作,启动以后启动绕组退出工作

D. 启动瞬时启动绕组独立工作,然后与保持绕组并联工作

5. 下列有关机械自锁型接触器的说法正确的是________。

A. 当动铁芯吸合后,机械自锁型接触器仍需要消耗电功率

B. 吸合线圈断电以后机械自锁型接触器可以自行释放

C. 接通脱扣线圈,机械自锁型接触器在返回装置的作用下恢复到释放位置

D. 脱扣线圈通电产生的电磁力使动铁芯返回到释放位置

6. 磁锁型接触器的线圈未通电时________。

A. 活动铁芯与静铁芯之间的气隙较大,永久磁铁对活动铁芯产生较大的吸力

B. 活动铁芯与静铁芯之间的气隙较小,永久磁铁对活动铁芯产生较大的吸力

C. 活动铁芯与静铁芯之间的气隙较大,永久磁铁对活动铁芯产生较小的吸力

D. 活动铁芯与静铁芯之间的气隙较大,永久磁铁对活动铁芯不产生吸力

7. 电磁接触器采用双绕组电磁铁的目的是________。

A. 减小电磁铁的吸力　　B. 改善电磁铁的吸力特性

C. 延缓电磁铁的动作速度　　D. 增加吸力加快电磁铁的动作速度

8. 双绕组接触器在工作过程中电磁吸力的变化是________。

A. 逐渐增大　　B. 开始一段时间急剧增大,随后减小

C. 逐渐减小　　D. 开始一段时间缓慢增大,随后急剧减小

9. 按钮式自动保护开关按钮上标的数字表示其________。

A. 动作时间　　B. 额定电压

C. 额定电流　　D. 允许过载的时间

10. 按钮式自动保护开关与熔断器相比,其优点是________。

A. 对电路过载反映快　　B. 可以重复使用

C. 不必更换　　D. 能承受短时大电流的冲击

11. 各种电气设备的过载能力可以用________来表示。

A. 伏安特性　　B. 安秒特性

C. 允许通过的最大电流　　D. 允许承受的最高电压

12. 按钮式自动保护开关在电路中使用时,如果“白色标志圈”不可见,则表示________。

A. 电路是接通的　　B. 电路是断开的

C. 已经被损坏　　D. 延时断开的时间未到

13. 难熔熔断器中,在熔断片周围包裹石棉水泥是为了________。

A. 增加熔断器的机械强度和起电绝缘作用

B. 增加熔断器的机械强度和起散热作用

C. 增加熔断器的热惯性和起灭弧作用

D. 增加熔断器的热惯性和起限制过电压作用

14. 电路保护器件的基本要求是它的安秒特性应该________。

A. 高于用电设备的安秒特性　　B. 低于但接近于用电设备的安秒特性

C. 等于用电设备的安秒特性　　D. 远低于用电设备的安秒特性

15. 惯性熔断器的正负端接反以后的后果是________。

A. 失去惯性　　B. 立即被烧坏

C. 电路过载时比规定的时间提前熔断　　D. 电路过载时比规定的时间延迟熔断

16. 惯性熔断器的正负端接反以后，当电路发生过载时会比规定的时间延迟熔断的原因是________。

A. 加温元件不导电　　B. 电子流不能把热量传送到低熔点焊料处

C. 短路部分不导电　　D. 装在 U 形片上的弹簧失去拉力

17. 固态功率控制器 SSPC 与传断路器比较有很多优点，以下描述不正确的是________。

A. 脱开精度高　　B. 脱开速度快

C. 公差小　　D. 不能在复杂的场合应用

18. 下列有关电磁铁的说法错误的是________。

A. 电磁铁主要由线圈和铁芯组成

B. 交流电磁铁线圈内通入的是交流电

C. 直流电磁铁线圈内通入的是直流电

D. 电磁铁是电能和机械能相互转换的电气元件

第3章　直流电源系统

以交流电源为主的民用飞机上，直流电源称为二次电源。通常直流电源的获得不是由直流发电机产生的，而是将主电源经变压整流器 TRU 产生 28 V 直流电、将交流主电源经自耦合变压整流器(ATRU)产生的 270 V 的高压直流电、在主电源失效时作为应急电源的航空蓄电池等。因此，在现代飞机直流电源系统中，通常由航空蓄电池、电子式变压整流器、蓄电池充电器、航空无刷直流发电机以及应急情况下将蓄电池电压进一步转换的静止变流器等组成。本章讨论现代飞机直流电源系统的结构和工作原理。

3.1　航空蓄电池

蓄电池是一种化学电源，是化学能和电能互相转换的装置。放电时，它把化学能转化为电能，向用电设备供电；充电时，它又把电能转化为化学能储存起来。

航空蓄电池按用途分为飞机蓄电池和地面蓄电池两种。航空蓄电池是直流电源系统的应急电源，主要用途是：当主发电机不能供电时，向维持飞行所必需的用电设备应急供电，例如应急照明(由专用电池供电)、无线电通信、应急仪表、应急电动机、计算机等。在紧急情况下，还作为启动发动机的电源。主电池为基本服务提供规定时间的电力，是一项适航性要求。适航规定，在应急情况下，航空蓄电池至少能维持 30 min 供电，机务工程技术人员应对航空蓄电池足够重视。航空蓄电池的应用可由飞行员或自动手段控制，维护人员应知道电池的类型和维护要求，以确保电池随时可用和安全可靠。地面蓄电池主要用作地面检查用电设备和启动发动机的电源。

航空蓄电池按电解质的性质不同分为酸性蓄电池和碱性蓄电池。酸性蓄电池有铅蓄电池，其电解质是硫酸。碱性蓄电池有银锌蓄电池和镍镉蓄电池，其电解质都是氢氧化钾。

我国蓄电池的型号采用汉语拼音字母和阿拉伯数字表示。型号前面的数字表示单体电池串联的个数，后面的数字表示容量。中间的拼音字母有两种表示方法：铅蓄电池表示航空用；碱性蓄电池则依次表示负极材料、正极材料、放电性能。例如 12HK－28 型蓄电池，表示该蓄电池由 12 个单体串联、容量为 28 Ah 的航空用蓄电池；15XYG－45 型蓄电池，表示该蓄电池由 15 个单体电池串联，容量为 45 Ah 的银锌高放电蓄电池。

3.1.1　铅蓄电池

图 3.1.1 是铅蓄电池的外形图。铅蓄电池具有电势高、内阻小、能适应高放电率(放电率即单位时间内放出的电量)放电以及成本较低等优点，应用广泛；其缺点是质量大、自放电大、寿命较短以及使用维护不够简便等。以 12HK－28 为例，它把 12 节单体电池组装密封在一起，图 3.1.2 是 6 节和 12 节单体铅蓄电池的连接图。

1. 铅蓄电池的工作原理

铅蓄电池主要由正、负极板和电解液组成。正极板的活性物质(参加化学反应的物质)是

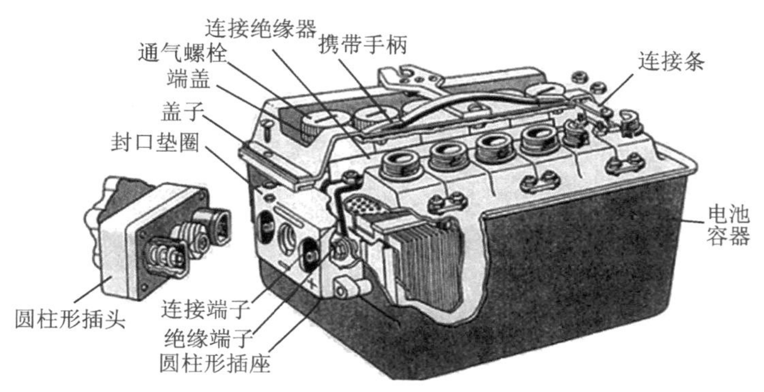

图 3.1.1 铅蓄电池外形图

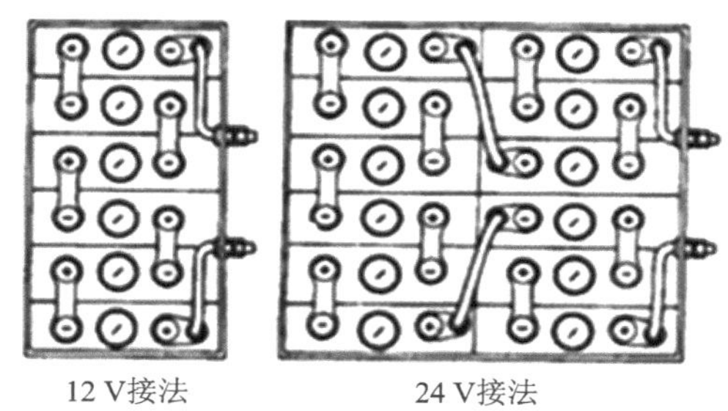

图 3.1.2 铅蓄电池单体电池的组合连接

二氧化铅(PbO_2),负极板上的活性物质是铅(Pb),电解液是由硫酸(H_2SO_4 占 30%)加蒸馏水(H_2O 占 70%)配置而成的稀硫酸。

当正、负极板浸入电解液后,两极板之间即产生电动势。下面介绍电极电位。

(1) *双电层和电极电位*

当金属电极与电解液接触时,两者之间要发生电荷的定向转移,使金属电极和电解液分别带有等量而异性的电荷,形成电位差,这个电位差叫作电极电位。

电解液是电解质和水的混合液,电解质的分子在水中能电离成正、负离子,并在溶液中进行不规则的运动。正、负离子分别带有等量而异性的电荷,整个电解液则呈中性。例如硫酸在水中电离成带正电的氢离子(H^+)和带负电的硫酸根离子(SO_4^{2-});氢氧化钾在水中电离成带正电的钾离子(K^+)和带负电的氢氧根离子(OH^-)。上述电离过程是可逆的,即在电离的同时,有些正、负离子由于碰撞而重新组成分子。当分子电离的速度与离子组成分子的速度相等时,电离处于动平衡状态。

当金属电极与电解液接触时,金属受到水这种极性分子的吸引,变成相应的离子溶解到电解液中去,而将电子留在电极上,于是电极带负电,电解液带正电。此时电极对电解液中的正离子有吸引作用,使它紧靠在电极表面,形成双电层,产生电位差。双电层中电位差的出现,一方面阻碍金属离子向电解液中继续转移,另一方面又促使电解液中金属离子逐渐减少,而返回到电极上的速度逐渐增大,最后达到动态平衡,在电极与电解液界面间形成一定的电位差,使

电极具有一定的电极电位。

当金属电极和含有该金属离子的电解液接触时,如果金属离子在金属表面的电位能比在电解液里低,则电解液中的金属离子会沉积在电极表面,形成电极带正电、电解液带负电的双电层,使电极也具有一定的电位。

在双电层的范围内,电位的数值是逐渐变化的。双电层中电位分布的情形如图 3.1.3 所示。把双电层以外的溶液的电位算做零电位,双电层两端的电位差 U 就是电极电位。如果电极带正电,电极电位取正值 U_+;反之,电极电位取负值 U_-。

开路时,从电池负极板到正极板电位升高的数值就等于电池的电动势。设开路时电池的正极电位为 U_+,负极电位为 U_-,则这两个电极电位的差值就等于电池的电动势,即

$$E = U_+ - U_- \tag{3.1.1}$$

(2) 铅蓄电池电动势的产生

图 3.1.4 是铅蓄电池电动势图,当正、负极板与电解液接触后,分别产生电极电位。

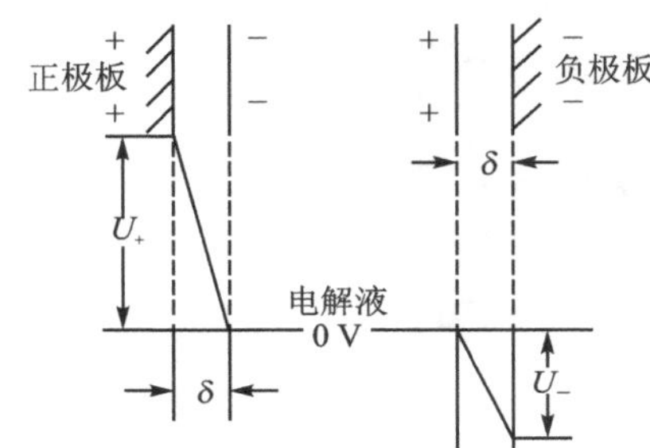

图 3.1.3　双电层和电极电位

图 3.1.4　铅蓄电池电动势

在负极,负极板的活性物质是铅。在水分子的作用下,部分铅的正离子 Pb^{2+} 溶解于电解液,电子则留在极板上,形成双电层,化学方程式为

$$Pb \rightarrow Pb^{2+} + 2e \tag{3.1.2}$$

于是,电极带负电,电位低于电解液,电极电位取负值,单体电池约为−0.13 V。

在正极,有部分二氧化铅分子溶于电解液。这些二氧化铅分子首先与硫酸作用,生成高价硫酸铅,化学方程式为

$$PbO_2 + 2H_2SO_4 \rightarrow Pb(SO_4)_2 + 2H_2O \tag{3.1.3}$$

高价硫酸铅能电离成高价铅正离子和硫酸根负离子,化学方程式为

$$Pb(SO_4)_2 \rightarrow Pb^{4+} + 2SO_4^{2-} \tag{3.1.4}$$

而后,电解液高价铅正离子就沉积到正极板上,硫酸根负离子则留在电解液中,两者之间形成双电层。于是,电极带正电,电位高于电解液,电极电位取正值,单体电池约为+2 V。因此,单体电池的电动势约为

$$E = 2 - (-0.13) = 2.13\ \text{V} \tag{3.1.5}$$

2. 铅蓄电池的放电原理

放电时,电路中就有电流流通。外电路,电子从负极流向正极;电解液中,正离子移向正极,负离子移向负极,形成离子电流。整个放电过程中,正、负极同时发生如下化学反应:

在负极，电子流走时，双电层减弱，铅离子与硫酸根离子结合，生成硫酸铅分子，并沉积于极板表面，化学方程式为

$$Pb^{2+} + SO_4^{2-} \rightarrow PbSO_4 \tag{3.1.6}$$

在正极，高价铅离子得到两个电子时，成为二价铅离子，化学方程式为

$$Pb^{4+} + 2e \rightarrow Pb^{2+} \tag{3.1.7}$$

于是双电层减弱，二价铅离子 Pb^{2+} 进入电解液，并与硫酸根离子结合，生成硫酸铅分子，沉积于极板表面，即

$$Pb^{2+} + SO_4^{2-} \rightarrow PbSO_4 \tag{3.1.8}$$

在正、负极板双电层减弱的同时，内电场减弱，负极继续有铅离子电离，正极继续有二氧化铅分子溶解、电离。于是，双电层和电动势都处于动平衡状态，放电过程得以持续进行。铅蓄电池的放电原理如图 3.1.5 所示。

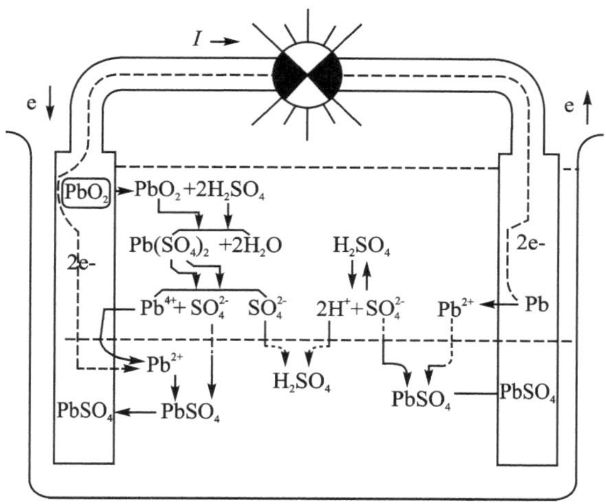

图 3.1.5　铅蓄电池放电时的化学反应

放电过程总的化学反应方程式为

$$PbO_2 + Pb + 2H_2SO_4 \rightarrow 2PbSO_4 + 2H_2O \tag{3.1.9}$$

铅蓄电池放电过程的特点是：

① 正极板的二氧化铅和负极板的铅逐渐变成硫酸铅；

② 电解液中的硫酸不断被消耗，水却不断增加，因此电解液的密度不断减小；

③ 电动势逐渐降低。

3. 铅蓄电池的充电原理

将充电机的正、负极分别接在蓄电池的正、负极上，即可对蓄电池充电，如图 3.1.6 所示。

充电机是一种直流电源，如直流发电机或整流电源，其端电压应能调节，使之略高于蓄电池电动势。接充电机时应特别注意极性，防止串联短路，如果极性接反则会造成永久性损坏。

放电后的蓄电池的正、负极板上的硫酸铅分子能溶解于电解液中，并发生电离，化学方程式为

$$PbSO_4 \rightarrow Pb^{2+} + SO_4^{2-} \tag{3.1.10}$$

当接通充电机的电路时，充电电流从正极经过蓄电池内部流向负极，于是正极的铅离子失

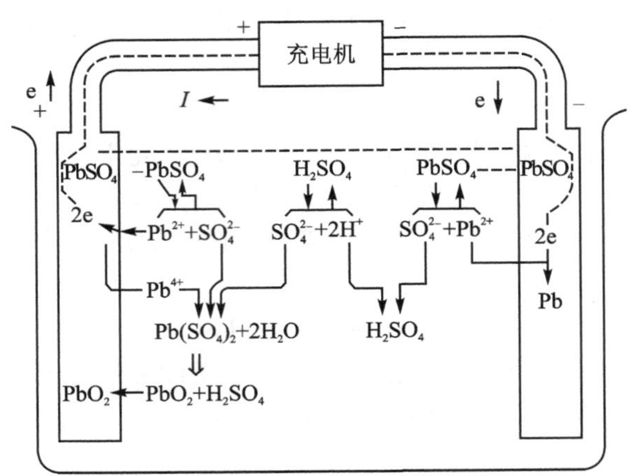

图 3.1.6 铅蓄电池充电时的化学反应

去两个电子,成为高价铅离子,即

$$Pb^{2+} - 2e \rightarrow Pb^{4+} \tag{3.1.11}$$

高价铅离子与电解液作用,生成高价硫酸铅,化学方程式为

$$Pb^{2+} + 2SO_4^{2-} \rightarrow Pb(SO_4)_2 \tag{3.1.12}$$

而后

$$Pb(SO_4)_2 + 2H_2O \rightarrow PbO_2 + 2H_2SO_4 \tag{3.1.13}$$

生成的二氧化铅沉积在正极板上,负极的铅离子在电极上获得两个电子,还原成铅,并沉积在负极板上,化学方程式为

$$Pb^{2+} + 2e \rightarrow Pb \tag{3.1.14}$$

充电过程总的化学反应方程式为

$$2PbSO_4 + 2H_2O \rightarrow PbO_2 + 2H_2SO_4 + Pb \tag{3.1.15}$$

铅蓄电池充电过程的特点是:

① 正、负极板上的硫酸铅逐步生成二氧化铅和铅;

② 电解液中的水不断减少,硫酸则不断增加,因此电解液密度逐渐增大;

③ 电动势逐渐升高。

把铅蓄电池放电过程总的化学反应方程式(3.1.9)与充电过程的化学反应方程式(3.1.15)加以比较,可以看出它们是一对可逆的化学反应方程式。通常将充、放电过程的化学反应方程式写成如下的综合式:

$$PbO_2 + Pb + 2H_2SO_4 \underset{\text{充电}}{\overset{\text{放电}}{\rightleftharpoons}} 2PbSO_4 + 2H_2O + \text{电能} \tag{3.1.16}$$

4. 铅蓄电池的构造

各种类型的铅蓄电池的构造大体相同,现以 12HK-28 型航空蓄电池为例加以说明。12HK-28 型航空蓄电池由 12 个单体电池串联而成。每个单体电池由极板组、隔板和电解液等主要部分组成,单体电池的结构如图 3.1.7 所示。

(1) 极板组和隔板

① 正极板组:5 块棕红色正极板焊在一个极柱上,组成正极板组。

② 负极板组:6 块灰色负极板焊在另一个极柱上,组成负极板组。

③ 隔板：多孔型隔板夹在正负极板之间，既防止正负极板相碰短路，又能让离子通过。

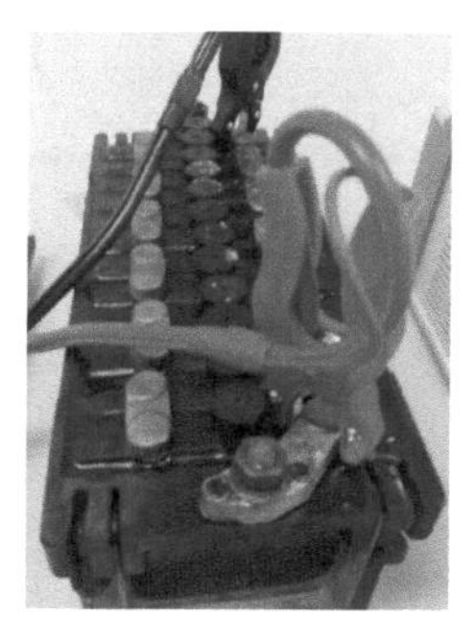

(a) 12HK-28Ah电池外形图

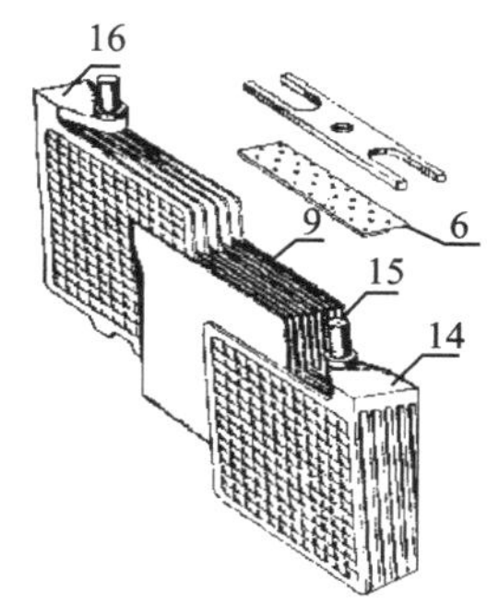

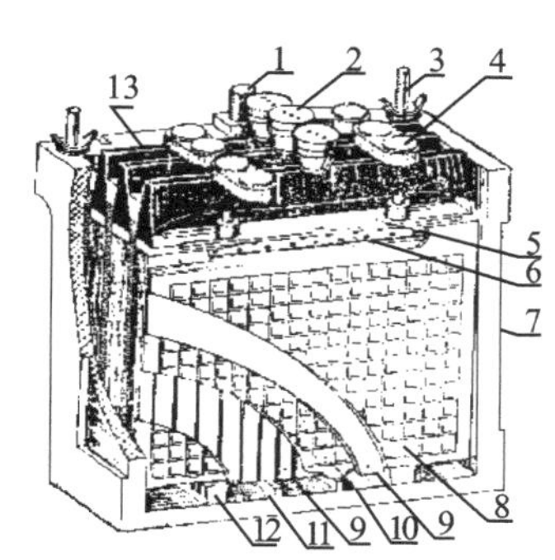

(b) 单体电池分解图

1. 接线柱；2. 工作螺塞；3. 上盖固定螺杆；4. 连接条；5. 护水盖；6. 网状胶片；7. 外壳；8. 负极板；9. 隔板；10. 正极板；11. 菱形条；12. 托架；13. 三孔盖；14. 负极板组；15. 极柱；16. 正极板组

图 3.1.7　单体电池的构造

隔板有槽的一面对着正极板，以保持正极板周围有充足的电解液。这是因为正极板要求有较多的硫酸参加化学反应。极板顶部有网状胶片，用以防止碰坏极板。网状胶片上部有护水盖，既可防止电解液溅出，又便于检查电解液的高度。

正、负极板交错重叠地安放在一起。活性物质涂抹在铅锑合金栅架上，如图 3.1.8 所示。栅架主要用来增加负极板的强度，并可改善其导电性。极板片多而薄，活性物质疏松多孔，增大了极板与电解液接触面积，使更多的活性物质能参加化学反应，以提高最大允许放电电流和容量。图 3.1.9 所示是铅蓄电池的电池单元，一组蓄电池是由多个这样的电池单元组成的。

图 3.1.8　铅蓄电池的金属栅架

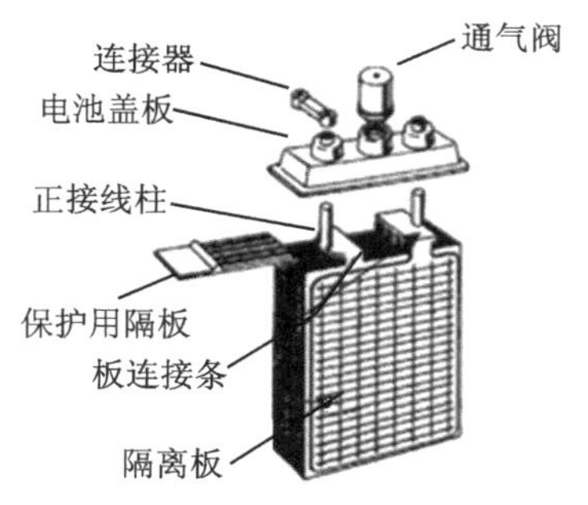

图 3.1.9　铅蓄电池的电池单元

(2) 电解液

电解液用纯硫酸和蒸馏水配置而成。配置电解液时，切不可把水往硫酸里倒，以防硫酸飞溅伤人。电解液密度大小，一要考虑蓄电池电动势的大小，二要考虑电解液对极板和隔板的腐蚀作用。一般充足电的蓄电池，电解液密度为 1.285 g/cm^3，液面高度距网状胶片 6～8 mm。

【实验 3.1.1】 电解液的密度测试、配制和校准。

(一) 密度测试

密度计是用来测量液体密度的量具。对于飞机铅酸蓄电瓶，通常采用密度测试来确定电池的充电状态。密度的定义是：给定体积的物质质量与在+4 ℃下等体积的纯水的质量之比。

蓄电瓶电量减少时，电解液的密度会降低，这是因为电解液中硫酸与极板上的活性物质发生化学反应而产生电流使电解液中的硫酸逐渐减少,而硫酸的密度远远大于水,硫酸的减少会使电解液的密度下降。密度计用于测定铅蓄电瓶中电解液密度。图3.1.10所示是使用密度计测量电解液的密度。

图3.1.10 使用密度计测量电解液的密度

密度计由一个在端部配重的小密封玻璃管组成。该密封玻璃管称为浮子,测量时必须漂浮在被测液体中。管道底部的质量是由待测流体的密度范围决定的。

用于测量电池的密度的密度计测试范围为1.100～1.300 g/cm^3。浮子放在一个较大的玻璃管内,把电解液从电池中抽到玻璃管就可以读数了。

当液位达到可以对密度计进行读数时,玻璃管内部的浮子就会浮起,并在电解液中自由浮动。为了确保测试的准确性,浮子必须在电解液中自由浮动。测试完成后,电解液放回电池中。

当用密度计来测试电池时,必须考虑电解液的温度,因为密度计上的刻度会受温度变化的影响而失真。当温度处于21.1～32.2 ℃时,没有必要校正读数,因为这时温度的影响可以忽略不计。低于21.1 ℃和高于32.2 ℃时,应根据表3.1.1进行校正。

表3.1.1 密度计校正系数

序号	电解液温度		修正系数	序号	电解液温度		修正系数
	℉	℃	千分数		℉	℃	千分数
1	120	48.9	+16	9	40	4.4	−16
2	110	43.3	+12	10	30	−1.1	−20
3	100	37.8	+8	11	20	−6.7	−24
4	90	32.2	0	12	10	−12.2	−28
5	80	26.7	0	13	0	−17.8	−32
6	70	21.1	0	14	−10	−23.3	−36
7	60	15.6	−8	15	−20	−28.9	−40
8	50	10.0	−12	16	−30	−34.4	−44

例如,如果电解液的温度是10℉[12.2℃],密度计的读数是1.250,则校正后的数值为1.250−0.028,即1.222。表3.1.1中修正系数的单位是千分之一。一些密度计带有刻度的校正,读出的数据已经是经过校正的了。

(二)电解液的配制

图3.1.11是配制电解液的示意图。

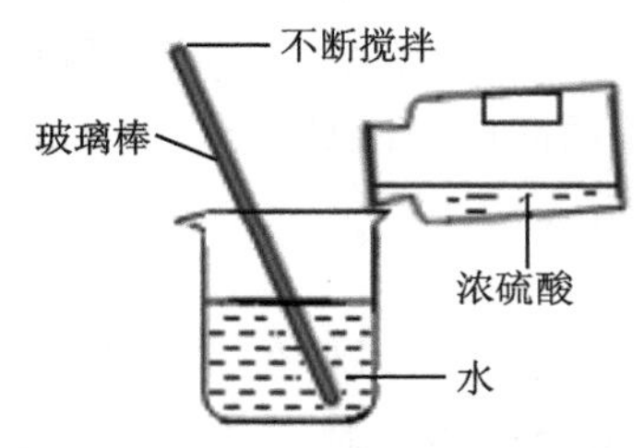

图3.1.11 电解液配制示意图

确定电解液密度大小时,一要考虑蓄电瓶电动势的大小,二要考虑电解液对极板和隔板的腐蚀作用。一般充足电的蓄电瓶,电解液密度为1.285 g/cm^3,液面高度距网状胶片6～8 mm。

【维护要点】 应避免人体接触电池电解液(蒸气或液体),遵守安全预防规定,保护手和眼睛及身体外露部

分。处理电解液时一定要使用个人防护装备，一旦接触电解液，应立即采取急救措施。配比电解液时一定要把硫酸加到蒸馏水中。表 3.1.2 所列是电解液在不同密度下的浓硫酸与蒸馏水的体积之比及质量之比。

表 3.1.2　电解液密度与浓硫酸及蒸馏水的配比关系

电解液密度/($g \cdot cm^{-3}$)	体积之比		质量之比	
	浓硫酸	蒸馏水	浓硫酸	蒸馏水
1.180	1	5.6	1	3.0
1.200	1	4.5	1	2.6
1.210	1	4.3	1	2.5
1.220	1	4.1	1	2.3
1.240	1	3.7	1	2.1
1.250	1	3.4	1	2.0
1.260	1	3.2	1	1.9
1.270	1	3.1	1	1.8
1.280	1	2.8	1	1.7
1.290	1	2.7	1	1.6
1.400	1	1.9	1	1.0

（三）电解液密度修正

酸性蓄电瓶充电时每 2 h 需要测量一次电解液温度和每个单体电池的电压。当大多数单体蓄电瓶电压达到 2.35～2.42 V 时，改用第二阶段电流充电。充电结束时调整电解液密度至 1.285±0.005 g/cm^3(30 ℃)及规定的液面高度。当密度高于规定值时，可加入蒸馏水；低于规定值时，则加入预先配置好的密度为 1.4 g/cm^3 的稀硫酸。密度调整后继续充电 0.5～1 h，以使电解液均匀。各单体蓄电瓶电解液密度相差不大于 0.01 g/cm^3。用密度计测量时，应考虑温度的影响。在 27 ℃时，密度计读出的数据不需要补偿。高于或低于 27 ℃时，读数需加上一个修正值。如 15 ℃时测的读数为 1.240 g/cm^3，经修正后的读数应为 1.232 g/cm^3，修正值大小如表 3.1.3 所列。

表 3.1.3　电解液密度测量的修正值

电解液温度	℃	60	55	49	43	38	33	27	23	15
	℉	140	130	120	110	100	90	80	70	60
修正值/($g \cdot cm^{-3}$)		0.024	0.020	0.016	0.012	0.008	0.004	0	−0.004	−0.008
电解液温度	℃	10	5	−2	−7	−13	−18	−23	−28	−35
	℉	50	40	30	20	10	0	−10	−20	−30
修正值/($g \cdot cm^{-3}$)		−0.012	−0.016	−0.020	−0.024	−0.028	−0.032	−0.035	−0.040	−0.044

铅蓄电瓶放完电后，硫酸含量很少，密度接近 1.05 g/cm^3。低温条件下电解液容易结冰，因此铅蓄电瓶必须在充满电的情况下保存。

(3) 外　壳

外壳用硬橡胶压制而成，有 12 个小格，每个小格装一单体电池。小格底部有菱形条，和托

架一起支撑极板组，并使脱落的活性物质得以离开极板下沉，以保障蓄电池的性能。

单体电池顶部装有三孔盖，它与外壳之间的间隙用沥青密封。正、负极板组的极性分别从三孔盖两端的圆孔穿出，中间的圆孔拧有带橡皮垫圈的通气螺塞。通气螺塞如图3.1.12所示。

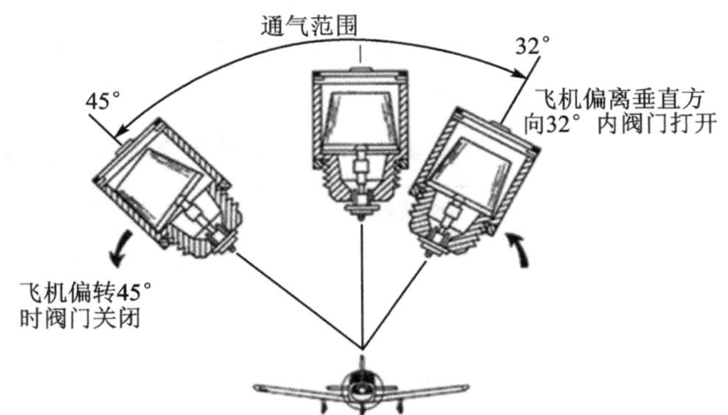

图 3.1.12　通气螺塞与飞行姿态的关系

航空蓄电池必须要有通气螺塞，飞机平飞时，铅陲使活门打开，使蓄电池工作过程中产生的气体顺利排出；飞机倾斜或俯仰时，铅陲偏倒，活门堵塞，防止电解液流出。

振动会使蓄电池产生泡沫，蓄电池的化学反应也有气体产生，因此必须采用酸池AT接收泡沫，用单向阀门NRV和来自增压舱的压缩空气把化学反应的气体排出，如图3.1.13所示。橡胶或其他非腐蚀性导管可用做排气管路，把气体排放到飞机外部(通常排到机身蒙皮外)。

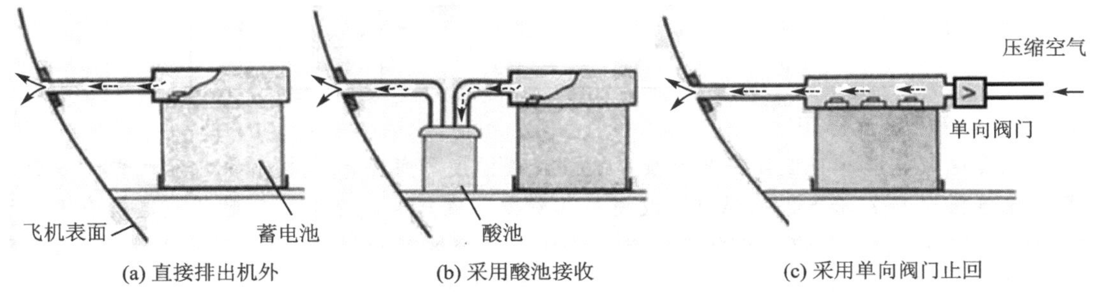

图 3.1.13　机载蓄电池排气方法

5. 铅蓄电池的放电特性

蓄电池的放电特性主要是指放电过程中蓄电池的电动势、内电阻、端电压和容量的变化规律，研究蓄电池的放电特性对正确使用蓄电池至关重要。

(1) 电动势

铅蓄电池电动势的大小主要取决于电解液的密度，而与极板上的活性物质的多少无关。当电解液的温度为15 ℃、密度在1.05～1.30 g/cm^3 变化时，单体电池的电动势与电解液密度成线性关系，如图3.1.14所示。电动势的数值还可以由下面的经验公式确定：

$$E = 0.84 + d \qquad (3.1.17)$$

式中，d 为电解液的密度，单位是g/cm^3；E 为电动势，单位为V。

图 3.1.14　单体电动势与电解液密度的关系

因为充足电的蓄电池的电解液的密度一般为1.285 g/cm^3，所以单体电池的电动势约为

2.1 V。12HK－28 型蓄电池由 12 个单体电池串联而成，其电动势约为 25 V。铅蓄电池放电时，随着电解液密度的减小，其电动势是逐渐下降的，充电时电动势是逐渐上升的。

值得注意的是，铅蓄电池在充电、放电过程中，化学反应主要在极板的孔隙内进行，孔隙内、外电解液密度往往并不完全相同。放电时，孔隙内电解液的密度比外面要小，充电时则相反。决定蓄电池电动势数值的应该是孔隙内电解液的密度。只有当充、放电结束，并放置一段时间后再测出的密度，才比较准确。

(2) 内电阻

铅蓄电池的内电阻由 3 部分组成，即极板电阻、电解液电阻以及极板与电解液之间的接触电阻。

① 极板电阻：极板电阻在放电开始时很小，在放电过程中随着导电性能很差的硫酸铅的产生，极板电阻逐渐增大；当表面覆盖有大颗粒的硫酸铅时，它的导电性更差，极板电阻大为增加。

② 电解液电阻：电解液电阻与温度和密度有关，温度升高电阻减小；在放电过程中，密度总是逐渐下降，其电阻随之增大；特别是当密度减小到 1.15 g/cm^3 以下时，电解液的电阻将迅速增大。

③ 接触电阻：极板与电解液的接触电阻由其接触面积的大小决定。片数多、孔隙多，接触电阻就小。在放电过程中，极板表面逐渐被硫酸铅覆盖，特别是大颗粒结晶出现时，接触电阻明显增加。

由此可见，铅蓄电池在放电过程中，内电阻是逐渐增大的，充电时则相反。充足电的单体电池的内电阻在 0.01～0.001 Ω 之间。12HK－28 型蓄电池包括连接条在内电阻约为 0.02 Ω。

与其他化学电源相比，铅蓄电池的内阻是比较小的，发热损耗也小，效率高。这是铅蓄电池的可贵之处。

(3) 放电特性

蓄电池的放电特性是指在一定放电电流时，端电压随时间的变化规律。这种规律用如图 3.1.15 的曲线表示，曲线是在电解液温度为 20 ℃时，以额定电流(2.8 A)放电时测得的。可以将放电分为 4 个阶段：放电初期、放电中期、放电后期及放电终了。

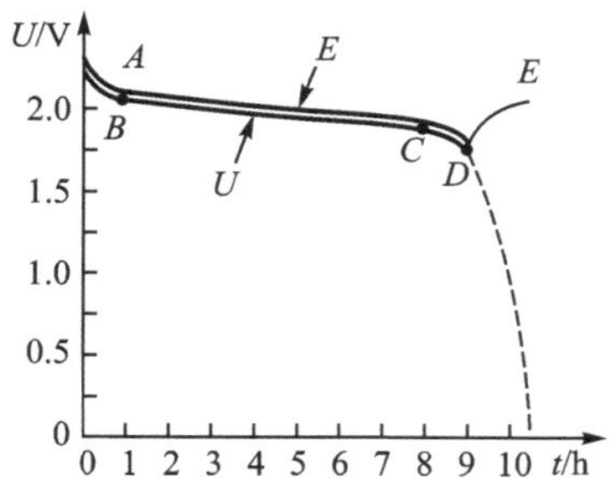

图 3.1.15　单体蓄电池的放电特性

放电初期(*AB* 段)：极板孔隙内、外的电解液密度差很小，扩散速度慢，孔隙内的硫酸消耗得多，补充得少，密度下降得快，电动势和端电压也就迅速下降。

放电中期(*BC* 段)：极板孔隙内、外的电解液浓度差已经很大，扩散速度加快，孔隙内硫酸的消耗与补充基本相等，其电解液浓度随整个电池里电解液浓度缓慢减小而减小。因此，电动势和端电压下降很慢。

放电后期(*CD* 段)：化学反应逐渐向极板内部深入，硫酸扩散路程长，同时极板表面沉积的硫酸铅增加，孔隙入口减小使扩散通道变窄，甚至部分孔隙被堵塞。这使孔隙里的硫酸得不到相应地补充，浓度迅速减小，电动势下降很快。由于电解液密度已低于 1.1 g/cm^3，内电阻引起的内压降迅速增大，所以端电压下降更为迅速。

放电到图 3.1.15 中的 D 点时，如果继续放电，端电压将迅速下降到零，如 D 点以后的虚线所示。实际上，D 点以后蓄电池已失去放电能力，故 D 点电压称为放电终了电压。铅蓄电池以额定电压放电时，单体电池的放电终了电压为 1.7 V。蓄电池放电到了终了电压时，如果继续放电叫过量放电。过量放电会降低蓄电池的寿命，故应禁止。

如果放电到了终了电压就停止放电，由于硫酸的扩散作用仍将继续进行，使极板孔隙内电解液浓度又缓慢上升，直到内、外浓度相等，这时电动势也会缓慢上升到 1.99 V 左右。

铅蓄电池的放电特性和放电电流及电解液的温度有关。放电电流小，则放电时间长，电池电压高，终了电压也较高；反之，放电电流大，则放电时间短，电池电压低，终了电压也低。这是因为化学反应剧烈，电压降到以额定电流放电的终了电压值时，还有不少活性物质可以参加化学反应。

电解液温度太高，会缩短极板寿命。电解液温度低时，黏度大，扩散困难，极板孔隙里的硫酸得不到相应地补充，密度迅速减小；再加上化学反应主要在容易获得硫酸的极板表面进行，生成的硫酸铅迅速增多，扩散通道迅速变窄，使孔隙里的电解液密度减小得更快，电动势下降很快。电解液的温度越低，端电压下降越快，到放电终了电压所需的时间越短。

放电方式是指蓄电池是连续放电还是间断放电。间断放电时，在两次放电的间歇时间内，硫酸来得及向孔隙里扩散，使电解液密度回升，电动势升高，再次放电时，放电电压就高一些。从整个放电过程来看，放电电流相同时，间断放电比连续放电的电压下降得慢些，放电终了电压的时间长一些。

6. 容　量

蓄电池从充足电状态放电到终了电压时输出的总电量叫容量。容量的单位是安培小时(Ah)。如果放电电流恒定，则容量 Q 等于放电电流 I 与放电时间 t 的乘积，即

$$Q = It \tag{3.1.18}$$

(1) 影响蓄电池容量的因素

由蓄电池放电原理可知，当一个二氧化铅分子、一个铅分子与两个硫酸分子发生化学反应时，就有两个电子通过外电路。因此，蓄电池的容量由参与化学反应活性物质的多少决定。

为了提高蓄电池的容量，首先是增加活性物质的数量，其次是增大极板与电解液的接触面积，以增加参与化学反应的活性物质的数量。在活性物质一定的情况下，极板的孔越多，极板组的片数越多，则容量越大。在容积一定的情况下，为了增加极板的片数，极板要做得薄些，但受机械强度的限制，极板也不能太薄。

容量与放电条件和维护得好坏有关。在低温、大电流和连续放电的情况下，到终了电压的时间显著缩短，因此容量减小，反之容量增大。如果维护使用不当，蓄电池过早出现极板硬化、活性物质脱落以及自放电严重等现象，会造成参加化学反应的活性物质减少，容量相应下降。接近寿命期的蓄电池，其容量势必减小。

(2) 额定容量和实有容量

蓄电池的额定容量是制造厂标定的标准容量。不同型号的蓄电池，额定容量是不同的。

蓄电池在不同的放电条件下，所能放出的容量差别很大。为了比较蓄电池的容量，规定了一个标准的放电条件。铅蓄电池标准的放电条件是：电解液温度为 20℃，放电电流为额定值，放电方式为连续放电。实有容量是指蓄电池充足电后，在标准条件下放电到终了电压所能放出的电量。习惯上，蓄电池的实有容量用相对值表示，即

$$实有容量(相对值)=\frac{实有容量}{额定容量}\times 100\% \tag{3.1.19}$$

为了使蓄电池能够发挥其应有的作用,规定实有容量低于 75%的飞机蓄电池和低于 40%的地面蓄电池,不得继续使用。完全充电后,每个电池在接线端的电势差为 2.5 V,放电后,电势差约为 1.8 V。12 节电池组成的电池组,充足电的电势差为 26.4 V,放完电的电势差为 21.6 V。

铅蓄电池在正常使用期间,接线端电压在电池寿命内很长时间都会保持在大约 2 V,称该电压为标称电压。对于给定的电池容量,稳定放电的标称值构成电池技术指标的一部分。例如,一个标称值为 $C=20$ Ah 的电池,必须提供比较稳定的 1 A 电流达 20 h。如果放电电流不同,则放电时间也不同。图 3.1.16 示出了在不同放电电流下,铅蓄电池的典型特性。放电电流用一个系数乘以 C 值表示。某容量的蓄电池,用 0.1 C 可放电约10 h,而用 1 C 则放电时间约 1 h。

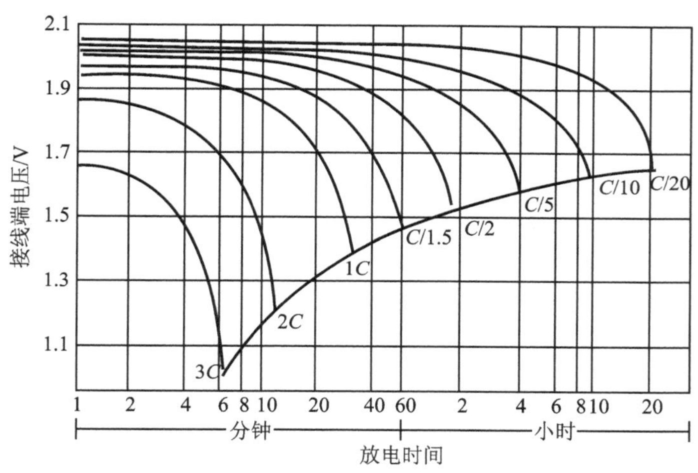

图 3.1.16　铅蓄电池放电电流与时间的关系

7. 铅蓄电池的充电特性和充电方法

(1) 充电特性

铅蓄电池的充电特性主要是指充电电压的变化规律。充电电压 U 等于电动势 E 和内压降 Ir 之和,即

$$U=E+Ir \tag{3.1.20}$$

充电电流恒定时,充电电压的变化主要取决于电动势的变化,即取决于电解液的扩散速度。一个单体电池,在电解液温度为 20 ℃、以恒定电流充电时,电压变化情况如图 3.1.17 实线所示。从充电特性曲线可见,充电电压也具有明显的阶段性。

充电初期(AB 段),化学反应首先在极板孔隙内进行,硫酸铅还原为铅、二氧化铅和硫酸,此时电解液扩散速度慢,孔隙内电解液密度增加快,因此电动势和电压上升就快。

充电中期(BC 段),扩散速度加快,孔隙内、外电解液密度缓慢增加,电动势和电压也就缓慢上升。

充电后期(CD 段),剩下的硫酸铅少且通常难以还原,输入的电能逐步用来电解水,正极产生氧气,负极产生氢气,或附着在极板上,或形成气泡逸出。当氢、氧气体附着在极板上时,产生气体电极电位,形成附加电动势,使电压又迅速上升。此后,当电流全部用于电解水时,电动势和电压不再升高,充电过程就结束了。充电完毕,断开充电电路,一方面由于附加电动势消失,一方面由于硫酸的继续扩散,电动势逐渐下降,最后趋于稳定。

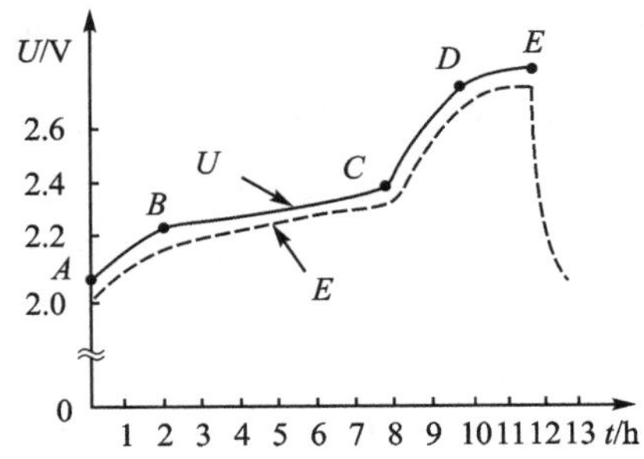

图 3.1.17 单体铅蓄电池的充电电压特性

充电终了的特征主要有以下几点:

① 充电电压持续 2 h 不再上升,单体电池电压为 2.5～2.8 V。

② 电解液密度达到规定值不再增加,一般为 1.285 g/cm³。

③ 电解液大量而连续地冒气泡,类似沸腾。

④ 连续 2 h 电压和密度保持稳定不变。

在充电过程中,蓄电池将排出大量氢气和氧气,如室内空气中含有 4 %的氧气,遇到明火将引起爆炸。所以,充电期间须严禁烟火,应有良好的通风设备,并备有灭火器等。

(2) *充电方法*

1) 恒压充电

充电过程中充电电压恒定不变,充电器的电压高于蓄电池电压。由于充电初期电动势较低,充电电流很大,随着充电的进行电流逐渐减小,如图 3.1.18 所示,图(a)是连接图,图(b)是充电电流和电压的曲线示意图。

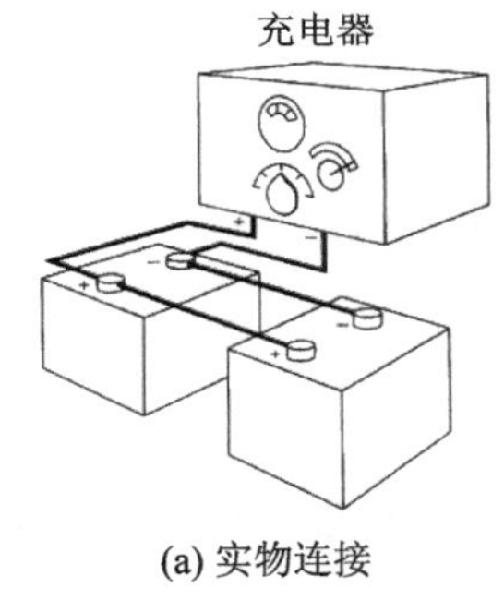

(a) 实物连接

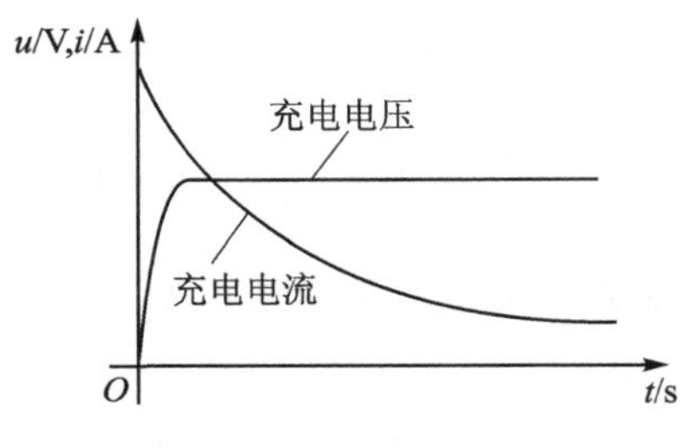

(b) 电压电流曲线示意图

图 3.1.18 蓄电池组恒压充电

若用恒压充电,当电压选择较低时,充电后期电流太小,不易充足;当电压选择较高时,充电一开始就有部分电能用于电解水,甚至形成电解液沸腾现象,温度升高也过快,影响蓄电池的寿命。当发动机正常工作后,在接通飞机蓄电池的瞬间,会出现十几甚至几十安的充电电流,随后由于蓄电池的电动势迅速升高,充电电流将迅速减小并趋于零。

如果有几个蓄电池需要同时充电,可以采用串联、并联或复联的方法进行。但要求额定电压相等、容量相等,放电程度差不多的蓄电池才能并联。额定容量相等,放电程度近似,而额定电压不同的蓄电池只能串联。

2）恒流充电

充电过程中电流维持恒定，充电电压随蓄电池电压的变化而改变，充电电路实物连接和电压电流曲线如图 3.1.19 所示。

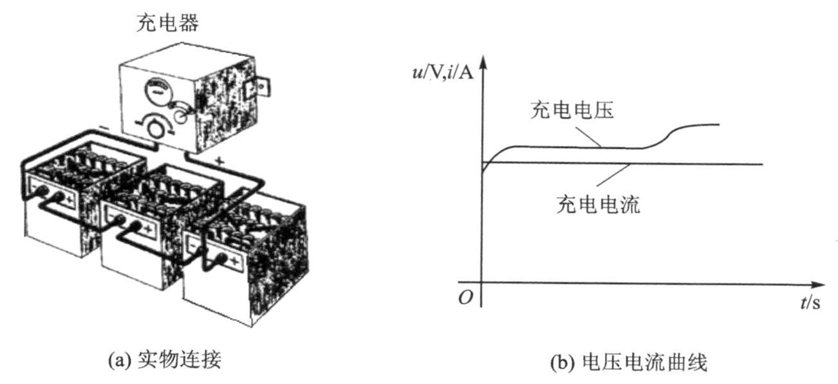

(a) 实物连接　　(b) 电压电流曲线

图 3.1.19　蓄电池组恒流充电

恒流充电方式没有过大的冲击电流，不会引起蓄电池充电不平衡，容易测量和计算充入蓄电池的电能。但是开始充电阶段如果选择恒流充电值较小，则充电时间较长，又如果开始时充电电流大，则充电后期电流会过大，造成过充电，对极板冲击大，耗能高，电解水严重。另外，恒流充电设备的技术要求高。

3）先恒流后恒压充电方式

先用恒流给蓄电池充电，可以减小对蓄电池的电流冲击，节约充电时间；当蓄电池电压达到转折电压后，自动转换到恒压充电方式。这种充电方式避免了恒压充电先期的冲击电流大和恒流充电方式后期充电电流大的情况。图 3.1.20 是某蓄电池采用恒流恒压充电的电压电流曲线示意图，开始充电时，采用恒流充电方式，当蓄电池电压达到转折电压后，自动切换到恒压充电方式。这种充电方式集中了恒压和恒流充电方式的优点，克服了恒压、恒流充电方式的不足，但充电设备较为复杂，有关充电技术可以参阅相关文献。

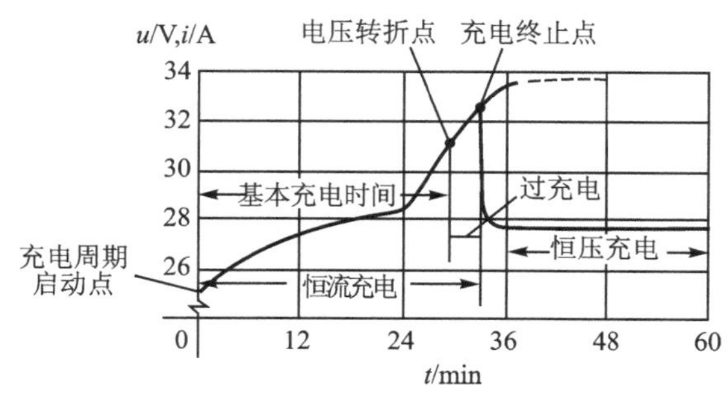

图 3.1.20　恒压恒流充电曲线示意图

由于功率电子技术的飞速发展，现代飞机上装有可调蓄电池充电器。例如 A380 飞机上装有 3 台 300 A 电瓶充电器调节装置 BCRU。对优化充电性能，延长蓄电池的寿命极其有益。

8. 铅蓄电池适航要求

① 航空蓄电池，实际容量应不低于额定容量的 75%，加双倍负载，电压不低于 24 V，方可

使用。10 h 放电率的电流为蓄电池的额定负载电流，如 12HK－28 正常负载电流为 3 A，双倍电流为 6 A。

② 一般情况下，发电量不应该超过额定容量的 50%，任一单体电池的终止电压为 1.7 V，防止过放电。

③ 放电后的蓄电池应及时充电，不得搁置 12 h 以上。防止蓄电池暴晒，在寒冷地区注意保温防冻。

④ 每月至少对蓄电池充电一次。

9. 铅蓄电池的主要故障

蓄电池常见的故障有自放电、极板硬化和活性物质脱落等几种。每一个要装机的蓄电池必须进行严格的测试，因为作为应急电源，蓄电池关系到飞机电源系统主电源失效时能否安全着陆和返航。

(1) 自放电

放置不用的蓄电池，其容量和电压自动下降的现象叫自放电。引起自放电的主要原因是极板上或电解液中存在杂质。例如，当极板上有铜微粒时，铜和铅在电解液中便形成一个短路状态的微电池，如图 3.1.21 所示。在电解液中，铜的电极电位比铅的电极电位高，因此短路电流由铜流向铅，再经电解液到铜。结果铅与电解液进行化学反应，生成硫酸铅和氢气，活性物质减少，电解液密度下降，使电压降低，容量减小。

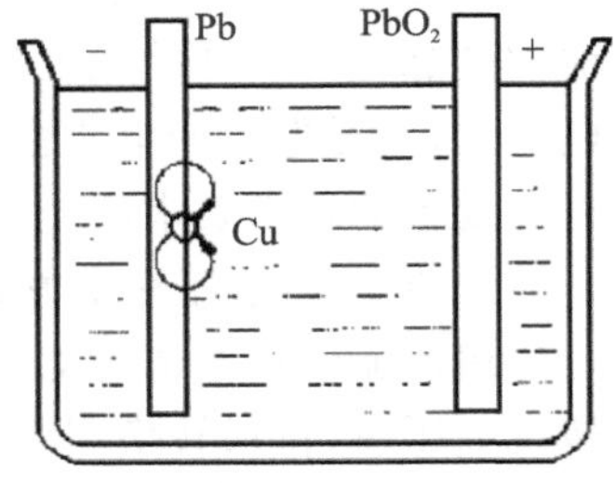

图 3.1.21　杂质形成的微电池

蓄电池表面有灰尘、水分和电解液，正、负极之间形成导电通路，也会造成自放电。极板上和电解液中，总会有一些杂质存在，电池表面也不会绝对干净。因此，自放电是不可避免的。在正常情况下，每昼夜自放电损失的电量为额定容量的 1%左右。如果维护不当，自放电加剧，即形成故障。自放电故障严重的蓄电池，可把容量在几小时内放完。

(2) 极板硬化

放电时生成的硫酸铅是小颗粒结晶体，并与活性物质相混杂，在充电时容易还原成相应的活性物质。但是，在一定条件下，这种小颗粒的硫酸铅会变成大颗粒的硫酸铅结晶体，覆盖在极板表面，充电时难以还原，这现象就叫作极板硬化。

极板硬化程度较轻时，对蓄电池的性能和容量影响较小。硬化严重时，极板表面覆盖着大片白色的大颗粒硫酸铅结晶体，堵塞极板的许多空隙，严重影响电解液的扩散。放电时，不仅自身不能参加化学反应，还使极板深处的许多活性物质不能参加化学反应。因此，容量显著减小，放电电压下降加快。

温度对硫酸铅在电解液中的溶解度的影响较大，温度越高，溶解度越大。当温度变化剧烈时，原来在高温下溶解的硫酸铅，就以极板上原有的小颗粒硫酸铅结晶体为核心而再结晶，形成较大颗粒的结晶体。它既不易溶解，充电时也不易还原，而且随着再结晶的多次反复，颗粒越来越大，逐渐连成一片，覆盖在极板表面，形成严重的极板硬化。可见，凡是加速硫酸铅再结晶或使结晶得以反复进行的条件，都是造成极板硬化的原因。例如：电解液温度剧烈变化，放电后不及时充电或充电不足，极板外露等。

消除极板硬化的方法是进行过量充电，即在正常充电后，再以较小的电流继续充电。为了

防止温度过高，可进行 3～5 次的间断充电，使硬化的硫酸铅慢慢还原为活性物质。但是要彻底消除极板硬化是十分困难的，许多蓄电池提前到达寿命期，往往是极板硬化所致，因此，要正确使用和维护蓄电池，防止极板硬化故障的发生。

（3）活性物质脱落

电解液温度过高，经常以大电流充、放电，以及蓄电池受到猛烈的撞击和振动等，都会使极板上的活性物质脱落，蓄电池的容量减少。如果活性物质脱落太多，沉积到外壳的底部，会造成正、负极板的短路故障。

鉴于上述原因，铅蓄电池使用中的维护十分重要。下面通过案例分析。

【例 3.1.1】 某飞机蓄电池无充电电流故障分析及维护。

某飞机上配有的三块串联的蓄电池，向飞机提供 28 V 直流电，作为飞机的应急电源和 APU 启动电源。当电压低于标准值时，由一台蓄电池充电器通过飞机电网向蓄电池充电，充电电流在驾驶舱可以监控。

【故障现象】 10 天内某飞机蓄电池出现 3 次故障，故障情况是：

① 飞机短停时 APU 自动停车，之后蓄电池电压过低，无充电电流。

② 航前蓄电池无充电电流，检查分析后发现一块蓄电池有液体渗出，感温电阻呈短路状态。

③ 飞机在外航站短停时，更换一块蓄电池而造成所有蓄电池无充电电流。

【故障原因分析】

① 可能由于 APU 启动继电器触点故障，造成 APU 启动机多次启动运转，过度消耗蓄电池电能，蓄电池电压不断降低。由于蓄电池电压过低，充电器处于保护状态而不能给蓄电池充电，因而出现无充电电流。

② 根据故障现象，说明蓄电池存在质量问题。当有较大电量时，性能品质迅速下降，在充电过程中容易出现故障，正常蓄电池不能充电。

③ 在外航站短停，条件有限，由于更换一块电池而造成三块电池的新旧程度不同，充放电状态不同都会造成故障。在外航有可能因更换的电池和现有的电池的电压、内阻抗等性能不匹配，在充电过程中极易造成蓄电池内部损坏，从而导致无充电电流。

【维护建议】

由于飞机 10 天内出现了三次蓄电池无充电电流故障，同时 APU 的故障存在，情况较为复杂，具有一定的典型性。为了防止同类故障再次发生，应采取以下解决措施：

① 经常检查线路故障与机上充电设备是否正常。

② 严格按照蓄电池维修规范正确维护和使用，避免人为因素造成蓄电池过度放电和过度充电，影响蓄电池寿命。

③ 尽量保证蓄电池的库存量，确保同时更换相同型号的足够量的电池。

④ 检查电池电压，在启动 APU 运转正常 20 min 后不能低于 28 V。如果电压过低或没有充电电流，应检查排故。

3.1.2　镍镉蓄电池

1. 概　述

20 世纪 50 年代镍镉蓄电池在飞机上获得应用。尽管当时用于飞机的主要电池为铅蓄电

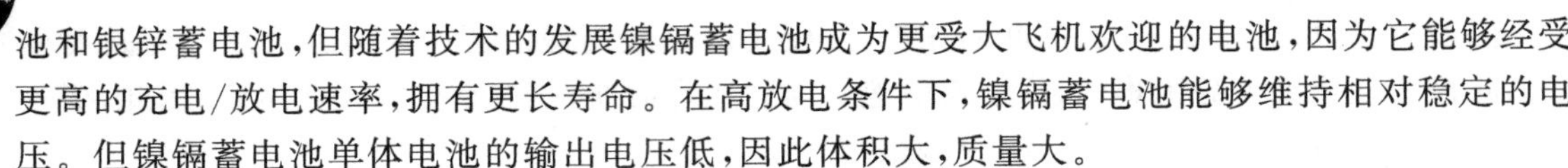

池和银锌蓄电池,但随着技术的发展镍镉蓄电池成为更受大飞机欢迎的电池,因为它能够经受更高的充电/放电速率,拥有更长寿命。在高放电条件下,镍镉蓄电池能够维持相对稳定的电压。但镍镉蓄电池单体电池的输出电压低,因此体积大,质量大。

2. 镍镉蓄电池结构、原理和特性

(1) 镍镉蓄电池结构

镍镉蓄电池通常由20只单体蓄电池和镀镍跨接板串联组装在不锈钢组合箱体内,盖与壳由搭扣连接在一起,使蓄电池组结构紧凑坚固,具有较高的机械强度。组合箱体外装有特殊的电连接装置,便于与飞机上电连接器对接,保障飞行的安全性、可靠性。

1) 外形结构

图3.1.22所示是飞机上安装的型号为SAFT 410946航空蓄电池(旧电池)。其中图(a)是外形图;图(b)是端子连接图,共有20节单体电池组成,单体电池间通过连接条串联连接。第一节的负极连接到电池的负输出端,最后一节的正极连接到电池的正输出端,因是旧电池,端部有腐蚀痕迹。图(c)是铭牌,铭牌上的主要数据是蓄电池类型,即镍镉蓄电池(Nickel Cadmium Battery),额定电压(Nominal Voltage)24 V,最大质量是25.5 kg(56.2 lbs),额定容量(Nominal Capacity)是23 Ah。

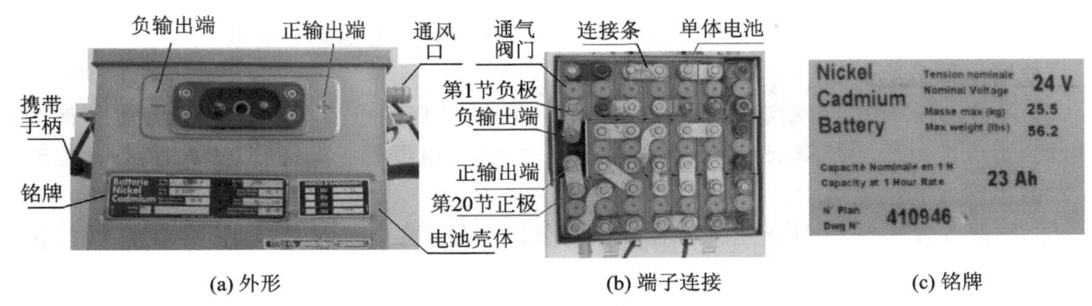

(a) 外形　(b) 端子连接　(c) 铭牌

图3.1.22　SAFT航空镍镉蓄电池

2) 单体电池结构

图3.1.23是镍镉单体电池(旧电池)结构示意图。单体电池由正极板、负极板、隔膜、极柱、壳子与盖子组成。壳子与盖子被热封在一起,灌入氢氧化钾(KOH)或氢氧化钠(NaOH)水溶液作为电解液。在电池盖上装有通气阀门,用红、蓝塑料垫圈作为正、负极标识。氢氧化钾或氢氧化钠的溶液为电解液的碱性蓄电池,密度范围为1.24~1.30 g/cm^3。

3) 极　板

极板是通过把镍粉烧结在镍网上形成的。烧结过程中形成了多孔的基片,使活性材料的可用量达到最大;再用电化学的方法,通过真空注入镍盐或钙盐沉积到基片的空隙内。用点焊的方法把镍片焊接到电瓶极板上,形成接线端子。

4) 隔　膜

正极板和负极板之间有一层隔膜。隔膜由多孔多层的尼龙和中间一层玻璃纸构成,如图3.1.24所示。隔膜的主要作用有两个:一是防止正极板和负极板接触,使电瓶失效;二是采用玻璃纸进行气体隔离,防止在过充电时正极板产生的氧气流到负极板,与负极板的镉起化学反应而产生热量,从而导致电池热失控(thermal runaway)。

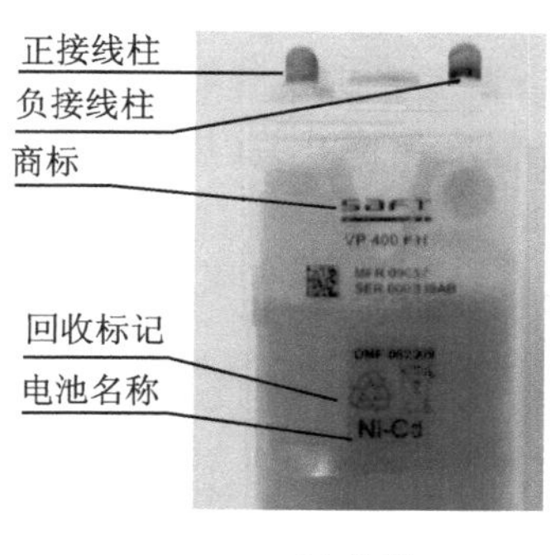

(a) 外形

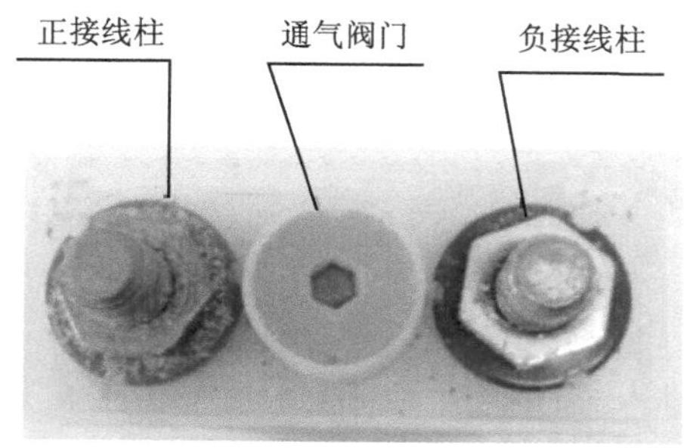

(b) 端部

图 3.1.23　单体电池结构(旧电池)

5）电解液

电解液为氢氧化钾水溶液，其中 30% 为氢氧化钾，70% 为水。氢氧化钾的密度为 1.24～1.30 g/cm³。在镍镉电池中，电解液不起化学反应，仅作为导体来传送电荷。因此，在放电过程中，电解液密度不变，不能和酸性电瓶一样用测量密度的方法来判断电瓶的充放电状态。

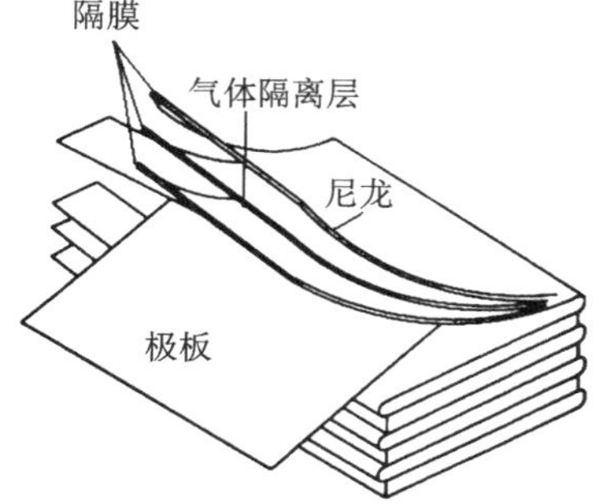

图 3.1.24　隔膜的构成

6）泄气阀

每个单体电池上安装有泄气阀，也称为释压阀或排气阀。泄气阀有三个作用：

① 拧开时用于加蒸馏水或电解液；

② 防止飞机飞行时电解液泄漏；

③ 释放蓄电池内气体，防止电池内气体压力太大而引起爆炸。

图 3.1.25 是某机载航空镍镉蓄电池泄压阀外形图。泄压阀可以使单体电池内的气体排出，又可以防止外界物质进入电池内部。泄压阀开启压力范围为 13.8～69 kPa(2～10 psi)。

(a) 泄压阀外形

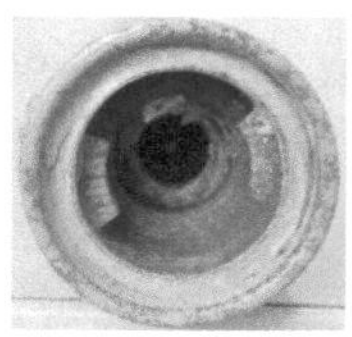

(b) 泄压阀端面

(c) 泄压阀测试专用接头

图 3.1.25　泄压阀

当蓄电池充放电时，尤其是过充电时，会产生气体，当气体压力大于 69 kPa 时，泄气阀必须打开，否则会引起蓄电池爆裂，甚至爆炸。当气压小于 13.8 kPa 时，泄气阀关闭，防止空气中的酸性气体与电解液起化学反应而降低蓄电池的容量，以及防止飞机倾斜或颠簸时电解液泄漏溅出。

7）温度保护开关

有些蓄电瓶装有温度保护开关。当蓄电瓶的温度超过 150 ℉(65.55 ℃)时，断开蓄电池的充电电源。由于碱性蓄电池在低温充放电时会出现充电不足或放电容量下降的现象,因此在某些碱性电池上安装有低温敏感开关和加热装置。当温度 $t<30$ ℉(−2 ℃)时,接通加热电路;当温度 $t>40$ ℉(5 ℃)时断开。图 3.1.26 所示是温度保护开关(热敏开关)在蓄电池上的使用。

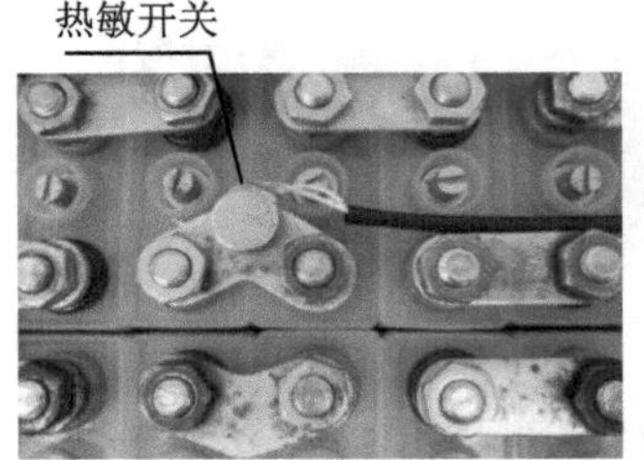

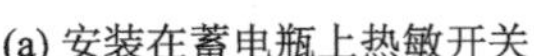
(a) 安装在蓄电瓶上热敏开关　　(b) 端部插座

图 3.1.26　温度保护开关(热敏开关)在蓄电瓶上的使用

电池型号不同,过热保护和低温加热的温度值也不同,具体参数可参考 CMM 手册。

3. 镍镉蓄电池工作原理

充足电的镍镉蓄电池正极的活性物质是 3 价羟基氧化镍(NiOOH),负极的活性物质由镉(Cd)的化合物组成,电解液为 KOH 或 NaOH 水溶液。镍镉蓄电池放电时,正、负极板上的活性物质分别与电解液中的钾离子(K^+)和氢氧根离子(OH^-)起化学反应。在负极,镉失去两个电子,并同氢氧根离子化合,生成氢氧化镉,其反应式为

$$Cd + 2OH^- \rightarrow Cd(OH)_2 + 2e \tag{3.1.21}$$

在正极,羟基氧化镍获得电子,并与电解液 KOH 起化学反应,生成氢氧化亚镍($Ni(OH)_2$)和氢氧化钾,其反应式为

$$2NiOOH + 2H_2O + 2e \xrightarrow{\text{放电}} 2Ni(OH)_2 + 2OH^- \tag{3.1.22}$$

将正、负极板化学反应式综合,并考虑到它们是可逆反应,得到总的充、放电反应式为

$$2NiOOH + 2H_2O + Cd \underset{\text{充电}}{\overset{\text{放电}}{\rightleftharpoons}} 2Ni(OH)_2 + Cd(OH)_2 \tag{3.1.23}$$

从这个反应式可知,镍镉蓄电池在充放电过程中,电解液中的氢氧化钾并无增减,电解液的密度和高度几乎不变。因此,不能用测量电解液密度和高度的方法来判断其充、放电程度。通常用测量电压的方法来判断充、放电程度。

4. 镍镉蓄电池的特性

(1) 电动势

单体镍镉蓄电池的电动势一般稳定在 1.34~1.36 V,基本不受电解液密度和温度的影响。这是因为镍镉蓄电池在充、放电过程中,电解液的密度基本不变,而且极板孔隙较大,对电解液的扩散速度影响很小。

(2) 内电阻

镍镉蓄电池放电时,正、负极板上分别生成导电性能很差的氢氧化镍和氢氧化镉。它们一方面使极板电阻增大,一方面又使极板与电解液接触的有效面积减小,接触电阻增大,因此内电阻随放电程度的增大而增大,充电时则相反。

电解液的电阻则与充、放电程度无关。它除了随温度的升高而减小外，还受密度的影响。当温度为 15 ℃、密度在 1.23～1.26 g/cm^3 之间时，电解液的电阻值最小。因此，电解液的密度一般都选择在这个范围附近。

(3) 端电压

1) 放电电压

单体电池的放电电压随时间的变化情形如图 3.1.27 所示。刚充足电的镍镉蓄电池，在正极板上除了有三价氢氧化镍外，还有少量的高价氢氧化镍，它能使正极的电极电位升高 0.12 V 左右；在负极板上，除了镉以外，还有铁，它会使负极的电极电位降低。因此，刚充足电的单体电池的开路电压可达 1.48 V，相当于图中的 A 点。

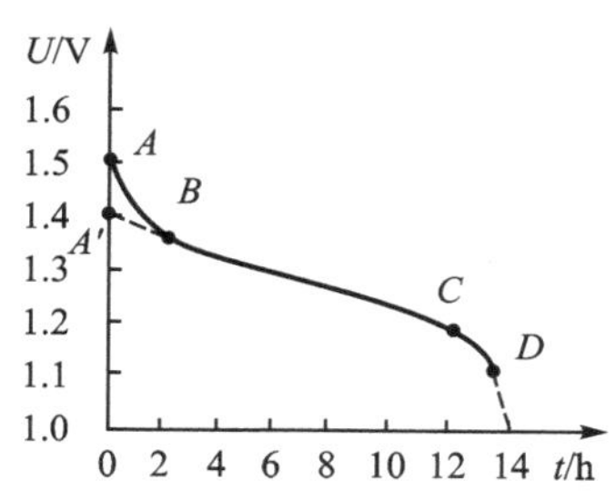

图 3.1.27 单体镍镉蓄电池放电特性

放电初期，少量的高价氢氧化镍很快就被消耗掉，铁也逐渐生成氢氧化亚铁，因此电压迅速下降到 1.3 V 左右，如图 AB 段所示。高价氢氧化镉是一种极不稳定的化合物，倘若蓄电池充电后没有立即放电，它也要分解，转变成氢氧化镍，正极电位降低，使电压自动下降到图中的 A'点。再进行放电时，电压沿 $A'B$ 段曲线下降。B 点以后，由于正、负极生成的物质不会像铅蓄电池那样堵塞孔隙而影响电解液扩散，所以 BC 段的电动势基本不变，电压随内电阻缓慢增加而稍有下降。C 点以后，正、负极板生成的氢氧化亚镍和氢氧化镉几乎把极板全部覆盖，剩下的活性物质越来越少，电压将迅速下降。单体电池以 10 h 放电率放电时，终了电压一般选择在 1.1 V，相当于图中的 D 点。

2) 充电电压

充电时，单体电池端电压随时间变化的情形如图 3.1.28 所示，镍镉蓄电池的充电电压曲线也具有明显的阶段性。在第一节段，对应于图中 AB 段，主要是使正负极板上的活性物质分别氧化、还原为氢氧化镍和镉。开始电压上升较快，以后便稳定在 1.5 V 左右，直到 B 点。B 点以后，电压又会迅速上升，直到 1.8 V 左右才不再上升，相当于图中的 C 点，到此充电结束。这一阶段电压迅速上升的原因是：正极板生成少量的高价氢氧化镍，正极电位升高；负极板的氢氧化亚铁还原为铁，负极电位降低；电解水产生较大的附加气体电极电位。当切断充电电源时，附加气体电极电位迅速消失，电动势很快下降到 1.48 V，相当于图中的 D 点。

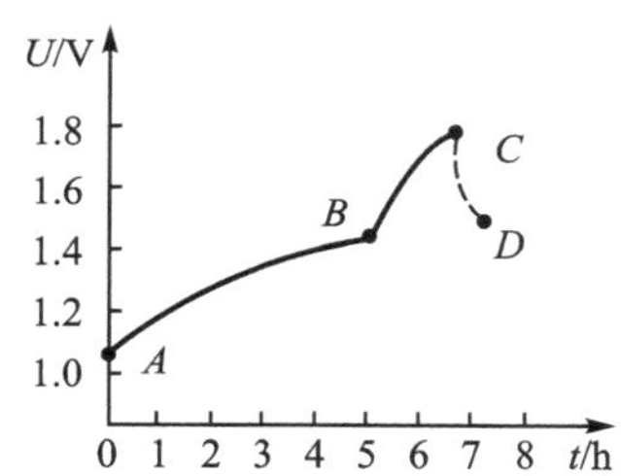

图 3.1.28 单体镍镉蓄电池充电特性

3) 充、放电电流对电压的影响

镍镉蓄电池与其他蓄电池一样，放电电压也随放电电流的增大而降低。大电流放电时，单体蓄电池的终了电压可以低一些。例如，额定放电电流规定为 8 h 放电率，终了电压为1.1 V；1 h 放电率，则终了电压为 0.5 V。镍镉蓄电池充电时，有以下规定：正常充电电流为额定容量数值的 1/4，充电时间为 7 h；快速充电电流为额定容量数值的 1/2，充电时间为 4 h。过充电是在正常充电的基础上，继续用同样的电流充电 2 h。

5. 镍镉蓄电池的常见故障

(1) 概　述

蓄电池在飞机上起应急电源的作用。蓄电池不能正常工作将严重影响飞行安全,因而必须查找故障原因,进行实验和测试。另外,蓄电池不是每次飞行会处于应急供电状态,甚至从飞机出厂到退役也没有发生主发电机失效而应急供电,但必须确保蓄电池处于良好的适航状态。

蓄电池的维护有定期维护和更换两类。例如飞行50 h后必须进行一次检查。另一种维护是非定期检查,根据故障特征和现象进行立即维修。常见的故障有电气故障、单体电池故障、污染等。

(2) 镍镉蓄电池的电气故障

镍镉蓄电池的电气故障通常有:电瓶开路时没有输出电压,无法放电;因电解液的泄漏造成的绝缘电阻低等。发生故障时必须及时处理。常用的蓄电池电气故障如表3.1.4所列。表中给出了对应的故障产生原因和处理措施。

表3.1.4　镍镉蓄电池的电气故障

序号	故障现象	故障的可能原因	处理措施
1	开路电压为零	电气连接有缺陷或没有接触	检查电气连接器,连接并旋紧螺母
2	放电模式时电压为零	(a)蓄电瓶电已经放完; (b)蓄电瓶开路或接触装置失效; (c)电池完全干涸	(a)给蓄电瓶充电,并做绝缘测试; (b)检查接触器和连接条,确保每个螺母都已拧紧; (c)参考相关的步骤进行检修
3	绝缘电阻低	电解液泄漏	分解和清洁蓄电瓶;检查电解液的液面

(3) 单体电池故障

通常一组蓄电池由20节单体电池组成,但是并不是所有单体电池一起出故障。在故障数量小于等于3节时,可以用更换故障单体电池的方法进行修缮。但是多于3节时,整个蓄电池将报废。单体电池故障如表3.1.5所列。

表3.1.5　单体电池故障

序号	故障现象	故障的可能原因	处理措施
1	电解液损失严重(全部电池)	过充电或者在温度较高时过充电	检查引起过充电的原因,如果有必要,调节蓄电瓶的工作温度
2	电池组内的某些单体电池与其他单体电池的水分丢失情况不同	(a)单体电池的电解液中失去水分超过30%或超过平均数; (b)不到30%或半数的单体电池已经损坏; (c)没有进行先期维护	(a)进行电池的泄漏检查; (b)进行补充校验测试,如果有必要,更换损坏的电池; (c)标注电池的位置,在下次维护中,通过与其他单体电池的对比检查,检查液面的高度

续表 3.1.5

序号	故障现象	故障的可能原因	处理措施
3	充电开始，某电池出现超过规定的电压值	电解液干涸	进行检查时，每次加 5 mL 的脱矿水，加满为止
注意：如果在电解液量不足的情况下进行充电，将会使温度升得过高			
4	充电后期单体电池电压过低	(a)可能是单体电池的环境温度和充电率超过极限值，并且隔板已经损坏； (b)长期工作后损坏	更换单体电池
5	容量低	(a)充电不足； (b)通常长期工作后损坏； (c)长期没有使用或者环境温度高或者电解液量少	(a)进行 3 个充放电循环；放电时，采用放电率为 1C；放完电后并让单体电池短路 3 min，使其彻底放电； (b)更换单体电池； (c)按使用的程序进行
6	单体电池外形膨胀	电池在电解液不足情况下工作；隔板失去绝缘和极板损坏	更换电池
7	当电池外电路开路时，电池的端电压为零	电池短路	更换电池

(4) 蓄电池安装位污染

蓄电池除了电气性能出现故障外，安装位以及蓄电池箱内有电解液泄漏、连接条腐蚀或过热都会引起蓄电池的故障，如表 3.1.6 所列。

表 3.1.6　蓄电池外部和安装位污染

序号	故障现象	故障的可能原因	处理措施
1	电解液泄漏	(a)电解液液面不合适； (b)在高放电率期间，电池出现反极性(例如发动机起动期间)； (c)高温下过充电或者充电电流太大； (d)底层的螺母没有正确地拧紧	(a)分解和清洁蓄电瓶并进行电解液液面检查； (b)调查分析过充电的原因，分解或清洁电瓶，进行电解液的检查； (c)调查和分析过充电的原因，如果有必要，调整至正常工作温度，分解和清洁蓄电池并进行电解液的检查； (d)调整底层的螺母力矩
2	蓄电瓶箱体内电解液泄漏	(a)单体电池外壳损坏； (b)电解液泄漏	(a)单体电池漏液检查，有必要的话更换单体电池，操作步骤按相关的要求进行； (b)分解和清洁蓄电瓶，进行电解液液面检查

续表 3.1.6

序号	故障现象	故障的可能原因	处理措施
3	连接条腐蚀	(a)在酸性环境中工作; (b)镍镉极板的机械性损坏	(a)蓄电瓶测试区域和储存环境有没有释放酸性物质来源; (b)更换损坏的连接条
4	连接条过热	端子螺母松动	确认螺母旋紧

(5) 镍镉蓄电池的热失控

图 3.1.29 所示为热失控导致蓄电池损坏。镍镉蓄电池温度过高或发生了过充电时,会导致热失控。

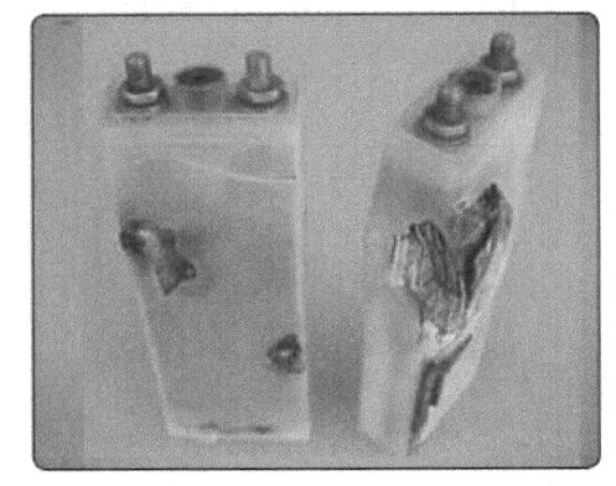

图 3.1.29 热失控导致蓄电池损坏

在使用镍镉蓄电池时,必须不断监测电池的温度以确保安全工作。在恒压充电方式下,会不断增加蓄电池的温度、压力和充电电流,热失控会导致镍镉蓄电池发生火灾或爆炸。

当镍镉蓄电池发生一个或多个单体电池短路、高温、容量低等情况时,会产生恶性循环,即电流过大导致温度升高而使单体电池内阻降低(可能出现负阻),进一步增加电流和再升高温度。

如果电池温度没有达到 16 ℉前将恒压充电电源撤离,就不会形成自持热化学反应,也就不会发生热失控。

(6) 镍镉蓄电池的其他故障

1) 电解液溢出或泄漏处置

当电解液溢出或泄漏时,应报告发生的事故,用湿抹布或海绵擦干净电解液,用稀释的乙酸溶液、5%的铬酸溶液或 10%的硼酸溶液涂覆受影响的区域,用稍湿的红色石蕊试纸检查受影响的地方,如果颜色变蓝,说明有碱性物质存在,放置 24 h,检查有无腐蚀的痕迹,恢复保护层。

2) 爆　炸

镍镉蓄电池在充电接近尾声和过量充电期间,会因电解水而产生氢气和氧气。如果遇到合适的爆炸条件,则会产生爆炸,伤及人员和设备,因此必须防止爆炸性气体聚集。在车间、实验室应有良好的通风排气系统,并要进行日常检查和维护。

3) 内部短路故障

镍镉蓄电池隔板在长期使用中,因强度降低而损坏,负极板上镉的小颗粒结晶在长期充放电循环中,逐渐变大,最后形成镉枝,穿透隔板或者因损坏直接造成蓄电池内部短路故障。

4) 自放电

镍镉蓄电池也存在自放电现象,但自放电造成的容量损失较小,而且还有自放电先快后慢、60 天后就基本停止的特点,因此充电后可以长期存放。引起镍镉蓄电池自放电的原因是正极板上的高价氢氧化镍自行转化为氢氧化镍,负极板上的铁与电解液作用后,转化成氢氧化亚铁。

【维护要点】 绝对不能把正负极端子短接,否则会导致电能的高速释放,可能对人身造成伤害,并损坏飞机。电池必须可靠安装,但不能使壳体变形,这有可能导致极板短接或内部

短路。

【例 3.1.2】 P/N4059 飞机蓄电池是法国生产、装于 A340 飞机的一种高性能碱性镍镉电池。由 20 个镍镉单体电池组成，额定电压是 24 V，额定电容量为 37 Ah。直接连接到飞机热电瓶汇流条 HBB 上，由飞机直流汇流条经接触器对它浮充电，为机上关键设备提供应急电源，应急时为机上主要直流汇流条供电，在地面和空中还可作为 APU 的启动电源。

【故障现象】 蓄电池单体电池爆破，维修间隔低于规定定检时间（CMM 手册规定为 1 000 h）。为了保证镍镉电池的正常使用，不得不缩减蓄电池的检查间隔时间。这不仅影响蓄电池在飞机上的使用，增加了维护成本，减少电池寿命，还降低供电系统可靠性，应重视故障分析，提出解决办法。

【原因分析】

（1）蓄电池使用可靠性变差的原因

① 蓄电池日常维护没有完全符合 CMM 手册上规定的要求。

② 蓄电池使用不恰当。

在 A340 的维修方案中，对飞机蓄电池的维护分别有 1 000 工作小时定期检查和 2 000 工作小时常规检查两种，其中都有“检查蓄电池液面，用蒸馏水校准液面（20 mm）”的维护要求，且都要求在充电之前进行。而在手册所述维修工艺中，液面调整是在第一次充电最后的 30 min 之内进行，越接近充电结束进行液面调整，就越能得到接近 20 mm 的液面。因为蓄电池在充电时由电能转换为化学能的过程中，当充电到 80%之前产生水，而后会不断消耗水。

（2）蓄电池性能降低的原因

在 A340 飞机蓄电池工作 2000 h 常规检查中，“用 37 A 电流放电到 0～0.5 V，然后用 113 Ω 电阻跨接于蓄电池正负极间放电 24 h”。而 CMM 中则为“用 37 A 电流放电到 20 V，然后用 13 W 电阻跨接于蓄电池正负极间放电 24 h”。这两者的差异不大，对蓄电池性能无影响。那么 A340 飞机 P/N4059 蓄电池使用性能降低的主要原因是什么？

在充电前将液面调整到距顶部 20 mm，但在充电过程中不断产生水，使液位升高。充电到 80%后才消耗水并产生气泡，这就可能随着内部压力的升高，在排气过程中使电解液外溢，污染单体电池表面，使漏电阻减小，漏电流增加。由于充放电完成后的液面较高，甚至使液面距顶部的距离小于 20 mm，使蓄电池在工作中不断造成电解液外溢。在机上又不能清理，必使漏电流不断增大，造成蓄电池容量损失、电压降低。而在 CMM 手册中规定，在充电 30 min 内，是不断产生气泡的过程中将液面调整到 20 mm，在充放电结束后液面将较低，液面距顶部距离大于 20 mm，在机上工作时电解液外溢的可能性就小些，有利于减小漏电流。其次，在地面检查中应对单元表面进行认真清洗，去掉电解液沉淀物和其他脏物，否则同样会减少绝缘电阻，增大漏电流。

（3）蓄电池在飞机上进行浮接恒压充电的缺点

充电和放电期间可产生单体电池间的容量不平衡，降低系统的放电容量，因为放电是以电压最低单体电池为准的；连续浮接或过充电会导致电解质中水的消耗。这两种状态要求对蓄电池进行周期性检查，以对电池连接面进行清理并补充蒸馏水。

（4）定检规定与手册规定对蓄电池的影响

对于 A340 飞机的 P/N4059 蓄电池来说，除浮接恒压充电存在的两个缺点外，将在地面定期检查中“充电前将液位调整到 20 mm”和按手册规定“充电最后 30 min 将液位调到

20 mm”的方法进行比较,前一种方法的定期检查完成后使实际单体电池液面较高,这时在机上使用中不断浮接充电更易造成电解液外溢,污染单体电池表面,造成绝缘电阻降低,再加上定期检查时清理不干净,会使绝缘电阻进一步降低,漏电流加大。

蓄电池充电开始生成水,使电解液面有所升高;当充电到 80%以后,正极产生氧气。由于飞机蓄电池的气室偏小,液面更高,电解液易外溢。这种恶性循环的结果使蓄电池内的水不断消耗。充电过程中,正极的氧气在负极复合是一个放热过程,因其发热造成蓄电池隔膜烧坏。在 A340 飞机上的蓄电池充电冲击电流太大,产生过多氧气来不及排放,会使电池充爆。

因此,造成 A340 飞机蓄电池使用性能降低和定期检查时间间隔缩短的原因是:维护蓄电池时,调整液面的时机不当和不够重视蓄电池的清理。

【维护措施】 为使镍镉蓄电池在飞机上安全、可靠地使用,建议在对蓄电池的定期维护中采用如下方法:

① 按 CMM 手册的规定,在充电的最后 30 min 进行液位调整,使液面距顶部为 20 mm。

② 在定期检查时,要对蓄电池顶面进行彻底清理,使绝缘电阻尽可能大,减小漏电流。

③ 单体电池间连接片表面干净,螺母拧紧力矩符合 CMM 手册规定,以保证接触良好。

④ 蓄电池使用中保证通风良好。

掌握正确的维护和使用方法,正确地理解维护工艺要求,对提高飞机蓄电池的性能和寿命,从而提高其使用可靠性,将会有很大帮助。

3.1.3 锂电池

锂是碱性活性金属之一,也是最轻的元素之一,从而使它在飞机上的应用具有非常的优势。锂电池技术是增长快速,前景看好的电池技术。锂电池有很高的能量质量比、没有记忆效应、不用时放电/充电速率低等优点,因此被谨慎地用在飞机上,如用于烟雾探测器、发动机启动和紧急备用供电等。和铅蓄电池和镍镉电池相比,锂电池有多种优越性,如寿命长、质量轻、维护少及充电时间短;其缺点是成本高、电解液易燃,不管是否使用每年都会损失约 10%的存储容量。电池老化的速率受温度的影响,温度越高,老化得也越快。

1. 航空锂离子蓄电池结构

(1) 外形结构

图 3.1.30 是航空锂离子蓄电池外形图。蓄电池内部通常由 8 只单体蓄电池组成,安装在不锈钢组合箱体内,箱体侧面有辅助连接器 J_1、功率输出连接器 J_3,端盖上有可调节的提携带,侧面有危险标签和注意标签,端盖上贴有警告标签,标签内容如图 3.1.31 所示。

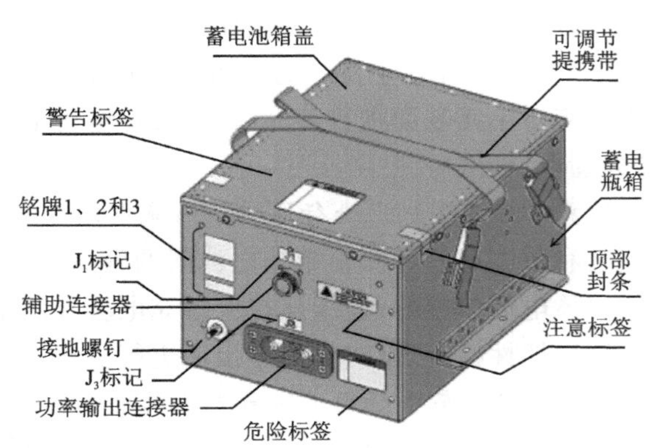

图 3.1.30 锂离子蓄电瓶外形图

(2) 单体电池结构

图 3.1.32 是贴有凯普顿标签的单体电池外形图,通常有 2 种结构形式,分别为 125A 型和 125B 型。其中

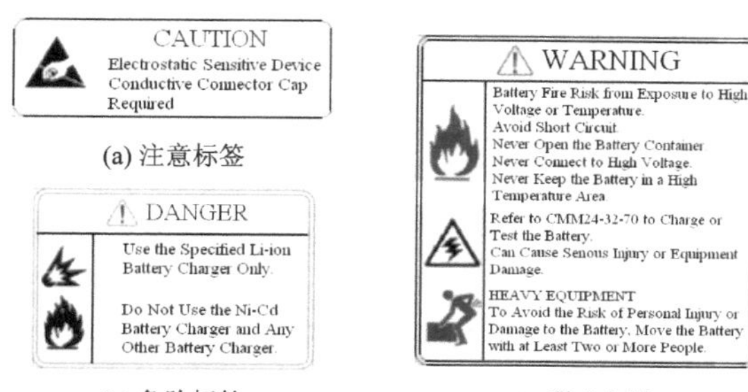

图 3.1.31　蓄电瓶标签

125A 型的安全阀接近正极端，而 125B 型的安全阀接近负极端。

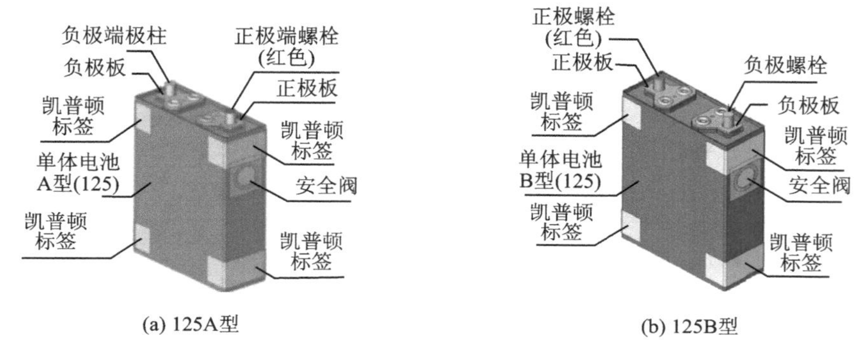

图 3.1.32　贴有聚酰亚胺(开普顿)胶带的 125 型单体电池

锂离子单体电池的内部结构通常有两种。图 3.1.33 所示是圆柱状结构锂离子蓄电池，其优点是制造容易，机械稳定性优良，能承受高的内部压力。

图 3.1.34 所示是方形柱状结构的锂离子蓄电池，其优点是占有较小的空间及散热好。

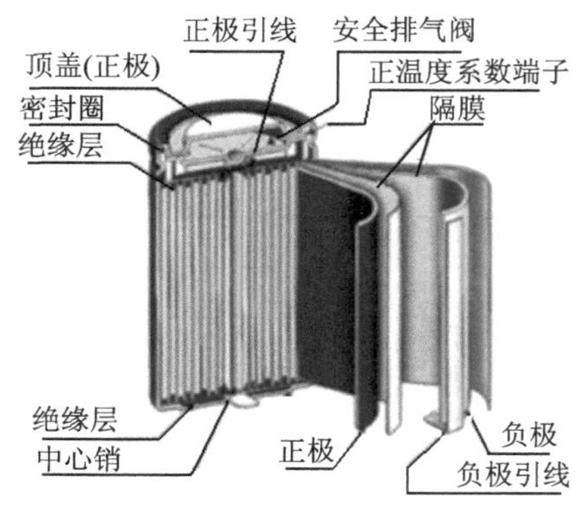

图 3.1.33　圆柱状锂离子蓄电池

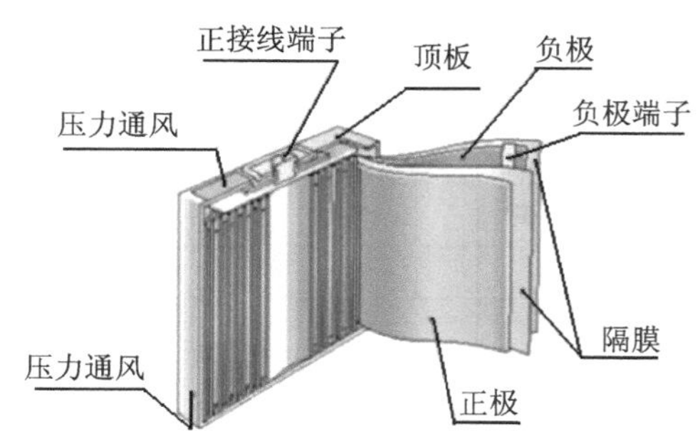

图 3.1.34　方形柱状结构锂离子蓄电池

(3) 极板材料

锂离子蓄电池主要由正极、负极、电解液、隔膜以及外部连接和包装部件构成。

1) 正极材料

构成锂离子蓄电池的正极材料种类很多。正极材料最重要的特性是与锂匹配，提供一个较高电压的电极对。正极物质应有较高的比能量和对电解液有相溶性,也就是说,在电解液中基本上不起反应或不溶解。正极物质的导电性能应该好,但实际上经常出现导电性能不足,因而不得不在固体正极物质中添加一定量的导电添加剂,如石墨等,然后将这种混合物涂覆到导电骨架上做成正极。这些正极物质必须成本低、没有毒性、不易燃等。

正极材料主要由活性材料、导电剂、黏结剂和集流体组成。锂离子蓄电池的正极电位较高,常为嵌锂过渡金属氧化物或聚阴离子化合物,如二氧化钴锂($LiCoO_2$)是应用较为普及的正极材料,电压范围为2.8~4.2 V,放电电压为3.9 V,理论最高比容量为274 mAh/g,实际应用中,其比容量约为140~150 mAh/g。$LiCoO_2$ 制备工艺较为简单,常由高温固相法等方法合成制得,但是其倍率性能、耐过充性能不是很理想,价格高,安全性差。

锂锰氧化物($LiMn_2O_4$)的工作区间电压为3.5~4.3 V,放电电压约为4.1 V,理论比容量为148 mAh/g。实际应用中,其比容量约为110 mAh/g。$LiMn_2O_4$ 的制备工艺较为简单,价格低,倍率性能较好,但是其循环性能相对较差,尤其是高温性能差。

磷酸铁锂($LiFePO_4$)的工作区间电压为2.5~4.0 V,放电电压约为3.4 V,理论比容量为165 mAh/g。实际应用中,其比容量约为140 mAh/g。$LiFePO_4$ 的制备工艺较为简单,价格低,循环性能较好,但是其倍率性能需要改善,比能量较低。

表3.1.7列出了几种锂离子蓄电池正极活性材料的性能参数。

表3.1.7 各种正极活性材料的电压和能量

序　号	正极材料	电压/V	理论容量/($Ah\cdot kg^{-1}$)	实际容量/($Ah\cdot kg^{-1}$)	理论比能量/($Wh\cdot kg^{-1}$)	实际比能量/($Wh\cdot kg^{-1}$)
1	$LiCoO_2$	3.8	273	140	1 037	532
2	$LiNiO_2$	3.7	274	170	1 013	629
3	$LiMn_2O_4$	4.0	148	110	440	259
4	$Li_{1-x}Mn_2O_4$	2.8	210	170	588	480
5	$LiFePO_4$	3.4	170	140	578	476

2)负极材料

金属锂具有最高的化学当量和最负的电极电位。表3.1.8列出了一些电池常用负极材料的性能。金属锂在体积比能量上不及铝和镁等金属。而锂不单有良好的电化学性质,其机械性能也比较好,延展性好,更适合作为负极材料。

表3.1.8 负极材料的性能

负极材料	相对原子量	标准电位/V(25℃)	密度/($g\cdot cm^{-3}$)	熔点/℃	化合价变化	电化学当量		
						$Ah\cdot g^{-1}$	$gA\cdot h^{-1}$	$Ah\cdot cm^{-1}$
Li	6.94	−3.05	0.534	180	1	3.86	0.259	2.08
Na	23	−2.7	0.97	97.8	1	1.16	0.858	1.12
Mg	24.3	−2.4	1.74	650	2	2.20	0.454	3.8
Al	26.9	−1.7	2.7	659	3	2.98	0.335	8.1
Ca	40.1	−2.87	1.54	851	2	1.34	0.748	2.06
Fe	55.8	−0.44	7.85	1528	2	0.96	1.04	7.5
Mn	65.4	−0.76	7.1	419	2	0.82	1.22	5.8
Cd	112	−0.40	8.65	321	2	0.48	2.10	4.1
Pb	207	−0.13	11.3	327	2	0.26	3.87	2.9

锂是所有金属元素中最轻的一种，表 3.1.9 所列是锂的物理性质，其密度只有水的一半。锂放在水中，将浮在水的表面，并与水发生剧烈反应，生成 LiOH 和 H_2，放出大量热量。锂量多时发生剧烈燃烧，并有爆炸的危险。

表 3.1.9　锂的物理性质

熔点/℃	沸点/℃	密度/($g \cdot cm^{-3}$)(25℃)	比热容/($J \cdot g^{-1} \cdot ℃^{-1}$)(25℃)	比电阻/($\Omega \cdot cm$)	硬度(莫氏)
180.5	1 347	0.534	3.565	9.35	0.6

锂在潮湿的空气中很快失去银白色光泽而被 LiOH 覆盖，因此生产过程中需要十分干燥的环境，从而增加了难度。锂的机械特性使其容易挤压成薄片或薄带，给制造锂电极带来了便利。锂是良导体，在电池中锂的利用率达 90%以上。根据锂离子蓄电池对锂纯度的要求(99.99%)，对常见的杂质(Na 含量≤0.015%，K 含量≤0.01%，Ca 含量≤0.06%)含量有限制，主要是杂质会影响电池的自放电和放电特性。因此，单纯用锂做负极，有很多不便。随着技术的发展，新型的锂离子蓄电池的负极材料有了新突破。

锂离子蓄电池的负极主要由负极活性材料、导电剂、黏结剂和集流体组成。其中用作负极活性材料的也是一种可以和锂生成嵌入化合物的材料，主要有碳基材料、锡基材料、锂过渡金属氮化物、表面改性的锂金属等。目前主要用石墨材料，一些新型负极材料，如纳米过渡金属氧化物、硅基、锡基、合金化合物、石墨烯等也值得关注。

(4) 电解液

电解液(electrolyte)主要由电解质锂盐和有机溶剂构成。通过电解液中锂盐的锂离子，正、负极间的锂离子能够顺利完成脱锂、嵌锂过程，反映在电化学行为上即电池的充放电过程。

电解质锂盐多为单价聚阴离子锂盐，例如 $LiPF_6$、$LiBF_6$、$LiClO_4$ 和全氟烷基磺酸锂 $LiCF_3SO_3$ 等，通常对电解质锂盐有以下性能要求：

① 易于解离，易溶于有机溶剂以保证电导率，在较宽的温度范围内保证电导率高于 $10^{-4} S \cdot cm^{-1}$；

② 具有较好的氧化稳定性和一定的还原稳定性，以保证电解质锂盐不在正、负极发生明显影响电化学性能的副反应；

③ 具有较好的热稳定性，构成的电解液热稳定性优良，可用温度范围宽；

④ 无毒、无污染，本身以及分解产物对环境友好；

⑤ 易于制备、纯化，成本低廉。

(5) 隔　膜

在锂离子蓄电池充放电过程中，隔膜(separator)起到分隔电池正、负极，以起到防止电池短路，使锂离子能够通过隔膜，内部电路通畅的作用。聚烯烃微孔膜、无纺布隔膜、聚合物/无机复合膜、聚合物电解质隔膜均可起到锂离子电池隔膜作用，而聚烯烃微孔膜是最常用的隔膜。

(6) 安全阀

每个单体电池上安装有泄气阀，也称为释压阀或排气阀。泄气阀有三个作用：

① 拧开时用于加蒸馏水或电解液；

② 防止飞机飞行时电解液泄漏；

③ 为保护蓄电池，防止电池内气体压力太大而引起爆炸。

航空锂电池有 125A 型单体与 125B 型单体电池，它们的安全阀位置不同。125A 单体电池的安全阀安装在“正端侧”，125B 单体电池的安全阀安装在“负端侧”。

2. 基本工作原理

充电时，将充电器的正极接锂离子蓄电池的正极，如图 3.1.35(a)所示。加在锂离子蓄电池两极的充电电压迫使正极的化合物释放出锂离子，使其嵌入到负极呈层片状结构的碳分子中排列，这个过程称为入嵌。

放电时，锂离子蓄电池两端接有负载，如图 3.1.35(b)所示。锂离子从负极片层状结构的碳中析出，这一过程称为脱嵌。析出的锂离子重新和正极的化合物结合。锂离子的移动产生了电流。

锂离子电池的充放电过程就是锂离子的嵌入和脱嵌的过程，锂离子在正、负极之间往返嵌入和脱嵌就形成了电流。

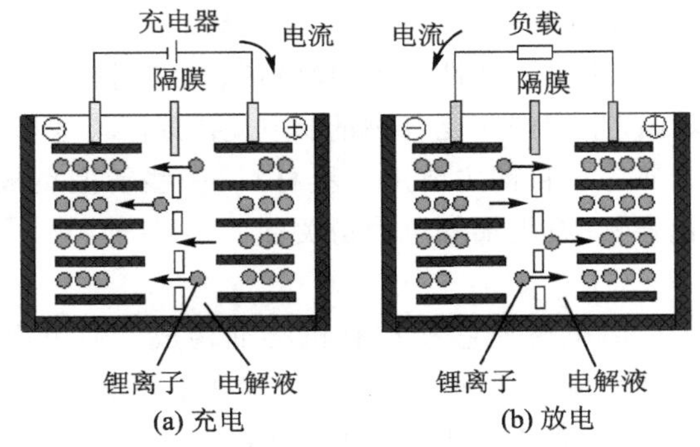

图 3.1.35 锂离子蓄电池的充放电过程

在充电时，正极部分的锂离子脱嵌，离开锂化合物，透过隔膜向负极移动，并嵌入到负极的片层状结构中。正极的充电化学反应式为

$$LiCoO_2 \xrightarrow{\text{充电}} CoO_2 + Li^+ + e \tag{3.1.24}$$

负极的碳化锂 LiC_6 失去电子，还原为碳 C，锂离子 Li^+ 嵌入到负极层状结构的 C 中。负极的化学反应方程式为

$$6C + Li^+ + e \xrightarrow{\text{充电}} LiC_6 \tag{3.1.25}$$

放电时，锂离子 Li^+ 在负极脱嵌，移向正极并结合于正极板的 $LiCoO_2$ 化合物之中。与传统锂离子蓄电池不同的是，被氧化还原的物质不再是金属锂和锂离子。锂离子只是伴随着两极材料本身发生的放电过程而产生氧化态的变化而反复脱嵌与嵌入往返于两极之间。所以锂离子蓄电池又被称作摇椅电池(rocking chair battery)。

以正极材料锂钴氧化物为例，其放电的化学方程式为

正极反应
$$CoO_2 + Li^+ + e \xrightarrow{\text{放电}} LiCoO_2 \tag{3.1.26}$$

负极反应
$$LiC_6 \xrightarrow{\text{放电}} 6C + Li^+ + e \tag{3.1.27}$$

总的化学反应方程式为

$$CoO_2 + LiC_6 \underset{\text{充电}}{\overset{\text{放电}}{\rightleftharpoons}} LiCoO_2 + 6C \tag{3.1.28}$$

式中，从左到右为放电反应，从右到左为充电反应。

3. 航空锂离子蓄电池安全问题

(1) 锂离子电池的安全性

虽然锂离子电池替代传统蓄电池有一定的优势，但是锂离子电池滥用或误用会引发内部剧烈的化学反应，产生大量的热，导致泄漏、放气、冒烟，甚至剧烈燃烧且发生爆炸。

为了以最小的空间和质量实现最大容量和放电电流，B787 选用了锂离子蓄电池，节约质量 30%。图 3.1.36 所示是 B787 电瓶的安装位置。B787 有两组锂离子蓄电池，各重 28.5 kg，各含有 8 个 4 V 的单体电池，串联后达到 32 V 电压，容量为 75 Ah。

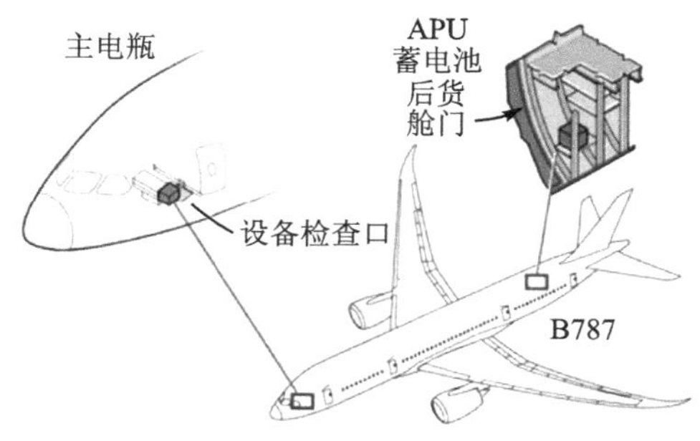

图 3.1.36　B787 电瓶安装位置

与锂离子蓄电池相比，镍镉电池存在体积大、质量大、容量和放电电流不足、充电慢等缺点。例如 B777 的镍镉蓄电池用 20 个单体电池组成，额定电压为 24 V，质量 48.5 kg，容量为 16 Ah，B787 锂离子蓄电池容量为 75 Ah。另外，镍镉电池有记忆效应，如长期充满电，可用容量会逐渐减小，需要定期深度放电，然后再深度充电。表 3.1.10 列出了 B787 锂离子蓄电池和 B777 镍镉电池的参数。

表 3.1.10　锂离子蓄电池(B787)和镍镉电池(B777)的参数对比

机型/型号	单体电池数量/个	容量/(A·h)	额定电压/V	质量/kg	记忆效应	热失控
B787 锂离子蓄电池	8	75	32	28.5	无	有
B777 镍镉电池	20	16	24	48.5	有	有

(2) 锂离子蓄电池事故处理及防范

锂离子蓄电池有全面取代镍镉电池的趋势，但锂离子蓄电池容易起火。

【例 3.1.1】 2013 年 1 月 7 日，B787 在停机坪，机身后部电气室的辅助动力装置的 APU 电池发生冒烟事故。2014 年 1 月，B787 准备起飞，其主电池的某单体电池发生放气事故，主电池与 APU 电池型号相同。为此调查人员检查 B787 的起火原因，如图 3.1.37 所示。

烧毁的锂离子蓄电池如图 3.1.38 所示。电池内部发现了短路，如图 3.1.39 所示。图 3.1.40 所示是烧毁的锂电池与新锂电池外形对比。

B787 锂离子蓄电池由法国 Thales Avionics Electrical System 公司生产，采用的是钴酸锂离子蓄电池，内置 8 个单体电池，通过母线把 8 个单体电池串联连接。图 3.1.41 是 B787 锂离子蓄电池的结构示意图。

图 3.1.37 调查人员检查 B787 的起火原因

图 3.1.38 烧毁的锂离子蓄电池

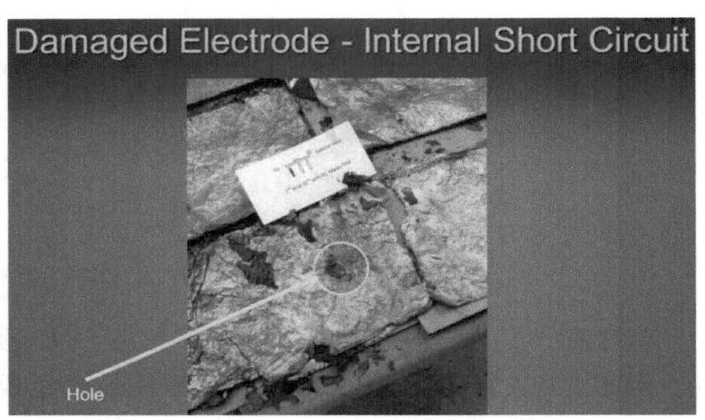

图 3.1.39 锂离子蓄电池内部短路

(a) 烧毁的锂电池

(b) 新锂电池

图 3.1.40 烧毁的锂电池与新锂电池外形比对

各电池单元之间利用树脂垫片绝缘。另外,为防止电池外壳变形和固定电池单元,中央设置了不锈钢撑杆。内置电池监控单元(BMU)用于防止过充电和过放电,并调整电池单元电压平衡,过充电时可切断充电器。此外,还有霍尔效应电流传感器(HECS)等。电池外壳与电池单元及电池监控单元(BMU)等内部物体绝缘,采用接地线与外部连接。

当故障发生时,Cell4 和 Cell5 单体电池的安全阀门没有打开,而其他 6 个单体电池的安全阀门已经打开(放气)。主电池的电池外壳鼓包,外壳的接地线熔断,BMU、触发器和 HECS 及所有的单体电池均存在热损伤。受损最严重的是 Cell3 和 Cell6 单体电池,Cell3 电池的正

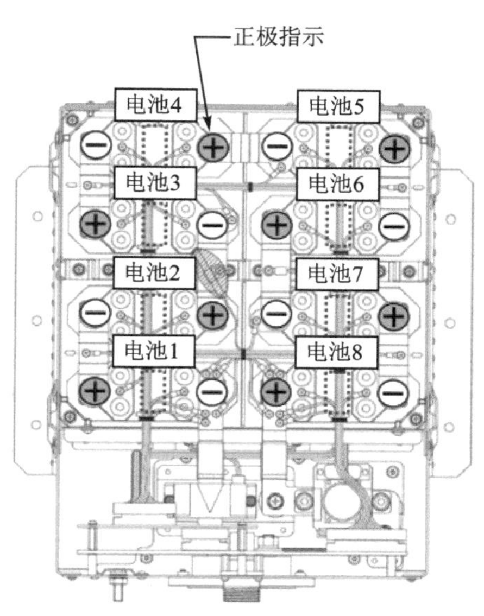

图 3.1.41 B787 锂离子蓄电池的内部结构示意图

极熔断，部分母线消失，撑杆熔接，多处电弧灼伤等。

事故发生后，采取了一些措施，主要是壳体性能得到极大的加强，增加了隔离和耐热能力。图 3.1.42 所示是增加厚重外壳的 B787 锂电池。

电池芯之间的空隙增加，并增加了阻隔层，降低了连锁反应的可能性。加强接线和安装件的防火能力，一旦发生火灾也不至于很快就被毁坏。

图 3.1.42 增加厚重外壳的 B787 锂电池

另外，使充电系统进一步精细化，精确控制充电电压，防止过度充电。泄放管直接通向机外，不仅有效泄放有毒烟雾，而且把热源带出机外，确保电解液受热膨胀后不会溢出而污染到其他部分，引起连锁反应。如果没有空气存在，燃烧是不能持续的。新壳体有效地阻绝了空气，具有窒息火灾的作用。在波音公司的试验中，电解液被有意释放，壳体受到强烈加热，但由于缺乏空气，壳体内无法引起燃烧和温度快速上升。由于后续空气无法进入，燃烧也只持续了 200 ms 就熄灭了。但质量增加了 60 kg，质量小的优势基本没有了。

但值得注意的是，修改方案只能阻止火灾的蔓延，并没有达到确保不起火的作用。

(3) 故障原因分析

锂离子蓄电池发热的原因有过充电、过放电、内部短路、外部短路等。由于发生异常前电池电压正常，因此过充电和过放电的可能性低。如果是外部短路的话，外部电阻降低后，电池单元的正极集电体会立即熔断，不会出现高温。

分析回收电池的烧毁痕迹后认为，发生内部短路的可能性比较高。也有人认为“一个单体电池发生内部短路造成热失控，热量波及其他电池单元，从而导致烧毁”。为此，按照表 3.1.11 的条件进行试验，试验时使 6 号单体电池短路。

表 3.1.11 6号单体电池故障模拟试验

试验条件	条件1	条件2	条件3
初期电池温度/℃	70	30	30
BMU连接	连接	连接	未连接
电池外壳接地	接地	接地	未接地
试验现象	短路15 s后6号电池放气起火,5 min后5号电池放气,8 min后4个电池放气,5号、7号、8号电池存在热失控痕迹。6号电池和撑杆熔化,接地线流过200~600 A电流	短路46 min后,所有电池放气。6号短路后立即放气冒白烟,温度迅速上升到400 ℃以上,最高达到50 ℃。接地线流过的最大电流为1 630 A,接地线被烧断	6号电池发生放气,导致温度暂时上升,没有波及其他电池单元。撑杆、外壳未发现过热损伤
试验结果	发生热传播,所有电池单元出现热损伤	发生热传播,所有电池单元出现热损伤	仅6号电池单元过热,没有发生热传播

根据母线和撑杆等烧毁情况、电弧灼痕、单体电池变形,可以推断出电池热失控的过程,如图3.1.43所示。由于某种原因,6号单体电池发生内部短路,膨胀后接触到撑杆,与接地的电池外壳发生短路,导致流过大电流,发生电弧放电。电弧放电加剧了向其他电池单元的热传播,最终造成热失控。如果在产品开发阶段进行充分的内部短路模拟试验,应该能预测到电弧放电等故障。另外,分析飞行记录器记录的电池电压数据发现,发生异常的4 s后,电压由29 V下降到11 V,可以判断6号单体电池是最先发生内部短路的。

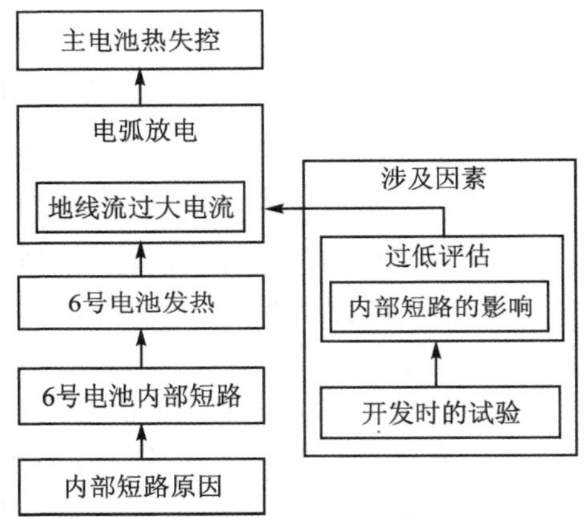

图 3.1.43 电池热失控过程

随着对锂离子蓄电池的使用和研究的不断深入,总有一天会解决好这一技术难题。

3.1.4 电池在机上的安装

飞机根据尺寸和用途配有一个或两个主电池。电池的位置应尽量靠近其配电点,可以降低大负载电缆的内阻压降。在小型飞机上,电池可以放置在发动机舱内,或者放在后机身行李舱的后面,在有些大型飞机上电池位于机翼前缘。如B747的电池,一个装在飞行舱,另一个装在飞机尾部的辅助电源设备舱。电池装在专用的箱体或隔舱内目的是固定和提供通风。电池舱通常配有接盘,用于收集溢出的电解液,保护飞机机体。接盘材料具有抗腐蚀、不吸水的特性。电池舱周围的结构都经过了处理,以降低来自电解液溢流或充电时产生的蒸气所造成的腐蚀性破坏。电池必须可靠固定,防止它们在飞机机动时脱落,以免引起火灾。

图3.1.44所示是几种典型的安装位置图。

【维护要点】 有些飞机主电池很重,电池从飞机上的拆卸和安装常需要升降机;卸除飞机电池会使电气时钟断电,电池供电恢复后通常需要检查和重新设定飞行面板上的时钟。

如果用镍镉电池替换铅蓄电池,一定要使电池舱不存在电势差。镍镉电池和铅蓄电池及

(a) 电池舱（通用航空飞机）

(b) 外部安装（小型直升机）

(c) 机头设备舱

(d) 机翼前缘（Beech king航空）

图 3.1.44　典型的电池安装位置图

银锌电池的电解液腐蚀性都很强。

3.1.5　镍镉电池充放电分析仪的应用

相关内容请扫码查阅。

3.2　无刷直流发电机简介

现代飞机以交流电源为主，而无刷直流发电机将是下一代先进飞机的装备，通常输出 270 V 的高压直流电。下面主要介绍其组成结构、工作原理和有关特性。

1. 无刷直流发电机的组成结构

图 3.2.1 是无刷直流发电机的原理结构图。无刷直流发电机主要由三相主发电机、励磁机、永磁副励磁机、旋转整流器和输出整流滤波器组成。转子上有永磁磁极，直流励磁机三相绕组 U、V、W，旋转整流器 $VD_1 \sim VD_6$，主发电机励磁绕组 W_F。定子绕组上有永磁副励磁机，三相定子绕组 R、S、T，励磁机励磁绕组 W_{ef}，三相主发电机主绕组 A、B、C，输出直流整流和滤波电路。其中直流发电机的输出整流器采用三相桥式整流电路，装在发电机空心轴内，故称旋转整流器，它的负载是发电机的励磁绕阻，为电感电阻负载，负载电流的脉动很小，但负载电压的脉动很大。

无刷直流发电机的设计与交流发电机不同，主要体现在：

① 工作频率不受发电机极对数和电机转速的影响；

② 无刷直流发电机的转速范围为 15 000～30 000 r/min；

③ 无刷直流发电机可采用更多的极对数，以优化电机结构，减小电机质量；

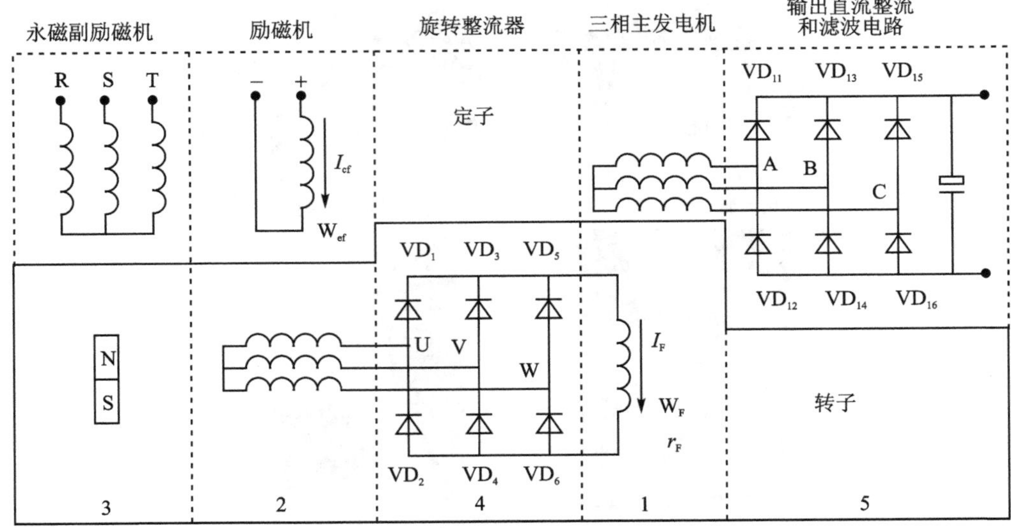

图 3.2.1 无刷直流发电机的原理结构图

④ 无刷直流发电机的绕组得到充分利用,绕组系数高,通常为 0.94 以上;

⑤ 功率因数取决于电机参数、输出整流器和滤波的参数,通常功率因数较高;

⑥ 转子表面光滑,旋转时的空气阻力小,有利于减少旋转整流器的机械应力。

电机转速高、极数多、工作频率高,有利于减小输出滤波电容。频率升高使磁性材料的损耗增加,同时又使线圈的高频效应严重,交流电阻增加,因此发电机的电枢绕阻大多采用多股并绕或多支路并联结构。

无刷直流发电机的输出通常是 270 V 直流电,是经三相桥式整流电路整流后,经电容滤波获得的。表 3.2.1 是某 65 kW 无刷直流发电机的主要技术参数。

表 3.2.1 65kW 无刷直流发电机主要技术数据

序 号	技术参数	数 值	序 号	技术参数	数 值
1	额定电压/V	270	6	电机转速/($r \cdot min^{-1}$)	13 700～25 500
2	额定电流/A	240	7	工作频率/Hz	1 370～2 550
3	额定功率/kW	65	8	冷却方式	喷油冷却
4	过载功率/kW	87(5s)	9	质量/kg	＜20
5	极对数	6			

2. 无刷直流发电机的外特性

图 3.2.2 所示是无刷直流发电机的外特性。从图中可以看出,随着转速的升高,端电压下降增加。此外,随着负载电流的增加,端电压下降也增加。这充分说明工作频率对电机内阻的影响很大,也就是线圈的交流阻抗对内阻抗的影响很大。

3. 无刷直流发电机的特点

由无刷交流发电机与整流滤波器构成的无刷直流发电机在 VSCF 电源中使用,其具有以下特点:

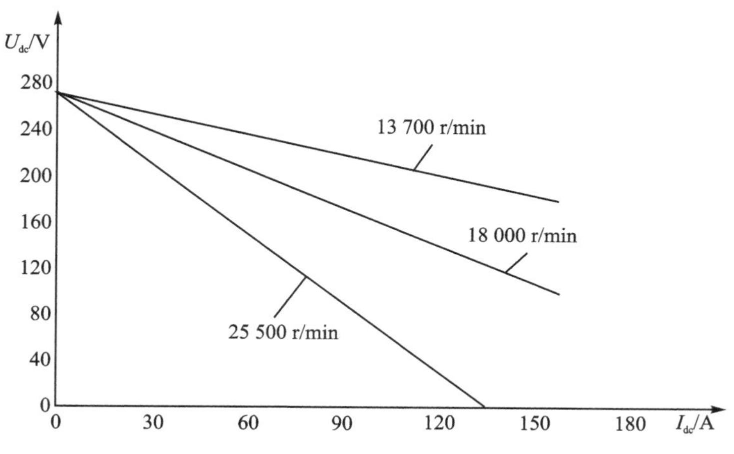

图 3.2.2　无刷直流发电机外特性

① 工作转速高。高转速和多极对数减小了电机尺寸，降低了输出滤波电容容量，也降低了输出电压脉动，提高了电机功率密度。

② 电机工作转速范围和发动机工作转速范围相适应。在低速工作区，主发电机处于饱和状态，高速时工作于不饱和区。由于换相重叠，因此转速越高，自然外特性斜率越大，即等效内阻越大。为了减小电压调整率，主发电机应有重的阻尼绕组。

③ 无刷直流发电机的旋转整流器宜用三相桥式电路，并置于电机空心轴内，以减小机械应力。

④ 为了防止高速工作时突然卸去大负载时电压的急剧升高，除应有快速的电压调节器外，主发电机励磁绕组应采用低压大电流设计方法，励磁机设计应有电流放大器特性。

⑤ 发电机输出整流滤波电路只宜采用电容滤波，不宜采用电感滤波。

⑥ 发电机起励时宜采用软启动电路，防止空载输出电压大于额定值。

⑦ 高速电机转子结构强度、转子动平衡、转子表面粗糙度和临界转速等方面应特别关注。

⑧ 同功率的无刷直流发电机的功率密度比 400 Hz 恒频发电机高。

由无刷交流发电机与整流滤波器构成的无刷直流发电机用于 F－22 飞机，B737－500 飞机的 VSCF 电源中也使用它。

4. 永磁无刷直流发电机

永磁无刷直流发电机是用交流发电机和电力电子与功率变换器组合而成的，结构示意图如图 3.2.3 所示。发电机转子部分为永磁材料，定子部分为三相电枢绕组。由于永磁发电机不能进行励磁的调节，三相电枢绕组输出电压会随着转速的变化而变化，因此需要采用功率变换器来实现电压调节。

功率变换器由 AC/DC 变换器组成，其中 AC/DC 变换器采用不控整流器，将电压变化的三相交流电（AC vary voltage，AC VV）变换为电压变化的直流电（DC vary voltage，DC VV），再由将变化的直流电经 DC/DC 变换器变为稳定的直流电源（DC constant voltage，DC CV），实现电压调节。

能够实现电压调节的 DC/DC 变换器，可根据不同的功率等级采用变换器的拓扑结构。由于电源变换器的功率大，常采用桥式电路作为主电路进行变换，如图 3.2.4 所示。

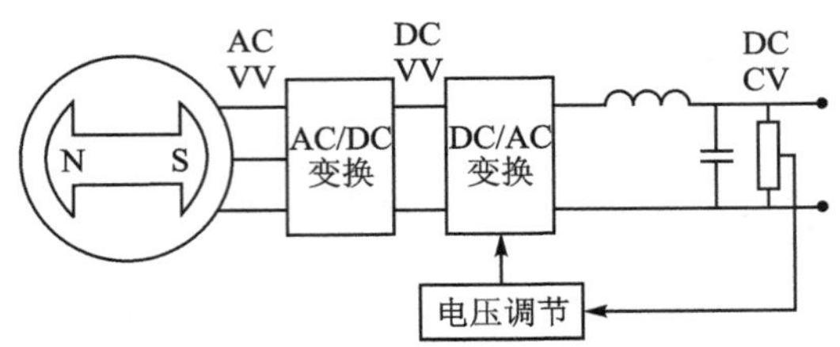

图 3.2.3　永磁直流发电机结构

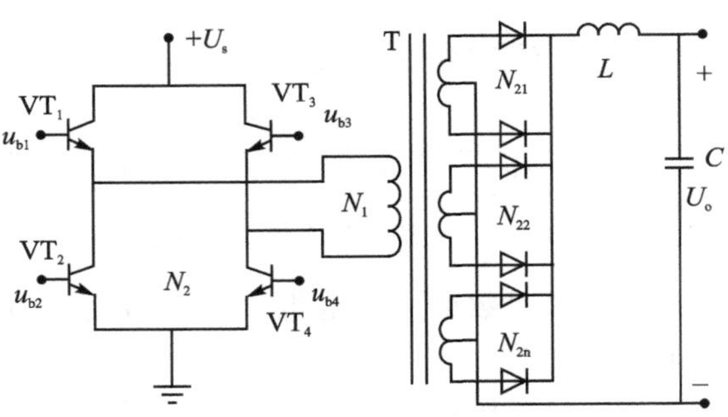

图 3.2.4　电子式变压整流器

高频变压器 T 的原边绕组 N_1 接到 $VT_1 \sim VT_4$ 构成的全桥电路上，副边绕组有 $N_{21}, N_{22}, \cdots, N_{2n}$ 多路全波整流后并联输出，再经 LC 滤波电路得到直流输出电压 U。

5. 绕线式无刷直流发电机

绕线式无刷直流发电机为基于同步发电机的无刷直流发电机，其结构如图 3.2.5 所示。它由同步发电机、整流电路、输出滤波器和发电机控制单元(GCU)组成。

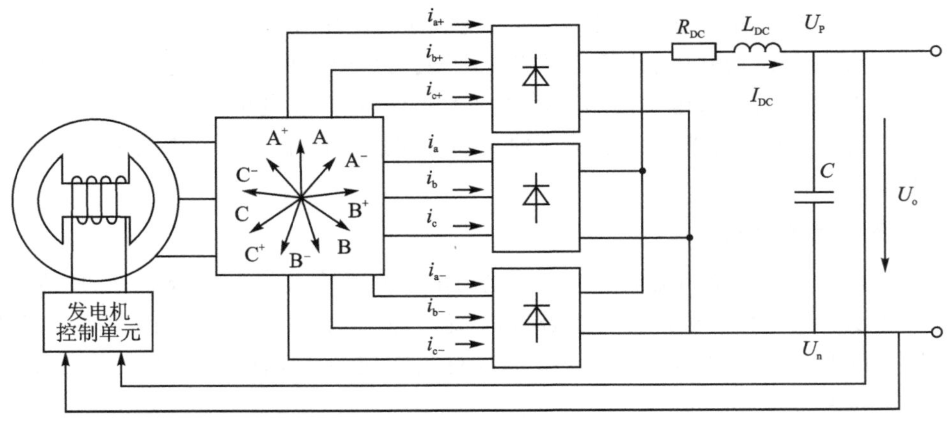

图 3.2.5　直流发电机结构

同步发电机的结构可以采用两级式或三级无刷交流发电机。该发电机在 GCU 的控制下，通过对主发电机的励磁控制，实现输出电压的控制，达到输出稳定电压的目的。

由二极管构成的整流电路将同步发电机输出整流为直流电，输出滤波器完成直流电压的滤波，使输出的直流电压满足航空供电系统的质量标准。为了减小滤波器的体积，以及发电机

绕组的谐波电流，可以采用自耦变压器移相，实现多脉冲波整流。

3.3　静止变流器

民用飞机上有很多用电设备，所需的电源经常与主电源不一致。例如中小型飞机直流电源系统中没有交流电源，但它的一些仪表和电子设备，如无线电导航设备、雷达、陀螺等的用电为频率为 400 Hz 的 36 V 交流电或 115 V 交流电。特别是当主电源失效时，还需要把作为应急电源的蓄电池变换成上述交流电，以满足出现主电源失效的紧急情况下的飞行仪表的应急供电。因此，必须将直流电（飞机上的蓄电池）变换为所需交流电。

静止变流器是能把直流电能变换为交流电能的变流设备，具有效率高、寿命长、噪声小、质量轻、高空性能好、抗冲击及抗振动性能好等优点，但也有过载能力差、控制线路复杂、承受过电压的能力差等缺点。随着功率半导体器件和集成电路技术的发展，静止变流器的设计已经成熟，并在飞机上得到广泛使用。

3.3.1　静止变流器的主要功用

静止变流器的主要功用有：

① 在以直流电为主电源的飞机上用作二次电源，将主电源的直流电逆变为恒频交流电，为机载电子电气设备供电；

② 在以恒频交流电为主电源的飞机上，将蓄电池的直流电逆变为恒频交流电，为关键设备提供应急交流电源；

③ 在以变频交流电为主电源的飞机电源系统中，提供恒频交流电源；

④ 为某些机载特种设备提供专用交流电源，以实现不间断供电。

3.3.2　静止变流器的工作原理

图 3.3.1 是静止变流器基本组成方框图。静止变流器通常由逆变电路、滤波器、振荡器、激励电路、控制保护电路和稳压电源等基本环节组成。

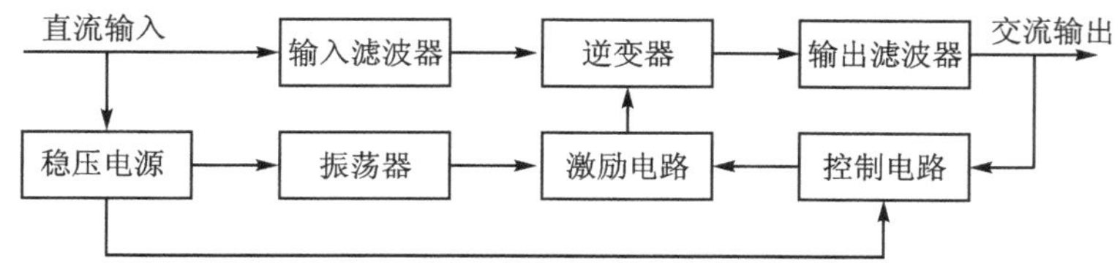

图 3.3.1　静止变流器基本组成方框图

1. 逆变器

逆变器也称功率开关电路，是将直流电进行斩波或调制，输出一定波形的交流电，是直流电变换为交流电的关键部分。小功率逆变器采用晶体管作为开关元件，而大功率逆变器则采用可控硅作为开关元件。随着电子技术的发展，采用 IGBT 或 MOSFET 场效应晶体管做逆变器的功率器件，控制电路已经集成化为专用芯片，技术十分成熟。逆变器的基本形式按输出波形分为矩形波逆变器、阶梯波逆变器、脉冲宽度调制式 PWM 逆变器和正弦脉冲宽度调制

SPWM逆变器。其中PWM和SPWM脉冲宽度调制式逆变器以其体积质量和性能方面的优势而应用广泛。

2. 输入滤波器

输入滤波器连接在输入直流电源与逆变器之间,主要用来消除逆变器产生的纹波电压对直流电源的影响。输出滤波器用来滤除逆变器输出的矩形波中各高次谐波电压,以获得较理想的正弦波,满足交流用电设备的要求。

振荡器能将稳压电源的直流电能转换成交流电能,向激励电路提供一定频率的电脉冲信号,并担负调整频率的任务。在三相静止变流器中还提供输出的三相电压之间具有120°相位差信号。输出波形可以是矩形波、正弦波、三角波等,主要取决于振荡器输出电路的形式。

3. 激励电路

激励电路的作用是将振荡器输出的交流电压脉冲信号,经过整形放大等环节,作为逆变器功率开关元件的激励信号,控制逆变器的正常工作。当晶体管作为开关元件时,它给功率晶体管提供偏压,使其导通或截止。

4. 控制电路

控制电路主要包括电压调节电路、频率控制电路、相位控制电路和启动保护电路。

静止变流器中常采用稳压精度较高的晶体管直流稳压电源,为控制电路和振荡器提供较稳定的直流电压,以提高这些电路工作的精确度和可靠性。

输入滤波器、逆变器和输出滤波器是将直流电能变换为正弦波交流电能的主要环节,通常称为变流器主回路。其余部分是保证主回路能准确而可靠地工作,使变流器输出交流电的质量满足技术要求的几个环节,通常称为控制回路。

有关逆变器的详细内容,请参考相关文献资料。

3.3.3 常见的静止变流器的基本类型

根据不同的输入输出电气要求,航空静止变流器的典型构型一般有DA/AC结构型逆变器和DC/DC-DC/AC两类。

1. DA/AC结构型逆变器

直接把输入的直流电逆变成所要求频率的交流电,再通过输出变压器将电压上升至115V。逆变部分主电路结构如图3.3.2所示,通常有推挽式和桥式。为了减小功率管的损耗,必须让功率管工作在开关状态。

这种构型的输出变压器,除了将输出电压升高到所需的大小外,同时实现了输入输出端的电气隔离。由于只含有一级逆变环节,所以具有结构简单、电力电子元器件少、转换效率高、成本低等优点,但由于输出侧有中频变压器,导致设备体积质量偏大,声频噪声较大,同时对于输入电压和负载波动的抗干扰能力较差。

2. DC/DC-DC/AC结构

图3.3.3是DC/DC-DC/AC结构示意图,前级DC/DC变换电路将输入的直流电变换到后级逆变器所要求的输入电压值,同时实现输入和输出的电气隔离;DC/AC变换电路再将直流电逆变成所需要的交流电。

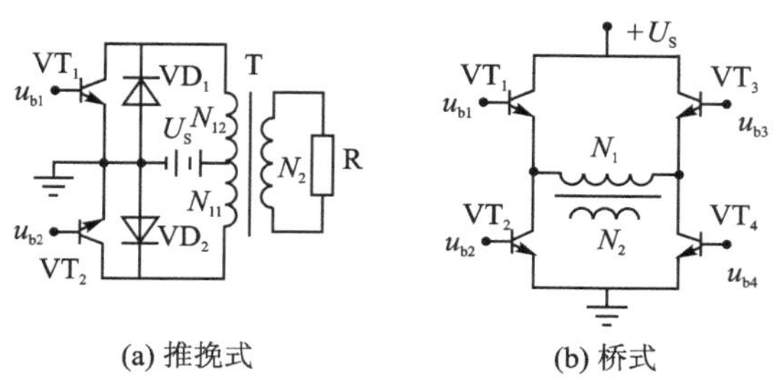

(a) 推挽式　　(b) 桥式

图 3.3.2　DC/AC 型静止变流器构型

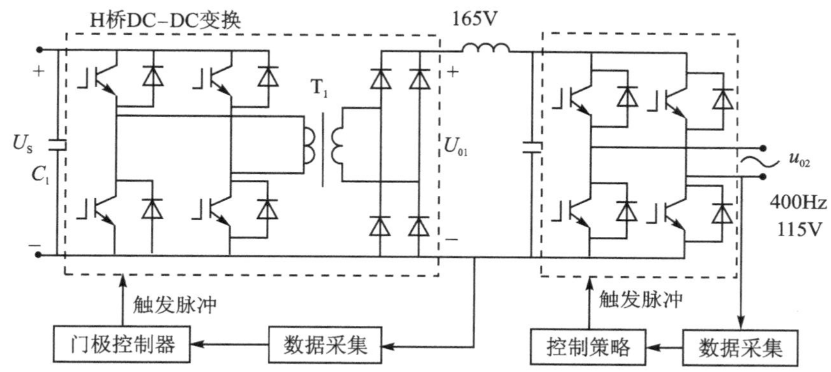

图 3.3.3　DC/DC - DC/AC 型静止变流器结构图

由于增加了前级 DC/DC 变换装置，产生了成本高和系统效率降低等问题，但是由于高频脉冲变压器取代了笨重的中频变压器，又大大降低了逆变器的质量。通过调节 DC/DC 电路功率管的占空比，可以实现直流电压的控制。

功率电子器件性能的提高和逆变器控制技术的不断成熟，使 DC/DC - DC/AC 结构型静止变流器在效率上、成本上得到改善，应用更为广泛。

对于 DC/DC - DC/AC 结构型的静止变流器，电力电子控制技术已经得到深入的研究。主要体现在以下两个方面。

① DC/DC 变换器控制技术。在图 3.3.3 所示的静止变流器中，DC/DC 变换器是一个升压变换器，需要将蓄电池的 24 V 左右的直流电变换为 165 V(单相交流输出型)或 270 V(三相交流输出型)左右的直流电。H 桥结构的逆变器将低压直流电变为高频(10 kHz)脉冲电源，升压的脉冲变压器将低压的脉冲电源升为高压脉冲电源，变压器副边的整流器再将脉冲电源整流为高压的直流电，并可以通过控制脉冲的占空比控制电压的高低。

在静止变流器的 DC/DC 变换器中，低压端的逆变控制是关键，但相同功率下低电压会导致大电流，使功率器件的损耗加大。采用软开关技术，即通过自激的方法将低压直流电源变换为振荡的脉冲电源，逆变器在零电压时开通，在零电流时关断，可以降低逆变器的开通损耗和关断损耗。

② DC/AC 变换器控制技术。根据图 3.3.3 所示的拓扑结构，DC/AC 变换器可将直流电逆变为 400Hz 的正弦波的交流电。脉宽调制式逆变器具有电路简单、输出电压波形谐波含量小等优点，因而得到了广泛应用。由于输出矩形脉冲序列的脉冲宽度按正弦规律变化，这种调

制技术又称为正弦脉宽调制技术。通过数学分析,精确选择脉冲的宽度,就可以消除3、5、7、9次等谐波分量。半个周期中的脉冲波越多,总谐波含量就越少,从而可以极大地减小输出滤波器的体积质量。

SPWM逆变器是现在的主流逆变器结构。为降低输出电压中的谐波含量及提高直流侧电压的利用率,又发展起来了消除特定次谐波的PWM技术。通过开关时刻的优化选择,消除选定的低次谐波,有效地降低了开关频率和开关损耗,提高了直流电压的利用率。这种控制策略与其他调制方式相比,逆变器在相同的开关频率下具有更高的输出电压质量。

逆变器是航空静止变流器的核心,采用合适的控制技术可以在允许的指标下最大限度地消除输出波形中的谐波成分,提高输出波形质量、电源性能和效率。

3.3.4 静止变流器在飞机上的应用

在以115V/400Hz交流电为主电源的大型客机上,静止变流器应用于交流发电机失效,只有蓄电池能够提供电能的情况下。这时,静止变流器将蓄电池提供的低压直流电变换为115V/400Hz的交流电,提供给使用交流电的应急设备。例如:

① APU启动时,给APU燃油泵提供应急交流电,将点火装置接到蓄电池上,启动APU发动机;

② 在充压空气涡轮(RAT)放下时,为机组警戒告警和监视系统ECAMS显示装置供电;

③ 在紧急迫降着陆情况下,放下起落架;

④ 在地面上,只有蓄电池可使用时,给按钮开关供电。

蓄电池提供直流电能时,电压的变化范围比较大,因此要求静止变流器在输入电压为18～32 V范围内正常工作。

静止变流器在实现电能的直交变换时,需要由电路中的隔离实现直流侧和交流侧正确接地。

3.3.5 航空静止变流器的维修要点

飞机静止变流器是飞机电源系统的二次电源,具有效率高、可靠性高、功率密度高、输入输出之间电气隔离、结构组成复杂,技术难度较大等特点。在进行静止变流器日常维护时应注意下列维修要点。

维修时通常需要下列步骤:

① 静止变流器分解;

② 静止变流器的清洁;

③ 静止变流器分解后检查;

④ 静止变流器零件的修理。

静止变流器分解后检查分外观目视检查和内部目视检查。

外观目视检查主要检查铭牌是否完整和数据是否清晰;检查接头是否损坏、腐蚀、弯曲、开裂等;检查外观是否掉漆。

内部目视检查主要检查焊接接头是否良好;检查绝缘漆是否脱落;检查电子元器件是否有损坏现象,如过热、裂开、弯曲、掉线等;检查所有的屏蔽线是否接地良好;检查变压器、二极管、电阻是否有烧黑或过热现象等。

静止变流器零件的修理相对复杂。通常静止变流器主要由主电路、控制电路、输出电路等组成。例如，如果晶体管主电路元器件损坏，可以直接更换，但要注意的是晶体管必须匹配，否则会引起输出谐波失真，甚至超出范围。一般用晶体管图示仪进行测试和匹配，损坏严重时应报废或送厂家进行维修。

每次修理完毕需要进行必要的性能测试和处理，如绝缘耐压测试、三防处理、屏蔽层是否安装完毕、散热组件是否安装紧锢等。维修后的静止变流器应按装机的技术要求做完例行试验方可装机。以直流电为主的电源系统主要有直流发电机、APU 发电机和应急蓄电池等，它们必须协调地工作。

3.4　机载直流电源技术要求

直流电源有三种类型，各种类型在技术要求上有一定的差异。三种电源类型分别是：

① A 类直流电源，即经变压整流器（TRU）得到的 28 V 直流电及相对应的地面直流电源；

② B 类直流电源，即由直流发电机产生的 14/28 V 直流电及相对应的地面直流电源；

③ R 类直流电源，即由带稳压装置的变压整流器（TRU）得到 28/42 V 直流电。

3.4.1　低压直流电源的稳态特性

机载低压直流电源的主要稳态特性要求如表 3.4.1 所列。

表 3.4.1　机载直流电源稳态特性要求

项　目	状态	28 V，A/B 类	28 V，R 类	14 V，B 类	42 V，R 类
稳态电压/V	正常	22～30	26.5～28.5	11～15	40～45.5
	不正常	20.5～32.2	22～30.5	10.25～16	33～48
	应急	18～32.2	—	—	—
脉动电压/V	正常	4	1	2	2
	不正常	6	2	3	—
畸变系数/%	正常	5.5	—	—	—

表 3.4.1 中的脉动电压指的是直流供电系统稳态工作期间，电压围绕稳态直流电压做周期性或随机的变化。脉动的原因可以包括直流电源的电压调节、直流电源的换向或整流、用电设备的负载变化及其影响。脉动幅值是指脉动电压的最大峰值和最小峰值之差。

直流畸变系数 D 为

$$D=\frac{\sqrt{U_{rms}^2-U_d^2}}{U_d}\times 100\% \tag{3.4.1}$$

式中，U_{rms} 是带有脉动分量的有效值，U_d 是直流电压值（平均值）。

3.4.2　低压直流电源的瞬态特性

图 3.4.1 所示是 28 V 直流 A 类电源正常情况下的瞬态电压极限范围。图中曲线 A 为最大负载切换时的瞬态电压极限范围，曲线 B 为汇流条切换时的瞬态电压极限范围。下面的曲

线 AB 为卸载和断开汇流条时的瞬态电压极限范围,上面的曲线 AB 是加载或合上汇流条时的瞬态电压极限范围,即汇流条闭合时延时不得超过 0.2 s。

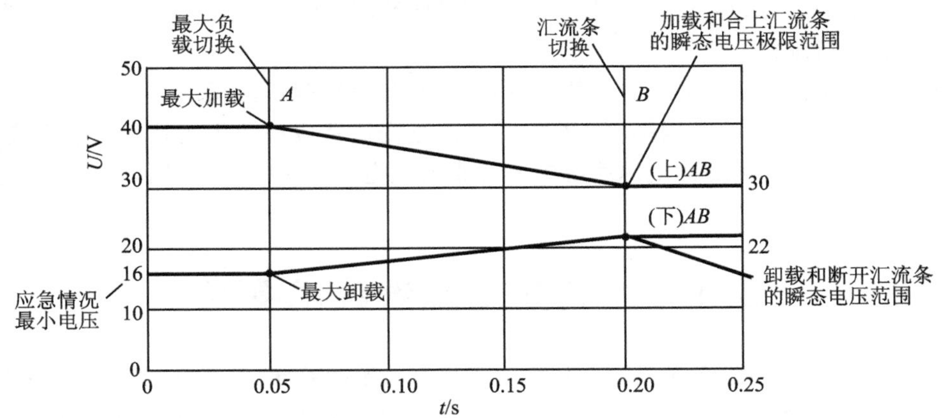

图 3.4.1　28 V 直流 A 类电源正常情况下的暂态特性

从图 3.4.1 还可以看出,在进行最大加载和卸载时,应急情况下能够允许的最大加载电压为40 V,最小卸载电压为 16 V,并且规定了暂态过程的持续时间,要求整个过渡过程在 0.2 s 内结束,即在0.2 s 内以过渡过程回到相应的稳态范围内。图中极限范围不包括持续时间小于 1 ms 的尖峰电压。

图 3.4.2 为 28 V 直流 A 类电源系统在不正常情况下的稳态限制(abnormal steady state limits,ASSL)。若超过 ASSL,电源系统的过压、欠压保护电路将起作用,切断发电机供电。

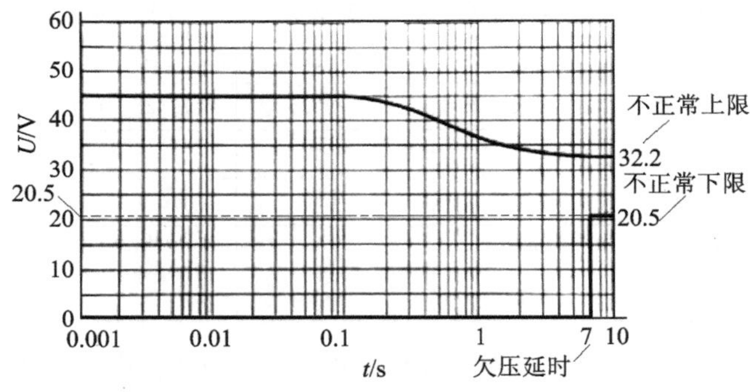

图 3.4.2　28 V 直流 A 类电源不正常情况下的暂态特性

欠压故障对用电负载产生的危害不同于过压故障,可以采用固定延时后切断电路。根据表 3.4.1 中的 28 V,A/B 类的不正常情况,当欠压值为 20.5 V 时,固定延时时间取 7 s,即当欠压值小于 20.5 V 时,如在 7 s 内不能恢复,则欠压保护电路将动作,如图 3.4.2 所示。

过压故障对用电负载及发电机的危害很大,应采用具有反延时特性的过压保护策略。例如,当电压大于 32.2 V 时,过压保护将动作,并且电压越大,保护时间越短。表 3.4.2 列出了图 3.4.2 中几个转折时间点的电压值。

表 3.4.2　转折时间点的电压值

时间/s	电压/V	时间/s	电压/V
0.001	45.0	1.0	36.6
0.1	45.0	4.0	32.7
0.2	43.4	10.0	32.7
0.4	40.8	—	—

直流 B 类、R 类电源的暂态特性和过压、欠压保护特性与 A 类直流电源相似，不再重复。

3.4.3　高压直流电源的稳态特性

随着航空技术的发展，先进飞机采用 270 V 直流电源成为趋势，并带来了供电体系的变化。

在军用标准中，专门对 28 V 直流和 270 V 直流电源系统提出稳态特性要求，包括稳态电压、畸变系数、畸变频谱和脉动电压。表 3.4.3 所列是直流电源的正常工作特性。

表 3.4.3　直流电源的正常工作特性

名　称	28 V 直流系统	270 V 直流系统
稳态电压/V	22.0～29.0	250～280
畸变系数	0.035 最大	0.015 最大
畸变频谱	图 3.4.3 所示	图 3.4.4 所示
脉动电压/V	1.5(最大)	6.0(最大)

表 3.4.3 中是军标 MIL－STD－704F 中提出的低压直流电源的工作特性，与表 3.4.2 中的特性略有不同，且增加了图 3.4.3 所示的 28 V 直流系统的畸变频谱。

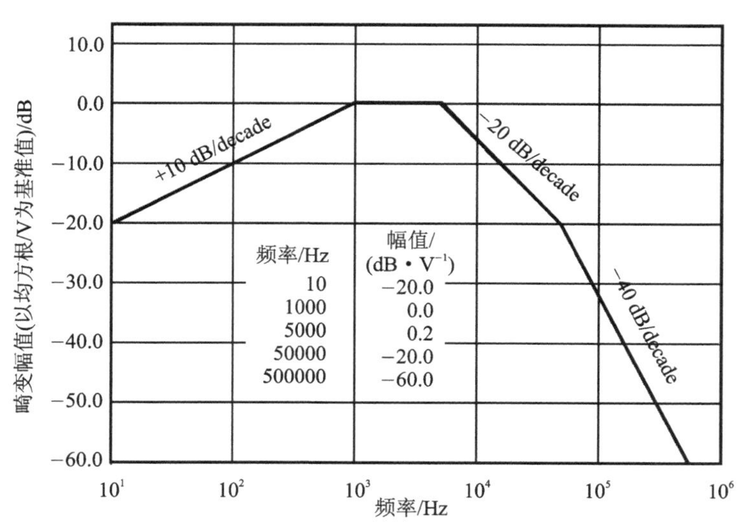

图 3.4.3　28 V 直流系统最大畸变频谱

根据表 3.4.3 所列，由于 270 V 直流电源系统采用电力电子技术，因此其工作特性有稳态

电压、畸变系数、畸变频谱和脉动电压等要求。270 V 的频谱如图 3.4.4 所示。

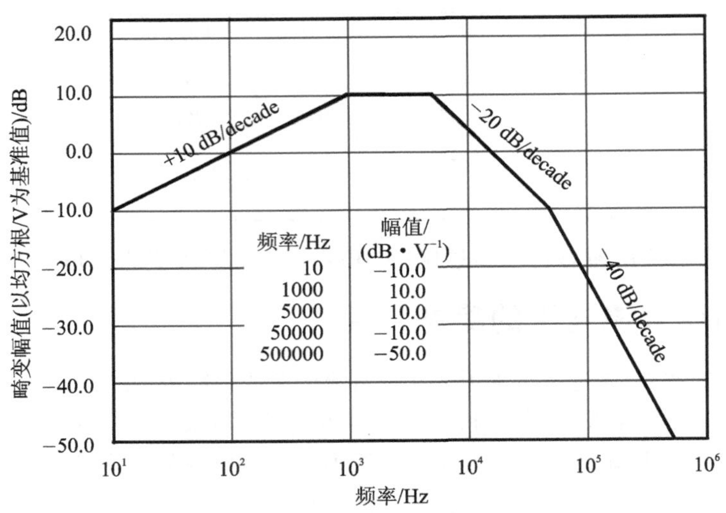

图 3.4.4　270 V 直流系统最大畸变频谱

3.4.4　高压直流电源的瞬态特性

图 3.4.5 所示为 270 V 直流电源正常情况下的瞬态电压极限范围。图中曲线 A 是最高电压 330 V 时加载，电压跌落到 280 V，所经历的时间为 0.02 s 的工况。曲线 B 表示低压 200 V 时突卸负载，上升到最高电压为 250 V，所历经的时间是 0.03 s 的工况。其他工况应在曲线 A 和曲线 B 的范围内。

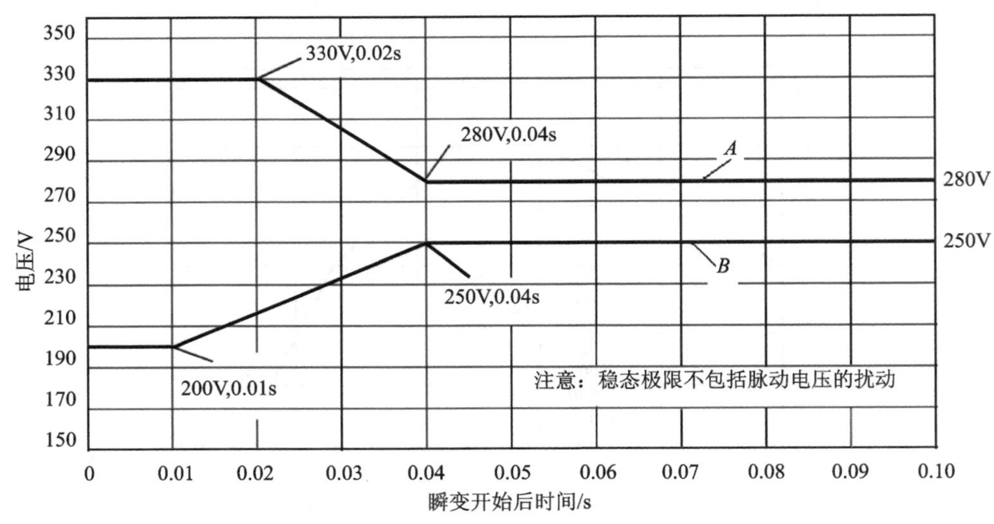

图 3.4.5　270 V 直流系统正常电压瞬态包络线

来自发电机输入的电网电压发生过压和欠压时，仍然需要切断发电机的供电以保护设备，因此设置了过压和欠压极限。由于欠压故障的危害弱于过压故障，因此采用固定时间延时方法，如图 3.4.6 中曲线 A 所示。由图可知当发生短路欠压时，延时 7 s 后切断发电机供电。

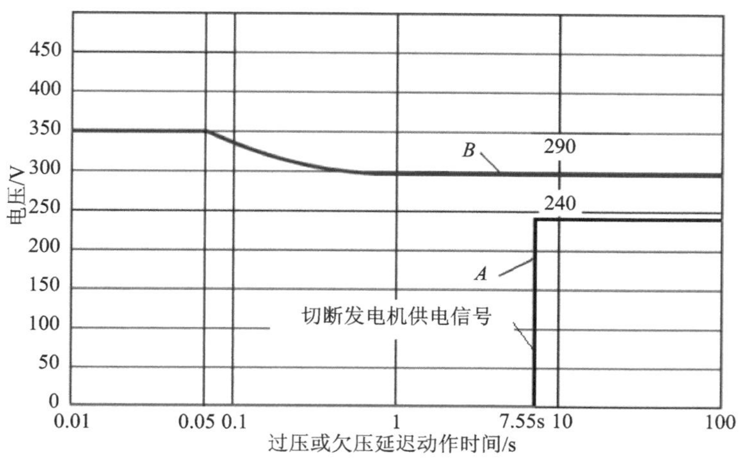

图 3.4.6　270 V 直流系统过压和欠压极限

如图 3.4.6 中曲线 B 所示，发生过压时，应按照反延时特性进行保护，因为过压值越大，对用电负载的危害越大。对于 270 V 直流电源系统，可按下式设置延迟时间：

$$\text{当}\quad\begin{cases} t < 0.05\text{s}, & U = 350\ \text{V} \\ 0.05 \leqslant t \leqslant 7.55\text{s}, & U = 289.6 + 3.02/t\,\text{V} \\ t > 7.55\text{s}, & U = 290.0\text{V} \end{cases} \tag{3.4.2}$$

从图 3.4.6 可以看出，270 V 电源系统的最大极限电压为 350 V，过压保护点的最低极限电压为 290 V。在电路接通 7.55 s 后，如果还处于过压状态，必须发出切断发电机供电信号。

3.5　机载直流用电设备负载特性要求

人们除对机载电源的特性做出要求和规定外，还对机载用电设备提出了相关要求，以防止其对其他用电设备或者整个供电系统造成不利影响，从而实现了供电、配电和用电三者之间的兼容，保证了飞机供电系统的安全可靠运行。

3.5.1　输入电流调制

在直流稳态条件下，规定经变压整流器 TRU 整流得到的 28 V 直流用电设备（A 类）超过 200 ms，由直流发电机产生的 14/28 V 用电设备（B 类）超过 50 ms，带有稳压调节功能的变压整流得到的 28/42 V 设备（R 类）超过 5 ms。

瞬时输入电流总是周期性变化的直流用电设备，可能会引起同时向其他用电设备供电的直流电源出现过大的电压调制，这种参数的通用极限现在还没有确定。因此，对于在任何稳态工作模式下预期其输入电流调制超过 15%的用电设备，都应该检查是否与其应用时允许的量值极限相协调。

3.5.2　直流负载切换瞬变极限

在直流用电设备输入端测量到的由负载切换引起的尖峰电压应保持在图 3.5.1 规定的极

限范围内。用电设备应根据能够在规定的瞬态电压输入条件下正常工作而设计，而不应依据实际电源瞬态情况来设计。

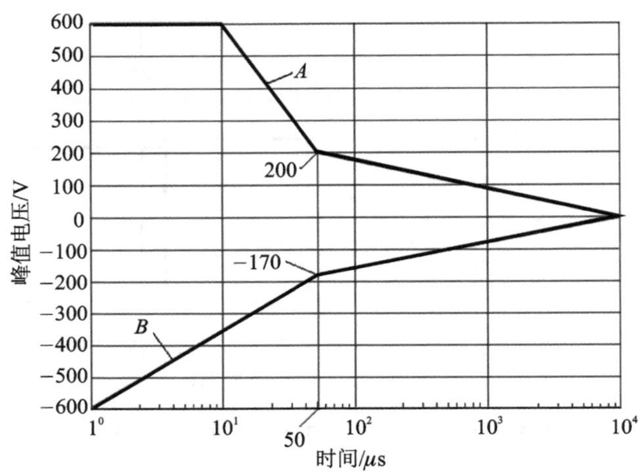

图 3.5.1　直流负载切换时电压瞬变极限

图 3.5.1 所示是采用 28 V 电源的用电设备在切换时引起的电压瞬变，在 10 μs 之内电压尖峰不得高于±600 V。而对于其他额定电压的直流电源，成比例变化即可，例如 14 V 直流电源则应乘以 14/28。

3.5.3　直流用电设备冲击浪涌电流极限

除了白炽灯负载之外，所有用电负载都应限制其最大电流需求，包括冲击电流，从而在正常范围内施加到负载端时，直流用电负载的冲击电流不超过图 3.5.2 规定的极限。图中曲线是在最大额定电流为 1 A(直流或有效值)时的极限值。对于其他不同负载的电流情况，则应用负载额定电流乘以各种情况下的倍数。例如，采用直流电源的用电设备允许 2 ms 内有 10 倍的过载电流，5 s 内有 5 倍的过载电流。

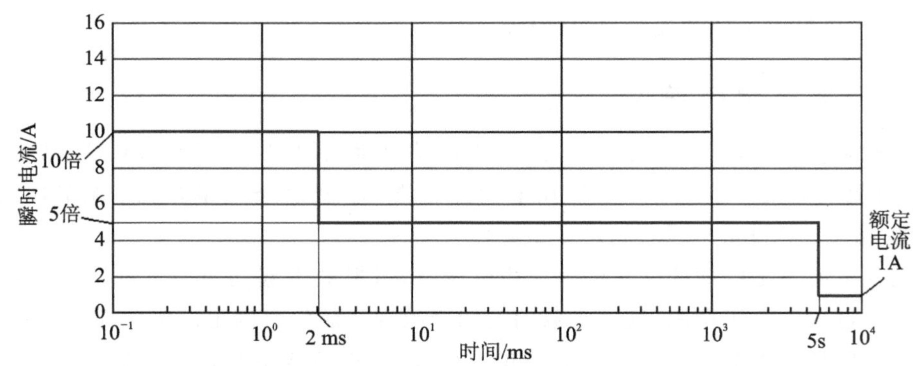

图 3.5.2　直流用电设备最大冲击电流极限

在电源接通初期或其他工作模式下，还要限制直流用电设备的电流变化率。电流变化率极限用于防止电压偏离瞬态限制曲线，1 ms 内的电流上升率应小于 5 倍的额定稳态电流。

3.6　飞机直流电源系统的应用举例

3.6.1　概　述

飞机直流电源系统经历了以直流发电机为主电源的低压直流电源系统、交流电源为主电源的直流电源系统、多电特征的飞机直流电源系统、以及未来以 270V 为主电源的系统。但是无论怎样的演变，都需要在主发电机失效时能够满足紧急迫降所需的应急电源（蓄电池提供），因此飞机直流电源系统是十分必要和重要的。

3.6.2　双通道窄体客机直流供电系统

1. 供电结构

典型的双通道窄体客机有 A320、B737 等，一般采用双主发电机供电。图 3.6.1 所示是 A320 飞机供电系统结构。

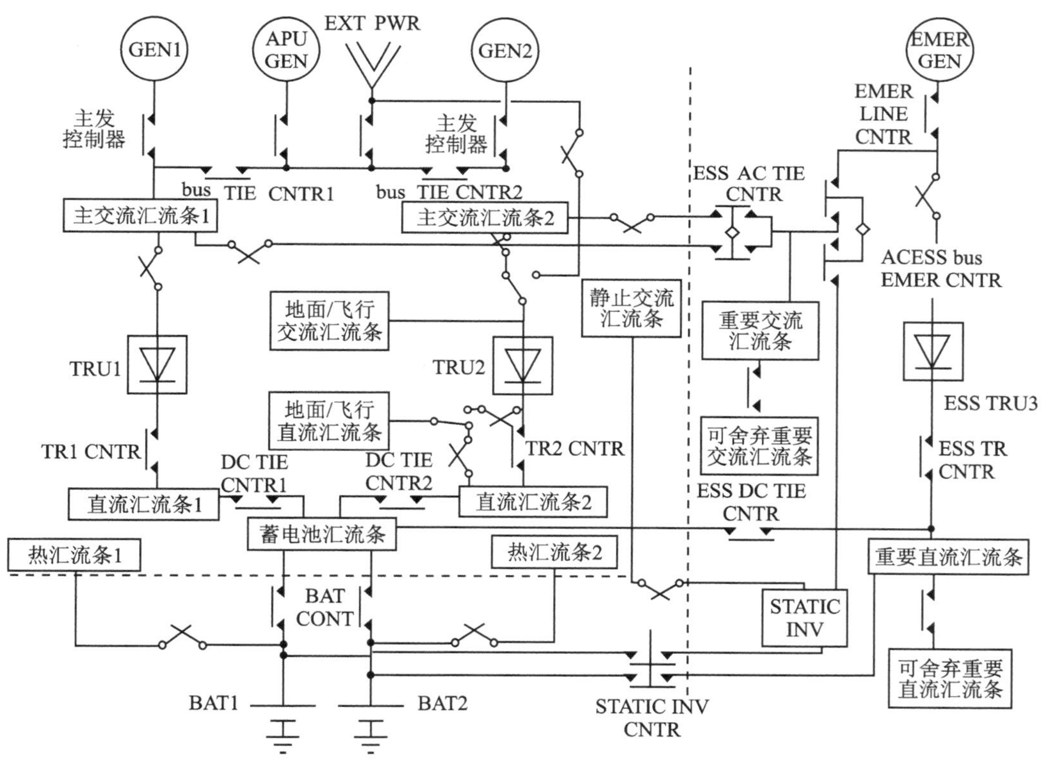

图 3.6.1　双通道窄体客机(A320)供电系统结构

（1）直流电源

由 2 台交流主发电机 GEN1 和 GEN2 发出的交流电，经变压整流器 TRU1 和 TRU2 产生 28 V 直流电，电源容量为 200A×2。

(2) 重要直流电源 ESS

重要直流电源由紧急交流发电机 EMER GE 产生的交流电,经 ESS TRU3 变压整流器提供,电压是 28 V 直流,电源容量为 200 A。

(3) 应急直流电源 BAT1 和 BAT2

由航空镍镉蓄电池提供 28 V 直流,容量为 23 Ah×2。

A320 飞机的直流电源由 2 台为普通负载供电的变压整流器、1 台为重要负载供电的变压整流装置实现。A320 飞机上共有 8 条直流汇流条,供电方式如表 3.6.1 所列。

表 3.6.1 A320 直流汇流条供电方式

汇流条名称	正 常	TRU1 故障	TRU2 故障	TRU1&2 故障	TRU1&2&3 故障	负载级别
DC Bus1	TRU1	—	TRU1	—	—	一般
DC Bus2	TRU2	TRU2	—	—	—	一般
DC ESS bus	TRU3	TRU3	TRU3	TRU3	BAT2	重要
DC ESS SHED	TRU3	TRU3	TRU3	TRU3	BAT2	重要
G/F DC	TRU2	TRU2	—	—	—	一般、地面
DC BAT bus	TRU1/2	TRU2	TRU1	TRU3	BAT1/2	关键
Hot BAT1	TRU1/2	TRU2	TRU1	BAT1	BAT1	关键
Hot BAT2	TRU1/2	TRU2	TRU1	BAT2	BAT2	关键

2. 供电汇流条

由表 3.6.1 可知,A320 分别有:

① 直流汇流条 1(DC Bus1)、直流汇流条 2(DC Bus2)为主直流汇流条,分别由 TRU1 和 TRU2 供电,为一般负载供电。

② 蓄电池汇流条(DC BAT Bus)可由 DCbus1、DCbus2、ESS TRU3 供电,容错供电能力很强,为重要的用电负载供电。

③ 地面/飞行直流汇流条(G/F DC)。由于 TRU2 可由地面电源(EXT. PWR)供电,因此该汇流条可为在地面工作的负载供电。

④ 热蓄电池汇流条(Hot BAT1 和 Hot BAT2)分别由蓄电池 BAT1 和 BAT2 供电,是不间断汇流条,为计算机类负载供电。

⑤ 重要直流汇流条(DC ESS Bus),由应急 TRU3 供电,也可由蓄电池汇流条供电,接飞机上的重要负载。

⑥ 可舍弃重要直流汇流条(DC ESS SHED),由应急 TRU3 供电,也可由蓄电池汇流条供电,接飞机上的基本(重要)负载。

3. 供电容错能力分析

① 普通直流汇流条(DC Bus1 和 DC Bus2)正常时分别由 TRU1 和 TRU2 供电,而 TRU1 和 TRU2 的电源为 2 台主发电机和 APU 发电机,因此只要 2 台主发电机和 APU 发电机中的 1 台正常工作,则 2 台 TRU 有电,如果任何一个 TRU 故障,则对应的汇流条将无电。

② 可舍弃重要直流汇流条(DC ESS SHED)连接在重要直流汇流条(DC ESS Bus)上,由 TRU3 供电。只要 GEN1、GEN2、APU 发电机和应急(RAT)发电机中任意 1 台正常,并且

TRU3 正常，则汇流条有电。只有在 RAT 发电机供电，并且 RAT 发电机输出能力不足时，脱离重要直流汇流条，或者 TRU3 故障时才无电。

③ 重要直流汇流条(DC ESS Bus)可由 TRU3 供电，只要 GEN1、GEN2、APU 发电机和应急(RAT)发电机中任意 1 台正常，并且 TRU3 正常，则汇流条有电。只有在 RAT 发电机故障或者 TRU3 故障时才无电。

④ 蓄电池汇流条(DC BAT Bus)可以由直流汇流条 1 或者 2 或者重要直流汇流条供电，当三条汇流条都失电时，由蓄电池或者蓄电池 2 供电，是供电容错能力最高的汇流条。

⑤ 热汇流条(Hot Bus 1 和 Hot Bus2)可以由蓄电池汇流条(DC BAT Bus)供电，始终连接在蓄电池上，形成不间断供电方式。

3.6.3　双发动机宽体客机直流供电

B777 是美国波音公司制造的双发动机宽体客机，是一类远程客机，对供电性能有更高的要求，是波音公司第 1 次使用电传(fly by wire，FBW)飞控技术的飞机。该机由计算机控制各种飞行动作，可避免激烈的飞行，因此直流供电和应急供电与中短程窄体客机有所不同。

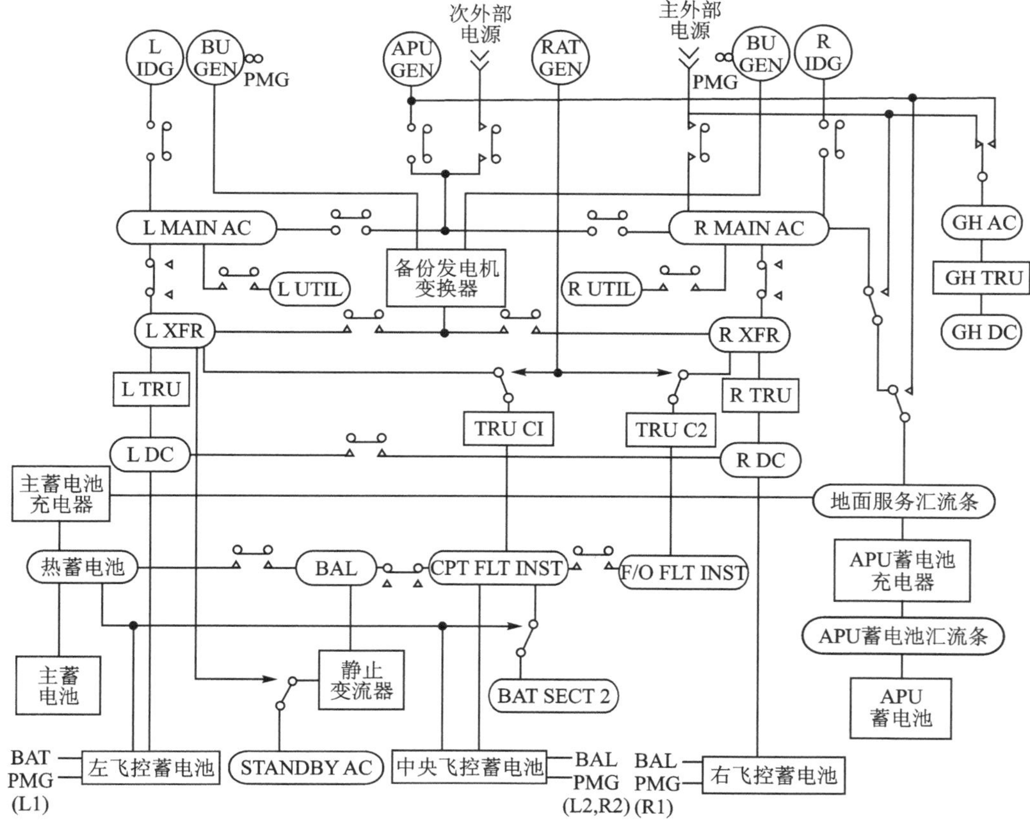

图 3.6.2　B777 飞机的供电系统结构图

B777 飞机的直流供电系统由 4 个变压整流器(TRU)、4 台专用电源、2 台蓄电池和 8 条直流汇流条组成。可以将汇流条分为以下几个供电品种。

1. 左右直流汇流条(L DC Bus和R DC Bus)

左、右直流汇流条(L DC Bus和R DC Bus)分别由左、右变压整流器供电,而左、右变压整流器(L TRU 和 R TRU)分别由左、右转换汇流条供电。

LDC与RDC汇流条之间有直流汇流条连接继电器(DC Bus TIE RLY),当左、右变压整流器任何一台故障时,继电器接通,可使正常的TRU为两条汇流条供电。

2. 机长飞行仪表与飞行操纵仪表汇流条(CPT FLT INST和F/O FLT INST)

机长飞行仪表与飞行操纵仪表汇流条分别由变压整流器TRU C1和TRU C2供电。变压整流器TRU C1和TRU C2正常时由转换汇流条供电,应急状态时由冲压空气涡轮发电机(RAT GEN)供电,还可由主蓄电池供电。故TRU C1和TRU C2比L TRU和R TRU供电的容错能力更强,失电可能性很小。

3. 蓄电池、热蓄电池和APU蓄电池汇流条(BAT,hot BAT和APU BAT)

蓄电池和热蓄电池汇流条由主蓄电池供电,而APU汇流条由APU蓄电池供电。主蓄电池和APU蓄电池可以互换,都为碱性镍镉蓄电池,额定容量为47 Ah,质量48 kg。

主蓄电池在以下场合使用:

① 飞机在地面时向直流用电设备供电。

② 飞行时间向RAT的放出装置供电。

③ 在RAT尚未工作而其他电源已损坏后,向飞行重要用电设备供电,供电时间不应少于5 min。

此外,APU蓄电池用于启动APU发动机。

4. 蓄电池充电器

蓄电池充电器将交流电转换为直流电,供蓄电池充电或向汇流条供电。现代飞机装机的碱性镍镉蓄电池对充电器的要求有:充电器具有4种工作模式,3个为充电模式,1个为TRU模式。其中充电模式有恒压充电、恒流充电及先恒流后小电流恒压浮充模式,镍镉电池通常选择先恒流后恒压浮充模式。

5. 直流地面作业汇流条(GH DC)

该汇流条仅在地面时才能通电,由交流地面作业汇流条(GH AC)供电,再经地面作业变压整流器(GH TRU)变为28V直流引到汇流条上。由于该汇流条的电源在地面工作,与其他汇流条供电情况独立,因此一般不放在供电中讨论。

6. B777飞机巡航时重要负载的用电容量

图3.6.3所示是B777飞机在巡航飞行时重要负载的用电情况,达到117 kVA,如果要求单台发电机的容量就能够满足要求,则单台发电机的容量应达到120 kVA。

7. 飞行控制系统的直流供电

B777是首款使用电传飞行控制技术的商用飞机,其中使用ARINC629数据总线使导线束从B767的600个减少至400个,导线接头从4 860个减到1 580个。全数字电传飞行控制系统既减小质量,又比传统的机械操纵减少了维护工作量。

(1) 飞行控制系统电源组件(PSA)供电电源

B777客机飞行控制系统的供电方式如图3.6.4所示,其中有3台飞控系统电源组件,定

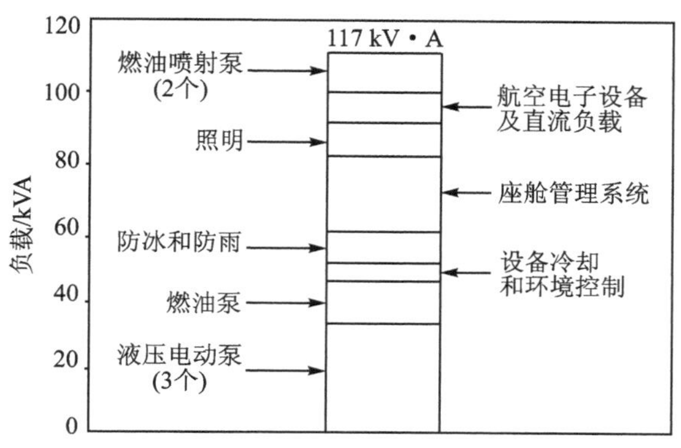

图 3.6.3　B777 飞机巡航飞行时重要负载的用电容量

义为左、右或中间飞控系统电源组件(Left PSA，Right PSA，Center PSA)。飞控系统电源组件(PSA)内有飞控直流汇流条(FC DC Bus)，该汇流条的电能通过断路器送到各飞控设备，包括驾驶员飞行控制器(PFC)、作动器控制接口(ACE)等。

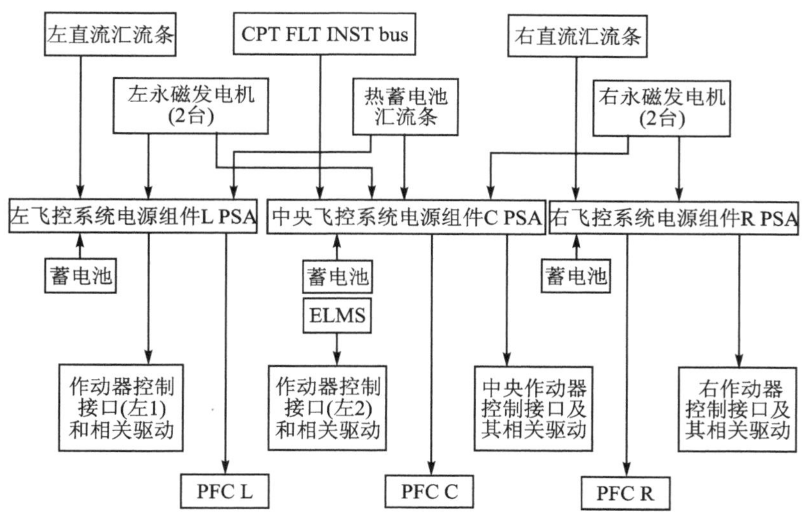

图 3.6.4　B777 客机飞行控制系统的直流电源

(2) 飞控系统电源组件(PSA)容错供电能力分析

① 直流汇流条供电。PSA 可以由左、右直流汇流条(L DC 或者 R DC)、热蓄电池汇流条(Hot BAT)或机长飞行仪表汇流条(CPT FLT INST Bus)供电。这些汇流条在直流供电系统正常时均可为左、中和右飞控系统电源组件 PSA 提供电源。

② 专用电源由永磁发电机供电。B777 飞机上设有 4 台作为专用电源的永磁发电机，电源经电子装置变换为 28V 直流电源。4 台专用电源分为左、右两组，每组 2 台发电机，定义为 L1、L2、R1、R2，可为 PSA 供电。

③ 专用蓄电池供电。每个 PSA 上还设有小型飞控蓄电池(FCDC)，以免供电中断，实现不间断供电。

(3) 飞控系统电源组件(PSA)的供电方式

如图3.6.4所示,每台飞控系统电源组件(PSA)都有多重供电电源,并且是不同类型的电源,分别为:

① 左飞控系统电源组件有4种供电电源,分别是左直流汇流条、热蓄电池汇流条、专用电源的永磁发电机和专用蓄电池。

② 右飞控系统电源组件有3种供电电源,分别是右直流汇流条(R DC Bus)、作为专用电源的永磁发电机(PMG R1)和专用蓄电池(BAT)。

③ 中央飞控系统电源组件有5种供电电源,分别是机长飞行仪表汇流条(CPT FLT INST)、热蓄电池汇流条(Hot BAT)、作为专用电源的2台永磁发电机(PMG R1)和专用蓄电池(BAT)。

由上述分析可知,飞控系统电源组件(PSA)有着非常强的容错能力,保证在任何严酷的情况下能够正常工作,以保证飞机的安全。

3.6.4 多电飞机直流电源系统简介

1. B787 直流供电系统简介

图3.6.5为B787的直流供电系统原理图。B787飞机设有3种直流电源,分别是270 V高压直流电源、120 V直流电源和28 V低压直流电源。

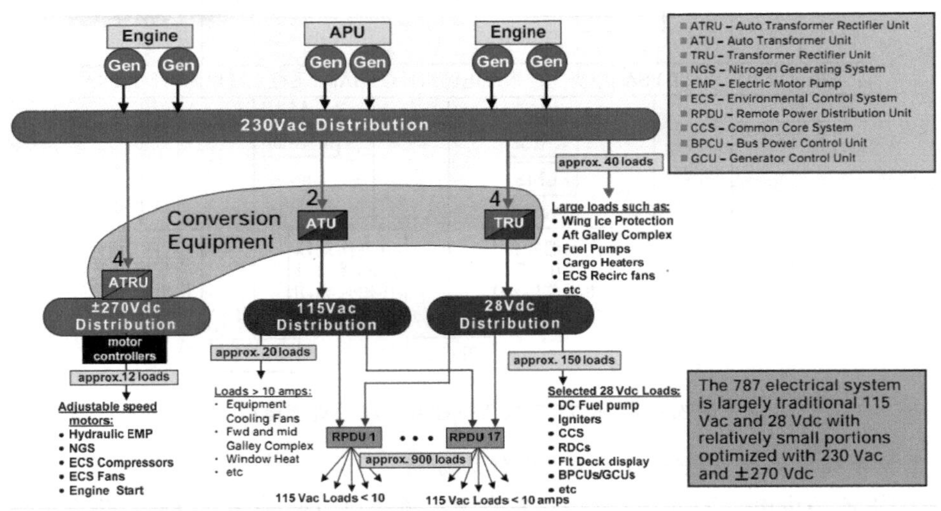

ATRU:自耦变压整流单元;ATU:自耦变压单元;TRU:变压整流器;NGS:氮气发生系统;EMP:电动泵;ECS:环境控制系统;RPDU:遥控功率分配单元;CCS:共同核心系统;BPCU:汇流条功率控制单元;GCU:发电机控制单元

图3.6.5 B787供电系统概况

直流电源系统由4台变压整流器TRU、4台自耦型变压整流器ATRU、4台电刹车用直流电源E-BPSU、主蓄电池、APU蓄电池、飞控直流电源等子系统组成。主蓄电池、APU蓄电池均为48 Ah的锂电池。

1) ±270 V高压直流电源汇流条

图3.6.6是B787飞机270 V直流电源原理图。B787有4条高压直流汇流条,分别是:L1

±270 V DC、L2±270 V DC、R1±270 V DC 和 R2±270 V DC，是通过 4 条 230 V AC 汇流条分别在自耦合变压整流器单元控制器 ATRUC 控制下，经自耦合变压整流器单元变换而来的。大多数用于电动机控制器的供电，调节电动机的速度，共有近 12 种负载。每台功率为 150 kW，采用液冷方式。采用±270 V DC 电源的负载有：公共电动机启动控制器 CMSC、液压电动泵 HEMP、氮气发生系统 NGS、环境控制系统 ECS 压缩机和风扇及发动机启动装置(engine start)。

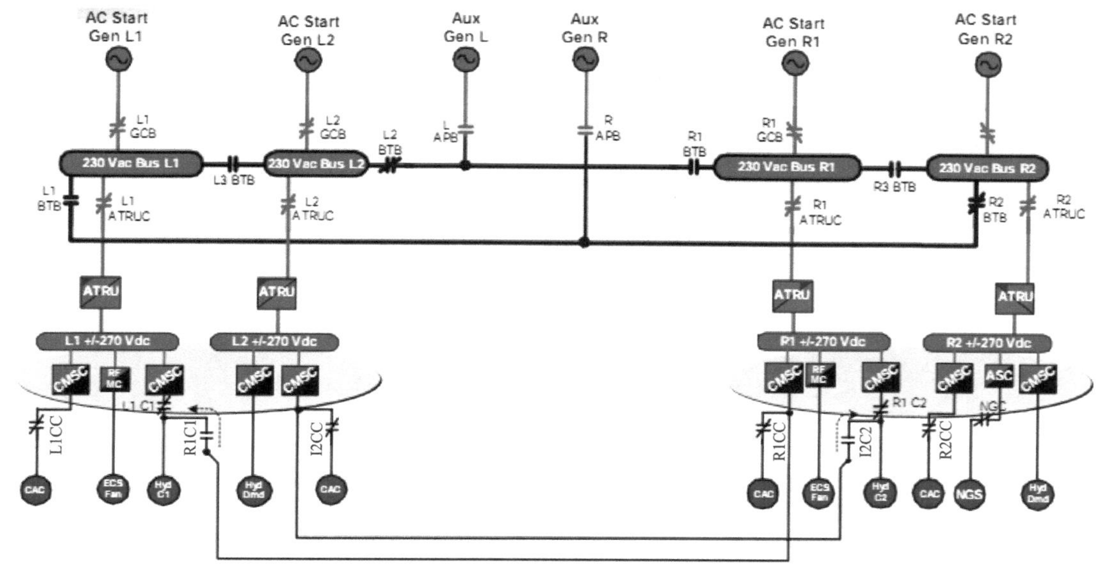

图 3.6.6　B787 飞机 270 V 直流电源

270 V 电源系统有两种，一是开关磁阻启动/发电机；二是绕线式发电机与整流器构成。

270 V 供电系统的最大优势是在电能的传送上，总结如下：

① 导线数量减少。交流电传送需要三相四线结构，而直流电传送只需要两根线，大大减小了传输线的体积和质量。

② 没有集肤效应带来的限制。传输交流电需要考虑交流效应即集肤效应，选择导线直径必须小于两倍集肤深度，对于大电流传输必须选用多股线，同样使体积质量增加。而直流电没有集肤效应。

③ 供电安全性高。270 V 电源系统具有结构简单、能量转换效率高、功率密度高、易实现不中断供电以及使用安全等优点。

④ 电源效率高。高压直流电源的供电效率可以达到 85%以上，而恒速恒频交流电源的效率在 68%左右。效率提高可以减少燃油成本或增加飞行航程。

采用高压直流电源供电也存在技术和制造上的一些难题，主要问题是：

① 对供电系统的控制开关需要彻底改进，由原来的接触器、继电器和断路器改为固态电子技术的固态功率控制器、计算机控制技术、软件技术等。

② 在军用飞机上，270 V 直流电源已经在 F－22 和 F－35 战斗机上采用，其中 F－22 采用了 65 kW 的 270 V 直流电源系统，F－35 战斗机则采用了 250 kW 的 270 V 直流启动发电系统。美国的 F－14A 战斗机、S－3A 和 P－3C 反潜机等局部采用了高压直流供电技术。

2) 120 V 直流电源电刹车供电直流汇流条

图3.6.7所示是电刹车供电直流汇流条(E-brake power supply units,E-BPSU),共有4路120 V直流输出,由28 V直流变换而来,每路功率为2.5 kW。

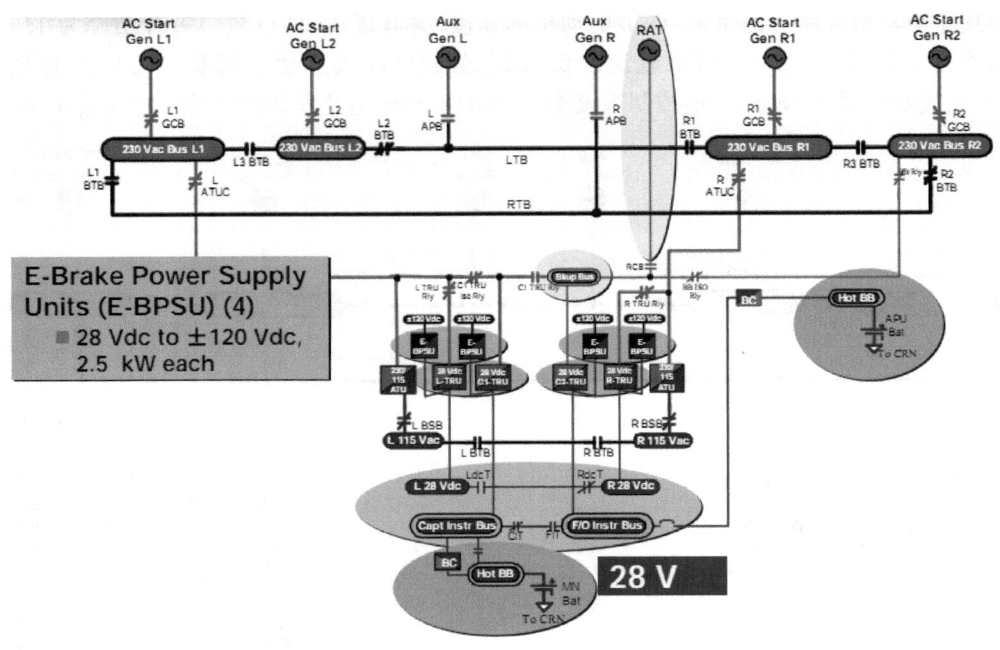

图3.6.7 E-Brake供电电源示意图

3) 28 V直流电源低压直流汇流条

如图3.6.5所示,28 V直流汇流条上有近150种负载,主要用于燃油泵、点火器、共同的核心系统CCS、远程配电控制器RDC、汇流条功率控制单元BPCUS或发电机控制单元GCUS等,电流小于10 A的负载通过远程功率分配单元RPDU送出,其余负载直接从28 V DC汇流条送出。

如图3.6.7所示,28 V DC低压直流电源负载汇流条有4条,都是从230 V DC变压整流而来,其中两条是普通的汇流条,即L28 VDC和R28 VDC,另外两条是应急汇流条,其中一条是机长仪表汇流条(Capt Instr Bus),另一条是飞行/操纵仪表汇流条(F/O Instr Bus),给机长仪表和飞行仪表供电。

4) 应急电源汇流条

如图3.6.7所示,B787的应急电源系统有应急直流蓄电池和冲压空气涡轮发动机RAT带动的交流发电机,称为RAT交流发电机。发出的交流电电压为230 V AC的变频交流电,功率为10 kVA,作为电/液应急供电。主蓄电池和APU蓄电池共2台,都是48 Ah的锂电池。这两组蓄电池接在热电池汇流条HBB上,蓄电池由机长仪表应急汇流条CIB经蓄电池充电器BC充电,两台充电器采用DC/DC Boost升压变换器原理制成。蓄电池的负极接在电流回馈网络CRN上。

当主电源失效时,蓄电池向机长仪表应急汇流条供电。另一组APU蓄电池向飞行操纵仪表汇流条供电。

2. A380 直流电源系统

图 3.6.8 是 A380 直流电源结构图。从图中可以看出，直流电源系统有 4 台 50Ah 的蓄电池，其中 3 台由蓄电池充电调节装置 BCRU 对它们分别充电，连接于 APU 启动机的 APU 蓄电池则由 APU 的变压整流器充电。BCRU 一般由功率电子变换器构成，可以实现恒流充电、恒压充电以及充电终了的浮充。

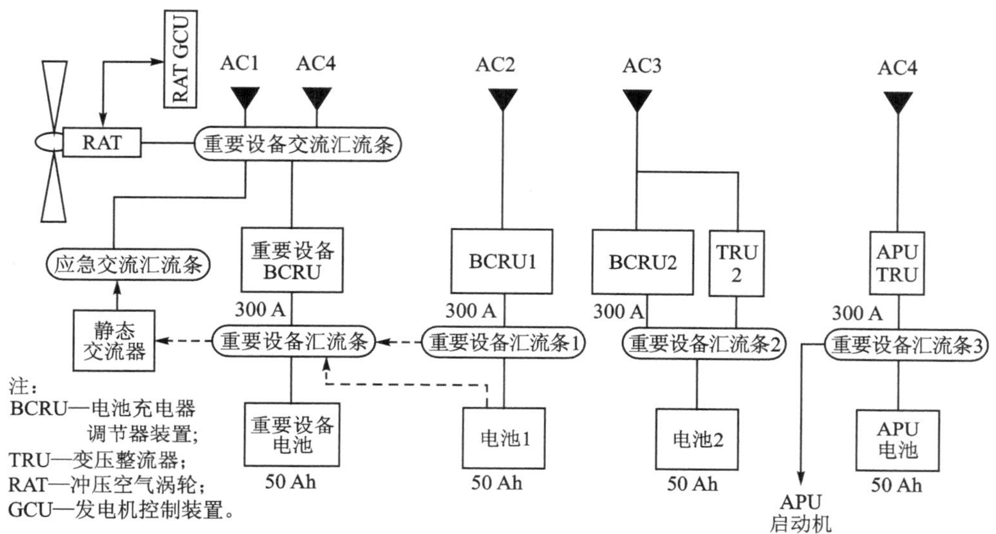

图 3.6.8　A380 直流电源系统结构

图 3.6.8 中的交流汇流条 AC1～AC4 除了给各自的负载（如大功率厨房负载）供电外，可以经过 BRCU 变换后给重要设备汇流条供电，虽然 AC1～AC4 上的电是变频的，但根本不影响 BCRU 的实现，BCRU 将 115 V、370～770 Hz 的变频交流电源变换为 28 V、电流为 300 A 的直流电源。

重要设备交流汇流条经常给大功率的应急负载供电，如：飞行控制系统的作动器（EHA、EMA、EBHA 等）。它由 3 种电源供电，即正常情况下由 AC1 和 AC4 供电，当它们都失效时，由冲压空气涡轮发电机发出的应急交流电源供电，如果 AC1 和 AC4 及 RAT 都失效，则由 50 Ah 的重要设备蓄电池或 50 Ah 电池 1 经重要设备给静态变流器供电，由静态变流器给应急交流汇流条供电，由此给重要设备交流汇流条供电。

APU 启动电路由专门的 AC4 供电，启动机是直流电动机，由 1 台 300A 的 APU 变压整流单元 A TRU 供给重要设备直流汇流条 3，并对 APU 蓄电池充电，当 AC4 失效时，APU 则由蓄电池启动。

选择题

1. 电池的蓄能容量是由下列________决定的。

   A. 接线端电压　　　B. 电解液密度　　　C. 化学反应可用材料的量

2. 铅蓄电池所用的维护设备________。

A. 也可以用于镍镉电池 B. 决不能用于镍镉电池 C. 用完后后必须扔掉

3. 电池的容量单位是________。

A. V B. A C. Ah

4. 确定镍镉电池状态唯一准确又实用的方法是________。

A. 检查电解液的密度 B. 在车间检测放电 C. 检查接线端电压

5. 确定铅蓄电池状态唯一准确和实用的方法是________。

A. 检查电解液的密度 B. 在车间检测放电 C. 检查接线端电压

6. 在制作酸性电解液时,应________。

A. 将浓硫酸慢慢倒在蒸馏水中 B. 将蒸馏水慢慢倒入浓硫酸中

C. 将浓硫酸迅速倒入蒸馏水中 D. 将蒸馏水迅速倒入浓硫酸中

7. 大电流充电时,电池容易出现极化现象,其中浓差极化指的是________。

A. 电解液的浓度(或密度)有变化 B. 不同部位的电解液浓度不同

C. 极板上的活性物质数量有变化 D. 极板上不同部位的活性物质数量不同

8. 蓄电池的终止电压是指________。

A. 放电时所能达到的最低电压 B. 充电时所能达到的最高电压

C. 放电到能反复充电使用的最低电压 D. 充电到反复放电使用的最高电压

9. 有关蓄电池内阻的结论,正确的是________。

A. 极板的面积越大,内阻越小 B. 极板的面积越大,内阻越大

C. 极板之间的距离越大,内阻越小 D. 极板之间的距离越大,内阻越大

10. 反流隔断器在________实现切断功能。

A. 发电机输出电压高于电瓶电压时 B. 发电机输出电压低于电瓶电压

C. 发电机输出电压高于电网电压 D. 发电机输出电压低于电网电压

11. 在炭片调压器中,电压升高时________。

A. 炭柱被拉松,电阻减小,励磁电流减小 B. 炭柱被压紧,电阻增大,励磁电流减小

C. 炭柱被拉松,电阻增大,励磁电流增大 D. 炭柱被拉松,电阻增大,励磁电流减小

12. 在直流发电机并联电路中,均衡负载的方法是________。

A. 调节发电机的正线电阻 B. 调节调压器的精度

C. 利用均衡电路调节发电机的励磁电流 D. 以上方法都可以

13. 交流-直流发电机的交流部分实际上是________。

A. 交流发电机和直流发电机组成的机组 B. 旋转磁极式的直流发电机

C. 旋转磁极式的交流发电机 D. 无刷直流发电机

14. 铅酸蓄电池大电流或过量放电的隐患是________。

A. 内阻减小 B. 极板硬化 C. 自放电严重 D. 容量下降

15. 镍镉电瓶的固有特性是________。

A. 自放电严重 B. 极板硬化 C. 活性物质脱落 D. 热击穿

16. 在直流电源系统中,________可以减小切换大负载时电网电压的波动。

A. 采用精度高的调压器 B. 采用晶体管稳压器

C. 采用并联供电 D. 采用单独供电

17. 对镍镉蓄电池维护时,需要定期进行“深度放电”,其作用是________。

A. 消除热击穿 B. 消除单体电池的不平衡 C. 消除容量失效 D. 消除内部短路

18. 在镍镉蓄电池充电过程中，电解液密度基本不变，所以________。

A. 蓄电池容量基本不变

B. 不能用测量电解液密度的方法来判断充电状况

C. 蓄电池的活性物质基本不变

D. 蓄电池温度基本不变

19. 多电飞机 A380 的应急电源的容量有________。

A. 50 Ah　　B. 100 Ah　　C. 150 Ah　　D. 200 Ah

20. 关于 BCRU 的说法不正确的是________。

A. 将变频交流电变换成直流电源的设备

B. 功率为 8.4kW

C. 充电时开始具有恒流充电特性，充电后期具有恒压浮充特性

D. 充电时开始具有恒压充电特性，充电后期具有恒流特性

21. 镍镉蓄电池单体电池性能和维护的描述不正确的是________。

A. 单体电池的输出电压在 1.22 V 左右，因此需要 20 节单体电池组成航空蓄电瓶

B. 单体电池必须有泄气阀、隔膜及正、负极板等关键部分

C. 单体电池之间在使用中会存在差异，因此使用一段时间后必须进行深度放电后再充电

D. 恒流充电时发现单体电池上的电压高于其他单体电池，说明它是性能好的电池

22. 关于镍镉蓄电池的泄气阀门的作用，解释不正确的是________。

A. 通气阀门必须密封，否则二氧化碳会进入蓄电瓶内部，会使蓄电瓶缓慢失效

B. 温度升高，电瓶内部压力超过 68.95 kPa(10psi)时，通气阀门打开，排出气体

C. 通气阀门一旦检查合格，可以长期使用

D. 气压密封圈必须经常检查，如果损坏，可能使通气阀门失效

23. 适航规定对应急直流电源描述不正确的是________。

A. 主电源或其他辅助电源失效时必须由航空蓄电池提供应急直流电源

B. 应急情况下，航空蓄电池至少提供 1.5 h 的供电能力

C. 应急情况下，航空蓄电池提供飞机应急着陆的电能

D. 所有飞机必须配备应急直流电源

24. 航空蓄电池的使用维护描述正确的是________。

A. 航空蓄电池是时控件，装机一段时间后，容量会丢失，必须离位检查和维护

B. 在内场进行检查. 充电、容量检测和维护的目的是恢复其额定容量

C. 航空蓄电池离位时间间隔是统一制定的，与蓄电池的类型无关

D. 离位后的安装航空蓄电池的舱位必须彻底清洁

25. 航空蓄电池的充放电速率描述不正确的是________。

A. 定义是单位时间内充入或放出的电量

B. 充放电速率的单位是安培

C. 充放电速率的单位是安培小时

D. 充放电速率取决于蓄电池的化学反应中电子得失的快慢

第4章 交流电源系统

随着科学技术和航空事业的发展，飞机性能和自动化程度日益提高，用电设备的种类和数量都大大增加，用电量也随之大大增加。近年来，飞机电气系统取得了重大的进展，如图4.0.1所示。由图可见，现代大、中型飞机上，主电源系统几乎已被交流电源所取代，并进一步发展为宽变频交流电和高压直流电源。

飞机电源工作的可靠性和供电质量都直接影响飞机的安全和性能。掌握交流电源的基础知识，保证飞机电源系统工作的可靠性，提高供电质量，对于做好维修工作是非常重要的。在学习交流电源系统之前，应先了解交流电的基本原理和名词定义。

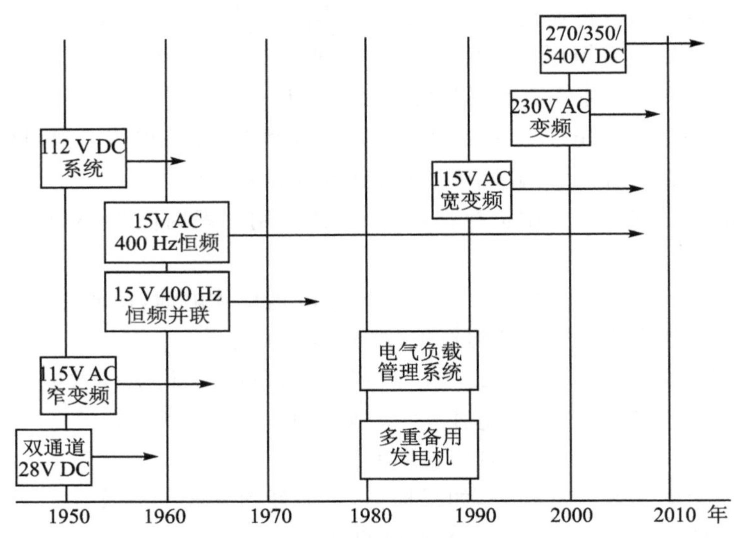

图4.0.1 飞机电气系统的发展

4.1 交流电路的基本概念

相关内容请扫码查阅。

4.2 飞机交流电源系统的发展概况

4.2.1 飞机交流电源系统的发展

图4.2.1是我国民航所使用的典型机种的飞机主电源的安装容量变化图。从图中可以看出，飞机电源系统从全部直流电源向交流电源过渡，容量从最早的1台3 kW的直流发电机开始，逐渐向大容量的多台发电机过渡。

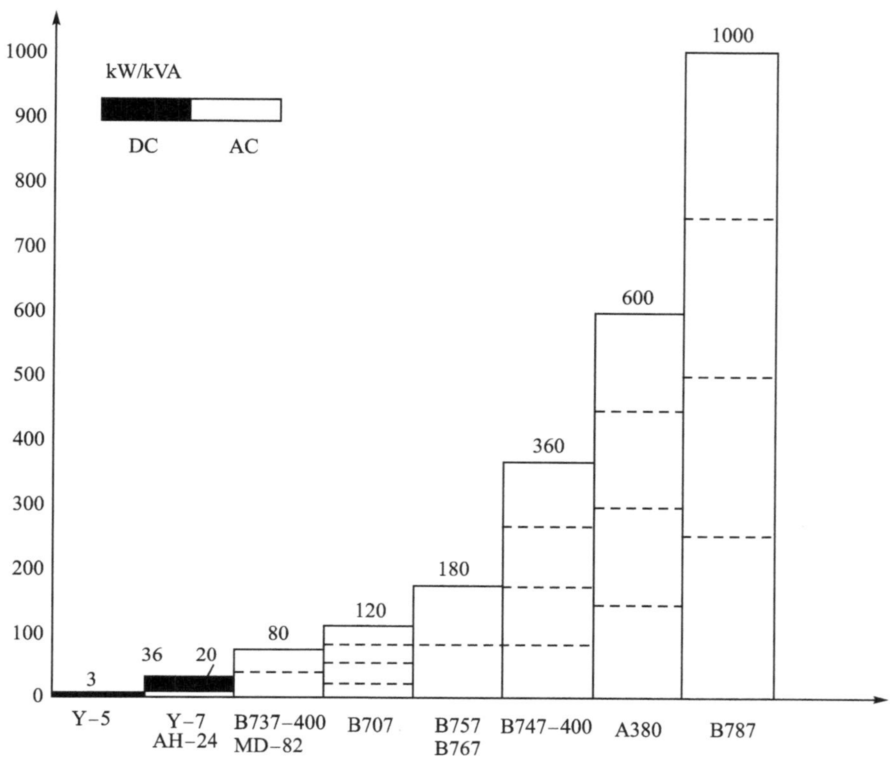

图 4.2.1　机载电源安装容量的增长(不包括蓄电池、APU 和 RAT 发电机)

早期的中小型飞机电源以直流为主,容量最小的运-5 型飞机只有 1 台 3 kW 的直流发电机。涡轮螺旋桨飞机上,则出现了交、直流发电机共有的情况,如运-7、安-24 和伊尔-18 飞机。大型喷气式运输机电源容量大大增加,完全以交流电源取代了直流电源的主电源地位。B747-400 飞机装有 4 台 90 kVA 的交流发电机,电源总安装容量高达 360 kVA,A380 的交流主电源容量达到 600 kVA,而接近全电飞机的 B787 的交流主发电机容量为1 MVA。

飞机交流电源系统主要受到用电设备需求的变化而得到发展,而动力装置的改变是交流电源系统得以实现容量需求的根本。通常按照飞机动力装置的发展情况划分飞机的不同发展阶段,因此飞机电源的发展经历了:活塞发动机的 28 V 低压直流电源系统;涡轮螺旋桨飞机的交流与直流电源并重;喷气式飞机的电源系统均以交流电作为主电源,采用的无刷交流发电机由恒速传动装置驱动发电,电源总容量达 80～120 kVA,B737-300 和以后的 B757、B767 飞机上,恒速传动装置和交流发电机合为一体形成所谓组合传动发电机或组合传动发电机 IDG;随着大规模集成电路和电子计算机在飞机上的广泛应用,具有自检功能,电源系统的控制保护达到全自动化,B737-400 的飞机上安装了大功率电子功率变换器,将变频交流电变换成恒频交流电取代恒速传动装置,称为变速恒频电源 VSCF,B777 飞机上则装了容量为 20 kVA 的变速恒频交流电源作为辅助电源。

随着宽变频技术的应用,飞机电源系统的整体方案发生了变革。A380 装有 4 台宽变频交流发电机,每台功率为 150 kVA,2 台 120 kVA 的 APU 恒频发电机,还有 1 台 70 kVA 的冲压空气涡轮发电机(用于产生应急交流电源)。

B787飞机的总容量达到1.5 MVA,每台发动机带有2台250 kVA的启动/发电机,获得每通道发电500 kVA的能力。发电机为变频发电机,反映了最近背离恒频400 Hz电源的工业趋势,另外2台225 kVA的APU启动发电机,每台启动/发电机由APU驱动。

大型飞机以交流电源为主,直流电源只占总容量的5%～10%,一般用变压整流器TRU、自耦合变压整流器ATRU进行电能的变换,或用AC/DC变换装置的二次电源形式提供。

4.2.2 采用交流电源的必然性

飞机主电源采用的形式除取决于技术发展外,更重要的是受到用电负载的需求、工作环境条件、冷却条件和能源变换等因素的影响。

1. 机上用电功率的增加

现代大型飞机电源的安装容量有了巨大的增长,从最早的3 kW到现在的接近1.5 MVA,电源系统有了巨大的变化,从发电和配电质量很大的低压直流电源系统,改变为高功率密度的高电压的交直流混合电源系统。

交流电源普遍采用无刷交流发电机,没有换向问题,因此交流发电机的额定电压可以提高,发电机的质量得以减轻。例如功率为18 kW的直流发电机,质量达41.5 kg,而喷油冷却的60 kVA、120/208 V交流发电机的质量仅有17 kg左右。而B787上的APU启动发电机的容量为225 kVA,质量只有122.7 lb,即55.7 kg。250 kVA的变频启动发电机,质量为203 lb,即92.2 kg。

表4.2.1 质量功率对比

类　别	功率/(kVA)	质量/kg	功率/质量比
直流发电机	18	41.5	0.43
喷油冷却交流发电机	60	17	3.53
变频启动发电机(B787)	250	92.2	2.71
变频启动发电机(B787 APU)	225	55.7	4.04

如表4.2.1所列,B787 APU的功率质量比高的原因之一是变频范围只有360～440 Hz,而B787主发电机采用变频启动发电技术VFSG,其频率范围为360～800 Hz,发电机的工作频率直接影响到电机磁性材料的选取和设计参数的选择,从而影响功率/质量比和容量。

交流电源系统普遍采用无刷交流发电机,额定电压可以提高,交流电网的质量可大大减轻。

例如,传送相同的电功率用28 V直流传输改由115 V交流传输,电压可提高4倍。取相同电流密度,则导线截面积可以减小4倍。对于大型客机,其电网电缆常以百千克计量,4倍的质量显然非常可观。

随着功率电子变换技术的发展,逐步采用270 V高压直流电源,从电路上减少了三相115 V交流整流滤波电路。而电压升高带来的益处是巨大的,电网及配电系统的体积质量大大减小,没有了交流集肤效应,没有了用电设备级的三相整流滤波电路等。

2. 飞机电源工作环境条件的变化

随着飞行高度的增加,直流电源系统的发电机因为有炭刷和整流子,它们的磨损变得越来

越厉害。涡轮螺旋桨飞机的飞行高度约为 6 km，一般喷气飞机则增加到大约 10 km。高度的增加使空气稀薄，水蒸气含量急剧减小，10 km 高空水蒸气含量约为海平面的 1/360。水蒸气对直流电机的电刷和整流子具有润滑作用，可以减少磨损，氧化生成的薄膜也可以形成保护层。所以，高空水蒸气分子含量的急剧减少，使得直流电机的炭刷与换向器之间形成干摩擦，炭刷磨损很严重，引起换向困难。而交流发电机则不存在换向问题，即使是有刷交流发电机，电刷和滑环只通过励磁电流，电流密度比直流发电机炭刷小得多，所以炭刷磨损比直流发电机好得多。

3. 发电机冷却条件的要求

直流发电机整流子与炭刷的磨损和火花是发热的主要来源，直流电机大约有 75%的损耗发生在转子上，因而直流发电机一般采用迎面气流通风冷却。但是在 10～20 km 高空和高速飞行的条件下，采用迎面气流引入电机来进行冷却变得不可能，因为此时冷却空气达到了 180 ℃。如果采用油冷，要把冷却油通到转子上，因电刷和换向器不允许接触油液，油密封十分困难；而交流发电机发热损耗主要在定子上，冷却问题比较容易解决。

4. 电压和功率变换的要求

现代飞机上的雷达、通信导航和飞行控制系统等用电设备需要多种不同电压的交流电源和直流电源(如常见的±15 V、±5 V 直流电压，36 V 交流电压等)。这些品种的电压必须由主电源获得，那么就存在着主电源变换成其他品种电源的技术问题。如何解决这个问题呢？如果要从 28 V 主电源变换成 15 V 或 5 V 的直流电，若采用线性电源则效率非常低；若采用开关电源，有些指标要求高的场合就难以满足；若要将主电源变换成其他交流电源，就要用到直流电动机-交流发电机机组(也称为变流机)。这种变流机组的噪声大、体积大、质量大，高空同样存在直流换向问题。如果要从主电源得到更高的直流电压，就要使用直流升压机或升压电源，大大增加了技术难度。

交流电源作为主电源时，变压器可以方便地得到不同电压的交流电，用变压整流器即可得到所需要直流。这些变换设备效率高(80%以上)，工作可靠性高。再者，现代飞机的用电设备约有 90%采用交流电，约有 10%的交流功率需要变换成直流电，因此变换能量的设备越少，损耗也越少。不过随着开关电源技术的发展，电源变换装置已经革除了工频变压器，随之而来的是含有高频变压器的开关电源，其在 20 世纪 90 年代后因性能的提高而得到广泛应用。

4.3　交流发电机

飞机交流电源系统中的发电装置就是三相航空同步发电机。它是利用电磁感应原理实现机械能转换为电能的装置。三相交流电满足机上 90%左右的负载用电，起着变换后给蓄电池充电等多重作用。

同步电机的特点是转子转速 n 与定子产生的旋转磁场的转速 n_1 相等。同步电机的主要用途之一是做发电机，此外，也可做电动机和调相机运行。

4.3.1　旋转磁场的产生和同步转速的定义

1. 旋转磁场的产生

图 4.3.1 所示是通入三相交流绕组中的电流波形。为了简单起见，假设每相仅由一个线

圈组成。分别是首A尾X、首B尾Y、首C尾Z三个线圈,彼此空间互隔120°,均匀分布在定子铁芯内圆的圆周上,构成了对称三相绕组。这个对称三相绕组在空间的位移是B相从A相后移120°,C相从B相后移120°,当对称三相绕组接上的相序为A→B→C,互成120°电角度的三相交流电时,波形如图4.3.1所示。各相电流的瞬时表达式为

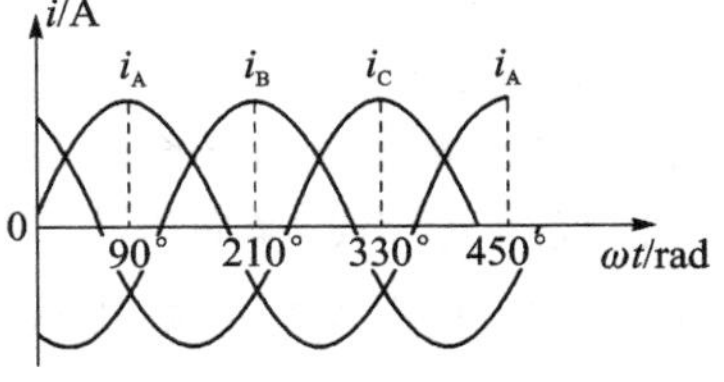

图4.3.1 通入电动机的三相交流电流的波形

$$\begin{cases} i_A = I_m \sin \omega t \\ i_B = I_m \sin(\omega t - 120°) \\ i_C = I_m \sin(\omega t - 240°) \end{cases} \tag{4.3.1}$$

为研究对称三相电流产生的合成磁势,结合图4.3.2,通过几个特定的瞬时电流值进行观察合成磁势的大小和方向,因此选择下列4种情况进行分析,并规定:电流为正值时,从每相线圈的首端A、B、C流入,由线圈末端X、Y、Z流出;电流为负值时,则相反。用符号·表示电流流出,⊗表示电流流入,设一相的最大磁势 $F_m = I_m W_1$,其中 W_1 为定子一相绕组的匝数,I_m 为定子通入电流的幅值。

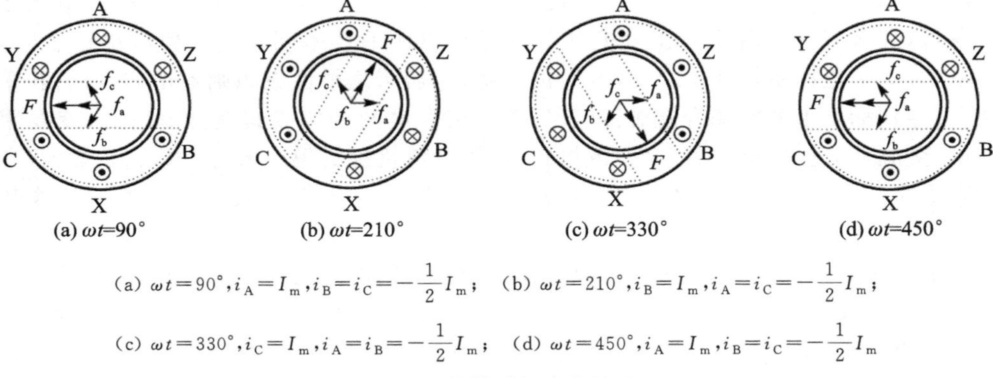

(a) $\omega t=90°, i_A=I_m, i_B=i_C=-\frac{1}{2}I_m$; (b) $\omega t=210°, i_B=I_m, i_A=i_C=-\frac{1}{2}I_m$;

(c) $\omega t=330°, i_C=I_m, i_A=i_B=-\frac{1}{2}I_m$; (d) $\omega t=450°, i_A=I_m, i_B=i_C=-\frac{1}{2}I_m$

图4.3.2 旋转磁场产生的原理

① 当 $\omega t=90°$ 时,由电流瞬时表达式得:$i_A=I_m, i_B=i_C=-\frac{1}{2}I_m$。从图4.3.2(a)可以看出Y、A、Z三个线圈边中电流都从图面流入,且Y、Z边中的电流值相等,根据右手螺旋定则,可知该三个线圈中电流产生的合成磁场磁力线分布必垂直AX边,磁势方向为右向左,经分析计算合成磁势 $F=1.5F_m$,如图4.3.2(a)所示。

② 当 $\omega t=210°$ 时,由电流瞬时表达式得:$i_B=I_m, i_A=i_C=-\frac{1}{2}I_m$。从图4.3.2(b)可以看出Z、B、X三个线圈边中电流都从图面流入,且X、Z边中的电流值相等,根据右手螺旋定则,可知该三个线圈中电流产生的合成磁势如图4.3.2(b)所示,合成磁势也为 $F=1.5F_m$。电流相位转过120°,合成磁势方向也转过120°。

③ 当 $\omega t=330°$ 时,由电流瞬时表达式得:$i_C=I_m, i_A=i_B=-\frac{1}{2}I_m$。从图4.3.2(c)可以看出X、C、Y三个线圈边中电流都从图面流入,且X、Y边中的电流值相等,根据右手螺旋定

则，可知该三个线圈中电流产生的合成磁势如图 4.3.2(c)所示，合成磁势还为 $F=1.5F_m$。电流相位再转过 120°，合成磁势方向也再转过 120°。

④ 当 $\omega t=450°$时，$i_A=I_m, i_B=i_C=-\frac{1}{2}I_m$，回到了图 4.3.2(a)的情况。

2. 同步转速的定义

由上述分析可知，当三相交流电流按 $\omega t=90°\rightarrow 210°\rightarrow 330°\rightarrow 450°$的方式变化时，在定子和转子的气隙里有大小为 $F=1.5F_m$ 的磁势，按顺时针方向旋转。设磁场的旋转速度为 n_1，经分析，其大小与通入信号的频率 f 和极对数 p 满足下列关系：

$$n_1=\frac{60f}{p} \tag{4.3.2}$$

称 n_1 为同步转速。当对称三相电流通入对称三相绕组时，必会产生一个大小不变，转速为 n_1 的磁场，称为同步旋转磁场，n_1 即为同步转速。

4.3.2　航空同步发电机的结构与基本原理

一台同步发电机由定子、转子及壳体端盖等部分组成。定子和转子中，有一个是磁极而另一个是电枢。电枢主要由电枢铁芯和电枢绕组组成。为了减小涡流损耗，电枢铁芯都采用电工钢片重叠而成，在它的槽内敷设电枢绕组。磁极也由磁极铁芯和励磁绕组组成。励磁绕组通直流电后，就建立了磁场。

1. 同步发电机的结构与组成

同步电机按磁极特点区分，主要有凸极式同步发电机和隐极式同步发电机两种。图 4.3.3 即为这两种结构的截面示意图。其中图(a)为凸极结构，有着明显的磁极外形，励磁绕组通过直流电后，相邻磁极交替出现 N 极和 S 极。航空同步发电机的磁极几乎都是凸极结构。这种结构在电力工业中的小容量发电机及大容量低转速发电机(如水轮发电机)中也被广泛采用。隐极结构的截面如图 4.3.3(b)所示，这种结构承受的离心能力较强，故主要在大型和高速的汽轮发电机中应用。

同步电机按旋转部件不同区分，可分为旋转磁极式和旋转电枢式两类。旋转磁极式电机的转子是磁极，定子是电枢，一般情况下磁极在电枢之内，如图 4.3.4(a)所示，故也称为内极式。旋转电枢式如图 4.3.4(b)所示，定子是磁极，转子是电枢，故称为内枢式。这两种结构形式虽不同，但原理上没有本质差别。

对于旋转磁极式电机，转子的磁极上的励磁绕组的电流要通过两个滑环和电刷引入，JF-20 型航空同步发电机就是这种形式。主发电机即为三相同步发电机，同时装有一个小型永磁同步发电机，称为副励磁机，为主发电机的励磁和保护电器提供电源。

旋转电枢式电机的电枢绕组安装在转子上，因此发出的电能必须由滑环和电刷引出。若是三相发电机就需要三只滑环和电刷，而且与励磁绕组相比，电枢绕组的电压高、电流大，因此旋转电枢式电机的结构一般要比旋转磁极式复杂，只宜在小容量或特殊的同步电机中应用。例如，无刷电机中的主励磁机就采用旋转电枢式结构。

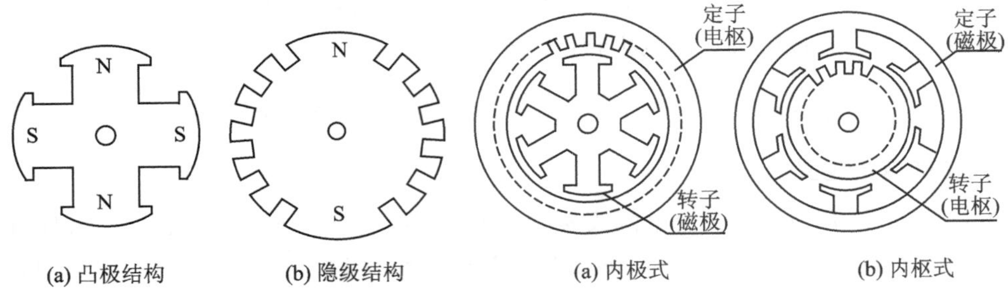

图 4.3.3 凸极和隐极结构 **图 4.3.4 旋转磁极式和旋转电枢式**

现在飞机上广泛采用旋转整流器式三级无刷同步发电机，其电路如图 4.3.5 所示。无刷同步发电机装有主发电机和交流励磁机。主发电机为旋转磁极式同步发电机，交流励磁机是旋转电枢式同步发电机。电机转子上还装有整流器，由于它随转子旋转，故常称为旋转整流器。这样电机运转时，励磁机电枢产生的交流电流直接经整流而供主发电机励磁。因此，可以调节励磁机的励磁电流来改变主发电机的励磁，实现调节发电机的输出电压。还有一个副励磁机，其结构为旋磁极式永磁发电机，其三相绕组产生的三相交流电经整流后，由调压器控制向励磁绕组供电。调压器的控制作用即是改变主发电机的励磁电流，使得发电机的输出电压维持恒定。副励磁机产生的三相交流电，经整流后还可以提供给发电机的控制保护电器使用。

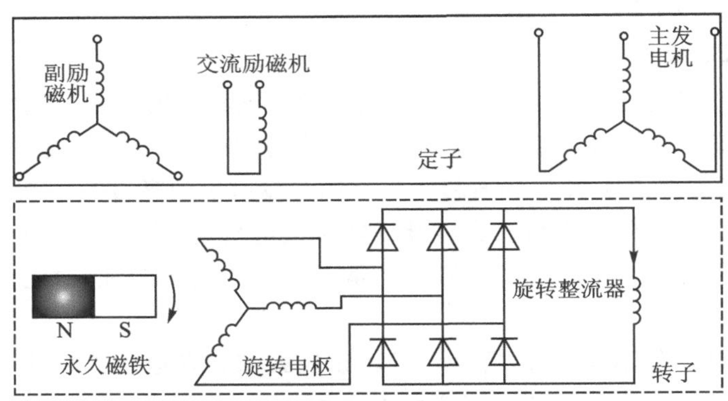

图 4.3.5 3 级式无刷同步发电机原理图

同步发电机的励磁绕组通直流电后就形成磁场。如果转子由原动机拖动旋转，则电枢绕组与磁极磁场之间有相对运动。电枢绕组的输出端接上用电设备，电机就可输出电能，电能就是由原动机的机械能转变而来。

若电机的极对数为 p，转子每旋转一周，电枢导体便切割 p 对极的磁场，产生的电势也交变 p 周。设转子每分钟转 n 转，则每分钟电势变化 np 周，因此感应电势的频率为

$$f=\frac{pn}{60}\ \text{Hz} \tag{4.3.3}$$

【例 4.3.1】 发电机为两对极 $p=2$，需要产生频率为 $f=400$ Hz 的交流电，求输入到发电机转轴上的额定转速。如果极对数分别是 3 和 4，并发出同频率的交流电，求转速。

【答】 当 $p=2$ 时，$n=\frac{60f}{p}=\frac{60\times400}{2}=12\ 000\ \text{r/min}$

当 $p=3$ 时，$n=\frac{60f}{p}=\frac{60\times400}{3}=8\ 000\ \text{r/min}$

当 $p=4$ 时，$n=\frac{60f}{p}=\frac{60\times400}{4}=6\ 000\ \text{r/min}$

转子转速与频率及极对数保持严格关系才称为同步电机。根据式 $n_1=60f/p$ 得到：三相交流绕组通以三相交流电时产生的旋转磁场的转速常称为同步转速，用 n_1 表示。如果电机轴的转速等于旋转磁场的转速，即 $n=n_1$，则称为同步电机。

无刷同步发电机避免了采用电刷滑环结构，因此可靠性高，也不需要经常维护，这对航空电机来说意义很大。图 4.3.6 为 B757 飞机无刷同步发电机结构图。它是恒速恒频交流电源系统的发电机，输入端无端盖，如图 4.3.7 所示。由于它与恒速传动装置配成一体工作，可共用一个端盖和轴承，也可共用一个油路，附件齿轮箱和 IDG 可以快速安装和脱卸。这种结构特点有利于航空同步发电机缩小体积和减轻质量。

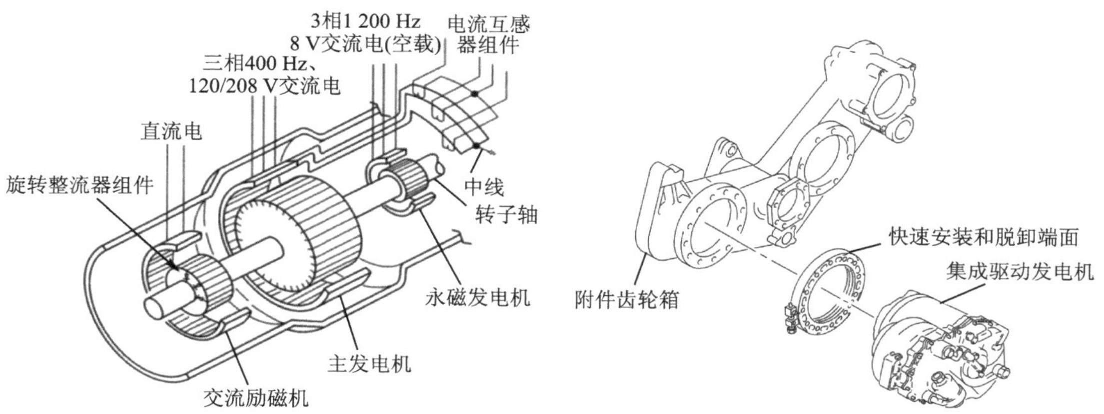

图 4.3.6　无刷交流同步发电机结构图　　**图 4.3.7　IDG 与附件齿轮箱之间的快速脱卸(B757)**

图 4.3.8 是 B757 无刷交流发电机原理框图。它是典型三级式无刷交流发电机，具有负载电流监视和保护、频率检测、永磁发电机 PMG 的相短路检测、整流二极管短路检测等功能。

2. 同步发电机的特性

同步发电机的特性一般是指发电机的电动势、端电压与负载电流和励磁电流间的关系，主要有空载特性、短路特性、负载特性、外特性和调节特性 5 种，如图 4.3.9 所示。

对于具有线性电流放大器特性的交流励磁系统，发电机励磁电流与励磁机的励磁电流间有明确的线性关系，因而用励磁机的励磁电流作为参变量与发电机的励磁电流作为参变量对特性没有影响。但对于线性特性较差的交流励磁系统，特别是具有半波整流电路的无刷发电机，讨论它的特性时必须用最低工作转速、最高工作转速和平均工作转速的三种情况表示。

图 4.3.9(a)是某型 30 kVA 无刷发电机的空载特性，是当转速为额定转速时，空载相电势与励磁电流之间的关系，电机的转速为额定转速。交流励磁机在磁路的线性段工作，恒频主发电机则在磁路的近饱和段工作，故用饱和系数 k_μ 表示主发电机在额定工作点的磁路饱和状态，则有

$$k_\mu=\frac{I_{f0}}{I_{f\delta}} \tag{4.3.4}$$

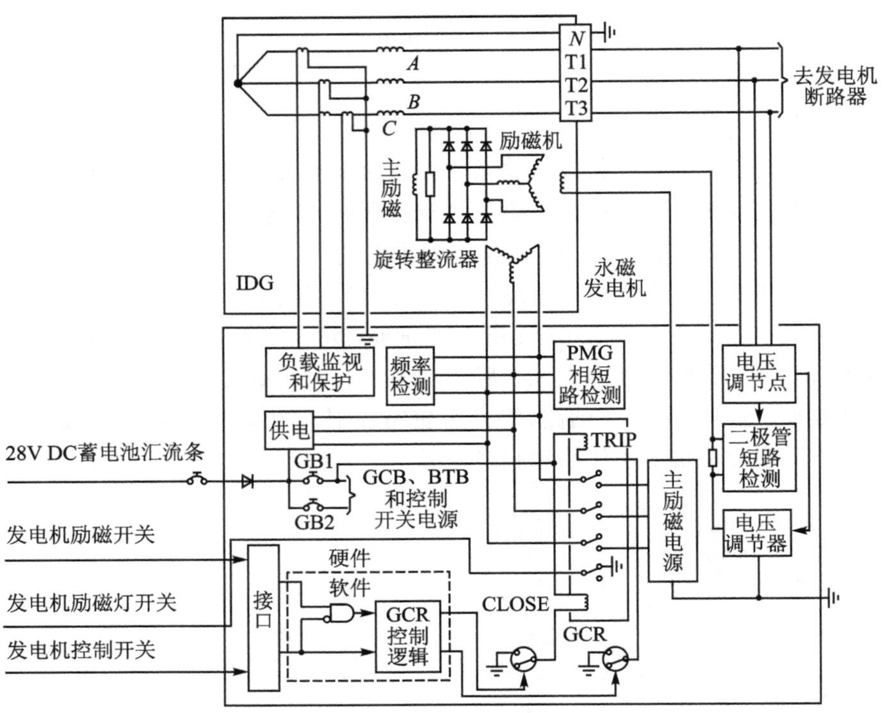

图 4.3.8　B757 无刷交流发电机原理框图

式中，I_{f0} 为发电机电动势等于额定电压 U_N 时的励磁机励磁电流；$I_{f\delta}$ 为电机气隙线上对应点的励磁电流。k_μ 的大小反映了发电机工作点的饱和状态，通常飞机无刷交流发电机的 k_μ 在 1.1 上下，对变速电机，则是指最低工作转速时的 k_μ 值。

图 4.3.9(b)为无刷发电机的短路特性。曲线 1、2 和 3 分别表示三相短路、线线短路和相地短路时的特性。忽略电枢绕组电阻和零序电抗，在同一励磁电流下，三种短路电流的比例为 1∶3∶3，相地短路时的短路电流最大。短路特性反映了发电机电枢反应的规律。无刷交流发电机的交流励磁系统有好的线性电流放大器，一定要防止电机在高速时发生短路。

图 4.3.9(c)是 30 kVA 无刷交流发电机零功率因数负载特性，是在额定转速下加纯电感负载，负载电流为额定电流。

图 4.3.9(d)是无刷交流发电机的外特性。曲线 1 是电阻负载外特性，曲线 2 为 0.75 功率因数负载外特性。外特性是在发电机转速和励磁电流不变时测得的。

同步发电机的电压变化率为

$$\Delta u=\frac{E_0-U_N}{U_N}\times 100\% \tag{4.3.5}$$

式中，E_0 为发电机在额定负载励磁电流作用下的空载电势有效值；U_N 为发电机额定电压有效值，对于恒速恒频(CSCF)无刷交流发电机，Δu 约为 30%。

发电机转速变化时，电源的频率也会发生变化，成为变频(VF)交流发电机。在讨论变频交流发电机的电压变化率 Δu 时，一般是指该电机在最低工作转速时的值。工作转速升高后，由于电机同步电抗加大，Δu 也会加大。

调节特性是电压调节器功率级和永磁副励磁机设计的依据。图 4.3.9(e)是调节特性曲

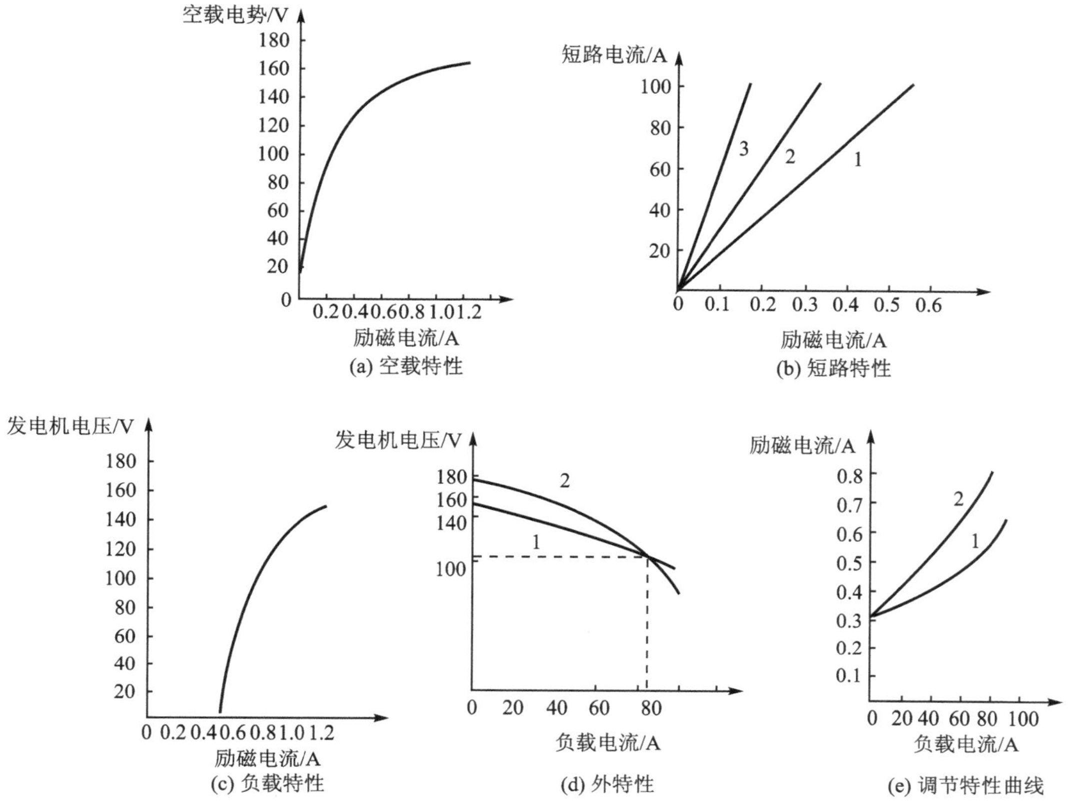

(a) 空载特性

(b) 短路特性

(c) 负载特性

(d) 外特性

(e) 调节特性曲线

图 4.3.9　某型航空无刷同步发电机的特性(30 kVA)

线，其中曲线 1 对应阻性负载，曲线 2 对应功率因数为 0.75 的感性负载。对于变频交流发电机，应考虑低速、额定转速、高速下的调节特性。

3. 航空同步发电机的冷却方式

相关内容请扫码查阅。

4. 航空同步发电机的型号、额定数据和技术指标

相关内容请扫码查阅。

4.3.3　交流启动/发电系统

由于恒速传动装置不能双向传递机械功率，在取消恒速装置后，发电机可以实现启动/发电，而 APU 发电机没有恒速装置，因此首先在 APU 发动机上实施采用启动/发电技术。采用变频电源的飞机，主发动机采用启动/发电是未来的发展方向。

交流启动/发电机需要两个功能：一是作为发动机的启动器，二是作为交流发电机为飞机提供三相交流电。

1. 系统组成结构

图 4.3.10 是交流启动/发电机的原理框图。它有三种工作模式,即启动模式、发电模式和发电准备模式,由 APU 接触器和励磁机继电器实现其功能的转换。在启动模式,电机用作电动机,为了能够顺利启动,需要对电动机进行力矩调节和控制,而发电模式需要对发电机的端电压进行调节。

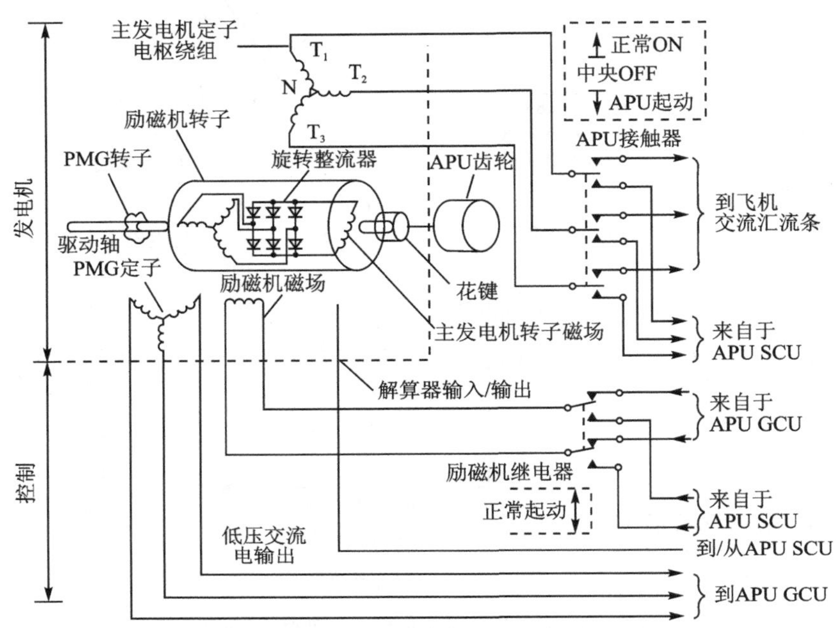

图 4.3.10 交流启动/发电机控制原理

2. 电机本体结构

图 4.3.11 所示是某飞机 APU 的交流启动/发电机,其中本体是 1 台三级无刷同步发电机,内部装有永磁副励磁机、交流励磁机和主发电机。三个电机的旋转组件安装在同一个轴上,并固定在一个箱体内。

交流启动发电机采用油冷,含有冷却油的油路、入口和出口。与三级式无刷交流发电机相比,其主体除了 1 台带旋转整流器的三级无刷交流发电机外,还安装了 1 台旋转变压器作为测量电机转子位置的传感器,目的是在启动发动机时能够实现电机转矩的矢量控制。

3. 启动电源组件

图 4.3.12 是 SPU 和 SCU 原理框图。发动机启动可以使用 115 V/400 Hz 的三相交流电和 28V 蓄电池电源。由 SCU 控制 SPU 的变换模式,优先选择交流电源进行功率变换,即图中的 AC/DC 变换器;其次选择蓄电池,即图中的 DC/DC 变换器。

4. 启动变换组件

图 4.3.12 所示的启动变换组件(SCU)用于启动模式的功能组件有:DC 滤波器、DC/AC 逆变器、工作电源、控制和保护逻辑电路以及励磁机励磁电源等。SCU 把从 SPU 得到的 270 V 直流电变换成频率可控的三相交流电,提供给启动发电机的定子绕组,同时把变换后的

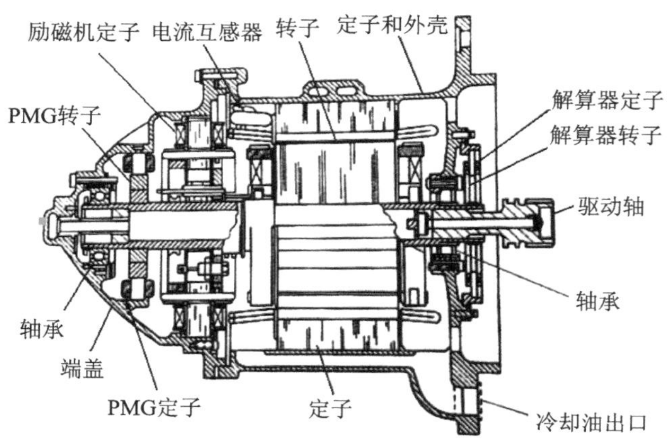

图 4.3.11　APU 交流起动发电机的结构

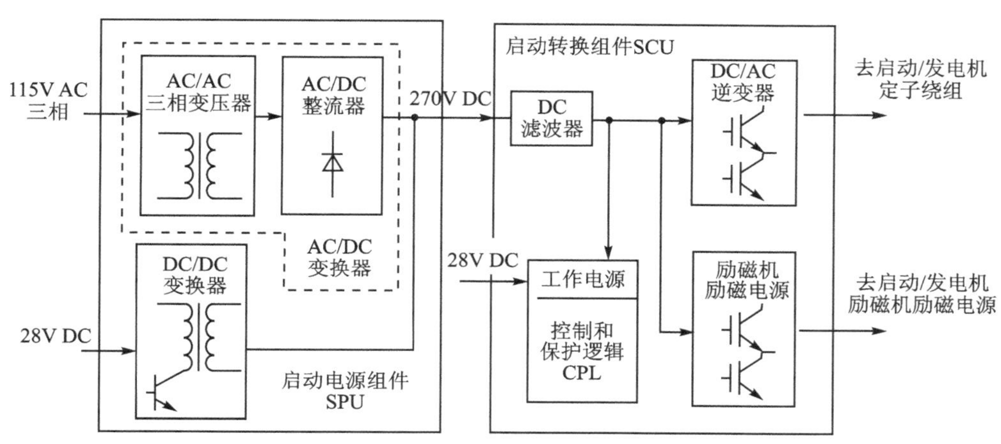

图 4.3.12　SPU 和 SCU 原理框图

单相恒频交流电作为励磁机励磁电源，使电机以电动状态运转，并启动发动机或者 APU。

需要指出的是，SCU 内部应有一个根据启动发电机参数和工作特性建立的电流数值表作为电机转速依据。DC/AC 逆变器根据测量得到的电机转速和电流数值表对电流进行控制。

逆变器控制电路可监控蓄电池的电压。地面时蓄电池电压不低于 18 V，空中蓄电池电压不低于 20 V 时，逆变器可以正常工作。逆变器内部还具有过流、高压、三相不平衡保护。

5. 工作模式

(1) 启动模式

当 APU 启动时，启动/发电机就相当于一个电动机，把电能转化为机械能，为 APU 的旋转提供机械力。

APU 接触器触点和励磁机继电器的触点均控制到启动位置。APU 接触器将启动转换组件(SCU)提供的频率可调的三相交流电连接到电机的电枢绕组上，同时励磁继电器也将 SCU 提供的单相交流电接到励磁机的励磁绕组上。

加到励磁机励磁绕组上的单相交流电将产生交变磁场。该磁场在励磁机转子绕组上感应出交流电压，经旋转整流器整流后为主发电机的转子励磁绕组供电。这时，启动发电机的主发

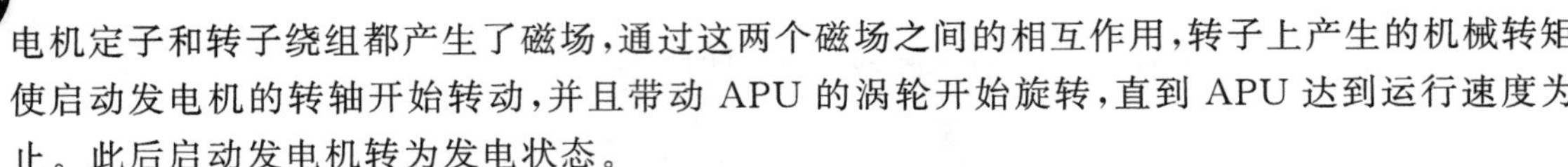

电机定子和转子绕组都产生了磁场,通过这两个磁场之间的相互作用,转子上产生的机械转矩使启动发电机的转轴开始转动,并且带动APU的涡轮开始旋转,直到APU达到运行速度为止。此后启动发电机转为发电状态。

(2) 发电模式

当APU接触器的触点移动到“ON”位置时,APU的发电机控制组件为启动发电机的励磁机励磁绕组供电。当启动发电机工作于发电模式时,其工作原理与普通的无刷交流发电机完全一样。永磁发电机的定子电枢电压为调压器提供工作电源,电压调节器控制交流励磁机的励磁电流。交流励磁机转子电枢绕组上发出的交流电经旋转整流器后,为主发电机提供励磁电源。在调压器中,发电机馈线调压点的电压反馈值和设定值进行比较,产生控制量去控制励磁电流的平均值,从而保持主发电机输出电压的恒定。当主发电机电枢绕组或输出馈线发生短路故障时,调压器提供过流限制。

为了给启动发电机提供过载保护,用电流互感器去检测主发电机三个定子绕组上的电流值,发电机控制组件(GCU)根据检测到的电流值来控制启动发电机的输出功率。连接到每个定子绕组上的电容对主发电机定子上产生的高频瞬间电压进行滤波,同时通过主发电机转子绕组中并联的电阻来抑制转子绕组中的电压尖峰。旋转变压器的定子绕组只在启动发电工作于电动状态时,用于给启动变换组件SCU提供转子位置信号。

交流启动/发电机的典型应用是B737-800飞机上的应用。当启动发电机的启动转速在11 550～12 450 r/min时,APU发电机的输出功率为97 kVA,输出电压为120/208 V交流电。除去馈电线线路中的损耗后,在调节点上可以输出90 kVA 的功率。在B787飞机上,由于主电源取消了CSD,主发电机和APU均采用交流启动/发电机,有效减轻了机载设备的质量,降低了发动机的燃油消耗。

(3) 发电准备模式

在两种模式变换时,应该断开启动变换单元SCU的电源。在发电机输出的交流电达到规定值后,才能进入发电模式。在此过程中,有一段时间既非启动模式,也没有进入发电模式,称为发电准备模式。

6. 交流启动/发电模式的发展

表4.3.1是各种交流启动/发电机的技术数据。交流启动/发电机首先在APU上得到应用,原因是APU上没有恒速传动装置。主发动机的启动采用变频发电后,发电机的容量不断增大,解决了单机装机容量限制的技术问题。

表4.3.1 交流启动/发电机的主要技术数据

序号	发电机参数	B737NG的APU(1997年)	主发动机启动	主发动机启动/发电2007年	APU启动/发电	主发动机启动/发电(B787)
1	发电机容量/(kVA)	连续:90 5min:112.5 5s:150	连续:150 5min:187.5 5s:250	连续:150 5min:187.5 5s:262.5	连续:300 5min:375 5s:525	连续:300 5min:375 5s:525
2	启动转矩/(Nm)	33	>271	>190	—	—
3	启动控制器功率/kW	7	12	10	—	—

续表 4.3.1

序　号	发电机参数	B737NG 的 APU(1997 年)	主发动机启动	主发动机启动/发电 2007 年	APU 启动/发电	主发动机启动/发电(B787)
4	发电机电压 U_{AC}/V	115	115	230	230	230
5	发电频率/Hz	400	360～753	360～753	400	360～800
6	转速/($r \cdot min^{-1}$)	12 000	10 800～22 600	10 800～22 600	12 000	10 800～24 000
7	质量/kg(lb)	25(55)	56(123)	54(118)	70(155)	—
8	直径/mm	229	241	229	241	—
9	长度/mm	292	368	394	406	—

4.3.4　多电飞机变频交流启动/发电机

恒速传动装置是大功率精密机械装置，结构复杂、体积大、质量大，维修成本非常高，从而限制了交流发电机容量的增加，更大容量的发电机技术成为了技术瓶颈。

1. 概　述

1999 年，美国 TRW 航空系统公司首先设计了适用于民用大飞机的高功率变频发电机。该发电机是三级无刷油冷电机，输出 120 kVA 的三相交流电，输出电压为 120 V，频率范围为 380～780 Hz，允许转速范围为 1∶2.05。

由于发电机直接与发动机机械传动装置连接，转速与发动机的转速成比例，从而使发电机输出电源的频率随着转速变化而变化。当发动机转速在 1～2.2 倍额定转速范围内变化时，电源频率就以 360～800 Hz 变化，也就是发动机慢车转速与电源最低频率(360Hz)对应。调节发电机的励磁磁场可以调节发电机的端电压，这个功能由发电机控制器完成。

2. 变频交流启动/发电机的结构

对于直接用交流电源供电的设备，例如电源变压器、电子变压器、电容、电感以及异步电动机，频率的变化给其设计和使用带来了诸多问题，如磁元件低频饱和高频损耗等一系列问题。对于转速变化范围较大的涡轮风扇发动机，大多数负载使用的都是交流电，因而有必要强调电源的质量。

1991 年后，研制出了可供转速范围较宽的涡轮风扇飞机使用的电源质量与当时的恒频(CF)系统的电源质量相同的变频(VF)电源系统。图 4.3.13 是变频交流启动/发电机结构图。图(a)是某 APU(120 kVA)，图(b)是 B787 上的 VFSG。其结构得到了简化，体积质量下降，可靠性得以提高。

与组合传动发电机(IDG)相比，变频发电机的技术数据如下：

(1) 零部件的数量

1 台变频发电机大约只包含 120 个零部件，而 1 台组合传动发电机则大约有 400 个零部件。零部件数量的减少降低了变频发电机的价格，提高了可靠性，并大幅度降低了维修成本。

(2) 可靠性

一份修理报告的统计数据表明，1 台 IDG 的平均可靠性大约为 6 000 h，理论值比这要高一些。而 1 台 VFSG 的平均故障间隔时间超过了 30 000 h。

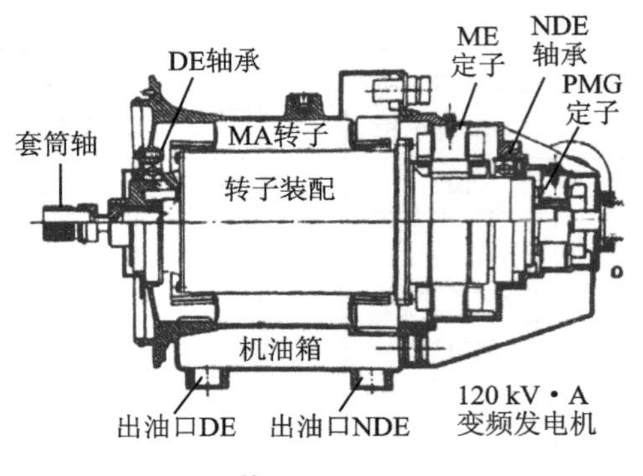

(a) 某APU(120 kV · A)

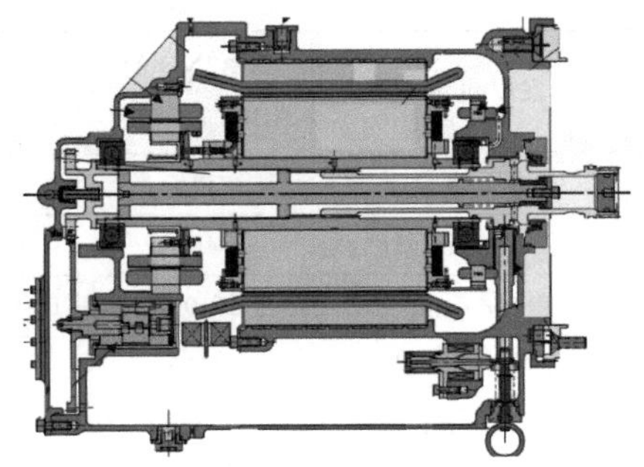

(b) B787主发电机(250kV · A)

图 4.3.13 变频交流启动/发电机结构

(3) 单位时间飞行成本

1台IDG的每小时平均成本为4.5美元。而1台VFSG的每飞行小时成本大约为0.5美元。对于一架装有2台发电机的飞机而言,仅发电机一项,每飞行小时便可节约8美元。

(4) 带给发动机的益处

① 与IDG相比较,VFSG体积更小、质量更轻,发动机承受的悬挂力矩较小;

② 减小了振动、提高了可靠性;

③ VFSG的体积仅仅是IDG的60%,安装更容易;

④ VFSG发电机以更高的速度运转,降低了扭矩;

⑤ 与IDG相比,VFSG对发动机产生的阻力降低了大约70%;

⑥ 发动机在冷机以及在风车转动状态下更容易启动。

(5) 质量的影响

VFSG输出的频率是变化的电功率,会对直接使用交流电的设备产生影响。即使如此,与IDG系统相比,体积质量还要小得多。

3. VFSG供电特性

对于变频(VF)电源而言,其传输电能的交流电阻抗增高了,因此要保证可以接受的电源质量,必须对发电机和系统设计采取一些特殊措施。

(1) 相电压不平衡度/相位移

相电压不平衡度是由各相之间负载不平衡引起的,也是发电机阻抗和馈线阻抗上压降的不均衡而引起的。在馈线较长的大型飞机上,馈线阻抗起着主导作用。

在使用恒频电源供电系统的大型飞机上,16%的负载不平衡在发电机接线端上所造成的电压不平衡度为3 V,在调压点(point of regulation, POR)上造成的电压不平衡度为8 V。

变频系统中,在较高频段上电压不平衡度会更大,主要是由于馈线电抗的增加引起的。

在400 Hz调压点(POR)上造成的电压不平衡度为8 V的大型飞机上,在最大频率上的电压不平衡度最高可达12 V。

(2) 总畸变系数

总畸变系数(total harmonic distortion, THD)必须考虑两个方面的因素,一是电压波形的固有失真,二是由失真的负载电流对电压波形的影响。在变频系统中,由于整流器的负载数量

可能更多，电源电抗也会更大，对单个负载电流的控制要求更加严格。对于大负载而言，12 脉冲往往也不能被接受，普遍采用的是 18 脉冲和 24 脉冲整流，还用了功率因数修正输入电路来降低失真度。由此可见，对电压谐波失真的控制主要在于设备供应商，并应该在新的电源规范文件中明确强调。

(3) 负载突变和电压瞬变

产生负载突变引起的电压瞬变的主要原因是电源回路在电压瞬变期间的电抗（瞬变电抗）会突变，造成馈线压降也会增大瞬变振幅，但它的影响程度通常较小。为了避免在高频上出现过大的负载转换瞬变，在设计变频发电机时，其瞬变电抗必须比恒频发电机的小。

例如，在 400 Hz 频率上的 5 V 馈线压降，则在最大频率（800 Hz）上的电压阶跃将是 36 V，将这一阶跃与 115 V 相加，便得到一个 151 V（有效值）的最大电压。在突卸 1.5 倍额定负载时，电压阶跃为 54 V，得到的最大电压将是 169 V。

(4) 过电压特性

变频供电系统中，发电机的励磁磁场最大、发电机轴上的转速最高时，如果调压器的动态特性不足，将会产生最大电压值。因此在设计发电机控制器（GCU）时，必须采取相应的措施，确保在电源汇流条上出现过电压的概率小于 10^{-9}/h。

(5) 直流分量

随着飞机上使用的电源整流器的增多，故障整流器导致的电压直流分量也在增加。解决这一问题的最佳方法是在电源输入处设置保护，即每一个此类型的负载都应能够检测其输入电路的故障，并在测量到直流达到一个不可接受的电平时将负载断开。

(6) 功率因数与容性负载

用电负载的电压品种与主电源发电机的输出电压不同，通常需要经过 DC/DC 或 AC/DC 变换器，而整流桥后必然带有电容滤波器，这对发电机而言是很大的容性负载，特别是在负载开机合闸瞬间，如果不采取措施，将形成大电容性负载并对发电机的短路。

随着容性负载的增大，发电机主励磁磁场电流将减小。当容性负载使磁场电流接近零的程度时，调压器失去控制能力，发电机变为自激励，导致产生不稳定性和过电压断开。当容性负载的电抗等于发电机的有效电源电抗，形成并联谐振电路时，便会发生这种情况。在这种情况下，发电机的有效电源阻抗就是发电机同步电抗。

4.3.5　内装式风扇轴驱动发电机

相关内容请扫码查阅。

4.4　交流电源系统的基本形式及主要参数

4.4.1　飞机交流电源系统的基本形式

飞机交流电源系统的形式取决于发电机的传动方式，可分为变频交流电源系统与恒频交流电源系统两大类。早期的一些装有涡轮螺旋桨发动机的飞机上，一般采用变速变频交流电源系统,而在现代大型运输机上则广泛采用恒速恒频交流电源系统。随着科学技术的发展和新产品的出现,变速恒频交流电源系统已在B737-400、MD-82、F-18型等飞机上使用。近期出现A380和B787以多种电压品种的混合供电形式出现,其中含有变速变频交流电源,而且与早期的变速变频交流电源有本质的区别。

1. 恒速恒频交流电源(constant speed constant frequency,CSCF)

由于发动机从启动到正常工作,甚至正常工作时,它的转速会变化,这种变化的转速经过减速器后仍然是变化的,这使得输出的交流电压始终变化着(因为交流发电机的空载电动势$E=4.44Wk_w f\Phi$,其中,Φ为每极下总磁通,W每相绕组串联匝数,k_w为绕组系数)。有了恒速传动装置,可先将转速恒定在一定的范围内,从而使输出电压稳定。图4.4.1是恒速恒频交流发电机的原理及结构图。

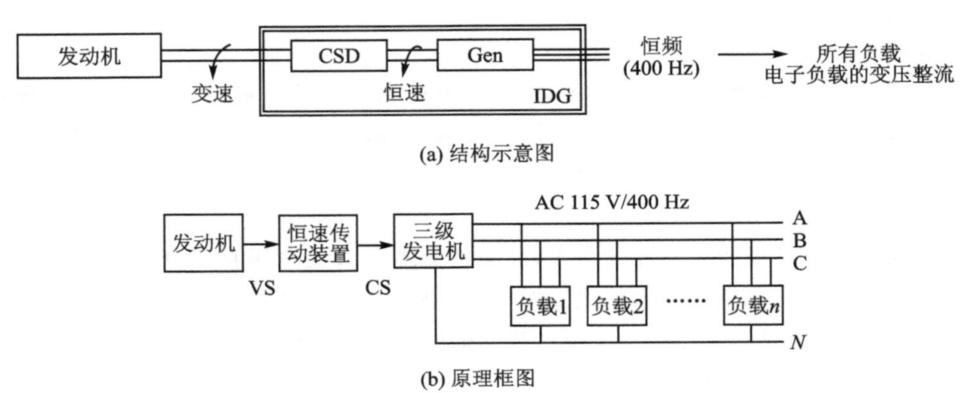

图4.4.1 恒速恒频交流发电机传动方框图

“恒装”的输出转速有6 000 r/min($p=4$)、8 000 r/min($p=3$)、12 000 r/min($p=2$)几种,以与不同规格的交流发电机配套。

图4.4.2所示是一种典型的组合传动发电机IDG,把恒速传动装置与发电机组合在一起。“恒装”大多采用机械液压式结构,可以保证输出转速的高精度和能输出相当的功率,属于大功率的精密机械。另外,还有电磁机械式恒装,这种恒装由于效率较低、热损耗大,一般应用于小于30 kVA的较小功率场合。

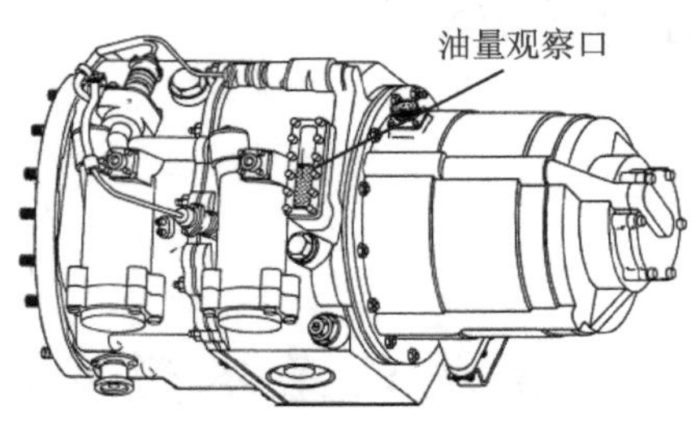

图4.4.2 组合传动的发电机外形(IDG)

恒频交流电源系统有很多优点,主要是恒频交流电对飞机上的各类负载都适用,而且由于电源频率恒定,使用电设备和配电系统的质量比变频系统轻,配电也比较简单,而且发电机可以单台运行也可并联运行。

由于恒频交流电本身所具有的优点，及恒速传动装置在设计制造上取得的较大的进展，恒速恒频交流电源系统在现代飞机上得到了广泛的应用。表 4.4.1 所列是使用恒速恒频电源的部分飞机。

表 4.4.1　使用 CSCF 电源的部分飞机

序　号	机　型	生产者	主发电机容量/(kVA)	飞行概况
1	A300	空客	90×2	宽体
2	A310	空客	75/90×2	中短程
3	A320	空客	75/90×2	中短程
	B737NG	波音	90×2	中短程
4	B747	波音	60×2	远程宽体机身
5	B767	波音	75/90×2	中远程半宽机身
6	B777	波音	120×2	远程半宽客机
	ARJ21	中国	60×2	支线客机

这种电源系统的缺点也在“恒装”，因为它是高精度大功率机械液压装置，结构复杂，加工难度大，平时维护费用较高。

2. 变速恒频电源系统(variable speed constant frequency, VSCF)

由于大功率电子技术的发展及“恒装”存在的缺点，变速恒频电源系统应运而生。现在采用的变速恒频电源系统为交-直-交系统，即由发动机传动交流发电机发出变频交流电，经过整流变为直流，再经过逆变变为所需频率和电压的交流电作为飞机的主电源。VSCF 结构框图如图 4.4.3 所示。它是 B787 的 VSCF 方案，整流和逆变两部分常做成一个单元整体，常称为功率变换器或静止变流器。

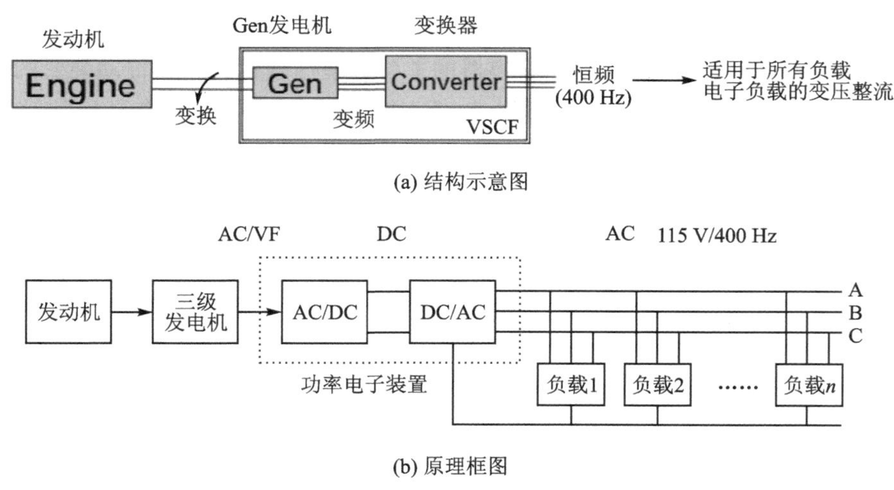

(a) 结构示意图

(b) 原理框图

图 4.4.3　变速恒频交流电源方框图

变速恒频交流电源系统于 20 世纪 70 年代开始应用于飞机。目前绝大多数的战斗机、轰炸机、运输机和干线客机，在采用交流电为主电源的场合，都在用恒速恒频交流电源。但是变速恒频交流电源是其有力的竞争者,表4.4.2所列为CSCF交流电源与VSCF交流电源的性能对照情况。

表4.4.2　CSCF交流电源与VSCF交流电源性能对照表

项　目	组合型CSCF交流电源	(AC—DC—AC)VSCF交流电源
发电机效率/%	70	80
质量功率比/(kg(kVA)$^{-1}$)	0.5	0.9
相对采购费	1	1
相对维修费	1	0.6
MTBF(可靠性)/h	2 500	8 000
供电质量	好	更好

CSCF电源频率为(400±4) Hz,精度取决于恒装精度。而对于VSCF电源来说,频率精度为(400±1) Hz,取决于晶体管振荡器频率稳定精度,并且很容易达到。

VSCF电源效率要高出CSCF电源系统10%,对于安装电源容量为30/40 kVA的飞机来说,相当于可以增加360 kg的燃油或其他装备。这是由于在一定效率条件下,发电量与消耗的燃油量成正比。如果效率高,则一定的发电量只消耗较少的燃油。如一架飞机的允许总载荷不变,则可以增加装备质量。所举例子的质量则远大于由质量功率比稍大而增加的质量,即VSCF的实际飞行质量比CSCF还是轻。对于携带燃油质量一定的飞机来说,可以有更远的航程。

维修费用和可靠性方面,VSCF均有着明显的优势。发展VSCF电源的关键技术在于要有大功率半导体器件。电源系统结构灵活,除发电机必须装在发动机附件机匣外,其他部件的安装位置灵活多样。采用组合式结构的变速恒频电源同组合式恒速恒频电源一样,可以很方便地取代恒速恒频电源。VSCF电源能实现无刷启动发电,生产和使用维护方便,有利于减少飞机全寿命期费用。

由于电子器件本身的特点,变速恒频电源也有以下缺点:

① 电子器件允许工作结温低,电子变换器的工作环境温度没有恒速传动装置的高。

②电子变换器承受短路和过载的能力较低,因而变速恒频电源的容量常被定义为如60/40 kVA方式,即额定容量为60 kVA,而过载容量则以40 kVA为计算标准,如5 s100%过载为80 kVA。

3. 变速变频交流电源系统(variable speed vary frequency,VSVF)

变速变频交流电源系统通常分为两类,即窄变频交流电源系统和宽变频交流电源系统。

(1) 窄变频交流电源系统

如图4.4.4所示,交流发电机由发动机通过减速器直接传动,因而输出交流电的频率随发电机转速的变化而变化。传动装置简单,质量轻且可靠性好。主要缺点是发电机间不能并联供电。

这种电源系统适用于装有涡轮螺旋桨发动机的飞机或直升机,因为这种发动机的转速变化范围很小,因而发电机输出频率变化范围不大。从前的安-24、运-7、肖特-360等飞机均采用了这种电源系统。

(2) 宽变频交流电源系统

宽变频交流电源系统由交流发电机和控制器构成。交流发电机直接由发动机附件传动机

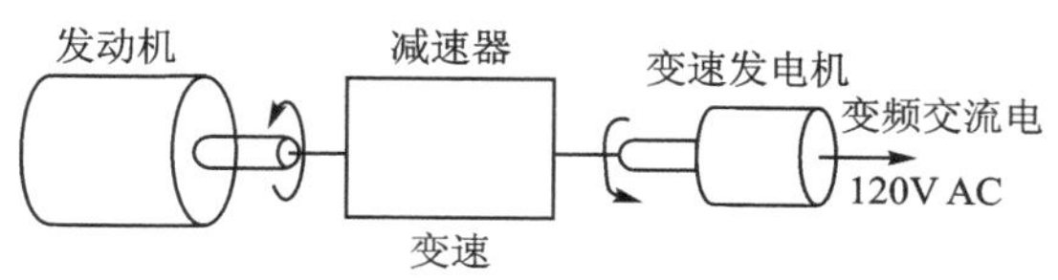

图 4.4.4　变速变频交流发电机传动方框图

匣驱动，因为没有恒速传动装置，输出电能的频率无法控制，形成频率随着发动机转速变化的变频电源，如图 4.4.5 所示。

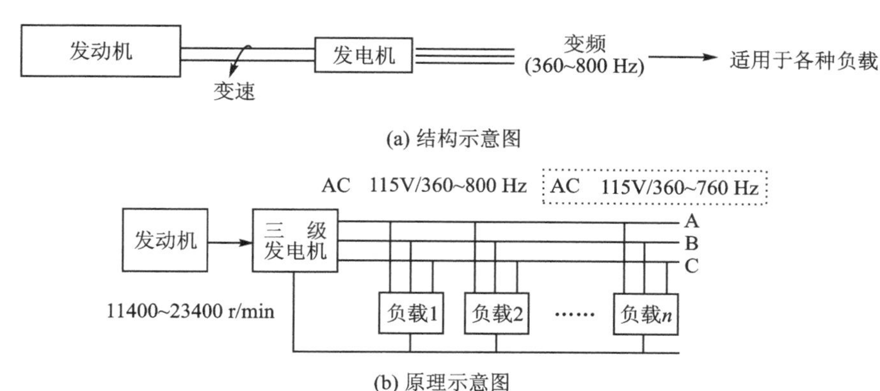

(a) 结构示意图

(b) 原理示意图

图 4.4.5　变频交流电源

变频交流电源系统只有一次变换过程，具有结构简单、质量轻、体积小、功率密度高、可靠性高、费用低、能量转换效率高等优点，易于构成启动发电机系统。对于飞机上发动机数量有限导致发电机数量有限的情况，增加发电机单机容量是提供飞机整体性能指标的关键技术之一。由于配电系统、用电设备的变换器可以不安装在发动机及发电机附近，而是可以安装在电子设备舱或飞机机体的其他部位，从而很好地解决了电子设备耐受恶劣环境的问题。因此，宽变频交流发电机是最理想的模式。

由于变频交流电源系统的输出频率取决于发动机减速器的输出转速，尤其是多数飞机均采用涡喷发动机或涡扇发动机，发动机转速变化范围大，因此其具有频率变化大的缺点。这个缺点常通过用电设备的二次电源来弥补。

随着技术的发展，VSCF 的性能得以进一步提高。B787 飞机上安装了 4 台 VFSG，单台装机额定功率为 250 kVA，工作频率为 360～800 Hz，质量只有 92.2 kg(203 lb)，平均无故障时间为 30 000 飞行小时。

4.4.2　机载交流电源的技术要求

1. 传统机载交流电源的技术要求

交流电源系统的主要参数有相数、电压和频率。目前飞机主电源广泛采用的是 115/200 V、400 Hz、三相交流电源系统。这些参数的选择与交流供电系统以及用电设备的质量、尺寸和性能密切相关。

(1) 相　数

飞机交流电源系统基本上都采用三相制供电系统，在个别混合供电电源系统的飞机上也

有采用单相制供电的,特别在功率不大的场合,采用单相制供电有便利之处。三相交流系统与单相交流系统比较,具有下面一些优点:

① 节约用铜量。如果输送相同功率,采用三相输电的用铜量仅为单相输电用铜量的3/4。

② 对三相电动机启动有利。由于三相电动机通入对称的三相交流电就产生旋转磁场,非常容易启动,结构简单;而单相电动机没有旋转磁场,需要专门的启动电容移相后才能产生旋转磁场,启动结构比较复杂,启动困难。

③ 对电压变换有利。三相四线制交流系统有相电压和线电压两个数值,因而可省去一些变压器。

④ 电源系统的可靠性高。三相交流系统的生命力强,当某一相导线损坏断电时,其他两相仍可供电。

单相交流电源系统也有它的优点,其配电设备比三相系统简单,可用飞机壳体作为电网回路,配电系统质量可减轻。

(2) 电　压

如何选择飞机交流电源系统额定电压值关系到飞机整机供电性能的好坏。它的选择与很多因素有关,如馈线长度、质量和传输功率的大小、短路电流的大小、人员的安全性、绝缘强度和电弧熄灭时间等。确定适当的额定电压值以减轻馈线和配电系统的质量是一个值得研究的课题。通过长期的实践探索,可按照下列原则选择供电电压:

1) 减轻电网质量,选择供电电压

采用三相四线制供电方式,在发电机端电压为120/208 V;在负载端,相电压额定值为115 V,线电压则为200 V;其理由是采用较高的电压,传送相同的功率的电流较小,馈线损耗较小;或者说,当传送电流的导线取相同的电流密度,则可选用较细的导线,因而可以减轻电网的质量。

2) 满足供电导线机械强度的要求

由于机械强度的要求,导线截面不能过细,一般不选用截面小于0.2 mm^2 的导线。一架飞机按机械强度选择导线截面的导线,一般占到整个电网的20%～30%,因此,过分提高电源电压以减轻电网质量已无意义。

3) 满足高空工作的可靠性要求

从高空工作的可靠性、短路电流的大小和人员安全等角度考虑,并不希望电压太高。

综合各种因素的影响,考虑到继承性,以及从20世纪40年代开始变流机就采用115 V交流电的历史原因,通过试验而确定目前交流电源系统的发电机端线电压为208 V,相电压为120 V,电压调节点线电压为200 V,相电压为115 V。

(3) 频　率

机载电气系统中大部分元器件的尺寸、质量及性能都与电源系统的频率有关。在确定电源系统主电源的额定频率时,需要考虑的因素是对整个机载电气系统质量的影响、对供电系统及用电设备性能的影响以及频率对电气设备的影响,主要体现在:

① 对变压器等静止的电磁设备,质量将随着频率的增加而下降,因为频率提高时有效磁通可以降低,铁芯的截面积可以减小,从而减小体积质量。

② 频率提高,能减轻航空电子设备中如电源变压器、滤波器、电容器等的质量。

③ 对发电机和电动机来说,则有一个最佳频率值。频率(f)取决于转速(n)和磁极对数

(p)。为提高频率,可采取两种办法,一是提高转速,二是增加极对数。提高转速固然可以减轻电机的质量,但它受到轴承质量和机械强度的限制。在电机转速一定的条件下,要提高频率,只有采取增加磁极对数的办法。当增加极对数时,如果气隙磁感应保持不变,由于极距变窄,主极磁通值减小,铁轭高度和电枢铁芯轭部高度可以降低,从而使体积和质量降低。但由于频率提高,铁损和铜损增加,为减小铁损,就要减小钢片厚度,为减小铜损,就要用截面积较小的几股导线来代替大截面导线,可能导致电机体积和质量的增大。因此电机的频率不能太低也不能太高。

④ 对于配电导线来说,频率提高时,由于集肤效应使电阻增大,交流阻抗也增大,使导线和电缆的总阻抗增大。为了使线路电压降和损耗保持在允许范围内,就要加大导线截面而使质量增加。

⑤ 对于电磁干扰问题,当频率高于千赫兹数量级时,为防止电磁干扰,导线应该屏蔽,否则会影响机上其他设备的正常工作,屏蔽套的增加反使整个质量增加。

⑥ 对于开关电器的灭弧,用于电网中的交流开关。经实验验证,当频率在 300～600 Hz 范围内,交流开关的熄弧特性最好。

考虑到继承性和综合因素,主电源系统的频率选在 400 Hz 左右是合理的。

2. 多电飞机交流电源的技术要求

通常把交流电源划分为恒频(CF)和变频(VF)两大类。变频电源分为窄变频电源系统(360～650 Hz)和宽变频电源系统(360～800 Hz)。为了提供符合要求的交流电源,必须分析其技术要求。

(1) 交流电源的波形要求

飞机供电品质的好坏直接影响到飞行安全,因此可把交流波形的波峰系数、畸变系数、畸变的单次频率分量和直流分量作为衡量波形好坏的标准。

由于受发电机结构、负载性质以及其他因素,特别是电力电子设备的非线性负载特性以及交流电压调制、频率调制等因素的影响,实际的交流电压畸变中包含基波整数倍次的谐波分量和次谐波(频率小于基波)分量,采用原来的谐波含量分析方法得出的结果已经不能反映实际的电压成分特性。

1) 电压调制

引起交流电压畸变的因素除了非线性负载外,另一个重要因素就是系统工作原理,包括电压调制和频率调制等。当电网上的负载变化引起线路压降变化时,发电机调压器就会通过调节励磁电流来调节发电机的输出电压,这时就会产生电压调制。

假设有一个未受调制的电压信号 $U_c\sin\omega_c t$,电压调制信号为正弦波 $U_m\cos\Omega t$,经过调制后的电源瞬时值为

$$\begin{aligned} u_c(t) &= (U_c + U_m\cos\Omega t)\sin\omega_c t \\ &= U_c\sin\omega_c t + \frac{1}{2}U_m\sin(\omega_c+\Omega) + \frac{1}{2}U_m\sin(\omega_c-\Omega)t \end{aligned} \tag{4.4.1}$$

由于电压调制的影响,在电压波形中产生了($\omega_c\pm\Omega$)的频率分量,该分量是间歇波或次谐波。

2) 频率调制

当发动机转速变化或发电机负载变化时,会引起电网电压的频率调制。

3) 畸变和谐波的定义

畸变系数和畸变的单次频率分量均考虑了谐波分量和非谐波分量对波形的影响。如果仅考虑谐波分量对波形的影响,应该用总谐波畸变来描述。波峰系数、畸变系数、单次谐波含量、总谐波畸变的定义及数学表达式如下。

① 波峰系数 k_{pk}。它为稳定条件下,交流电压或电流波形的峰值和有效值之比的绝对值,即

$$k_{pk}=\left|\frac{U_{pk}}{U_{ms}}\right| \tag{4.4.2}$$

式中,U_{pk} 为电压或电流波形的峰值,U_{ms} 为电压或电流波形的有效值。

② 畸变系数 k_d。它为交流电压或电流波形除基波分量外的其他畸变分量的均方根值,常用相对于基波有效值的百分数表示,即

$$k_d=\frac{\sqrt{(U_{rms}^2-U_1^2)}}{U_1}\times 100\% \tag{4.4.3}$$

式中,U_{rms} 为电压或电流波形的总有效值,U_1 为基波分量的有效值。

③ 单次谐波含量 k_{dn}。它为交流电压或电流除基波分量外任一次谐波的有效值,常用相对于基波电压或电流有效值的百分数表示,即

$$k_{dn}=\frac{U_n}{U_1}\times 100\% \tag{4.4.4}$$

式中,U_n 为非基波的单次谐波分量有效值,U_1 为基波分量有效值。

④ 总谐波畸变 THD。它为交流电压或电流波形除基波分量外,各次谐波的均方根值,常用相对于基波有效值的百分数表示,即

$$\mathrm{THD}=\frac{\sqrt{\sum_{k=2}^{n}U_k^2}}{U_1}\times 100\% \tag{4.4.5}$$

式中,U_k 为电压或电流 k 次谐波分量的有效值,U_1 为基波分量的有效值。

表 4.4.3 中列出了机载恒频电源、窄变频电源(360~650 Hz)和宽变频电源(360~800 Hz)电压波形的标准(允许范围)。

表 4.4.3 机载交流电源电压波形的允许范围

序号	项目	状态	机载电源类型		
			恒频	窄变频	宽变频
1	波峰系数	正常	1.26~1.56		1.26~1.56
2	畸变系数	正常	≤8%		≤10%
3		应急	≤10%		≤12%
4	畸变的单次频率分量(单次谐波含量)	正常	≤6%		≤7.5%
5		应急	≤7.5%		≤9%
6	直流分量(U_{DC})	正常	−1.0~+0.1		−1.0~+0.1

(2) 机载交流电源的稳态特性

宽变频交流电源系统具有频率变化范围大的缺点,难以满足机载电子设备对供电品质的要求,其发展曾一度受到了限制。但随着电力电子技术的发展及其在飞机上的广泛应用,该缺

点已基本被克服。宽变频交流电源系统在先进飞机上已得到应用，因此有必要对交流电源稳态特性提出要求。表 4.4.4 所列是交流电源稳态特性要求。

表 4.4.4　交流电源稳态特性要求

序　号	项　目	状　态	恒　频	窄变频	宽变频
1	三相平均电压/V	正常	104～120.5	104～120.5	101～120.5
		不正常	95.5～132.5	98.5～132.5	98.5～132.5
		应急	104～120.5	104～120.5	101.5～120.5
2	相电压/V	正常	100～122	100～122	100～122
		不正常	94～134	97～134	97～134
		应急	100～122	100～122	100～122
3	相电压不平衡值/V	正常	≤6	≤6	≤9
		应急	≤8	≤8	≤12
4	相移/(°)	正常	116～124	116～124	116～124
5	电压调制量/V	正常	≤4	≤4	≤5.6
6	频率/Hz	正常	390～410	360～650	360～800
		不正常	390～440	—	—
		应急	390～440	—	—

表 4.4.4 的电压值是有效值，其定义为：恒定电流和交变电流分别通过阻值相等的电阻，且使它们在相同时间内产生的热量相等，则该恒定电压（或电流）的数值就可以规定为这个交变电压（或电流）的有效值。其表达式为

$$U_{\mathrm{ms}}=\sqrt{\frac{1}{T}\int_0^{\mathrm{T}} u_i^2\,\mathrm{d}t} \tag{4.4.6}$$

式中，T 为电压波形的周期，u_{i} 为输入电压的瞬时值。

三相平均电压值的表达式为

$$U_{\mathrm{AVE}}=\frac{1}{3}(U_{\mathrm{A}}+U_{\mathrm{B}}+U_{\mathrm{C}}) \tag{4.4.7}$$

式中，U_{A}，U_{B}，U_{C} 为三相电压有效值。

相电压不平衡值是在额定电流 15%的不平衡负载下，各相电压之间的最大差值，即

$$U_{\mathrm{UNB}}=\max\{U_{\mathrm{A}},U_{\mathrm{B}},U_{\mathrm{C}}\}-\min\{U_{\mathrm{A}},U_{\mathrm{B}},U_{\mathrm{C}}\} \tag{4.4.8}$$

电压相移是在所有负载情况下，三相电压波形过零点间的相位差。

电压调制是交流供电系统在稳态工作期间，由于电压调节过程和发电机转速变化而引起的交流峰值电压围绕其平均值所做的周期性的或随机的或两者兼有的变化。

电压调制包络线（VMEW）是将电压调制波的峰值依次连接起来所得的连续曲线。

电压调制量（QOVM）是在任意 1s 时间间隔内的电压调制包络线上，最高电压与最低电压之差，或最高波峰与最低波谷之差。

(3) 机载交流电源的瞬态特性

相关内容请扫码查阅。

4.5 电能变换装置

大中型飞机都以400Hz恒频交流电源作为主电源,但是各种电子电气设备、控制保护装置、继电器、接触器、发电机励磁的旋转整流器、座舱仪表显示、火警探测与灭火和直流电动机等仍然需要直流电源供电。航空蓄电池需要直流电源为它充电,三级式无刷交流电源系统中的励磁电流也需要旋转整流器提供。这样就需要将交流电源变换成直流电的二次电源。变压整流器以及旋转整流器就是这样的二次电源,用以供电给直流用电设备。

将交流电变为直流电的二次电源,广泛采用的是将115V交流电变换为直流电的变压整流器TRU(transfer rectifier unit,TRU),多电飞机的代表B787则利用ATRU(auto transformer unit ,ATRU)产生的270V直流电。

4.5.1 变压器基本工作原理

变压器(transformer unit,TU)和自耦合变压器(auto transformer unit,ATU)是飞机交流电源中的重要能源变换装置,将飞机主电源115V/200V变换成不同电压的同频率的交流电,是一种将相同频率的电压从一个幅度变换成另一个幅度的装置,主要由三部分组成:提供磁场通路的铁芯,与主电源相连的原边(初级)绕组,与负载相连的副边(次级)绕组。变压器一般分为电压变压器和电流变压器(也称电流互感器)。

1. 理想变压器

图4.5.1所示是变压器模型。理想变压器由无损耗的高磁导率铁芯和没有电阻的两个线圈构成,一个为原边线圈,用 W_1 表示,匝数为 N_1,另一个线圈为副边线圈,用 W_2 表示,匝数为 N_2。当 W_1 线圈的两端加上电压为 u_1 的交流电压时,就有电流 i_1 使铁芯磁化,形成交流磁通 Φ_1,Φ_1 又在 W_2 线圈中感应出电动势 E_2。若 u_1 按正弦规律变化,则铁芯磁通 Φ_1 也按

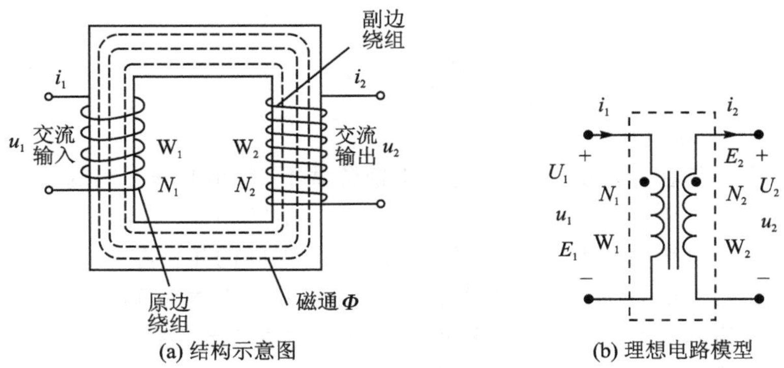

图4.5.1 变压器模型

正弦规律变化,即

$$\Phi_1 = \Phi_{1m} \sin \omega t \tag{4.5.1}$$

$$e_2 = N_2 \frac{d\Phi_1}{dt} = \omega N_2 \Phi_{1m} \cos \omega t = \sqrt{2} E_2 \cos \omega t \tag{4.5.2}$$

$$E_2 = \sqrt{2} \pi f N_2 \Phi_{1m} \tag{4.5.3}$$

式中，E_2 为副边线圈 W_2 中感应电动势的有效值。同样，在原边线圈 W_1 中也有感应电动势，其有效值 E_1 为

$$E_1 = \sqrt{2}\pi f N_1 \Phi_{1m} \tag{4.5.4}$$

式中，N_1 为原边线圈的匝数。对于理想变压器，空载时副边电流为零，原边磁化电流也为零，故 E_1 等于外加电压 U_1，即

$$E_1 = U_1 \tag{4.5.5}$$

$$E_2 = U_2 \tag{4.5.6}$$

于是有

$$\frac{U_1}{U_2} = \frac{E_1}{E_2} = \frac{N_1}{N_2} \tag{4.5.7}$$

式中，N_2 为副边线圈匝数。理想变压器由于没有损耗，故输出功率 P_2 等于输入功率 P_1，因

$$P_2 = U_2 I_2 \tag{4.5.8}$$

$$P_1 = U_1 I_1 \tag{4.5.9}$$

故有

$$\frac{I_1}{I_2} = \frac{N_2}{N_1} \tag{4.5.10}$$

式(4.5.9)和式(4.5.10)是变压器的基本关系式。

当变压器的副边接负载阻抗 Z_2 时，副边的视在功率 $S_2 = Z_2 I_2^2$。根据式(4.5.10)可得

$$S_2 = Z_2 I_2^2 = Z_2 \left(\frac{N_1}{N_2}\right)^2 I_1^2 = Z_1 I_1^2 \tag{4.5.11}$$

$$Z_1 = Z_2 \left(\frac{N_1}{N_2}\right)^2 \tag{4.5.12}$$

式(4.5.12)是理想变压器副边阻抗 Z_2 归算到原边 Z_1 表达式，即接于副边阻抗和接于原边的阻抗是等效的。同样，实际变压器的线圈电阻和线圈漏电抗也可以用(4.5.12)相互归算。

2. 实际变压器

实际变压器的铁芯磁导率有限，铁芯有饱和及损耗，线圈电阻不为零。由于两线圈间的耦合系数不等于 1，线圈还有漏电感。变压器归算到原边的等值电路图如图 4.5.2 所示。

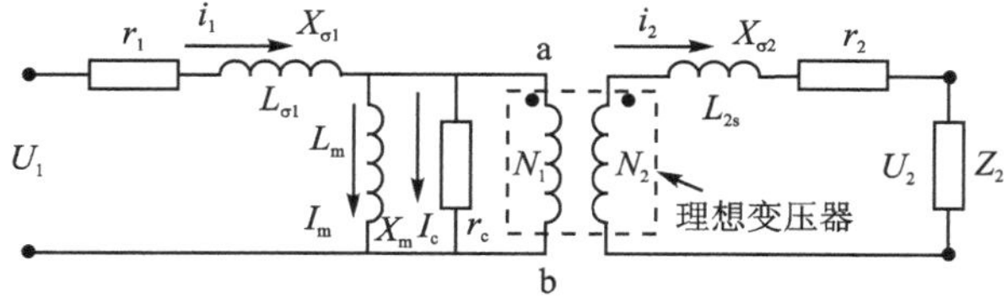

图 4.5.2　实际变压器等效电路(没有考虑分布电容)

图 4.5.2 中变压器为理想变压器，X_m 为变压器的激磁感抗，是与变压器主磁通 Φ_m 对应的电抗，又称励磁电抗，r_c 为变压器铁芯损耗(主要是涡流损耗和磁滞损耗)的等效电阻，r_1，$X_{\sigma1}$ 为原边线圈的电阻和漏电抗，r_2，$X_{\sigma2}$ 为副边线圈的电阻与漏电抗，Z_2 为副边的负载阻抗，归算到原边的等效负载阻抗则为 $Z_1 = Z_2(N_1/N_2)^2$，U_2 为变压器的输出电压，则归算到原边为

$$U'_2=\frac{N_1}{N_2}U_2 \tag{4.5.13}$$

由图 4.5.2 可见，a、b 两端电压 U_{ab} 等于原边线圈的感应电动势 E_1，$E_1=U_{ab}=I_mX_m$。I_m 为变压器的励磁电流，铁芯不饱和时，I_m 为正弦波，饱和后，I_m 产生畸变，电流中有高次谐波。I_c 为流过 r_c 的电流，故 $I_c^2r_c$ 等于变压器的铁损耗。工作频率一定时，铁损耗随铁芯磁感应强度的加大而加大。铁损耗也随频率的升高而加大。若已知电源电压 U_1、变压器的参数和负载阻抗，借助等值电路就可计算出变压器的各部分电压、电流、负载功率、损耗与效率。

飞机变压器要求体积小、质量轻、工作效率高，通常采用高饱和磁感应强度和薄的导磁硅钢片做铁芯，用聚酰亚胺绝缘线做导线，结构牢固可靠。

3. 三相变压器

如果想要变换三相交流电，则采用三相变压器。图 4.5.3 是三相变压器的示意图，用大写字母 A、B 和 C 表示原边绕组的首端，用 X、Y 和 Z 表示其末端，如果把末端连接在一起形成中点则用 O 表示；用小写字母 a、b 和 c 表示副边绕组的首端，用 x、y 和 z 表示其末端，星形接法的中点用 o 表示。

变压器连接组别的表示方法是以原边作为分子，以副边作为分母，后面的数字代表变压器的连接组别，即表示变压器原边绕组和副边绕组电势(或电压)的相位关系。变压器连接组别的区分采用时钟表示法，即用时钟的分针作为原边线电势的相量，并把它放到钟面数字 12 上，而用时钟的时针作为副边线电势的相量，时针在钟面上所指的数字即为变压器的连接组别。三相变压器的连接组别不仅与绕组在铁芯上的绕向即同名端的标记有关，还与三相绕组的接法有关。下面以几种典型的接法为例说明。

(1) Y/Y－12 连接方式

在图 4.5.4 中，取原边和副边绕组的同名端作为首端(原、副边绕组的绕向相同，同名端的标记也相同)，这时原边和副边对应各相相电势同相位，原、副边绕组的电势也同相位，也即用原边电势 $\dot{E}_{AB}$ 的方向表示时钟的分针，并指向 12 点，则副边电势 $\dot{E}_{ab}$ 的方向表示时钟的短针，也指向 12 点，所以连接组别为 12，用 Y/Y－12 表示。

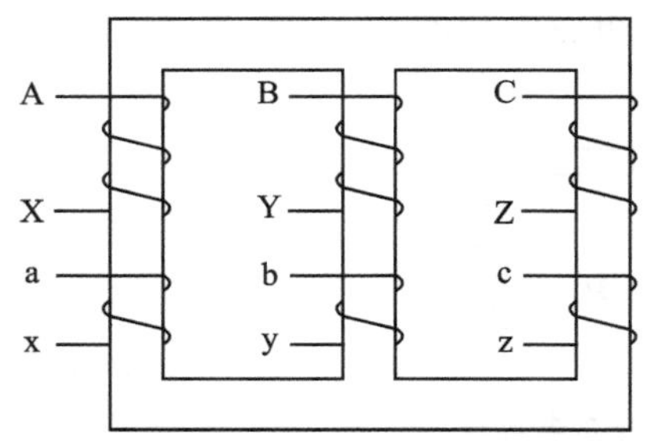

图 4.5.3　三相变压器原理图

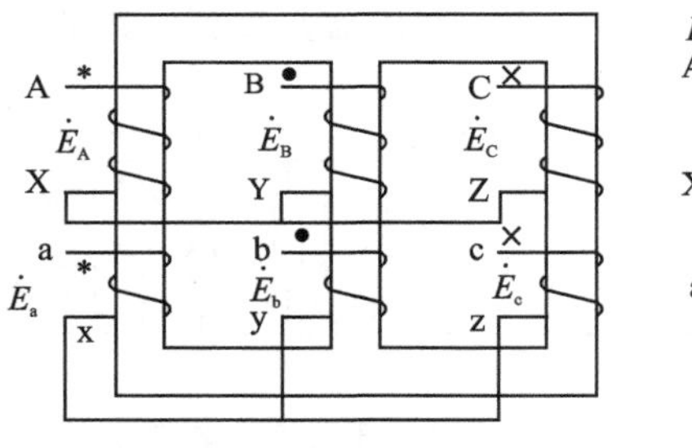

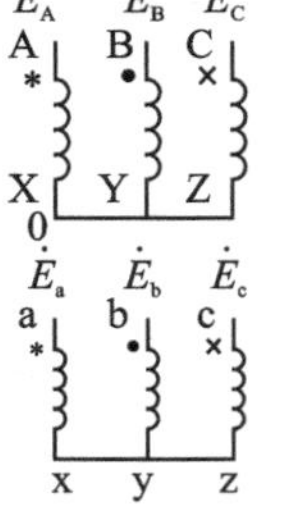

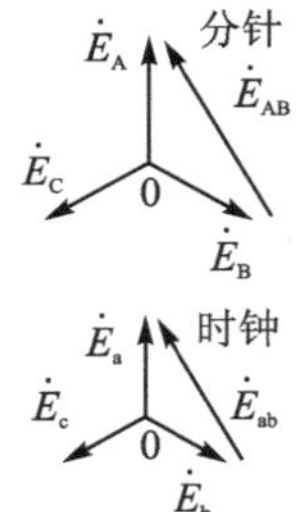

图 4.5.4　三相变压器 Y/Y－12 连接方式图

(2) Y/Δ－11 连接方式

图 4.5.5 是三相变压器的 Y/Δ－11 接法。取原边和副边同名端作为首端，副绕组按 a→x→c→z→b→y→a 依次连接。原、副相应相的相电势也同相位，但原、副边线电势 $\dot{E}_{AB}$ 和 $\dot{E}_{ab}$ 的相位相差 330°，其组别为 11，用 Y/Δ－11 表示。

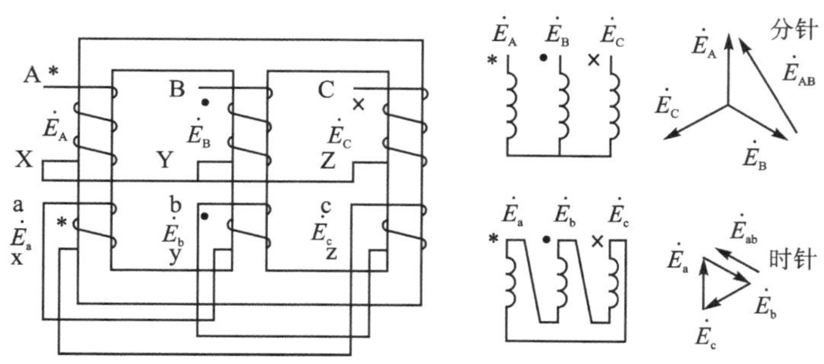

图 4.5.5　三相变压器 Y/Δ-11 连接方式图

(3) Y/Δ-1 连接方式

Y/Δ 连接的另一种组别是副边的接线按照 a→x→c→z→b→y→a 的次序连接，如图 4.5.6 所示。这时，原、副边相电势也同相，但原边线电势 $\dot{E}_{AB}$ 和副边线电势 $\dot{E}_{ab}$ 的相位相差 30°，也即原边电势指向时钟的 12 点，副边电势则指向时钟的 1 点，所以其组别为 1，用 Y/Δ-1 表示。

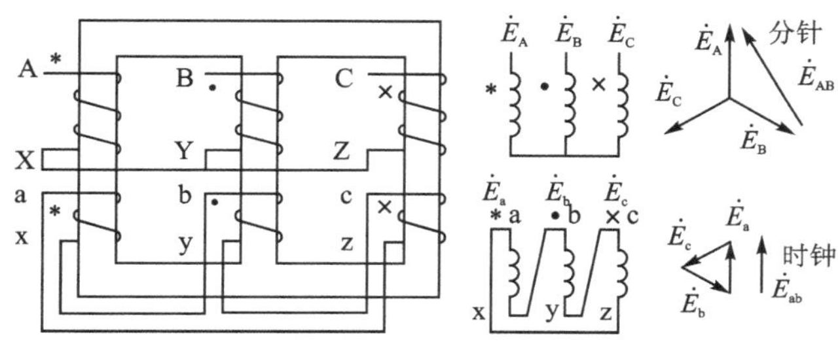

图 4.5.6　三相变压器 Y/Δ-1 连接方式图

(4) 飞机交流电源三相变压器的常用接法

三相变压器可以是三个单相变压器的组合，也可以是一个三相变压器。三个原边绕组与电源的三相并联，副边绕组一般有三种接法，即三线制星形接法、四线制星形接法和星形-三角形接法。图 4.5.7 所示是三相变压器的 3 种接法。

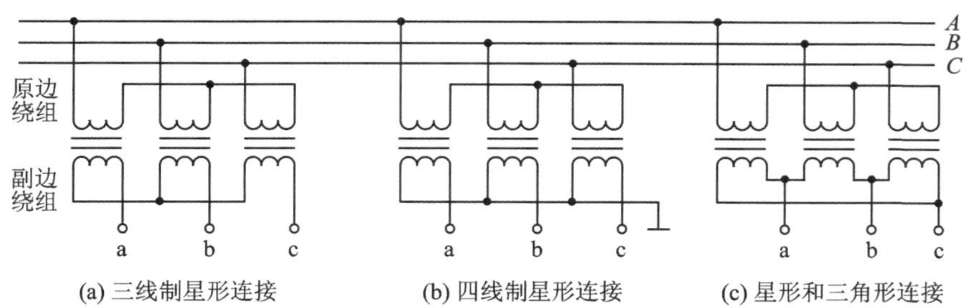

图 4.5.7　三相变压器的电路连接

单相负载连接到三相电网上，如果采用图 4.5.7(a)的连接方法，则会产生三相电压的不平衡；可以采用图 4.5.7 的带中点的三相四线制连接方法，确保每相电压与电网一致。三相四线制的关键是中点和中线，但是有时候有了中线也会产生一些其他问题，如中线上常有一定的谐波电流，这个谐波电流会对无线电通信设备产生干扰。如果负载不平衡，可以将原边绕组接成星形，副边绕组接成三角形，如图4.5.7(c)所示。

4. 自耦变压器

自耦变压器是单线圈变压器，没有专门的副边线圈，故原副边间没有电气隔离。与双绕组变压器相比，自耦合变压器漏抗小，励磁电流小，损耗小，同容量时体积质量小。图4.5.8所示是单相115 V交流电压转为26 V电压的自耦变压器。

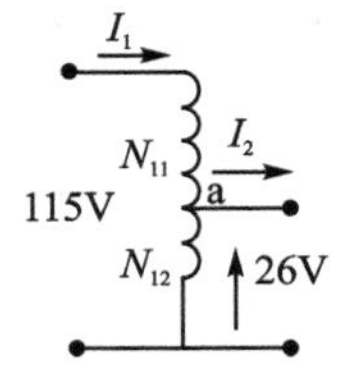

图4.5.8 单相115 V/26 V ATU

例如：若变压器线圈总匝数为 N_1，从a处抽出26 V电压的引线，抽头a处将线圈分为上下两部分，各部分的匝数为 N_{11} 和 N_{12}，则有

$$N_1 = N_{11} + N_{12} \tag{4.5.14}$$

三个线圈的匝数比选为 $N_1:N_{11}:N_{12}=115:89:26$。

若负载电流 $I_2=50$ A，则负载视在功率 $S_2=U_2I_2=26\times50=1\ 300$ V·A。不计变压器损耗时，输入视在功率 $S_1=U_1I_1=S_2=1\ 300$ V·A，故 $I_1=11.3$ A，N_{12} 中电流 $I_{N_{12}}=38.7$ A。线圈总安匝数 $IN=I_1N_{11}+I_{N_{12}}N_{12}=11.3\times89+38.7\times26=1\ 005.7+1\ 006.2=20\ 11.9$ A。

若改用双线圈变压器，则线圈总安匝数 $IN=I_1N_{11}+I_2N_{12}=2\ 600$ A，前者电流仅为后者的77.4%。

B787上装有4台相同的150 kVA三相ATU。图4.5.9是其中1台的原理图，三相输入电压为变频交流电，电压为230 V，线电压为400 V，三相绕组中分别抽出a、b、c三个抽头，抽头可以上下调节，从而得出不同的电压值。

图4.5.10是某50 kVA单相变压器电路，输入电压为变频230 V，输入电流为217 A；当电压为115 V时，其电流为434 A，线圈匝数比 $N_{11}:N_{12}=1:1$。

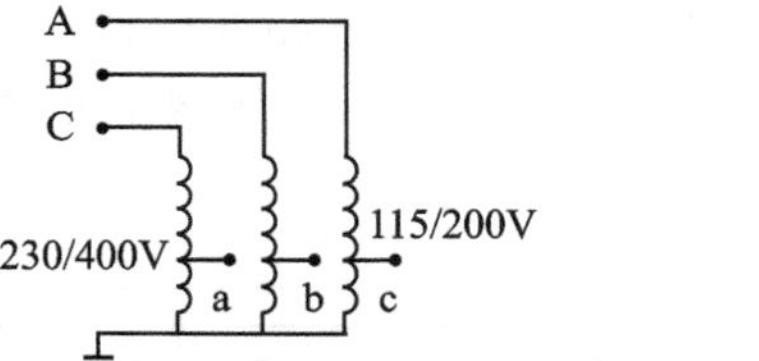

图4.5.9 B787的150 kVA三相ATU

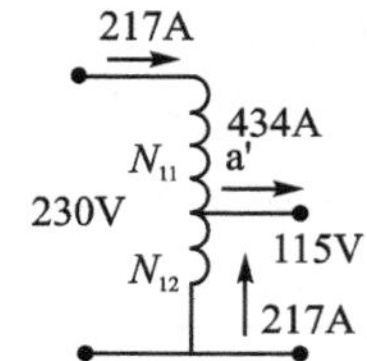

图4.5.10 50 kVA单相ATU原理图

比较图4.5.8和4.5.10可见，由于图4.5.8的抽头点a′的升高，图4.5.10中ATU的体积质量的减轻量比图4.5.8的更多。

4.5.2 测量变压器(电流互感器)

电流互感器用在交流发电机的电流调节与保护中，经常与交流电流表连接在一起。电流互感器的原副边绕组的电流比与原副边绕组匝数比成反比，即 $N_1/N_2=I_2/I_1$。

图4.5.11(a)是一种典型的机载互感器，次级绕组绕在图中的环形硅钢片铁芯上。互感器的初级绕组的极性是这样标注的：面向发电机的一端用 H_1 表示，面向负载的一边用 H_2 表示。

电流互感器的原边绕组是一根穿过铁芯孔的电源系统主电缆。如果电缆上的电流很大，原边绕组只有一匝，当然电流小一点会有二匝或三匝，工作原理与常规的变压器一样。图 4.5.11(b)是根据图 4.5.11(a)画的原理图。

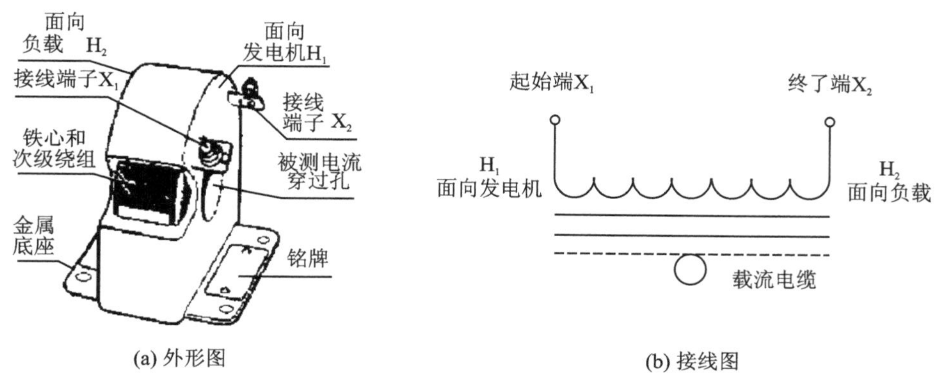

(a) 外形图　　(b) 接线图

图 4.5.11　电流互感器

有些飞机的发电系统中，电流互感器组装在一起，形成电流互感器组件，如图 4.5.12 所示。它由 7 只电流互感器组合在一起，原边电源电缆接到 3 根馈电线端子，3 根带状套有绝缘套管的汇流条分别穿过这些互感器的铁芯穿孔，次级绕组分别连接到次级输出连接器上。

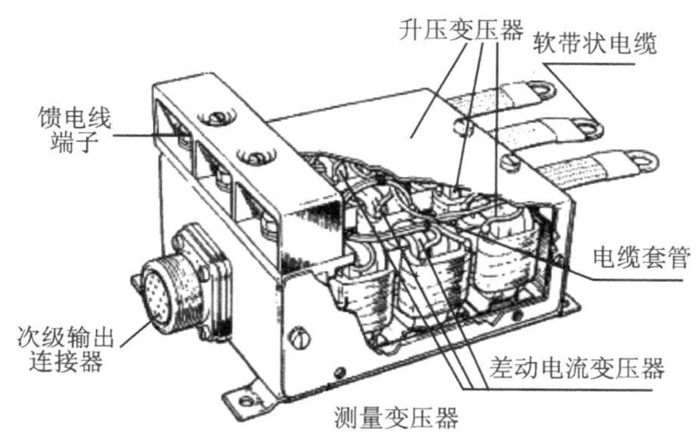

图 4.5.12　机载电流互感器组件

值得注意的是，电流互感器的次级绕组绝对不能开路，输出端必须短接或接有电阻，否则将会在次级绕组上产生很高的电压，使绝缘层击穿，造成人员伤害或设备损坏，甚至在绕组间引起电气断路。

4.5.3　变压整流电路

在现代大中型飞机上，大都以恒频交流电源作为主电源。但是，各种控制保护装置、继电器、接触器以及电子设备等仍需直流电源供电；作为飞机应急电源的航空蓄电池需要直流电源为它充电。在飞机上的三级式无刷交流发电机的直流励磁电流是通过二极管组成的整流电路将交流电转换为直流电的。这个整流电路安置在转子上，也称为旋转整流器。各种二次电源都需要进行整流。

飞机上的交流负载的主电源为三相 115/200 V、400 Hz 的恒频交流电，经变压整流后成为28 V直流电。变压整流器的组成应有三相电源变压器、用大功率二极管组成的大功率整流器以及使整流器输出直流平滑的输出滤波器。滤波器一般由滤波电容和滤波电感组成。有的变压整流器为了减小对电网的影响,在输入端也设有输入滤波器。为了获得最大功率的输出,常常装有风扇给整流器和变压器吹风冷却。风扇是变压整流中唯一的旋转活动部件,在维护工作中,对其工作可靠性应予注意。

下面讨论与计算中的整流元件二极管是理想的,即其正向压降为零,反向电阻为无穷大;交流励磁机的电枢绕组电阻和电抗忽略不计;主发电机励磁线圈的电感很大,通过它的电流为平滑直流电。

1. 单相整流电路

假设整流二极管VD是理想器件,导通时管压降为$U_{VD}=0$,截止时二极管中的电流为零。设变压器输入正弦电压为

$$u_i=U_{1m}\sin\omega t \tag{4.5.15}$$

变压器次级绕组上的电压为

$$u_2=U_{2m}\sin\omega t \tag{4.5.16}$$

单相半波整流电路如图4.5.13(a)所示。当输入电压是正半周时,二极管VD导通;当输入电压是负半周时,二极管VD截止,波形如图4.5.13(a)所示。输出电压的平均值为

$$U_o=\frac{1}{2\pi}\int_0^{\pi}U_{2m}\sin\omega t\,\mathrm{d}\omega t=\frac{U_{2m}}{\pi} \tag{4.5.17}$$

单相半波整流电路脉动电压大,一个周期内只有半周有电流通过,变压器利用率低。

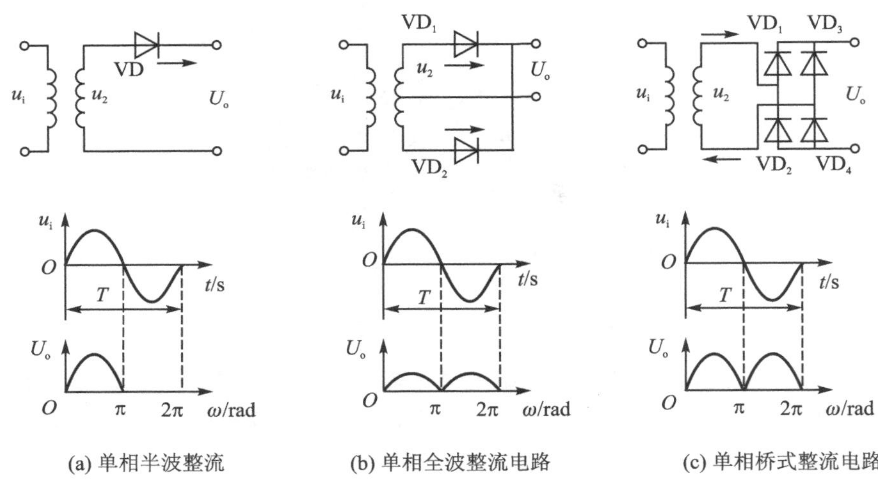

(a) 单相半波整流　(b) 单相全波整流电路　(c) 单相桥式整流电路

图4.5.13　单相整流电路

单相全波整流电路如图4.5.13(b)所示。当输入正弦电压是正半周时,二极管VD_1导通;当输入正弦电压是负半周时,二极管VD_2导通。但由于变压器的中间有抽头,使输出电压的幅值只有半波的一半。但一个周期内都有二极管导通,所以输出电压的平均值等于半波整流的平均值,即

$$U_o=\frac{1}{2\pi}\left(\int_0^{\pi}\frac{U_{2m}}{2}\sin\omega t\,\mathrm{d}\omega t+\int_{\pi}^{2\pi}\frac{U_{2m}}{2}\sin(\omega t-\pi)\,\mathrm{d}\omega t\right)=\frac{U_{2m}}{\pi} \tag{4.5.18}$$

单相全波整流电路一个周期均有电流输出，输出电压的脉动频率为基波频率的 2 倍，脉动明显减小，在飞机上和一些单相电源电压整流电路中的应用较广。

单相桥式整流电路如图 4.5.13(c)所示。当输入正半周时，二极管 VD_1、VD_4 导通；当输入负半周时，二极管 VD_2、VD_3 导通。一个周期内都有一对二极管导通，输出电压的平均值等于半波整流平均值的 2 倍，即

$$U_0=\frac{1}{2\pi}\left(\int_0^{\pi}U_{2m}\sin\omega t\,\mathrm{d}\omega t+\int_{\pi}^{2\pi}U_{2m}\sin(\omega t-\pi)\,\mathrm{d}\omega t\right)=\frac{2U_{2m}}{\pi} \tag{4.5.19}$$

单相桥式整流电路一个周期均有电流输出，输出电压的脉动频率为基波频率的 2 倍，脉动明显减小，输出幅度是其他整流电路的 2 倍，变压器的利用率高，在飞机上和一些单相电源电压整流电路中的应用较广。

2. 三相半波整流电路

采用三级式无刷交流发电系统中，将发电机的三相交流电进行整流供给励磁机励磁，一般采用图 4.5.14 所示的三相半波整流电路。下面讨论其工作原理。

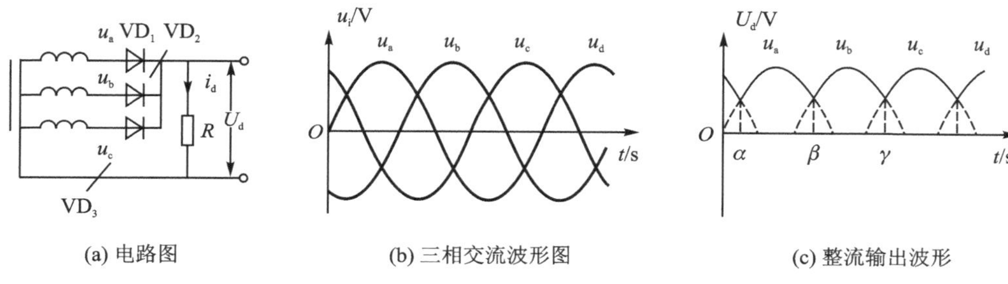

图 4.5.14　三相半波共阴极整流电路

在 3 个整流二极管中，任一时刻只有交流电压最高的那相的二极管导通，其他的两个二极管截止，所以此输出电压为带有 3 倍基波频率脉动分量的直流电压。设电源变压器的副边三相输出电压为

$$\begin{cases}u_a=U_m\sin\omega t=\sqrt{2}U_2\sin\omega t\\ u_b=U_m\sin(\omega t-2\pi/3)=\sqrt{2}U_2\sin(\omega t-2\pi/3)\\ u_c=U_m\sin(\omega t-4\pi/3)=\sqrt{2}U_2\sin(\omega t-4\pi/3)\end{cases} \tag{4.5.20}$$

式中，ω 为角频率，U_m 为副边电压的幅值，U_2 副边交流电的有效值。理想整流时，三相半波整流电压的平均值为

$$U_d=\frac{1}{2\pi/3}\int_{\pi/6}^{5\pi/6}U_m\sin\omega t\,\mathrm{d}\omega t=\frac{3\sqrt{3}}{2\pi}U_m=1.17U_2 \tag{4.5.21}$$

图 4.5.15 是三相半波整流电路用在无刷交流发电机整流电路中的电路图。从图中可以看出，交流励磁机电枢绕组和对应的二极管每周导电为 1/3 周期。设电路中有较大的滤波电感，所以导通期间的相电流可看成直流 I_f，各相电流按规律在自然换相点换相，如图 4.5.14(c)中 α、β、γ 点，三相轮流导通。对于阻性负载：$\alpha=30°$、$\beta=150°$、$\gamma=270°$，其中 A 相的电流波形如图 4.5.16(b)所示，B 和 C 相的电流波形则分别滞后 A 相电流 120°和 240°，导通时间均为 120°。

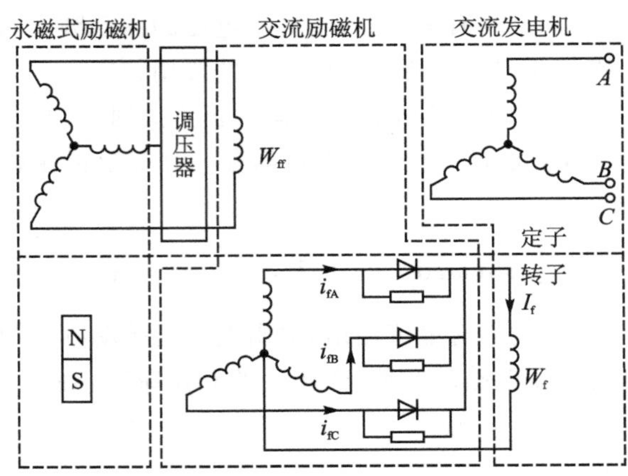

图 4.5.15　三相半波整流电路在交流励磁中的应用

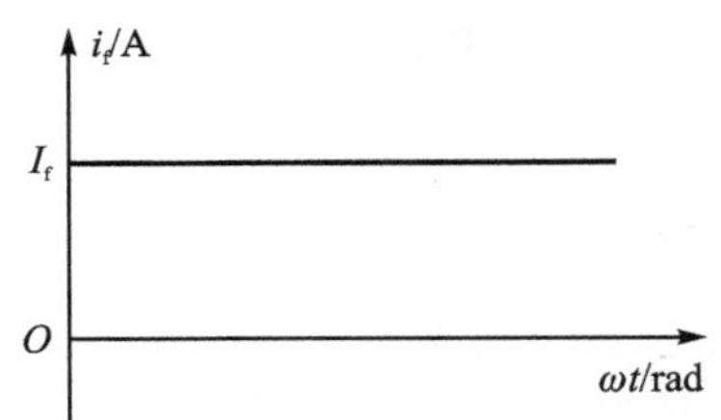

(a) 主发电机励磁电流波形

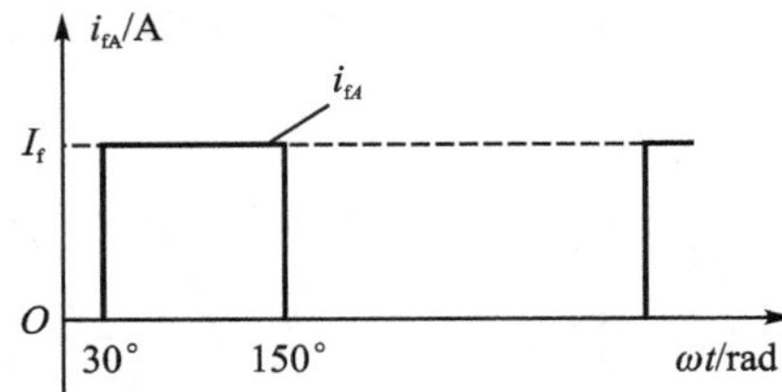

(b) 交流励磁机电枢绕组A相理想电流波形

图 4.5.16　电流波形

交流励磁机电枢相电流的有效值为

$$I=\sqrt{\frac{1}{2\pi}\int_0^{\frac{2\pi}{3}} I_f^2 \mathrm{d}\omega t}=\frac{I_f}{\sqrt{3}} \tag{4.5.22}$$

三相半波整流电路输出功率与三相交流输入的视在功率之比称为三相半波整流电路的利用率 η。理想情况下，三相半波整流交流励磁机的利用率为

$$\eta=\frac{U_d I_f}{3U_2\times I_f/\sqrt{3}}=\frac{\frac{3\sqrt{3}}{2\pi}\sqrt{2}\times U_2 I_f}{3U_2\times I_f/\sqrt{3}}=\frac{3}{\sqrt{2}\,\pi}=0.67 \tag{4.5.23}$$

即三相半波整流时的利用率为67%。由图4.5.14的工作波形可见，变压器原、副边绕组和整流二极管一个周期内仅有1/3时间导电，变压器的利用率较低。当电源频率为400 Hz时，整流后的输出脉动为1 200次/s，即最低次谐波为3次谐波，对减小后续的滤波器的体积质量有一定的影响。

如图4.5.17所示，如果将串联在变压器副边三相绕组中的整流管反方向连接，输出电压将变成三相电压负半周的包络，此时输出平均(直流)电压 $U_d=-1.17U_2$。

3. 三相桥式整流电路

从三相半波整流电路原理可知，共阴极电路工作时，变压器每相绕组中流过正向电流，共阳极电路工作时，每相绕组中通过反向电流。为了提高利用率，将共阴极和共阳极电路输出串联，并接到变压器次级绕组上，如图4.5.18(a)所示。如果两组电路负载对称，则它们输出电

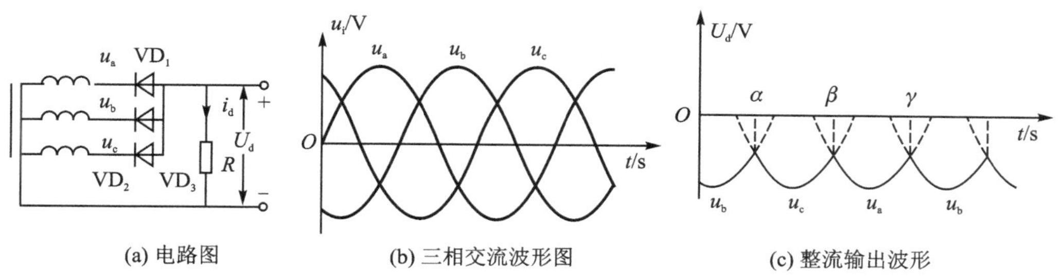

(a) 电路图　(b) 三相交流波形图　(c) 整流输出波形

图 4.5.17　三相半波共阳极整流电路及波形

流平均值 I_{d1} 和 I_{d2} 相等，零线中流过的电流 $I_d = I_{d1} - I_{d2} = 0$，去掉零线不影响电路工作，因而成为三相桥式整流电路，如图 4.5.18(b)所示。

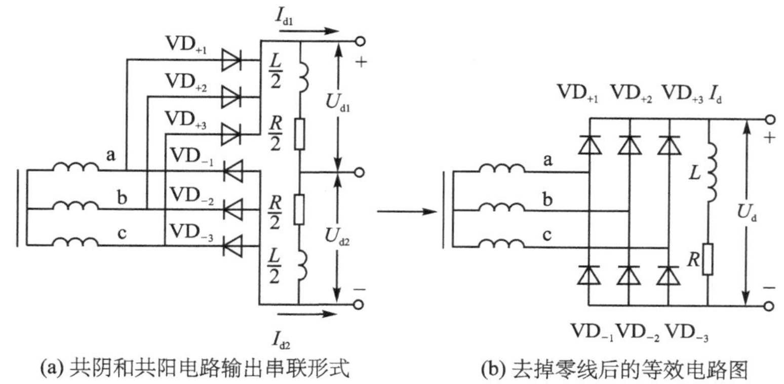

(a) 共阴和共阳电路输出串联形式　(b) 去掉零线后的等效电路图

图 4.5.18　三相桥式整流电路

三相桥式整流电路的工作情况与三相半波整流电路有很多相似之处，主要不同点是三相桥式整流电路中“＋”“－”组整流器是一组共阴极的半波整流电路和一组共阳极的半波整流电路配合工作的。

理想条件下，6 个二极管轮流导通，其三相电动势与“＋”“－”组整流器输出电压的波形如图 4.5.19(a)所示。经过桥式整流以后输出电压为带有 6 倍基波频率脉动分量的直流电压，最低次谐波频率为 400×6＝2 400 Hz，比三相半波整流电路频率高一倍，且脉动幅值明显减小，因而输出滤波器的体积质量将可明显减小。

经过推导，可以求得整流电压的平均值为 $U_d = 2.34U_2$，此时交流励磁机的利用率 $\eta = 0.95$。图 4.5.19 中的任何瞬间都有 2 个二极管导通，导通情况和输出电压的关系如表 4.5.1 所列。

表 4.5.1　二极管导通情况与输出电压关系表

时　间	$0 \sim t_1$	$t_1 \sim t_2$	$t_2 \sim t_3$	$t_3 \sim t_4$	$t_4 \sim t_5$	$t_5 \sim t_6$
二极管导通情况	$VD_{+3}VD_{-2}$	$VD_{+1}VD_{-2}$	$VD_{+1}VD_{-3}$	$VD_{+2}VD_{-3}$	$VD_{+2}VD_{-1}$	$VD_{-2}VD_{-1}$
输出电压波形	u_{cb}	u_{ab}	u_{ac}	u_{bc}	u_{ba}	u_{ca}

三相桥式整流器的输出电压较高，交流励磁机的利用率达到 95%。虽然多用了整流二极

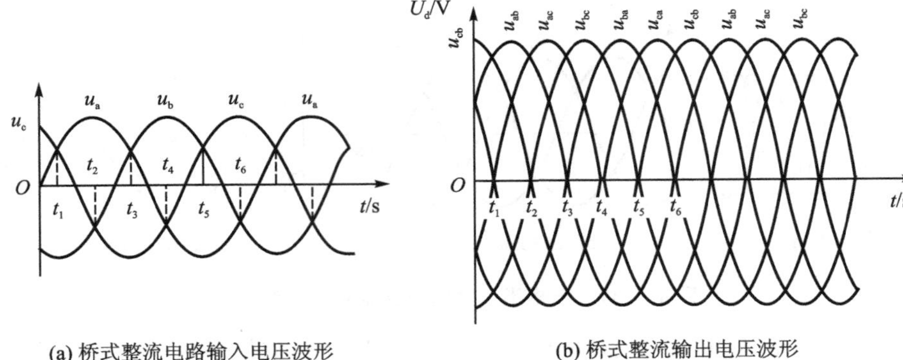

(a) 桥式整流电路输入电压波形　　(b) 桥式整流输出电压波形

图 4.5.19　三相半波桥式整流电路工作波形图

管,但随着半导体工艺技术的发展,市场上已经有共阴极的三个二极管或共阳极的三个二极管组成功率模块出售,为减少体积质量和提高性能指标提供了条件。因此,目前容量较大的飞机无刷交流发电机一般都采用三相桥式整流电路。

4. Y/Δ-11 接法的六脉冲 TRU 变压整流电路

三相桥式整流电路副边还可采用 Δ 接法。图 4.5.20 是 Y/Δ 连接的六脉冲的原理图,采用 Y/Δ-11 的三相变压器电流。图(a)为六脉冲 TRU 的电路图,采用电感电容滤波;副边为 Δ 接法时线电压和相电压相位相同。图(b)是相电压相量图。

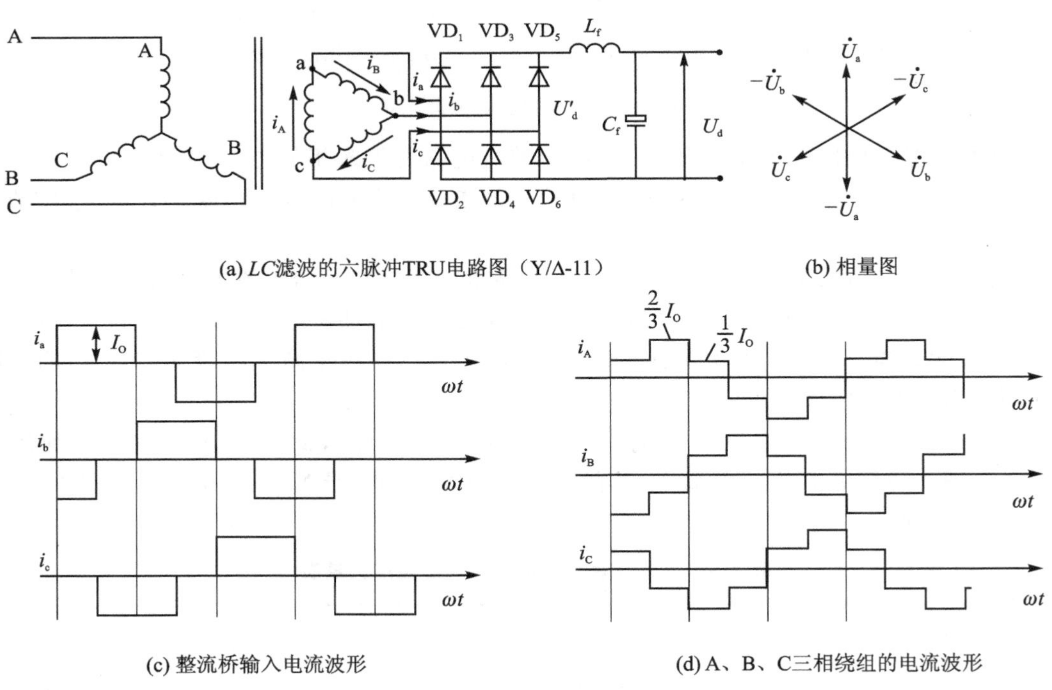

(a) LC滤波的六脉冲TRU电路图（Y/Δ-11）　　(b) 相量图

(c) 整流桥输入电流波形　　(d) A、B、C三相绕组的电流波形

图 4.5.20　六脉冲变压器原理图(Y/Δ)

4.5.4 波音飞机变压整流器的原理电路

相关内容请扫码查阅。

4.5.5 飞机变压整流器的技术要求

相关内容请扫码查阅。

4.6 多电飞机用电负载及多脉冲变压整流器

现代飞机的用电设备的数量和种类都发生了很大变化，尤其是电子设备的数量和功率大幅增加。为了保证电网的电能直流和稳定性，对从主电源(230V，360～800Hz)进行二次变换的装置提出了不同的要求。为此，应先了解用电设备的特征。

4.6.1 多电飞机用电设备的种类

多电飞机的用电设备的增加与变化，主要受以下因素的影响。

1. 机载设备电子化程度的提高

现代飞机各子系统应用的数字化技术越来越多，几乎所有的机载子系统均采用不同的数字控制器来完成对设备的数字控制、测试、数据通信、故障检测等。这些电子设备虽然属于弱电的范畴，功率不大，但是近年来随着机载系统电子化程度的不断提高，使用功率越来越大，已经成为飞机供电系统必须考虑的重要设备。

传统飞机电子设备相对较少时，大部分会采用低压 28 V 直流供电，并且把需要不间断供电的设备连接在有蓄电池并联供电的汇流条上。但是电子设备的功率不断增大后，由 TRU 构成的低压直流电源已经难以承受，相当一部分电子设备要求直接使用一次电源，即 230 V 交流电源。

2. 新型变频电源的采用

在采用 400 Hz 恒频电源供电的飞机上，用电设备中存在着若干不需要调速的异步电动机，用于驱动液压泵、燃油泵，以及环境控制系统的各种风扇、厨房制冷设备等。这些电动机可以直接接在电网上，不需要任何电子装置。

如果采用 360～800 Hz 的变频电源供电，部分异步电动机驱动的装置可以接受转速随频率的变化而变化，而不需要增加电力电子装置，但是异步电动机的工作特性会随着电源频率变化，作为供电系统的负载，会随着电源频率变化呈现非线性的负载特性。

另外，部分不能接受异步电动机转速变化的装置，必须增加电力电子装置来驱动，从而使原来的电动机负载随着电源频率变化呈现非线性的负载特性。由于该类电动机的功率一般很大，现已成为电网上大功率的电力电子负载。

3. 电驱动设备的增加

采用电驱动取代液压、气压驱动后,必然增加电动机驱动装置。多电飞机如果采用电作动、电环控、电刹车等,必然导致电动机装置增加。这些需要控制的电动机必须采用电力电子装置,其中最为典型的用电设备是电力作动器和需要电力电子器件实现的逆变器驱动无刷直流电动机。由于该类电动机的功率比较大,有的还要求瞬态大功率工作,导致电网上产生大功率的瞬态电力电子负载。

4.6.2 多电飞机用电设备的负载特性

用电设备的负载具有多样性,可归纳总结为三种典型的负载特性。

1. 整流器的非线性负载特性

对于交流电源供电的情况,大部分电子设备都需要首先实现 AC/DC,即将交流电变换为直流电。例如无刷直流电动机的变频器,一般采用交-直-交结构,即首先进行整流(AC/DC)变换,再进行逆变(DC/AC)变换。不控整流型负载存在的问题是非线性的负载特性。图 4.6.1 是典型的三相桥式整流电路图。采用这种整流电路,交流电网侧的电流 i_A 表达式为

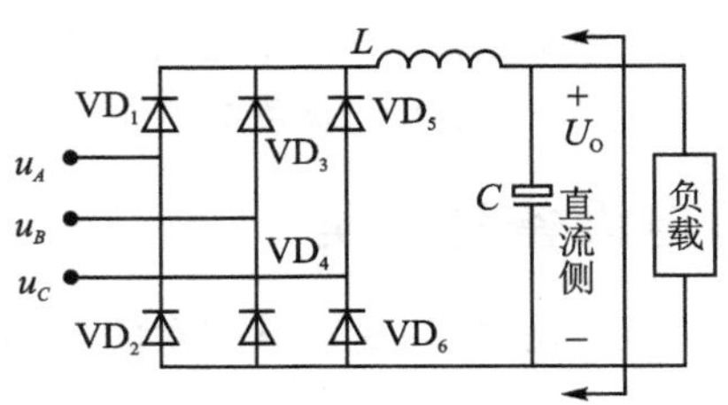

图 4.6.1 典型的6脉冲三相桥式整流电路

$$i_A = \frac{2\sqrt{3}}{\pi} I_d \left(\sin\omega t - \frac{1}{5}\sin 5\omega t - \frac{1}{7}\sin 7\omega t + \frac{1}{11}\sin 11\omega t + \frac{1}{13}\sin 13\omega t - \cdots \right) \quad (4.6.1)$$

式中,I_d 为直流负载电流。输入电流中仅含 $6k \pm 1$(k 为正整数)次谐波,各次谐波有效值与基波有效值的比值为谐波次数的倒数。

交流侧相电压电流波形如图 4.6.2 所示,其中含有大量的高次谐波电流,输入电流为非正弦波形,以 5 次、7 次谐波最大,11 次和 13 次也不容忽视。

正是由于这种设备会给电网带来大量谐波和无功功率,呈现非线性负载特性,大量使用会严重影响电网的稳定性,因此在航空上已经不允许使用这种设备了。

随着多电飞机电力电子设备的不断增加,交流电网电能品质问题日益突出,现已颁布的多项标准对负载提出了严格的要求,随之出现了多脉冲不控整流以及各种滤波方法,例如无源滤波、有源滤波、混合滤波等。

2. 伺服控制系统的动态负载特性

短时工作制用电设备是指短时需要大功率且用电时间很短的用电设备、具有动态负载的特征。例如飞行控制系统的电力作动器的典型的动态负载,由于高的操纵性要求,电动机处于频繁的工作状态切换中,瞬时峰值功率达到稳态额定功率的 6 倍以上。这种装置的运行给供电系统带来了严重的浪涌,也给供电电源带来了很大的压力,严重影响供电系统的稳定性。

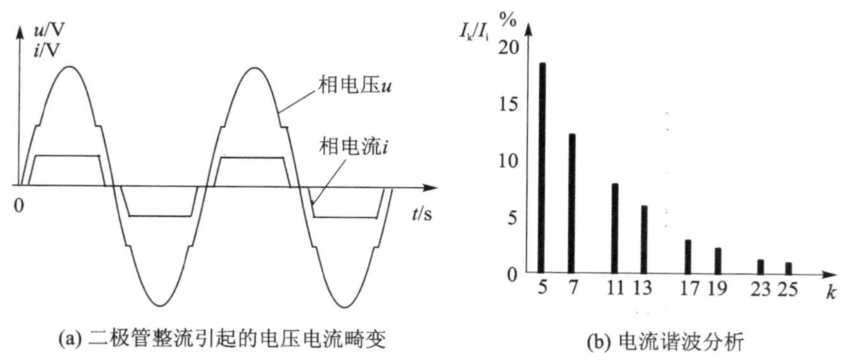

(a) 二极管整流引起的电压电流畸变

(b) 电流谐波分析

图 4.6.2 三相桥式整流电路的负载特性

图 4.6.3 所示为某电力作动装置的功率变化情况。动作前功率几乎为 0，启动时峰值功率为 20 kVA，最大功率达到 27 kVA，舵面保持功率为 2 kVA。大功率出现时间仅为 1.2 s，其驱动的电动机为短时工作制。

这种动态负载对电网最大的危害是扰动电网电压。虽然大功率的需求是短时的，但对于电源设备来说，必须按照最大功率来设置，从而增大了电源设备的体积质量。

3. 闭环控制系统的恒功率特性

负载中那些自成闭环控制的用电设备，其供电电源常呈现为恒功率负载特性。在多电飞机上，越来越多的用电设备采用这种工作模式，特别是近年用电驱动取代液压驱动，导致供电系统的恒功率负载增加。

恒功率负载特性的用电设备影响电网上电压和电流的关系，如图 4.6.4 所示。闭环控制系统的功率受系统功能要求的控制。

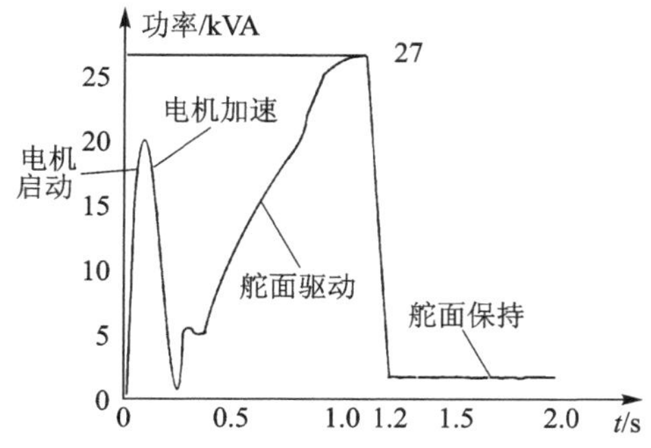

图 4.6.3 电力作动器的功率变化

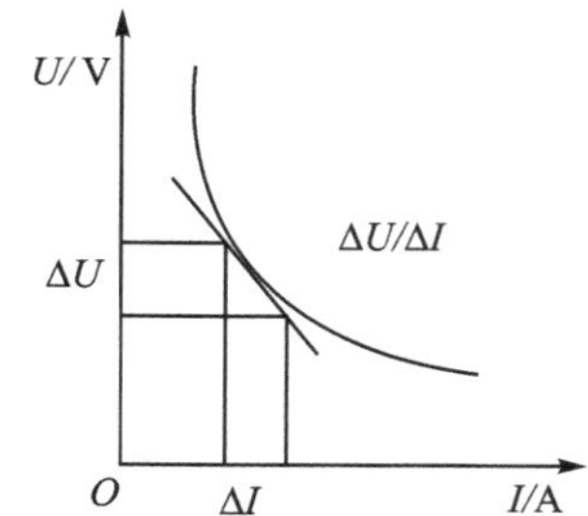

图 4.6.4 恒功率负载的负阻抗特性

① 当电网电压上升时，即 $\Delta U>0$，为了维持系统状态不变，要使系统输出功率 P_o 不变，就要使电网的输入电流下降，$\Delta I<0$。

② 当电网电压下降时 $\Delta U<0$，同样为了维持系统状态不变，要使输出功率 P_o 不变，必须使电网的输入电流上升，$\Delta I>0$。

这样，在电网扰动时出现动态的负阻抗特性，阻抗为

$$R=\frac{\Delta U}{\Delta I}<0 \tag{4.6.2}$$

电网存在负阻抗因素,影响了电网的动态模型的阻尼,最终影响了电网的稳定性。因此在闭环控制的用电设备设计中,应有效地控制动态负阻抗的大小。

4.6.3 多脉冲自耦合变压整流器

相关内容请扫码查阅。

4.7 飞机交流发电机电压调节器

4.7.1 概 述

交流发电机的转速、负载大小和功率因数是经常变化的,这必然会使发电机输出电压随之变化。为保证用电设备正常工作,需要自动调节发电机输出电压,使之稳定在一定范围内。与自动调节直流发电机电压的原理相似,飞机交流电源系统也是通过调节发电机(或励磁机)的励磁电流来调节交流发电机电压的。

飞机交流电源系统所采用的调压器形式很多,主要有振动式、炭片式、晶体管式以及带微处理器的智能化数字式调压器等。大、中型飞机上普遍采用晶体管式,原因是其具有体积小、质量轻、调压精度高、无活动触点、寿命长和维护方便等优点。但这种调压器存在模拟电路固有的缺点,如参数调整困难,不易获得对各种状态均适用的电路参数等。近年来数字控制技术得到迅速发展,飞机上的飞行控制系统、燃油控制系统等都实现了数字化的控制,飞机发电机励磁电流控制的数字化也在新一代飞机上得到应用。本节重点介绍晶体管式电压调节器和数字式电压调节器的基本组成和原理。

4.7.2 电压调节器组成

调节发电机的励磁电流可以方便地控制发电机的输出电压。调压器的基本组成如图 4.7.1 所示,有检比电路、调制电路、整形放大与功率放大四个环节。检比电路检测发电机被调节量输出电压 u_G 与基准电压 U_{ref},当 u_G 偏离 U_{ref} 时,检比电路输出误差 $u_e=u_G-U_{ref}$,这个误差信号经调制电路调制成方波信号,再经功率放大电路放大,通过晶体管开关电路调节发电机励磁电流的平均值,从而使发电机输出电压 u_G 平稳,减小或消除偏差。

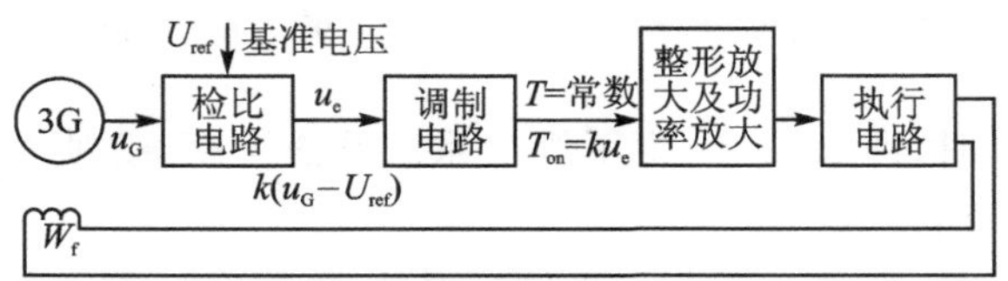

图 4.7.1 电压调节器的方框图

图 4.7.2 是一种典型晶体管式调压器的原理线路图。它所控制的是一台三级无刷交流发

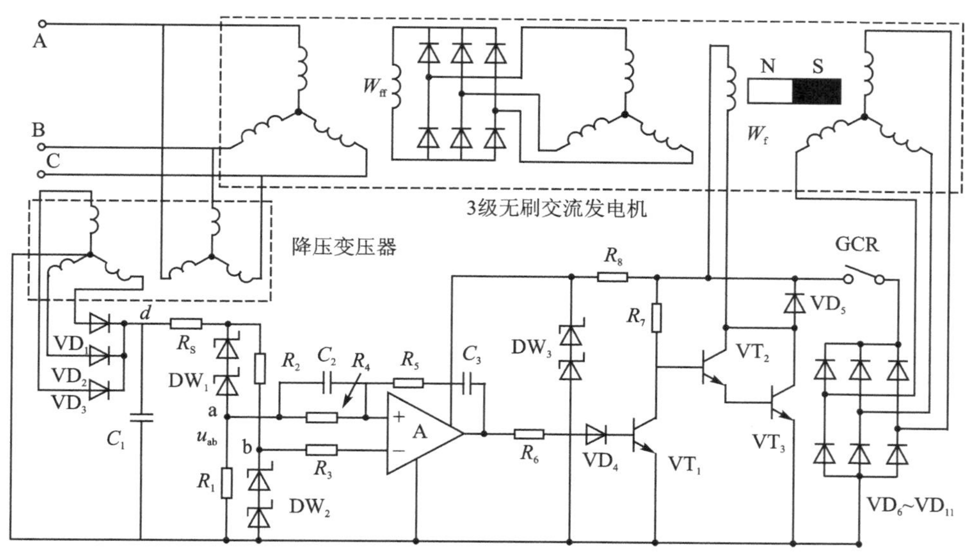

图 4.7.2　晶体管电压调节器原理线路图

电机。三相永磁发电机构成的副励磁机发出的三相交流电经二极管 $VD_6 \sim VD_{11}$ 三相桥式整流，输出直流电，经励磁开关 GCR 控制，提供调压器本身的工作电源，也提供交流励磁机励磁绕组 W_{ff} 的电流。

4.7.3　电压调节器工作原理

1. 变压、整流和滤波电路

图 4.7.2 中的三相降压变压器输出正比于发电机输出的三相交流电。设三相交流电压为 U_A，U_B，U_C，变压器的输出经 $VD_1 \sim VD_3$ 三相半波整流，输出电压波形见图 4.7.3。

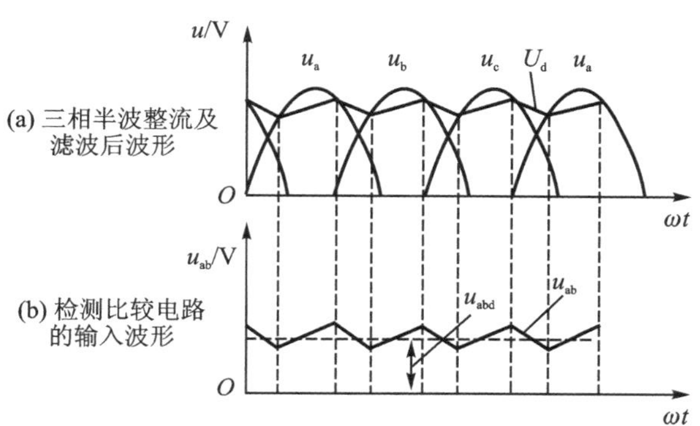

图 4.7.3　三相整流电压(电容)波形

三相交流电各相联接一个整流二极管，采用共阴极接法。在某一瞬间，最高相电压所对应电路的二极管就导通，输出该相电压的正弦波络，另两相二极管则承受反向电压而反偏截止。因此，输出电压是三相相电压正半周的包络线，如图 4.7.3(a)所示。由于整流输出端接有滤波电容 C_1，则整流输出端即 C_1 两端电压波形将有所变化，为 U_d 波形。由于电源有内阻，当三相输出升高,C_1 被充电时,U_d 的增长将略小于 u_G;当 u_G 下降时,C_1 将向负载放电,由于 C_1 和负载回路电阻所组成的时间常数,使得 U_d 的下降缓于 u_G 的下降,因此得到 U_d 波形。由波形可见,其为一直流分量上叠加一锯齿形交流分量。此波形电压输入给检测比较电桥。图 4.7.3(b)是检测比较电路的输入波形,有关原理将在后面介绍。

2. 检测比较电路

电压检测比较电路用于检测发电机的输出电压变化,并把它与基准电压比较而产生偏差信号 u_{ab}。如图 4.7.4 所示,由 DW_1、DW_2、R_1 和 R_2 组成检比电路。

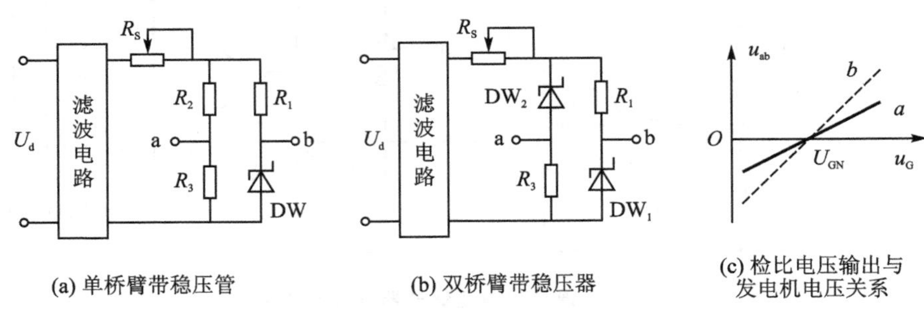

(a) 单桥臂带稳压管　(b) 双桥臂带稳压器　(c) 检比电压输出与发电机电压关系

图 4.7.4　电压检测比较电路

交流发电机的输出电压经过变压、整流、滤波后,得到与 u_G 成正比的直流电压 U_d。由电阻 R_2,R_3 组成分压器接在 U_d 两端。a 点电位 u_a 将随 u_G 的变化而相应变化;电阻 R_1 和稳压管组成基准电路,在 u_G 变化时,由于稳压管的稳压作用,b 点电位 u_b 保持不变,a 点与 b 点的电位差 $u_{ab}=u_a-u_b$ 就是误差信号,即检比电路的输出信号。

① 当发电机电压为额定值 U_{GN} 时,调节参数使 $u_a=u_b$,则 $u_{ab}=0$;

② 当 $u_G>U_{GN}$ 时,$u_a>u_b$,$u_{ab}>0$,u_{ab} 为正信号;

③ 发电机电压 $u_G<U_{GN}$ 时,$u_a<u_b$,$u_{ab}<0$,u_{ab} 输出负信号。

电桥输出特性曲线如图 4.7.4(c)所示,一般称该特性的斜率 $k_u=\Delta u_{ab}/\Delta u_G$ 为检比电路的放大系数或灵敏度。

图 4.7.4(b)中应用了两组稳压管 DW_1、DW_2,故其放大倍数增大一倍,用以提高灵敏度,如图 4.7.4(c)中虚线所示。电路中电阻 R_s 用于调定交流输出的额定电压值。

3. 误差放大电路及工作原理

误差放大器由具有负反馈的运算放大器配以适当的外围电路构成,如图 4.7.5 所示。其中,R_4,C_2 构成输入级微分电路;R_5,C_3 构成比例积分电路,称为 PID 调节器,具有降低静态精度和提高响应速度的作用。运算放大器的输出经过晶体管 VT_1 的放大,用以驱动末级的功率晶体管 VT_2 和 VT_3。图 4.7.6 给出了有关波形。

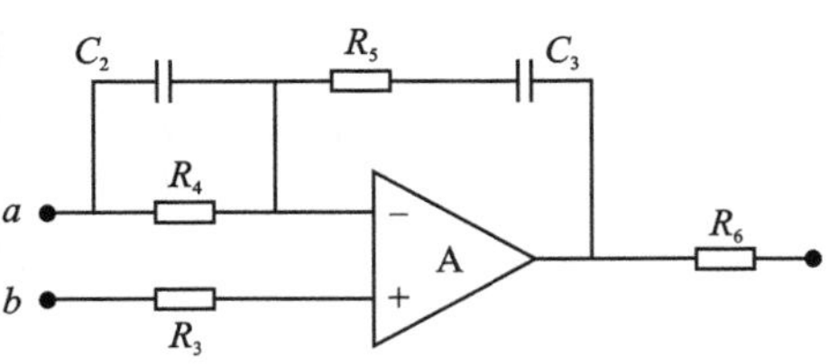

图 4.7.5　误差放大器电路

(1) 发电机电压等于额定电压

当 $u_G=U_{GN}$ 时,如图 4.7.6(a)所示,锯齿波正半周时间和负半周时间相等,因此 VT_2,VT_3 的开通时间 T_{ON} 与关断时间 T_{OFF} 相等。

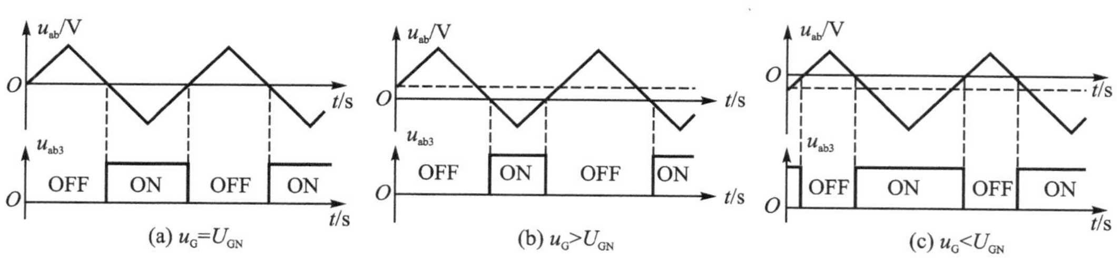

图 4.7.6　晶体管调压器的工作原理

(2) 发电机电压 u_G 升高并大于额定电压

当 $u_G > U_{GN}$ 时，锯齿波上移，如图 4.7.6(b)所示。正半周的锯齿波时间加长，而负半周的锯齿波时间减小，则 VT_2，VT_3 的关断时间 T_{OFF} 加长，导通时间 T_{ON} 减小，使输出给励磁绕组中的直流平均电压 U_f 减小，励磁电流减小。

(3) 发电机电压 u_G 下降并低于额定电压

当 $u_G > U_{GN}$ 时，锯齿波下移，如图 4.7.6(c)所示。VT_2，VT_3 的导通时间 T_{ON} 变长，关断时间 T_{OFF} 缩短，使输出给励磁绕组的直流平均电压 U_f 增大，励磁电流增大，使 u_G 增大，因而能基本上维持 u_G 不变，从而达到自动调压的目的。

调压器中的放大电路是一个重要环节。晶体管式调压器其优点是无接触点、寿命长、维护方便，输出功率大，效率高，调压精度高，达到±0.5%，调压系统的动态品质好。

4.7.4　功率开关管的调整方法选择

因为励磁绕组的电流需要一定的数值，因此提供励磁电流的功率管的工作状态显得十分重要。对电源系统而言，应该在提高效率、降低功率损耗和体积质量等方面做工作。如果晶体管工作在放大状态并输出一定功率时，功率损耗会太大，将明显增大调压器的体积质量，效率也降低。当晶体管工作在截止和饱和工作状态时，晶体管上的损耗最小，即损耗 ΔP 为

$$\Delta P = U_{ce} \times I_{off} + U_{ces} \times I_c \tag{4.7.1}$$

式(4.7.1)中，第一项为关断损耗，由于关断电流 $I_{off} \approx 0$，故数值很小；第二项为饱和损耗，由于饱和电压 $U_{ces} \approx 0.3$ V，数值也很小，所以采用开关工作方式的晶体管损耗很小。

晶体管调压器控制励磁电流的基本原理是，通过调节晶体管的导通与截止时间达到控制励磁电流的目的。常用改变脉宽占空系数的方法实现晶体管开关控制，以达到调节输出平均值的目的。实现这种调制的方法有以下两种。

1. 脉宽调制方法

设调制信号的周期 T 固定，改变脉冲的宽度 T_{ON} 来实现输出电压的调节，如图 4.7.7(a)所示，称为 PWM 脉宽调节。

2. 脉频调制方法

保持脉冲宽度不变，调节脉冲频率 f 或周期 T，如图 4.7.7(b)所示，称为脉频调节(PFM)。

令 $D = \dfrac{T_{ON}}{T}$ 为占空比。其中，T 为开关周期，在一个周期中开关开通时间为 T_{ON}，则当电

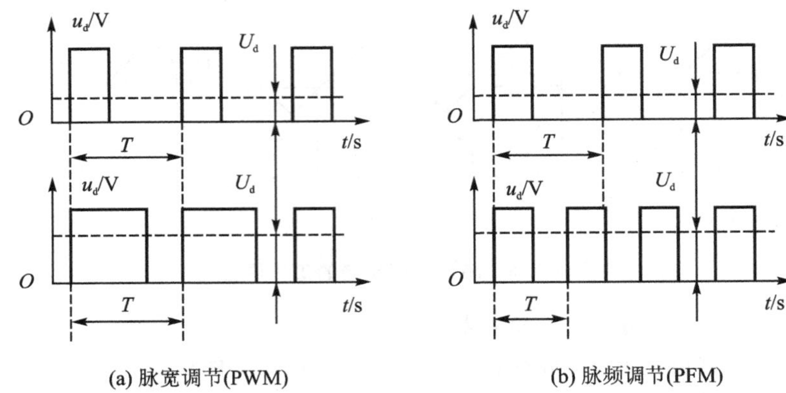

图 4.7.7　晶体管调压器的调节方法

源电压为 U_C 时,输出的平均电压 U_d 应为

$$U_d = U_C \times \frac{T_{ON}}{T} = DU_C \tag{4.7.2}$$

采用PWM调制对磁性材料、电容的设计有方便之处,而采用PFM时,由于工作频率的变化,对磁性材料等的设计有一定的不便,故一般采用PWM的调节方法实现励磁电流的调节。

应用PWM方法控制励磁绕组中励磁电流的电路如图4.7.8所示。晶体管工作在开关状态,即当向基极提供足够的基极电流时,晶体管达到饱和导通,等效为开关"通";当去除基极电流时,则晶体管截止,等效为开关"断"。励磁绕组为 W_f,其电阻为 r_f,与其相并联的二极管VD则用于晶体管关断时,给 W_f 中的电流 i_f 续流。可见,W_f 中的励磁电流在一定占空系数时,其平均电流是很平稳的。图4.7.2中的 VT_2,VT_3 构成达林顿管,以形成开关放大器,实际上就是调压器中的执行环节。

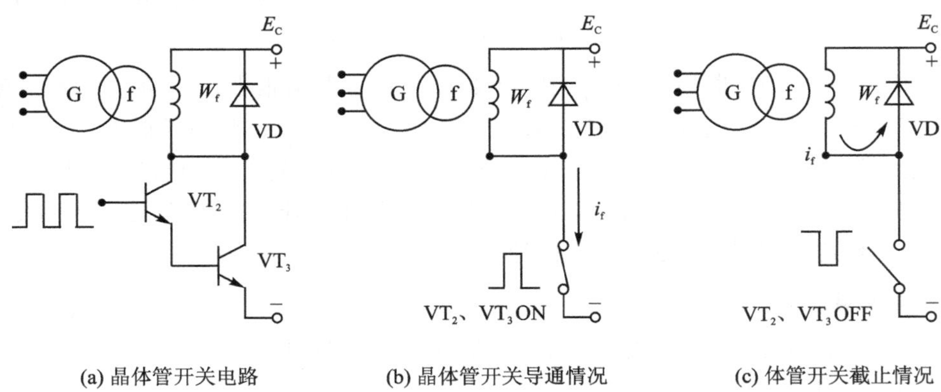

图 4.7.8　晶体管作为开关元件用于控制励磁电流示意图

4.8　飞机交流电源并联供电和控制关系

大中型飞机上有多台发动机带动多台发电机,由多台发电机组成的交流电源系统有单独

供电和并联供电两种形式。B707、B747 用并联供电方式，而 B767 却是单独供电方式。随着电子技术的发展，并联供电因具有电网容量大、供电质量高等优点而在新型飞机上得到广泛应用。

4.8.1 飞机交流电源的并联供电及其功率平衡的有关问题

1. 交流发电机并联供电的优点

(1) 供电质量高

由于并联后电网容量增大，用电设备特别是一些大功率用电设备的接通与断开电源所产生的干扰相对减少，电源电压和频率波动减少，供电质量得以提高。

(2) 供电的可靠性提高

并联供电系统中，当一台发电机发生故障时，可以迅速将故障发电机与电源系统隔离，其他发电机仍能正常工作，并对全机设备正常供电，保证不中断用电设备的供电。并联供电系统中交流发电机能起到互为备用电源的作用，相当于增大了备用电源的容量，因而大大提高了系统供电的可靠性。

并联系统的主要缺点是控制保护设备比较复杂，并联供电的稳定性要求高，否则会产生并联发电机从电网脱开的现象。

与并联供电系统相对应的是单独供电系统。它的控制与保护设备比较简单，但会出现供电中断问题。随着电子技术的发展，不中断供电技术有了长足的进展，单独供电系统也会在飞机上得到进一步应用。

2. 发电机并联的基本问题

交流电的 3 个要素是幅值、相位和频率。两台交流发电机并联，或交流发电机投入交流电网运行，必须保证投入运行的电与电网保持幅值、相位和频率相一致。这是交流电并联的基本条件。交流负载中有一部分是消耗功率的有功负载，另一部分是往返于电源与负载之间不消耗功率的无功负载。这也需要并联发电机之间进行功率均衡，才能达到真正的并联条件。下面介绍并联供电的有关条件。

并联供电有 4 个方面的要求，即交流电压波形与大小相同、相序相同、频率相同和投入并联瞬间电压的相位相同。

(1) 电压波形与大小相同

交流发电机是同步发电机，输出电压波形与发电机的结构参数密切相关，主要是与三相绕组的对称性有关，也即三相绕组的匝数要相同，并应在电机的圆周上严格按照互成 120°电角度分布。另外，励磁磁场要对称均匀，因三相交流发电机的励磁磁极安装在转子，所以要求机械结构上确保安装误差最小。

国军标制定了交流发电机的输出电压波形的有关标准，规定了波峰系数、波形失真度、电压范围、不对称程度等。只有满足波形要求的交流发电机才能并联运行。

飞机交流电源系统中的发电机都带有调节器。由于调压器的作用，并联的各台发电机电压在数值上差别不大，在投入并联时的冲击电流不会太大，可以满足投入并联时的要求，但对并联后正常运行的影响较大，产生无功分量分配不均，所以必须采取无功均衡措施才能达到并联要求。

(2) 相序相同

发电机三相电压的相序有顺序和逆序两种。一旦发电机的结构确定,其相序取决于原动机拖动发电机的旋转方向及三相绕组接线的顺序。

(3) 频率相同

如果发电机转子轴的转速高,切割磁力线产生的感应电动势就大,输出的有功功率也大。因此,两台发电机并联时,频率高的分担的有功功率比频率低的要大。

交流发电机是由原动机拖动的,频率取决于原动机的转动情况。根据飞机类型不同,通常由发动机(或经变速器)直接刚性驱动发电机,或是由恒速传动装置驱动发电机。一般来讲,如果发电机功率与原动机功率相当,由于有"自整步作用"可使并联发电机牵入同步,因此当频率相近时就可以并联。如果功率相差很多,发电机负载的变化不会对飞机发动机的转速产生影响,因而频率相差大的发电机不能并联运行。

涡轮螺旋桨飞机的交流发电机直接由发动机刚性驱动,而且功率比发动机小很多,所以涡轮螺旋桨飞机发电机都不并联运行。

另一种通过恒速传动装置驱动的发电机,转速调节是有静差的,即随着负载的增加,频率会降低,其频率负载特性是下倾的。

如图 4.8.1 所示,对调定的频率为 f_{01}、f_{02} 不等的两台发电机是可以并联的,并联后电网的共同频率为 f_c,f_c 的数值比发电机空载调定频率低,低的程度取决于系统总的有功功率 P_c 的大小,随着负担有功功率的增大,电网频率略有降低。

由于调定频率不同和频率负载特性斜率不同,各发电机分担的有功负载也不同。调定频率偏差($f_{01}-f_{02}$)愈大,或频率负载特性曲线愈平,有功分配偏差愈大。一般飞机交流电源的频率负载特性曲线较平,所以对调定频率有一定偏差的发电机实行并联时,其有功负载分配偏差也较大,因而必须采取有功负载均衡措施,否则不能并联。

(4) 投入并联瞬间电压的相位相同

若两台交流发电机的输出电压的相位相差很大,即最大相位差为 180°电角度,则在投入并联瞬间会产生过大的冲击电流,这是不允许的。

如图 4.8.2 所示,设发电机 G_1 的瞬时输出电压为 u_{01},G_2 的瞬时输出电压为 u_{02}。利用调压器的作用可以使 $u_{01}=u_{02}=u_0$;$\Delta\varphi$ 是两个电压在投入并联瞬间的相位差角;X''_d 为发电机超瞬变电抗(包括发电机到汇流条的传输线的阻抗),且认为阻抗相等,则瞬间冲击电流为

$$I''=-j\frac{u_{01}-u_{02}}{2X''_d}=-j\frac{\Delta u}{2X''_d} \tag{4.8.1}$$

由向量图 4.8.2(b)可求得有效值的表达式为

$$\Delta U=2U_0\sin\left(\frac{\Delta\varphi}{2}\right) \tag{4.8.2}$$

将式(4.8.2)代入(4.8.1)得冲击电流的有效值为

$$I''=\frac{U_0}{X''_d}\sin\frac{\Delta\varphi}{2} \tag{4.8.3}$$

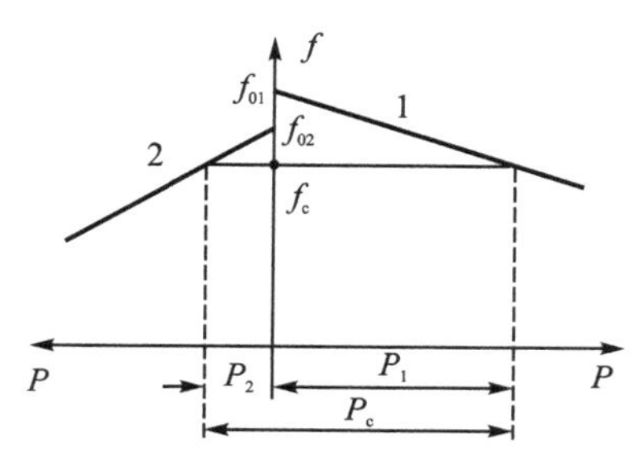

图 4.8.1　调定频率不等、频率负载特性不同的两台发电机并联时有功负载分配情况

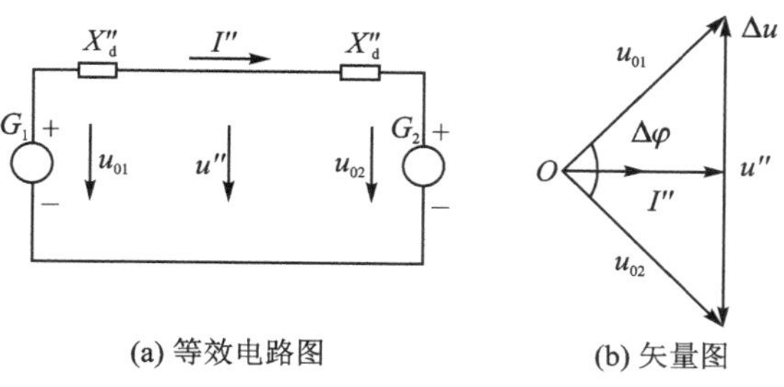

(a) 等效电路图　(b) 矢量图

图 4.8.2　并联发电机的单相等效电路矢量图

可见，冲击电流是相位差 $\Delta\varphi$ 的函数。从式(4.8.3)可得，$\Delta\varphi$ 愈小，冲击电流愈小。冲击电流过大的危害是可能造成很大的电压和频率扰动，影响飞机用电设备的正常工作，甚至引起保护装置的误动作，以致不能投入并联。所以，发电机投入并联运行的关键是相位差 $\Delta\varphi$ 要小，投入并联的时间短，而且控制电路要简单。一般要求 $\Delta\varphi \leqslant 90°$ 时投入并联，实际上有的飞机的要求是 $\Delta\varphi < 15°$。

1. 交流发电机的无功功率与有功功率的调节

相关内容请扫码查阅。

4.8.2　飞机交流电源的控制关系

控制与保护装置是飞机交流电源系统的重要组成部分。控制与保护两者是紧密相关的，常常组合在一起成为一个整体。本小节主要讨论各种电源的接通与断开的控制关系。

1. 主要的控制对象

控制与保护装置的主要控制对象，即执行元件主要有 4 个。

① 发电机控制继电器。发电机控制继电器 GCR 控制发电机励磁电路的接通与断开，决定发电机是否发电。

② 发电机断路器。发电机断路器 GB 又称发电机接触器 GC 或发电机控制断路器 GCB。GB 接通，将发电机投入电网向各自的发电机汇流条供电，即决定发电机是否输出。

③ 汇流条连接断路器。汇流条断路器 BTB 将各发电机汇流条与连接汇流条(同步汇流条)接通或断开，决定发电机是否并联供电或发电机汇流条之间是否交互供电。

④ 外电源接触器。外电源接触器 EPC 决定地面电源是否向机上电网供电。在下面分析中，汇流条连接断路器 BTB 的工作。在不并联供电系统中，BTB 是处于断开状态的；当外电源供电、辅助动力装置 APU 供电或在故障转换时接通；在并联供电系统中，BTB 平时是处于接通状态的。因此在并联供电的系统中，发电机的合闸并联实际上是通过控制 GB 的工作而实现的。

(1) 控制保护装置的作用

飞机交流电源系统控制保护装置的作用就是人工或自动地接通、断开或转换上述 4 种开关装置。主要根据供电方式的需要及一定的逻辑关系,控制发电机和电网的开关元件,以完成发电机和电网主汇流条的接通、断开或转换工作。保护是在发电机或电网局部出现故障时,有选择性地自动断开某些开关装置,使故障部分与正常供电系统隔离,防止故障扩大,保证系统正常供电。除以上基本控制保护功能外,随着现代化运输飞机的发展,B737-300、B757 以上的飞机设置有自动卸载控制;在更新型的飞机中,还有不中断电源的控制。

(2) 控制保护装置的类型

国内外生产和使用的控制保护器主要有继电器型、晶体管型以及新颖的固态功率控制器等。继电器是较早期的产品,特点是结构比较简单,但由于存在触点的活动部件,可靠性较差,抗振能力不高,灵敏度低,寿命短,不便于维护。

晶体管型控制保护器具有体积小、质量轻、可靠性高、消耗功率少、工作速度快等优点,主要缺点是受温度影响较大。随着电子技术的发展,集成电路在控制保护装置中也得到了应用。以微处理器芯片为核心的数字化控制器,功耗低、速度快,适应飞机电子电气设备的数字化进程,已经在飞机上得到应用,相关报道的文献也很多,这里不再叙述。

飞机供电系统有两种模式,即单独供电和并联供电。下面介绍它们的组成结构和工作原理。

2. 单独供电的控制关系

虽然各型飞机的具体线路不同,有的线路还比较复杂,但它们的基本关系是类似的,是掌握具体机种线路的共同基础。下面以两台发电机的供电系统为例来介绍。属于这种类型的单独供电系统的飞机有麦道-80(DC-9),B737、B757、B767 和空中客车 A310 等。

(1) 单独供电系统的工作概况

飞机在地面、空中飞行的各种情况以及有故障状况下,所使用的供电电源不尽相同。在此,先说明图 4.8.3 中出现的符号的意义。

Gen1,Gen2——由左、右发动机驱动的发电机。

APU——辅助动力装置,当发动机未启动或尚未正常工作时,由其提供动力。

APU Gen——由 APU 驱动的辅助发电机。

Bus1——发电机 1 汇流条。

Bus2——发电机 2 汇流条。

GCR——发电机控制开关(图中未画),决定发电机是否发电。

GB——发电机断路器,决定发电机是否输出。

BTB——汇流条连接断路器,决定是否并联供电或两台发电机交互供电。

Tran. Bus1, Tran. Bus2——转换汇流条。例图 4.8.3 中转换继电器为"上"触点接通。

(2) 地面外电源供电

当飞机在地面,所有发动机关闭时,地面外接三相电源可通过地面电源接触器 EPC 工作后

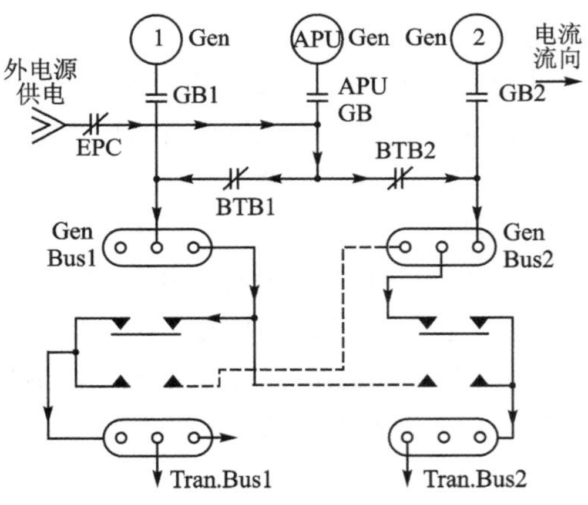

图 4.8.3 外电源供电时的单独供电系统

的闭合触点向机上连接汇流条供电。当两个汇流条连接断路器BTB闭合时，外电源则向两个发电机汇流条和它们的转换汇流条供电，如图4.8.3所示。图中虚线表示没有电流流过。

(3) APU发电机供电

如图4.8.4所示，当辅助动力装置APU启动后，人工将驾驶舱的APU发电机控制开关放到“接通(ON)”位，使APU发电机GB接通，同时人工控制BTB开关使BTB工作，从而使APU发电机电源连接汇流条向单个或同时向两个发电机负载汇流条供电。在控制电路中，由逻辑关系保证外电源EPC的断开先于APU发电机GB的接通。

(4) 主发电机供电

当左发动机启动后，它的发电机励磁并建立电压。若把发电机1的控制开关置到“接通”位，则会断开BTB1，同时接通GB1，这时由1号发电机向发电机汇流条1和转换汇流条1供电，而APU发电机仍向发电机汇流条2和它的转换汇流条供电。这两个电源是不能并联的，撤去发电机电源后，发电机汇流条2断电。同理，当右发动机启动后，右发电机将向它自己的汇流条和相应的转换汇流条供电。这时可将APU控制开关关断，系统这时的工作方式为正常飞行方式。在这个系统中，两个转换汇流条的供电是自动转换的。在正常状态下，转换汇流条经过其转换继电器的正常位置从自己的发电机汇流条获得电源。图4.8.5所示为两台发电机分别供电时的单独供电系统。

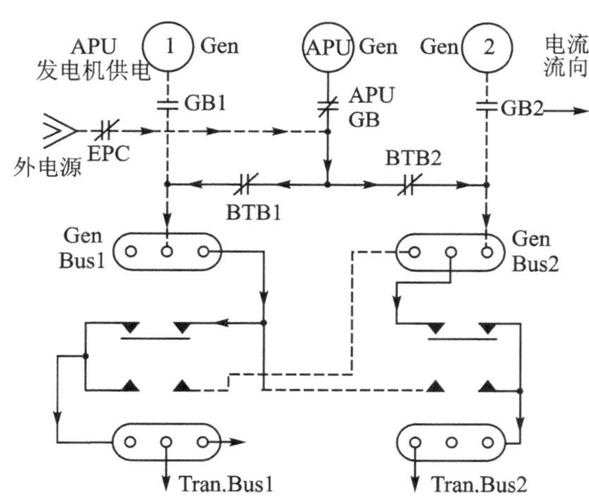

图4.8.4　APU供电时的单独供电系统

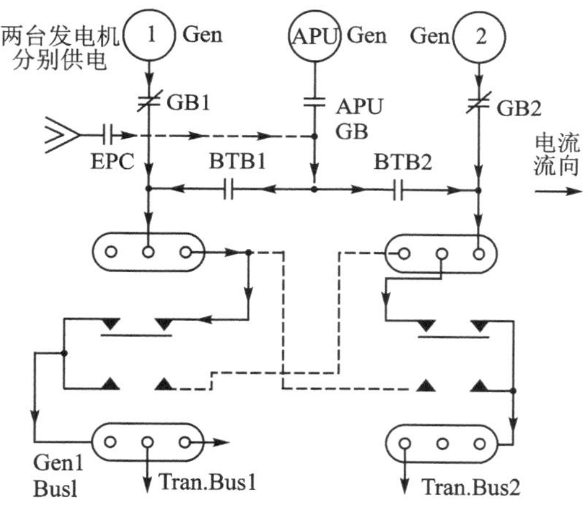

图4.8.5　两台发电机分别供电时的单独供电系统

(5) 发电机故障状态

如图4.8.6所示，若在发电机1处发生故障，则GB1自动断开，表示发电机1不工作。因为两台发电机不能并联供电，发电机汇流条1因故障而不能使用，发电机2供电，这时汇流条1的负载转由发电机2承担。GB1断开时，转换继电器1会自动转到备用位。

选定任一个电源接通工作时，其他电源都会自动断开，即具有所谓“使用优先”的关系。所有电源断路器和接触器都是按一定逻辑关系互锁的。

3. 并联供电系统的控制关系

图4.8.7为并联供电系统控制关系的简化原理图。这是4台发电机并联供电的系统，适用于B707,B747及DC-10,L-1011等飞机的交流电源系统。

图 4.8.7 中上部为 4 台发动机驱动的发电机 Gen1、Gen2、Gen3 和 Gen4,下面分别对应各自的发电机电路断路器 GCB1、GCB2、GCB3 和 GCB4(GCB 即 GB),再往下是 4 台发电机各自的负载汇流条,接着是 4 个汇流条连接断路器 BTB,最下面为连接汇流条即同步汇流条。右下角为外电源插座和外电源接触器 EPC。图中除 EPC 外,所有 GCB 和 BTB 触点都处于并联工作状态。

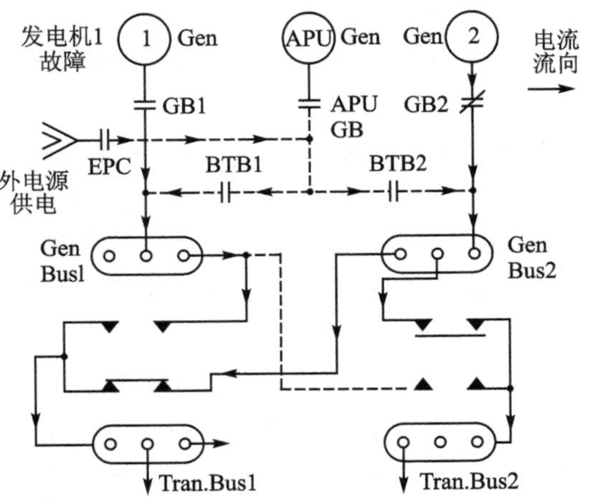

图 4.8.6 发电机 1 故障时的单独供电系统

(1) 并联供电

当 4 台发动机启动发电机正常发电后,发电机经过它们各自的发电机电路断路器 GCB 触点分别向相应的负载汇流条供电。在正常状态下,当 4 个 BTB 都闭合时,4 台发电机将向同步汇流条并联供电。

(2) 故障状态

如图 4.8.8 所示,若任一台发电机由于故障而不工作,则故障发电机的 GCB 自动跳开。例如,发电机 3 故障,则 GCB3 自动跳开,这时该故障发电机的负载汇流条经 BTB3 保持供电。

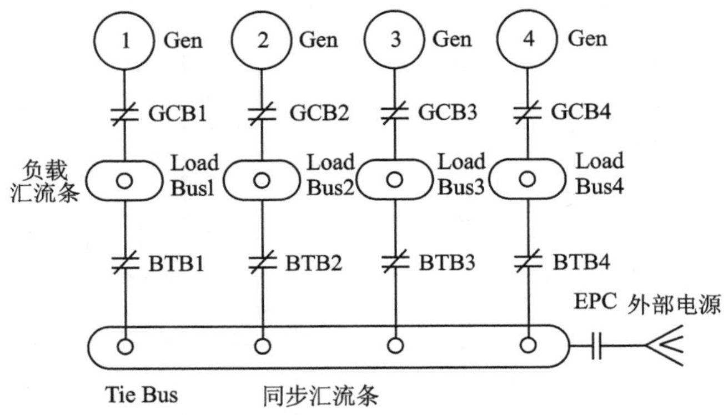

图 4.8.7 4 台发电机并联供电系统原理图

如图 4.8.9 所示,若故障发生在负载汇流条,例如故障发生在负载汇流条 3 处,或发生在 GCB3 与 BTB3 之间的馈线上,则该故障发电机系统的 GCB3 和 BTB3 都自动跳开,以便将故障部分与系统隔离,而保持其他发电机正常并联供电。

(3) 并联供电的优点

由以上控制关系可见,并联供电总负载由各发电机均衡承担(由有功均衡和无功均衡电路起作用),而不会使有的发电机过载而另外的发电机欠载;一台发电机故障时主要供电不会中断;故障发电机的负载可重新自动分配到保持并联工作的发电机上,并不需要人工转换。

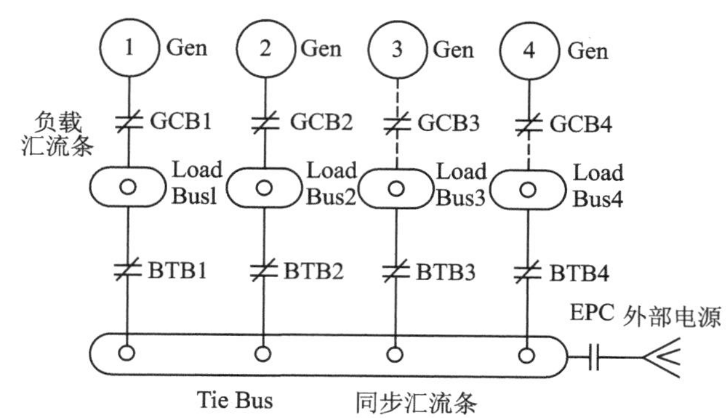

图 4.8.8　发电机 3 故障时的并联供电系统

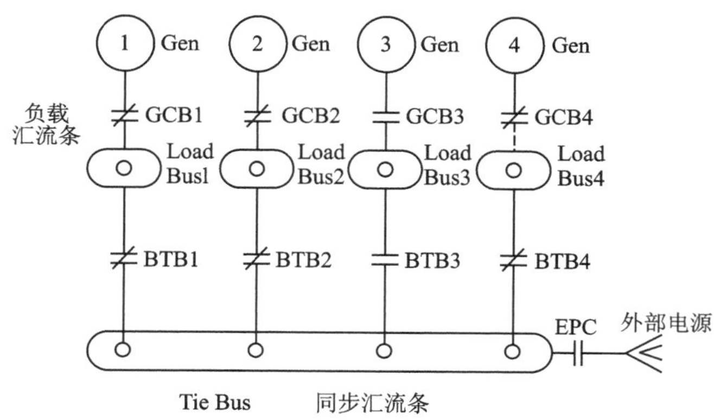

图 4.8.9　负载汇流条 3 故障时的并联供电系统

4.8.3　主要控制逻辑关系的控制实现

不论是单独供电还是并联供电的交流电源系统，主要的控制执行元件总是包括 GCR、GB(或 GCB)BTB 和 EPC。尽管各型飞机的具体线路各不相同，但都必须满足一定的基本逻辑关系。当然，对于不同的具体线路，这些关系会有某些差异。下面介绍几种相关的控制电路。

1. 发电机励磁控制继电器 GCR 的控制逻辑

相关内容请扫码查阅。

2. 发电机断路器 GB 的控制逻辑

图 4.8.10 是发电机输出接触器 GB(或 GCB)的控制逻辑关系图。它控制着发电机与汇流条接通或断开。在并联供电系统中，由于汇流条连接断路器 BTB 通常处于接通状态，因而发电机投入并联实际上是由发电机断路器 GB 来控制的。

单独供电的发电机要使 GB 接通向外供电，必须预先接通 GCR，使准备接通的发电机励磁。当发电机转速正常，而且发电机电压达到要求时，才能接通发电机控制开关 GB.S，并且在外电源已断开的条件下才能使 GB 接通。

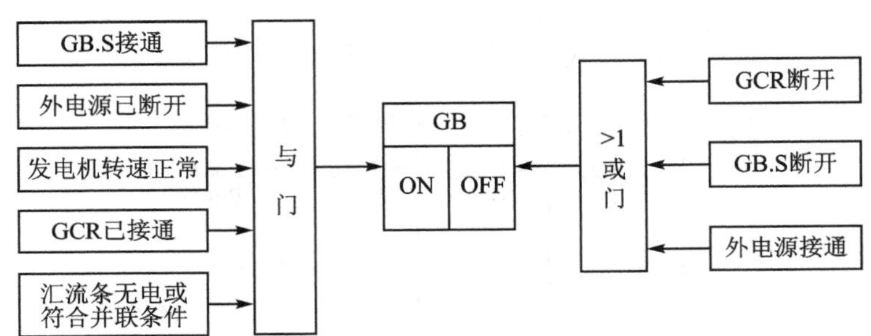

图 4.8.10　GB 的控制逻辑

对于并联供电的发电机系统,还必须按照并联供电合闸的要求接通 GB。如图 4.8.10 中的左半部分所示,当同时满足 5 个接通条件时,也即左半部分 5 个条件应是相"与"关系,才能使 GB 接通。这 5 个接通 GB 条件分别是 GB. S 接通、外电源已断开、发电机转速正常、GCR 已接通、汇流条无电或符合并联条件。

图 4.8.10 右半部分是 GB 断开的逻辑关系,3 个条件中的任一条件发生作用,都会使 GB 断开。GB 可由人工断开 GB. S 开关而断开,或在外电源接通时断开,或者 GCR 断开时自动断开,这里是"或"关系。对有的飞机,还可能由恒装脱开或欠速而使 GB 断开。

注意:为了加深对 GB 控制逻辑的理解,配有专门实验,实验装置和指导书另外提供。

3. 汇流条连接断路器 BTB 的控制逻辑

BTB 开关处于发电机汇流条与连接汇流条之间的通道上。对于非并联系统,当发电机故障时,由它转换为其他电源供电;对并联供电系统,则为正常供电的通道。

图 4.8.11 所示是 BTB 的控制逻辑关系。对并联和非并联系统,BTB 的接通都只要接通汇流条连接器的开关 BTB. S 即可;BTB 的断开则可由开关 BTB. S 断开实现。对于单独供电系统,有些故障信号可使 BTB 断开。

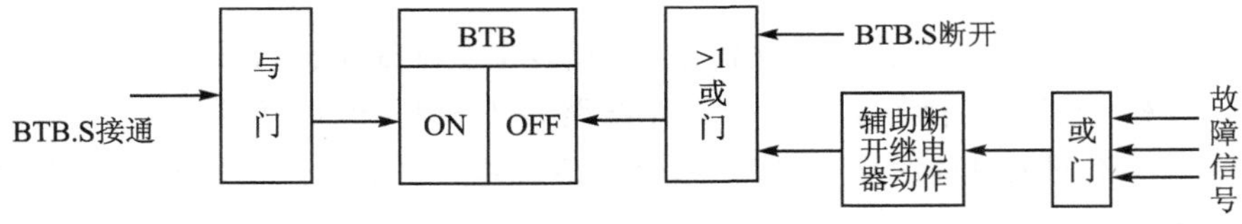

图 4.8.11　BTB 的控制逻辑

4. 外电源接触器 EPC 的控制逻辑

图 4.8.12 是外电源接触器 EPC 的控制逻辑关系图。外电源与发电机不能同时供电。为了确保安全可靠地工作,它们的接通与断开通过互锁的方式实现。线路中的互锁都是通过接触器或断路器的辅助触点实现的。

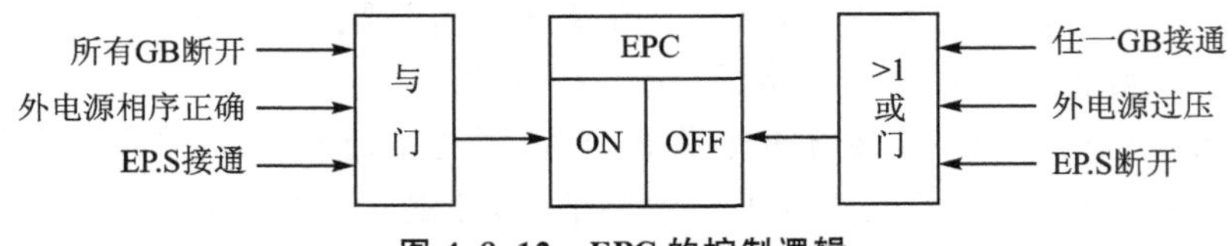

图 4.8.12　EPC 的控制逻辑

4.9　飞机交流电源的保护

飞机交流电源系统一方面连接动力装置，另一方面连接着各种用电负载。只有当与之有关联的装置都正常工作时，才能给各用电负载提供安全可靠且符合技术指标和要求的电能。但是电源系统在运行过程中会遇到各种故障，如果不加以处理，就有可能使故障扩大，殃及全机。为了排除和隔离故障，电气维修人员必须掌握故障的类型和保护的内容及方法。

4.9.1　交流电源系统的故障及保护中的一般问题

1. 故障类型与保护项目

在飞机交流电源系统运行过程中，可能出现故障的地方很多，归纳起来有下列类型：

① 恒速传动装置故障；

② 供电系统部件(如发电机、调压器)本身的故障；

③ 系统中的线路故障；

④ 在并联供电的系统中，均衡分配环路中的线路故障等。

故障的表现形式多种多样，有过压、低压、短路、负载分配严重不均、过频、低频和电压不稳定等。对这些故障如不及时采取适当的保护措施，将会引起供电异常，甚至导致火灾等严重事故。

应该根据每一种故障对用电设备造成的具体影响而采取相应的保护措施。有时应该断开汇流条连接断路器 BTB，有时应该断开发电机控制继电器 GCR 并同时断开发电机断路器 GB，有时则只要断开 GB。其中有的应该立即动作，有的应该延时动作。总之，应该按具体情况加以区分。但具体情况是比较复杂的，有时同一故障形式可能有不同的原因，比如引起低电压的原因可能是欠速，也可能是发电机励磁短路。有时同一故障原因却有不同的故障表现形式，比如发电机励磁回路发生短路时，在单独供电系统中表现为发电机端电压下降，即低压故障；而在并联供电系统中，则表现为发电机负担的无功电流减少。所有这些都增加了问题的复杂性，这就要求各种保护项目之间应正确协调。对维护者来说，掌握它们的规律是不难的。

单台发电机系统中的保护项目有：过压(OV)、低压(UV)、馈线和发电机内部短路(差动保护 DP)、低频(UF)或欠速(UN)、电压不稳定和火警保护等。其中过压、低压与短路保护是主要的，几乎所有飞机都有，在并联供电的系统中除上述单台项目外，还有过励磁(OE)和欠励磁(UE)保护等。

2. 对保护电路的基本要求

① 正确判断和隔离故障，尽量缩小切除部位，保证电力供电系统的生命力。

例如，过励与欠励故障，可能是无功或有功均衡环路故障，也可能是调压器故障，所以应该先断开 BTB，让发电机单独供电，如果是均衡环路故障则故障消失；如果是调压器故障，则对单台发电机表现为过压或低压故障，这时再断开 GCR 和 GB。

② 尽量不中断或少中断对用电设备的供电，即要求保护动作准确及时。

③ 保护装置既不应该误动作也不应该拒动作。在不应该动作时动作，称为误动作；在应该动作时不动作称为拒动作。

另外,有些保护应立即动作,如过电压和短路故障,因为它们是最危险的。有些保护则应有延时,有些还应有所谓反延时的要求,如过压值越高其延时应该越短,而过压值不太高则延时可长些。

4.9.2 短路故障与差动保护

1. 短路故障的产生、危害及保护要求

产生短路故障的原因可能是发电机或馈线磨损造成绝缘损坏、振动断线而搭地,或由于其他偶然事故而造成。

短路是一种危险故障。短路相中流过很大的电流可能引起火灾,短路相的电压将大大降低。如果调压器检测的是发电机的三相平均电压,那么在发生单相接地短路故障时,调压器将使非故障相的电压大大升高,导致这些相上的负载过压损坏,在并联供电系统中,还可能失去同步而脱开。

为了减少短路故障的影响,要求尽快断开发电机的励磁,并把发电机从网上脱开,即断开GCR和GB。保护动作一般要求在短路后0.002~0.006 s内将发电机从网上断开。

2. 差动保护线路的工作原理

差动保护是在发电机内部短路,或发电机输出点到GB(在并联供电系统中是BTB)之间的馈电线相与相、相与地之间短路时所做的一种保护。

图4.9.1为典型差动电流保护线路原理图。该线路的检测电路由6个相同的电流互感器、电阻R_1~R_6及整流二极管组成。电流互感器分成两组,LH_1置于发电机接地端,LH_2置于发电机断路器GB之后(在并联供电系统中则置于BTB之后)。两互感器在连接时应按图4.9.1所示极性(同名端)首尾串联组成差动环。在这两组电流互感器之间的范围称为差动保护区。LH_2只有在此区域出现短路故障时,差动保护线路立即输出信号至GCR故障信号放大器,从而断开GCR,同时断开GB。若在两组电流互感器之外出现短路故障,差动保护电路是不起作用的。

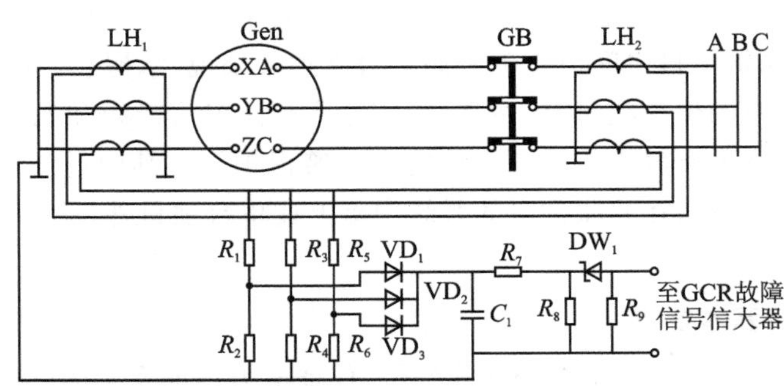

图4.9.1 典型差动保护电路原理图

为简明起见,取出其一相电路讨论,如图4.9.2所示。设LH_1、LH_2原边电流为I_1、I_2,副边电流为I_1'、I_2',则流过R_1和R_2支路电流为两副边电流之差,设互感器的变比为K,即有

$$\Delta I = I_1' - I_2' = (I_1 - I_2)/K \tag{4.9.1}$$

在正常情况下,$I_1 = I_2$,电流差$\Delta I = 0$,电阻R_1和R_2上无信号,保护电路不动作。若在差动保护区内任一点a处发生短路,设短路电流为I_K,于是短路点两侧的电流不相等,产生电

流差 $\Delta I=(I_1-I_2)/K=I_K/K$。即流过电阻 R_1 和 R_2 中的电流与短路电流成正比例。当短路电流达到一定数值时，在电阻 R_2 的压降经过二极管整流，电容 C 滤波，再经分压后在电阻 R_8 上取得电压。当 R_8 上电压大于稳压管 DW_1 的击穿电压时，将发出差动保护故障信号，经过 GCR 故障信号放大器去断开 GCR，然后断开 GB，从而将故障发电机与电网分开。若短路在互感器以外的 b 点，则差动保护电路不工作。

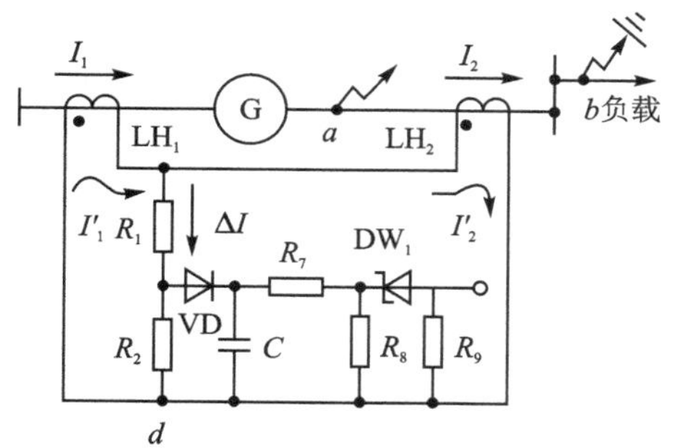

图 4.9.2　差动保护简化原理图

4.9.3　励磁故障及保护

决定发电机输出电压的重要因素之一是发电机的励磁磁场的大小。当发电机转速、负载发生改变时，调节励磁电流是最有效的稳定电压的方法，但励磁电流的调节必须保证发电机的磁场不能饱和。只有弄清楚励磁故障产生的原因，才能找到正确的检测和保护方法。

1. 励磁故障的分类与保护要求

(1) 励磁故障产生的原因及现象

① 发电机励磁电路的短路或断路。

② 励磁机定子绕组或旋转整流器的故障。

③ 调压器本身故障。

④ 并联运行时，有功负载分配环或无功负载环的故障。

当发电机产生励磁故障时，要么励磁电流高于正常数值的过励磁 OE，或者是励磁电流低于正常数值的欠励磁 UE。

单独供电与并联供电系统中，励磁故障的表现形式是不同的。例如同为过励或欠励，当发电机单独供电时，过励磁将引起发电机端电压升高，表现为过压；欠励磁将使发电机端电压降低，表现为欠压。值得注意的是，引起欠压的原因还有馈线短路及发电机欠速等。

发电机并联供电时，一台发电机的励磁故障会影响到其他正常发电机的工作。例如，一台发电机过励，由于调压器的作用，将迫使正常发电机的励磁下降，即欠励磁，而其电网电压基本不变，这将引起发电机之间无功负载分配严重不均衡。

(2) 励磁故障的种类分析

综上所述，引起励磁故障的原因只有两类，一类是发电机本身的励磁故障，另一类是并联系统中负载分配环的线路故障。在并联供电系统中，如果引起励磁故障的原因是均衡环路，只要断开 BTB，使发电机从并联工作转换成单独工作就可以了；如果引起故障的原因是发电机本身，则断开 BTB 后故障仍然存在，不过故障的表现形式将从过励磁 OE 转变为过压 OV，或者欠励磁转变为欠压。此时要排除故障，还必须断开 GCR 与 GB，之后应将 BTB 合闸，使故障发电机汇流条转由飞机电网供电。并联供电的励磁故障有过励（OE）和欠励（UE）；单独供电的励磁故障则为过压（OV）和欠压（UV）。

由于磁场有饱和的特点，因此不论并联供电或单独供电，当励磁电压超过某一限定的最高值时，必须实施保护，否则将会影响发电机的安全工作，这种保护称为励磁高限（EC）保护，作

为励磁故障的后备保护。

(3) 过励磁保护的反延时特性要求

一般来讲,过励磁会导致过压。要断开电源系统中的BTB、GCR和GB等开关,一定要考虑两方面的因素:

① 长时间过压故障。由于过压对电子设备、灯光照明等设备极易损坏,并且过压愈高,损坏越快,因此保护装置必须在用电设备损坏之前动作。

② 瞬时过压故障。当飞机上某些大功率感性负载断开时,电压会突然升高,这种电压的短时波动称为瞬时过电压,这是应该允许的正常情况,保护装置在这种情况下不应动作。

因此过压保护的动作时间要由过压的数值与过压时间共同决定,过压越大,动作应越快;过压较小,则允许动作的时间可以较长,这种关系称为反延时特性。

实施反延时特性的过压保护的原则是,考虑允许的正常瞬时过电压值小于设备允许的较高工作电压,如图4.9.3中曲线b所示;留有一定余量时,可以确定过压保护延时要求的下限,如图4.9.3中的曲线a所示,过压保护装置在此曲线以下不应动作,否则就是误动作,在曲线b以外的区域则保护一定要立即动作。通常用电设备允许的电压变化范围是额定电压的±10%,所以用电设备过压保护的最低值为115 V×110%=126.5 V。

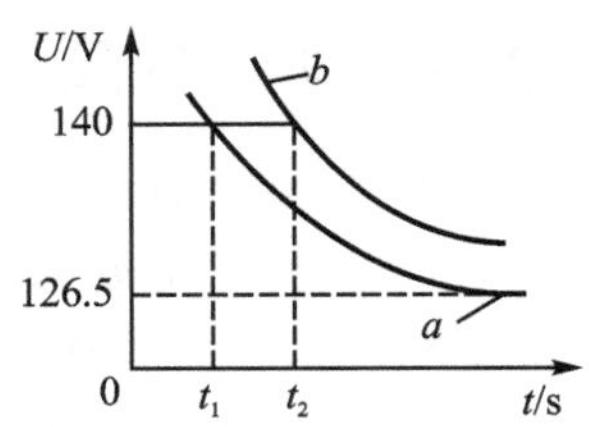

图4.9.3 过电压保护的工作极限

另外,根据每个过压值得到对应的用电设备损坏的最短时间可做出曲线,即过压保护的上限曲线。过压保护装置必须在用电设备损坏之前动作,即在曲线以下动作,否则就是拒动作。所以,过压保护装置的工作必须具有反延时特性,其工作范围在图4.9.3所示的上、下限曲线之间。

对于欠励磁和欠电压,由于危害性比过励和过压小,所以通常采用固定延时。

2. 过压保护电路原理

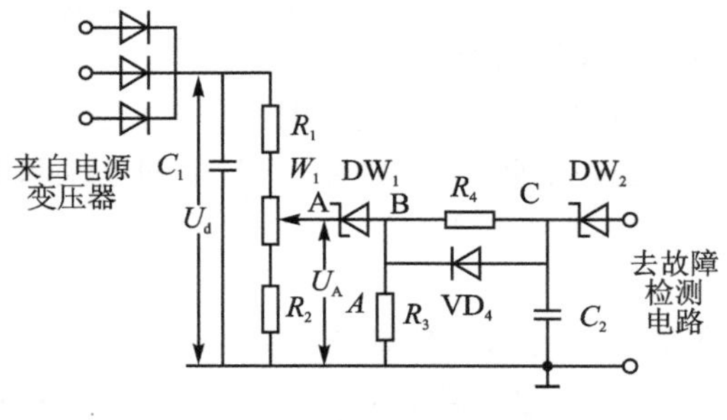

图4.9.4 过压保护电路

图4.9.4为波音飞机中的一种典型过压保护电路。它由检测电路(变压、整流、滤波、分压组成)、鉴压电路(DW_1、R_3)、延时电路(R_4、C_2)3部分组成,经过DW_2向GCR故障信号放大器输出。

过电压通常是由励磁故障引起的,因而故障时发电机端电压基本上是对称的,所以过压敏感电路常敏感发电机三相电压平均值。如图4.9.4所示,经三相半波整流,电容滤波,并经电阻分压后的信号电压为U_A。在正常情况下,电压U_A低于鉴压电路DW_1的击穿电压,电路无信号输出。

当发生过压时,稳压管DW_1被击穿,向后面的反延时电路输送信号电压,经R_4向C_2充电。这个延时电路具有反延时特性,过压越高,C_2充电越快,达到动作电压的延时越短。当充电电压达到DW_2的击穿电压时,DW_2击穿而输出故障信号到GCR控制电路,使GCR断开,同时断开GB。这就是过压保护时的一般工作情况。

3. 过励磁保护线路(OE)

图 4.9.5 是一种过励磁保护电路。它由电压检测与无功不均衡检测电路、鉴压电路和反延时电路 3 部分组成。

由图 4.9.5 可知，三相电压检测变压器 T_1 和电流互感器 LH 用于无功不均衡电流检测 ΔI，并加在变压器 T_2 副边接的电阻 R_1 上，把变压器 T_1 的输出信号和 T_2 输出信号进行综合后，输入由 $VD_{1\sim6}$ 组成的整流电路，及由电阻 R_2、R_3、R_4、电容 C_1 和稳压管 DW_1 组成的鉴压电路，与由 R_6 和 C_2 组成的反延时电路，形成反延时触发信号，送至 BTB 控制电路。如果发生故障，则使发电机首先退出并联。

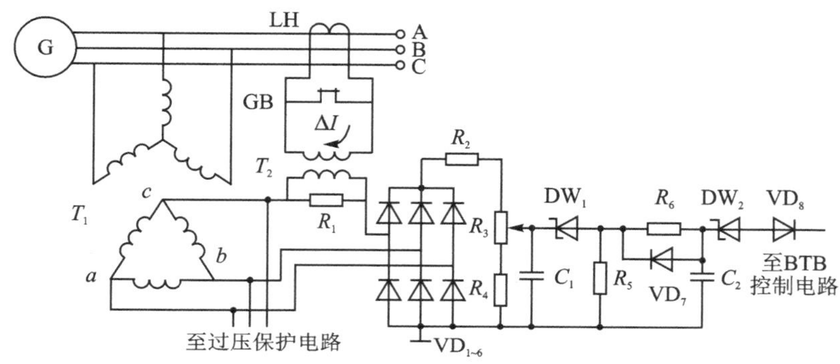

图 4.9.5　过励磁保护电路

4. 欠励保护(UE)与欠压保护(UV)

欠励和欠压是与过励和过压相对应的故障。欠励与过励一样，属于并联供电系统的故障，检测信号是电压调节主信号与无功不均衡信号的叠加，控制对象是断开 BTB。

5. 励磁高限保护(EC)的概念

励磁高限保护是一种过载保护，敏感的是主发电机励磁绕组两端的电压或励磁机励磁绕组两端的电压。因为过载时励磁电流一定很大，因而励磁绕组两端电压随负载增大而升高。它的保护动作点选定在过励和过压动作点之后，所以也是过励保护与过压保护的后备。它的控制对象，对并联系统是先断开 BTB，对单台发电机是断开 GCR 及 GB。B707 设有励磁高限保护，其他飞机则不一定是必备的。

【实验 4.9.1】 过压保护反延时特性的实现。

相关内容请扫码查阅。

4.9.4　不稳定故障保护的概念

在发电机输出的正弦波形中，并不是每个周期都是均匀一致的，有时会出现比基波频率更低的低频调制。引起低频调制的原因可能与发电机的电压调节器有关，即励磁磁场的大小发生低频调制，或者是输入发电机轴上的转速不稳定，或者是电机的结构和线圈圈数上出现不对称，或者是无功、有功均衡环路的参数不协调等。出现低频调制对需要采用交流电做输入信号的场所不利，例如对雷达、导航和自动驾驶仪等设备的工作会产生不利影响。

如图 4.9.6(a)所示,发电机正常运行时,G_1、G_2 输出交流电压波形。当出现不稳定故障时,交流电压的幅值将发生波动,如图 4.9.6(b)所示,称为幅值调制。观察不稳定故障的大小,可用示波器观察或用谐波分析方法分析出低频调制的频率和幅值。

不稳定故障保护线路就是要检测出上述电压包络线的调制频率和调制幅值,作为保护指标。控制不稳定故障时,对并联供电系统应首先断开 BTB。如果不稳定现象是均衡环路引起的,则此时故障已被隔离,否则说明是发电机本身故障,必须断开 GCR,同时断开 GB。

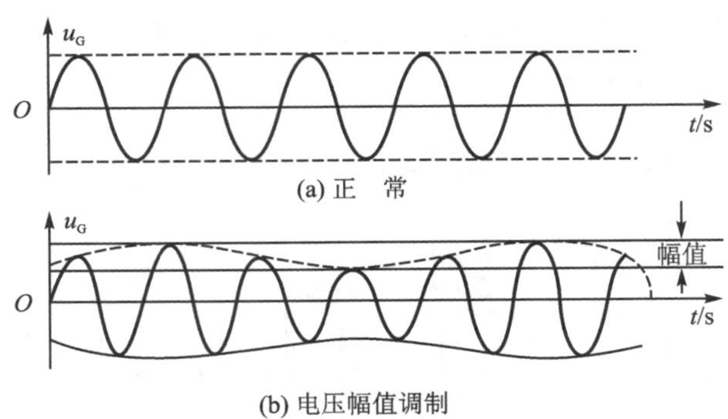

图 4.9.6　不稳定故障时的电压波形

4.9.5　同步汇流条短路故障与逆序保护

同步汇流条是多台发电机并联的地方,如果同步汇流条上发生短路将会导致发电机被直接短路,不及时处理将会造成发电机电枢绕组过流而损坏,使整个发电系统遭到严重破坏。研究同步汇流条短路的形式和保护方法,对维修人员是十分重要的。

1. 同步汇流条短路故障的危害及保护措施

差动保护只能对差动保护的两组电流互感器之间的区域进行有效保护,对此区域以外是不起作用的。如图 4.9.7 中的 a 点所示,如果同步汇流条(连接汇流条)上发生短路,差动保护电路是不起作用的,将导致所有并联在同步汇流条上的发电机产生对地短路,应立即排除故障,保护发电机。

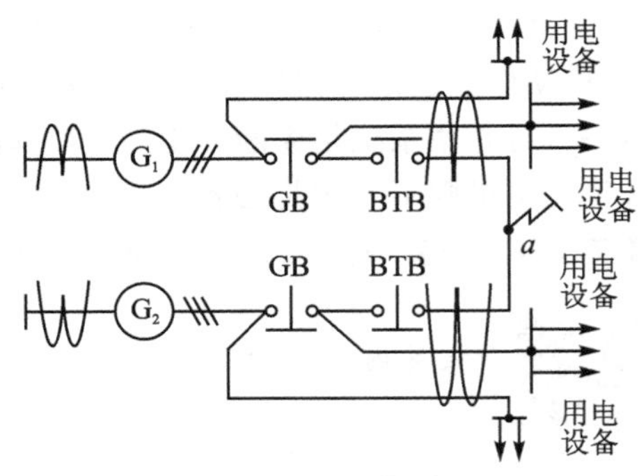

图 4.9.7　同步汇流条短路

当同步汇流条发生短路时,三相交流电就有不对称输出电压波形。为了能对同步汇流条的不对称短路故障进行保护,常用的方法是采用逆序保护器进行保护。其工作原理是逆序保护器敏感同步汇流条上线电压的逆序分量来进行保护,但对同步汇流条三相对称短路故障是不起保护作用的。

在飞机交流电源系统中,同步汇流条的三相对称短路故障是极为罕见的,故逆序保护器只对电源系统中有可能出现的同步汇流条相与相之间、相与地之间的短路故障进行保护。当同步汇流条上发生相与相之间、相与地之间的短路故障时,三相线电压将出现严重不对称。

2. 逆序电压检测电路

由电路分析可知，任何一组三相不对称电压都可分解为三组对称分量，这三组对称分量是正序电压、逆序电压和零序电压。

只要敏感同步汇流条上线电压逆序分量的大小，即可检测同步汇流条的不对称短路故障。当同步汇流条上线电压的逆序分量达到一定数值时，逆序保护器发出断开信号，将并联供电系统中所有汇流条连接断路器 BTB 断开，使并联供电的发电机转换为单独供电状态，从而提高整个系统的生命力。

因为晶体管调压器是按照三相平均电压调节的，发生不对称短路时，正常相电压会升高很多。为了限制最高相电压值，应对逆序电压进行检测。

三相电路对称运行时，线电压的逆序分量为零；发电机不对称短路时，线电压中出现逆序分量。线电压中逆序分量的近似值如表 4.9.1 所列，表中还给出了短路时的正序分量。

表 4.9.1　发电机不对称短路时的分量值

线电压中的分量	三相对称运行	单相接地短路	线-线短路
逆序分量	0	$\frac{1}{3}\sqrt{3}u_{\varphi}$	$\frac{1}{2}\sqrt{3}u_{\varphi}$
正序分量	$\sqrt{3}u_{\varphi}$	$\frac{2}{3}\sqrt{3}u_{\varphi}$	$\frac{1}{2}\sqrt{3}u_{\varphi}$

注：u_{φ} 为发电机相电压。

逆序电压的敏感电路可以有多种形式，图 4.9.8 所示是一种整流桥型逆序电压敏感电路。如果三相电压不对称，则整流桥输出直流电压 U_d 中的脉动分量会比三相对称时的脉动分量有明显增加。三相不对称线电压通过桥式整流后，将出现较大的脉动分量，将这个脉动电压通过隔直电容 C 后，取出交流脉动分量，经变压器 T 变压整流后得到输出电压的平均值 U_m，这个平均电压 U_m 反映了三相不对称线电压逆序分量的大小。如果把这个 U_m 测量出来，就可以判断电网电压的对称性。

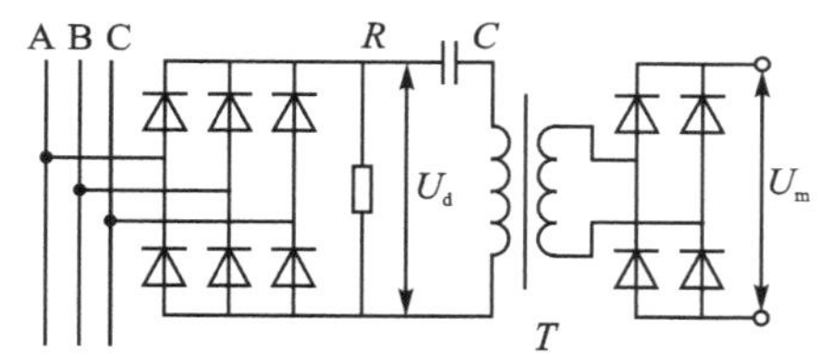

图 4.9.8　整流桥型逆序电压敏感电路

【例 4.9.1】　交流发电机故障分析与排除。

相关内容请扫码查阅。

4.10　交流电源系统的一般形式

交流电源是飞机的主要形式。供电系统有单独供电系统、并联供电系统和分组并联供电系统等形式。

4.10.1　飞机供电的分级结构

大型飞机带有很多电气设备，其供电系统需要对发电机、导线等故障进行综合考虑。通过

对各种负载进行分类,并根据预先确定的次序断开它们来实现对各种故障的管理。把负载从汇流条上断开的过程称为甩负载,可通过自动和手动方式来实现。这些负载可以按级分类,如图4.10.1所示。

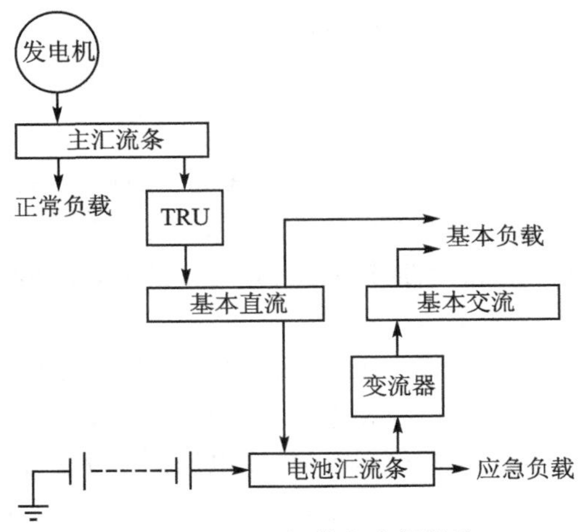

图4.10.1　飞机供电分级结构

汇流条之间通过大功率接触器或断路器连接,不同飞机类型对汇流条的分类不同,比较典型的分类有:

① 主汇流条,有时被称为发电机汇流条、非基本汇流条或负载汇流条,包括厨房、空中娱乐和主舱照明这样的负载。这些负载即使在飞行中被断开和隔离也不会影响飞行。

② 基本汇流条,被称为关键或安全汇流条,连接飞机连续安全飞行所需的设备和仪表。

③ 电池汇流条,常称为备用或应急汇流条,给飞机安全着陆所需的设备供电,如无线电、燃料控制、起落架和防火装置。

从发电到用电负载的角度看,飞机交流电气系统主要有发电、初级功率分配和保护、功率转换和电能储存、次级功率分配和保护。图4.10.2所示是一般飞机交流电气系统结构图。

为了实现电能的输送和分配,大型飞机上有三种主要配电系统结构:分立汇流条系统、并联供电系统和分组并联分列式供电系统。

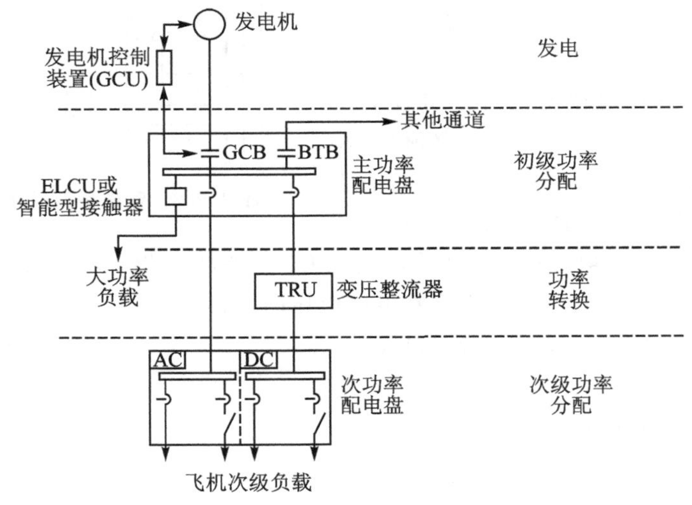

图4.10.2　一般飞机电气系统结构图

4.10.2　分立汇流条系统

图4.10.3所示是一种用在双发动机飞机上的完全隔离式双发电机系统。它有时称为非并联系统,主电源是两台组合传动发电机IDG。当IDG失效时,APU发电机作为备用电源起用。分立汇流条系统的优点是两台发电机不需要以完全相同的频率运行。二次电源取自降压变压

器，提供 26 V 交流电。变压整流单元(TRU)为直流汇流条和电池充电提供 28 V 直流电。

如图 4.10.3 所示，左侧和右侧的发电机给各自的汇流条供电，汇流条上连接着专门的负载。每台发电机汇流条通过切换继电器与切换汇流条相连。在一台发电机失效的情况下，另一台发电机(发动机或 APU)给基本负载供电。采用分立汇流条系统的飞机有 B737、B757、B767、B777 飞机和 DC－9 飞机。

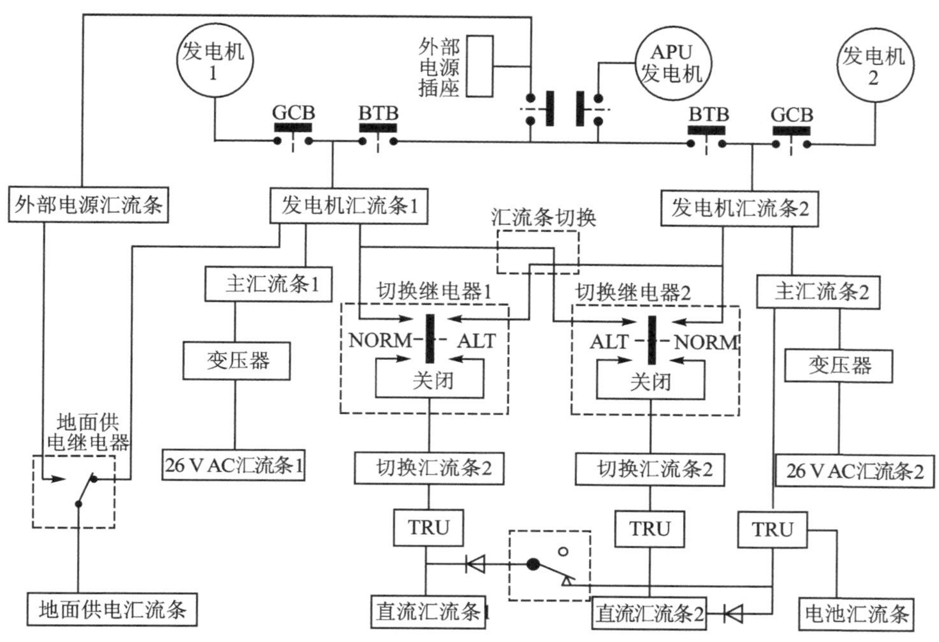

图 4.10.3　分立汇流条系统

电气系统的控制是通过几个用于把发电机和汇流条接通和断开的飞行隔舱开关、控制断路器和继电器来完成的。分立汇流条系统的典型控制面板如图 4.10.4 所示。两台主发电机

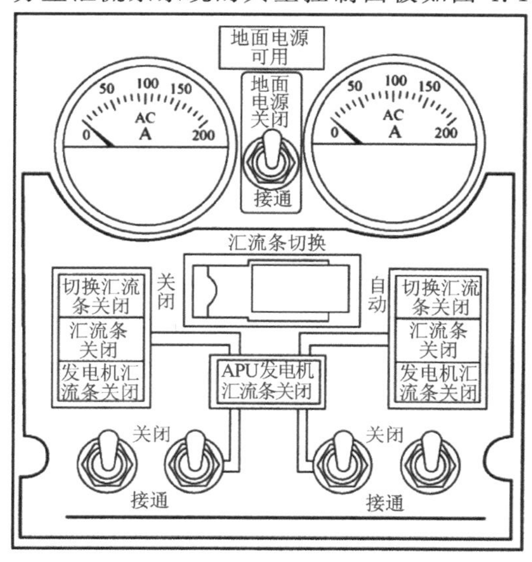

图 4.10.4　典型供电控制面板

AC 电流表用于指示负载电流;地面可用电源(蓝色)用于外部地面电源接通时;地面电源接通/关闭开关为飞机选择地面供电;切换汇流条关闭(棕黄色)用于两台发电机电路相应的断路器 GCB 和汇流条断路器(BTB)都断开;发电机汇流条关闭(蓝色)用于相应的 GCB 断开时;APU 发电机汇流条关闭(蓝色),当 APU 以大于 95%的每分钟额定转速运行时,发电机没有供电。维护时需要注意的是外部交流电源不能与飞机主发电机并联。

4.10.3 并联供电系统

如图 4.10.5 所示,带 4 台发电机的大型飞机配电系统是并联负载分配系统,发电机都与各自的交流负载汇流条和配电汇流条相连。任何发电机都能给任何汇流条供电,以提供相等的负载分配。所有发电机电压、频率和相位都必须进行控制,以使其误差很小。如果条件不满足,则发电机的循环电流会很大,对发电机进行并联连接的任何做法都可能导致发电机供电故障。当所有的 GCB 和 BTB 都闭合时,4 台发电机就处于同步状态,并接入同步汇流条。

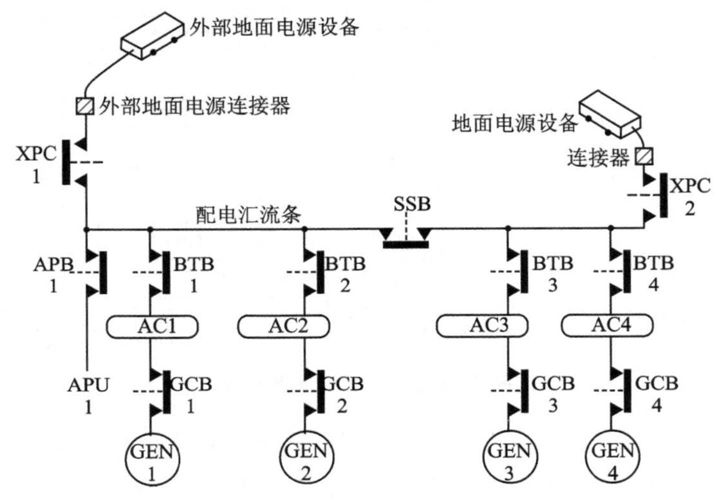

XPC:外部电源接触器;APB:APU 断路器;BTB:汇流条连接断路器;
GCB:发电机控制断路器;GEN:发电机;SSB:分离系统断路器

图 4.10.5 并联供电系统

以 GEN1 号发电机故障为例,其 GCB1 打开,使其与自己的发电机汇流条 AC1 隔离,由剩余的发电机 GEN2~GEN4 分别经 BTB1~BTB4 向 AC1 供电。如果故障发电机 1 相应的汇流条 AC1 过载,其 GCB1 和 BTB1 就断开,使其隔离。如果两台以上的发电机出现故障,系统就会实施甩负载,切除一些与飞行无关的负载。在地面可用一台或两台供电设备(电源车)提供外部电源,APU 也可以接入配电汇流条。

图 4.10.6 是典型并联供电系统的示意图。每台发电机的控制和保护由各自的控制保护器 GCU 实现。在发电机并联工作时,发电机输出通路上有发电机控制电流互感器 GCCT 监视线电流,并提供信号给 GCU 和负载控制器 LC。负载控制器控制组合传动发电机 IDG 的速度,保持并联发电机有功功率分配的均衡。差动保护电流互感器 DPCTS 用以监视发电机绕组和馈电线短路故障。

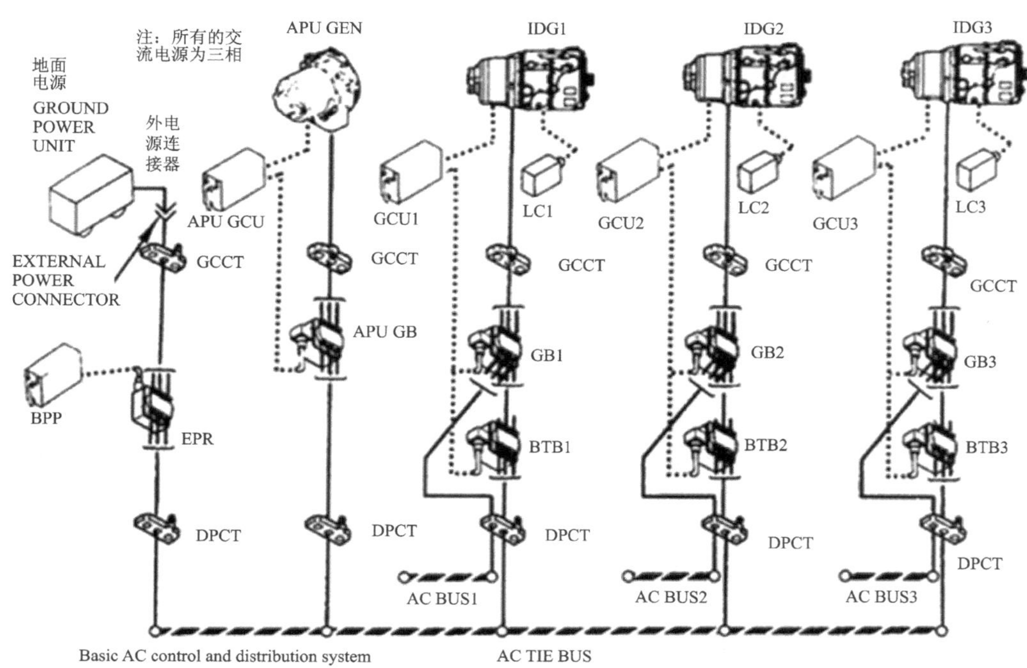

图 4.10.6　并联供电系统示意图

4.10.4　分组并联分列式供电系统

如图 4.10.7 所示，飞机上的电气功率配电是通过 AC 和 DC 汇流条实现的。交流汇流条系统由 4 条主汇流条和几条辅助汇流条组成。其负载分配系统，具有并联系统的优点，而且在需要时能够保持对故障系统的隔离。主电源包括每台发动机带的一台组合传动发电机 IDG、两台 APU 发电机和两个外部电源接口。分立系统断路器 SSB 把配电系统的左右同步汇流条 SYNCH BUS 连接在一起。任何一台发电机都可以给任何一个负载汇流条供电，任何发电机的组合都可以并联工作。

1. 主汇流条

图 4.10.7 中的 4 条交流汇流条 AC1～AC4 分别由 IDG1～IDG4 供电。APU1 发电机经断路器 APB 和 BTB 给 AC1 和 AC2 供电。APU2 发电机经 APU 断路器 APB 和 BTB 给 AC3 和 AC4 供电。两个外部电源接头 EXT 也可以通过外部电源接触器 EPC 和 BTB 向交流汇流条供电。

每台 IDG 通过发电机电路断路器 GCB 连接到各自的汇流条。当汇流条连接断路器 BTB 和发电机断路器 CB 接通时，IDG 的并联工作完成。

由分列系统断路器 SSB 将同步汇流条分成两部分。通过合理使用断路器，任何发电机可以给任何负载汇流条供电，或者任何 IDG 可以并联供电。APU 或外电源车通过接通辅助电源断路器或外电源接触器给负载供电。

机上有两条转换汇流条，即机长和头等舱供电汇流条。正常情况下机长汇流条由 3 号交

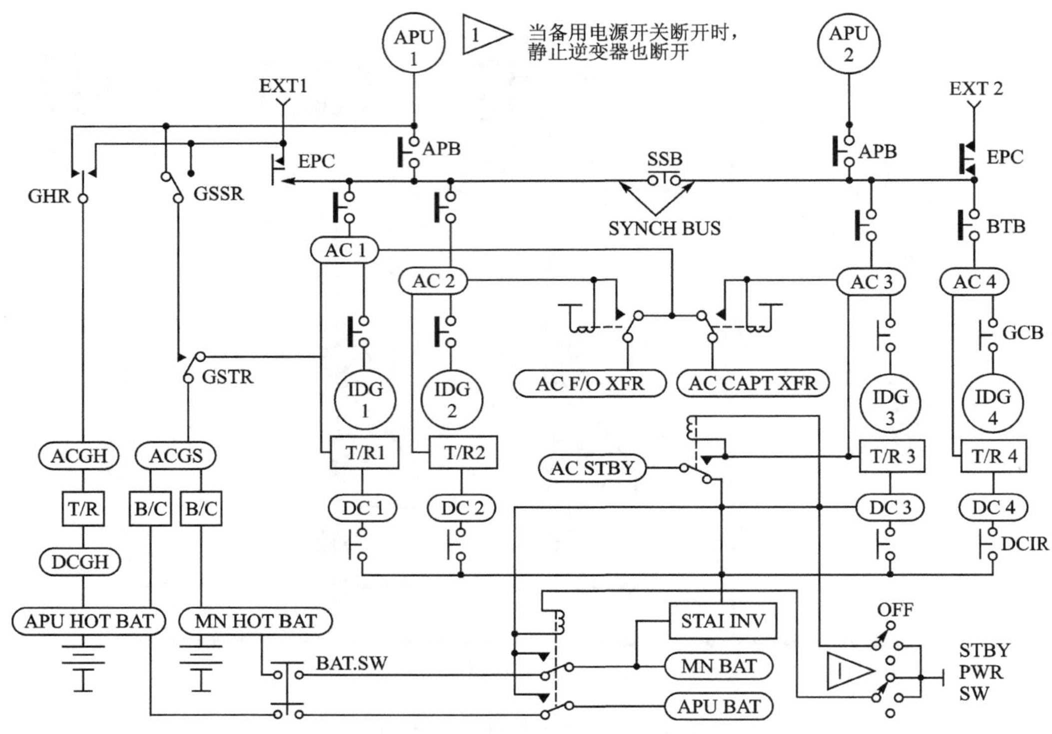

图 4.10.7 分列式并联供电系统(747-400)原理图

流汇流条供电，如果3号汇流条不能工作，则由1号交流汇流条供电；正常情况下头等舱由2号交流汇流条供电，2号汇流条故障时则由1号交流汇流条供电。

2. 交流备用汇流条

主发电机故障时交流备用汇流条 AC STBY 由静止逆变器 STA INV 的输出提供。它是由主蓄电池 MN HOT BAT 汇流条提供直流电源，经 BAT. SW 接触器送至静止变流器。

3. 蓄电池的充电

蓄电池的充电方式有2种。

在飞机上，AC3 经变压整流器 T/R3 获得的直流电充电，直流汇流条 DC3 连接在 T/R3 的输出端，可以给主蓄电池和 APU 蓄电池充电。或者由 AC1 经 GSTR 开关向 AC GS 供电，然后经蓄电池充电器向蓄电池充电。

在地面上，可以通过 GSSR 开关接通 APU1 向 AC GS 汇流条供电，并由蓄电池充电器 B/C 给主蓄电池和 APU 蓄电池充电。

4. 直流汇流条的并联

直流汇流条有4个，分别由各自的变压整流器 TRU 供电，直流汇流条的并联是通过 DC 隔离继电器 DCIR 实现的。

5. 地面电源操作

地面操作汇流条 AC GH 通过地面操作继电器 GHR 选择，由 APU 发电机供电或者由外部电源供电。外电源或 APU 电源可用时，地面操作汇流条得电。但在飞机飞行时，地面操作

汇流条 AC GH 无电。

4.10.5　交流备用电源系统

备用电源系统也称应急电源系统，其中应急直流电源以蓄电池为主，应急交流电源则由冲压空气涡轮发动机带动的发电机提供。关于蓄电池的应用已在前面讲述，这里仅讨论应急交流电源。

在某些紧急情况，飞机的主电源不能满足适航要求时，需要其他电源给飞机供电。机载蓄电池可提供短时间供电，通常为 30 min。对于较长时间的工作，蓄电池是不够的。现在有些双发客机需要延长航程飞行时(高达 180 min)，就需要新的电气系统以确保足够的完整性来完成备降飞行。民航客机上提供备用交流电源的装置有冲压空气涡轮 RAT 发电机、备用电源变流器和永磁发电机。

1. 冲压空气涡轮发电机

发电机失效时，可由冲压涡轮发动机(RAT)带动的发电机提供连续供电。这是一种应急电源，也称为空气驱动发电机，主电源无法使用时启动使用。冲压涡轮是一个空气驱动装置，装在机翼或机身内。投入使用时，它从气流中获取能量，如图 4.10.8 所示。冲压涡轮一般包含一个两叶螺旋桨，螺旋桨通过调速器组件和齿轮箱驱动调速器轴，齿轮比提高了调速器轴的速度。

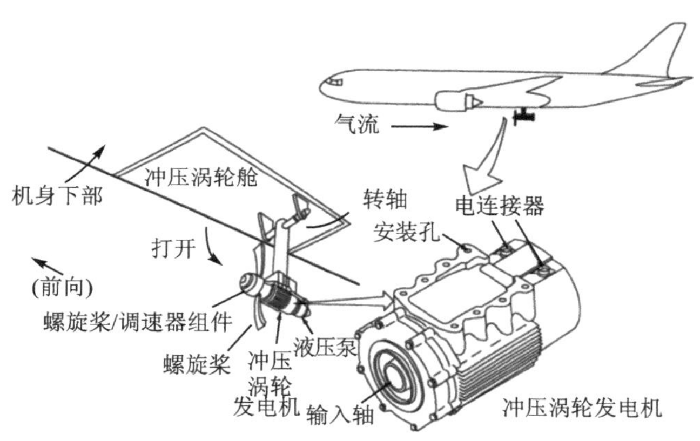

图 4.10.8　冲压空气涡轮发电机

冲压涡轮可在 120～430 kn(1 kn＝1.352 km/h)的飞行速度范围内启用。有些冲压涡轮采用由液压电动机驱动的变距螺旋桨，该装置的典型速度保持在 4 800 r/min。冲压涡轮发电机一般产生 7.5 kVA 的交流输出，送给变压整流装置。冲压涡轮发电机装有加热器，用于防止结冰。在大型运输机上，冲压涡轮的质量可达 181.6 kg。

RAT 在空中飞行时是一次性使用的。一旦主发电机失效，它从飞机腹部伸出，在迎面气流的作用下，螺旋桨旋转而带动发电机发电。发出的应急交流电主要供给飞行控制系统的作动机构使用。有的飞机上有应急动力装置(EPU)。应急动力装置由一个涡轮组成，由储存在密闭灌中的肼燃料能量驱动涡轮旋转。在应急情况下，由驾驶员操作开关来手动打开和关断，或由传感器检测到飞机正在飞行，但所有发动机转速都低于预定值时自动开启。旋转的涡轮驱动飞机传动机匣至少使一台液压泵和一台发电机被启动。肼燃料应急动力装置在有些飞机上使用。

2. 备用交流电源

一般从主汇流条中选出115 V交流电源作为备用电源。例如在4发动机飞机上,如果4号主交流汇流条正常供电失效,可以从剩余的3条中选择一个汇流条维持供电。备用交流汇流条通常由基本汇流条供电,如果供电全部失效,可由直流蓄电池供电的静止变流器作为备用交流电源。

(1) 交流/直流备用电源和基本电源

如图4.10.9所示,有些飞机区分电池汇流条(可从电池断开)和热电池汇流条(直接与电池相连,没有开关),这种结构把电池汇流条分为直接连接汇流条(热电池汇流条)和带开关的电池汇流条(由电池开关控制)。基本的直流电源来自基本交流汇流条供电的变压整流装置。备用交流和直流电源分别来自变流器和蓄电池。

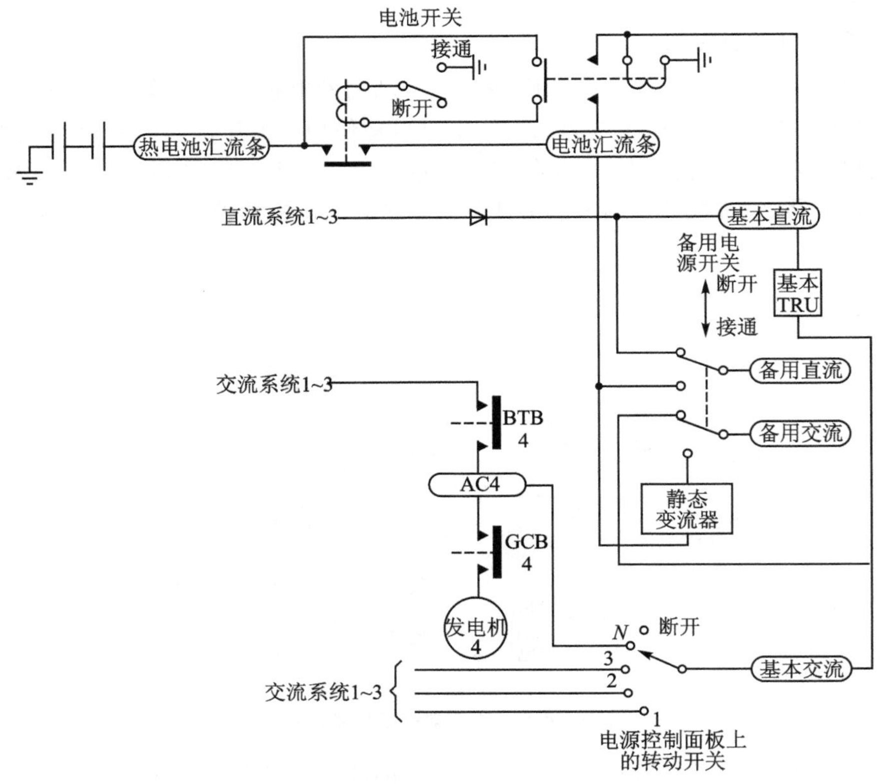

图4.10.9 交流/直流备用电源和基本电源

(2) 备用电源变流器

在没有安装RAT的飞机上,一般采用静止变流器将应急蓄电池提供的直流电逆变成交流电,提供飞机应急交流电源。大型商用飞机上典型的静止变流器能产生1 kVA的输出功率。静止变流器位于电气设备舱内,驾驶舱内有一个遥控开关,需要时便可接通或断开静止变流器。表4.10.1是某型静止变流器的技术参数。

表 4.10.1　某静止变流器技术参数

输　入	输　出	功率因数	质量/kg	尺寸/mm³
28V DC,39 A	115V AC,6.5 A;26V AC,5.8 A	0.8～0.95	7.08	270×220×100

除了展开飞机腹部的 RAT(只能用于最紧迫的应急情况)以外,有些双发飞机采用备用变流器延长航程。例如 B777 飞机上就是采用备用变流器作为一种应急发电系统。备用发电机由同一发动机附件传动机匣驱动,但与主综合驱动发电机完全独立,如图 4.10.10 所示。

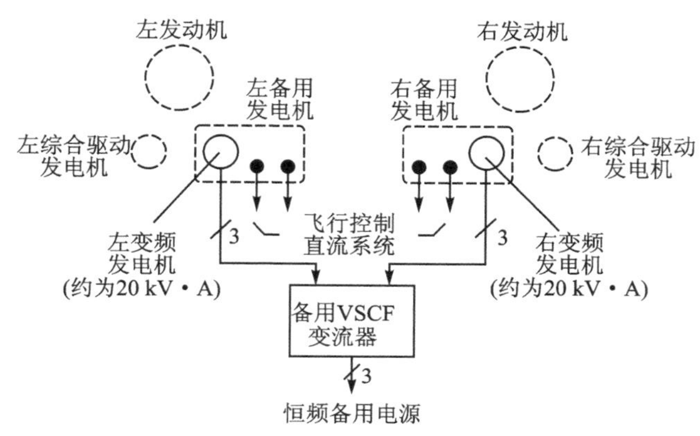

图 4.10.10　简化的备用变速恒频变流器

备用发电机发出的是变频交流电,发动机速度变化时,交流电的频率变化很大。变频电压通过整流转换为直流电,然后变流器用固态功率电子技术变换成三相 400 Hz 的 115 V 交流电,作为某些飞机交流汇流条供电的备用电源,并为重要设备供电。但是像功率比较大且与飞行无关的设备(如厨房设备),则由电气负载管理系统 ELMS 脱开,不予应急供电。

(3) 备用发电机

由于高磁能积和自举励磁系统的稀土永磁发电机的面世,近几年应用永磁发电机 PMG 提供应急备用电源已占据了突出地位。PMG 可以是单相的或是多相的。图 4.10.11 所示是带功率变换器的三相永磁发电机。

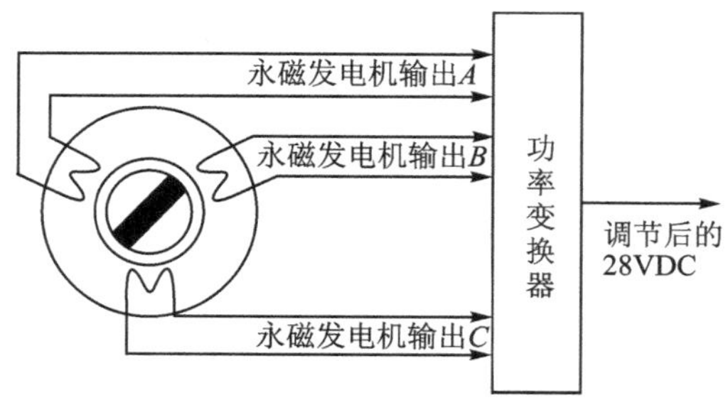

图 4.10.11　带功率变换器的三相永磁发电机

以 PMG 为主体的备用变流器给飞控直流系统提供独立的几百瓦功率,需要采用电源变换技术将交流电变为 28 V DC。另外,PMG 还可以给全权限数字式发动机控制系统 FADECS 的每一通路提供双通道独立的发动机电源。例如在 B777 飞机上,尤为重要的控制系统飞行控制、发动机控制和电气系统的各处共有 13 台 PMG,如图 4.10.12 所示。

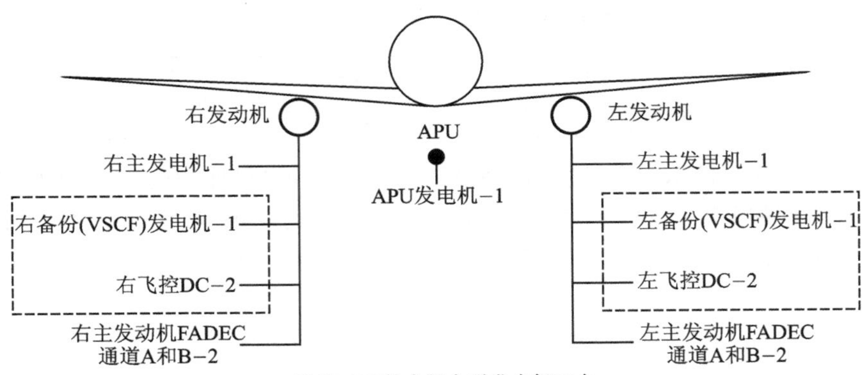

图 4.10.12　B777 的永磁发电机系统(B777 共 13 台)

4.11　现代飞机电气系统

近年来,在电功率的产生、切换和保护方面已取得了许多技术进展,正逐渐对经典电气系统产生影响。新器件、新材料、新理论不断涌现,主要体现在:

① 电气负载管理系统(ELMS);

② 变速恒频(VSCF)——循环变流器;

③ 270 V 高压直流系统等的采用。

4.11.1　电气负载管理系统

由通用电气航空公司研制的 B777 飞机电气负载管理系统在电气负载管理方面有新的突破,其布局如图 4.11.1 所示,是民用飞机第一个综合的电功率分配和负载管理系统。

系统包括 7 个电源配电盘,其中 3 个与初级功率分配有关,分别是:

① P100——左主电源配电盘对左主功率负载配电和提供保护。

② P200——右主电源配电盘对右主功率负载配电和提供保护。

③ P300——辅助电源配电盘对辅助设备主功率负载配电和提供保护。

次级功率分配由 4 个次级电源配电盘承担,分别是:

① P110——左电源管理配电盘对左通道有关的负载配电、供电保护和控制。

② P210——右电源管理配电盘对右通道有关的负载配电、供电保护和控制。

③ P310——备用电源管理配电盘对备用通道有关的负载配电、供电保护和控制。

④ P320——地面维护/操作配电盘分配和保护与地面操作有关的供电。

如图 4.11.1 所示,通过安装在 P110、P210 和 P310 电源管理配电盘中的电子装置(electronic equipment unit,EEU)进行负载管理和通用系统控制。电子装置中分别有左和右两个数据线,与飞机系统的 A629 数据总线(ARINC629 总线)接口,为提高飞机的出勤率,常采用二余度的控制策略。EU 中包括了一组模块化的外场可更换模块 LRM,机箱盖板打开时,可以很快地更换线路板模块。由于采用了高度模块化结构,降低了研制的风险,使平均无故障间隔时间达到 200 000 h。其组成结构如图 4.11.2 所示。

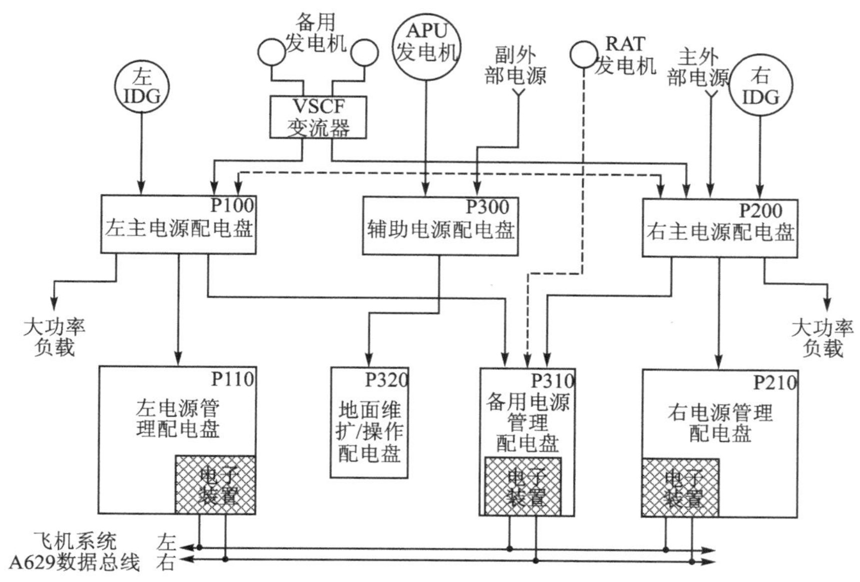

图 4.11.1　波音 777 电气负载管理系统

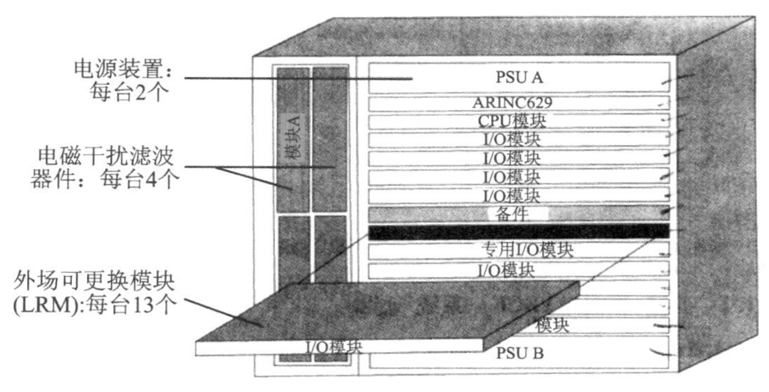

图 4.11.2　B777 ELMS 电子装置 EU 组成图

由 ELMS 提供的负载管理系统控制特性远远领先于今天航线上使用的任何系统。大约有 17～19 台电气负载控制装置 ELCU 根据飞机构型而定,直接从飞机交流主汇流条供电,并控制负载。这些负载由包含在 ELMS 的 EU 中的智能功能来控制。主要的进步是先进的负载脱开和负载优化功能。如果主要电源故障或不能应用,它会严密地控制各装置的功能可用性,系统可重构负载,达到可用功率的最佳分配。在电源恢复时,系统可按多种不同的安排恢复负载。所以系统可以在所有时间优化功率的利用,而不是在应急时脱开负载。

由于采用了 ELMS,体积、接线和插接件、质量、继电器和断路器都大大减少。由于内置的智能功能、数字式数据总线的应用、维护性特色和广泛的机内检测(BIT),系统的制造和机上试验时间缩短为同时代系统的 30%左右。B777 ELMS 子系统功能概览如图 4.11.3 所示。

系统中包含大量通用管理功能,使它成为真正的负载管理而不是配电系统。主要的功能有负载优化功能、燃油应急放油、RAT 自动展开和其他功能。

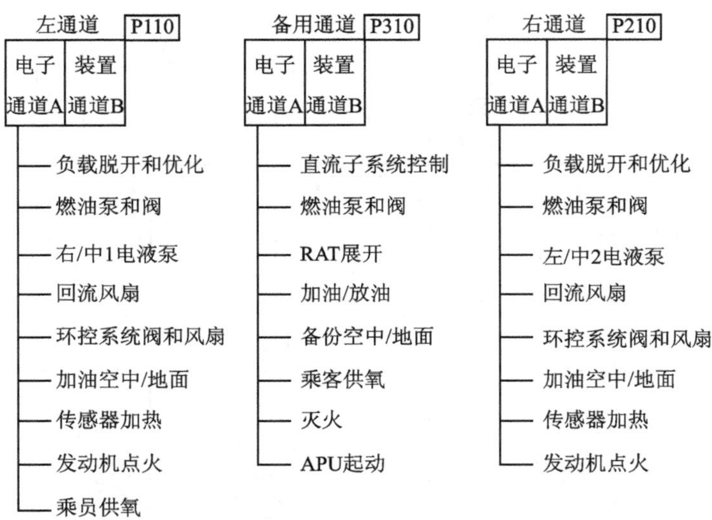

图 4.11.3　B777 ELMS 子系统功能概览

4.11.2　变速恒频(VSCF)系统

舍弃组合传动发电机 IDG 而采用大量恒频 400 Hz、115 V 交流电源。采用 VSCF 技术，对变频发电机进行功率转换提供了技术支撑。

1. VSCF 循环变流器系统的工作原理

VSCF 系统由无刷交流发电机和电子变流器构成。电子变流器包括变频器、滤波器电容组件以及发电机控制装置，原理框图如图 4.11.4 所示。无刷交流发电机由附件传动机匣驱动，并产生频率与传动机匣速度成比例变化的变频交流输出电压。可通过采用功率半导体技术，将变频交流电压转换成三相 400 Hz 恒频交流电。滤波器用于滤除输出电压中的高频脉动，发电机控制器 GCU 调节输出电压并对系统提供保护。

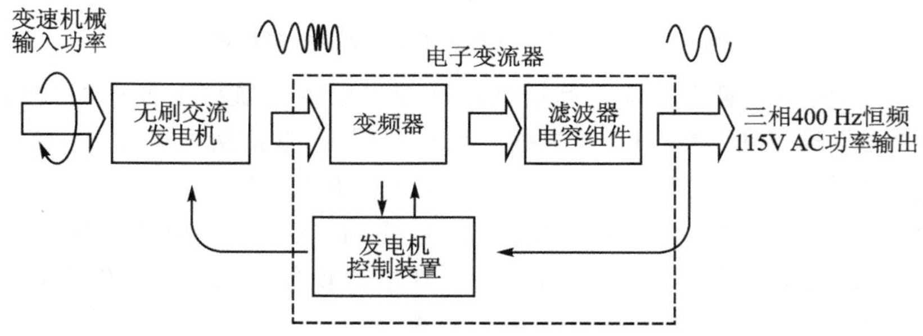

图 4.11.4　VSCF 循环变流器原理框图

如图 4.11.5 所示，A、B、C 三相变频系统包括 3 个变频器，发电机给每个变频器输出六相变频功率。每一变频器包括一个循环变流器(12 个可控硅整流器)和它的相关控制电路：调节器、综合器、启动波发生器、基准波发生器、反馈控制电路和低通滤波器。SCR 受调节器的控制，将正弦启动波与处理的基准波相比而产生恰当定时的 SCR 选通信号，低通滤波器可用于衰减脉动的高频分量。

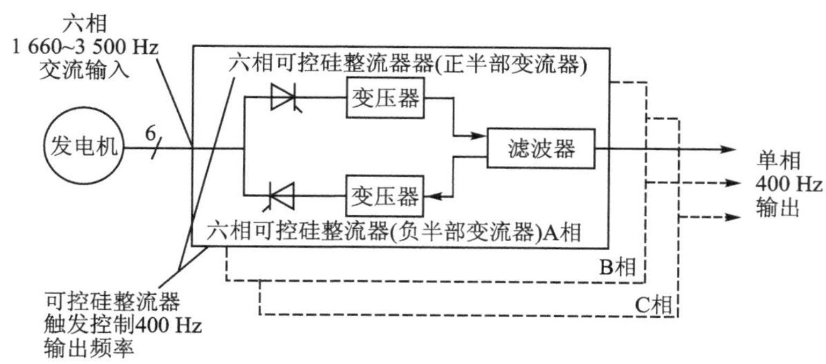

图 4.11.5　VSCF 循环变流器原理图

循环变流器是放大基准正弦输出波的大功率放大器。实际反馈回路具有多个反馈通路来改进波形，减小直流分量和降低输出阻抗。用各相 400 Hz 基准波电压调节器来调节 400 Hz 输出电压。即使不平衡负载较大时，输出相电压也是相对平衡的。

2 个整流器组未经滤波的输出波形为如图 4.11.6 所示的锯齿形实线，显示了整流器与发电机线路连通的导通周期。平滑的粗实线是循环变流器的滤波后输出。2 个整流器组被编程为在输出波形的整个 360°范围内工作，每一组可供给任一种电压极性。输出电压波形的正半部由正组整流器工作于整流模式或负组工作于反相模式而形成。

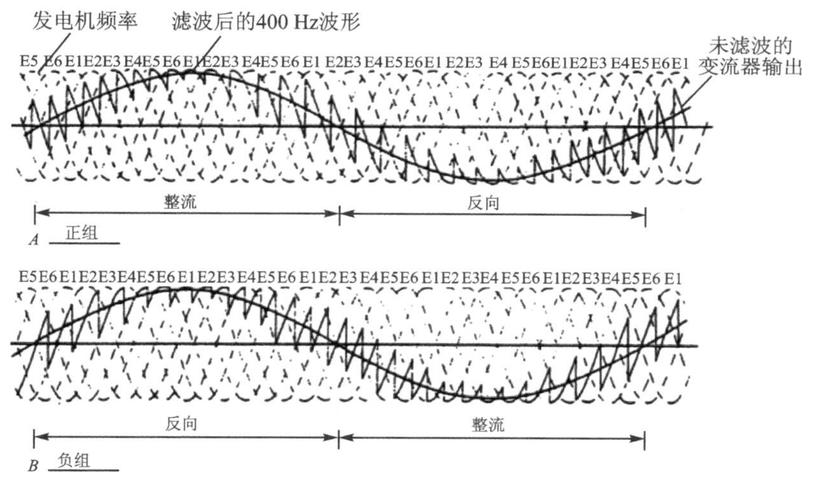

图 4.11.6　VSCF 400 Hz 波形的形成

输出波形负半部以相反的形式形成。整流和反相模式定义电流的方向：在整流模式电流流向负载，而反相模式电流流向电源。

图 4.11.7 所示是某飞机电源系统的简化方案。2 台循环变流器分别产生 680 W 给飞控 28 V 直流电源，1 260 W 送至重要设备直流汇流条，作为备用直流 28 V 电源。

2. 270V DC 系统

270 V DC 的应用是从 28 V 低压直流电向 115 V 交流电过渡后的又一技术发展。由于电压升高使载流导线的直径减小，将质量、电压降和功耗减至最小，但也出现与 270 V DC 有关的问题。图 4.11.8 所示是某飞机的 270 V DC 电气系统。

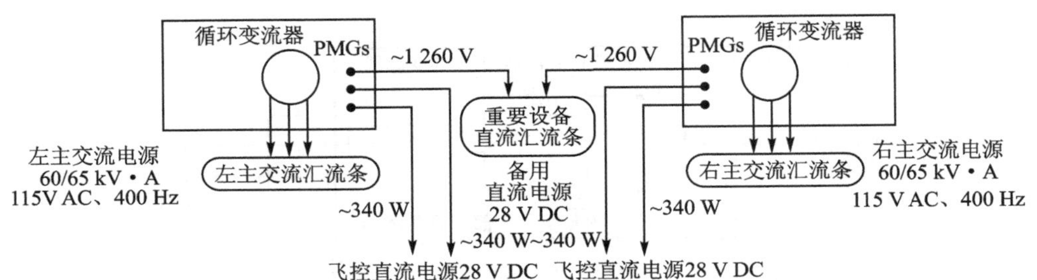

图 4.11.7 某飞机电源系统的简化方案

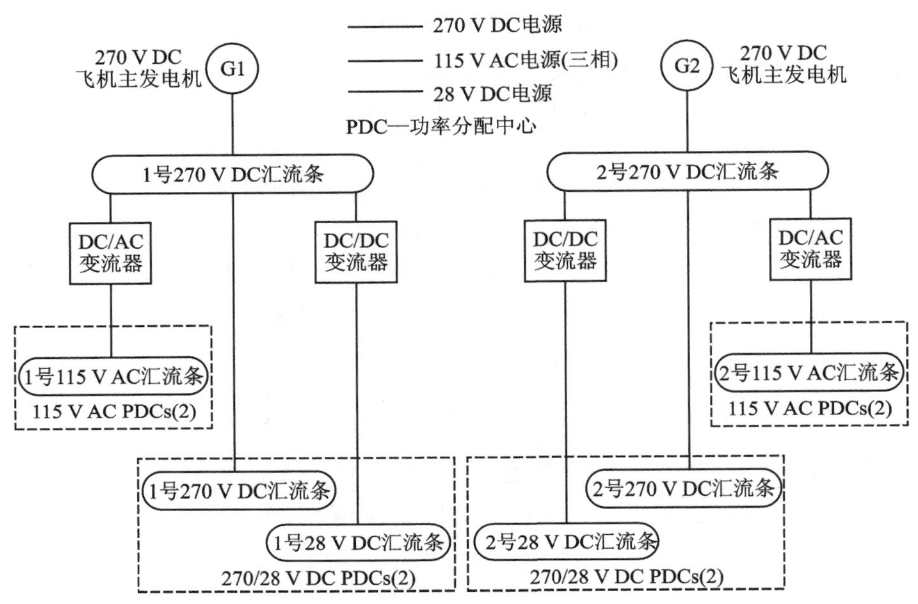

图 4.11.8 某飞机 270VDC 电气系统

由 2 台 270 V DC 主发电机产生直流电,分别用 DC/DC 和 DC/AC 变换器产生 28 V DC 和 115 V AC。270 V DC 系统所用元器件价格昂贵,相当数量的飞机用电设备仍需要 28 V DC 或 115 V AC 电源。采用较高的电压时,对绝缘材料的要求变高。

270 V DC 高压直流电源系统存在着火风险,是由容易引起火灾的碳素纤维复合材料飞机损伤引起的,尤其要减少高空或者特殊条件下电弧的产生,例如潮湿、充满咸性空气的热带或海洋环境等。地面维护期间,也有对地勤人员致命伤害的可能,必须在设计中予以考虑。

向 270V DC 发展所存在的问题之一是有些设备仍然有对传统 115V AC 和 28V DC 电压的需求,如图 4.11.8 所示。

4.11.3 多电飞机电气系统

近 10 年来,美国及欧洲国家一直在研究多电飞机(MEA),主要涉及能量效率更高的转换和利用飞机的动力的方法,对飞机的综合性能的影响深远。图 4.11.9 是现代飞机电功率变化图,多电飞机 A380 和 B787 装机容量明显提高,最高的 B787 达到 1.4 MV・A 左右。现代飞

机由于效率高，可维修性好，可靠性高/冗余设计，功率系统柔性设计，电能管理，减少了从发动机功率的提取，使得生命周期的成本低。

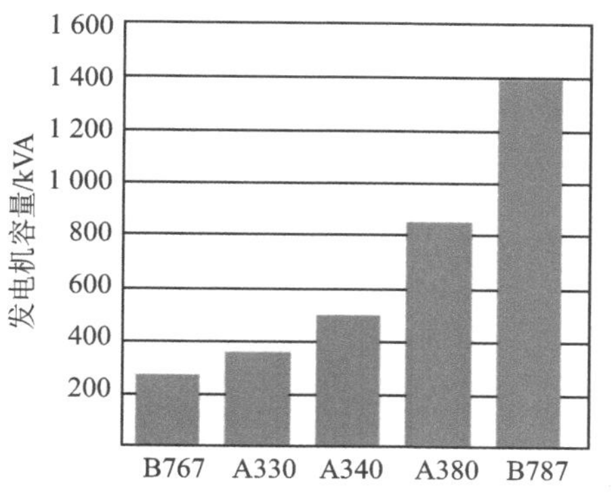

图 4.11.9　现代飞机机载电功率

多电飞机上尽量用电能取代其他能源，因此飞机上利用电能的设备发生了明显的变化。图 4.11.10 是多电飞机电能管理控制系统示意图。

主要能源有发动机（engine）带动的主发电机、APU、RAT、燃料电池及地面电源，蓄电池和主电源之间的能量是双向传递的。用电设备有环境控制系统 ECS、电静液作动器 EHA、电机械作动器 EMA 和厨房用电设备 Galley 等。为比较系统地了解多电飞机的电气系统，以 A380 和 B787 为例进行介绍。

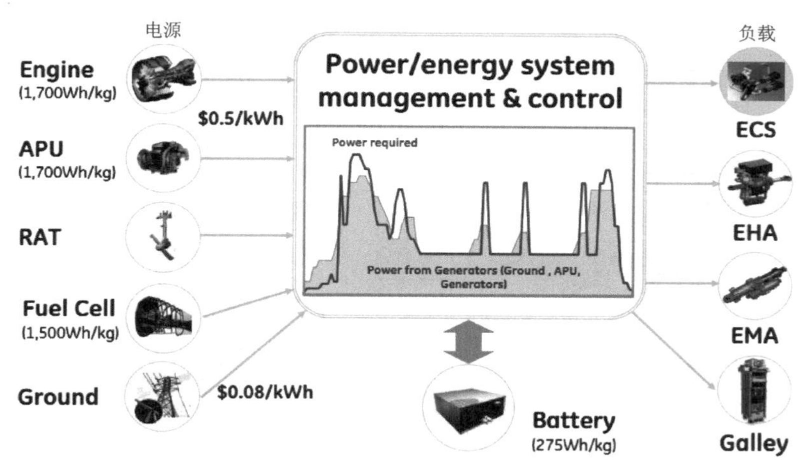

图 4.11.10　电源系统的管理和控制示意图

1. 空客 A380 电气系统

A380 是自 20 世纪 60 年代初期的一些涡轮螺旋桨客机以来，重新用变频技术的第一架大型民用飞机。图 4.11.11 是 A380 电气系统部件图。交流发电系统有 4 台 150 kVA 变频发电机，其工作频率为 370～770 Hz，变频发电机可靠性高且效率高，但不能并联，也不具备不中断供电的能力；2 台 120 kVA 的 APU 恒频发电机（400Hz），4 处外部电源接口，用于地面电源供电，需要注意的是外部电源必须与机上电源技术指标匹配；1 台 70 kVA 冲压空气涡轮发电机，用于应急交流发电。

A380 交流电源系统的结构如图 4.11.12 所示。每一台 150 kVA 交流主发电机由相应的发动机驱动。2 台 APU 发电机由各自的辅助动力装置（APU）驱动。每一台主发电机在 GCU（GCU1～GCU4）控制下给相应的交流汇流条供电（AC1～AC4）。每一个交流汇流条也可以接受外部电源输入，用于地面维护和保障工作。由于飞机发电机是变频的，交流电源的频率与相应发动机的速度有关，所以交流主汇流条不能并联工作。构成飞机负载很大一部分的飞机

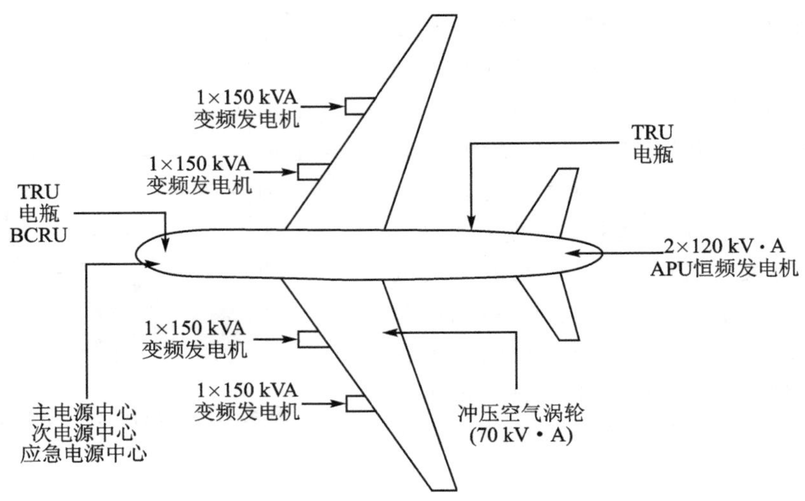

图 4.11.11 A380 电气系统部件

厨房负载分散在4个交流汇流条之间,如图4.11.12所示。

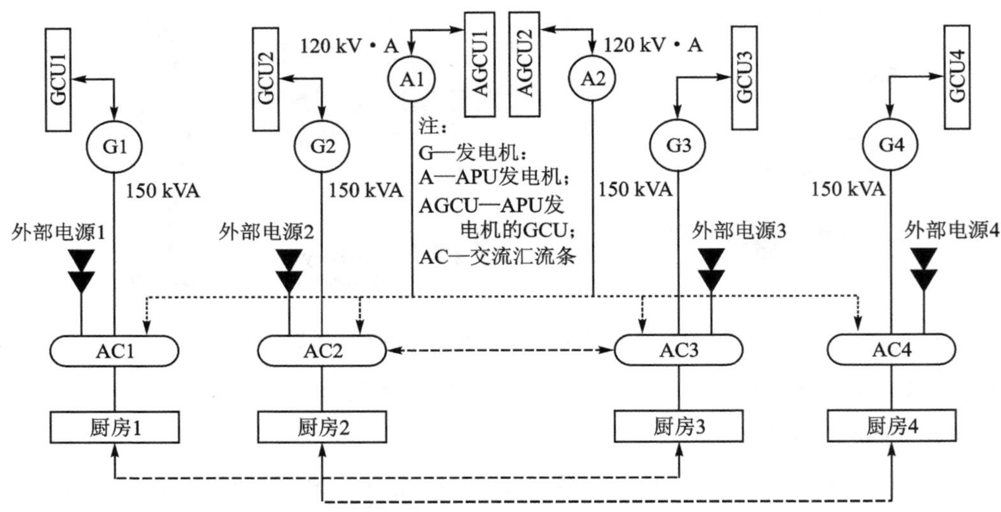

图 4.11.12 A380 交流电源系统结构

(1) A380 电气系统划分

图4.11.13是A380电气系统分区供电图。它将电气系统分为E1、E2和E3三个通道。E1通道由AC1和AC2供电,E2通道由AC3和AC4供电,RAT和静止变流器属于E3通道。

从图中还可以看出E1和E2通道有二台相应的主发电机,与主发电机相连的是可调蓄电池充电装置BCRU(battery charge regulator unit)和50 Ah的蓄电瓶,以获得3个实际独立的电源通道,即E1通道为AC1、AC2+BCRU1+电瓶1,E2通道为AC3+BCRU2+电瓶2及AC4;E3通道为应急通道,由RAT+重要设备BCRU+重要设备电瓶组成。

(2) A380 配电系统和电气系统控制

配电系统的功能是实现功率切换和保护,主要由1个综合主配电中心PEPDC,2个飞机

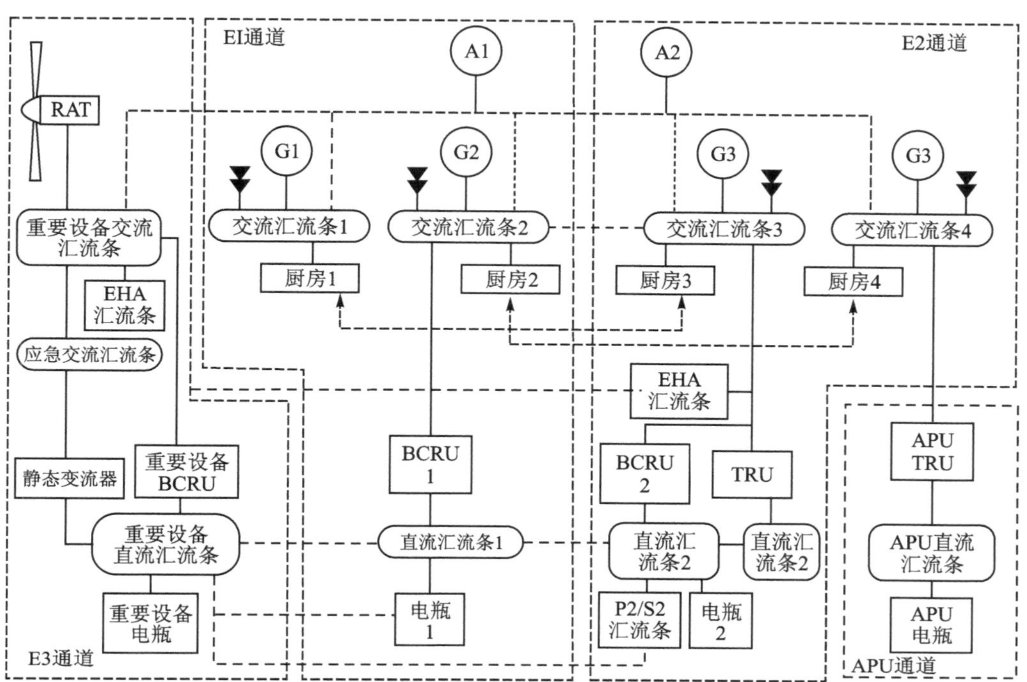

图 4.11.13　A380 电气系统分区

负载次级配电中心 SEPDC，给耗电量小于 15 A/相或小于 5 kVA 的较小电气负载配电。

6 个次级配电盒 SEPDB 给座舱和乘客舒适度相关的生活负载配电，与飞机的飞行安全无关，通常功率较大，配电时电源与负载尽量接近，以减轻馈线电缆质量。生活负载包括：厨房设备 120～240 kVA，属于间断性负载；制冷设备约 90 kVA，是持续性负载；空中娱乐(IFE)约 50～60 kVA，每个座位大约消耗 100 W 的持续电功率负载；座舱照明约 15 kVA。固态功率控制器 SSPC 优先于次级配电的断路器。

A380 的电气系统控制由专用装置和综合模块化航空电子设备和通用处理器输入/输出模块进行组合控制，4 台主发电机各有其控制装置 GCU1～GCU4，2 台 APU 发电机控制装置 AGCU1 和 AGCU2，1 台 RAT 发电机控制装置。它们用于电气负载的管理(控制负载脱开)和次级负载的监控(监控次级配电装置的状况)。在应用断路器之处，对断路器实施监控。

在任何异常情况下，配电系统能够自动识别故障，保证向尽可能多的负载供电，并且保证任何两台发电机能够向整个电气系统供电。由于每台发电机能向两条 AC 汇流条供电，所以在某台发电机失效的情况下，每条 AC 汇流条按优先级顺序供电。

2. B787 电气系统

B787 具有许多新颖的多电飞机特征，已经向全电飞机 AEA 迈出了一大步。其主要体现在所有系统均用电驱动，基本取消了发动机引气，虽然还应用了液压作动器，但是它们的动力大部分由电源供给。

(1) 取消引气的发动机

图 4.11.14 所示是取消引气的发动机与带有引气的发动机比较。图(b)要比图(a)少去很多引气管路，结构简化，可靠性提高。由于取消了从发动机引气，对整个飞机来讲就不再需要

供气管路及相关系统,如图4.11.15所示,节省了很多交错管路连接及管路密封等问题。

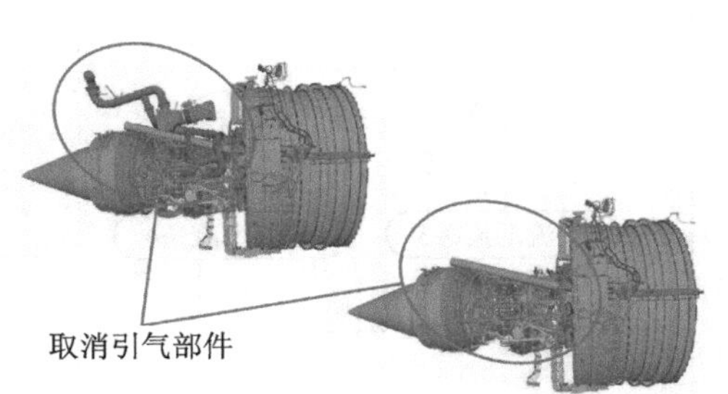

图4.11.14 取消引气的发动机(b)与带有引气的发动机(a)比较

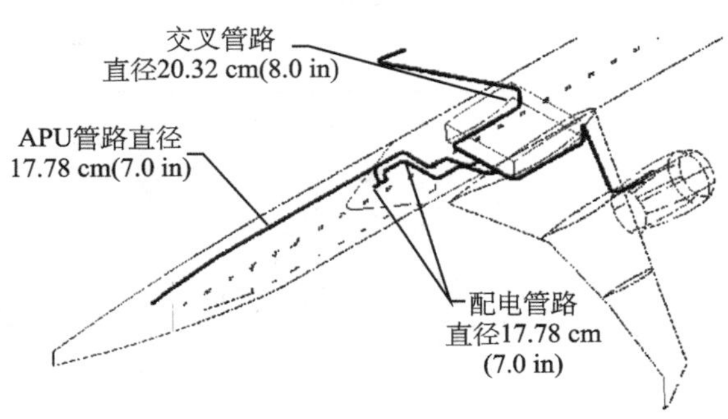

图4.11.15 取消了供气管路及相关系统(B787飞机)

(2) 多电飞机发电机

多电飞机发电机有主发动机直接带动的变频启动发电机和辅助动力装置带动的APU启动发动机。图4.11.16所示是变频启动发电机在发动机上的安装情况,发动机通过附件齿轮箱连接到发电机轴上。VFSG的功率为250 kVA,工作频率为360～800 Hz,质量为92 kg(203 lbs),平均无故障时间为30 000飞行小时。

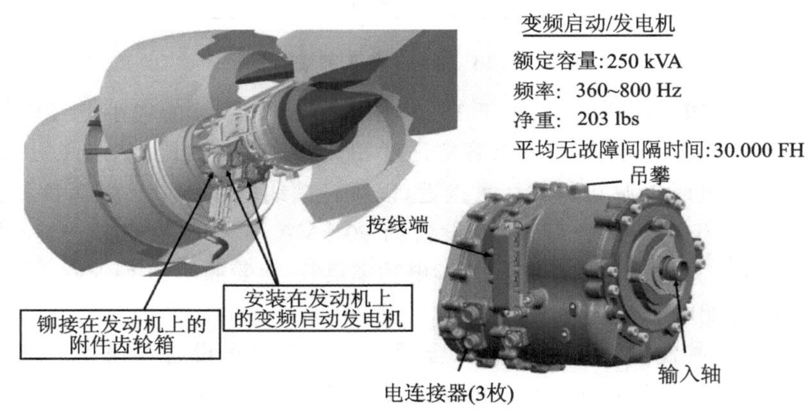

图4.11.16 变频启动发电机VFSG外形图

图4.11.17是VFSG发电机的剖面图,图中英文解释如下:End Housing:端盖;Center Housing:中心盖子;Scavenge Pump Inlet Core:回油泵吸入口;Drain Plug:放油塞;Current Transformer:电流互感器;input Housing:输入端盖;QAD Mounting Surface:快卸安装面;Input Seal:输入密封件;Input Shaft:输入轴;Main Generator rotor:主发电机转子;Main Generator Stator:主发电机定子;lifting Boss:起吊扣;Exciting stator:励磁机定子;Exciting rotor:励磁机转子;PMG stator:永磁发电机定子;PMG Rotor:永磁发电机转子;Thermal/Electrical disconnect assembly:热/电断开组件;Disconnect Solenoid:断开电磁线圈。

图4.11.18所示是APU启动发电机。每台APU带有两台启动发电机。图4.11.19是取消引气管路的APU发动机,图中的阴影部分,即为取消部分主要取消了压缩机负载、内置阀门和作动器、喘振控制活门、引气导管、引气传感器等,大大简化了结构,增加了可靠性。

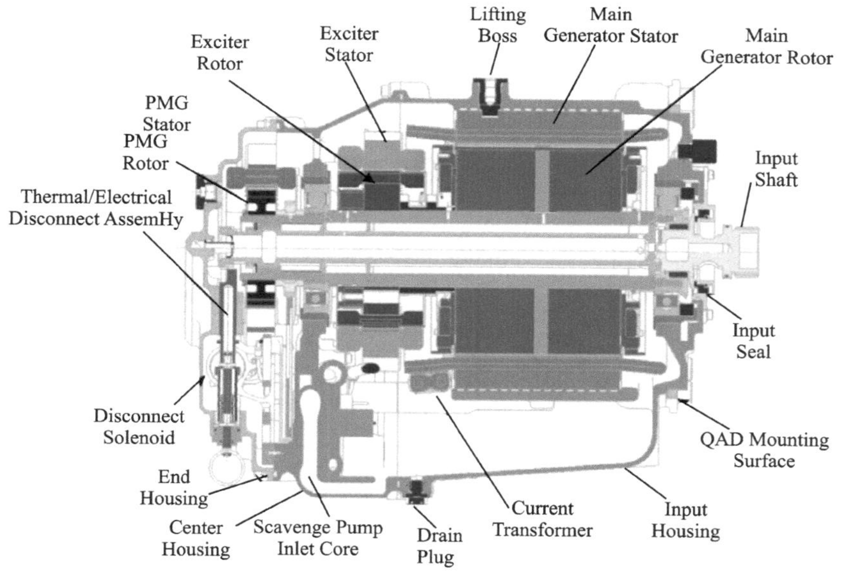

图 4.11.17　VFSG 发电机的剖面图

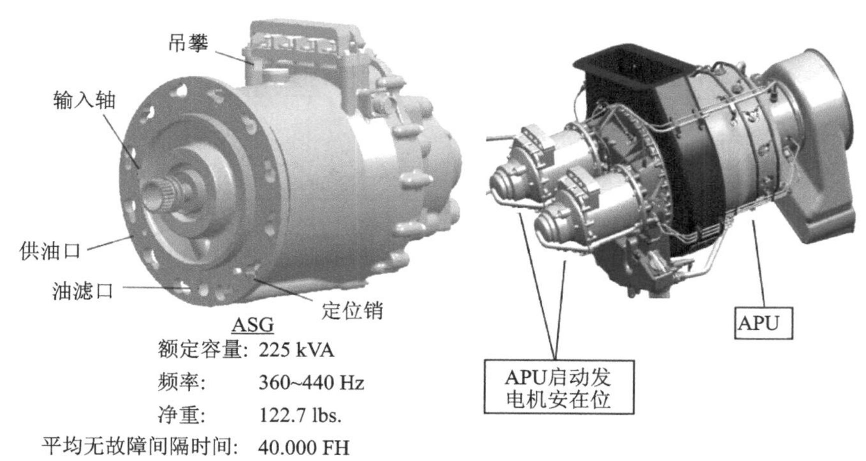

图 4.11.18　APU 启动发电机 ASG 的外形图(B787)

(3) B787 电源系统

图 4.11.20 所示是 B787 飞机顶层电气系统。它由 2 台主发动机和 1 台 APU 发动机组成。每台发动机带有 2 台 250 kVA 的启动/发电机 S/G,每个通道的功率为500 kVA。其主要特点是采用了三相 230/400 V AC 变频交流电源,与 115/200 V AC 相比,电压增加了 1 倍,使得配电系统的馈线损失减小,但存在绝缘材料要求较高和局部放电的“电

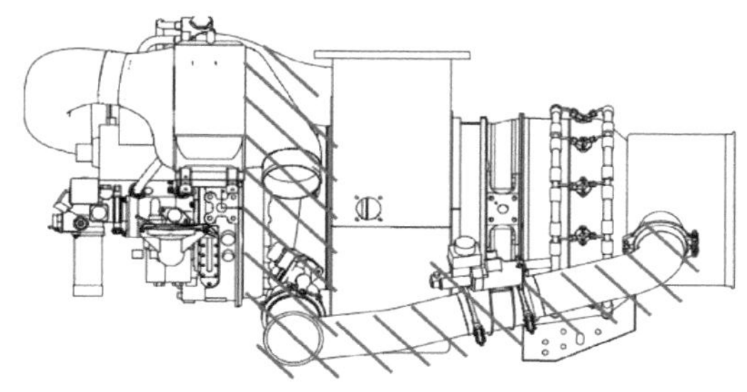

图 4.11.19　取消引气管路的 APU 发动机(阴影部分取消)

晕”可能。电源频率为 360～800 Hz,有利于减轻发电机馈电线的质量,但频率的升高对导线的阻抗、集肤效应等会产生影响。图中还有 2 台 225 kVA 由 APU 驱动的启动/发电机。每台主发电机在馈电至配电系统以前,先输入各自的 230 V AC 交流主汇流条。电源既给 230 V AC 交流负载供电,又转换成 115 V AC 和 28 V DC 电源给传统的用电负载供电。

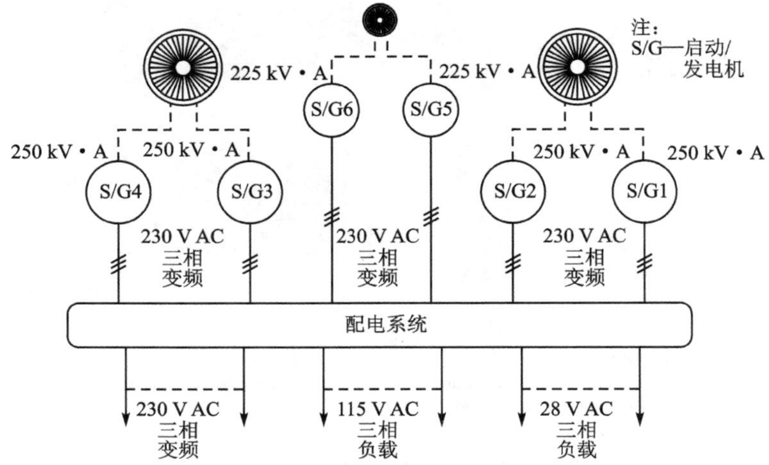

图 4.11.20　B787 飞机顶层电气系统

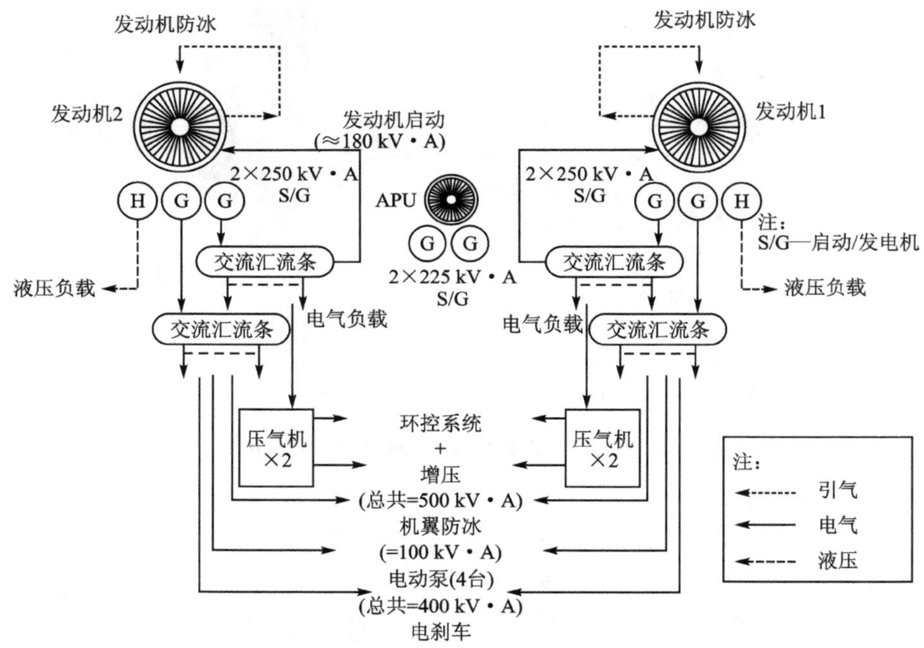

图 4.11.21　B787 电气负载

(4) B787 电气负载

图 4.11.21 是 B787 电气负载图。由于机体中不再应用引气,所以没有空气输至环控系统、座舱增压系统、机翼防冰系统以及其他气压子系统。从发动机的唯一引气是用于发动机整流罩防冰的低压风扇空气。在现代发动机上,当发动机压力比和涵道比增加时,从发动机提取

引气是极其浪费功率的。

B787 的主要多电负载有环境控制系统和增压、机翼防冰和电动泵等。其中环境控制系统(ECS)和增压取消引气，意味着 ECS 和增压系统的空气需要用电的方法产生增压。在 B787 上，需要 4 台大型的电驱动压气机，提取功率在 500 kVA 左右。

不能采用引气进行机翼防冰，而是采用埋置于机翼前缘中的电加热垫提供防冰，防冰需要 100 kVA 量级的电功率。飞机的有些发动机驱动液压泵由电动泵代替。4 台新的电动泵每台需要 100 kVA，总共需要 400 kVA。如果采用“无引气发动机”，则飞机发动机的启动不能用高压空气启动。发动机需要 180 kVA 的启动/发电机启动发动机。由于引入大功率电机，对飞机配电系统产生了重要的影响。

(5) 配电系统

图 4.11.22 是 B787 的飞机配电系统示意图。初级功率配电由 4 个主配电盘进行，2 个在前电气设备舱，另 2 个在后电气设备舱。后配电盘也包含了 4 台电动泵(EMP)的电机控制器，2 台相应的泵安置于发动机的吊架中，2 台位于飞机中段。发动机启动机的电机控制器和 APU 启动机电机控制器也安置于后配电盘内。它们所具有的大功率和相应的功率损耗产生了大量的热量，因而需要对主功率配电盘进行液体冷却。

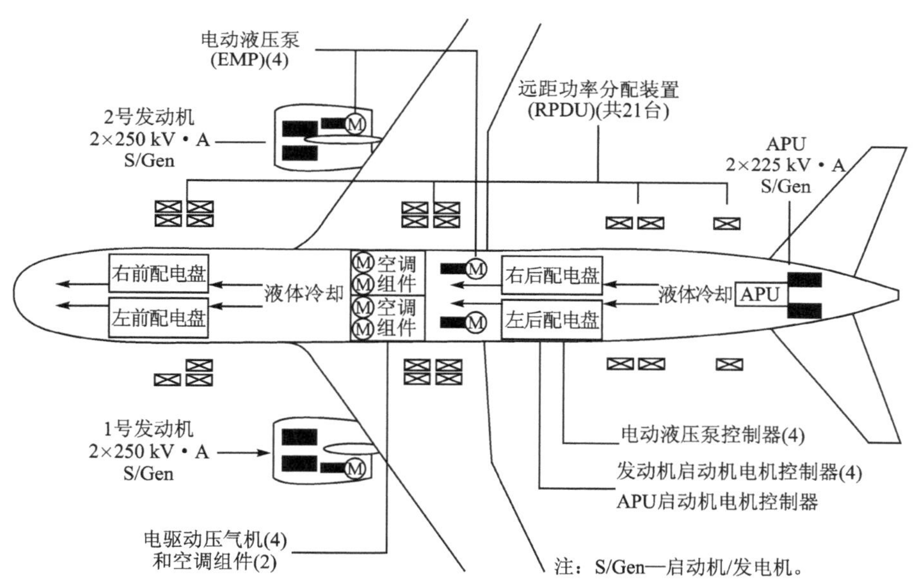

图 4.11.22　B787 飞机配电系统示意图

电驱动空调组件位于飞机中段，采用位于机上各便捷位置远程功率分配装置 RPDU 可实现次级配电。B787 飞机上共有 21 台 RPDU，位于图 4.11.22 中所示的位置。

选择题

1. 在 B747－400 飞机上，用来控制左边和右边同步汇流条连接在一起的装置是________。

   A. BTB　　B. GCB　　C. GCR　　D. SSB

2. 飞机上的交流电源由________设备提供。

A. 引擎驱动的发电机和 APU 发电机以及地面电源车

B. 应急发电机

C. 静变流机

D. 电瓶充电器

3. 不能并联供电的是________。

A. 外部电源和 APU 电源　　B. 两台外部电源

C. 主发电机之间　　D. 以上都正确

4. 要求交流发电机并联供电前各自输出的频率相同的原因是________。

(1) 频率不同,并联时的冲击电流及冲击功率可能超限

(2) 造成交流发电机有功负载有较大的不均衡

(3) 造成交流发电机无功负载不均衡

A. (1)和(3)　　B. (1)(2)和(3)

C. (2)和(3)　　D. (1)和(2)

5. CSCF 交流电源并联供电后,需要采取________措施解决。

A. 减小并联时的压差、频率、相位　　B. 使三相电源的相序一致

C. 使并联电源的波形趋于一致　　D. 均衡有功和无功负载

6. 一般飞机上的主发电机能产生________的电能。

A. 100～1 000 W　　B. 60～90 kVA

C. 1 000～2 000 kW　　D. 120～200 Ah

7. 无刷交流发电机实现无刷的关键部件是采用了________。

A. 交流励磁机　　B. 旋转整流器

C. 永磁式复励磁机　　C. 直流励磁机

8. 飞机在空中正常飞行时,交流主电源来自________。

A. 发动机驱动的交流发电机　　B. APU 发电机

C. 外部电源　　D. 静变流机

9. 在 PWM 式晶体管调压器中,当交流发电机负载增加时,功率管的________。

A. 开关频率减小　　B. 开关频率增大

C. 导通时间减小　　D. 导通时间增大

10. 电源系统中的差动保护可对________的短路进行保护。

A. 永磁发电机电枢绕组　　B. 交流励磁机电枢绕组

C. 旋转整流器　　D. 主发电机电枢绕组和输出馈线

11. 一个基本的 PWM 晶体管调压器有________环节组成。

A. 检比、滤波、功率放大　　B. 检比、解调、整形

C. 调制、校正、功率放大　　D. 检比、调制、整形、功率放大

12. 当三相交流电网发生相断开故障时,则有________。

A. 三相电流不相等　　B. 三相电压不相等

C. 一相输出电流为零和其他两相正常　　D. 三相频率不相等

13. 如果调压器稳定性不好,则发电机将会出现________。

A. 发生过电压　　B. 发生欠电压

C. 输出电压波动较大　　D. 输出电压不能达到额定值

14. 在电源系统中出现________故障时,不需跳开 GCB。

A. 欠压　　B. 过压　　C. 欠速　　D. 差动保护

15. 在电源系统保护电路中,实现反延时采用的电路是________。
   A. 运算放大器和 LC 组成的积分电路
   B. 运算放大器和 RC 组成的积分电路
   C. 运算放大器和 RC 组成的微分电路
   D. 运算放大器和 RC 组成的比例放大电路
16. 在发电机的故障保护装置中设置延时的目的是________。
   A. 防止损坏负载　　B. 防止误动作
   C. 防止发生故障时拒动作　　D. 防止发生更严重的故障
17. 下述设备中属于应急电源的有________。
   A. APU GEN　　B. RAT　　C. HMG　　D. BAT

第5章 外电源和辅助动力装置

5.1 外电源简述

外电源是供飞机在停机坪进行航线维护时，对飞机电气设备检查、发动机启动点火等所需电源的地面支持设备。

5.1.1 地面电源车应用概况

飞机蓄电池尽管可以提供满足发动机启动的电源，但在地面大规模地使用飞机蓄电池是不合适的，因此飞机电源系统必须有一个可以由外电源供电的电路，并能将外电源连接至电源系统的配电汇流条。由于停机坪范围比较大，市电不容易遍及，因而经常采用与飞机电源系统配套的电源车供停在停机坪上的飞机使用，如图5.1.1所示。一般情况下，电源车有28 V蓄电池、逆变器产生115 V、400 Hz交流电等。

在停机场准备过程中，飞机的供电主要靠飞机上的辅助动力装置APU、车载地面电源设备GPU和廊桥装配的静止变换电源设备三种形式。而使用成本最高的是使用飞机上的辅助动力装置APU为飞机供电。在APU供电过程中，飞机要消耗大量的航空油料，因此应加大对地面电源车的使用效率，减少飞机APU的使用次数，以降低燃油的消耗，达到降本增效的目的。

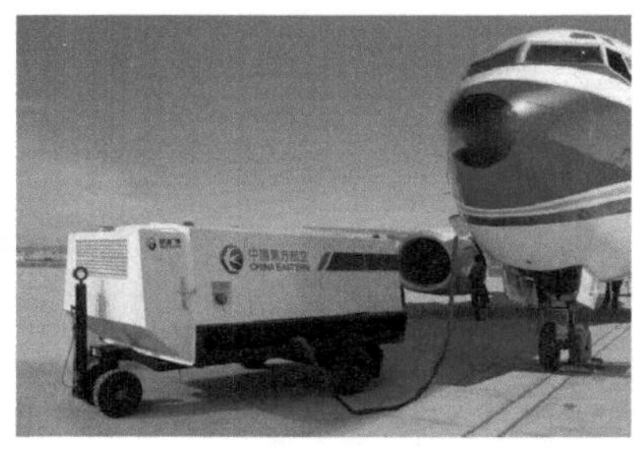

图5.1.1 地面电源车

大量使用电源车存在需要一定数量的司机、外航保障量大等不利因素。为了实现增收节支、节能减排的工作目标，地服和站坪运行中心应高度重视，克服困难，提高地面电源设备的使用效率。

① 严格落实车辆、设备的安全检查工作，提高地面电源设备的完好率。

② 加强电源车调配工作，针对不同机型、飞机航前航后和过站的不同时段，合理配置和安排电源车，进一步降低飞机APU的使用时间。

③ 在确保安全的前提下，实施一人多机和一人多车种作业，让每个地面电源车司机负责多个(一般为3个)相邻机位的飞机地面供电保障工作。

④ 加大对其他车种司机的培训，使更多的司机尽快掌握电源车操作流程，补充电源车司机的不足。进一步加大管控的力度，提升地面电源车的使用效率，增强盈利能力。

除了将地面电源车作为外电源供电系统外，有些飞机还携带独立的蓄电池应急电源，当地面支持电源车出现故障时，能够进行转换，用应急蓄电池供电。

5.1.2 外电源供电线路

最基本的直流电源系统如图 5.1.2 所示。它的直流电网有 2 个汇流条，一个是主汇流条，一个是蓄电池应急汇流条。利用电源选择开关和地面电源插座就可进行主电源和应急电源的交替选择。

外电源供电靠一个地面插头和安装在飞机表面的插座对接，如图 5.1.3 所示。地面直流电源插头座为 3 芯插座，其中 2 个是正端，1 个是负端。插座上还有快速松开的盖子，在插座不用时起到保护作用。图 5.1.4(a)是地面直流电源插座的连接线图。当电源选择开关打在外电源位置时，外电源继电器触点 K1 吸合，接通外电源电路。插座上有两个大插钉分别接直流电源的"＋""－"端，主要用于控制外电源接触器 EPC 的通断。由于控制插钉比较短，插上电源时，能确保只有插紧后外电源接触器才能吸合；拔出插头时，保证先断开外电源接触器，以免拔出插头时产生火花或电弧。

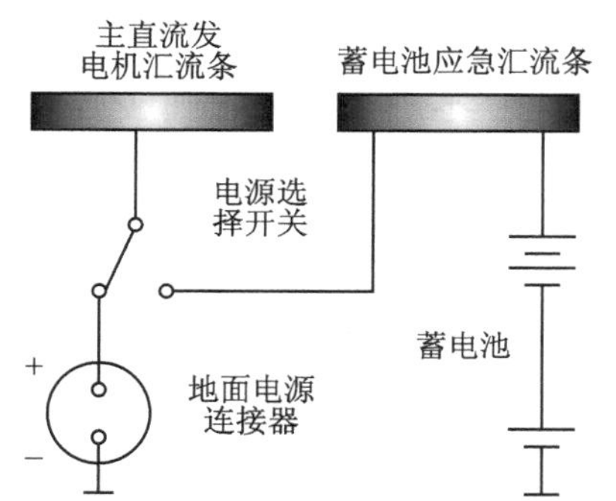

图 5.1.2　基本外电源供电系统

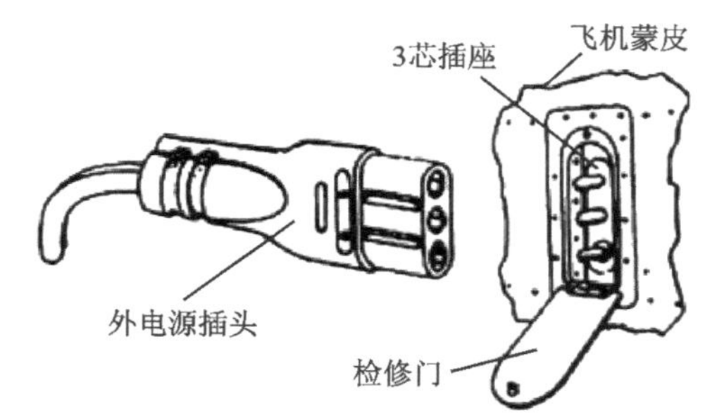

图 5.1.3　外电源插座连接器

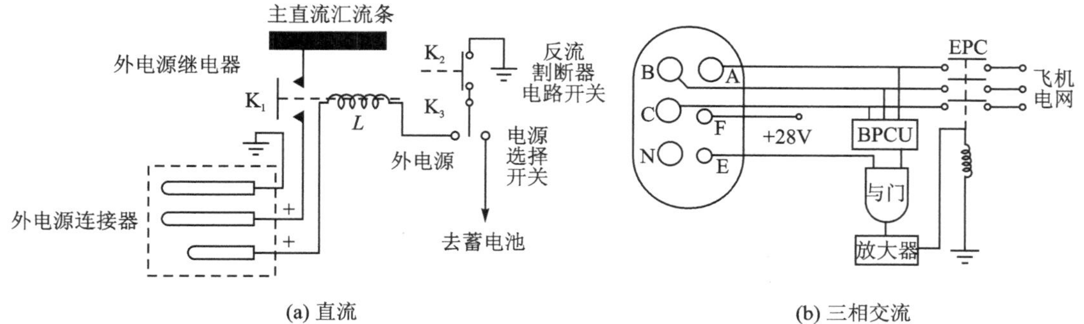

图 5.1.4　地面电源控制

地面交流电源的插座上有 6 个插钉，如图 5.1.4(b)所示。其中 4 个大插钉分别为三相四线制电源的 A、B 和 C 三相火线和零线 N，2 个小插钉 E 和 F 起控制作用。E 和 F 插钉比主插

钉细而短,因此只有当插头插紧后,E 和 F 插钉才能和外部电源插头形成通路,使 EPC 闭合。

在外部电源插头中,E 和 F 端子是短接的。拔出插头时,由于 E 和 F 插钉比主插钉短,E 和 F 插钉先断开,使外电源接触器跳开,以保证主插钉拔出时外电源空载,从而防止产生火花和电弧。

在有的飞机上装有外电源控制组件 EPCU(如 B737－200),其用于检测外部电源的相序、电压、电流及频率等是否符合要求。如果符合要求则 EPCU 发出信号,允许外部电源接触器 EPC 接通。

B737－500 以后的飞机,EPCU 的功能由汇流条控制组件 BPCU 完成。不同的是 E 和 F 不直接接在外部接触器工作线圈回路中,而是提供一个逻辑信号,如图 5.1.4(b)所示。

外部电源接触器的吸合需满足以下条件:一是 E 和 F 已经插好并形成通路;二是外电源质量合格,电压、频率等参数符合要求;三是机上所有发电机的 GCB 都处于"OFF"位。这些条件全部满足时,由 BPCU 发出使能信号,使 EPC 吸合,外电源即可向飞机上的汇流条供电。

在飞机外部电源插座上一般有两个指示灯,分别是"AC CONNECT"灯和"NOT IN USE"灯。当外部电源插好后,"AC CONNECT"灯亮。当"NOT IN USE"灯亮时,表示外电源空载,允许拔下插头;而当"NOT IN USE"灯灭时,说明飞机正在使用地面电源,如果此时要拔下插头,正确的操作程序是先到驾驶舱断开地面电源开关,使外部电源接触器跳开,然后再拔下地面电源插头,以防止插头和插座之间产生火花和电弧。

地面电源向飞机供电后,BPCU 监控地面电源的质量,发生过流、过压、欠压、过频、欠频等故障时,就会断开 EPC。另外,当 APU 发电机或主发电机向飞机电网供电时,由 BPCU 控制自动断开外部电源,以防不同电源间的并联。

5.1.3 外电源使用和维护注意事项

交流外电源在地面给主 AC 汇流条、地面操作汇流条和地面服务汇流条电源供电。系统元件包括汇流条控制单元、外电源面板、外电源盒、外电源接触器以及地面电流互感器。下面以 B757 为例介绍外电源的有关组成和功能。图 5.1.5 所示是电气系统控制面板,印着 EXT PWR 字样的就是关于外电源的操作部分。

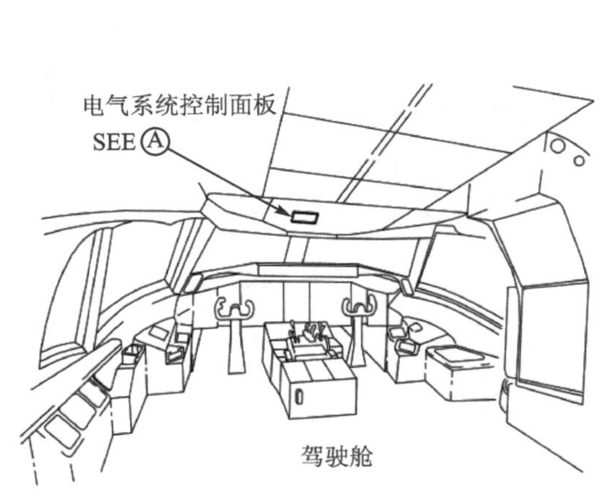

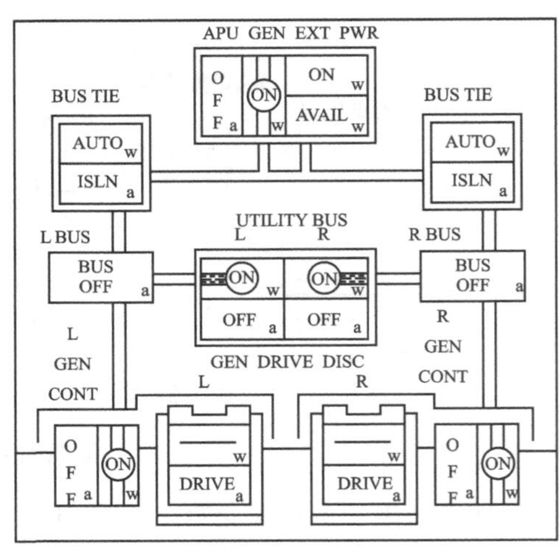

图 5.1.5 电气系统控制面板

1. 汇流条功率控制单元

汇流条功率控制单元 BPCU 安置在前设备舱 E5 架上，监视外电源系统。BPCU 进行电路保护和隔离故障，断开电源质量差的电源。BPCU 具有监视发电机控制器信息的功能，控制着所有交流汇流条及负载。

2. 外电源面板

以 B757 为例，P30 板是外电源的面板，安置在飞机机身右侧较低的位置，轮舱的后面。面板上有外电源插孔、一个白色的 AC 电源连接灯及一个清晰的电源不用状态指示灯。

（1）外电源插孔

外电源插孔 EPR 连接飞机三相 115 V、400 Hz 交流电源。外电源插孔有 6 根针，其中 4 根针用于传送 AC 电，2 根针与 DC 汇流条功率控制单元 BPCU 互锁。外电源插头安置在 P30 板上，如图 5.1.6 所示。

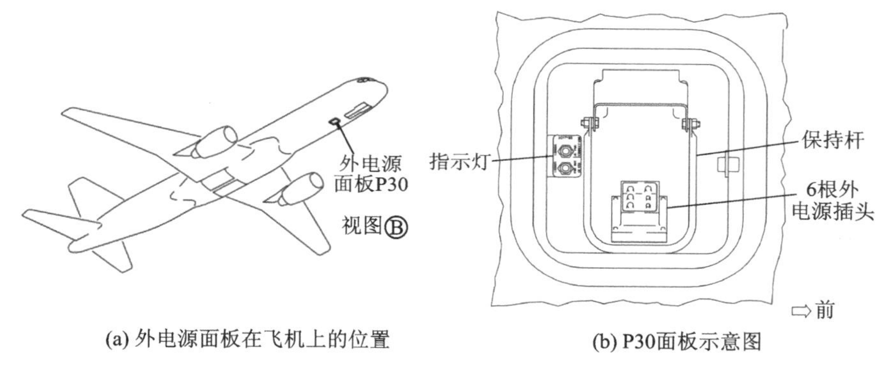

(a) 外电源面板在飞机上的位置　　(b) P30面板示意图

图 5.1.6　外电源面板 P30 板(B757 飞机)

（2）外电源接触器

外电源接触器 EPC 是用于通断三相 115 V、400 Hz 的电器装置。接通时 EPC 将外电源连接到 AC 汇流条上。EPC 由 BPCU 接收到来自驾驶舱的开关指令后控制通断，28V DC 给 EPC 供电。EPC 额定电流为每相 275 A 的连续工作模式。BPCU 的保护功能可以让 EPC 自动失去供电。EPC 有 6 个接头，其控制由各自的电连接端提供。EPC 在 P34 面板上，如图 5.1.7 所示。

（3）　地面电源电流互感器

地面电源电流互感器 GPCT 敏感流过外电源各馈线中的电流。外电源电流由 BPCU 监控。P34 板上有地面电源电流互感器 GPCT，如图 5.1.7 所示。

3. 外电源工作原理

图 5.1.8 是外电源的部分电路图，下面分析其工作原理。

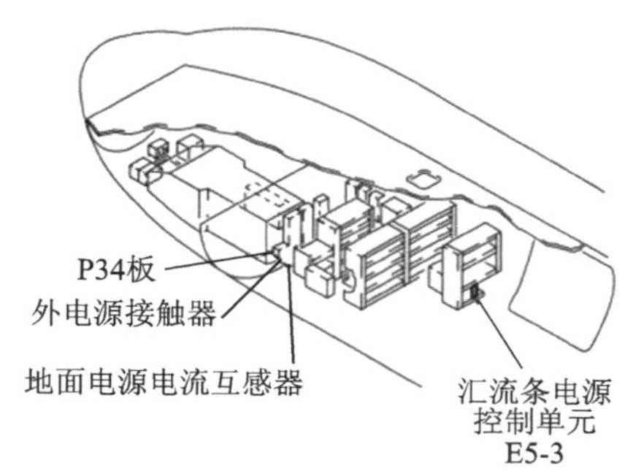

图 5.1.7　外电源接口板 P34 板

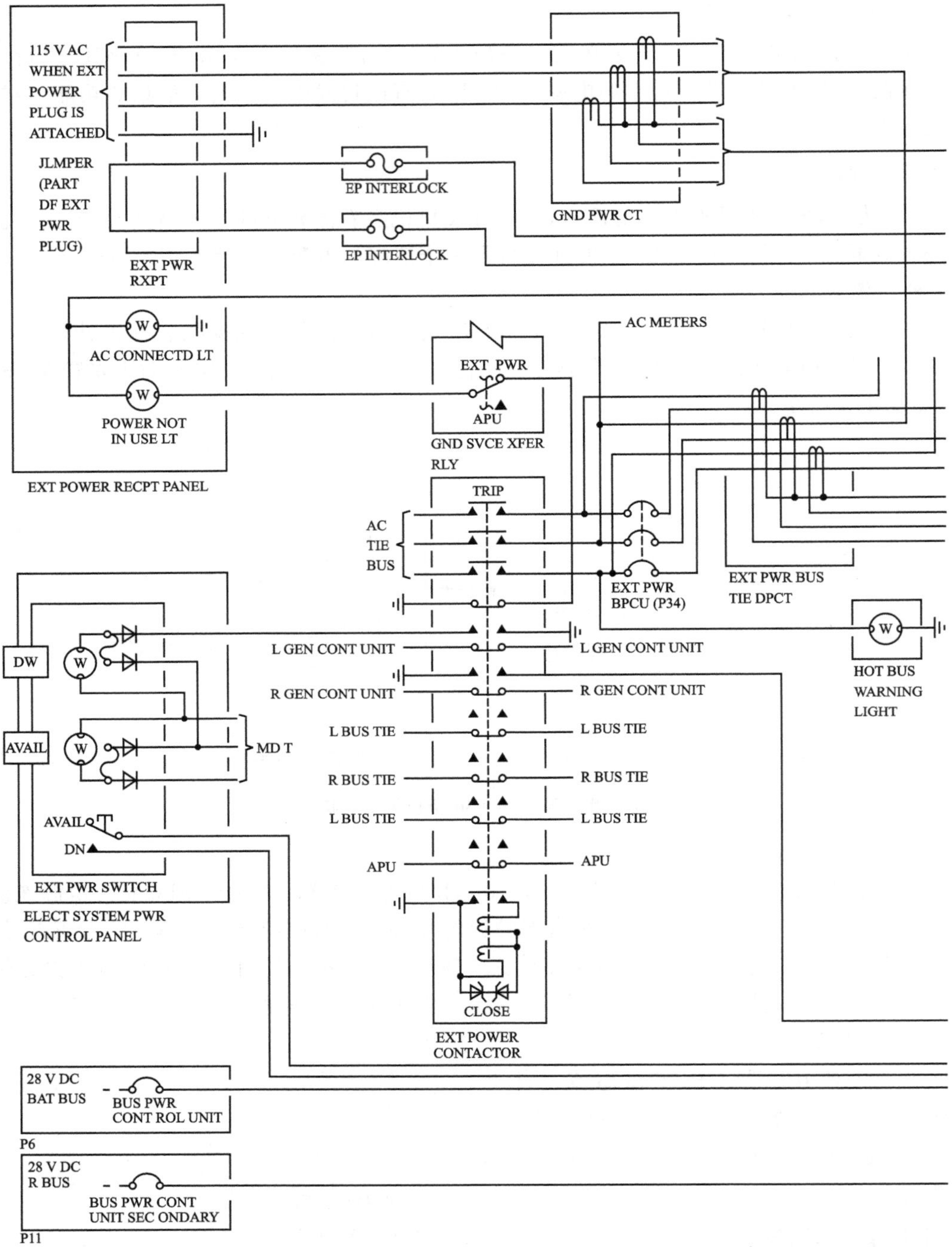

115 V AC
WHEN EXT
POWER
PLUG IS
ATTACHED
JLMPER
(PART
DF EXT
PWR
PLUG)
EXT PWR
RXPT
EP INTERLOCK
EP INTERLOCK
GND PWR CT
AC CONNECTD LT
POWER NOT
IN USE LT
EXT POWER RECPT PANEL
AC METERS
EXT PWR
APU
GND SVCE XFER
RLY
TRIP
AC
TIE
BUS
EXT PWR
BPCU (P34)
EXT PWR BUS
TIE DPCT
HOT BUS
WARNING
LIGHT
DW
AVAIL
MD T
AVAIL
DN
EXT PWR SWITCH
ELECT SYSTEM PWR
CONTROL PANEL
L GEN CONT UNIT
L GEN CONT UNIT
R GEN CONT UNIT
R GEN CONT UNIT
L BUS TIE
L BUS TIE
R BUS TIE
R BUS TIE
L BUS TIE
L BUS TIE
APU
APU
CLOSE
EXT POWER
CONTACTOR
28 V DC
BAT BUS
BUS PWR
CONT ROL UNIT
P6
28 V DC
R BUS
BUS PWR CONT
UNIT SEC ONDARY
P11

注释：EXT POWER RECPT PANEL：外电源插孔面板；EP INTERLOCK：外电源互锁；ELECT SYSTEM PWR CONTROL PANEL：电气系统电源控制面板；EXT POWER CONTACTOR:外电源接触器；BUS PWR CONT UNIT：汇流条功率控制单元；EXT PWR BPCU(P34)：外电源汇流条功率控制单元BPCU（P34）；EXT PWR BUS TIE DPCT：外电源汇流条差动电流互感器；GND PWR CT：地面电源电流互感器;HOT BUS WARNING LIGHT：热汇流条告警灯

图 5.1.8　外电源电路图

① 将外电源接到外电源插孔 EPR 上，接通 P34 板上红色的外电源热汇流条(EXT PWR HOT BUS)警告灯。这时连接到 BPCU 的 DC 互锁电路接通，并且 BPCU 自动检查外部电源的供电质量。如果外电源电压、频率及相序正确，在 P30 面板上的白色交流电源连接(AC PWR CONNECTED)灯亮。在 B757 的电气系统控制面板上有白色外电源指示灯，如果没有选择外电源，P30 板上电源不在使用中(PWR NOT IN USE)的指示灯清晰点亮。

② 在外电源控制系统面板上的外电源(EXT PWR)开关触发，接通电源系统，即一按下这个开关就接通电源系统。汇流条功率控制单元 BPCU 引起辅助电源断路器和先前接通的发电机电路断开，BPCU 给外电源接触器供电。在控制面板上的外电源可用(EXT PWR A-VAIL)和外电源灯亮，P30 面板上交流电源连接(AC PWR CONNECTED) 灯亮，P30 板上的外电源不用灯(PWR NOT IN USE)将关闭，再按下 EXT PWR 开关断开外电源。

③ 如果发动机启动，当转速足够高时，发电机发出的电压符合要求，EPC 将接通。发电机电路断路器接通，电源由主发电机提供。按下外电源(EXT PWR)开关，将接通外电源与汇流条。

④ 如果外电源电流超过每相 330±70 A，则 BPCU 将断开外电源。

5.2 辅助动力装置的功用和组成

在大、中型飞机上，为了保证主发动机的启动能源并提供备用电源，通常都在飞机的尾部装有一台燃气涡轮发动机，这就是辅助动力装置，简称为 APU。

5.2.1 辅助动力装置的功用

现代大、中型客机的主发动机多为涡轮风扇发动机，所装辅助动力装置则为一台小型燃气涡轮发动机，由它带动空气压缩机和一台交流发电机。空气压缩机提供气源，可用于在地面启动主发动机或者向空调系统供气；当主发动机所带动的交流发电机或地面电源车不能向飞机电网供电时，辅助动力装置的交流发电机可向机上电网提供交流电；在空中的一定条件下，也可以提供气源或电源。波音系列和麦道系列飞机的辅助动力装置都属于这种类型。

例如涡轮螺旋桨飞机，除主发动机外，由小型涡轮喷气发动机(简称小三发)带动一台直流启动发电机。利用启动发电机所产生的直流电源可独立地启动飞机主发动机；在地面或者在空中，当主发电机不能供电时，可向飞机直流负载供电；也可作为地面通电检查电源或空中的备用电源。对于设置小三发的飞机，在高原或炎热的气候条件下起飞爬高时，可利用这台小型涡轮喷气发动机产生附加推力，以帮助飞机起飞，但这类辅助动力装置不能提供气源。辅助动力装置的功用可归纳为：

① 在地面和空中向飞机电源系统提供电源；

② 在地面和空中向空调系统提供压缩空气；

③ 为主发动机的启动提供气源或电源；

④ 对某些涡轮螺旋桨飞机还可以提供附加推力，以帮助飞机起飞爬高。

辅助动力装置的某些功用还受高度条件限制，以 B737－300 型飞机为例，具体的数据为：

① 海平面到 3 050 m(10 000 ft)，可以用作电源和气源；

② 从 3 050～5 200 m(10 000～17 000 ft)，可以用作电源或者气源；

③ 从 5 200～10 700 m(17 000～35 000 ft),只能用作电源。

5.2.2 辅助动力装置的结构组成

1. 辅助动力装置的外形图

大型飞机的辅助动力装置主要由燃气涡轮发动机及其所传动的空气压缩机和交流发电机组成,其外形如图 5.2.1 所示。

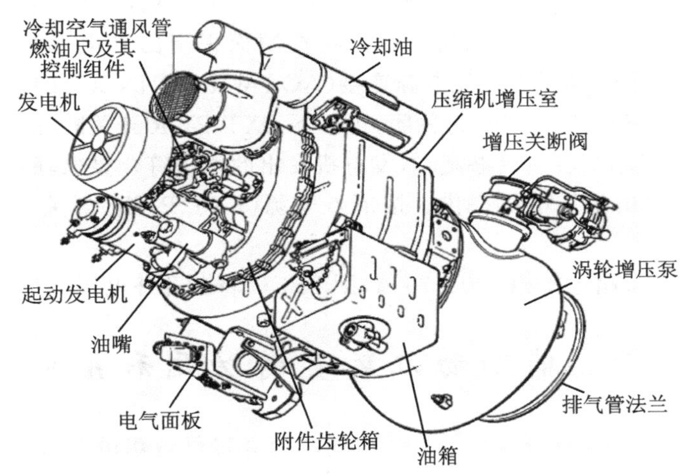

图 5.2.1 辅助动力装置外形图

2. 辅助动力装置的附件系统

辅助动力装置的主体是发动机,通常为一台小型燃气涡轮发动机,如图 5.2.2 所示,由单级涡轮与它带动的两级离心式压气机组成。涡轮轴还与附件齿轮箱啮合在一起,为发动机附件和发电机提供动力。

辅助动力装置的燃气涡轮发动机由燃油系统、启动设备、滑油系统和空气系统组成。当空气燃油混合气在燃烧室内燃烧后,高温高压燃气驱动涡轮旋转。涡轮转子所产生的功率主要用于带动它前面的压气机叶轮和附件齿轮箱,通过附件齿轮箱带动交流发电机等。

(1) 附件齿轮箱驱动的附件

一般用附件齿轮箱驱动风扇为滑油冷却器和发电机提供冷却空气。发电机输出的三相交流电可作为地面通电检查电源和空中备用电源。

附件齿轮箱驱动的滑油泵组件用于给滑油增压。在相应的滑油管路上装有滑油压力和滑油温度敏感元件,如图 5.2.2 中的滑油压力开关和滑油温度开关,由其发出相应的滑油压力和滑油温度控制信号。

附件齿轮箱驱动转速表发电机,由转速表发电机发出辅助动力装置发动机的转速信号;同时,电子速度开关(一种固态电子电路,还可提供超速保护信号)还可带动时间指示器计算辅助动力装置的工作时间。附件齿轮箱还与启动电动机相啮合,在启动时,由电动机经过附件齿轮箱带动涡轮轴转动。

(2) 辅助动力装置的燃油系统

辅助动力装置发动机所需的燃油一般来自飞机左系统 1 号油箱,经过 APU 燃油活门、单

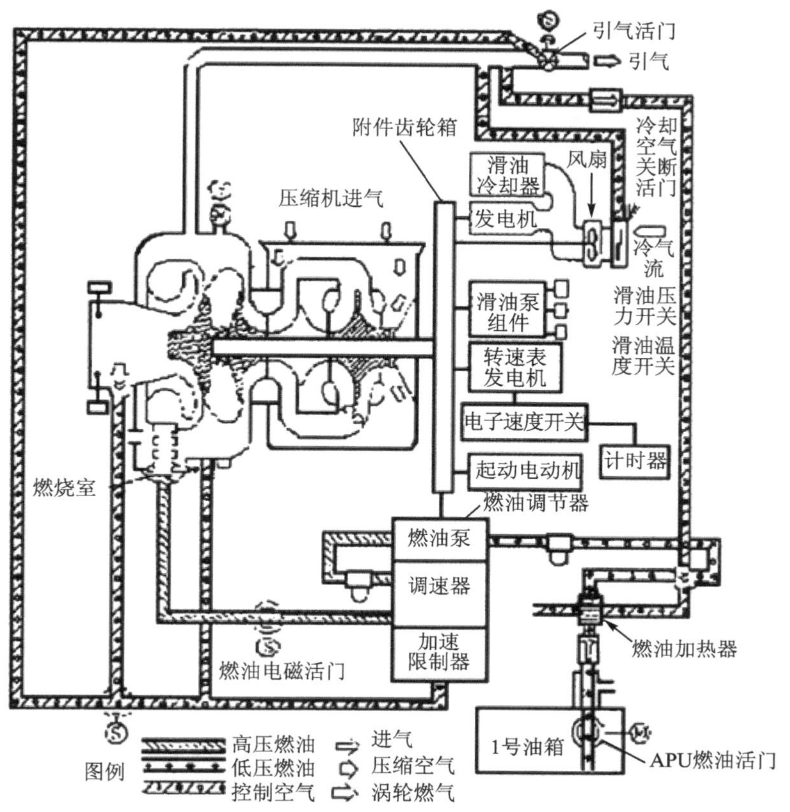

图 5.2.2　辅助动力装置的附件

向活门、燃油加热器（用热空气为其加热），再经过低压油滤进入燃油调节器组件。燃油泵为其增压经过燃油调节器控制后的燃油，再经过高压油滤过滤，燃油电磁活门打开时，燃油便进入发动机的燃烧室。燃油调节器的速度调节器可调节燃油流量，从而保持发动机恒速，所以辅助动力装置的发动机通常都是恒速的燃气涡轮发动机。

（3）辅助动力装置的引气系统

辅助动力装置的引气系统由单向活门将压缩空气引出，经过一个三通电磁活门，少量空气作为燃油调节器等处的控制空气，大部分经过 APU 引气活门而进入气源系统。

5.2.3　辅助动力装置的显示与控制

辅助动力装置的显示与控制部件分布比较广，根据它的功能分别安装在驾驶舱、轮舱及电子舱内，如图 5.2.3 所示。下面以 B737－300 型飞机的辅助动力装置为例来介绍。

1. 驾驶舱内的显示与控制部件

如图 5.2.4 所示，在前头顶板（P5 板）上有 APU 的各种操作和显示开关的表头，分别是：

① APU 总开关，有“OFF（断开）”“ON（接通）”“START（启动）”3 个位置。

② APU 排气温度表（图 5.2.4 中左下）。

③ APU 发电机电流表（图 5.2.4 中右下）。

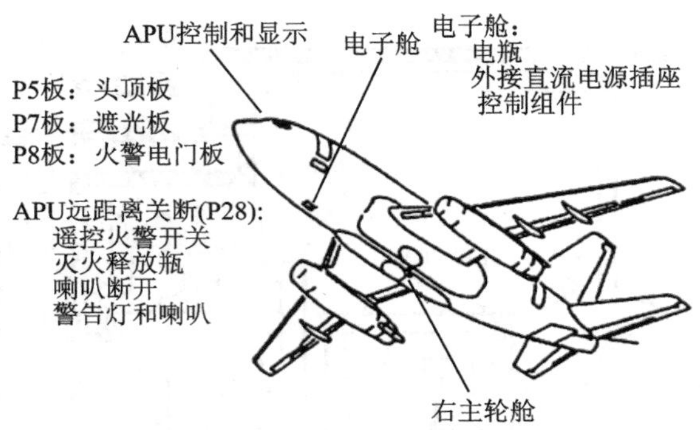

图 5.2.3 辅助动力装置的显示与控制组件

④“滑油量不足”信号灯(蓝色),当滑油量少于规定的最小值时灯亮。

⑤“滑油压力低”信号灯(琥珀色),启动时当滑油压力大于379 kPa(55 psi)时信号灯灭,工作时当滑油压力降低到小于310 kPa(45 psi)时信号灯亮。

⑥“滑油温度高”信号灯(琥珀色),当滑油温度高于255 °F(124 ℃)时灯亮。

⑦ APU“超速”信号灯(琥珀色),当APU发动机转速超过110%时灯亮。

⑧ APU发电机开关,用于将APU发电机接入左右电源系统。

⑨“APU发电机汇流条断开”指示灯(蓝色),当APU发电机不供电时灯亮。

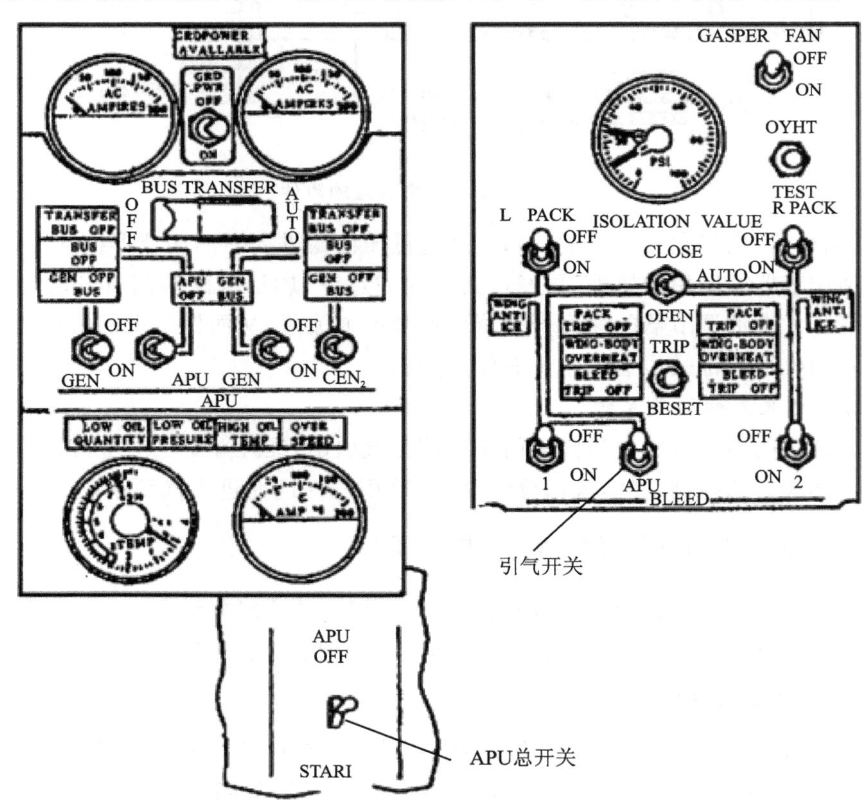

图 5.2.4 辅助动力装置的控制部件

此外，在前头顶板(P5)的气源控制部分还有“APU 引气”开关，用于接通或断开 APU 压缩空气向空调或启动系统供气。

⑩ 在遮光板(P7)上有：

➢ 主火警灯；

➢ APU 主警告灯。

⑪ 在火警开关板(P8)上有 APU 火警指示和测试装置。

2. 电子设备舱内的控制部件

电子舱内装有辅助动力装置控制组件(APU　GCU)，该组件是辅助动力装置的主要控制部件。APU 启动继电器常装在电子舱，APU 电瓶和外接直流电源插座也装在电子舱。

3. 主轮舱内的控制和警告设备

波音系列飞机一般在右主轮舱设有“APU 远距离关断”开关、火警遥控开关、APU 灭火瓶释放开关、警告信号灯和喇叭，以及喇叭断开按钮。

5.2.4 辅助动力装置的启动系统

辅助动力装置的维护涉及机械和电气专业技术，其中与电气相关的系统有 APU 的发电、启动、引气和燃油活门的控制和指示、滑油温度和压力的测量与指示，以及故障保护等电路。

APU 发电机系统是由发动机带动发电机发电，工作原理与主发动机的发电机原理相似，不同之处是主发电机通常都由恒速传动装置驱动。现代飞机的 APU 发电机没有恒速传动装置，而由 APU 发动机经过减速后驱动发电机。由于这种发动机近似恒速，所以 APU 发电机的电源频率仍然是接近恒频的。

下面以 B737－300 型飞机的辅助动力装置的启动电路为例，介绍 APU 的启动工作情况，了解 APU 维护中与电气紧密关联的一般情况。

1. 辅助动力装置启动系统的组成

图 5.2.5 所示是辅助动力装置启动系统的主要附件图该装置主要包含启动机、滑油压力开关、点火线圈、点火电嘴等设备。各类辅助动力装置均为电力启动，而大型喷气式飞机发动机为空气启动机启动。

辅助动力装置发动机启动时由启动电动机带动发动机转动，到一定转速后，由启动点火装置将燃烧室内的燃油空气混合气点燃，使发动机进入工作转速。

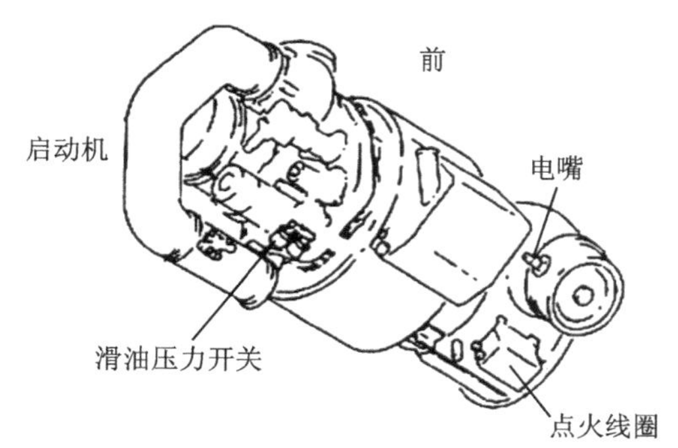

图 5.2.5　辅助动力装置启动系统的主要附件

辅助动力装置启动系统的主要组成机件是电动启动机、启动继电器、点火激励器(点火线圈)、点火电嘴，以及有关的控制和显示部件。

启动机是启动系统的主要部件，工作电源是 28 V 直流，由 APU 电瓶或外接直流电源供给。为保证 APU 可靠启动，飞机上通常设有专门的 APU 电瓶和 APU 电瓶充电器。正常飞行时，由电瓶充电器向电瓶充电。启动点火线圈密封在金属盒内，作用是将 28 V 直流变成高压电能，提供给高能点火电嘴产生电火花，用以点燃燃烧室内的燃气混合气。

2. 辅助动力装置的启动程序

图5.2.6是APU启动程序图。整个启动过程分为10个阶段,横坐标为时间轴,纵坐标为发动机转速的百分数。按图中所标数字次序,针对不同的启动阶段,对启动工作程序说明如下:

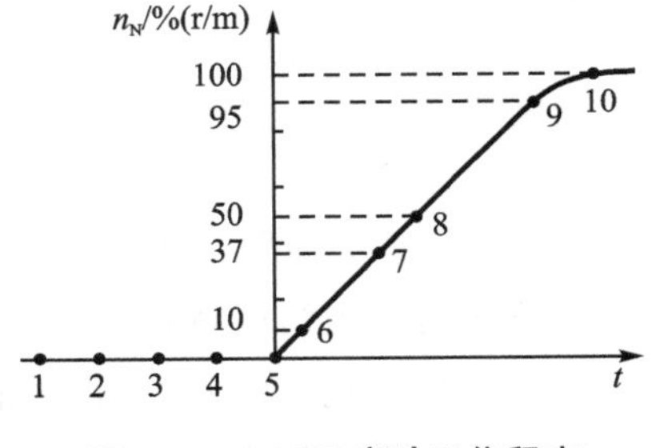

图5.2.6 APU启动工作程序

① 将电瓶开关放ON(接通)位。

② 将APU总开关瞬时放START(启动)位。

③ 将APU总开关放回ON位。

④ APU燃油关断活门和进气门全开。

⑤ 启动电动机通电。

⑥ 程序滑油压力开关闭合(当转速达10%时,相应的滑油压力达27.58 kPa(4 psi),低滑油压力开关LOP No.1闭合),点火系统通电,燃油电磁活门打开。

⑦ 转速达37%时,滑油压力增大到(55 psi),低滑油压力开关LOP No.2打开,"滑油压力低"信号灯灭。

⑧ 转速达50%时开关打开,启动电动机断电。

⑨ 转速达95%时开关通电,APU发电机汇流条断开指示灯亮,小时计时器开始计算APU工作时间,APU引气开关准备好,点火断开,三通气源电磁活门通电,低滑油压力开关LOP引气开关准备好。

⑩ 正常运行,转速100%,即为42 000 r/min。

3. 辅助动力装置的启动电路

相关内容请扫码查阅。

5.2.5 APU发电机的拆卸和安装举例

相关内容请扫码查阅。

5.3 B787飞机地面电源

图5.3.1是B787外电源接插口示意图。单个容量为90 kVA的地面电源接插口可满足舱门服务供电。B787共有4个90 kVA地面电源接插口,前面2个,中部2个,都是主外电源接插口。对机载供电系统来说是地面外电源。

5.3.1 主外电源接插口

1. 前部两个90 kVA地面电源接插口的作用

① 典型的功能是用于舱门的开闭,如:为飞行甲板上的显示电源供电;加油供电;货舱和

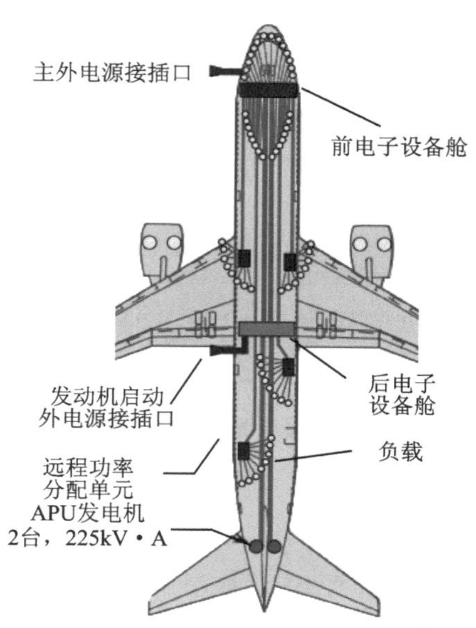

图 5.3.1　B787 外电源接口插座示意图

行李舱的操纵；厨房服务及制冷。

② 部分氮气发生系统工作电源。

③ 基本客舱服务，如所有客舱的照明；部分通气（厕所和厨房）与部分内部设备检修；部分厨房设备供电（不用烤箱）。不支持货舱加热和液压供电。

2. 前部单台 90 kVA 地面电源接插口作用

飞机前部单台 90 kVA 地面电源接插口的主要作用有：飞行舱显示；加油；货舱和行李舱的操纵供电；厨房供电，包括制冷；基本客舱服务，如部分客舱照明，部分通气（厕所和厨房）。但其不能用于氮气发生器、内部设备检修、厨房用电、货舱加热和液压供电。

3. 2 台 APU 发电机

2 台 APU 发电机电源，每台容量为 225 kVA，共 450 kVA，可用于地面电源的服务。APU 电源主要用于机载环境控制系统 ECS 供电，货舱和行李舱的操纵供电，电动货舱加热器供电，氮气发生器系统供电，液压系统和厨房设施供电，包括制冷，基本服务供电，如所有客舱照明、客舱通风、内部设备检修、所有厨房设施供电、加油供电和地面电源供电等。

5.3.2　其他地面电源供电应用

1. 4 个地面电源接插口

除了上述的地面电源接插口外，在飞机的前部和中部各有 2 个 90 kVA 的地面电源接插口，图 5.3.2 所示是地面电源服务车前部 2 个电气接头，其使用范围为：

① 限于发动机启动供电或其他独特的维护操作。

② 所有功能覆盖的单和双电源。

③ 限于某些供电和测试，即机载环控 ECS、电子货舱加热、氮气发生系统工作、液压供电。

2. 牵引机车操作供电

用于 B787 牵引的机车也需要供电。B787 有 2 辆牵引机车，需要接近 10 kVA 的电气

图 5.3.2　地面电源服务车连接示意图

容量。

3. 拖曳操作的蓄电池供电

传统的拖曳采用 APU 液压刹车,而 B787 取消了液压能,采用电刹车。白天拖曳用电池供电,只能适用于制动,利用蓄电池夜间照明和制动供电正在研究中。

由上面的分析可知,现有机场基础设施同样也适用于 B787 飞机,现有的地面服务设备如电源车也可用于 B787 飞机。单台 90 kVA 电源支持传统的作业供电,地面电源容量增加用于提升供电能力。当供电容量可低于 10 kVA 时,飞机仍然接受并完成一些地面作业。目前,人们正在研究用电池供电拖曳飞机的可能性。

复习思考题

1. 外电源的作用是什么?
2. 电源车上一般有哪些品种的电源?
3. 如何进行地面电源和机载电源的选择工作?
4. B787 外电源有哪些组成部分?
5. 根据 APU 启动程序图,整个启动过程分为哪几个阶段?

第 6 章　电动机的工作原理

随着多电飞机的发展，飞机上越来越多的靠机械力、液压等作动力的装置采用电动机驱动，用来带动各种需要转动或运动的设备，如启动飞机发动机、带动燃油增压泵、放下或收上着陆装置、带动各种舱门、风门及调整片的位置，在飞行控制中还需要带动舵面的快速准确动作等。

电动机按照供电性质可分为直流电动机和交流电动机两大类。直流电动机根据励磁方式分为自励直流电动机和他励直流电动机两类，自励电动机又分为并励、串励和复励电动机。交流电动机分为启动性能很好的三相交流电动机和需要移相启动的单相交流电动机等。根据电动机的应用场合不同，有各种冠以不同名字的控制电动机，如各种舵机，即升降舵机、方向舵机、左右副翼舵机，有驱动雷达天线转动的伺服电动机、感应电动机。有些泵也是用电机驱动的，如电动燃油泵等。

由于在飞机上电动机用于作动系统，本章侧重于分析电动机机械方面的主要特性。

6.1　直流电动机

直流电动机的主要特性有转速特性、转矩特性和机械特性。转速特性是当加在电动机上的电源电压不变时，直流电动机的转速与电枢电流之间的关系。转矩特性是直流电动机的电磁转矩与电枢电流之间的关系。机械特性是转速与电磁转矩之间的关系。应根据各种应用场合选择合适的电动机，所以掌握电动机的基本特性，正确地选择和使用电动机是十分重要的。

6.1.1　直流电动机的结构

直流电动机与直流发电机的结构相同，分为定子与转子。定子包括主磁极、机座、换向极和电刷装置等，转子包括电枢铁芯、电枢绕组、换向器、轴和风扇等。

1. 定　子

定子就是电动机中固定不动的部分，主要由主磁极、机座和电刷装置组成。主磁极由主磁极铁芯（极心和极掌）和励磁绕组组成，用来产生磁场。极心上放置励磁绕组，极掌的作用是使电动机空气隙中磁感应强度分配最为合理，并用来固定励磁绕组。为减少涡流损耗，主磁极用硅钢片叠成，固定在机座上。机壳也是磁路的一部分，常用铸钢制成。电刷是引入电流的装置，其位置固定不变。它与转子上转动的换向器做滑动连接，将外加的直流电流引入电枢绕组中，使其转化为极性变化的电流。

直流电动机的磁场是一个恒定不变的磁场，由励磁绕组中的直流电流形成，磁场方向和励磁电流的关系由右手螺旋法则确定。在有些直流电动机中，也有用永久磁铁作为磁极的永磁直流电机。

2. 转　子

转子是电动机的转动部分，主要由电枢和换向器组成。电枢是电动机中产生感应电动势的部分，主要包括电枢铁芯和电枢绕组。电枢铁芯呈圆柱形，由硅钢片叠成，冲有槽，槽中有规律地安放电枢绕组。通有电流的电枢绕组在磁场中受到电磁力矩的作用，驱动转子旋转，起能量转换的枢纽作用，故称“电枢”。

换向器又称整流子，是直流电动机的一种特殊装置，由楔形铜片叠成，片间用云母垫片绝缘。

在换向器表面用弹簧压着固定的电刷，使转动的电枢绕组得以同外电路连接起来，并将外部直流电流转化为电枢绕组内的交变电流。

6.1.2 直流电动机的工作原理

1. 通电导体在磁场中所受的力

只要把通电导体放在磁场中，导体就会受到力的作用，直流电动机就是基于这一原理工作的。通电导体的受力方向与导体中的电流方向和磁场方向成直角关系。

图6.1.1(a)所示为永久磁铁N极和S极形成的磁场磁力线(从N极指向S极)。图6.1.1(b)所示为通电导体的横截面，截面上的“+”号表示电流正朝着远离读者的方向流动。根据右手螺旋法则确定磁力线方向，即用右手握住导线，大拇指指向电流方向，则其余四指的环绕方向就是磁力线的方向，因此导线周围的磁力线以顺时针方向旋转。

如果将通电导线放在上述磁场中，如图6.1.1(c)所示，则两个磁场将互相作用，它们的磁力线互相重叠，结果导线上方的磁场增强，下方的磁场减弱，导线在磁场力的作用下向下运动。电磁力的大小取决于磁感应强度和导线中电流的大小。

(a) 磁力线分布　(b) 导体周围的磁力线　(c) 导体向下运动　(d) 导体向上运动

图6.1.1 通电导体在磁场中受到的电磁力

如果将导线中的电流反向，如图6.1.1(d)所示，导线周围的磁力线的方向也将反向，而永久磁场的磁力线方向不变，因此导线下方的磁场增强，上方的磁场减弱，导线将向上运动。

可见，通电导体在磁场中将受到电磁力的作用，电磁力的大小和方向取决于磁场和电流的大小和方向。电动机的工作也是这样的，通电导体上的电磁转矩是由电动机内部的励磁磁通和电枢绕组中的电流之间的相互作用而产生的。

2. 直流电动机的基本工作原理

图6.1.2所示是直流电动机的物理模型。如果在电刷A、B上加一直流电源U，并把它的原动机撤去，电枢线圈里就会有电流通过。根据电磁定律，载流导体ab或cd都与气隙磁密B垂直。作用在导体上的电磁力大小为

$$F_m = BlI \tag{6.1.1}$$

式中，B是导体所处的磁密；I是流过导体里的电流；l是导体的长度。

导体受力方向由左手定则决定，力F_m乘以转子半径就是转矩，称为电磁转矩T_{em}。如果

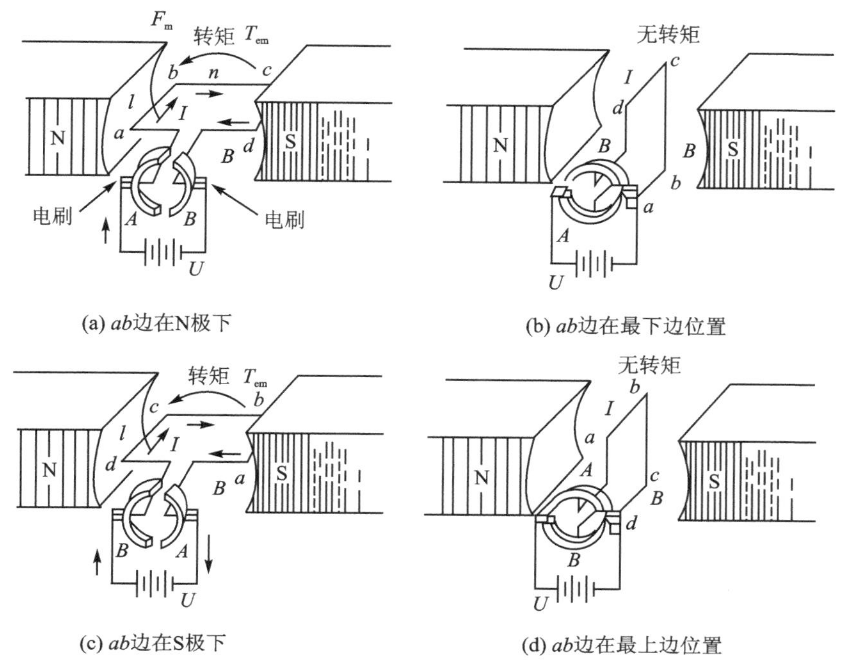

图 6.1.2　直流电动机的基本原理

电磁转矩能够克服电枢上的阻力转矩,电机就能按逆时针方向转起来,这就是直流电动机的简单的物理模型。由于换向器的缘故,电枢线圈产生的电磁力或转矩总是单方向的。与直流发电机的情况类似,当分布在电枢上的线圈相当多时,直流电动机的转矩为恒定值。

直流电动机所产生的电磁转矩的大小为

$$T_{em}=C_m\Phi I_a \tag{6.1.2}$$

式中,C_m 是电磁转矩常数;Φ 为每极下的有效磁通;I_a 为电枢电流。电磁转矩常数对已经制成的电机来说是不变的。电磁转矩与有效磁通 Φ 和电枢电流 I_a 成正比。

直流电动机转动起后,在电枢回路中产生的反电势为

$$E_a=C_e\Phi n \tag{6.1.3}$$

直流电动机外电压 U 等于电枢内的反电势加上电枢绕组等效电阻上的压降之和,即

$$U=E_a+Ir_a \tag{6.1.4}$$

6.1.3　电枢反应

直流电机空载时,气隙中只有励磁磁势建立的磁场,称为主磁场,如图 6.1.3 所示。当电枢绕组中有电流通过时,它也产生磁场,由电枢电流产生的磁场称为电枢磁场。当电动机带负载运行时,主磁场和电枢磁场同时存在,因而主磁场要受到电枢磁场的影响,例如使气隙磁通的分布情况发生畸变,使每个磁极下气隙磁通量发生改变,这种电枢磁场对主磁场的影响称为电枢

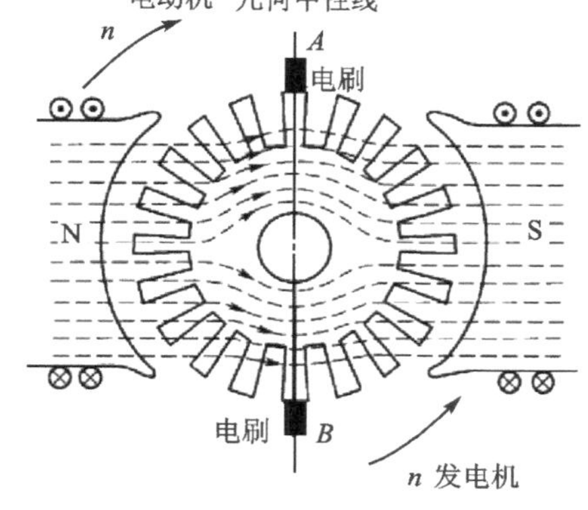

图 6.1.3　电动机的励磁磁场

反应。

电枢反应分为交轴电枢反应和直轴电枢反应。

1. 电枢磁场

首先分析电枢位于几何中性线上的情况。当从电刷引入一定的电流时,将形成如图6.1.3所示的电枢磁场。

如果把电刷放在几何中心线上,因为电刷是固定的,所以不管电枢是否旋转,电枢导体中的电流分布情况是不变的,总以电刷为分界点,电刷两侧电流方向不同,如图6.1.4所示。左半圆周电流流出纸面,右半圆周电流流入纸面。根据右手定则,电枢电流建立的磁场的轴线与电刷轴线重合。

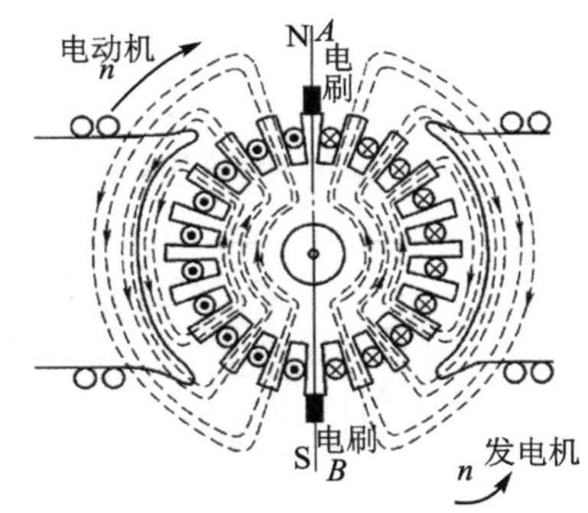

图 6.1.4 电动机的电枢磁场

2. 交轴电枢反应

由电枢磁场分析知,当电刷位于几何中性线上时,电枢磁势的轴线就是几何中心线,与主极轴线正交,此时的电枢磁势称为交轴电枢磁势,用 F_{aq} 表示。交轴电枢磁势产生交轴电枢磁场,交轴电枢磁场对主磁场的影响就是交轴电枢反应。

交轴电枢磁场对主磁场的影响与磁路饱和程度有关。下面按磁路不饱和与磁路饱和两种情况加以说明。

(1) 磁路不饱和时的情况

这时磁路是线性的,合成磁场可以用叠加法求得。主磁场如图6.1.3所示,主极轴线做对称分布。电枢磁场如图6.1.4所示,以几何中性线对称分布。两磁场同时作用于气隙中,叠加后的合成磁场如图6.1.5所示。图中电动机工作时为顺时针方向,发电机工作时为逆时针方向。由图6.1.5中主磁场和合成磁场的分布情况可以看出,交轴电枢磁场对主磁场的影响表现在下列几个方面:

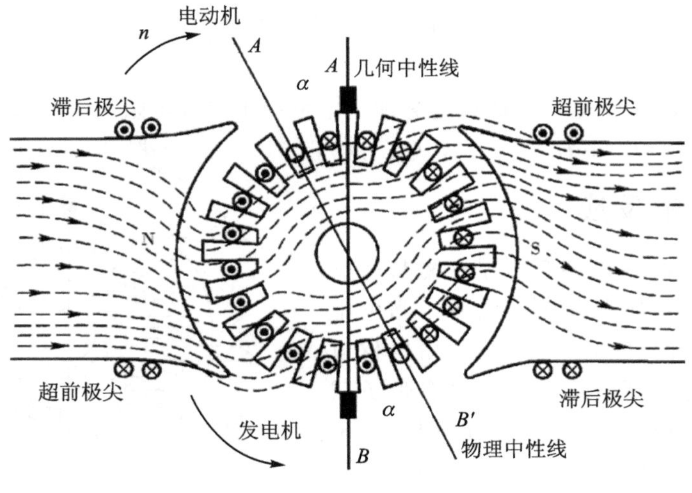

图 6.1.5 交轴电枢反应

① 气隙中的合成磁场不再对称于磁极轴线。定义电枢转出端为滞后极尖，电枢转入端为超前极尖。因此，电动机中主磁极的超前极尖磁场增强，而后极尖磁场削弱。

② 随着磁场分布的畸变，对电动机而言，物理中性线逆旋转方向从电刷后移一个 α 角度。对发电机而言，磁感应强度为零的位置从几何中性线顺着旋转方向移动 α 角度。

③ 磁路不饱和时，一个极尖磁场的削弱与另一个极尖磁场的增强程度相同，每个磁极下有效磁通不变，所以对电机感应电势和电磁转矩的大小没有影响。

（2）磁路饱和时的情况

磁路是非线性的，极尖磁场的削弱与另一极尖磁场的增强程度不再相等。对电动机而言，磁路饱和时，前极尖磁通增加量小于后极尖磁通削弱量，气隙中总磁通变小，电磁转矩将变小。若电机工作在发电机状态，前极尖磁场被削弱，而后极尖因磁势增强使磁路更饱和，所以磁通增加是有限的。这样，前极尖减弱的磁通大于后极尖增加的磁通，使主极下有效磁通减少，感应电势的数值也减小。这就是交轴电枢反应的去磁作用。

3. 直轴电枢反应

在实际中，电机由于装配误差或为了改善换向等原因，电刷往往不在几何中性线上。如图 6.1.6(a)所示，电刷逆时针方向偏离几何中性线 β 角，图 6.1.6(b)所示是电刷顺时针方向偏离几何中性线 β 角。

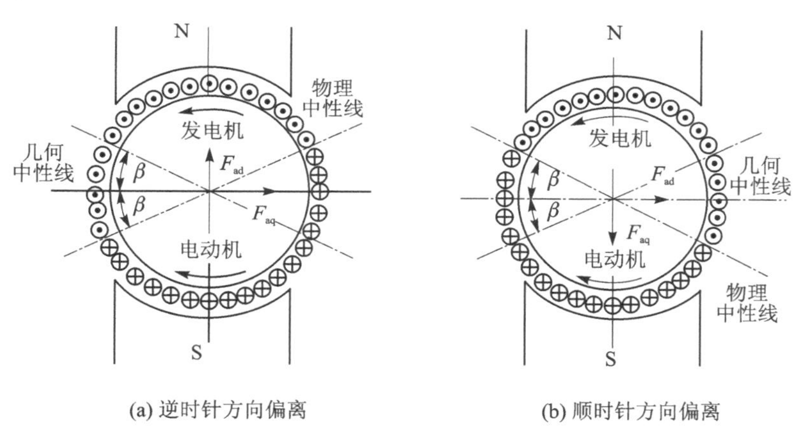

图 6.1.6　电刷偏离几何中性线时的电枢反应

将电枢磁场分解为两部分：在 2β 角以外即靠主极下的电枢磁场，与上所述交轴电枢磁场 F_{aq} 相同，仍然产生交轴电枢反应。在 2β 角以内的区域，由电枢电流的方向，运用右手定则确定它产生的磁势 F_{ad}，这部分磁势的轴线与主极轴线重合，所以 F_{ad} 称为直轴电枢磁势。

直轴电枢磁势对主磁场的影响叫作直轴电枢反应。由图 6.1.6 知，直轴电枢磁势与主极轴重合，所以它将直接影响主极下磁通量的大小。

对于电动机而言，当电动机电刷逆电枢转向偏离 β 角时，电枢磁势直轴分量 F_{ad} 与主极磁势方向相反，起去磁作用，如图 6.1.6(a)所示。当电刷顺电枢转向偏离几何中性线 β 角时，电枢磁势的直轴分量 F_{ad} 与主极磁势方向相同，起增磁作用，如图 6.1.6(b)所示。

由上述讨论可知，当电刷不在几何中性线上时，可将电枢磁场分解为交轴电枢磁场与直轴电枢磁场。交轴电枢磁场产生交轴电枢反应，使主磁场前、后极尖畸变，而且在磁路饱和时有

去磁作用;直轴电枢磁场产生直轴电枢反应,随电刷偏离方向的不同,直轴电枢反应有去磁作用或增磁作用。增磁作用并不一定有利,它会使电机的换向恶化,因此也是不允许的。有的电机装有换向极,装有换向极的电机,电刷不允许偏离几何中性线,一般是用试验的办法确定电刷的正确位置。

6.1.4 直流电动机励磁方式

直流电动机的性能与它的励磁方式密切相关。通常直流电动机的励磁方式有4种:直流他励电动机、直流并励电动机、直流串励电动机和直流复励电动机。除非有特殊要求,常采用自励形式的电动机。图6.1.7所示是直流自励电动机的工作形式。

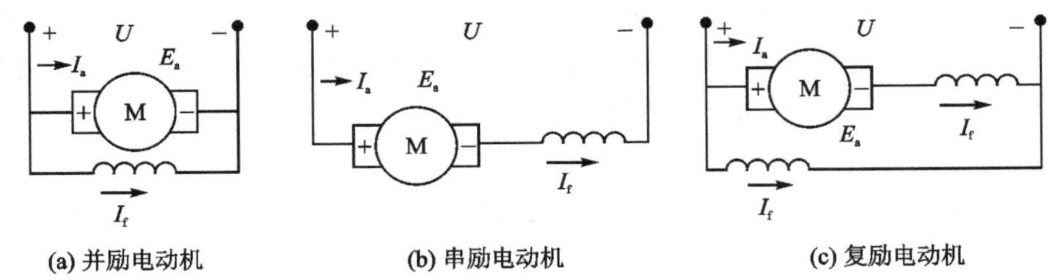

图 6.1.7 直流电动机的工作形式

1. 直流并励电动机

如图6.1.7(a)所示,励磁线圈与电枢绕组并联,并励绕组两端电压就是电枢两端电压,但是励磁绕组用细导线绕成,其匝数很多,电阻大,使得通过它的励磁电流较小。

2. 直流串励电动机

如图6.1.7(b)所示,励磁绕组和电枢绕组串联,所以这种电动机的励磁磁场随着电枢电流的改变有显著的变化。为了减少励磁绕组中的损耗和电压降,励磁绕组的电阻越小越好,所以直流串励电动机的励磁绕组通常用较粗的导线绕成,它的匝数较少。

3. 直流复励电动机

图6.1.7(c)是直流复励电动机的电路图。电动机的磁通由串励绕组和并励绕组内的励磁电流共同产生,这种电机兼有串励和并励电动机的特性。

6.1.5 直流电动机的运行特性

1. 转矩特性

当并励电动机的励磁磁通 Φ 为常数时,它的转矩与电枢电流的关系为一条直线,这条直线就是转矩特性,即 $T_{em}=C_m\Phi I_a$,如图6.1.8(a)所示。

对串励电动机来说,当电枢电流增大时,一方面电枢电流 I_a 的增大,直接使电磁转矩增大;另一方面,由于串励电动机的磁通 Φ 也随电枢电流 I_a 的增大而增大,因而电机铁芯未饱和时,电磁转矩 T_{em} 随电枢电流的增加也很快增加,即

$$T_{em}=C_m\Phi I_a=kI_a^2 \tag{6.1.5}$$

所以串励电动机的转矩特性为一抛物线,如图6.1.8(b)所示。

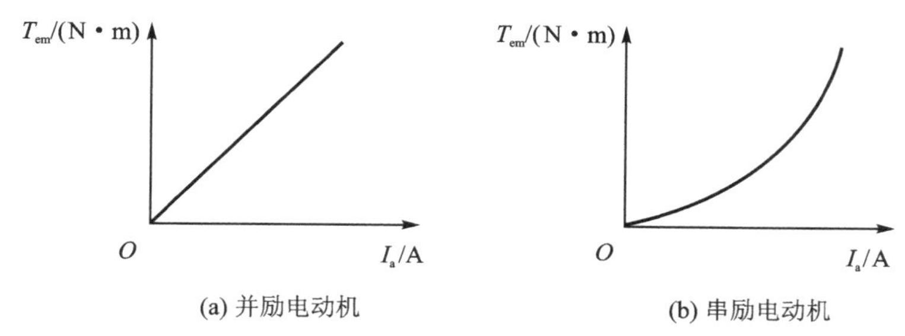

图 6.1.8 直流电动机的转矩特性

2. 机械特性

当电源电压 U 不变，负载转矩 T 变化时，直流并励电动机的转速 n 与电枢电流 I_a 之间的关系称为转速特性。根据式(6.1.2)、式(6.1.3)和式(6.1.4)得到电动机的转速特性公式为

$$n=\frac{U-I_a r_a}{C_e \Phi} \tag{6.1.6}$$

当电动机的电枢电流 I_a 增大时，电枢压降 $I_a r_a$ 增大，电动机的转速 n 降低。由于并励电动机每极下磁通 $\Phi \approx$ 常数，$U \approx$ 常数，$r_a \approx$ 常数，因此转速与电枢电流的关系近似为线性关系，即

$$n \approx k_1 - k_2 I_a$$

式中，$k_1 = U/(C_e\Phi)$、$k_2 = r_a/(C_e\Phi)$为比例系数，即 $n=f(I_a)$为一直线，如图 6.1.9(a)所示。直线与横坐标的倾斜程度表示转速下降的程度，取决于电枢回路的等效电阻 r_a。

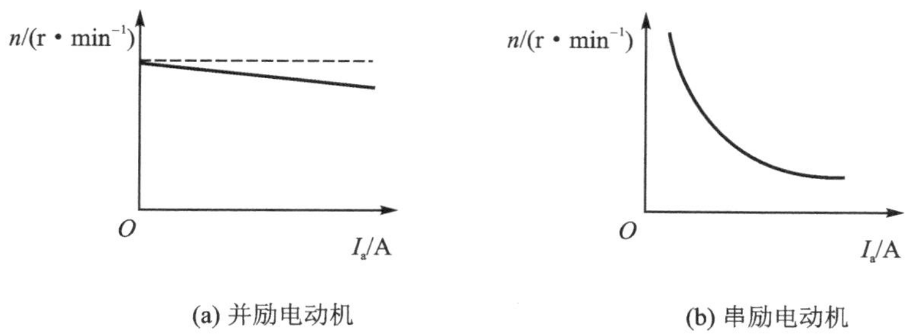

图 6.1.9 直流电动机的转速特性

对于串励电动机，其转速特性公式为

$$n=\frac{U-I_a r_a}{C_e \Phi}=\frac{U}{C_e \Phi}-\frac{I_a r_a}{C_e \Phi} \tag{6.1.7}$$

当电枢电流 I_a 增大时，由于电枢压降 $I_a r_a$ 增大，转速 n 下降，另外励磁电流 $I_f = I_a$ 也增大，励磁磁通增大，使转速下降很多，表现出很“软”的特性，如图 6.1.9(b)所示。当磁路不饱和时，可以近似认为磁通 Φ 正比于电枢电流 I_a，即 $\Phi \approx kI_a$，所以转速与电枢电流的关系为

$$n=k_1 \frac{1}{I_a}-k_2 \tag{6.1.8}$$

式中，$k_1=U/(C_e k)$、$k_2=r_a/(C_e k)$近似为常数。由式(6.1.8)可以看出，串励电动机的转速特性 $n=f(I_a)$是一条双曲线，并且当负载转矩为零即空载时，$I_a=0$，转速趋近无穷大，即 $n\to$

∞。尽管转速不会达到无穷大,但会出现“飞车”现象,导致电动机损坏。为了解决“飞车”问题,串励电动机不允许空载。

在相同的电枢电流 I_a 下,描述转速 n 与转矩 T_{em} 之间的关系特性曲线称为电动机的机械特性,如图 6.1.10 所示。根据式(6.1.2)、式(6.1.3)和式(6.1.4),可以推导出机械特性方程为

$$n=\frac{U}{C_e\Phi}-\frac{r_a}{C_eC_m\Phi^2}T_{em} \tag{6.1.9}$$

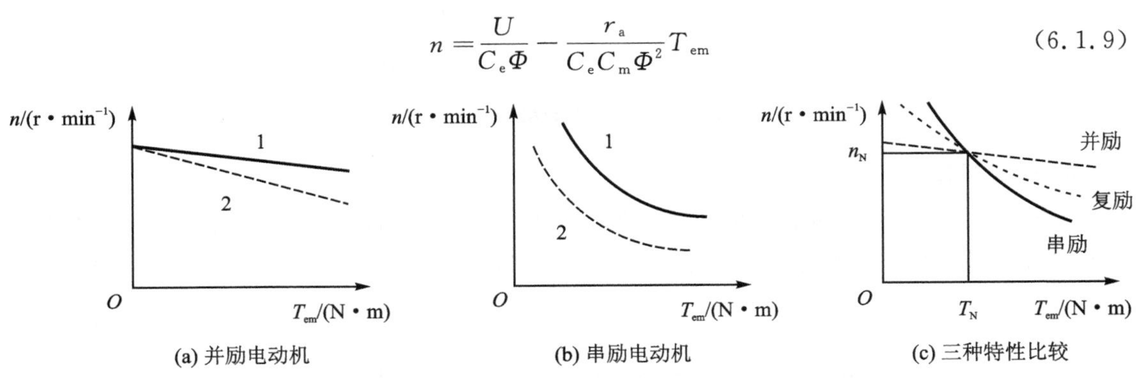

图 6.1.10　直流电动机的机械特性

对于并励电动机,因为 $T_{em}=C_m\Phi I_a$,所以转矩 T_{em} 正比于 I_a,因而电动机的机械特性是一条直线;对于串励电动机,当磁路不饱和时,机械特性是双曲线;复励电动机则介于并励和串励电动机之间,如图 6.1.10(c)所示。

串励电动机的特性比较“软”,具有启动转矩大、过载能力强的优点,广泛应用于操纵舵面的调整片、起落架、舱门及风门等的控制;并励电动机特性比较“硬”,适合于转速变化不大的场合;复励电动机有较好的调整作用,具有并励和串励电动机的优点,在飞机上得到广泛的应用,如油泵电动机就采用复励电动机。另外,串励电动机不能用皮带轮,最好用齿轮传动。

飞机发动机的启动电动机也称为启动机。它实际上是一台串励式电动机,可以提供启动发动机所需要的高转矩。启动机是飞机上使用的最大容量的电动机,常以间歇的方式运行。

维护直流电动机时,最容易磨损的地方是电刷组件,通常采用测量电刷的高度来判断磨损情况。当电刷高度小于一定数值时,必须更换。直流电动机和直流发电机在结构上类似,是可以互逆工作的。就单个绕组而言,直流发电机绕组中产生的是交流电而不是直流电,必须经过换向器和电刷滑环结构变换成直流电。

6.2　交流电动机

交流电动机大体上可以分为交流异步电动机和交流同步电动机。前者带负载运行时,电动机转子速度与旋转磁场同步速度不等,又称感应电动机,有笼型异步电动机和绕线转子异步电动机之分。两者的不同之处在于转子的结构,后者通过改变转子回路参数可以获得较好的启动与调速特性。交流同步电动机稳定运行时,转子速度始终与气隙旋转磁场速度保持同步。交流同步电动机按转子结构的不同可分为凸极式电动机和隐极式电动机,按照励磁方式的不同则可以分为电励磁式同步电动机、永磁式同步电动机以及近年来出现的混合励磁型同步电动机。

在采用交流电源的飞机上，电气设备采用交流电动机作为驱动动作装置。一般功率较大的场合采用三相交流异步电动机，功率较小的场合采用单相交流电动机，但单相交流电动机启动需要启动电容以产生旋转磁场，所以结构上有特别的地方，维修人员应予以掌握。

6.2.1　交流电动机的结构

交流异步电动机的基本结构为定子和转子，定子与转子之间有间隙。根据转子结构不同，异步电动机分为鼠笼和线绕两大类，其中鼠笼形式的交流电动机结构简单，启动容易，得到了广泛应用。图 6.2.1 是鼠笼电动机的外形图片。

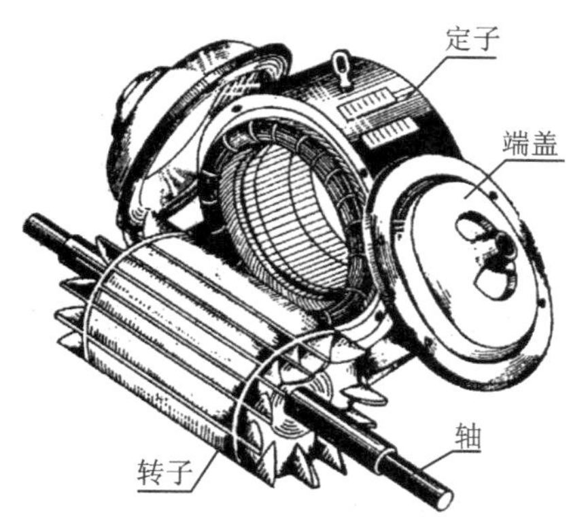

图 6.2.1　三相鼠笼异步电动机的外形

定子的作用是构成磁路的一部分及安装定子绕组。为了减少涡流损耗，定子铁芯常用带槽的电工硅钢片叠压而成，定子铁芯上的槽用以嵌放定子绕组。定子绕组通以依次间隔 120°的三相交流电流，产生旋转磁场。

转子铁芯既用于安放转子绕组，又作为电机中磁路的一部分，通常也用电工硅钢片叠压而成。定子通电后，转子绕组产生感应电势、流过电流和产生电磁转矩。鼠笼式转子绕组结构是在每个转子槽内插入一根导条，在两头的槽口处用两个短路环分别把所有的导条连接起来，如果去掉铁芯，整个转子绕组的外形宛如鼠笼，因此得名。

三相异步电动机启动容易，结构简单，在飞机上得到广泛的应用。三相异步电动机的工作原理是定子绕组通三相交流电后形成旋转磁场，旋转磁场与在转子绕组内所感生的电流相互作用，产生电磁转矩使转子旋转。三相异步电动机实现电能与机械能转换的前提是产生旋转磁场。旋转磁场产生的原理是学习三相异步电动机工作原理时首先要弄清楚的问题。关于旋转磁场的基本概念请参阅 4.3.1 节的内容。

6.2.2　三相异步电动机的工作原理

三相异步电动机的定子上装有对称的三相绕组，在圆柱形的鼠笼转子铁芯上嵌有均匀分布的导条，导条两端分别用铜环把它们端接成一体。当对称三相绕组接到对称三相交流电源，即在定子、转子之间的气隙内建立了以同步转速 n_1 旋转的磁场。由于转子上的导条被旋转磁场的磁力线切割，根据电磁感应定律，转子导条内产生感应电势。若旋转磁场按逆时针方向旋转，如图 6.2.2 所示，根据右手定则可以判断，图中转子上半部分导体中的电势方向都是进入纸面的，下半部分导体中的电势都是从纸面出来的。因为转子上导条已构成闭合回路，转子导条中就有电流通过。如不考虑电流与电势的相位差，则电势的瞬时方向就是电流的瞬时方向。根

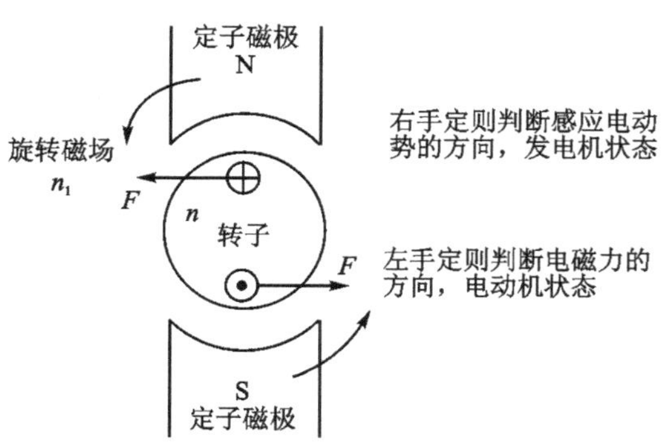

图 6.2.2　异步电动机的工作原理

据楞次定律,导条在旋转磁场中,并载有由感应作用所产生的电流,导条就必然会受到电磁力,电磁力方向用左手定则判定。

由图6.2.2知,转子上所有导条受到的电磁力形成一个逆时针方向的电磁转矩,于是转子就跟着旋转磁场逆时针方向旋转,其转速为 n,如转子与机械负载相连接,则转子上受到的电磁转矩将克服负载转矩而做功,从而实现了能量转换。这就是三相异步电动机的工作原理。

6.2.3 异步电动机运行状态

1. 电动机工作状态

如图6.2.3所示,异步电动机的转速 n 不能达到旋转磁场的同步转速 n_1,总是略小于 n_1。异步电动机转子导条上之所以能受到一定的电磁转矩 T_{em},关键在于导条与旋转磁场之间存在一种相对运动,如果转子的转速达到同步转速 n_1,则旋转磁场与转子导条之间不再有相对运动,不可能在导条内产生感应电势,也不会产生电磁转矩来拖动机械负载。因此异步电动机转子总是以略小于 n_1 的转速 n"异步地"转动,"异步"电动机由此得名。与 n_1 之差称为"转差"。转差(n_1-n)的存在是异步电动机运行的必要条件,通常用转差率 s 表示,即

$$s=\frac{n_1-n}{n_1}\times 100\% \tag{6.2.1}$$

转差率是异步电动机的一个基本参量。一般情况下,异步电动机转差率变化不大,空载转差率在0.5%以下,满载转差率在5%以下。

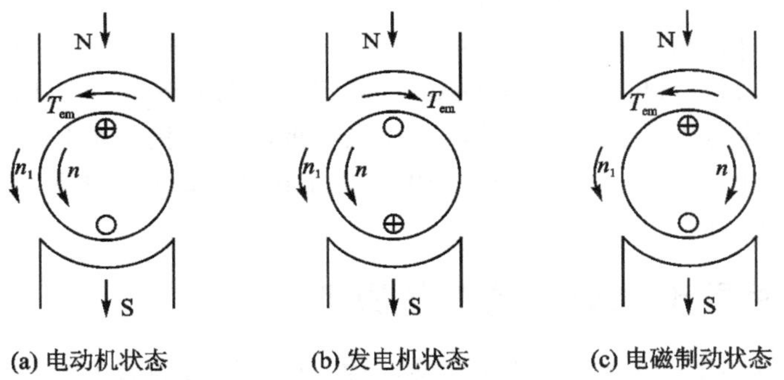

图6.2.3 异步电动机的三种运行状态

2. 发电机工作状态

如果用一原动机或由其他装置的转矩(如惯性转矩、重力所形成的转矩)去拖动异步电动机,使它的转速超过同步转速,这时异步电动机中的电磁情况有所改变,旋转磁场切割转子导条方向相反,导条中的电势与电流方向都反向。电磁转矩的方向与转子旋转方向相反,则电磁转矩 T_{em} 称为制动性转矩,如图6.2.3(b)所示。这时异步电动机由定子向电网输送电功率,处于发电机状态。

3. 电磁制动工作状态

如在外转矩作用下使电机转子逆着旋转磁场方向旋转,如图6.2.3(c)所示,此时电磁转矩 T_{em} 方向仍与旋转磁场方向一致,但与外转矩方向相反,电磁转矩对转子转速起制动作用,这种运行状态称制动状态。

6.2.4　三相异步电动机的运行原理

相关内容请扫码查阅。

6.2.5　电磁转矩公式和机械特性

异步电动机上作用 3 个转矩：电磁转矩 T_{em}、空载制动转矩 T_0 和负载制动转矩 T_2。电磁转矩 T_{em} 是由转子电流和气隙中的旋转磁场的基波磁通相互作用产生的；空载制动转矩 T_0 是由电机的机械损耗和附加损耗引起的；负载制动转矩 T_2 是转子所拖动的负载反作用于转子的力矩。关于转矩的公式推导可以参考有关文献资料，这里不再介绍。

电磁转矩的大小和磁场传递的电磁功率成正比。设转子电流落后于转子电势一个 φ_2 角，即功率因数 $\cos\varphi_2 < 1$，φ_2 越接近 90°，转矩就越小，电磁转矩公式为

$$T_{em} = C_T \Phi_m I_2 \cos\varphi_2 = C_T \Phi_m I_{2a} \tag{6.2.2}$$

式中，C_T 为异步电动机的转矩常数，由电动机的结构决定；$I_{2a} = I_2 \cos\varphi_2$ 也可称为转子电流的有功分量；Φ_m 为旋转磁场中的基波分量幅值，一旦外加电源确定，Φ_m 为定值。

由式(6.2.2)和转差率公式就可得出 $n = f(T_{em})$ 的机械特性曲线，如图 6.2.4 所示。

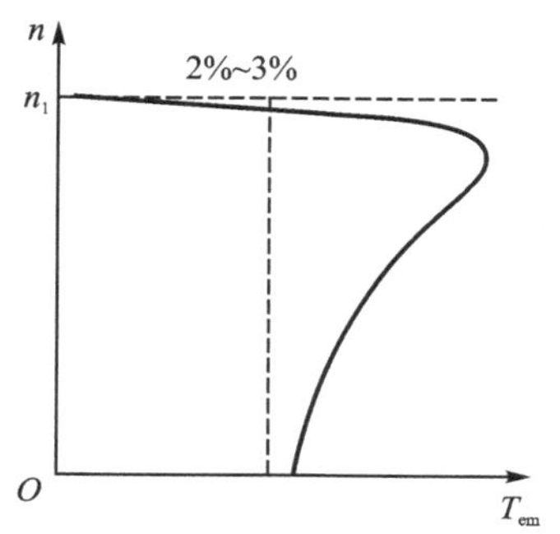

图 6.2.4　三相异步电动机的机械特性

6.2.6　三相异步电动机的启动和调速

1. 三相异步电动机的启动

异步电动机的启动性能包括：启动电流是额定工作电流的倍数，启动转矩是额定工作转矩的倍数，启动时间的长短即响应速度，启动绕组内消耗的能量和绕组的发热即功率损耗，启动设备的简单可靠性及启动时过渡过程的长短，最重要的是启动电流和转矩的大小。

异步电动机启动瞬间，$s=1$，启动电流和启动转矩分别为

$$I_{st} = \frac{U_1}{\sqrt{(r_1 + \sigma_1^2 r'_2)^2 + (x_{1\sigma} + \sigma_1^2 x'_{2\sigma})^2}} = \frac{U_1}{z_k} \tag{6.2.3}$$

$$T_{st} = \frac{mpU_1^2 r'_2 \sigma_1^2}{2\pi f_1 z_k^2} \tag{6.2.4}$$

式中，σ_1 为转子参数折算到定子边的折算系数；r_1，$x_{1\sigma}$ 为定子回路的等效电阻和漏抗；r_2，$x_{2\sigma}$ 为转子回路的等效电阻和漏抗；z_k 为启动时的等效阻抗；m，p 为相数及极对数。

启动方式一般有下列几种：

① 全压直接启动。全压直接启动就是把异步电动机的定子绕组直接接到额定电压的电网上进行启动。直接启动的优点是操作和启动设备简单，而且启动转矩大，缺点是启动电流大。

② 降压启动。为了减小启动电流，根据启动电流与端电压成正比例的关系，可采用降低

异步电机的输入端电压的方法启动，简称降压启动。降压启动的方法有采用自耦合变压器的降压启动，采用星形三角形换接的降压启动。

现代调压技术一般采用PWM调制的方式调节异步电动机的输入电压的大小，而不把电网的交流电直接加到电动机的输入端，启动电流和启动转矩容易调节和控制。

③ 增加转子回路电阻启动。一般适合于线绕电动机，启动时可在转子回路中串入电阻启动。

2. 三相异步电动机的调速

由异步电动机的转速公式

$$n=(1-s)n_1=\frac{60f_1}{p}(1-s) \tag{6.2.5}$$

可见异步电动机的调速方法有以下几种。

(1) 变极调速

通过改变定子绕组的极对数 p 来改变定子旋转磁场的同步转速 n_1，从而实现异步电动机的调速。

(2) 变转差率调速

当频率 f_1 和极对数 p 不变时，转差率 s 是下列各物理量的函数：

$$s=f(u_1,r_1,x_{1\sigma},r_2',x_{2\sigma}') \tag{6.2.6}$$

可见要改变转差率 s，可改变括号内的参数，通常改变端电压和改变转子回路的电阻。

(3) 变频调速

通过改变异步电动机输入电压的频率 f_1 可以改变定子旋转磁场的同步转速 n_1，从而实现异步电动机的调速。除非交流供电的频率可以变化，否则很难控制交流电动机的速度。因此在必须调整交流电动机速度的应用中，电动机只能由变流器供电。随着电力电子技术的发展，可采用如图6.2.5所示的电路实现对三相感应电机的速度调节。其工作原理是采用三相桥式整流和滤波把三相交流电变换成直流电，然后采用三相变流器在三相PWM脉宽调制信号的驱动下变换成变频交流电。这个变频交流电通入三相感应电动机的定子绕组中，使感应电动机的定子和转子绕组间产生变频的旋转磁场，旋转磁场与转子作用产生力矩使电动机旋转。感应电动机转子的旋转速度受到定子电流频率的控制，因此把转子速度作为负反馈量反馈调节电动机的转速。近年来关于这方面的研究文献很多，读者可自行参阅。

从上述分析可知，交流电动机因没有像直流电动机碳刷和换向器一样的结构，成本效益

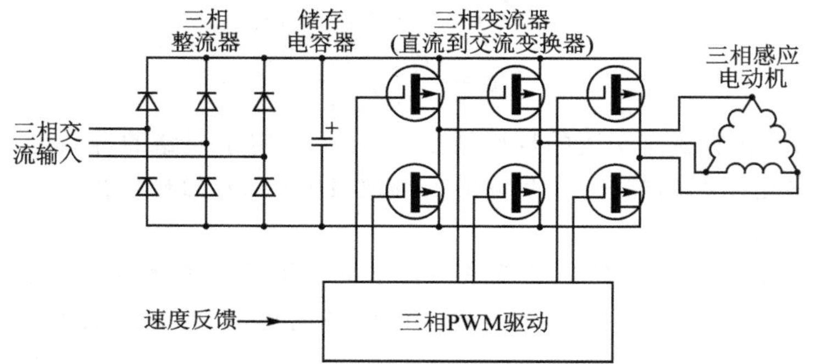

图 6.2.5 利用变流器对感应电动机调速

好，但由于转速是由交流供电的频率决定的，这种电动机更适合于恒速工作场合。

6.3　两相和单相异步电动机

两相异步电动机一般体积较小，广泛用于自动控制系统中，因为其是一种执行元件，常被称为两相伺服电动机或交流伺服电动机。

6.3.1　交流伺服电动机的工作原理

图 6.3.1 是交流伺服电动机的原理图。图中 f 和 k 表示装在定子上的两个绕组，它们的空间位置相差 90°电角度。绕组 f 由定值交流电压励磁，称为励磁绕组；绕组 k 由控制信号经放大后供电，称为控制绕组，转子为笼型。伺服电动机转动的关键是两相交流电如何产生旋转磁场。

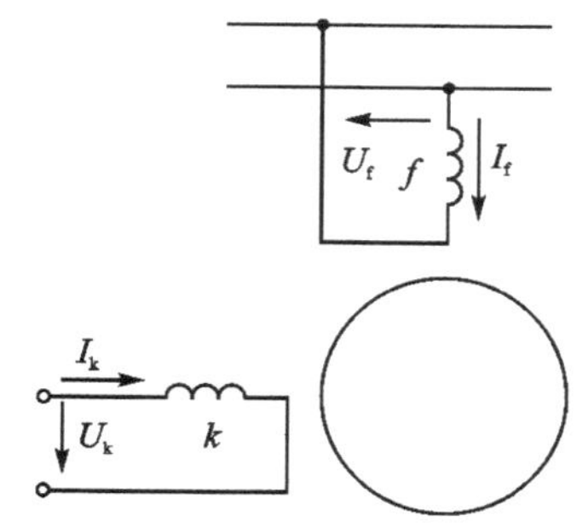

图 6.3.1　交流伺服电动机的原理图

1. 两相旋转磁场的产生

如图 6.3.2 所示，设定子是在空间相隔 90°的绕组，AX 中通入交流电 i_1，BY 中通入交流电 i_2，i_1 和 i_2 频率相同，振幅相等，相位相差 90°。当电流瞬时值为正时，电流实际流向是 $A \rightarrow X$ 和 $B \rightarrow Y$；电流瞬时值为负时，电流流向为 $X \rightarrow A$ 和 $Y \rightarrow B$。下面分析各瞬间定子磁场的情况。

① $t_1=0°$瞬间，$i_1=I_{1m}$，$i_2=0$，电流方向为 $X \rightarrow A$，用右手定则判断，定子产生的磁场方向为由上向下。

② $t_2=90°$瞬间，$i_1=0$，$i_2=I_{2m}$ 为正向最大值，电流方向为 $Y \rightarrow B$，所以磁场方向是由右向左，与 t_1 瞬时相比，已顺时针转动 90°。

③ $t_3=180°$瞬间，$i_1=-I_{1m}$，$i_2=0$，磁场又转了 90°，产生的磁场方向由下向上。

④ $t_4=270°$瞬间，$i_1=0$，$i_2=-I_{2m}$ 为负的最大值，磁场又转了 90°，转到由左向右的位置。

⑤ $t_5=360°$瞬间，$i_1=I_{1m}$，$i_2=0$，磁场又转了 90°，转到与 t_1 瞬时一样的位置。

综上所述，定子所产生的磁场是一对磁极的旋转磁场。与三相旋转磁场一样，同步转速 $n_1=60f/p$。

2. 旋转磁场的转向

在图 6.3.2 中，控制绕组 AX 的电流 i_1 超前励磁绕组 BY 中的电流 90°，相序为先 A 后 B，转向为顺时针。若将 AX 反相 180°，则相序为先 B 后 A，旋转磁场的转向变为逆时针方向。当控制绕组的电流为零时，则不能形成旋转磁场，电机应立即停止。

3. 控制方法

从上面分析可知，转子转动的关键问题是在电机空隙中有旋转磁场，而这个旋转磁场磁通的大小及转向是由励磁绕组和控制绕组上电流的振幅及其相位差决定的。因此，只要改变控制电压的大小及其与励磁电压的相位差就可实现控制。具体控制方法有以下三种。

1）幅值控制

使控制和励磁电压的相位差保持为 90°，只改变电压的大小，从而改变旋转磁场的磁通平

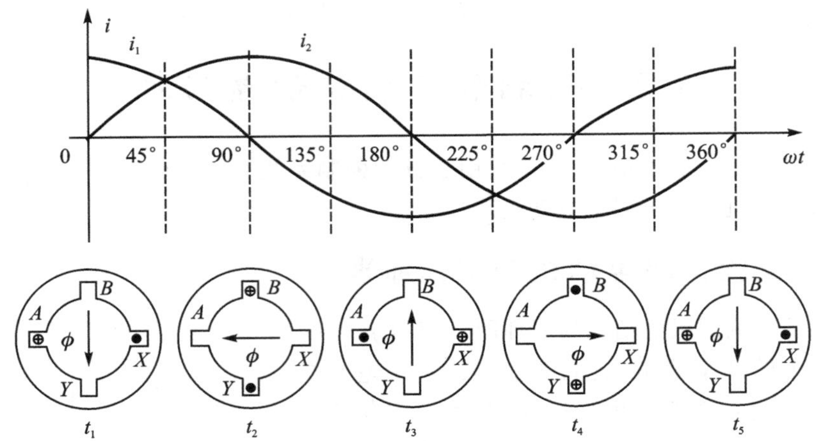

图 6.3.2　两相旋转磁场的产生原理

均值。控制电压越高,控制电流越大,旋转磁场的磁通平均值也越大,转子的转速就越高。

2) 相位控制

控制电压幅值不变,只改变控制电压与励磁电压的相位,从而改变旋转磁场的平均值,以改变转子的转速与转向。控制电压与励磁电压的相位越偏离 90°,旋转磁场的磁通平均值越小,电动机的转速就越低。若控制电压反相 180°,则电机反向。

3) 幅相控制

同时改变控制电压的大小及其与励磁电压的相位差,可以改变交流伺服电机的转速与转向。

6.3.2　单相异步电动机的工作原理

单相异步电动机的定子槽内仅放一单相绕组,转子多为笼型。它广泛用于自动控制及家电产品中。

1. 单相交流电动机的脉振磁场

定子单相绕组内的电流为

$$i_1=\sqrt{2}I_1\sin\omega t \tag{6.3.1}$$

每相的基波脉振磁势为

$$f_{\phi1}=F_{\phi1}\cos\alpha\sin\omega t=\frac{1}{2}F_{\phi1}\left[\sin(\omega t-\alpha)+\sin(\omega t+\alpha)\right]=f_{+}+f_{-} \tag{6.3.2}$$

2. 单相异步电动机的工作原理

定子电流产生的基波脉振磁势可分解为转速相同、转向相反的两个旋转磁势,如图 6.3.3 所示。通过电磁感应,它们在转子绕组内分别感应产生电流 $\dot{I}_{2+}$ 和 $\dot{I}_{2-}$,感应电动势为 $\dot{E}_{2+}$ 和 $\dot{E}_{2-}$,转子产生的磁势为 $\dot{F}_{2+}$ 和 $\dot{F}_{2-}$。$\dot{F}_{2+}$ 和 $\dot{F}_{1+}$、$\dot{F}_{2-}$ 和 $\dot{F}_{1-}$ 转速相同,合成产生每极气隙磁通,分别为 $\dot{\Phi}_{+}$ 和 $\dot{\Phi}_{-}$,对应转子上产生的电磁转矩分别为 T_{em+} 和 T_{em-},并令转子相对于气隙正、反转旋转磁场的转差率为 s_{+} 和 s_{-}。

由于定子绕组的脉振磁场可分解为正、反两个旋转磁场,转子绕组切割正转磁场相应感应

出 $\dot{E}_{2+}$、$\dot{I}_{2+}$，切割反转磁场产生 $\dot{E}_{2-}$、$\dot{I}_{2-}$。$\dot{I}_{2+}$ 和 $\dot{I}_{2-}$ 分别和正转磁场 $\dot{\Phi}_{+}$、反转磁场 $\dot{\Phi}_{-}$ 相互作用产生 T_{em+} 和 T_{em-}，总的电磁转矩为

$$T_{em}=T_{em+}+T_{em-} \tag{6.3.3}$$

当转子静止时，T_{em+} 与 T_{em-} 大小相等，方向相反，所以 $T_{em}=T_{em+}+T_{em-}=0$，即没有启动转矩。如果用外力使转子沿某个方向转动一下，转子就会沿这个方向连续转动。

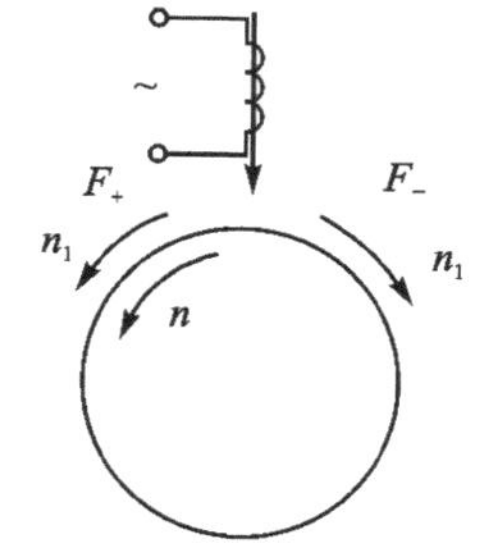

图 6.3.3　基波脉振磁势分解

当 $n=0$ 时，$s_+=s_-=1$，$T_{em+}=T_{em-}$ 合成电磁转矩 $T_{em}=0$，电机不能自行启动。

当 $n\neq0$ 时，如外力作用使转子向任一方向旋转，则转子的旋转方向便可认为是正向，和转子同向旋转的磁场即称正序旋转磁场。当转子启动后，由于转子电流的变化，正序磁场较 $n=0$ 时有所增大。与转子反向旋转的磁场称负序旋转磁场，该磁场将进一步被削弱。于是，合成电磁转矩 $T_{em}\neq0$，且和转子旋转方向相同，故电机能持续旋转。

设转子转速为 n，正向同步转速为 n_1，则转差率为

$$s_+=\frac{n_1-n}{n_1} \tag{6.3.4}$$

正转电磁转矩 T_{em+} 与正转差率的关系 $T_{em+}=f(s_+)$ 与三相异步电动机的一样，如图 6.3.4 曲线 1 所示。但对反转磁场而言，电动机的转差率应为

$$s_-=\frac{n_1-(-n)}{n_1}=\frac{2n_1-(n_1-n)}{n_1}=2-s_+ \tag{6.3.5}$$

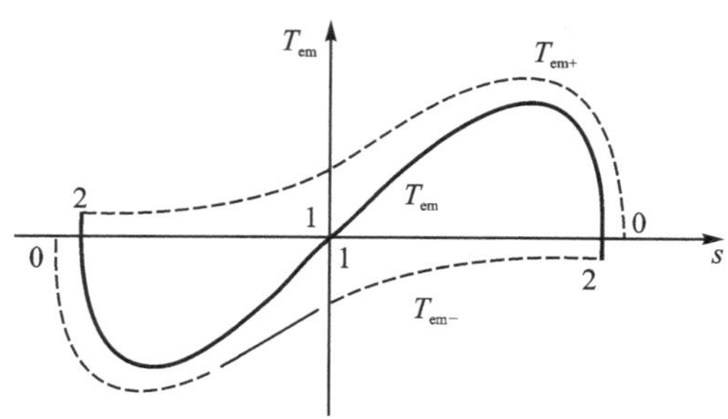

图 6.3.4　单相异步电动机的转矩-转差特性

反转电磁转矩与反转转差率 s_- 的关系为 $T_{em-}=f(s_-)=f(2-s_+)$，和 $T_{em+}=f(s_+)$ 完全一样，不过 T_{em+} 为正值，而 T_{em-} 为负值，且两转差率之间有 $s_++s_-=2$ 的关系，$T_{em-}=f(s_-)$，如图 6.3.4 曲线 2 所示。曲线 1 和曲线 2 分别为正、反转机械特性，关于原点对称。单相异步电动机的机械特性 $T_{em}=T_{em+}+T_{em-}=f(s)$，如曲线 6.3.4 所示。由图可看出，单相异步电动机有两个特征：

① 电动机不转时，$n=0$，$s_+=s_-=1$，合成转矩 $T_{em}=T_{em+}+T_{em-}=0$，电动机不能自行启动。

② 若用外力推动向正向或反向旋转，即 s_+ 或 s_- 不为 1 时，合成转矩不为零，去掉外力，电机就会转动而不停止。

3. 常用的单相异步电动机

相关内容请扫码查阅。

6.4 电动机在飞机上的应用

6.4.1 电动机在飞机上的应用

电动机是飞机上数量多而分布广的用电负载。根据飞机系统的要求，需要原动力去驱动阀或作动器从一个位置到另一个位置的场合，显然都要应用电动机。其典型应用有以下几种。

1) 直线式作动

用于发动机控制的电动位置作动器与飞行控制系统配平的作动器电动机都是做直线运动的。

2) 旋转式作动

用于襟翼、缝翼操纵的电动位置作动器。

3) 控制阀作动

燃油控制阀、液压控制阀、空气控制阀、辅助系统控制阀的电作动。

4) 启动机电机

发动机、APU和需要助力达到自主工作的启动装置。

5) 泵

用于燃油泵、液压泵和辅助系统加压的原动力装置。

6) 陀螺仪表电机

用于使飞行仪表和自动驾驶仪的陀螺仪运动的动力装置。不过在现代航空电子系统中，正越来越多地使用固态陀螺传感器，因此不需要交流电源。

7) 风扇电动机

为给乘客和设备提供空气而使冷却风扇运转的动力装置。使用电动机的许多场合不是连续工作的，只要求电机在一小部分时间中运转；而有些应用(如陀螺仪和冷却风扇电机)则在整个工作期间连续运转，故在选择电动机规格时应予注意。

6.4.2 飞机电动机维护举例

飞机上某些应用电动机工作场合的故障可能是电动机本体故障、供电线路故障，也可能是控制回路故障，但表现形式通常都是无法完成某些功能。下面就几个故障现象进行分析。

【故障现象1】3个厕所无法冲水。

【分析】厕所冲水系统由泵控制线路、真空泵、泵供电线路等组成。图6.4.1是真空泵控制线路图。

先对控制线路进行测试判断，如果控制线路是好的，说明厕所本身没有问题，可以继续使用。

如果没有检测仪表，则可以拔除真空泵连接跳开关(VACUUM WASTE CONT)，如果所

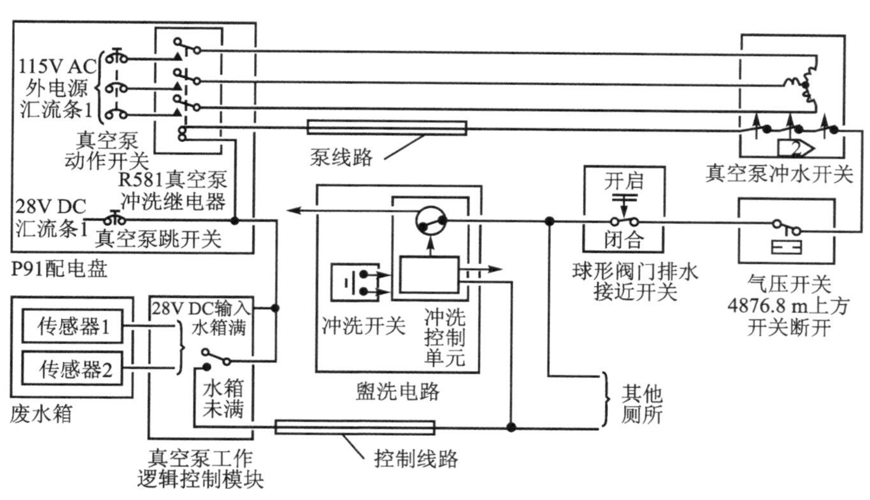

图 6.4.1　真空泵控制线路图

有厕所在空中还不能冲水，那么根据下列情况继续检查和判断。

① 如果冲洗活门马达作动会有声音，马桶的冲水功能正常，则控制线路是正常的。

② 查阅 B737NG 维修手册的 38 章 02A（MELMEL38－02A），拔出真空泵跳开关进行维修。

【故障现象 2】水龙头漏水不止。

图 6.4.2 是厕所控制开关图。按压水龙头按钮，观察能否恢复，如不能，则打开水龙头下面的柜门，把控制开关打到 TOILET ONLY 位置，正常是在 SUPPLY ON 位置，贴标牌并按 MEL38－01A 办理保留。

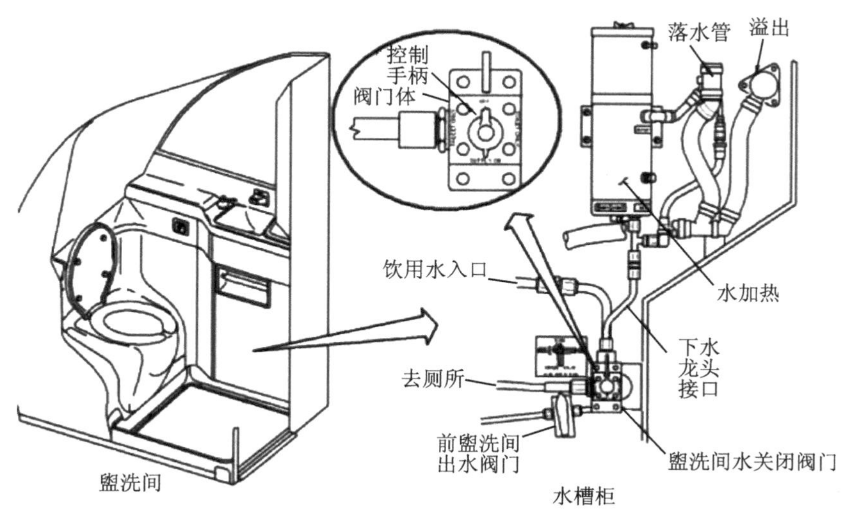

图 6.4.2　厕所控制开关

按压冲洗开关，如有声音则：

① 如果能听到冲洗活门电动机作动的声音或者马桶能有水出来或者真空泵能响，可以判

断冲洗开关是好的。

② 如果能听到冲洗活门电动机作动的声音,但是马桶堵住了,脏东西冲不下去,说明马桶被堵了或冲洗活门故障。

如果没有声音,则冲洗开关或 FCU 线路出现故障。

① 冲洗开关可以通过测量线路是否正常来判断,测量开关供电回路有没有断路。

② 根据测量的线路,进一步判断其他厕所的情况。如果是单个厕所故障,就不用考虑厕所公共部分线路。

③ 查找冲洗控制单元 FCU 故障。冲洗循环过程中有控制冲洗活门、冲水活门和真空泵工作。

直流电机最常用于直线式作动、旋转式作动、燃油阀作动和启动机。随着电力电子技术的发展,与控制电子装置相结合的直流无刷电机正日益获得广泛应用。

飞机上的交流电机最常用的是"感应式电动机",适合于连续工作的场合,例如燃油增压泵、飞行仪表陀螺和空调冷却风扇等。

需要说明的是,随着功率电子技术的发展,电动机及其控制理论和方法得到了长足发展,主要体现在无刷直流电动机、永磁同步电动机等在飞机上逐步得到应用和推广。这部分内容涉及的知识面广,需要扎实的理论基础,有兴趣的读者可以寻找更为合适的文献资料进一步研究探讨。

复习思考题

1. 直流电机有哪几种励磁方式?各有什么特点?
2. 什么是直流电动机的机械特性、转矩特性和转速特性?
3. 试比较直流电动机机械特性的"软""硬"。
4. 什么是异步电动机的旋转磁场?它的转速与哪些因素相关?
5. 什么是脉振磁场?为什么单相电动机不能启动?如何解决启动问题?
6. 交流伺服电动机有哪些控制方法?
7. 根据图 6.3.2,试分析两相旋转磁场产生的原理。
8. 什么是电机的转差率,试分析电动机在不同的工作状态下的转差率的大小。
9. 一台感应电动机的同步速度为 3 600 r/min,其实际的转速测定为 3 450 r/min,计算转差率和转差的百分比。
10. 一台感应电动机有 4 个磁极,交流供电的频率为 400 Hz。如果电动机的转差百分比为 2.5%,计算转子的速度。
11. 一台感应电动机有 4 个磁极,交流供电的频率为 60 Hz。如果转子的速度为 1 700 r/min,计算转差的百分比。
12. 说明交直流电动机在飞机上的应用。

第7章　发动机点火、启动与电气功率提取

发动机决定了飞机能够飞多高、飞多快、飞多远，也决定了乘坐的飞机是否舒适，最重要的是发动机直接关系到飞行是否安全。随着对飞行舒适性、快捷性和经济性要求的不断提高，飞机需要在11 000 m左右的高空飞行。随着高度的升高，大气温度降低，可提高发动机的工作效率，改善发动机的经济性，但是稀薄的空气和各种不确定因素使发动机工作条件更加恶劣，对发动机性能提出了更高的要求。

发动机是飞机的“心脏”。它的正常启动是飞机完成飞行任务的首要条件，并在发生故障及短时停止运行时，也应能立即再次启动并继续后续飞行任务。另外，还要能在地面对发动机及其工作所需要的电气系统、油路系统、点火系统和调节系统等进行检测与维修。

发动机除了与飞机机体接口外，还需要全权限的控制系统。发动机和机械、油液与功率提取的接口成为发动机复杂性的标志。

发动机自身有许多需要供电的系统，最主要的是启动、点火与控制系统。在民航飞机上，活塞发动机和燃气涡轮发动机都使用电气启动机。较大的运输机使用来自地面设备或另1台发动机空气交互供给的空气启动系统。活塞式发动机和燃气涡轮发动机上的电气启动系统有很大的差别，需要为其点火系统提供电能，点火、启动和控制系统需要协调一致地工作。

航空发动机经历了活塞式发动机、涡轮螺旋桨发动机和大型喷气式发动机3个发展阶段，启动方式相应地经历了磁电机、电动机和空气启动机3个阶段。不同类型的航空发动机，启动与点火系统所采用的启动机和点火装置是不同的。点火装置一般有磁电机式点火器、启动点火线圈和高能点火器等类型。发动机的电气和电子系统还包括运行和管理发动机所需的指示系统，主要有转速、转矩、温度、燃料流量和油压等参数的测量和显示。

航空发动机启动系统的作用是使发动机从静止状态到慢车工作状态。由静止状态加速到慢车转速的过程叫作启动过程。要启动发动机，必须做到：

① 用不同类型的启动机所产生的启动力矩来克服发动机的静力矩；

② 用点火装置将进入燃烧室的燃油空气混合气点燃。

启动发动机需要使燃油流入，完成使发动机旋转和提供点火能量等一连串操作。驾驶员可参照手册，保证正确无误地手动操作完成，也可由发动机控制装置自动完成。发动机启动时主要涉及燃油控制装置和油门杆、点火系统、发动机自持及启动顺序等。

7.1　发动机的点火

发动机的点火装置通常有启动点火线圈、磁电机点火装置和高能点火器等。

7.1.1　启动点火线圈

启动点火线圈是一个将低压直流电转换为高压电的装置。一些涡轮螺旋桨飞机就是用它在启动时产生高压电，送给电嘴点火的。

图7.1.1是点火线圈的原理电路图。它由圈数较少的初级线圈W_1、圈数较多的次级线圈

W_2 和一个断电器组成。W_1 线圈与断电器的触头串联,接于低压直流电源(蓄电池)上;W_2 线圈与电嘴的电极相连。断电器上有固定触头与活动触头,活动触头安置在带衔铁的弹簧片上。按钮接通时,初级线圈 W_1 有电流 i_1 流过,产生磁通 Φ_1,并在断电器上的衔铁片上形成电磁力。当电流增大到一定值,使电磁吸力大于弹簧片的弹力时,弹簧片便被吸向磁芯,使触头断开。

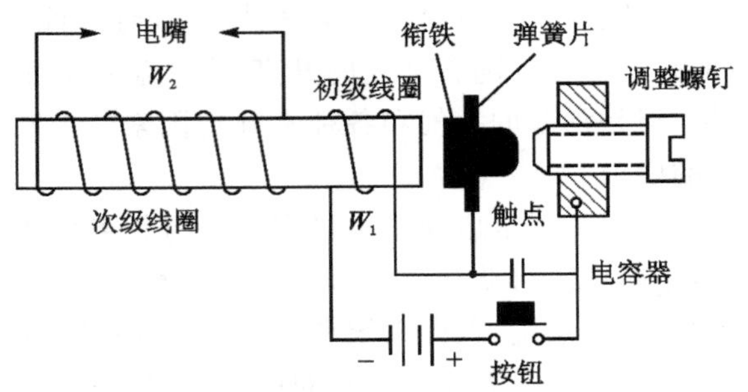

图 7.1.1 点火线圈的原理电路图

触头断开后,电流 i_1 迅速消失,磁通 Φ_1 也随之迅速减小。由于磁通的迅速变化,匝数很多的次级线圈就产生很高的感应电势 e_2。它的大小与磁通减小的速率成正比,一般可达 10 000 V 以上。此高压电输给电嘴,就在电嘴两极间产生火花。磁通 Φ_1 消失后,弹簧片在其弹力作用下又恢复原状,将触头重新接通,使初级线圈电路再次通电。这样,电磁力和弹力不断地变化,弹簧片就不断地振动,触头则不断地闭合、断开(达 400～800 次/min),电极间就连续出现火花。上述过程不断地反复进行,直到按钮断开为止。

① 电容器的作用为减小触头火花,延长触头寿命。由于触头火花减小,触头断开时初级电路电流变化率加大,磁芯磁通变化率加大,因而次级线圈感应电势提高了。

② 调整螺钉的作用。断电器的触头由铂制成,带有固定触头的调整螺钉,可用来调整断开电流值,从而调整次级电压最大值。

顺时针拧入调整螺钉时,弹簧片弹力变大,而衔铁与磁芯之间的磁间隙则变小。弹力增大后,必须有更大的电磁吸力才能使触头断开,所以弹力变大会使断开电流增大。另一方面,间隙减小后磁阻变小,较小的初级线圈电流就能产生同样的电磁吸力使触头断开,所以间隙减小又会使断开电流减小。当衔铁距离磁芯较远时,间隙较大。转动调整螺钉时,间隙的变化对断开电流的影响,没有弹簧片变化的影响大,断开电流的变化也就主要取决于弹力的变化。顺时针转动调整螺钉,弹簧片弹力增大,断开电流及次级电压最大值增大;反之,断开电流及次级电压降低。

7.1.2 磁电机点火装置

磁电机是航空上曾用的发动机点火装置。

1. 磁电机

磁电机是用于活塞式发动机的点火电机,作用是产生高压电(15 000～20 000 V),并且按照气缸工作次序和规定的时刻,给电嘴点火。图 7.1.2 所示是磁电机的组成。磁电机由永磁转子、导磁架、线包和软磁芯、电容器、断电器、分电器和壳体组成。

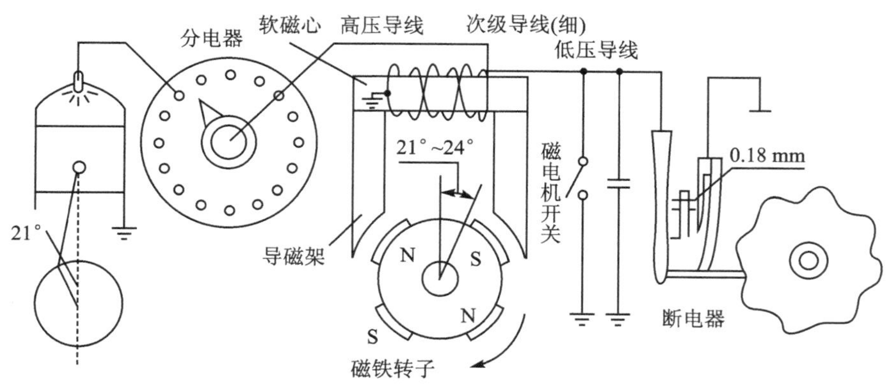

图 7.1.2　磁电机的组成

分电器的分电刷和断电器的凸轮经齿轮转动连于转子轴上，永磁转子由发动机曲轴通过附件齿轮带动。

2. 磁电机的工作原理

(1) 磁电机产生高压电的过程

① 电机转子旋转改变了穿过初级线圈的磁通而使初级线圈感应出低压电。

② 把低压电变成高压电，即在适当的时机断开低压电路，使初级线圈的感应电流和伴随感应电流而产生的感应电磁场迅速消失，磁芯通磁随之发生剧烈变化，从而使次级线圈感应而产生高压电。

(2) 磁电机产生低压电的工作原理

磁铁转子是一个四极永久磁铁，N 极和 S 极交错排列，磁芯和导磁架具有良好的导磁性，永磁转子在磁芯中产生的磁通称为基本磁通，用符号 Φ_0 表示，如图 7.1.3 所示。

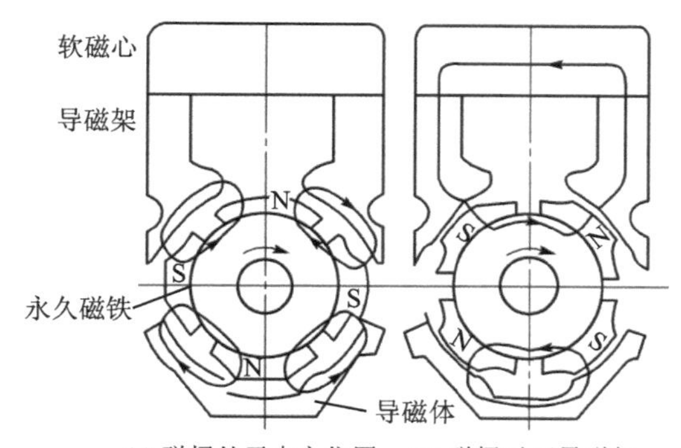

(a) 磁极处于中立位置　(b) 磁极对正导磁架

图 7.1.3　磁电机的磁路磁电机的组成

随着转子磁极与导磁架的相对位置不断改变，磁芯中的磁通 Φ_0 也不断变化。转子磁极与导磁架的相对位置用磁铁转子的转角 α 表示，并取转子的 N 极对正导磁架的左极掌位置，S 极对正导磁架的右极掌位置，作为转子转角零度 $\alpha=0°$ 位置，如图 7.1.4(a)所示。基本磁通 Φ_0 随转子变化情形如图 7.1.4 所示。

转子转角为 0°时，由于磁极同两个极掌所对的面积最大，磁路磁阻最小，因而通过磁芯的磁力线数目最多，即基本磁通 Φ_0 最大。这时磁力线从转子 N 极出发，经过左导磁架、软磁芯和右导磁架回到 S 极，Φ_0 的方向自左向右定为正值。

转子由 $\alpha=0°$ 的位置依顺时针方向旋转时，磁极同两个极掌所对的面积逐渐减小，磁路的磁阻逐渐增大，越来越多的磁力线不通过磁芯而直接从导磁架下端回到 S 极，因此磁芯中的基本磁通逐渐减少，但基本磁通仍为正值。转子转到 45°的位置，这个位置叫作中立位置，如

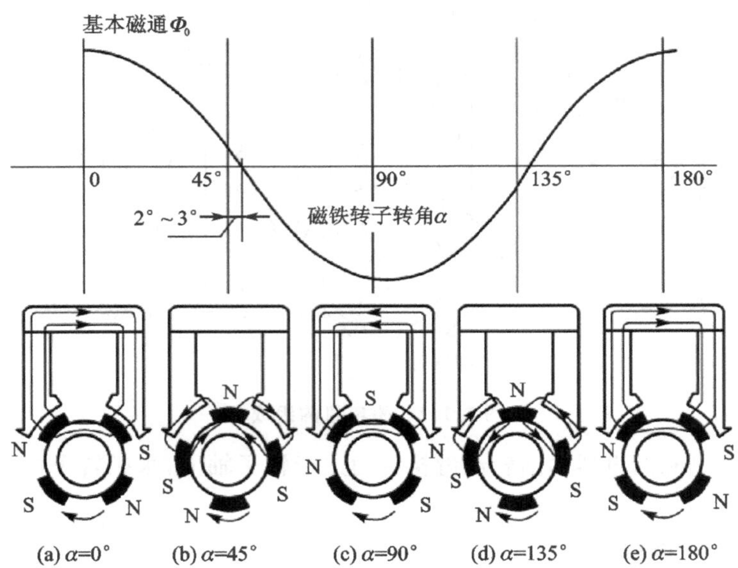

图 7.1.4 基本磁通随磁铁转子转角的变化情形

图 7.1.4(b)所示，由于 N 极正好处于左右两个极掌的中间，全部磁力线便都不通过磁芯，而直接从 N 极经两个导磁架的下端回到 S 极，所以磁芯中的基本磁通等于零。但由于磁芯具有一定的剩磁 B_r，因此转子转到中立位置时，磁芯中仍剩有少量磁通。只有当转子转到中立位置后 2°～3°的位置时，由于转子磁力线从相反的方向(自右向左)通过磁芯，恰好把磁芯中的剩磁全部抵消，磁芯的基本磁通才变为零。

磁铁转子继续旋转，磁极同极掌所对的面积又逐渐增大，磁路的磁阻又逐渐减小，因而软磁芯处的基本磁通又逐渐增大。当磁铁转子转到 90°的位置，如图 7.1.4(c)所示，磁极与两个极掌又完全对正，基本磁通 Φ_0 又差不多达到最大值。当 $\alpha=45°\sim90°$时，磁芯中的基本磁通方向与前述相反，把这个从右到左方向的磁通定为负值。磁铁转子继续旋转，基本磁通的大小和方向的变化可按上述过程获得。图 7.1.4 中画出了在磁铁转子旋转 180°的过程中基本磁通 Φ_0 的变化情况。转过 180°以后，基本磁通 Φ_0 将重复这种变化。

四极磁铁转子每旋转半周基本磁通有两次达到零值，并两次改变方向(从正值变为负值，又从负值变为正值)。因此，四极磁铁转子旋转一圈基本磁通 4 次达到零值，并 4 次改变方向。

(3) 初级线圈感应电势 e_1 及低压感应电流 i_1 的产生

当磁铁转子旋转时，由于软磁铁芯的基本磁通不断地变化，绕在软磁芯上的初级线圈 W_1 就会产生感应电势 e_1。初级线圈感应电势 e_1 的大小与基本磁通随时间变化的速度和初级线圈的圈数成正比，$e_1=-W_1\dfrac{\mathrm{d}\Phi_0}{\mathrm{d}t}$。可以看出，在初级线圈圈数 W_1 不变的条件下，初级线圈感应电势的大小 e_1 取决于基本磁通 Φ_0 随磁铁转子转角变化的快慢 $\mathrm{d}\Phi_0/\mathrm{d}t$。当磁铁转子旋转时，基本磁通 Φ_0 变化越快，初级线圈的感应电势 e_1 越大；基本磁通 Φ_0 变化越慢，初级线圈的感应电势 e_1 越小。初级线圈感应电势 e_1 随磁铁转子转角的变化规律如图 7.1.5 中的实线所示，虚线为基本磁通的变化。

随着转角的变化，初级线圈感应电势 e_1 的大小和方向不断变化。当转子的转角约在 0°、

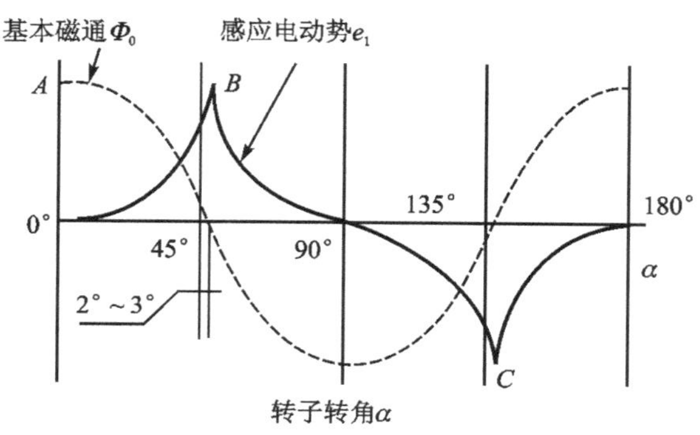

图 7.1.5　初级线圈感应电势随磁铁转子转角而变化

90°、180°时，即当基本磁通最大时，初级线圈感应电势 e_1 等于零；而在转子转到中立位置后 2°～3°位置即基本磁通 Φ_0 为零时，初级线圈的感应电势达最大值。感应电势随磁铁转子转角这样的变化是由基本磁通的变化规律所决定的。基本磁通的变化曲线表明：当磁铁转子的转角 $\alpha=0°$、90°、180°时，基本磁通变化率为 $\mathrm{d}\Phi_0/\mathrm{d}t$，初级线圈没有受到基本磁通的感应，因而电势 $e_1=-W_1\dfrac{\mathrm{d}\Phi_0}{\mathrm{d}t}$为零，对应图 7.1.5 中的 A 点。

当磁铁转子转到中立位置 $\alpha=45°$、135°后 2°～3°瞬间，基本磁通的曲线最陡，对应图 7.1.5 中的 B 点，说明这时基本磁通变化最强烈，初级线圈受感应最厉害，因而其电势 $e_1=-W_1\dfrac{\mathrm{d}\Phi_0}{\mathrm{d}t}=E_{1m}$ 最大。如上所述，四极转子旋转一周，基本磁通有 4 次达到零值，初级线圈的感应电势则有 4 次达到最大值。

基本磁通的变化不但使初级线圈产生感应电势，而且次级线圈 W_2 也受感应而产生感应电势 e_2。次级线圈感应电势 e_2 随转子转角的变化规律与初级线圈感应电势的变化规律相同，即 $e_2=-W_2\dfrac{\mathrm{d}\Phi_0}{\mathrm{d}t}$，只不过是由于次级线圈的圈数 W_2 比较多，其感应电势较大而已。初级线圈感应电势的最大值 $E_{1m}\approx 40\sim 50$ V，次级线圈感应电势的最大值约为 $E_{2m}=2\ 500\sim 3\ 000$ V，这比电嘴所需的击穿电压 8 000～10 000 V 小得多，不足以用来使电嘴产生电火花。

为了解决这个问题，常采用下面的方法。由于初级线圈有了感应电势，如果断电器的两个触头闭合而使低压电路构成通路，则初级线圈内就有低压感应电流。其电路通路如下：

初级线圈→低压导线→活动触头→磁电机壳体(地)→磁芯→再返回初级线圈

当磁铁转子旋转时，初级线圈感应电流的大小和方向也是不断变化的，并随着初级线圈感应电势的变化而做大致相似的变化。磁铁转子旋转一周，初级线圈的感应电流也 4 次达到最大值。

在初级线圈中有大小和方向不断变化的感应电流 i_1 流过，于是在软磁芯内就产生了大小和方向也不断变化着的感应电磁通，用 $\Phi_{电}$ 表示，且 $i_1W_1=k\Phi_{电}$，k 为比例系数。当感应电流达到最大值时，磁通也达到最大值，因此，转子旋转一周，初级线圈的感应电磁通也 4 次达到最大值。

由于低压电路为电阻与电感串联电路，电流落后电势一个角度。当磁铁转子转到中立位置后 2°～3°时，尽管初级线圈感应电势达到最大值，但感应电流和感应磁通却不能增到最大

值,而是在磁铁转子转到中立位置后约21°～24°的位置时才达到最大值。

(4) 由低压电产生高压电的工作原理

初级线圈感应磁通的变化固然可以使次级线圈产生感应电势,但由于磁通的变化率较小,次级线圈感应电势不高,不足以使电嘴产生电火花。因此,要采用在适当瞬时断开电路(简称断电)的方法,使初级线圈的感应电流瞬时消失,从而使初级线圈产生的感应电磁通瞬时消失,以加大感应电磁通的变化率,使次级线圈受到强烈的感应。

为了最大限度地提高次级线圈的感应电势,显然应该在初级线圈感应电流最大的时刻,即感应电磁通达到最大值的时刻断电。磁铁转子转到中立位置后21°～24°的位置时突然断电,线圈产生的感应电磁通就从最大值瞬间变到零,次级线圈受到强烈的感应,产生高达15 000～20 000 V的高压电,保证了电嘴处能击穿空气隙而形成电火花。

断电的任务由磁电机的断电器完成。断电器主要由凸轮、活动触头(左)、固定触头(右)和顶杆等组成。活动触头用导线与初级线圈串联,固定触头搭铁。两个触头可借活动触头弹簧片之弹力紧密接触。两个触头接触(闭合)时,低压电路连通。磁电机工作时,磁铁转子轴经过传动齿轮带动凸轮转动。当凸轮的凸起转过顶杆后,两触头又靠活动触头弹簧片的弹力而闭合,低压电路又重新接通。随着转子不断旋转,断电器的两个触头不断地分开和闭合。为了保证正好在初级线圈感应电流达到最大值时断电,凸轮的凸起部分应在中立位置21°～24°时刚好顶起活动触头顶杆。

在低压电路断电时,由于初级线圈感应电磁通急剧变化,不仅感应次级线圈,而且使初级线圈自己也同时产生相当高的自感电势,约300～500 V,方向与原来的感应电势方向相同。在断电器触头刚刚断开时,由于触头间隙还很小,在自感应电势的作用下,触头间的空气被电离而产生较强烈的电火花;随后,触头间的间隙虽然逐渐变大,但由于电离后的空气的电阻值小,触头间仍继续保持有强烈的火花。这表明在触头间有电流流过,产生的电火花会烧坏触头,再则由于断电时电流不能立即中断而仍按原来方向流动,因而初级线圈感应电磁通的变化率减小,会削弱次级线圈的感应电势。

为了尽可能消除在断电时初级线圈自感应电势造成的不良后果,在磁电机的低压电路上装有电容器。电容器与断电器触头并联,一端用导线与初级线圈连接,另一端与磁电机壳体搭铁。

装了电容器以后,触头刚刚分离之时,可向电容器充电,这样就不足以产生火花;当电容器电压升高以后,触头间的间隙已经变大了,因而火花大为减弱。火花的减弱,意味着电流迅速消失,因而磁通变化率增大,次级感应电势也就提高了。

电容器可以减弱触头处的电火花,但不能消灭电火花。在外场工作时,还要时常注意触头的烧损程度,定期擦拭。

(5) 高压电分配到各个气缸的工作原理

图7.1.2所示的分电器主要由分电盘和分电刷组成,把次级线圈产生的高压电按气缸工作顺序送到各气缸的电嘴。

磁电机工作时,分电刷随同转子旋转,次级线圈所产生的高压电,首先送到分电刷电极上。在断电器触头刚刚断开时,分电刷电极恰好同分电盘上的一个分电站对准,高压电就通过分电刷电极和分电站,经高压导线送到相应的电嘴。分电刷每旋转一周(比磁铁转子转得慢),各气缸按顺序点火一次。

3. 磁电机开关

磁电机开关用来控制磁电机是否工作，在发动机试车时也可用它来检查点火系统的工作。磁电机开关与断电器触头并联在低压电路上，如图 7.1.2 所示。当磁电机开关处于"关闭"(实际闭合)位置时，低压电路在磁电机开关处搭铁，磁电机不能产生高压电；当处于"打开"(断开)位置时，低压电路在磁电机开关处不搭铁，磁电机受断电器控制能够产生高压电，磁电机开关包括一个总开关和两个分开关。

① 总开关。"开"表示总开关处于打开位置(磁电机低压电路不搭铁)；"关"表示总开关处于"关闭"位置(磁电机低压电路搭铁)。

② 分开关。"关"表示两个磁电机均不工作；"左"表示左磁电机工作；"右"表示右磁电机工作；"双"表示两个磁电机均工作。

7.1.3　高能点火器

高能点火器向电嘴提供高压电能，以便将发动机燃烧室内的雾化燃油点燃。现代涡轮风扇发动机都用高能点火器点火。

1. 高能点火器结构

高能点火器主要由晶体管高压产生器、高压整流器、储能电容、放电间隙和高阻值的电阻等组成。所有部件装在一个轻合金壳体和罩子里，构成一个完全密封的装置，以免对无线电设备产生辐射干扰。点火器在机上安装及外形如图 7.1.6 所示。

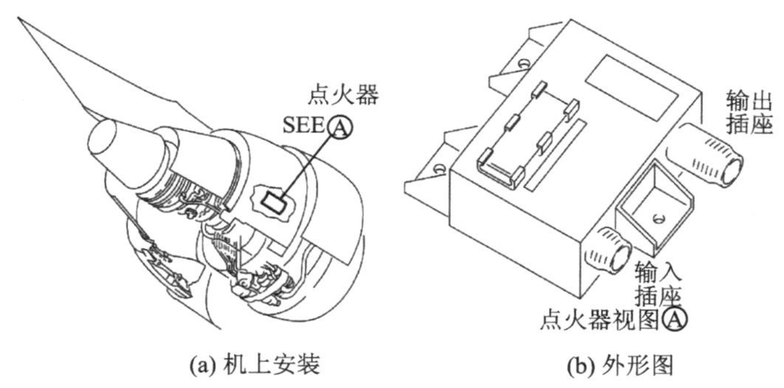

图 7.1.6　高能点火器在机上安装及外形图

壳体上有两个插座，一个为输入插座，接到 24 V 启动蓄电池，另一个为输出插座(输出约 2 000 V 脉冲电压)，通过高压导线与电嘴连接。

2. 高能点火器的工作原理

图 7.1.7 是高能点火器的原理框图。当点火系统接通直流电源(通常是航空蓄电池，电压范围为 20～30 V)时，滤波电路用于滤掉直流电压上的纹波分量，直流变换器将直流低压变换为高压脉冲电，经整流后对储能电容器充电。电容器的电压达到放电管的击穿电压后，放电管

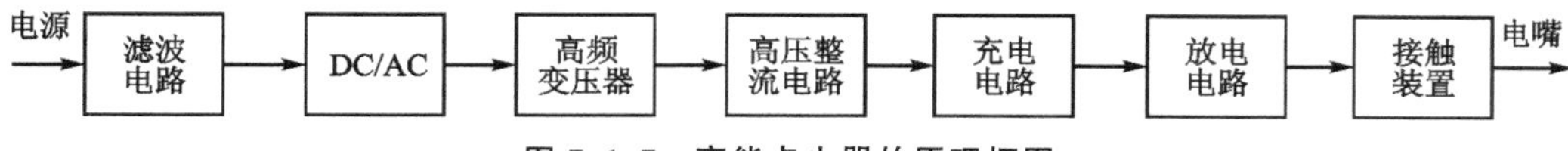

图 7.1.7　高能点火器的原理框图

被击穿,储能电容器通过放电管放电。半导体电嘴发出电火花用于点燃发动机燃烧室内空气和燃油的混合气体。

设计高能点火器的电路拓扑有很多种,例如单端正激、单端反激、推挽类等电路。虽然工作电压高,但功率较小,选择单端反激变换器较为合理。如图7.1.8所示,电路主要由晶体管VT和高频变压器T组成。高频变压器有3个线圈:集电极线圈即初级线圈W_1、基极线圈即反馈线圈W_2和次级输出线圈W_3。二极管VD_1用来防止蓄电池的极性接反。

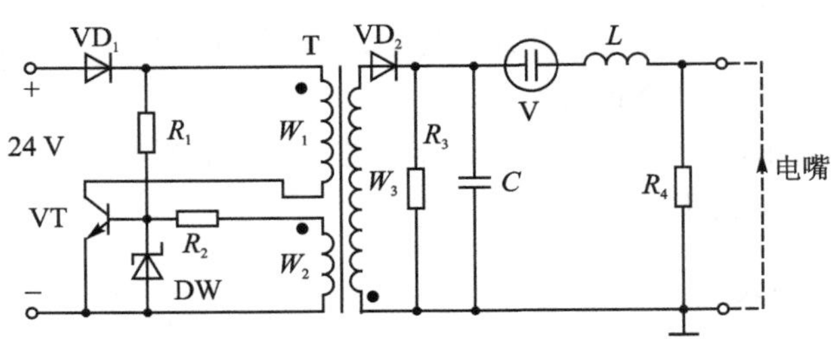

图7.1.8　高能点火器的原理电路

假设输入为24 V电压,经R_1、R_2分压,$U_{R_2}=0.7$ V加于晶体管VT的be结而产生基极电流i_b。基极电流i_b经放大后将有集电极电流i_c从零增长,引起W_1链合的磁通同样也使W_2、W_3链合的磁通增长,结果在各线圈均产生"·"端为正的感应电势。W_2线圈中的感应电势产生的基极电流i_b使晶体管完全饱和导通,如果忽略晶体管T的饱和压降,即W_1两端承受输入直流电压引起流过集电极电流i_c的增长。W_2上的感应电势$U_2=(W_2/W_1)\times 24$ V,则此时基极电流i_b应有$i_b=(U_2-U_{be})/R_2$,其中U_{be}为晶体管的be结压降,为0.6~0.7 V。

集电极电流i_c增长到$i_c=\beta i_b$时将停止增长,各线圈链合的磁通Φ也停止增长,使得$d\Phi/dt=0$,则各线圈感应电势为零。i_b迅速下降,i_c也迅速下降,此时在各线圈产生"·"端为负的感应电势,其结果更促使i_b和i_c的迅速下降,直至为零。当"·"端为正感应电势时,次级输出电路由于VD_2是不通的,实际上此时通过i_c的增长即W_1中电流的增长,给高频变压器储存磁场能量;当"·"端为负的感应电势时,由于W_1中电流的迅速消失,磁场能量的迅速释放,使W_3次级输出很高的电压达到2 500 V,以后又重新开始另一个振荡周期,振荡频率有几千赫兹或几十千赫兹。以下分析电路中各元件的作用。

① C为储能电容,充电达到2 000 V时击穿放电管V,变换器输出电压。

气体放电管一般是二极管或三极管,工作电压范围为75~3 500 V,有上百种规格,严格按照有关标准进行生产、监控和管理。

② V为密封式气体放电管,高频变压器次级输出达到2 000 V时被击穿,放电管击穿才有输出。这主要是考虑到电嘴上可能有可燃气体燃烧时形成的积炭对电嘴电极间隙放电,使积炭的影响最小。

放电管常用于多级保护电路中的第一级或前两级,具有泄放雷电暂态过电流和限制过电压作用。其优点是没有击穿前绝缘电阻很大,寄生电容很小;缺点是存在放电时延(响应时间)较长,动作灵敏度不够理想,对于上升陡度较大的雷电信号难以有效抑制。

当放电管外加电压达到两极间的间隙放电击穿电压时,间隙气体成为导电状态,导通后放电管两极之间的电压维持在放电电弧所决定的残压水平。

响应时间是放电管的一个重要指标,即从暂态过电压开始作用于放电管两端的时刻到管子实际放电时刻之间的一个延迟时间。这一方面是由管子中随机产生初始电子离子到带电粒子所需要的时间，即统计时延；另一方面是初始带电粒子形成电子雪崩所需要的时间，即形成时延。

为了测得放电管的响应时间，需要用固定波头上升陡度 du/dt 的电压源加到放电管两端进行测量，取多次测量的平均值作为该管子的响应时间。

③ L 为扼流圈，用来延长火花的放电时间。

④ R_3 为安全电阻，防止连接电嘴高压导线断路时，C 的充电电压过高而危及安全。

⑤ R_4 为放电电阻，点火装置断电后，将 C 储存的电能释放掉。一般取 $R_4=4\sim7\ \text{M}\Omega$，而 $C\approx6\ \mu\text{F}$，其时间常数 $\tau=R_4C$ 在 30 s 以上，即 VT 处于振荡工作状态是不受其影响的。

3. 高能点火器在飞机上的应用举例

图 7.1.9 为 B757－200 飞机的左发动机点火系统结构图。它配有 2 台高能点火器和 2 个点火电嘴。图 7.1.10 是机载的各种点火器外形图，主要有触点式、晶体管式、数字式和交流点火装置等。图 7.1.11 是点火器组件在飞机上的安装示意图。

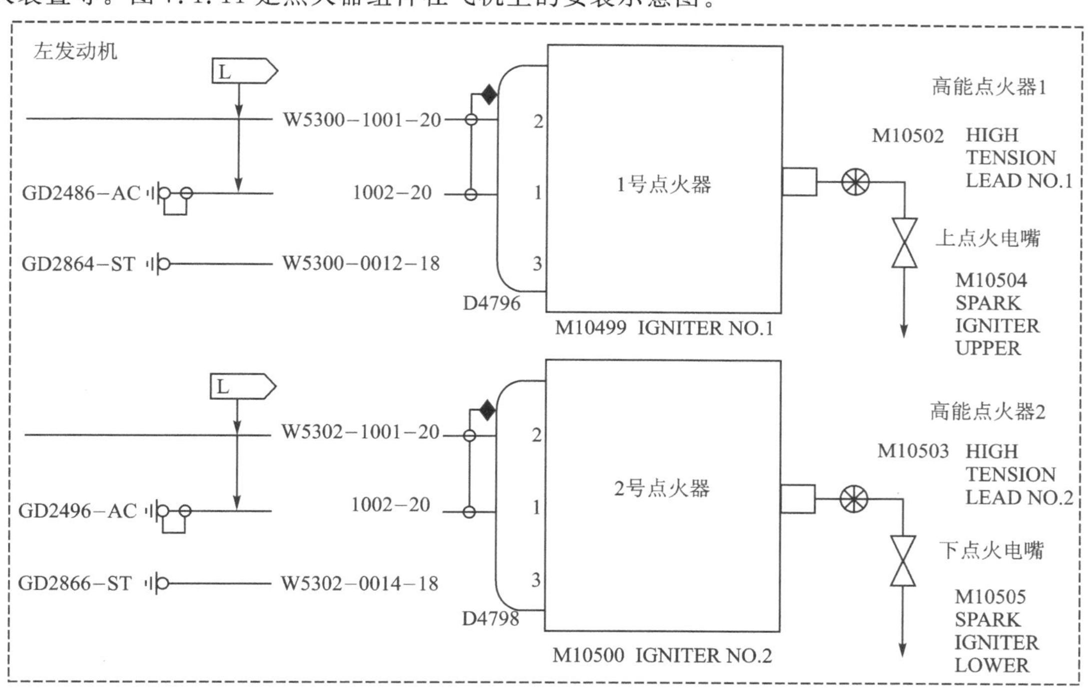

图 7.1.9　B757－200 左发动机点火系统

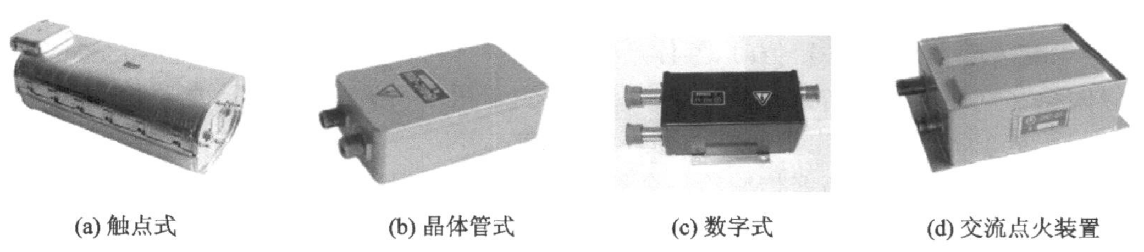
(a) 触点式　(b) 晶体管式　(c) 数字式　(d) 交流点火装置

图 7.1.10　各种机载点火器

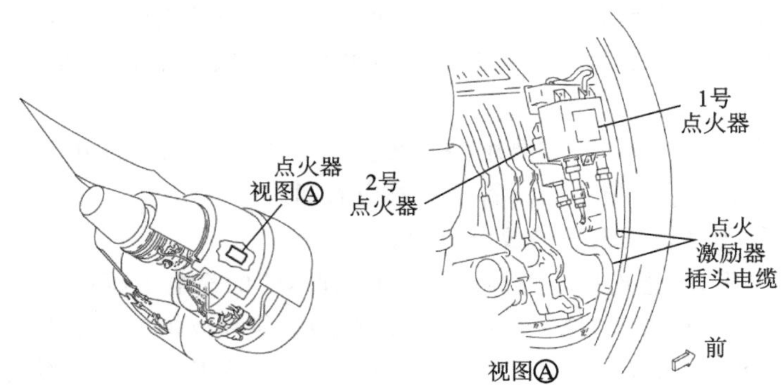

图 7.1.11　点火器组件在飞机上的位置

【例 7.1.1】 某点火系统的主要性能参数。

① 工作电压范围:点火系统的工作电压范围为 24～30V DC。

② 输入电流:在工作电压范围下,输入电流的最大值应不大于 3 A。

③ 火花频率:点火系统的火花频率为 20～55 Hz。

④ 储存能量:点火系统储存能量不小于 0.4 J。

⑤ 输出电压:点火装置的输出电压为 3 200×(1±10%) V。

⑥ 工作规范:工作 6 s,休息 20 s;连续 6 次为一循环,然后休息 3 min,允许连续工作 12 s。

4. 使用注意事项

① 安装前应把点火装置高压出线管的内外表面与接触装置接触部位擦拭干净,并检查点火电缆是否有表面破损和短路、断路现象。

② 产品按外部接线图连接,须注意电源极性,电源极性接反则产品不工作。

③ 点火装置、接触装置和半导体电嘴连接好后,方能通电。如果高压输出端开路,其通电时间不宜超过 5 s。长时间通电易导致点火装置损坏。

④ 产品外壳(安装部位)应良好搭铁。

产品在定期检查或调试时,电嘴周围切勿放置易燃、易爆物品。

7.1.4　电　嘴

电嘴也称火花电嘴,是安装于发动机燃烧室或气缸内的放电装置。它将点火装置中的电能转变为热能,用以点燃发动机内的燃料/空气混合气,是发动机点火系统中的重要元件之一。

火花电嘴又称高压空气间隙电嘴,是利用高电压击穿电极间空气间隙放电产生火花的一种电嘴,其放电过程和一般空气放电相同。当电极间加上电压后,在电场的作用下,气体开始游离,电压继续增大,达到一定值时,气体产生分子雪崩击穿,在空气间隙形成火花。击穿电压随电极间隙和气体压力的增大而提高。火花电嘴主要用于活塞式发动机,也曾用于涡轮喷气发动机。图 7.1.12 是火花电嘴的结构和外形图。

火花电嘴把磁电机的高能传输给一个气隙,图 7.1.13 是一个新的和用过的火花电嘴图。随着磁电机的电压不断增加,电极之间燃料/空气混合物的状态也在改变。气隙间的电压超过燃料/空气混合物的介电强度,混合物就会离子化而导电,使电子通过气隙时,把当前位置的温度提高到大约 60 000 K,电能变做热和光沿气隙放电,以电打火的形式出现,并伴随着“啪啪”

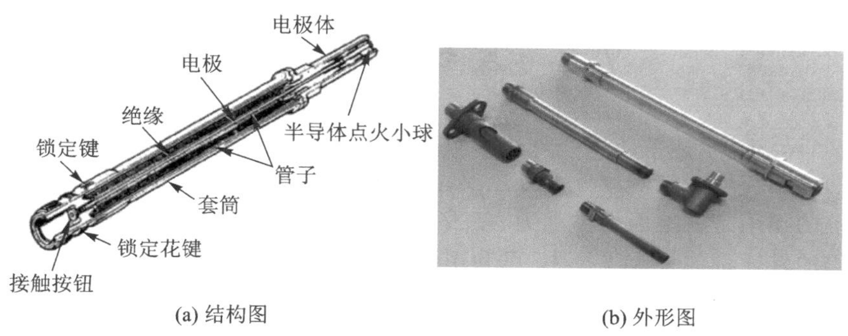

(a) 结构图　　(b) 外形图

图 7.1.12　火花电嘴结构与外形

的声响，点燃气缸中的燃料混合物。

火花电嘴在高压、高温的恶劣环境中长期工作，性能会逐渐降低。火花电嘴的外壳由高延展性钢材制成，通过公差很小的螺纹安装到气缸的顶部，由一个挤压铜垫片来完成对高压气体的密封。外壳通过本体与气缸顶部进行电气连接。中间电极把高能传给火花气隙，电极由能够抵抗重复性电打火的材料制成，通常为镍、铂或铱。绝缘体把火花电嘴的内层和外层分开，典型绝缘材料包括云母、陶瓷、氧化铝陶瓷。火花电嘴安装及点火电缆如图 7.1.14 所示。

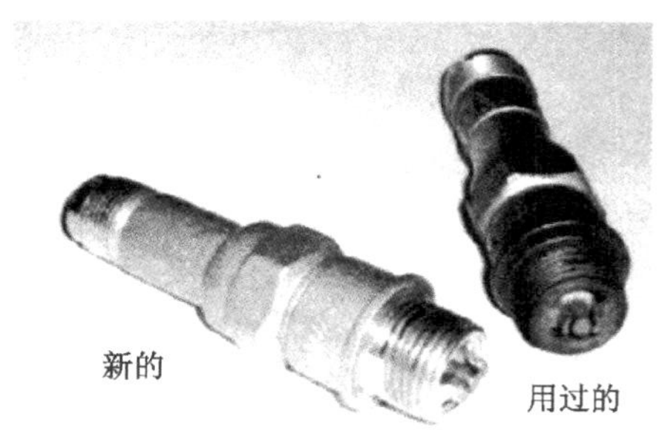

图 7.1.13　火花电嘴(新的和用过的)

图 7.1.14　火花电嘴安装

值得说明的是，每个气缸采用两个火花电嘴的冗余设计，其中一个磁电机出现故障时仍能成功点火，并使燃料/空气混合物燃烧得更有效。火花电嘴的一个重要缺陷是击穿电压随气体压力的增大而升高。击穿电压高，火花能量大，对点火不利。但在高空点火时，由于条件恶劣，需要更大的火花能量，但磁势因气压低，释放能量小，对高空电极极为不利。按工作原理和结构，电嘴可分为火花电嘴、高压表面间隙电嘴、电触电嘴和半导体电嘴等，这里不再介绍。

7.1.5　点火器插头座的拆卸和安装

相关内容请扫码查阅。

7.2 发动机的启动

要使发动机启动,启动的能源和带动发动机启动的机件是十分关键的设备,掌握其工作原理对发动机的启动与地面维修服务十分重要。

启动系统的作用是在地面提供动力,使发动机压气机达到 N_2 速度或在空中达到发动机能够自持工作的转速。如果在飞行中,可利用迎面气流实现发动机的启动。每台发动机启动系统组件包括空气启动机、启动控制阀、启动阀出错灯、供气气流管道和必要的控制电路。发动机启动和点火开关安装在皮托管即头顶板 P5 板上,控制着发动机启动系统。

发动机启动系统的电源采用 28 V DC,通常蓄电池汇流条电路断路器安装在头顶板 P11 板上。

地面启动时,由 3 个不同的压缩空气源提供压缩功率,即由飞机辅助动力装置 APU 提供、由地面服务连接端提供或者由已经启动的发动机提供。

7.2.1 启动机

根据启动的能源不同,启动装置通常分为两类:一类是应用电能的启动机,称为电动启动机;另一类是应用压缩空气的启动机,称为空气启动机。由于后者需要的电气知识很少,本书不再讨论。

1. 电动启动机

图 7.2.1 所示是活塞式发动机电动启动机的基本结构,主要包括电动机、滚棒离合器、飞轮、减速器、摩擦离合器、衔接装置、接合爪和手摇装置等。

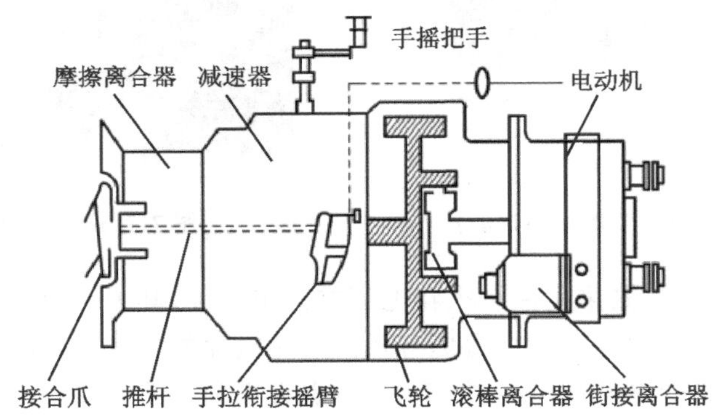

图 7.2.1 活塞式发动机电动启动机的基本结构

(1) 电动机

电动机是电动启动机的动力部分,用来带动飞轮装置旋转而进行机械储能。电动启动机常用启动力矩大的串励电动机。

(2) 滚棒离合器

滚棒离合器由装在电动机转子轴上的星型轮、套圈(与星型轮不接触)和装在套圈内的滚棒组成。当电动机高速旋转时,离合器的滚棒被星型轮的凸起部分顶出,与飞轮相接触("合"),从而带动飞轮高速旋转,离合器的滚棒随即自动落入星型轮的凹陷部分,电动机就和飞轮脱离关系("离")。

(3) 飞　轮

飞轮由电动机或手摇传动装置带动，转速可达 14 000 r/min。它的后端与滚棒离合器相接触，前端与减速器的主动齿轮相衔接。

(4) 减速器

减速器主要由固定齿轮和游星齿轮两部分组成，用来降低接合爪的转速而增大接合爪的转矩。另外，在手摇装置转动飞轮时，减速器起增速作用。减速器的后端与飞轮和手摇装置相衔接，前端与摩擦离合器相衔接。

(5) 摩擦离合器

摩擦离合器装在减速器和接合爪之间，可以控制启动机传递给发动机曲轴扭转力矩的大小，防止负载过大时损坏发动机附件的传动轴和启动机的传动机构。当减速器的后端与飞轮和手摇装置衔接时，由于启动时曲轴惯性太大，启动机所产生的力矩不能立即带动发动机曲轴转动；当其力矩超过规定的极限值时，摩擦离合器的摩擦片开始滑动，但此时摩擦片之间有一定的摩擦力，所以逐渐地带动发动机曲轴转动，就可防止因负荷过大而损坏机件。

(6) 衔接装置

衔接装置由衔接接触器、摇臂、推杆和接合爪等组成。摇臂与推杆相连，两端分别与衔接接触器的钢索及手拉衔接的钢索相接，摇臂上装有弹簧。当衔接接触器工作时，摇臂克服弹簧力，将推杆向外顶，使接合爪伸出，与发动机的曲轴传动齿轮相衔接。衔接接触器断电后，由于弹簧力的作用使摇臂恢复原来位置，推杆即自动收回。

(7) 手摇装置和手拉衔接装置

手摇装置由手摇把手、套筒、传动轴和齿轮组成。手摇把手安装于驾驶舱门附近，可以直接带动飞轮旋转而积蓄机械能。手拉衔接装置由手拉衔接柄、钢索等组成，作用和工作情形与电衔接装置相同。

2. 电力启动及增速措施

涡轮螺旋桨发动机的启动一般由复励启动发电机驱动。在地面启动时，启动发电机接受地面电源或机上航空蓄电池供电，启动发电机以电动机状态工作。扭力矩通过减速器传给弹性轴带动发动机旋转，此时单向离合器联轴器打滑；当发动机启动起来，转速大于启动发电机转速时，滚棒单向离合器联轴器咬住，由弹性轴将扭力矩传递给启动发电机的空心轴，启动发电机转为发电状态，此时电机内的减速器不起作用。

图 7.2.2 所示是一种典型的涡轮发动机启动机电路。来自 28 V 直流汇流条的电源在主开关接于启动位置且启动机开关按钮闭合时，给启动机继电器线圈通电，使启动继电器触点闭合，时间开关开始计时，28 V 直流汇流条电源经限流电阻给启动电动机通电，电动机旋转。当电动机速度达到规定的速度后时间开关闭合，短路继电器线圈得电使其触点闭合，限流电阻被短接。当发动机达到自我维持转速时，点火开关就被接通，电动机的电力被切断。启动电动机的启动电流通常为 1 000～1 500 A，因此需要限流电阻器和定时电路。

(1) 电动机增速控制方法

启动时，启动机或启动发电机以电动机状态工作，带动发动机增速。因为电动机转速为零或很低时，电枢反电势很小，因而电枢电流很大。为了防止启动电流过大或由于启动转矩过大而损坏启动传动机件，发动机的启动增速是分阶段进行的，称为分级启动。分级启动的控制一

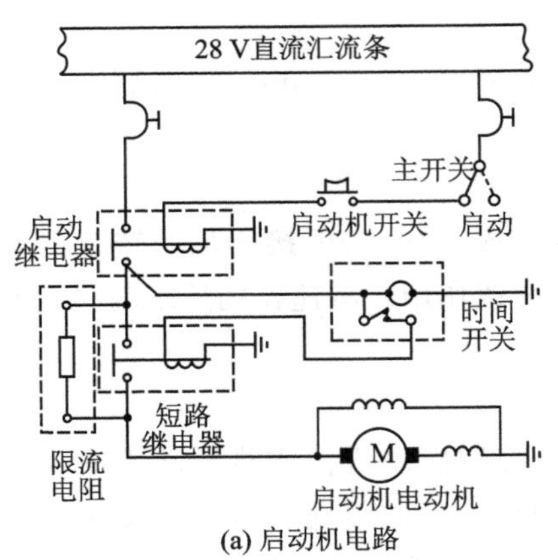

(a) 启动机电路

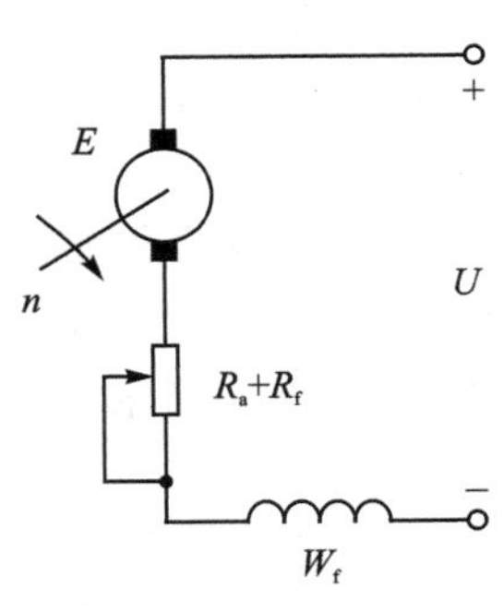

(b) 电动机等效电路

图 7.2.2　涡轮螺旋桨发动机启动机电路

般由启动程序机构按一定的时间顺序控制自动进行。图 7.2.2(b)所示是电动机的等效电路，它的基本方程为

$$U = E + IR = C_e \Phi n + I(R_a + R_f) \tag{7.2.1}$$

$$n = \frac{U - I(R_a + R_f)}{C_e \Phi} \tag{7.2.2}$$

式中，n 为电动机转速；U 为电动机端电压，即电源电压和启动馈电线压降之差；I 为电动机电枢电流；R_a 为电动机电枢绕组；R_f 为电枢回路附加电阻；Φ 为电动机的激磁磁通；C_e 为电机结构常数。可见，要调节电动机的转速，并使转速升高，可以有三种控制方法：

① 在电枢电路内外加附加电阻 R_f，考虑到要消耗功率，启动后切除；

② 改变电枢电压 U；

③ 改变激磁磁通 Φ。

改变电枢电路电阻和改变电枢电压是大家比较熟悉的办法，比较简单；改变磁通的调速方法可有不同的做法。现代调速技术发展很快，一般采用晶体管或带微处理器的 PWM 数字调速方法，这方面的文献很多，可以自行查找阅读。航空上有一种采用炭片功率调节器，用于调节启动电动机的磁通而使其增速，达到启动发动机的目的。下面以炭片功率调节器为例，讨论其调速的工作原理。

(2) 炭片功率调节器

炭片功率调节器实际上是一种炭片电流调节器，它的炭片柱串联在启动电动机的励磁电路中，可改变启动机励磁电流，使电枢电流增大而后基本保持不变或缓慢下降，从而使启动机的输出功率以较大的速率增长，保证发动机启动时有较好的加速性能。

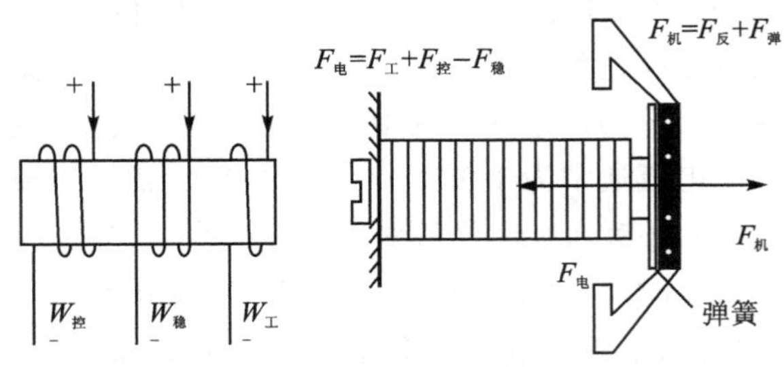

图 7.2.3　功率调节器的组成衔铁受力图

炭片功率调节器与炭片电压调节器类似，主要由炭柱、电磁铁和衔铁弹簧组成，但三者之间的关系和受力情况与炭片调压器有差异，其组成与力的关系如图 7.2.3

所示。

由图 7.2.3 可见，炭柱对衔铁的反作用力 $F_{反}$ 和弹簧力 $F_{弹}$ 是同方向的，二者的合力称调节器的机械力 $F_{机}$，应有关系式：$F_{机}=F_{反}+F_{弹}$。

电磁铁上绕有三组线圈，串联于启动机电枢电路的串联工作线圈 $W_{工}$，通过电枢电流，产生电磁力 $F_{工}$ 吸引衔铁，力图压缩炭柱；与电枢并联的控制线圈 $W_{控}$ 产生的电磁力 $F_{控}$ 方向与 $F_{工}$ 相同，也力图压缩炭柱；另一个是稳定线圈，与电动机的励磁绕组并联而与炭柱串联，产生的电磁力 $F_{稳}$ 和前两个力的方向相反，但比前两个线圈产生的电磁力之和要小，即 $F_{稳}<F_{工}+F_{控}$。所以三个线圈通电后，产生的电磁力：$F_{电}=F_{工}+F_{控}-F_{稳}$。

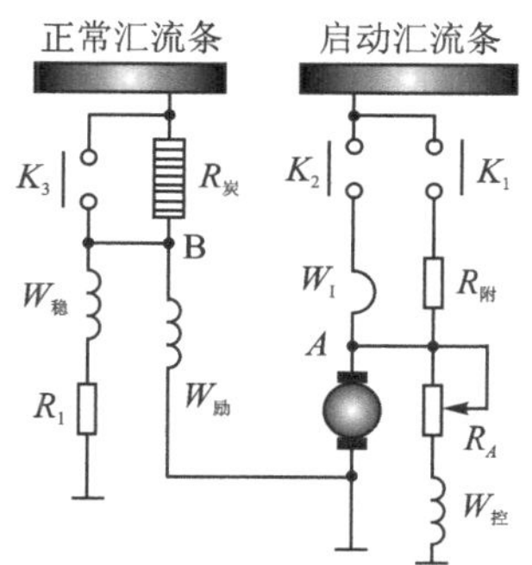

图 7.2.4　功率调节器 PTY-600 简化原理图

功率调节器中，电磁力 $F_{电}$ 总是企图压紧炭柱，而机械力 $F_{机}$ 总是要放松炭柱。当两组力平衡时衔铁停留于某一平衡位置，调定出某一炭片电阻值。

（3）功率调节器在飞机上的应用举例

功率调节器 PTY-600 的简化原理如图 7.2.4 所示，其工作原理为：当功率调节器投入工作后，提高了启动电动机的输出功率。由于励磁线圈串联了炭柱电阻，励磁电流减小，磁通减小，反电势减小，而使电枢电流增大较多，即电磁转矩（$M_{电}=C_m\Phi I$）增大而使电动机加速。

如果在这个过程中，图 7.2.4 中的其他电阻不变，则可将这个加速过程用符号表示如下：

$R_{炭}$投入 → $I_f\downarrow$ → $\Phi\downarrow$ → $E=C_e\Phi n\downarrow$ → $I_{枢}=\dfrac{U-E}{R_{枢}}\uparrow\uparrow$ → $M_{电}=C_m\Phi I_{枢}\uparrow\uparrow$

（$\Phi\downarrow$）→ $M_{电}=C_m\Phi I_{枢}\downarrow$

→ $M_{电}\uparrow$ ($>M_{反}$) → $n\uparrow$ → $E\uparrow$ → $I_{枢}\downarrow$ → $M_{电}\downarrow$

（$n\uparrow$）→ $M_{反}\uparrow$ → $M_{电}=M_{反}$

因此电动机轴上的输出功率为 $P=I_{枢}E_{反}=K\times M_{电}\times n$。当输出功率 $P\uparrow$ 时，则启动机增速。

（4）调节炭片电阻的电动机增速调速

如果炭柱电阻不变，随着转速 n 增加，$E=C_e\Phi_n$ 增加，$I=\dfrac{U-E_a}{R_a}$ 下降，$M=C_m\Phi I_a$ 减小，结果电动机的输出功率会减小，发动机得不到增速，因此只有调节炭柱电阻。炭柱电阻的调节规律如下：

$n\uparrow$ → $E=C_e\Phi n\uparrow$ → $I_{枢}\downarrow$ → $I_{工}\downarrow$ → $F_{电}\downarrow$ → $R_{炭}\uparrow$ → $\Phi\downarrow$

→ $E\downarrow$ → $I_{枢}\uparrow\uparrow$ → $I_{枢}\downarrow$ 较慢　$M_{反}<M_{电}\downarrow$ 较慢

$M_{反}$ 为电动机的负载力矩。

（5）控制线圈 $W_{控}$ 和稳定线圈 $W_{稳}$ 的作用

控制线圈 $W_{控}$ 串联电阻 R_A 后与电枢并联。当选择或调整 R_A 的大小，即是选择预置了功率调节器投入工作瞬时的启动电流大小。如 R_A 增大则 $F_{控}$ 减小，（$F_{工}+F_{控}$）减小，炭柱放松，

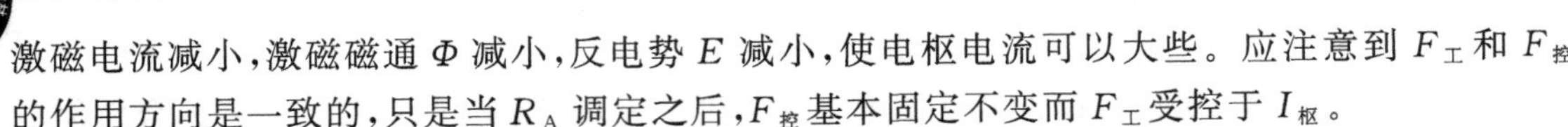

激磁电流减小，激磁磁通 Φ 减小，反电势 E 减小，使电枢电流可以大些。应注意到 $F_{工}$ 和 $F_{控}$ 的作用方向是一致的，只是当 R_{A} 调定之后，$F_{控}$ 基本固定不变而 $F_{工}$ 受控于 $I_{枢}$。

稳定线圈 $W_{稳}$ 产生的电磁力 $F_{稳}$ 方向与($F_{工}+F_{控}$)方向相反，其作用是在调节过程中，防止衔铁运动过头，减小调节过程振荡。从电路连接可见，$W_{稳}$ 与 $R_{炭}$ 形成了对电源的分压电路。设转速 n 突然升高，$I_{枢}$ 迅速下降，$W_{工}$ 中电流迅速下降，炭柱被放松，$R_{炭}$ 增大使 $W_{稳}$ 分压减小，$F_{稳}$ 减小，结果不致使炭柱过分放松。当衔铁压紧炭柱时，$R_{炭}$ 减小使 $W_{稳}$ 分压加大，$F_{稳}$ 作用则是防止衔铁将炭柱过度压紧。可见，$W_{稳}$ 的作用相当于调节器中的阻尼环节。

7.2.2 发动机的启动顺序和种类

启动期间，必须借助其他力使发动机旋转，直到燃油被点燃及燃烧室温度足以使发动机可以无须外力就可旋转，称为发动机自持。

可借助于外部气源、电能或化学能来启动发动机。现代飞机常用外部气源或内部的辅助动力装置启动第一台发动机，然后用交叉传动来启动其余的发动机。有些小型发动机和 B787 飞机，采用电启动发动机。

发动机启动可以分为地面启动、空中启动、冷转和假启动，每种启动都有其特殊的目的。下面以涡轮螺旋桨飞机发动机启动为例加以说明。

1. 发动机启动的种类

(1) 地面启动

飞机出航前或做试车检查时，在地面将发动机从静止状态驱动至慢车转速就是发动机的地面启动。地面启动时，启动电源可有两种：使用地面电源，使用机上电瓶启动涡轮发电装置。

(2) 空中启动

发动机空中停车后，若需再次启动，可将螺旋桨回桨。这时发动机就像一台风车一样，在飞机迎面气流作用下产生自转，所以空中启动不必用启动机带动发动机转子，只要直接使发动机点火、注油即可。

(3) 冷　转

为排除发动机燃烧室的剩油并做吹风冷却，在进行发动机启动时，不注油，不点火，只是由启动机带着发动机空转，称作发动机的冷转。发动机冷转是在发动机第一次启动没有成功，需要做第二次启动之前，或者是飞机停场过久，在正式试车之前需对发动机专门进行的一项工作。

(4) 假启动

假启动是用来检查发动机供油系统工作情况的。当燃油系统故障排除后，或发动机启封时，可对发动机进行假启动。假启动的特点是做启动工作时，只注油，不点火。

2. 涡轮喷气发动机的启动

现代飞机上主要用涡轮喷气发动机，一般用空气启动机启动。控制气流的活门和各种信号显示装置由电路操纵或计算机控制。启动的关键问题是气源的供给问题、启动工作的种类及其启动工作电路的控制。

(1) 启动空气的来源

图 7.2.5 所示是由空气启动机启动主发动机。启动空气可由地面气源车提供或由 APU

提供，也可由一台已经启动好的发动机提供。

使用地面气源车供气时，通过外部连接口把空气经发动机引气阀送到启动阀，或者经隔离阀和发动机放气阀送到启动阀。利用另一台正在运行的发动机时，空气从其放气阀经隔离阀和启动发动机的放气阀送到启动阀。

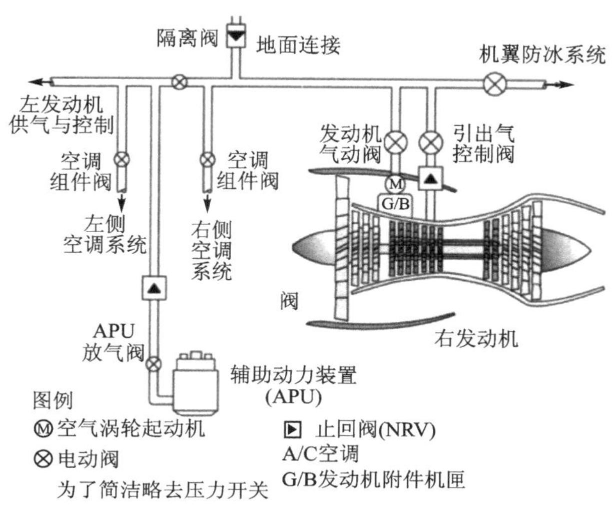

图 7.2.5　典型供气系统

（2）启动工作情况

以双发动机飞机的启动和点火系统为例，即图 7.2.6 所示的涡轮发动机启动点火系统。座舱头顶面板上有一个启动点火组合面板，带有用于每台发动机的转动开关。对于每台发动机来说，这个开关的操作和功能完全一样。为了防止开关的意外动作，做任何选择前，这个开关必须按下。如果选择“地面”(GRD)，会把 28 V 直流电输入给启动开关保持线圈。

1）地面启动

电路经发动机启动阀的断路器触头完成闭合，当启动开关保持在“地面”位置，地面启动程序就已开始。28 V 直流供电启动了启动阀电磁线圈而使阀门打开，提供空气以驱动启动机中的一个小涡轮。涡轮通过辅助齿轮箱连到发动机高压压缩机轴上。达到最大转速的大约为 $n_1=16\% n_N$(额定)时，启动杆从关闭位置转到“空转”。这样就把 28 V 直流通过启动开关和点火开关的第二对触头送给高能点火组件。每个点火器插头以高电量放电(一般为 20 J)，1 min 放电 60～90 次，在发动机外部能听到“啪啪”的响声。在一个预先确定的切断速度上，启动机上的离心开关打开，启动开关断电，在弹簧力作用下返回关闭位置。28 V 直流电从高能点火组件断开，启动阀电动机转到闭合位置。发动机继续加速到地面空转速度，该速度略高于维持转速，是发动机稳定运转时的转速。双轴轴流式发动机的地面空转速度一般为高压压缩机转速的 60%。

2）地面冷转

冷转的特点是发动机不点火，不注油。只要将发动机启动开关放“地面”位置，启动活门打开，压缩空气驱动空气启动机工作，从而带动发动机转动。由于不提燃油手柄，保障不点火，不注油。冷转结束，松开启动开关，启动机退出工作。

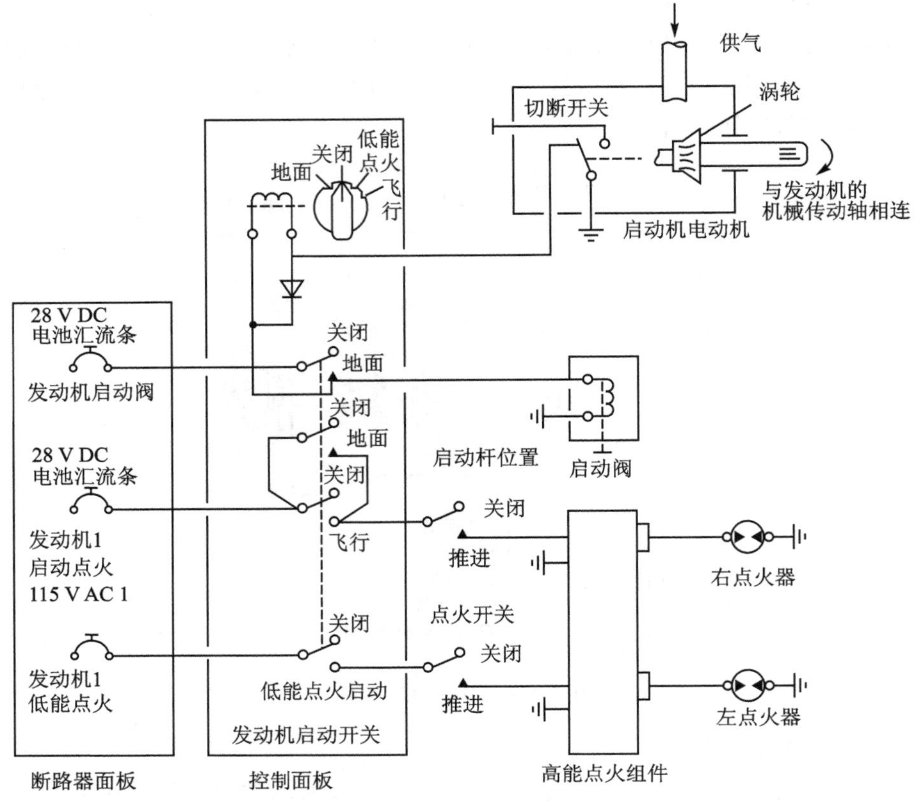

图 7.2.6 涡轮发动机启动和点火系统

3) 空中启动

飞行中如遇发动机熄火,机组人员会尝试发动机的空中启动。这需要对地面启动规程进行调整。由于飞机的前向速度,发动机在风力的作用下将自动转动。启动阀和启动机不会像在地面那样接通。在控制面板上选择“低能点火”(LOW IGN)和“飞行”(FLT),直到发动机达到飞行空转速度。控制重新启动只能在一定的空速和高度范围内进行。

4) 发动机点火工作情况

低能点火一般为4 J,每分钟放电30次,用于起飞、遭遇气流不稳和着陆阶段。如果飞机穿越云层、雨层或雪,应在控制面上选择连续低能点火。闭合转动开关上的触头,把电力送给第二个高能点火组件输入。

【维护时应注意】 燃气涡轮发动机的启动顺序为:

① 产生足够的气流以压缩空气。

② 启动点火。

③ 打开燃料阀。

这个顺序至关重要,因为燃料/空气混合物点燃前,必须有足够的气流进入发动机,以便能够支持混合物的燃烧。

地面启动时,飞机迎风会使燃气涡轮发动机容易启动,也有助于发动机的加速,尤其是涡轮螺旋桨飞机。

燃气涡轮发动机有时会出现启动问题，即燃料进入燃烧室但没有点火。这种情况有时被称为“湿启动”。发动机指示系统将指示发动机以正确的启动速度运转，指示燃料流量，以及没有升高的排气温度 EGT。机外人员能从发动机的排气喷口观察到雾化的燃料和蒸气。

造成湿启动最有可能的原因是高能点火组件/点火器插头有缺陷，结果是燃烧室没有点火，而有燃料聚集。如果空压机出口的空气足够热，它会点燃燃料，使燃料/空气混合物迅速膨胀，可能导致爆炸，损坏涡轮部件，并在发动机的尾喷口喷出火焰。对这种情况的处理程序是关闭发动机的燃料供应，继续让启动机清除发动机内的燃料。有些启动机面板带有“吹出”选择开关，它可用于完成这项操作。

3. 发动机启动顺序

发动机的启动过程必须严格按照启动顺序执行，典型的启动顺序如图 7.2.7 所示。

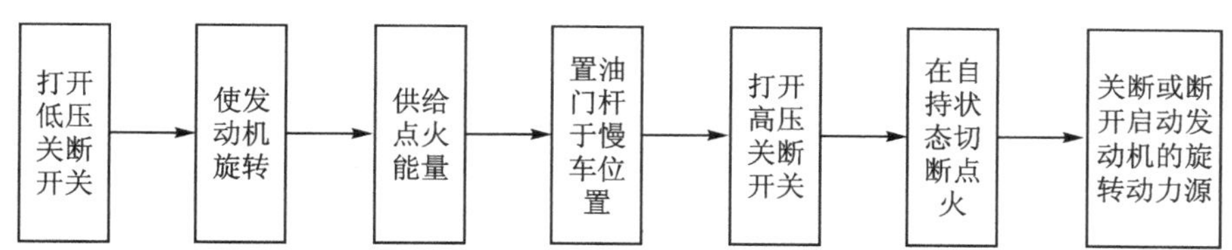

图 7.2.7　典型的发动机启动顺序

为了使飞行员能够监控发动机的启动状态，除了用状态指示灯和警告灯指示“启动进行中”“启动失败”和“发动机起火”以外，还在指示器上给飞行员提供发动机转速、温度和压力的信息。

在许多先进飞机上，启动循环是自动进行的，因而驾驶员仅需选择“启动”就可进行整个程序，而无须进一步的干预。这可由飞行器管理系统完成，或由全权限数字式发动机控制装置 FADEC 完成。

7.3　发动机指示系统

发动机指示系统可以粗略地分为主系统和辅助系统。有些指示系统专用于燃气涡轮、涡轮螺桨或活塞发动机，有些适用于所有类型。主指示包括：速度、温度、推力及燃料流量。辅助指示包括：油温、油量、油压和振动等。

各种参数的测量是利用各种传感器来把需测得参数如压力、温度、位移等转换为电信号完成的。发动机仪表通常位于飞行员与仪表面板之间。

7.3.1　主指示系统

主指示系统只指示发动机的速度、温度、压力比和燃料流量。

1. 发动机速度

发动机速度指示是活塞发动机和涡轮发动机的主指示参数。燃气涡轮发动机通常显示每分钟最大转速的百分比，而不是实际每分钟转数(r/min)。燃气涡轮发动机的典型速度为 $n=$ 8 000～12 000 r/min。燃气涡轮发动机可以有多达 3 个轴，称为低压 LP、中压 IP 和高压 HP。发动机的速度需时刻被机组人员监控，尤其是在启动和起飞期间，以确保没有超过发动机的极

限。测量速度的装置通常为转速表系统和可变磁阻器件。

(1) 转速表

转速表指示系统是一个小型三相交流发电机，通过机械连接与发动机辅助齿轮箱相连。转速表系统用于大多数通用航空飞机，如图7.3.1所示。转速表的电压随发动机速度的增加而增加。转速表的输出修正连接到一个动圈式仪表上。发电机的输出被送到指示器内一个三相交流同步电动机上。

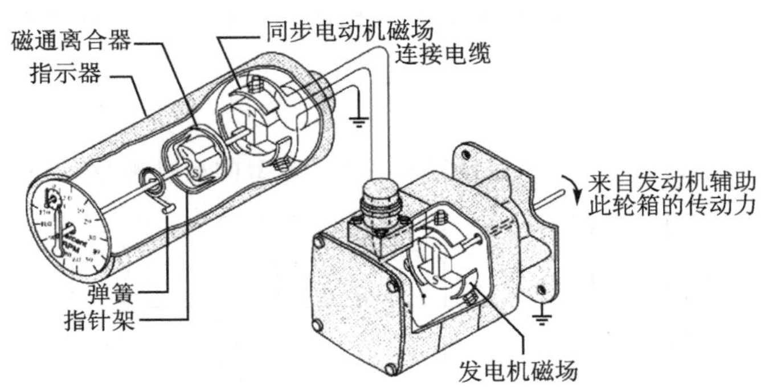

图7.3.1 转速表系统原理图

交流发电机转速表包含一个永久磁铁，磁铁在三相星形连接的定子绕组内转动。三个定子输出连接到电动机的定子绕组。发动机转动时，永久磁铁在定子绕组中感应出电流。三相输出在电动机定子绕组感应出一个旋转磁场。

如图7.3.1所示，永久磁铁装在同步电动机的转子轴上，与指示器的指针相连。定子磁场转动时，永久磁铁保持与磁场同步。另一个永久磁铁装在指示器的转子上，位于阻尼杯内，如图7.3.2所示。第二个永久磁铁转动时，在阻尼杯内感应出涡流，其转向与旋转磁场相反。

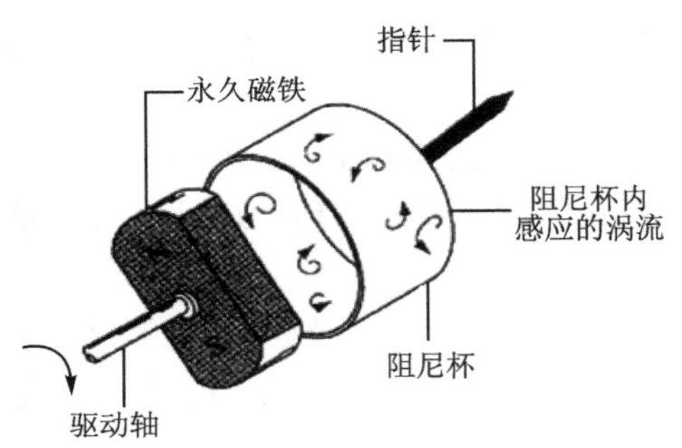

图7.3.2 阻尼杯特性

旋转磁场速度增加时，阻尼杯上的阻尼也随之增加，但装在轴上的游丝抵制这个转矩，结果是指针在刻度盘上的位置与发动机轴的速度成正比。

(2) 可变磁阻速度传感器

图7.3.3所示是可变磁阻速度传感器。它将线圈绕在永久磁铁上，被大多数燃气涡轮发动机采用。当叶片端部通过传感器时，磁场受到扰动，在线圈里感应出电压。随着轴速度的增加，叶片端部通过传感器的速率也不断增加。线圈输出以电压脉冲的形式呈现。这些脉冲由一个处理器计数，并用于确定发动机的速度。有些发动机配有嵌入叶片端部的低磁导率材料，以便每次某个特定的叶片通过传感器时，都会产生独特的脉冲。

N_2 速度传感器位于附件传动机匣，如图7.3.4所示。齿轮箱驱动的目标轮包含一个嵌在轮周上的永久磁铁。每次目标通过传感器时，线圈/磁芯传感器磁场都会受到扰动。传感器的输出送给驱动指示器的一个处理器。

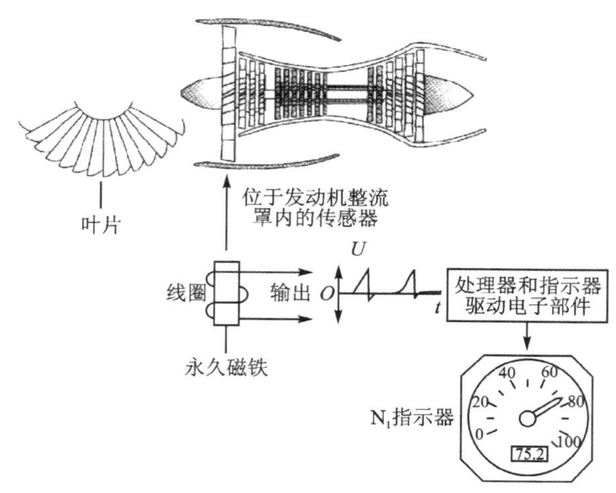

图 7.3.3　发动机速度指示系统

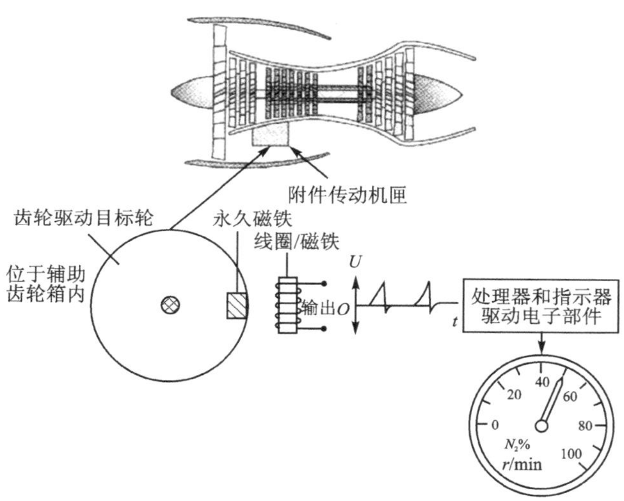

图 7.3.4　发动机 N_2 速度指示器

2. 发动机温度测量

发动机的排气温度是需要随时被监控的主要指示参数，尤其是在启动和起飞阶段，以确保没有超过发动机的温度极限。参数主要有涡轮入口温度 TIT、涡轮中间温度 ITT、涡轮出口温度 TOT、排气温度 EGT、涡轮气体温度 TGT 及尾喷管温度(JPT)。

温度的测量类型取决于探头安装的位置。涡轮室的温度很高，一般为 1 000 ℃，常用的传感器为热电偶。图 7.3.5 所示是发动机温度探测系统。像尾喷口区域，由于气体扰动，温度会在一个范围内波动。

图 7.3.6 所示是平均温度测量，因为有时所用的热电偶在同一个外导管内带有两三个热接触面。这种结构测量区域内的平均温度，能给发动机提供不同深度的平均温度。热电偶接触面自身不能产生电动势，受热接触面产生的电位差是热接触面温度和冷接触面温度共同作用的结果。

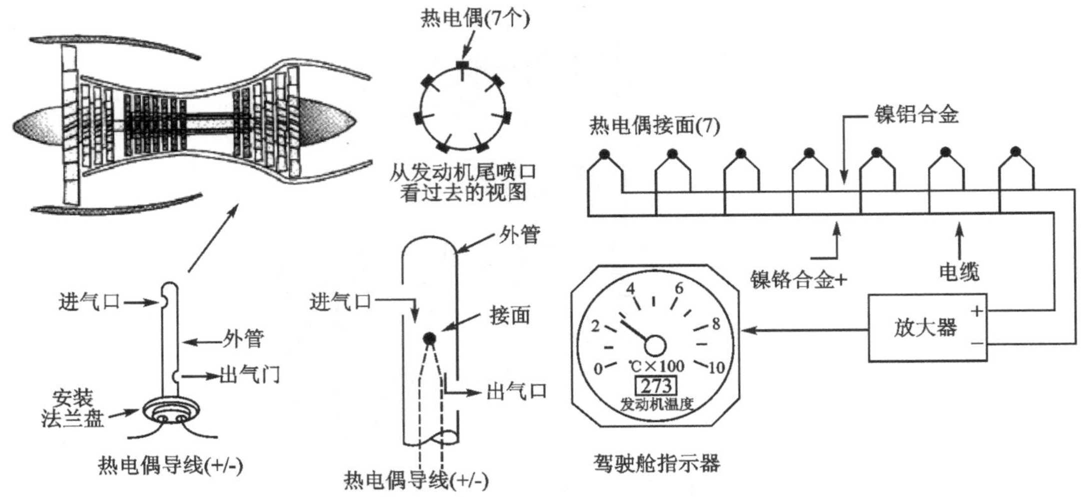

图 7.3.5　发动机温度系统

小型燃气涡轮发动机常配有几个热电偶，以提供平均温度和部分冗余。较大的发动机可以配备多达 21 个热电偶，并联连接，以提供尾喷口区域燃气温度的平均值。

在整个系统中，热电偶和指示器之间的连接电缆必须是同样的材料，否则会构成额外的接面，产生不需要的电压。一种典型的热电偶的安装如图 7.3.7 所示。维护时，应注意热电偶电缆带有的色标，以降低同一个测量系统中不同材料之间串接或混接的可能性。颜色和材料的对应关系如表 7.3.1 所列。

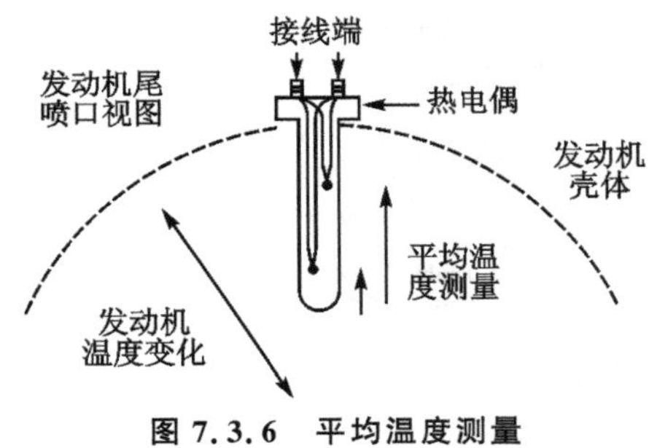

图 7.3.6　平均温度测量

图 7.3.7　热电偶/电缆安装

表 7.3.1　热电偶颜色

材料名称	镍铬	镍铝	铁	铜镍合金	铜
颜　色	白色	绿色	黑色	黄色	红色

3. 发动机的压力比(EPR)

指示燃气涡轮发动机推力常用发动机排气口和进气口的压力比 EPR。EPR 探头位于发动机的进气口和排气口，如图 7.3.8 所示。进气口压力探头是一个单个装置，位于发动机整流罩内。通过一个集管可以连接几个排气口探头。

进气口和排气口的压力通过小直径管路送给 EPR 传感器，它由压力敏感元件(称为膜盒)构成。这些膜盒被连接到一个机构，该机构把膜盒的位移转换成比率。比率传感器的输出通

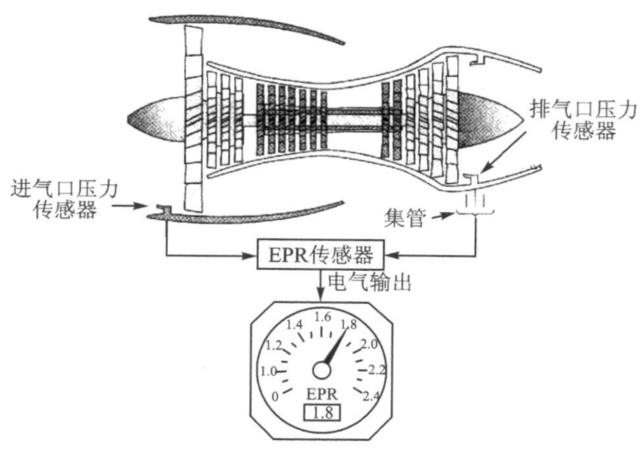

图 7.3.8 EPR 原理示意图

过先行可变差动变压器(LVDT)送给指示器。来自传感器的 EPR 信号作为电压值传送给指示器,EPR 的典型指示范围为 1～2。

4. 燃料流量

燃料流量传感器位于燃料输送管路中,图 7.3.9 所示是一个典型的基于计量叶片原理的传感器。计量叶片装在一个轴上,当输送的燃料通过传感器本体时,计量叶片开始转动。圆形腔体有足够的间隙使燃料以最小的约束通过。

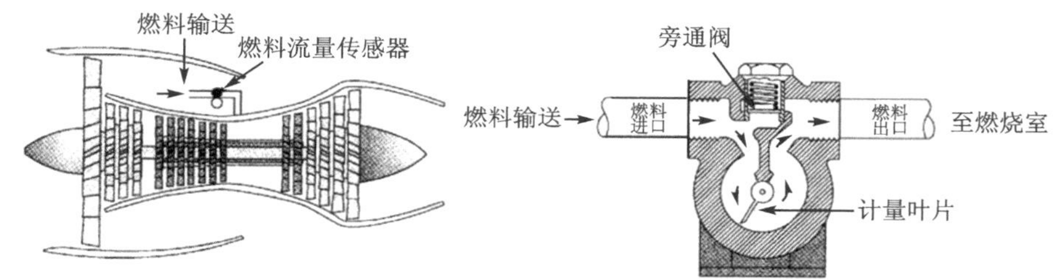

图 7.3.9 燃料流量的计量叶片原理

叶片的转动受到弹簧阻力的限制,叶片的角位置由同步系统测量和指示,如图 7.3.10 和图 7.3.11 所示。计量叶片系统指示的是体积流量。

5. 转 矩

发动机传给螺旋桨轴的功率可以从下式推出:功率＝转矩×速度。功率通过测量转矩和速度来导出。这种指示系统一般用于涡轮螺旋桨发动机和直升机转子,指示器标定位最大转矩的百分比或轴马力,用于双发动机直升机的典型转矩指示器,如图 7.3.12 所示。指示的参数为两个发动机的输出和主转子(M/R)的转矩。这是指示发动机所产生的功率最有效的方法。测量转矩有几种方法。转矩传动轴带有齿形轮或发声轮,如图 7.3.13 所示。

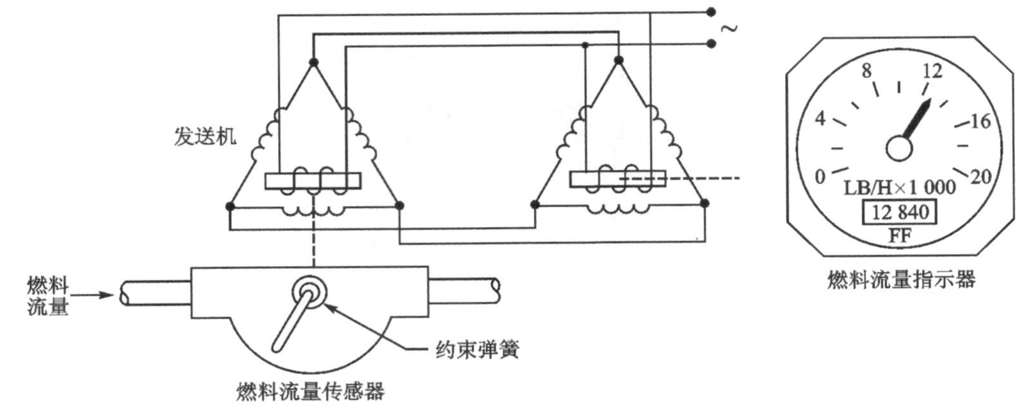

图 7.3.10 燃料流量指示系统

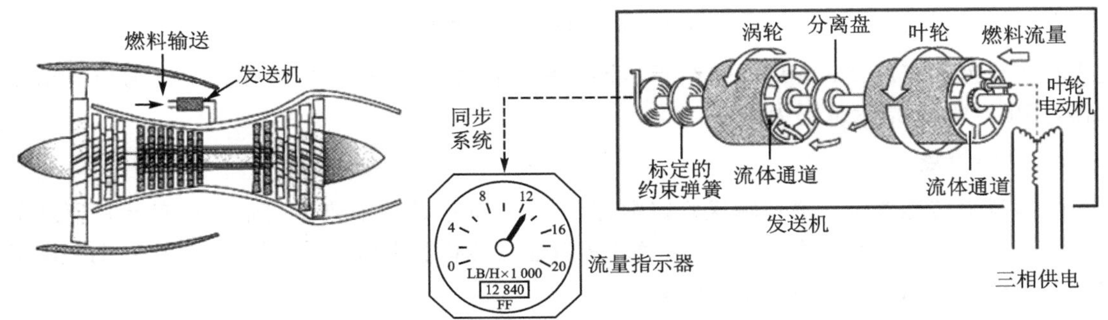

图 7.3.11 燃料流量的叶轮原理示意图

图 7.3.12 典型直升机转矩指示器

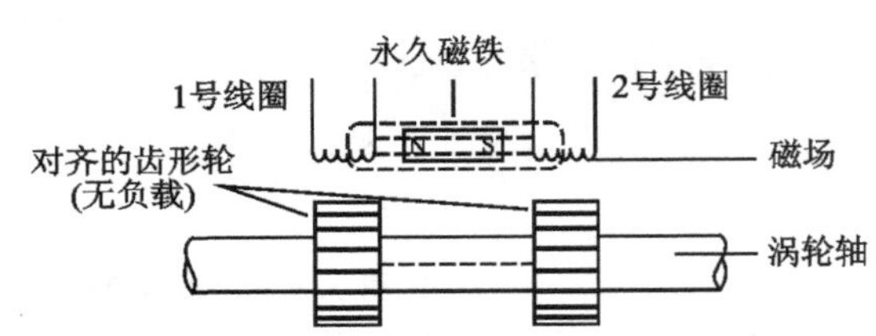

图 7.3.13 转矩传感器原理

随着输入转矩的增加，两个速度传感器所给信号 u_1 和 u_2 之间的相位差也相应增加。施加给传动轴的转矩导致两个传感器输出之间产生相位差，如图 7.3.14 所示。

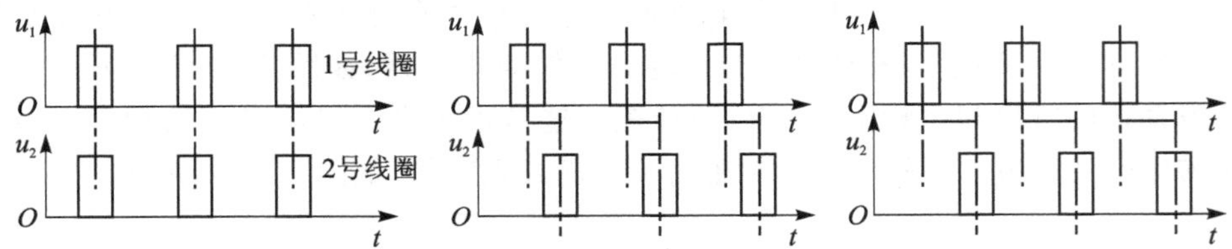

图 7.3.14 传动轴转矩传感器相位差

通过在传动轴上嵌入应变片而测量轴的变形(应变)也可以测量转矩。传感器可以是金属

应变片或半导体压敏电阻器。

7.3.2　辅助指示系统

1. 油/燃料温度

需要对发动机和发动机周围流体(如燃料、发动机润滑油和液压油)的温度进行精确测量。这些流体的典型温度范围为－40～＋150 ℃。由于润滑油在高温下工作时，黏度降低，润滑效能也随之降低，导致发动机磨损，并最终导致轴承或其他发动机部件失效。润滑油在低温下工作时，黏度增加，会影响发动机的启动。燃料暴露在高温下时，会蒸发，引起燃料输送问题和爆炸的危险。在低温下，燃料会结冰，而使过滤器堵塞。飞行舱指示器是一个与电阻温度器件RTD的电阻绕组串联的动圈式仪表。随着温度的变化，电阻发生变化，使得指针做出相应的响应。

2. 振　动

燃气涡轮发动机上的不平衡传动轴会引起损坏，特别是在高转速的情况下。这些条件可以通过测量发动机的振动来预防。用于探测振动的传感器基于压电晶体。当晶体振动时，会产生一个小的电信号。每台发动机在关键位置上都装有传感器，其输出被送到一个处理器并在显示器上显示出来，如图7.3.15所示。

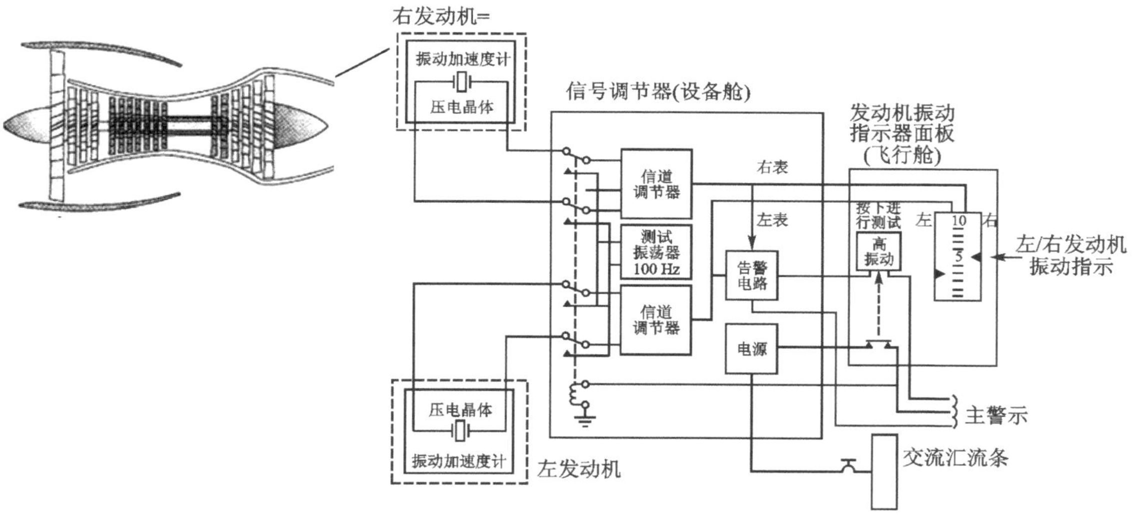

图7.3.15　振动传感器系统

当超过预先确定的极限时，处理器的输出也可以用于点亮一个告警灯。一个测试开关用于启动一个继电器。这就把一个已知的频率加到处理器电路中来产生一个告警。这个振动告警电路也启动主警示系统。

此外，还有流体压力、螺旋桨同步机构等辅助指示系统，限于篇幅就不再介绍了。

7.4 多电飞机发动机的应用

多电飞机需要探索的大部分技术是在各子系统的能源使用设备上研究如何采用电能取代液压、气压能源。而对电源和供电系统,最大的要求就是增加电能的容量,如何产生更多的电能,如何将电能输送到用电设备,如何管理和使用电能。

7.4.1 多电发动机技术

通常从发动机提取能量主要的方法有3种:

① 通过附件传动机闸驱动的发电机获得功率;

② 通过液压附件传动机闸驱动的发动机驱动泵获得液压动力,但也可通过电驱动或空气驱动的方法获得液压动力;

③ 通过提取中压或高压压气机的引气获得气压动力,给环控系统、客舱增压和机翼防冰系统等系统提供能量。高压空气也提供启动发动机的手段,这种空气取自地面启动车、APU或已经运转的其他发动机。

由于发动机实际上是一种高度优化的燃气发生器,所以在提取引气时要付出代价,这种代价与被提取的功率相比时应当是不相称的。这种情况在当涵道比增加时变得更加严重:最初的涡轮风扇发动机具有很低的近似1.4(旁涵道):1(发动机主涵道)的涵道比;最近的设计的则近似为4:1,而下一代涡轮风扇发动机如通用电气公司的GEnex和罗·罗公司的"瑞达"1000则接近10:1。现代发动机具有(30~35):1量级的压力比,对越来越小和调节程度高得多的发动机中央主涵道提取引气将更加敏感。

多电发动机技术的概念是采用新的机电结构,在二次能源生成系统中优化二次能源的变换性能。图7.4.1所示是在多电验证发动机上所研究的关键设计,主要关键技术之一是将发电机嵌入到发动机中,形成机电一体化的结构。

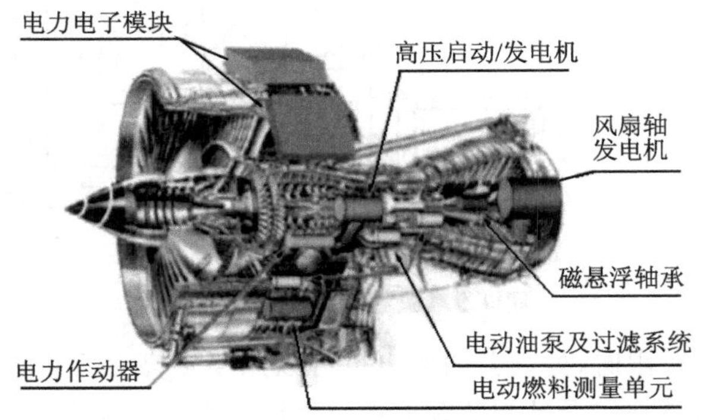

图7.4.1 多电发动机的概念设计

1. 高压轴驱动的启动发电机

在发动机高压轴上安装的风电机为永磁式启动发电机(HPSG),由泰勒兹公司设计。它被嵌入到高压压缩机内,直接固定在高压轴的前面,从而使之能够直接进行电气启动。高压启动发电机将代替已有的通过齿轮箱固定的气动启动器。在高压启动发电机启动的过程中,能

量是通过它的功率电子模块(PEM)从发动机功率汇流条(EPB)上传过来的，而且它使发动机达到启动转速。一旦发电机点火启动，高压启动发电机将恢复到发电机模式，而且功率被回馈到发动机功率汇流条上。高压启动发电机的功率电子模块固定在风扇箱上。

2. 风扇轴驱动的发电机

风扇轴驱动的发电机(FSDG)是一个开关磁阻电机，由古德瑞奇公司设计。它位于多电发动机尾部的锥体部分，通过一个同轴的高速齿轮箱连接到低压轴的尾部。这个齿轮箱增加了低压驱动的速度，使得发电机的体积最小。开关磁阻发电机有一个坚固的转子，使快速运动转子上不存在绕组可能出现的问题。功率通过固定在风扇箱上的功率电子模块传递到发动机功率汇流条上。如果发动机熄火，设计成风扇轴驱动的发电机可减少至风力发动机的功率。来自于风力发动机的功率能提供冲压空气涡轮(RAT)的应急后备功率。风扇轴驱动发电机和高压启动发电机取消了固定发电机齿轮箱，并能为发动机和飞机负载提供大量的电能。

电机是能够实现能量双向变换的装置，在将机械能变换为电能时为发电状态，而在将电能变换为机械能时为电动机状态。启动/发电机就是利用电机的这种双向变换能力，在发动机启动时工作在电动状态，作为发动机启动机使用，而在发动机启动完成后工作在发电状态，作为电源使用。

大型运输机的主电源大都采用恒速恒频交流电源。由于恒速装置很难实现逆向的功率传递，因此无法实现启动/发电的功能。采用恒速恒频发电机的飞机，主发动机的启动一般采用专门的空气启动机，需要地面气源车或 APU 发动机引气，既增加了机载设备的质量，又会增大燃油消耗。

交流启动/发电技术一直在研究发展过程中。由于 APU 发电机不需要恒速装置，在结构上、原理上均能够实现启动/发电的功能，因此交流启动/发电机的研究，首先在 APU 上进行，如 B737NG 飞机的 APU 发电机已经采用了交流启动/发电机，以减轻机载设备的质量。

多电飞机的主电源开始采用变频电源，使采用交流启动/发电系统成为可能。B787 上，4 台主发电机，2 台 APU 发电机均采用交流启动发电机。

总结交流启动发电技术的发展如表 7.4.1 所列。第一代启动发电技术应用在 B737NG 飞机的 APU 上，启动装置的功率仅 7 kW。第二代启动发电技术应用在 B737NG 飞机的 APU 上，启动装置的功率仅 120 kW。未来将采用 300 kVA 发电机实现启动发动机的控制。

表 7.4.1　交流启动发电技术的发展

	启动系统	发电功率/(kVA)	发电性能	启动装置功率/kW	启动转矩/(N·m)
第一代 B737NG	APU	90	115 V/400 Hz 12 000 r/min	7	33
第二代	主发动机	150	115 V/360～753 Hz 10 800～22 600 r/min	120	>271
第三代	APU	300	230 V/400 Hz	10	—
第四代	主发动机	150～200	230 V/360～735 Hz	50	>190
未来	—	300	—	75	—

7.4.2 多电发动机电气功率提取

为了完全实现新涌现发动机技术所带来的利益,必须采用一种不同的、更有效地为飞机系统提取功率或能量的方法。为飞机有效地提取能量,而又不会严重影响发动机主涵道和发动机整体性能,这一点已成为改变所采用的结构和技术的迫切理由。图7.4.2是常规飞机和多电飞机提取功率的比较图,左边是应用引气的常规功率提取方案,右边是多电方案。

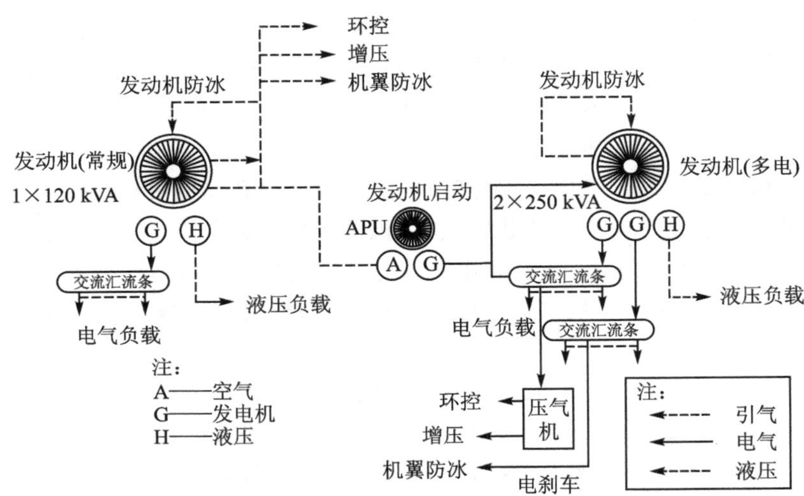

图7.4.2 常规和多电功率提取的比较

下面介绍常规飞机和多电飞机发动机的主要差别。

1. 常规发动机特性

在常规发动机中,从发动机提取引气,并用于发动机防冰、机翼防冰、环控和增压。通过安装于风扇壳体下部的传动轴驱动附件传动机闸,实现发动机的功率提取,发电机和液压泵给中央系统提供功率。

2. 多电发动机的特性

在多电发动机中,将发动机风扇的引气用于发动机防冰,没有引气输入防冰系统。图7.4.3所示是"瑞达"500多电发动机部件的位置。欧洲功率优化飞机POA计划联合集团验证了多电发动机"瑞达"500,确认其具有如下特点:

① 高压启动机发电机提供150 kVA功率(永磁发电机);

② 低压风扇轴驱动发电机FSDG提供150 kVA功率(开关磁阻发电机);

③ 功率电子装置模块PEM给发动机和飞机多电部件提供350 V DC功率,PEM位于发动机风扇壳体上;

④ 电燃油泵测量系统EFPMS包括电机、泵和电子装置,总共用电约75 kW,可以极其精确地测量流量,泵只提供需要的燃油流量,因而不浪费打压功率和没有随之带来的散热问题;

⑤ 电动滑油泵;

⑥ 可用于各种用途的电作动器(如可调整流叶片的作动,即应用EMA取代燃油压力作动,采用两台物理上相同的作动器,形成二余度的主动/从动结构形式,反推力作动器即螺旋式

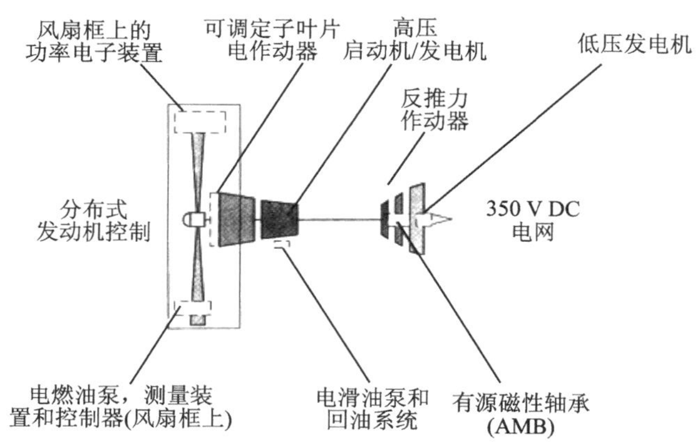

图 7.4.3　“瑞达”500 多电发动机部件位置

线性作动器)；

⑦ 主动磁悬浮轴承(AMB)；

⑧ 350V DC 电网。

图 7.4.4 所示是多电“瑞达”500 的主要电气部件，位于高压传动轴上的启动发电机 HPSG(high pressure start generator)是永磁发电机，可产生 150 kVA 的电功率，由位于风扇壳体上的功率电子装置模块调节。

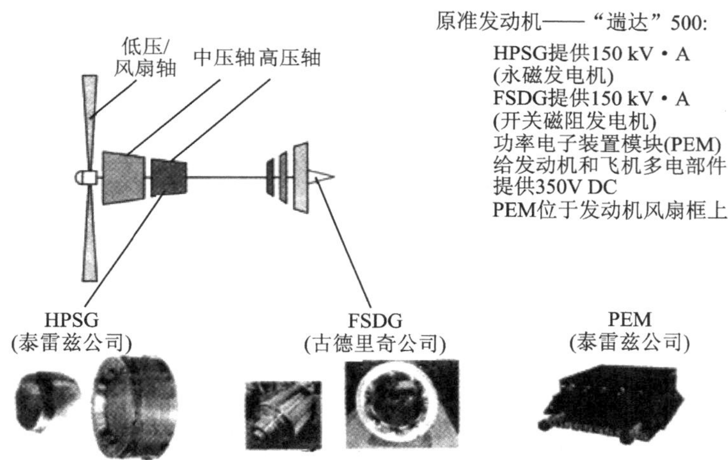

图 7.4.4　多电“瑞达”500 的主要电气部件

FSDG 是一种位于风扇轴上、尾椎内的开关磁阻电机，产生 150 kVA 功率，但具有在应急情况下，提供大功率的重要优点。在自转情况下，发动机风扇轴将继续以发动机全部转速的 8%旋转，因而利用开关磁阻电机的灵活性，仍然可以从风扇轴驱动发电机 FSDG 提取相当数量的电功率。所以 FSDG 提供了替代冲压空气涡轮 RAT 的切实可行的装置，供给应急功率，并具有与发动机综合成一体的优点。另一个优点是 FSDG 始终可以使用，而 RAT 是一次性应急系统，有可能在需要时不能工作。

除了上述的增加电作动外，发动机的主要电气特征如图 7.4.5 所示。发动机 350V DC 电源汇流条，HPSG 从外部接受 350V DC(西班牙国家电网)启动发动机。一旦发动机运转，

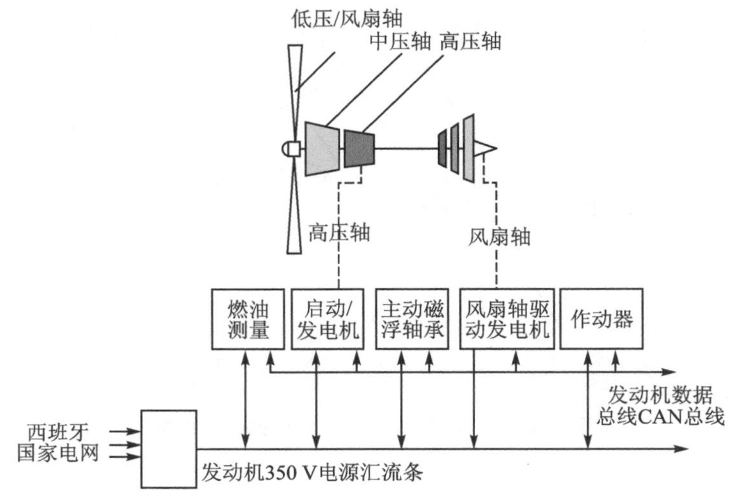

图 7.4.5　多电“瑞达”500 的电气结构概貌

HPSG 经功率电子模块给发动机汇流条提供 350V DC,供其他子系统所应用,例如燃油计量,主动磁悬浮轴承 AMB 和作动器。一旦发动机运转,FSDG 也成为主要 350 V 直流电源。

分布式发动机控制采用确定型的 CAN 总线,速度高达 1 Mb/s,低速为 125 kb/s,用来综合控制功能。高速 CAN 总线用于综合 VSV、燃油计量、发动机电子控制和滑油系统等主要的发动机控制功能。低速 CAN 总线用于控制低压发电机、主动磁悬浮轴承、滑油回油泵和滑油通气装置等次要的控制功能。

复习思考题

1. 航空发动机启动系统的作用是什么?
2. 启动发动机必须做到哪几点?
3. 磁电机在发动机启动工作中的作用是什么?
4. 发动机启动过程分为哪三个阶段?
5. 电力启动发动机时,利用启动机启动有哪些增速措施?
6. 如何进行涡轮喷气发动机的地面启动?
7. 多电飞机发动机功率提取与常规发动机功率提取的差别是什么?
8. 利用磁电机的点火装置,是怎样产生低压电、高压电的?
9. 磁电机产生的高压电是怎样分配到各个气缸的?
10. 为什么磁铁在中立位置时软磁芯中仍有磁通?
11. 试分析启动点火线圈的工作原理。
12. 试分析高能点火器的工作原理。
13. 如何进行涡轮喷气发动机的地面冷转?
14. 如何进行涡轮喷气发动机空中启动?

选择题

1. 磁电机中的四极永久磁铁转子旋转一周，将使基本磁通________。

A. 2 次达到零值，2 次改变方向　　B. 2 次达到零值，4 次改变方向

C. 4 次达到零值，2 次改变方向　　D. 4 次达到零值，4 次改变方向

2. 磁电机开关持续接通闭合时，________。

A. 磁电机低压线圈有电流，高压线圈不产生高压电势

B. 磁电机低压线圈无电流，高压线圈产生高压电势

C. 磁电机低压线圈有电流，高压线圈产生高压电势

D. 断电器仍起作用

3. 磁电机中的断电器设定在低压线圈电流为________。

A. 最小值时断电　B. 最大值时断电　C. 平均值时断电 D. 任意值时断电

4. 磁电机工作时，初级线圈产生的感应电势和感应电流的关系是________。

A. 感应电势和感应电流同时达到最大值

B. 感应电势滞后感应电流达到最大值

C. 感应电流滞后感应电势达到最大值

D. 感应电势有时超前有时滞后感应电流达到最大值

5. 磁电机中电容器的作用是________。

A. 消除电火花，保护断电器触点　　B. 控制电火花，改变断电时机

C. 消除电火花，降低电流变化率　　D. 减弱电火花，提高次级感应电势

6. 启动点火线圈次级电压最大值可采用调整螺钉进行调节，当顺时针拧入调整螺钉时________。

A. 断开电流增大，次级电压最大值增大

B. 断开电流减小，次级电压最大值增大

C. 断开电流增大，次级电压最大值减小

D. 断开电流减小，次级电压最大值减小

7. 将高能点火器所有的部件均装在金属壳体内构成密封装置的目的是________。

A. 防止高空环境污染部件　　B. 防止对无线电设备产生辐射干扰

C. 防止外部电磁场干扰点火器工作　　D. 提高抗震强度，保证可靠工作

8. 高能点火器中与储能电容并联的高阻值电阻的作用是________。

A. 高压导线断路时限制电容电压　　B. 未装电嘴时限制电容电压

C. 不工作时放掉储能电容的电荷　　D. 工作时提供储能电容的充电回路

9. 电力启动涡桨发动机时首先采用的增速措施是________。

A. 改变电枢电压　　B. 改变励磁磁通

C. 调节电枢附加电阻　　D. 串入 3 s 后短接附加电阻

10. 电力启动发动机时，启动箱内的功率调节器的作用是________。

A. 减弱励磁电流并保持电枢电流不下降

B. 增大启动发电机的电枢电流

C. 减弱励磁电流和电枢电流

D. 增大启动发电机的励磁电流

11. 启动点火线圈中,电容器的作用是________。

A. 消除电火花,降低电流变化率　　B. 消除电火花,保护断电器触点

C. 控制电火花,改变断电时机　　D. 减弱电火花,提高次级感应电势

12. 在其他因素不变的条件下,电极温度与击穿电压之间的关系是________。

A. 电极温度升高,击穿电压减小　　B. 电极温度升高,击穿电压增大

C. 电极温度升高,击穿电压不变　　D. 电极温度降低,击穿电压不变

第 8 章　飞机操纵系统电气设备

8.1　概　述

飞机操纵系统是供飞行员对飞机起飞、爬升、巡航、着陆和滑行实施操作的一整套机电或液压设备。所有飞机都遵从同样的飞行控制基本原理。如图 8.1.1 所示，由操纵设备操纵飞机绕其纵轴、横轴和立轴旋转，就可以改变或保持飞机的飞行姿态。操纵系统的这种作用是由飞行员人工操纵或由飞行自动控制系统操纵飞机各舵面或调整片而实现的。飞机的飞行控制分为主飞行控制和副飞行控制。

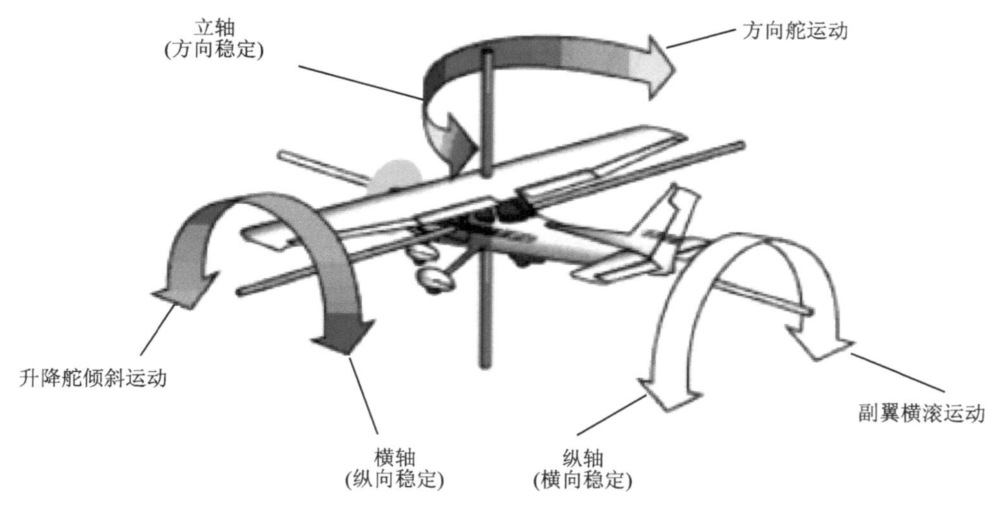

图 8.1.1　飞机操纵轴的转动

8.1.1　主飞行控制

飞机俯仰、滚转和偏航控制称为主飞行控制，典型的飞行操纵面实例如图 8.1.2 所示。

俯仰控制由位于尾翼(水平安定面)后缘的 4 个升降舵实现。每个升降舵由专用的飞控作动器独立驱动，作动器由飞机几套液压动力系统中的一套提供动力。滚转控制由 2 块位于每个机翼后缘外侧 1/3 区域的副翼提供。每块副翼由专用的作动器驱动，每个作动器又由飞机液压动力系统提供动力。偏航控制由位于垂尾(垂直安定面)后缘的 3 段独立的方向舵提供。这 3 段方向舵用类似于升降舵和副翼的方式驱动。这些操纵装置与飞机偏航阻尼器相连，用以衰减飞行过程中产生的“荷兰滚”震荡，这种震荡使飞机后部乘客极其不舒适。

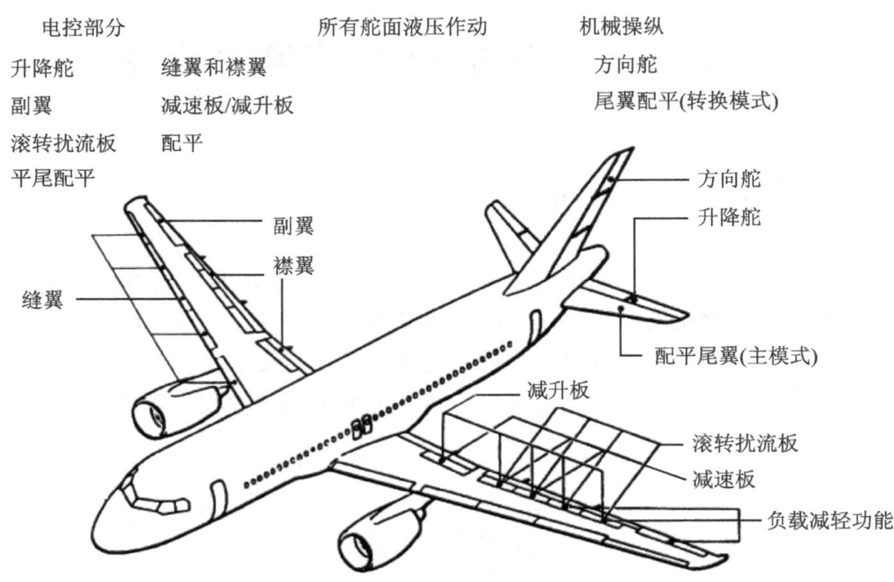

图 8.1.2 飞行操纵面实例(A320)

8.1.2 副飞行控制

副飞行控制主要有襟翼、缝翼和扰流板的控制。襟翼控制由位于机翼后缘内侧 2/3 区域的襟翼来实现。在起飞或着陆过程中打开襟翼,使襟翼向后向下伸展,增加了机翼的面积和弯度,从而在速度一定时大大增大了升力。对于不同形式的飞机,襟翼段的数目会有不同。每个典型的机翼有 5 段襟翼,总共 10 段。

缝翼从机翼前缘向前向外发展,与襟翼的工作方式相类似,可增加机翼面积与弯度,从而具有增加总升力的作用。典型的每个机翼可有 5 个缝翼,两侧共有 10 个缝翼。

当机翼上所有扰流板一起伸出时,就相当于减速板打开,有减小升力和增大阻力的作用。其作用与战斗机上使用的减速板(气动力刹车装置)类似,增大阻力从而使驾驶员可迅速调整空速。大多数减速板位于后机身的上部或下部,并可能产生与它们打开有关的俯仰力矩。在大多数情况下,可以在飞行控制系统内自动补偿这一俯仰力矩。

比较图 8.1.2 和图 8.1.3 可知,战斗机与客机之间最大的差异是操纵面大小相对飞机整体尺寸的比例。战斗机的操纵面比客机相应的操纵面要大得多,机动性和高性能是必须满足的要求。客机的操纵要求舒适度,绝大部分时间处于巡航状态,其主要目标是燃油经济性而不是一些极限性能,乘客的舒适度和安全性是它发展的强大推动力,而军用飞机则不然。

飞机操纵系统经历了由简单到复杂、由初级到完善的发展过程。现代大型客机,已经由早期的人工操纵系统发展到了比较完善的自动飞行控制系统。

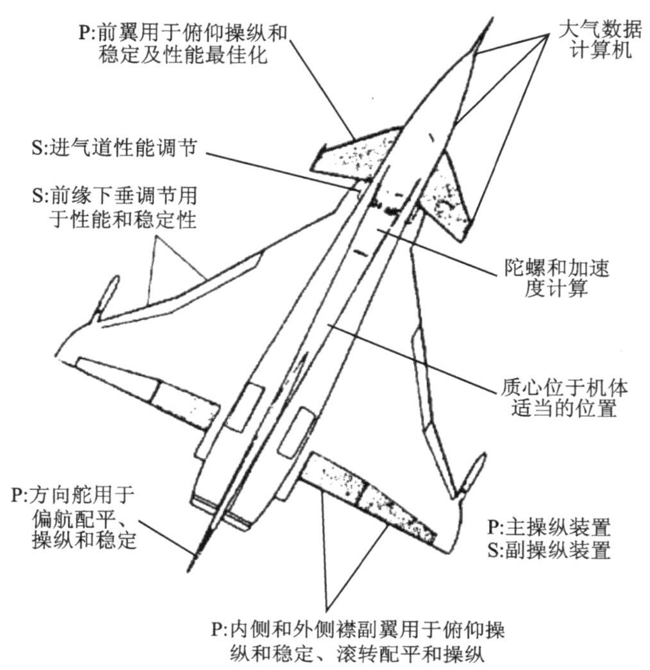

图 8.1.3　战斗机外形及飞行控制操纵面示例

8.2　飞机襟翼操纵

图 8.2.1 是机翼上襟翼的位置图。襟翼位于机翼后缘，襟翼放下可提高升力，同时也增大阻力，通常用于着陆。有的飞机为了缩短起飞滑跑距离，起飞时也放襟翼，但起飞时放下角度很小。如图 8.2.2 所示，襟翼有简单襟翼、分裂襟翼、开缝襟翼等。

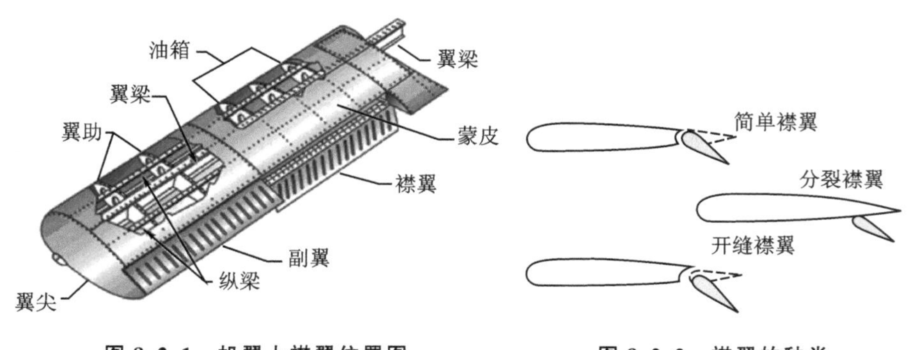

图 8.2.1　机翼上襟翼位置图　　　图 8.2.2　襟翼的种类

在机翼迎角保持不变的条件下，放下简单襟翼，相当于改变了机翼切面的形状，使其中弧曲度增大。这样，空气流过机翼上表面时流速加快，压力降低；而其下表面流速减慢，压力提高，使机翼上下压力差增大，提高了升力。而另一方面机翼后缘的涡流区扩大，使机翼前后缘压力差也增大，使阻力同时增大。襟翼放下的角度越大，升力和阻力也增大得越多。如襟翼放下角度较大,这时阻力增大的量比升力增大的量一般要高一些,升阻比减小。在小迎角时放下小角度襟翼时,升阻比略有增大。

飞机型号不同,所装襟翼形式也不相同。襟翼形式很多,常用的有简单襟翼、分裂襟翼、开缝襟翼和后退式襟翼等。

襟翼所在位置对飞行十分重要,在自动驾驶仪中,将反映襟翼位置传感器的输出信号送至自动驾驶仪 A/P。

通常飞机左右机翼各安装一个襟翼,如果操纵襟翼所需功率较大则由液压作动筒驱动,功率较小的襟翼可用电力操纵系统驱动。图 8.2.3 所示是襟翼收放工作电路,可用于襟翼的收放控制。襟翼电气系统分为操纵部分、警告部分和为飞机其他电子电气系统提供襟翼位置信号的部分,通过各部分的开关、电磁阀、继电器和信号灯等完成襟翼系统的各种功能。

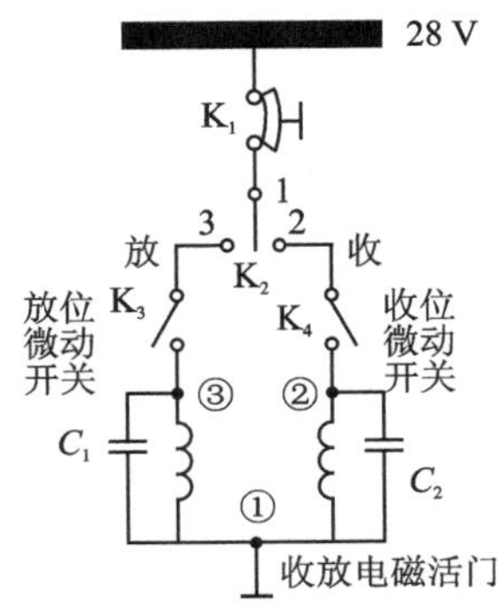

图 8.2.3 襟翼收放工作电路

8.2.1 襟翼收上电路工作原理

接通图 8.2.3 中位于配电板上的保险开关 K_1,将位于中央操纵台上的襟翼操纵开关 K_2 置于“收”位置。机上 28 V 直流电压由应急汇流条经保险开关 K_1 至襟翼操纵开关 K_2 的 1—2 触点,加至装在中翼右侧后梁上的收上位置终点开关 K_4 的触点,最后加至襟翼收放电磁活门的收上线圈②—①而接地。这时收放电磁活门动作,打开收上襟翼的液压油路,把襟翼收上。当襟翼收至 0°时,收上位置终点开关 K_4 两触点断开收上电路,切断收上液压油路使襟翼保持在收上状态。这时,襟翼放下位置终点开关 K_3 的两触点处于接通位置,为放下襟翼操作做好电路准备。

8.2.2 襟翼放下电路工作原理

图 8.2.3 所示电路处于襟翼收上的状态时,将襟翼操纵开关 K_2 置于“放”位置。此时,由汇流条来的 28 V 直流电,将经襟翼操纵开关的 1—3 触点,放下位置终点开关 K_3 的触点加至襟翼收放电磁活门的③—①放下电磁线圈而接地,接通放下襟翼的液压油路,把襟翼放下。当襟翼放到 38°时,放位微动开关 K_3 断开,切断放下液压油路。

在收放电磁活门的两组电磁线圈②和③端均并接电容 C_1 和 C_2,用来减小由于电磁线圈断开电路时产生自感电势在终点开关触点上产生的火花。在大型飞机上,还设有襟翼载荷限制器,它是一种机电装置,当飞行速度很高时用于防止襟翼过度伸出。

8.2.3 紧急放下襟翼工作电路

图 8.2.4 所示是紧急放下襟翼工作电路。电路用于增加主液压系统管路中的压力,在紧急放下襟翼和紧急刹车时使用,有 3 种工作状态。

1. 紧急放下襟翼的控制

接通紧急放襟翼保险开关 K_3 和紧急放襟翼操纵开关 K_6。+28 V 电压由汇流条,经由保险开关 K_3 和操纵开关 K_6 的 2—1 触点,使紧急液压油泵接触器 J_2 工作,紧急液压油泵电动机

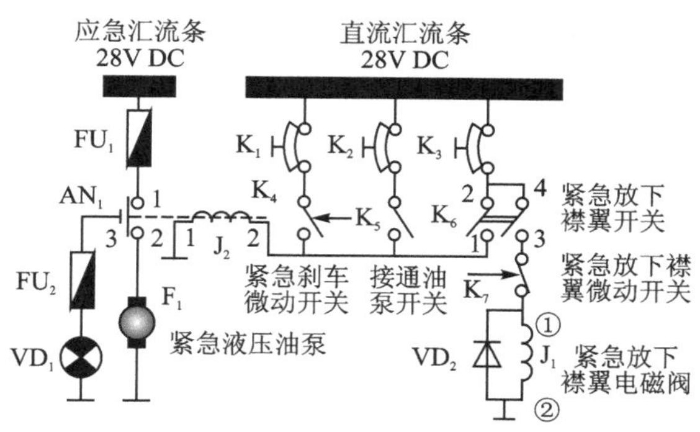

图 8.2.4　紧急液压泵和紧急放襟翼工作电路

F_1 工作，同时因接触器 AN_1 的活动触点 3 和固定触点 1—2 接通，使紧急油泵工作指示灯 VD_1 燃亮。

紧急放下襟翼操纵开关 K_6 的 4—3 触点接通，使 28 V 直流电经襟翼紧急放下终点开关 K_7 的触点加至紧急放襟翼电磁活门 J_1 的电磁线圈①—②接地，接通紧急放下襟翼的液压油路，使襟翼放下。襟翼放下之后压断终点开关 K_7，断开紧急放下襟翼电磁活门 J_1 的电路。为防止电磁活门 J_1 断开电路时产生的自感电势使终点开关 K_7 产生火花，在电磁活门 J_1 线圈两端并联有二极管，用以短路电磁活门自感电势。

2. 正常刹车液压源

接通刹车系统保险开关 K_2，接通液压泵操纵开关 K_5，使接触器 J_2 工作，紧急液压油泵 F_1 工作，同时紧急油泵工作指示灯 VD_1 亮，保证向正常刹车系统供压。

3. 紧急刹车液压源的接通

在接通了紧急刹车保险开关 K_1 的条件下，如需要压动紧急刹车手柄时，将使手柄上的微动开关 K_4 接通，从而接通接触器 AN_1，使紧急液压油泵 F_1 工作，指示灯 VD_1 燃亮，保证向紧急刹车系统供压，进行紧急刹车。

8.3　水平安定面的操纵和起飞着陆不安全警告

8.3.1　水平安定面的操纵

在飞机的尾部设有垂直尾翼和水平尾翼。对中小型低速飞机而言，多数为固定的水平尾翼，在它的后部设有活动的升降舵和升降舵调整片。对于高速的大型飞机而言，一般为活动的水平尾翼，称作水平安定面，同样在它的后部设有升降舵和升降舵调整片。

水平安定面的作用是当飞机起飞、着陆和受到强烈气流影响时，作为飞机的配平机构保持飞机平稳飞行。水平安定面配平操作的动力源可以是液压动力，也可以是大型电动机机构，如波音系列的一些飞机就是用电力操纵的。其控制方式可以是自动控制，也可以人工控制。人工控制时，一般是利用中央操纵台上的水平安定面配平轮，使水平安定面向上或向下转动到所需要的角度。

有的飞机是采用液压助力系统对水平安定面实施操纵的，即以液压作为动力源，舵面由液压助力器驱动。飞行员通过中央操纵机构和机械传动装置控制助力器的伺服活门,从而间接地操纵液压使舵面偏转。由此可见,在液压助力系统中,电器设备只参与控制和发送控制信号、警告信号和实施自动控制与调节作用。

图 8.3.1 为一高速飞机液压助力器工作原理图。液压助力器外壳固定在飞机机体上。飞行员操纵驾驶杆,可带动较小的配油柱塞在助力器腔体内移动,控制Ⅰ、Ⅱ两条液压油路开闭,靠进入活塞内油压推动活塞杆移动,从而带动水平安定面和升降舵偏转。当飞行员向后拉杆时,将使配油柱塞按空心箭头方向(图面向左方)移动。这时柱塞打开了动杆之前堵塞的Ⅰ、Ⅱ油路。从助力液压油泵输来的高压油通过Ⅰ号油路而进入活塞的左腔内,压动活塞带动活塞杆向右运动,此时,处于右腔内的液压油由打开的Ⅱ号油路通向回油管道。活塞杆向右伸出,一方面能使升降舵前缘向下、后缘向上偏转,使飞机抬头上仰;另一方面也带动配油柱塞并列地向右移动,把打开的Ⅰ、Ⅱ油路重新关闭,使移动量与向后拉杆量相协调。如果向前推杆,则动作与上述相反。

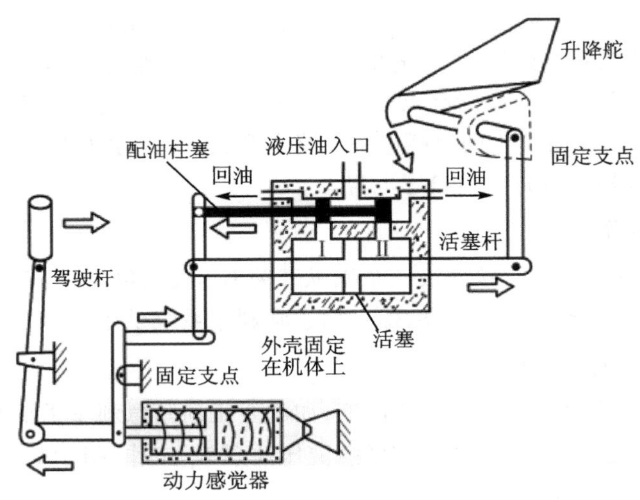

图 8.3.1　升降舵液压助力器原理图

图 8.3.1 所示的操纵系统装设了一个动力感觉器,用来模拟水平安定面上空气动力的大小,以产生适当的杆力。动力感觉器实际上是选定好的一组弹簧,无论推杆或拉杆,总有弹簧受压而给驾驶杆一个受力的感觉。飞行员推、拉驾驶杆,移动的距离越大,水平安定面的偏转越大,飞行员从杆上感受到的力也越大。松开驾驶杆,在动力感觉器弹簧的作用下,驾驶杆自动回到中立位置。

8.3.2　起飞不安全警告

飞机在起飞时,前缘襟翼和后缘缝翼没有放出、错误地放出减速板,而水平安定面处于下垂位置是飞机起飞时的 4 种不安全因素。针对这些不安全因素,设有错位警告电路,将警告信号加到中央警告系统,可以发出文字、灯光以及音响警告信号。

【例 8.3.1】 某飞机的起飞告警系统必须包含马赫数配平信号、减速板位置信号、前缘襟翼位置和后缘缝翼位置信号。它们之间中只要有一个条件不满足就应报警;同时只要飞机的迎角开关信号和推力手柄控制开关信号任一不满足情况也需要报警。请设计逻辑关系，并画出逻辑图，报警采用音响报警。

用电路开关接通表示现象存在。可以用逻辑"或"的条件，即马赫数配平、减速板位置、前缘襟翼和后缘缝翼位置只要有一个开关接通，表示报警条件成立；另外，推力控制手柄开关和迎角开关用"与"关系，如图 8.3.2(a)、(b)所示。

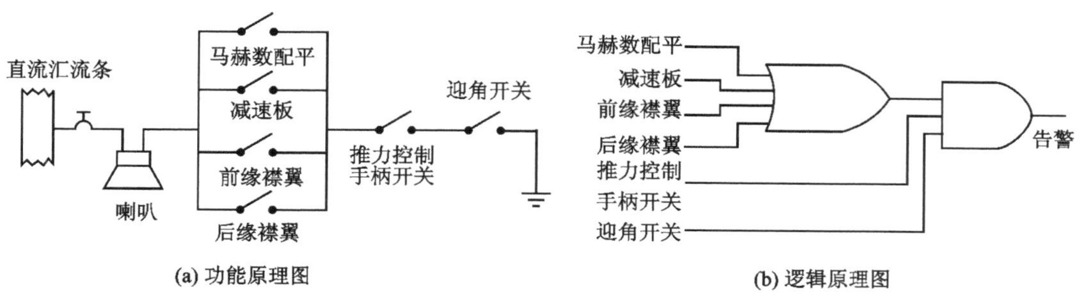

图 8.3.2　起飞警告系统

图 8.3.2(a)中的每个控制器的位置都受到监控，受到监控的还有推力控制手柄开关位置和迎角开关的位置。如果监控到一个不安全的起飞位置，告警喇叭就会响起。系统的逻辑原理如图 8.3.2(b)所示。各种飞机的错位警告工作方式多种多样，下面仅举一个较为简单的电路，说明水平安定面错位警告和起飞不安全警告的工作情况。

1. 水平安定面错位警告

飞机停在地面时，需要将中央操纵台左侧的水平安定面配平轮调到最前，使水平安定面下垂，停在使机头下俯的位置上。当飞机起飞时，水平安定面应调整在水平位置，如在起飞时水平安定面仍在下垂位置，将发出警告信号。水平安定面错误警告电路如图 8.3.3 所示。在起飞时水平安定面仍在下垂位置，这时受配平轮控制的微动开关 K_4 被压通，从直流汇流条来电经减震柱继电器闭合触点和微动开关 K_4 接通的触点加至中央警告系统，在警告牌的"操纵"窗口发出警告信号。

2. 起飞不安全警告电路

飞机已滑出准备起飞还没有起飞时，将油门杆推大之后，被油门杆控制的微动开关 K_2 压通，如图 8.3.3 所示。此时，J_1 继电器吸通工作，J_1 的触点 1—3 接通，上述 4 种警告信号来的直流电都可通过 J_1 继电器 1—3 触点，使起飞不安全警告继电器 J_2 通电，吸合其触点，经此触点将直流电加至警告喇叭，警告喇叭发出警告音响信号。所以在准备起飞时，如果发生了上述 4 种不安全因素，除了使中央警告系统用灯光报警之外，还有音响报警。

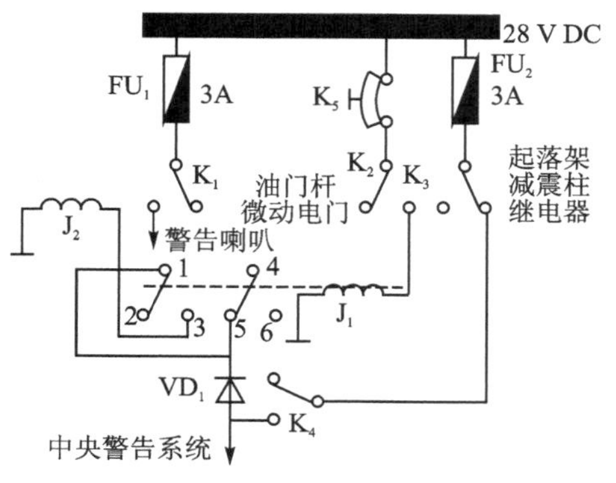

图 8.3.3　水平安定面配平警告电路举例

较大飞机上,需要监控更多的参数,应根据逻辑功能设置告警系统,如图 8.3.4 所示。图中的 3 个门电路 A、B 和 C 是与非门,对于 A 和 B 门,当输入中有一个为低电平时,输出为高电平信号。对于逻辑门 C,它的第 3 个输入端低电平有效。

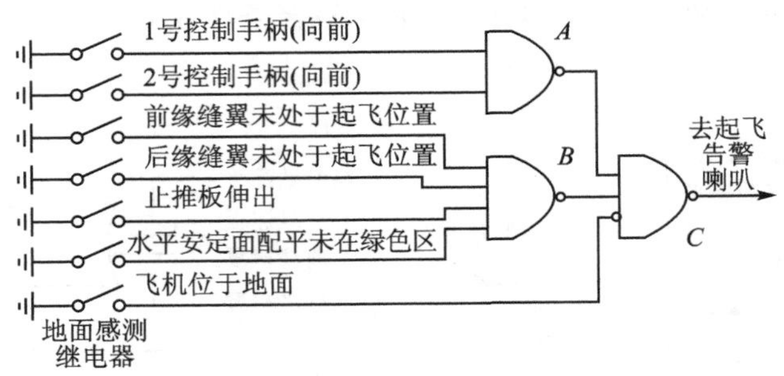

图 8.3.4　告警系统逻辑设置图

8.3.3　起飞音响报警逻辑工作电路

相关内容请扫码查阅。

8.3.4　座舱减压报警逻辑工作电路

相关内容请扫码查阅。

8.3.5　着陆报警逻辑工作电路

相关内容请扫码查阅。

8.4　起落架收放与刹车防滑系统

起落架是飞机在地面停放、滑行、起降滑跑时用于支撑飞机质量、吸收撞击能量的部件。早期的起落架是由固定的支架和机轮组成的,在飞行中会产生很大的阻力。现代飞机除少数小型飞机外,其起落架在飞机起飞后都收入机身或机翼内。

起落架由主体结构和辅助结构组成,包括带充气轮胎的机轮、刹车装置、减震装置、启放机构、减摆器、转弯机构、警告信号装置等。起落架质量约占飞机质量的 2.5%～4%。

起落架按照所在飞机离质心的位置和布局分为前三点式起落架和后三点式起落架,图 8.4.1 所示为后三点式起落架飞机。后三点式起落架比前三点式起落架轻,但地面转弯不灵活,刹车过猛时有“拿大顶”的危险,滑行时稳定性差,已经被淘汰。

飞机上使用最多的是前三点式起落架,前轮在机头下面,远离飞机质心,两个主轮左右对

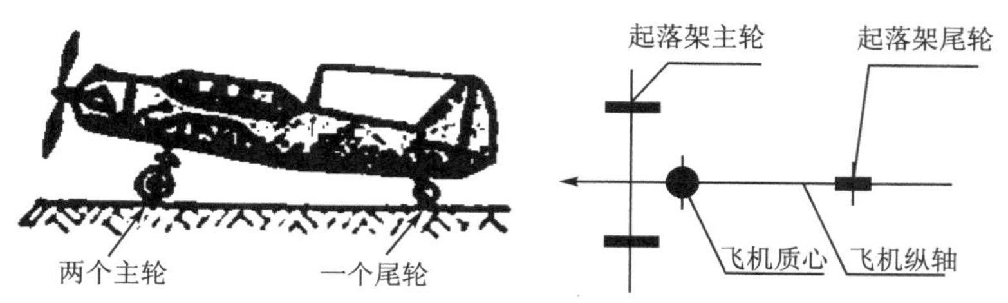

图 8.4.1　飞机后三点式起落架

称地装配在飞机质心稍后之处。这种布局在较高速度着陆时，使用较猛的刹车，飞机也不会倒立。飞机着陆和滑行中，飞行员视野宽阔，可阻止飞机在滑行中打地转。

现代大飞机由于质量大的缘故，采用了新的起落架布置方式，图 8.4.2 所示是 A380 的起落架安装位置图，一共有 5 个起落架，机头下面 1 个，机身 2 个在质心稍后处，机翼 2 个，确保飞机的支撑和着陆稳定。图 8.4.3 是 B787 的起落架外形图。

图 8.4.2　A380 的"前三点式"起落架飞机

图 8.4.3　B787 起落架外形图

飞机着陆时，在机轮接地瞬间或在不平的跑道上滑跑时，与地面发生剧烈的撞击，除充气轮胎可起一些缓冲作用外，主要撞击能量要靠减震器吸收。减震柱是自身封闭的液压装置，在地面支撑飞机，吸收和减缓着陆时产生的巨大冲击载荷，以保护飞机结构。当减震器受撞击而压缩时，其中空气的作用相当于弹簧，储存能量，而油液则以极高的速度穿过小孔，吸收大量的撞击能量，把它们转化为热能，使飞机落地撞击后很快稳定下来，不会颠簸不止。起落架的收放动力源用液压或冷气，其操纵用电气控制装置来实现。

8.4.1 起落架收放操纵电路

图 8.4.4 是利用电气元件操纵液压电磁阀、开关液压油路、驱动液压作动筒对起落架进行收放控制的起落架收放操纵电路图。

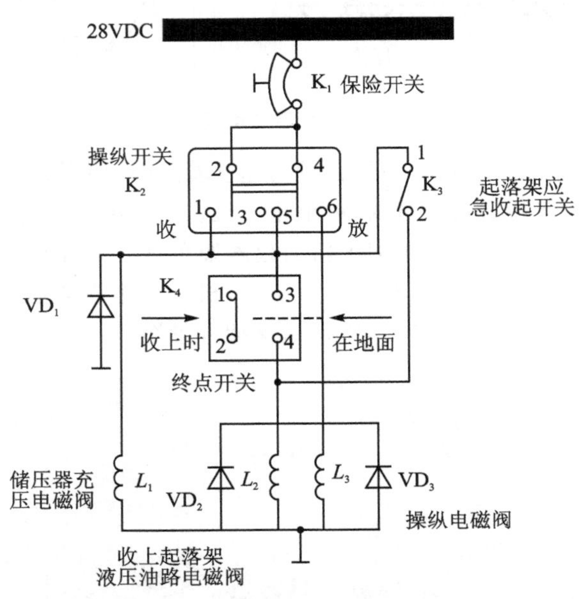

图 8.4.4 起落架收放操纵电路

起落架收放操纵电路主要组成器件有自动保险开关 K_1、收放起落架操纵开关 K_2、地面联锁终点开关 K_4、储压器充压电磁阀线圈 L_1、收放操纵电磁阀线圈 L_2 和 L_3、应急收上起落架开关 K_3 以及分别与电磁阀线圈 L_1、L_2 和 L_3 并联的用于消除自感电势的反并续流二极管 VD_1、VD_2 和 VD_3 等。

1. 正常情况下,在空中收起起落架

接通保险开关 K_1,将起落架操纵开关 K_2 置于收上位置。这时直流 28 V 经保险开关 K_1 和操纵开关 K_2 的 1—2 和 4—5 接通,收上触点至地面联锁终点开关 K_4 触点 3,此终点开关因飞机离地减震柱放松伸开,不再压动此开关,K_4 的触点 3—4 接通,电源经此加至收放电磁阀的收上线圈 L_2,于是打开收上起落架液压油路电磁阀,将起落架收上。经操纵开关 K_2 收上触点 1—2 的来电还加至储压器充压电磁阀线圈 L_1,使其停止储压,全部压力用于加速收上起落架。

2. 应急收上起落架

飞机起飞后,应将起落架收上。若此时联锁终点开关 K_4 失效,使 K_4 的 3—4 触点接触不良时,可接通应急收上起落架开关 K_3,使起落架收上,减少阻力,以免造成不必要的返航。

3. 着陆前放下起落架

将起落架收放操纵开关 K_2 放在"放"位置,直流电经 K_2 开关 4—6 触点加至操纵电磁阀放出电磁线圈 L_3,打开放起落架液压油路,将起落架放下。

当飞机着陆轮子接地后减震柱被压缩,地面联锁终点开关 K_4 受压,使 3—4 触点断开,切

断了正常的起落架收起电路，防止在地面时误将起落架收起。但要特别注意，在地面如接通紧急收上起落架开关，仍可收起起落架，所以在地面禁止接通紧急收起落架开关。

8.4.2　起落架收放手柄锁控制电路

在有些飞机上对起落架的收放不是用电磁阀控制液压油路的，而是由机械式的收放手柄直接去控制收放起落架的液压开关。但为了防止飞机在地面时误将起落架收起，在起落架收放手柄上设置了电磁锁。在起落架放下且飞机已落地后，收放手柄被锁在“放下”位置，较好地防止了在地面误将起落架收起的事故。

图 8.4.5 所示为一种飞机起落架手柄锁的控制电路。电路中被控制的是手柄锁卡的电磁铁线圈 M。当飞机准备着陆放下起落架时，起落架收放手柄带动有缺口的锁凸轮置于“放下”位置。电磁铁线圈 M 没有电源时，其铁芯端头的锁卡在弹簧力作用下正好落入有缺口的凸轮上卡入缺口，使起落架手柄固定在“放下”位置而不能移动。

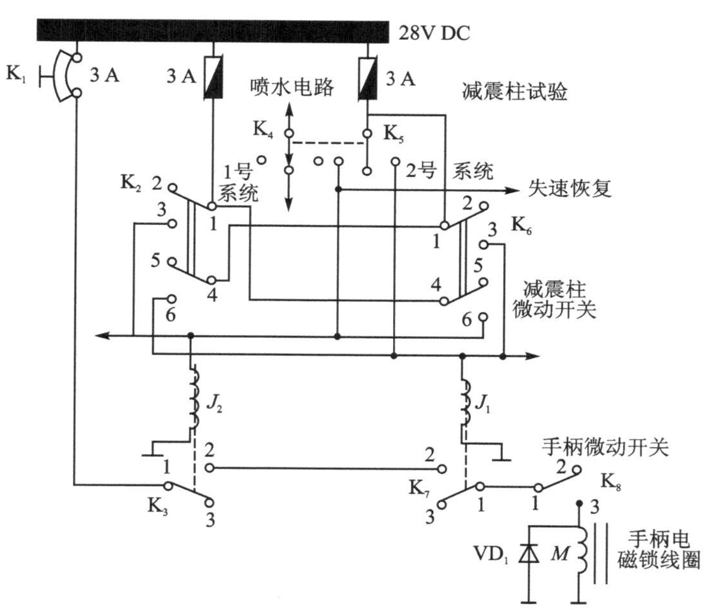

图 8.4.5　起落架手柄锁控制电路

飞机在空中时，电磁铁线圈 M 是通有直流电的，在电磁吸力作用下，铁芯锁卡被吸开凸轮缺口，使手柄可以从“放下”位置自如地移至收上位置。飞机离地在空中时，两减震柱伸出，两个减震柱微动开关 K_2、K_6 被接通，使两个减震柱继电器线圈 J_1 和 J_2 工作而吸合其触点，起落架手柄稍向上一动就使手柄微动开关 K_8 接通，这时从直流汇流条的来电加至电磁铁线圈 M 上，电磁铁工作锁卡从凸轮缺口中吸出，起落架手柄处于开锁状态。而当飞机落地之后，减震柱继电器断电，其触点断开了电磁铁线圈的电源，带锁卡的铁芯在弹簧力作用下卡入凸轮缺口中，锁住手柄固定在“放下”位置。

在地面时，为了检查飞机的需要，在起落架收放手柄的旁边还设有一个人工操控手柄，用它可使电磁锁卡离开凸轮缺口，这时可将起落架收上。

减震柱继电器 J_1 和 J_2 是由减震柱微动开关控制的，在左、右主轮支架上各装一个微动开关,飞机离地时减震柱伸出,微动开关被压通。只要有一个微动开关被压通,就可接通两组减震柱继电器。这些继电器的功用是根据需要控制某些设备,有的只在空中工作,有的只在地面工作。当飞机接地后,减震柱被压缩,放开了微动开关,这两组14个减震柱继电器断电。电路中还设有减震柱试验开关,用于在地面时对这些继电器的工作情况进行检查。

8.4.3 刹车防侧滑系统

相关内容请扫码查阅。

8.5 失速警告与保护

8.5.1 概　述

在飞行中,飞机依靠气流的相对运动在机翼上产生升力。升力的大小取决于飞行速度和迎角的大小。在一定范围内,迎角增大,升力也增大,当迎角增大到某一值时,可使升力达到最大值。得到最大升力的迎角,叫作临界迎角。超过临界迎角之后,升力不再随迎角的增大而增大,相反,升力将迅速减小。

飞机在超过临界迎角之后,升力降低,阻力急剧增大,不能保持正常飞行,这种现象叫作失速。飞机在飞行时,飞行状态多样,飞行速度也有大有小,如果飞行员过多、过猛地拉杆,超过了临界迎角,就会造成失速。

飞机是否接近临界迎角,虽然直接观察不到,但也有预兆。在飞机接近失速状态时,有下述现象出现:

① 飞机抖动并左右摇晃;

② 杆舵抖动,操纵杆力变轻;

③ 飞行速度迅速减小;

④ 飞机下降,机头下沉;

⑤ 飞机可能突然向一边倾斜。

机型不同,失速的征兆也不相同,有的甚至差别很大,很难得出统一的判断是否失速的标准。失速保护系统在失速前向机组人员提供清晰、独特的告警。用于失速保护系统的主要监测参数是飞机的迎角。飞机的机翼设计成用于产生升力的翼型,翼型术语的定义如图8.5.1所示。迎角α是翼型弦线与飞机和大气相对运动速度矢量之间的夹角。

如图8.5.2所示,当气流通过机翼而没有湍流时,称为流线型气流。增加迎角会增加机翼产生的升力。当迎角增加到一定值时,机翼上的气流就会变成湍流,使升力急剧下降,如图8.5.3所示,机翼处于失速状态。

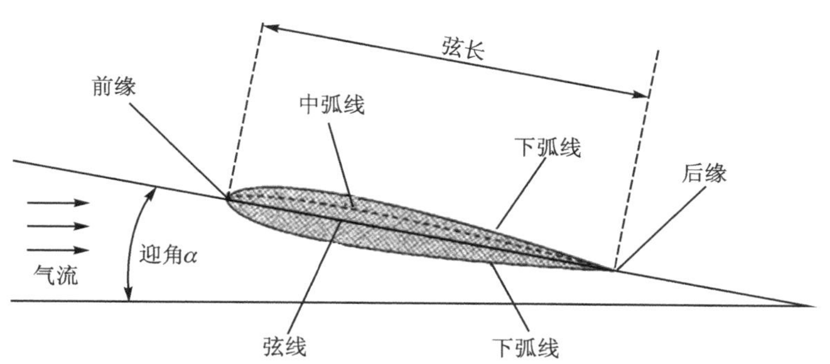

图 8.5.1　翼型术语定义

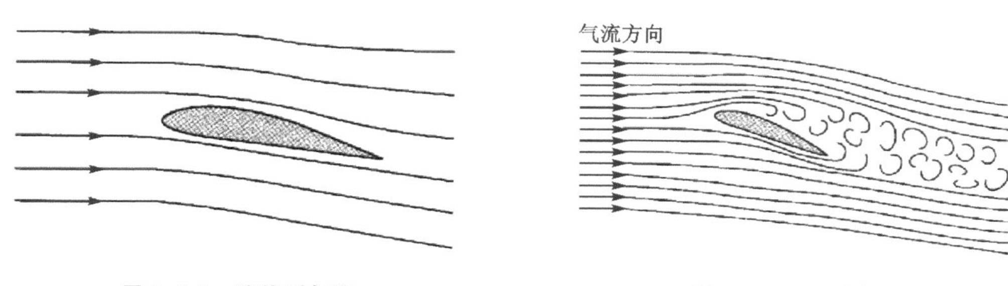

图 8.5.2　流线型气流　　　图 8.5.3　翼型失速

需要特别注意的是，翼型会在某个角度失速。飞机的速度与失速角没有多大关系。速度和失速可通过升力公式直接建立关系，即升力 L 可以表示为

$$L=\frac{1}{2}\rho v^2 AC_{\mathrm{L}} \tag{8.5.1}$$

式中，ρ 是大气密度；v 是飞机速度；A 是机翼面积；C_{L} 是翼型的升力系数。

图 8.5.4 所示是俯仰角相同，迎角不同的飞行姿态。对于一个给定的俯仰姿态，飞机可以有不同的迎角 α。飞机的俯仰角 θ 不应与迎角混淆。飞机翼面上的相对气流在飞行中会改变相对于飞机俯仰的方向。

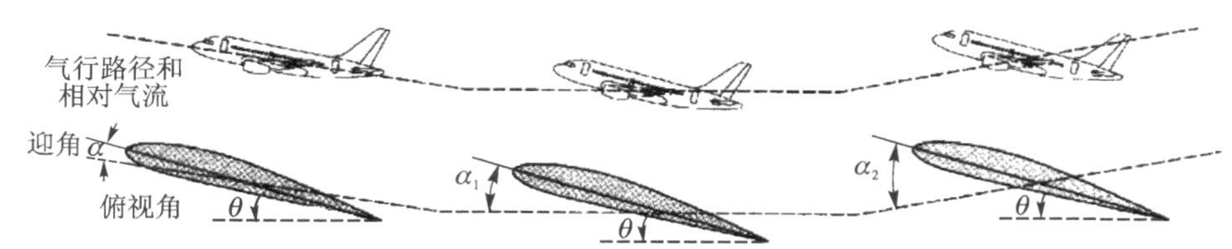

图 8.5.4　迎角和姿态

图 8.5.5 所示是升力和迎角的关系曲线。在正常的飞行迎角范围内，升力随迎角成比例增加。如果迎角继续增大，就会达到失速条件。不同的翼型截面有不同的升力系数，因而也就有不同的失速角。

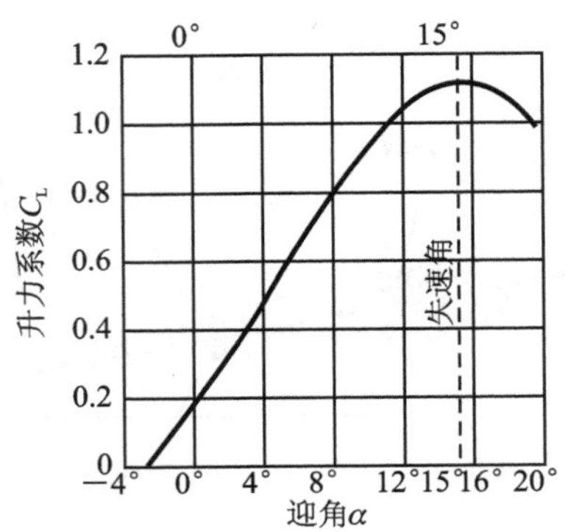

图 8.5.5　迎角 α 与升力系数 C_L 的关系

8.5.2　失速警告系统典型传感器

失速警告系统最基本的探测失速装置是失速传感器。典型的失速传感器有簧片传感器、叶片传感器、压力传感器及迎角传感器,用于失速前向机组人员提供清晰、独特的告警。

1. 簧片传感器

图 8.5.6 所示是一种用于失速警告的簧片传感器。它不需要电源供电,气流从机翼前缘上的一个进风斗导入簧片和喇叭。如果失速前缘气压降低,空气被吸入簧片,使簧片振动而发出声响,经喇叭放大后,机组人员就可以听到。

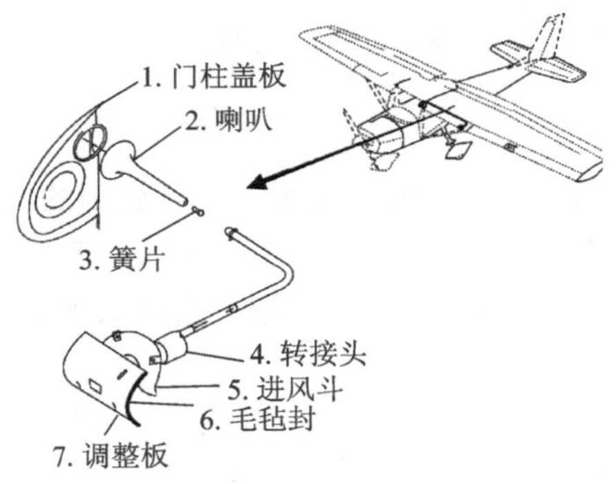

图 8.5.6　失速警告簧片传感器

2. 叶片传感器

飞机上使用的另一种装置称为叶片传感器,如图 8.5.7 所示。叶片由一个内部弹簧保持在前一位置并与一个微动开关相连。在正常迎角下,叶片被气流顶回,微动开关处于断开位置,如图 8.5.7(a)所示。随着迎角的增加,开关处的气压降低,叶片最终在弹簧力的作用下向前移动,从而闭合微动开关,进而闭合了告警灯和告警喇叭的告警电路。

图 8.5.8 是叶片传感器在飞机上的位置实物图,通常在机翼前缘。

3. 压力传感器

图 8.5.9 所示是基于测量传感器壳体上两点处压力的压力传感器。锥形壳体绕自身的轴转动,槽 A 和槽 B 与一个压力腔相连,压力腔内有一个带转轴的叶片。传感器壳体总是与迎

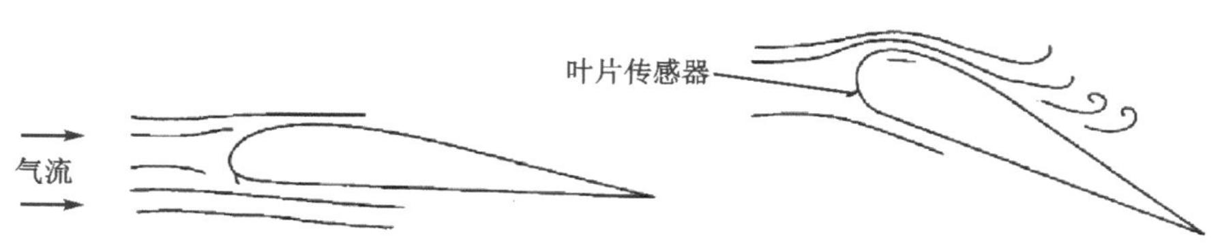

(a) 翼型在正常姿态，叶片被气流顶回　　(b) 翼型在失速状态，叶片被弹簧推出

图 8.5.7　失速警告叶片传感器原理图

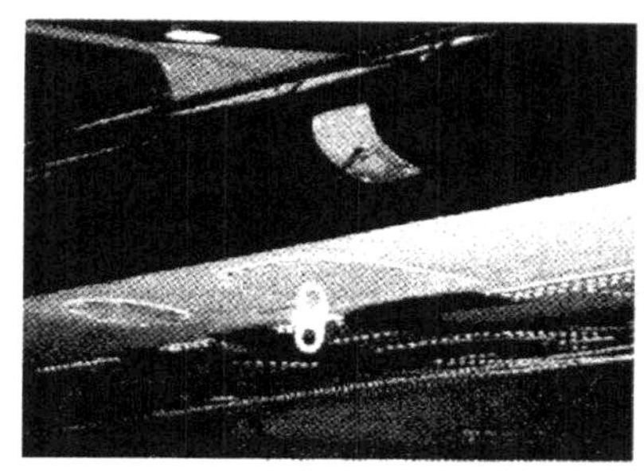

(a) 传感器收进

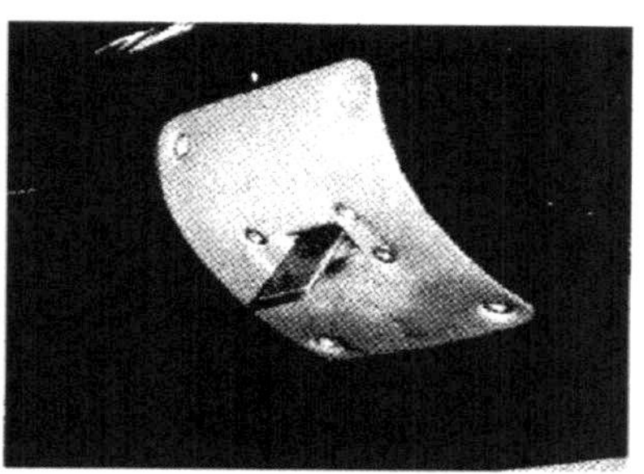

(b) 传感器放出

图 8.5.8　失速警告叶片传感器实物

角一致，因为槽 A 和槽 B 给叶片的压力相等，因而锥形壳体也与迎角保持一致。

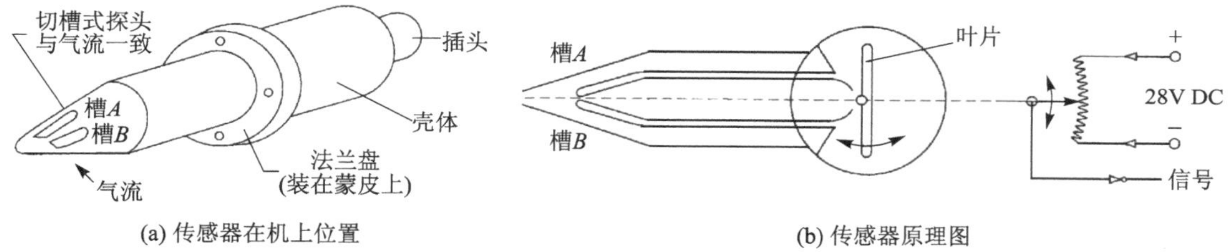

(a) 传感器在机上位置　　(b) 传感器原理图

图 8.5.9　失速警告压力传感器

如果迎角增加，槽 B 与槽 A 相比压力增加，叶片转动，使两槽的压力相等，从而使壳体重新与气流一致。壳体的转动由一个电位计检测。中间触头从电阻绕组提取一个电压信号，用于测量迎角。

4. 迎角传感器

图 8.5.10 所示是用于测量失速警告信号的迎角传感器。迎角传感器与气流保持一致，这使得壳体内的轴发生转动。叶片的轴与一个同步发电机相连，其输出电压与迎角成正比。

与迎角传感器叶片相连的一个黏性阻尼器使叶片的运动保持稳定，降低扰动的影响。迎角传感器包含一个加热器，可以持续除冰/防冰，防止冷凝，以降低阻尼器内流体黏性的变化。

8.5.3　失速警告系统工作原理

失速是极其危险的状态。民航飞机上设置失速警告系统，是为了预防飞行员一旦操纵失误，使飞机接近失速迎角状态时，能人为地发出明显的报警信号，给飞行员有足够的时间解除

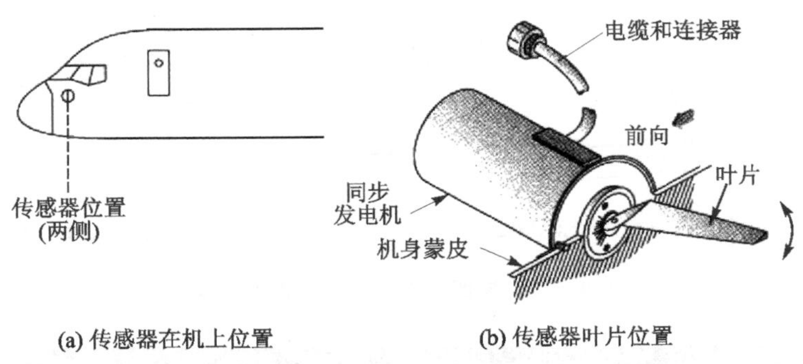

(a) 传感器在机上位置 (b) 传感器叶片位置

图 8.5.10 失速警告迎角传感器

这一危险状态。

【例 8.5.1】 某型飞机在飞行巡航速度减小到接近失速的速度时,飞机有明显而持续的抖动现象。但在起飞、襟翼放下15°或是着陆、襟翼放下38°,飞机接近失速速度时,飞机及驾驶杆并无明显抖动现象。

通常失速警告系统应在大于失速速度的7%时发出警告信号。图 8.5.11 中曲线是失速警告迎角与飞行马赫数的对应关系,其中虚线是对飞机气动力计算所得的理论曲线。该曲线表示,飞机在某一马赫数下飞行,当迎角大于曲线对应值时,失速警告系统应当发出警告信号。图中的实线是实际警告系统的工作曲线,采用折线逼近的模拟方式表示飞机失速警告系统的工作特性。

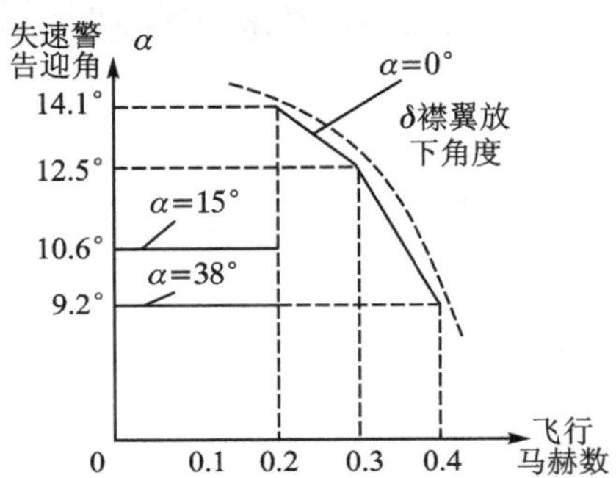

图 8.5.11 失速警告系统工作特性曲线

图 8.5.12 是失速警告系统原理图,主要组成部分有:迎角传感器、马赫数传感器、襟翼位置开关、控制盒、抖杆器、警告灯和耳机。

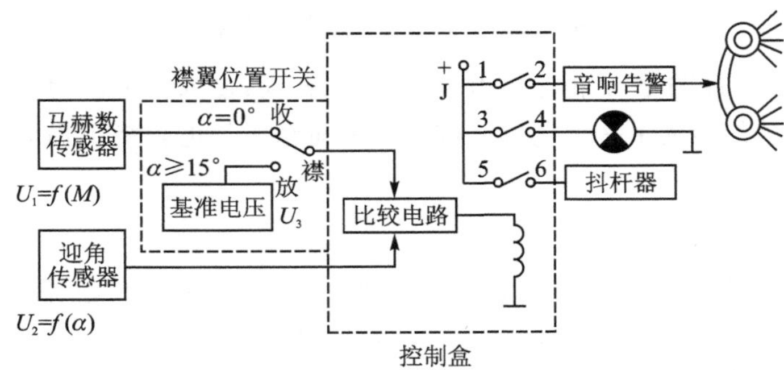

图 8.5.12 失速警告系统原理图

迎角传感器是利用风标受空气动力的作用来感受飞机迎角的变化,改变内部电刷位置,以输出与飞机迎角 α 成比例的电压信号 $U_2=f(\alpha)$,其原理结构如图 8.5.13 所示。风标是两个小叶片,装在支杆的两侧,可以绕转轴转动。在转轴的一侧装有配重和电刷。配重用来使转轴两侧的质量平衡,防止重力对风标位置的影响。支杆与飞机纵轴平行,有的飞机上此支杆用全静压管代替。迎角风标的转轴与飞机横轴平行。飞行时，迎角一定，电刷在电位计上的位置一定。如迎角增大，支杆前段抬起，风标在空气动力作用下，仍与气流方向平行，其支杆与风标相对运动角度正好等于迎角的变化量。

马赫数传感器是利用膜盒感受全压和静压，并输出一个与马赫数成比例的电压信号 $U_1=f(M)$。

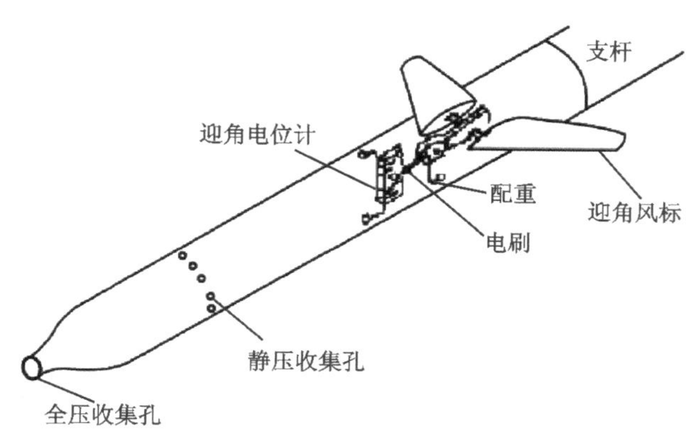

图 8.5.13　迎角传感器结构示意图

1. 巡航飞行时的失速警告

飞机在巡航状态飞行时，襟翼处于收上状态，即襟翼放出角 $\alpha=0°$。如图 8.5.12 所示，这时马赫数传感器输出电压 U_1 经襟翼位置开关的“收”位置加至控制盒的比较电路，迎角传感器输出的电压 U_2 输至比较电路另一端。当 $U_2 \geqslant U_1$ 时，比较电路输出使控制盒中继电器 J 吸通工作。

继电器 J 的 1—2 触点接通，使音响警告电路工作，加至飞行员的耳机中，发出断续的声响报警信号。

继电器 J 的 3—4 触点接通，使驾驶舱仪表板上的失速警告灯闪亮。

继电器 J 的 5—6 触点接通，使驾驶杆上的抖杆器发出振动频率为 23～35 次/s 的强烈抖动，以警告飞行员要松杆或推杆，解除失速状态。

2. 飞机处于起飞或着陆状态的失速警告

飞机处于起飞或准备着陆时，襟翼应放出。起飞时，襟翼放出角 $\alpha=15°$，着陆时，襟翼放出角 $\alpha=38°$，襟翼位置开关放在“放”的位置。此时断开了马赫数传感器输出电压 U_1，将固定电压 U_3 经襟翼位置开关“放”触点加至比较电路。当 $U_2>U_3$ 时，使控制盒中继电器 J 接通，发出声响、灯光、抖杆等 3 种失速警告信号。

8.6　调整片的作用及其控制电路

8.6.1　概　述

飞机上任何物体的移动、质量的增减都会引起飞机质心的移动。例如，飞机飞行中要消耗燃油、飞行员要加减油门，收放襟翼，空投物资，改变飞行姿态等，都会引起机翼、水平尾翼、机身以及推力等的变化。

假设飞机飞行一段时间后，消耗机身后部油箱的一些燃料，将使飞机质心位置前移，造成附加的下俯力矩，迫使飞机下俯。为了维持俯仰平衡，飞行员必须向后带杆使升降舵上偏，增大水平安定面的上仰力矩，使作用于飞机的各俯仰力矩之和仍然为零，这样才能保持飞机处于俯仰平衡状态。

对于飞机而言，稳定性问题分为静稳定性和动稳定性两种。静稳定性是针对某一飞行状态点而言的，而动稳定性是针对飞机运动的动态变化过程而言的。静稳定是动稳定的基础，只有满足静稳定时，才能谈动稳定的问题。悬停稳定性也属于静稳定性的问题。飞机的静稳定性通常是在其姿态、高度和速度一定的条件下来讨论的，也就是上面说的状态点。

如图 8.6.1(a)所示，飞机在发动机拉力 F、升力 L、重力 G 的作用下达到基本平衡。对于常规布局的静稳定飞机，由于质心在升力作用点的前边，此时还需要水平尾翼产生一些负升力 L_t，才能达到力矩平衡。通常尾力臂比较大，所以 L_t 比较小。

分析飞机的静稳定性，通常是在力和力矩平衡的基础上，用小扰动的办法来考察的。即在平衡状态下，假设有一个外部的扰动力矩，如低头力矩附加在飞机上，那么飞机由此也会产生附加的力和力矩。如果附加的力矩趋向于使飞机回到原来的姿态，飞机就称为在该状态点上是静稳定的，反之是静不稳定的。显然，如图 8.6.1(b)所示的情况是静稳定的。需要注意的是，在空中飞行时，所提及的力矩都是对飞机质心而言的。

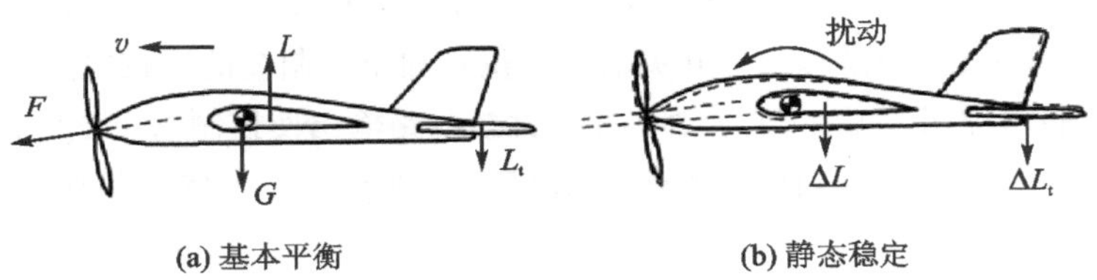

图 8.6.1 用升降舵保持飞机俯仰平衡

8.6.2 调整片的作用

为了减少驾驶员的体力消耗，一般不采用飞行员带杆操作的方法保持飞行中俯仰的平衡，而是采用改变装在飞机升降舵、方向舵和副翼上的调整片的方法。图 8.6.2 是飞机尾部的调整片示意图。在方向舵和升降舵上分别安装了一块可以活动的调整片，可以通过给定的参数进行一定角度和方向的偏转，即利用升降舵调整片来使升降舵偏转，以保持飞机的俯仰平衡；利用方向舵调整片可使方向舵偏转，以保持飞机方向平衡；利用副翼调整片可以使副翼偏转，以保持飞机横侧平衡。各调整片保持飞机平衡作用原理相同。

下面以飞机升降舵为例来说明调节原理。如图 8.6.3 所示，当飞机出现下俯力矩时，飞行员操纵开关使调整片顺时针偏转角 α。调整片产生向上的升力 F_1，它对升降舵转轴构成的力矩为 F_1d_1。其中，d_1 是调整片质心到升降舵与平尾交接点的距离。为了维持力矩的平衡，升降舵必将产生一个与之大小相等方向相反的力矩 F_2d_2，即有 $F_2d_2=F_1d_1$。d_2 是升降舵质心到升降舵与平尾交接点的距离。

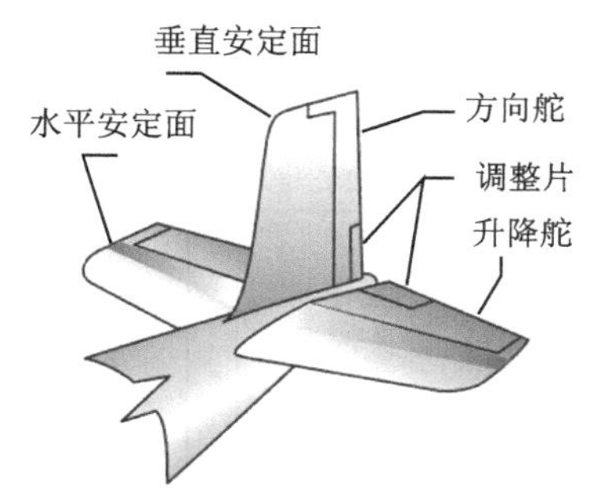

图 8.6.2　飞机的舵面及舵面上的调整片

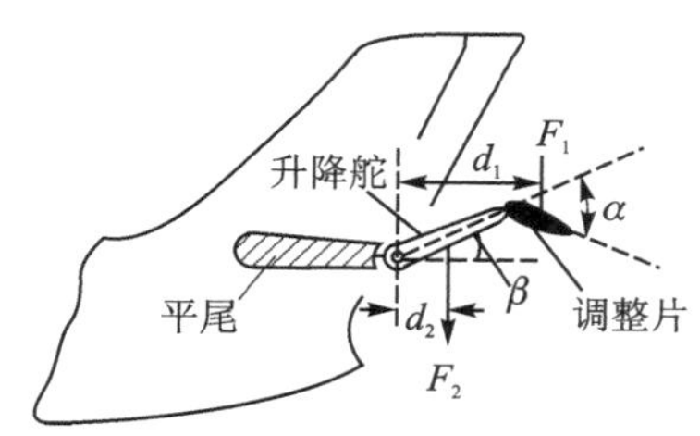

图 8.6.3　飞机下俯时用调整片恢复平飞

升降舵逆时针转动后，舵面上下的压力差构成了空气动力，对升降舵的转轴构成了另一个向下力矩，使飞机抬头。

当两个力矩平衡时，升降舵就自动保持某一上偏转角 β。这就和飞行员向后带杆一样，能保持飞机的俯仰平衡状态。使用这种方法保持平衡，飞行员不用长时间带杆，减少了劳动量。

图 8.6.4 是升降舵和调整片协调工作时的位置图。当机头低头时，升降舵向下转动，调整片则上翘；当机头上翘调整时，升降舵上翘，调整片向下。

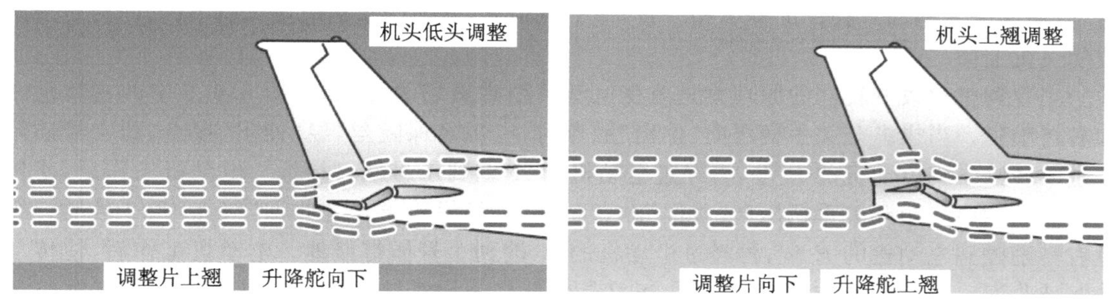

图 8.6.4　升降舵与调整片的协调工作

总之，在飞行中俯仰平衡受到破坏，如机头上仰，飞行员可向上偏转调整片（等效向前推杆）使升降舵下偏一定角度；如果机头下俯，则应向下偏转调整片（等效于向后带杆）使升降舵上偏一定的角度，借水平尾翼力矩作用以保持飞机的俯仰平衡。对于方向舵和副翼的操纵原理与升降舵类似，不再重复。

8.6.3　调整片操纵电路举例

飞机的机型不同，调整片的控制方式也不同。中小型飞机大多采用电动操纵机构进行操纵，主要电路组成部分是调整片操纵开关、电动操纵机构、调整片中立位置信号灯。大型飞机则是由自动飞行控制系统通过液压传动机构来操纵工作的。

图 8.6.5 所示是一种电动操纵机构的组成和传动关系。该机构主要由双向串励电动机、摩擦离合器、齿轮减速器、传动杆与中立位置信号接触装置组成。

调整片操纵开关是一个手柄有弹性的开关，平时手柄处于中立位置。使用时，将手柄向两侧压动，用以接通电动操纵机构使传动杆“伸出”或是“收回”，松开手柄又弹回中立位置。

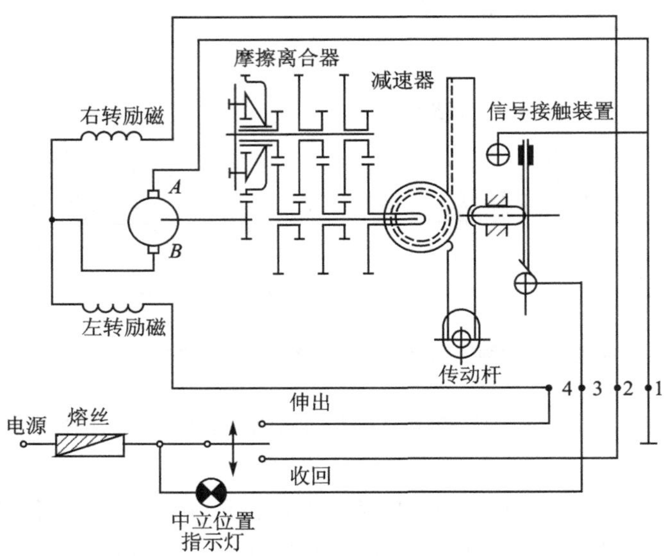

图 8.6.5 调整片电动操纵机构

在驾驶舱内安装调整片操纵开关时要符合操纵习惯。例如,安装升降舵调整片操纵开关时,应使操纵手柄和驾驶杆的操纵相一致,即平时中立,向前压手柄应使飞机下俯,向后压手柄应使飞机上仰。

实现调整片改变转向的原理就是改变电动机励磁磁场的方向,如图 8.6.5 中的左转励磁和右转励磁。当操纵开关手柄压向“伸出”触点时,电源经保险丝,经“伸出”接点,到 4 号插钉经过左转励磁到电动机的 B 端,再经过电动机的 A 端到 1 号插钉接地。电动机工作后,使传动杆向外伸出。当开关手柄压向“收回”触点时,电源经保险丝,经“收回”接点,到 2 号插钉经过右转励磁到电动机的 B 端,再经过电动机的 A 端到 1 号插钉接地。电动机工作后,使传动杆向外收回。当调整片与舵面取齐时,正好是信号接触装置触点接通时刻,中立位置信号灯经 3—1 插钉与电源接通,中立灯亮表示调整片中立。

8.7 飞行控制作动装置

飞行控制的重要部件之一是功率作动装置,其作用随着电传飞行控制的出现愈加突出。为了使飞行控制系统可以达到规定的性能,作动装置始终是重要的。随着模拟式和数字式多通道控制技术的发展,已将作动装置的重点放在性能和完整性方面。按照作动装置复杂性增加的顺序,可进行如下分类:

① 简单的机械液压助力作动装置;

② 具有简单机电特征的机械式作动装置;

③ 具有模拟式控制输入和反馈多余度电—机式作动装置;

④ 随着技术的发展,飞控作动系统将综合机械、电子、系统和软件等技术。

8.7.1 常规直线作动器

图 8.7.1 所示是常规直线作动器。当驾驶员将机械信号输入至飞控作动时,综合摇臂将

绕底部的枢轴转动,从而给伺服阀门 SV 施加一个输入。液压油则将流入作动筒的一边,同时另一边的油被排出,使作动筒产生运动,方向取决于驾驶员的指令方向。当作动筒运动时,反馈连杆使综合摇臂绕上面的支点转动,达到指令位置时,伺服阀输入回到零位。需要说明的是,飞机液压通道通常分为蓝通道和绿通道。

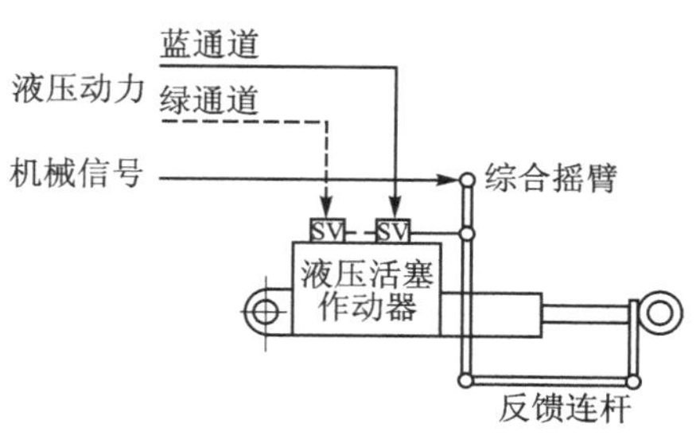

图 8.7.1　常规直线作动器

机械式作动也可用于扰流板,是机械式操纵,而不是电控制的。BAE146 飞机提供的扰流板机械式作动器的工作行程为 15 mm(0.6 in),产生 59.9 kN(13 460 lb)的推力。它长 22.4 mm(8.8 in),质量 8.3 kg(18.2 lb),可接受 20.7 MN/m^2(3 000 psi)的液压压力。

8.7.2　具有电信号的机械作动装置

当飞机采用自动驾驶仪降低驾驶员工作负担时,就必须将电信号与机械信号耦合至作动器,如图 8.7.2 所示。形成综合摇臂的机械输入信号有 2 个,一个来自驾驶员,另一个来自自动驾驶仪计算机的电指令产生的一个优于驾驶员指令的电输入。对于某些非关键飞行操纵面,利用电传递信号比较方便,成本低、质量轻、体积小。

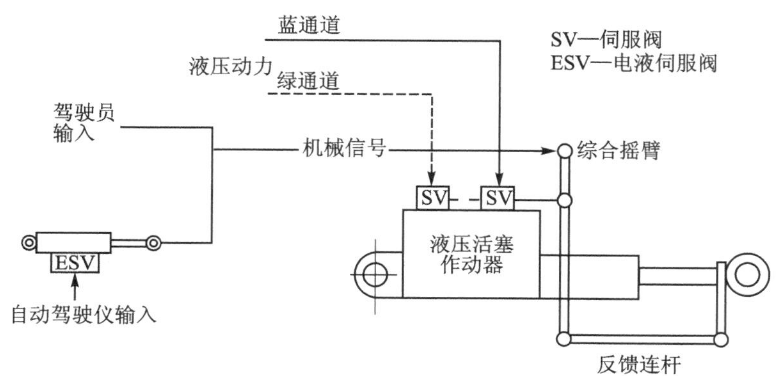

图 8.7.2　具有自动驾驶仪接口的常规直线作动器

8.7.3　多余度作动装置

现代飞行控制系统越来越多地采用电传控制方案,这有利于减轻质量、改进操纵性能和提供舒适度。民航飞机的 A320 和 B777 将具有先进水平的系统引入到航线服务。与多余度的计算和作动通道一样,飞机的液压和电气系统也必须考虑多余度结构。图 8.7.3 是多余度电信号液压作动器的简化框图。这里用一个通道说明原理,实际实施时为 4 个通道即 4 余度。

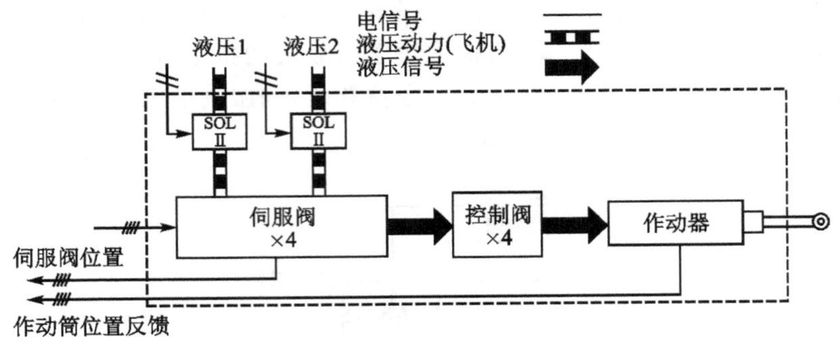

图 8.7.3 多余度电信号液压作动器的简化框图

接通电磁线圈(SOL),向作动器供给液压动力,往往由 2 个飞机液压系统供油。来自飞控计算机的控制指令传送至伺服阀,伺服阀控制第一级的位置,经机械综合后,给控制阀施加指令,控制阀调节控制作动筒的位置。利用线性可变差动变压器(LVDT)测定每个通道第一级作动器的位置和输出作动筒的位置,并将这些信号反馈给飞控计算机,从而形成闭合控制回路。

直线式作动器常用于驱动响应速度快、气动载荷小的场合,例如驱动副翼、升降舵和方向舵的操纵面。图 8.7.4 是一组作动器图片,其中 EAP 表示战斗机技术验证机。

(a) "狂风"平尾升降副翼和方向舵作动器

(b) EAP前翼作动器

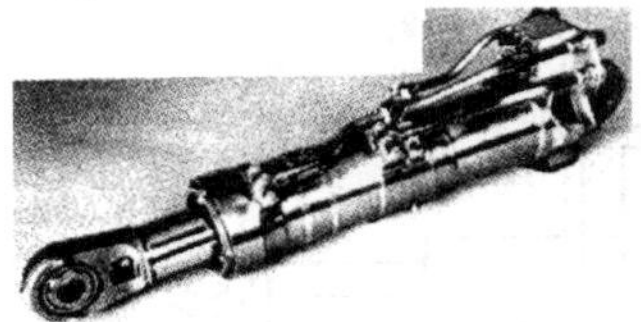

(c) 襟副翼作动器

(d) 方向舵作动器

图 8.7.4 几种作动器外形图片

8.7.4 机械式螺旋作动器

对气动载荷比较大,响应相对缓慢的场合,一般采用机械式螺旋作动器,如图 8.7.5 所示。

图 8.7.5 所示的螺旋作动器常由一个或两个飞机液压系统供压,并由一个综合摇臂对机械输入响应而使伺服阀运动。伺服阀调节输往液压马达的压力,马达经过机械的齿轮箱驱动螺旋作动器。作动器的左端固定于飞机结构,螺旋作动器活塞的运动满足驾驶员的指令要求。

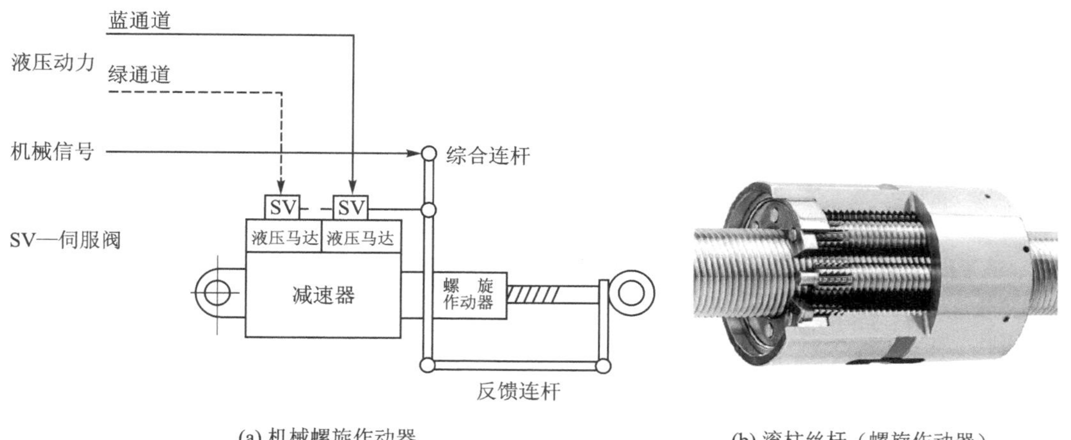

(a) 机械螺旋作动器　　(b) 滚柱丝杆（螺旋作动器）

图 8.7.5　机械式螺旋作动系统

8.7.5　组合作动器(IAP)

随着大功率技术的发展，往往利用电能驱动飞控作动器，而不再由飞机中央液压系统驱动飞控作动器。图 8.7.6 是组合式作动器组件 IAP 的工作原理图。它由一台三相恒速电机驱动一台变流量液压泵，以提供作动器的动力(或称“肌力”)。

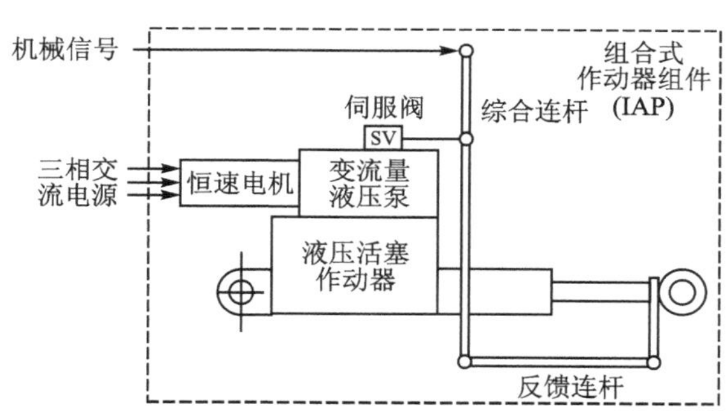

图 8.7.6　组合式作动器组件

变流量液压泵是作动器的液压源。由伺服阀控制的双向位移(变流量)机构确定泵的流量，因而确定作动器的速度。当达到要求输出位置时，反馈机构使伺服阀的输入回零。但是当作动器处于稳态时，泵排油量置于零位，但泵继续恒速旋转，形成很大的“空转”功率损失。电静液作动器则消除了这一问题。

图 8.7.7 是威克士公司的 VC－10 上典型的 IAP 外形图，机上有 11 台这种装置。其中，4 台驱动副翼，4 台驱动升降舵，3 台驱动方向舵。每台 IAP 的功率消耗在 2.75 kVA 范围内，通常由三相 115 V/400 Hz 交流电供电。

图 8.7.8 是阿佛罗公司的 B－2 飞机 IAP 的飞控结构示意图，采用 4 个飞机交流电源汇流条供电，共有 10 台飞控动力装置。

交流 AC1 汇流条供给左升降副翼 1 和右升降副翼 8，AC2 供给左升降副翼 3 和右升降副翼 6 及方向舵，AC3 供给左升降副翼 4 和右升降副翼 5 及方向舵，AC4 供给左升降副翼 2 和

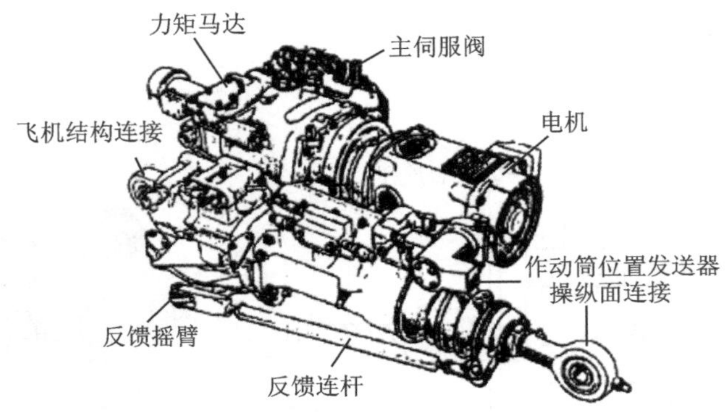

图 8.7.7　组合式作动器组件实物图(VC-10)

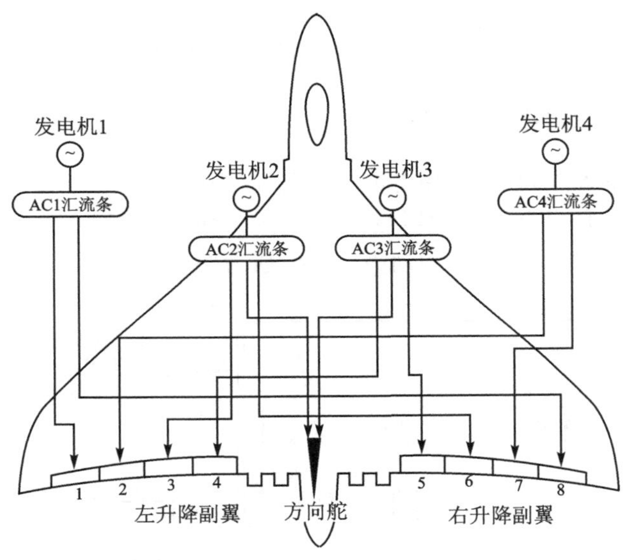

图 8.7.8　B-2 采用的 IAP 飞控供电系统

右升降副翼 7。

8.7.6　先进的飞机作动机构

多电飞机上使用了更新型的作动器,并在近 15 年来陆续装机使用如直接驱动式作动装置、电传飞行控制作动器、电静液作动器 EHA、电静液备份作动器 EBHA 及机电作动器 EMA。

1. 直接驱动式作动装置

主功率柱塞直接由要求大信号电流的力矩马达驱动,称为直接驱动,是采用足够功率的电驱动来消除对伺服阀/第一级阀的驱动。

2. 电传飞行控制作动器

电传飞行控制系统在民用飞机(如 A320)上出现,使飞控系统和电传装置之间的连接更加便利。第一代采用电传的飞机可工作在 3 种不同的模式下,即全电模式、电直接链接模式和机械恢复模式。全电模式采用全部电传的计算和保护，已是正常的工作模式。电直接链接模式通常提供基本的计算，或在主电传模式不能应用时只具备直接电信号的传输能力。机械恢复模式提供使飞机飞行的基本(机械)手段，在电传和电直接链接模式故障后多半只能应用有限数目的飞行操纵面进行操纵。

但在 A380 和 B787 飞机中都没有提供机械恢复模式，而是通过作动器控制电子装置(ACE)实现与作动器接口。如图 8.7.9 所示，ACE 电回路闭合是围绕作动器的控制回路闭合的，而不是采用机械闭合回路。控制指令由飞控系统的数字式电传指令或直接电链接指令经 ACE 处理后，给作动器伺服阀提供模拟式指令。这样就将飞机系统的液压动力供给作动筒活塞的相应边，使活塞运动至要求的位置。活塞位置检测采用线性差动变压器检测，并将位置信号反馈给 ACE，构成了闭合作动器回路。

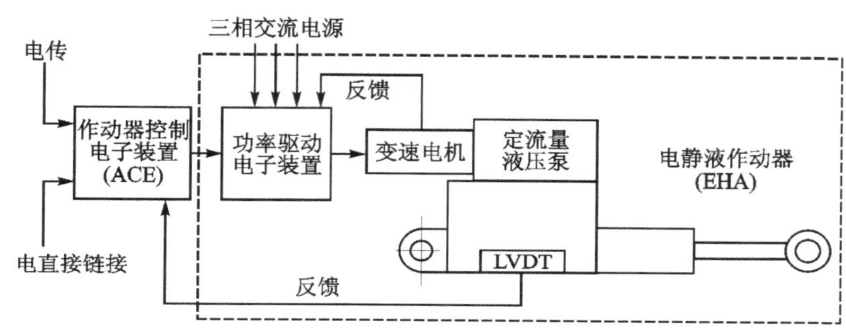

图 8.7.9　电传作动器

3. 电静液作动器(EHA)

电静液作动器是采用先进的功率电子装置和控制技术来实现的，可为飞控系统提供更有效的飞控作动。

不同于前述作动器，EHA 在有操纵指令时才提取较大的能量。在大部分飞行中，作动器被指令控制的时间很短，耗损能量大，导致从发动机提取更多的能量，消耗的燃料也更多。而 EHA 在无操纵指令的飞行期间，作动器是静止的，如图 8.7.10 所示。EHA 通过将三相交流电功率馈入功率驱动装置，进而驱动变速电机和定流量液压泵来实现这一要求，构成了与 IAP 形式相似的作动器本地液压系统。当没有指令时，提取的功率仅需使电子控制装置保持待机状态。当从 ACE 接收到指令时，功率驱动电子装置可足够迅速地去驱动变速电机对作动器加压，足以使相应操纵面运动达到指令要求。一旦达到指令要求，功率电子装置就恢复正常的待机状态。所以，仅在作动器运动期间从电源汇流条提取功率，大大节约了能源。

由于功率电子技术的发展，EHA 得以在各种飞机和无人驾驶机中使用，A380、F－35 都使用了 EHA。如果飞机有三相交流 115 V/400 Hz 电源，例如 A380，作动器应用三相桥式整流电路并滤波后形成 270 V DC，用以驱动 270 V DC 直流无刷电动机，进而驱动定流量泵。如果飞机上已有 270 V DC 高压直流电源(F－35)，则可省去整流滤波环节，从而可使效率提高，体积减小，质量减轻。

这些作动器都是应用微处理器来改进控制和性能的，引入数字控制技术，也可以考虑(ARINC429/ARINC629/1553B)与飞控计算机直接进行通信。EHA 和 EMA 的发展更多地应用电功率，尤其在飞机装备 270V DC 时，更接近全电飞机的设计理念。

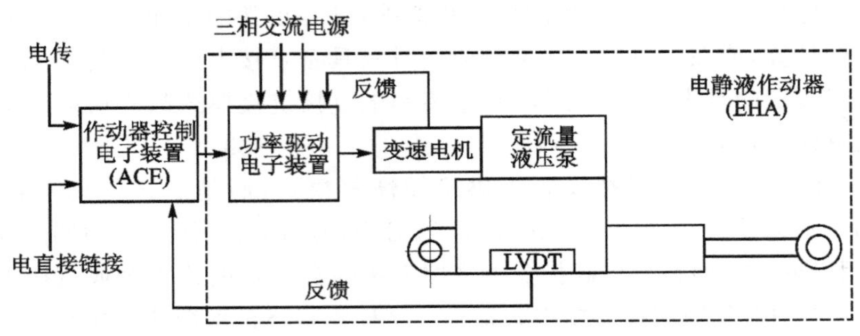

图 8.7.10　电静液作动器(EHA)

4. 机电作动器(EMA)

机电作动器代替电液作动器的电信号作动和功率作动，采用电动机和减速器组件产生驱动力使作动筒运动。EMA 作为配平和舱门作动已在飞机上应用了很长时间，主要是功率、推动力和响应时间都非常低，不利于飞控作动的要求。

近年来，270 V DC 高压直流稀土永磁电机的发展和大功率固态开关器件及微处理器的发展，使其有可能跻身于飞行控制的应用场合。

机电作动器(EMA)是螺旋作动器的多电型式，如图 8.7.11 所示。EMA 的原理与螺旋作动器相同，不同的是它应用功率驱动电子装置来驱动直流无刷电机，拖动一个减速齿轮箱，产生旋转运动，从而使螺旋作动筒伸出或收进达到输入指令要求。所以 EMA 用于驱动民用飞机上的水平安定面和襟翼、缝翼的驱动，并在直升机飞行控制系统中也有应用。EMA 在使用中应注意卡死问题，这限制了它在主飞行控制系统中的应用。先进的电动驱动 EMA 采用了电动机、滚柱丝杠和齿轮等机构，如图 8.7.12 所示。

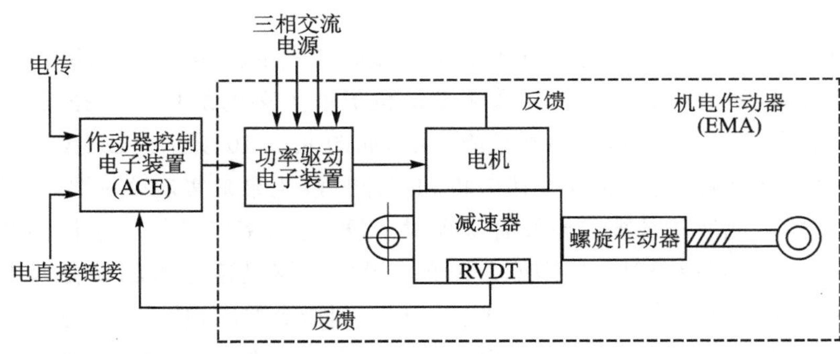

图 8.7.11　机电作动器

8.7.7　飞控作动器的典型应用

飞控作动器由于应用场合不同，其功率、供电电源及形式都不相同。表 8.7.1 列出了民用飞机上的作动器的典型应用。

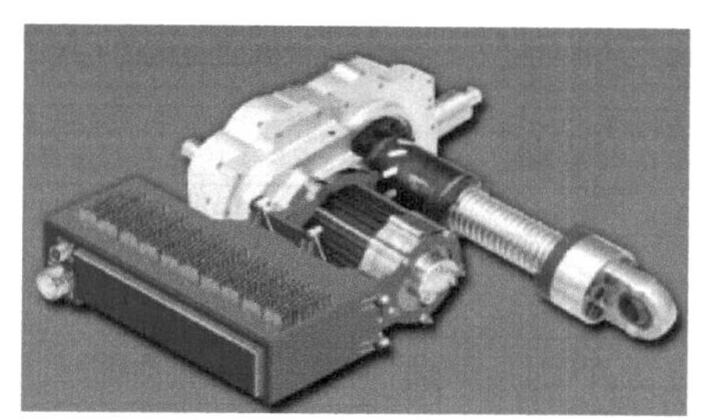

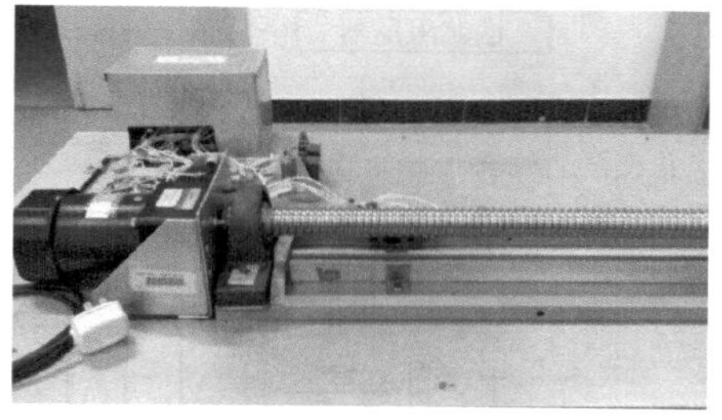

图 8.7.12　先进的电动驱动 EMA

表 8.7.1　飞控作动器的典型应用

序　号	作动器形式	功率来源	典型应用			
			主飞行控制	扰流板	水平安定面	襟翼和缝翼
1	常规直线作动器	飞机液压系统 B/Y/G 或 L/C/R(1)	√	√		
2	常规螺旋作动器	飞机液压系统或电气系统(2)			√	√
3	组合式作动器组件(IAP)	飞机电气系统 115VAC	√	√		
4	电信号液压作动器	飞机液压系统	√	√		
5	电静液作动器(EHA)	飞机电气系统(3)(4)	√	√		
6	机电作动器(EMA)	飞机电气系统(3)			√	√

备注：(1)B/Y/G＝蓝/黄/绿或 L/C/R＝左/中/右。

(2)对于水平安定面、襟翼和缝翼，为了余度，往往既应用液压又应用电源。

(3)民用飞机上采用三相 115 V AC 变换成 270 V DC。

(4)在 F－35/JSF 上应用 270 V DC 的飞机电气系统。

8.8　数字式飞行控制系统简述

近年发展起来的数字飞行控制系统(DFCS)提供对自动驾驶仪、飞行指引仪、高度警告、速度配平、安定面配平和马赫数配平等的综合控制。如图 8.8.1 所示，DFCS 系统包括两个飞行控制计算机(FCC)、一个方式控制板(MCP)和四个自动/飞行 A/P 作动筒。

MCP 提供飞行员与 DFCS 之间的主要连接，包括接通控制、方式选择控制与高度警戒。FCC 接收从飞机各种传感器来的输入信号，MCP 为飞行指令仪 F/D、A/P(自动驾驶仪)和 A/T(自动油门)提供控制。FCC 为马赫配平、升降舵、副翼和安定面提供自动驾驶仪输出指令，也向电子飞行仪表系统 EFIS 符号产生器提供方式指令和 F/D 指令，以便在 EADI 上显示。

数字飞行控制器主要完成的正常工作程序有起飞、爬升、恢复水平、巡航、下降、进近和复飞。

1. 起　飞

全部飞行前准备完成后，飞机进入起飞位置。飞行员按下 TO/GA 按钮，油门杆自动向前推进到起飞 n1 位置，在地速达到 111 km/h 时，飞行指引指令杆提供俯仰指令。速度配平在飞机离地后 10 s 开始配平。起飞后，在相应的高度上，A/P 被接通。当稳定在爬升状态时，水

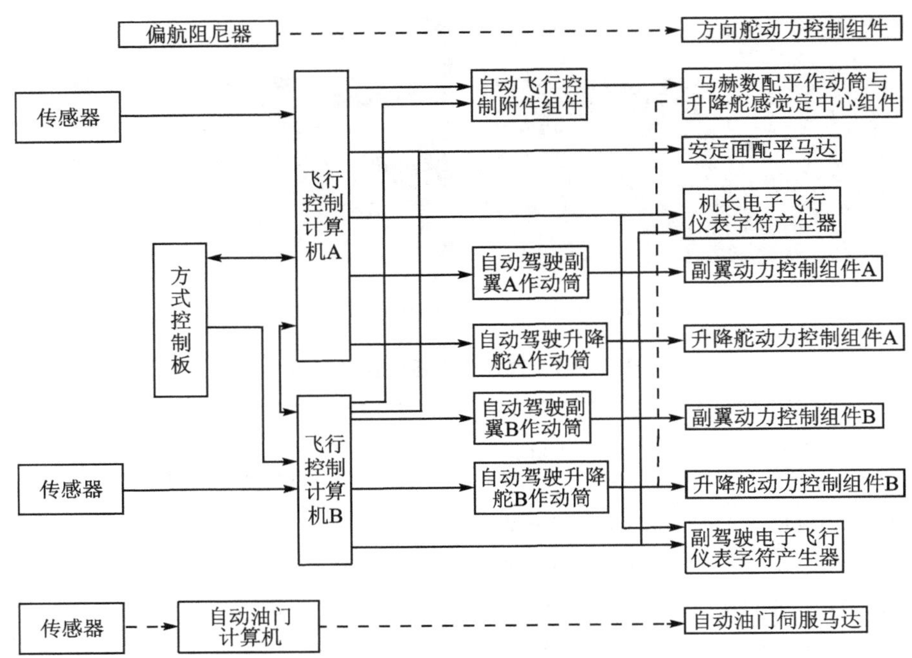

图 8.8.1 数字飞行控制系统框图

平导航 LNAN 和垂直导航 VNAN 方式被接通,已引入飞行管理计算机(FMC),飞行剖面将自动被跟踪。

2. 爬 升

在爬升过程中,飞行管理计算机可以提供完整的 A/P 和 A/T 控制。另外,通常都需要使用经济性方式,FMC 可按有关最大速率、最大爬升角或选择的爬升速度产生爬升的飞行剖面,根据在 N1 限制页上"减低"选择,FMC 可提供降低了的爬升功率。除了超控之外,FMC 将自动遵守低于 3 048 m、463 km/h(10 000 ft,250 节)的空速限制。

3. 巡 航

巡航过程中,飞行管理计算机连续计算,推荐最佳高度,包括阶段爬升,推荐速度/高度剖面与其后的直到下降顶点的有效值的比较。若被跟随了,则显示预测的燃油储备量。

如飞机沿着飞行航线前进,FMC 按 LNAN 的需要自动调谐导航设备,飞机跟踪现在的航路,直到完成进近的过渡。在飞行马赫数大于 0.62 时开始马赫配平。

4. 下 降

因为下降得太早或太迟,对燃油经济性都有很大影响,所以 FMC 会计算出最佳下降点。在垂直导航下降方式中,如果飞行员已在 MCP 上预选了一个"低高度",则"下降"自动在计算的下降点开始下降。这个系统自动使飞机在已限制的高度和速度上飞行,限制范围是 463 km/h,低于 3 048 m。

5. 进 近

在进近过程中,两部 A/P 都被接通在"指令方式",LOC 和 GS(航向信标和下滑道)用来导航。使用两部 A/P 通道,DFCS 提供一个故障无源系统,以容许在三类气象条件下着陆。

6. 复　飞

在油门杆弧座上，按下复飞开关，开始复飞导航。如果在飞机着地前选择了“复飞”，油门杆将自动推进到 N1 限制中的复飞推力，A/P 和 F/D 指令保持航向，仰起姿态以便复飞。

8.9　飞行控制系统应用举例

飞行控制和引导系统现已稳步趋于完善，其中 B777 和 A330/A340 已经采用了电传飞控系统。下面说明二者在技术实施上的主要差别。

8.9.1　波音和空客飞机顶层设计比较

电传飞行控制系统已在空客飞机和波音飞机上实现，如图 8.9.1 所示。

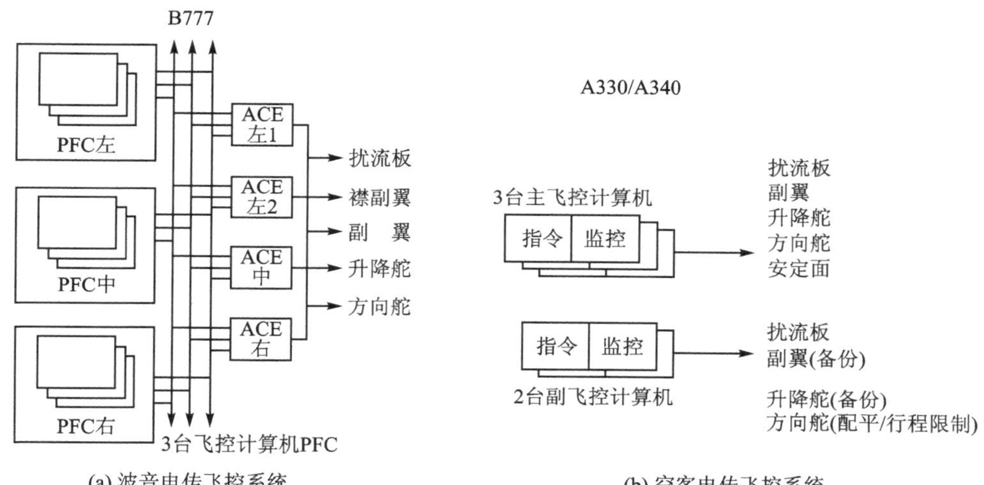

(a) 波音电传飞控系统　　(b) 空客电传飞控系统

图 8.9.1　电传飞控系统顶层比较

图 8.9.1(a)是波音飞机的电传飞控系统框图。该系统有 3 台主飞行控制 PFC 计算机，其中每一台计算机由 3 个不同硬件和软件相似的通路组成。每一个通路在一个工作周期中有各自的任务，供电后这些任务被不断循环。通过多路 A629 飞控数据总线实现与作动器控制电子装置 ACE 关联。ACE 直接驱动飞控作动器，采用直流供电电源。

图 8.9.1(b)是空客电传飞行控制系统框图。该系统共采用了 5 台主要的计算机，其中 3 台为主飞控计算机(FCPC)，2 台为副飞控计算机(FCSC)。主、副计算机具有不同的结构和不同的硬件，副飞控计算机仅给副翼、升降舵和方向舵的输出指令作备份。所有的电源信号及通路都是互相分散隔离的。

以 A320 为例来简要说明。图 8.9.2 所示是 A320 的飞行控制系统，图中共有 7 台计算机承担飞控计算机的任务。2 台是升降舵/副翼计算机(ELAC)，控制副翼和升降舵的动作。3 台用做扰流板/升降舵计算机(SEC)，控制所有的扰流板。扰流板在不同阶段有不同的工作模式，即地面扰流模式、速度刹车模式、载荷减轻模式和滚转增强模式。在地面模式时，所有的扰流板都动作；速度刹车模式时，3 段内侧扰流板工作；载荷减轻模式时，2 段外侧扰流板工作；滚转增强时,4段外侧扰流板工作。2台飞行增稳计算机(FAC)提供常规的偏航阻尼器功能,只与偏航阻尼作动器接口。

A320的飞行操纵面均为液压驱动,采用电控制的舵面有2个升降舵,2个副翼,8个滚转扰流板,1个平尾配平,10个缝翼,4个襟翼,6个减速板,10个减升板和配平。依靠机械操纵的有方向舵和平尾配平的恢复模式。当所有的计算机都发生故障时,确保飞机仍能飞行和着陆,这时靠尾翼的水平安定面THS作动器和方向舵,由机械配平输入直接控制,保证飞机有俯仰和侧向的控制。

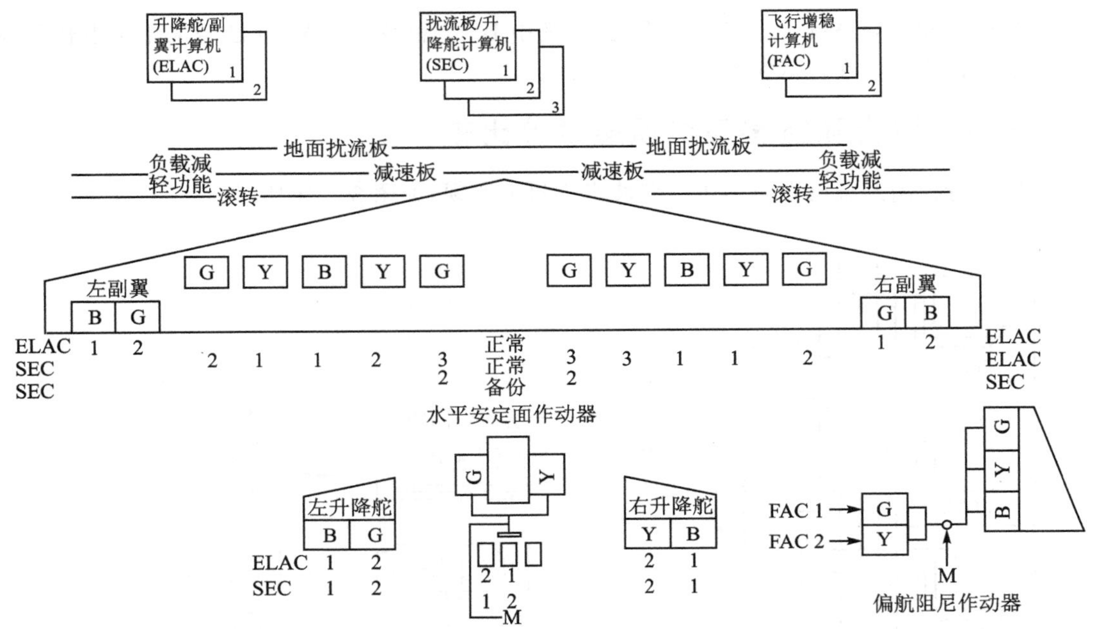

图 8.9.2　A320 飞行控制系统

8.9.2　A380 飞控作动电气系统

图8.9.3是A380飞机液压和电功率的产生示意图。主电源由4台交流(AC)发电机分

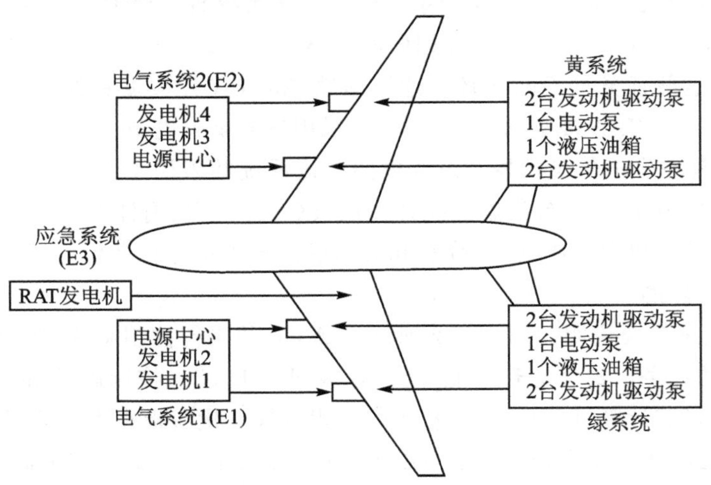

图 8.9.3　A380 液压和电功率产生布局

别构成电气系统 1(E1)和电气系统 2(E2)及由 RAT 发电机构成应急系统(E3)。液压系统分别由左侧的绿系统和右侧的黄系统组成。

A380 飞控作动器构型如表 8.9.1 所列。许多作动器仅由飞机绿(G)液压系统(左系统，由发动机 1 和 2 驱动)和黄(Y)液压系统(右系统，由发动机 3 和 4 驱动)供压。

表 8.9.1　A380 飞控作动器矩阵表

左机翼			右机翼		
副翼	扰流板		扰流板		副翼
内侧 G	1	Y	Y	1	G　内侧
AC E2					AC　E2
中间 Y	2	G	G	2	Y 中间
AC E1					AC　E1
外侧 Y	3	Y	Y	3	Y 外侧
G					G
	4	G	G	4	
	5	Y+AC 2E	Y+AC 2E	5	
	6	G+AC 1E	G+AC 1E	6	
	7	Y	Y	7	
	8	G	G	8	
右升降舵		水平安定面		左升降舵	
内侧 AC E1		G		AC E1 内侧	
G		Y		Y	
外侧 AC E2		AC E2		AC E2 外侧	
G		方向舵(上)	方向舵(下)	Y	
		1Y+AC E1	1G+AC E1		
		2G+AC E2	2Y+AC E3		
				AC E1 AC1	
				重要设备通道	
				边 1	
				AC E2 AC2	
				重要设备通道	
				边 2	
				AC E2 AC2	
				重要设备通道(冲压空气涡轮)	

图 8.9.4 是 A380 飞控作动系统示意图，其许多位置是由常规液压作动器(H)和电静液作动器(E)组合作动的。由图 8.9.4 可知：

① 每个机翼由 2 块外侧副翼舵面和 6 块扰流板舵面组成，由常规的液压作动器，即黄和绿系统作动。

② 中间和内侧副翼舵面、内外侧升降舵舵面由液压作动器(H)和 EHA 两者作动，其中每一种都可以做另一种作动器故障时的作动舵面。

③ 2 块扰流板舵面(每个机翼的 5 号和 6 号)和两个方向舵由电备份液压作动器(EBHA)作动，EBHA 组合了液压作动器(H)和 EHA 的特性。

④ 水平安定面作动器由绿、黄液压通道和E2独立驱动。

⑤ 缝翼由绿系统或E1驱动,襟翼由绿或黄通道驱动,EBHA接收来自相关液压通道(绿或黄通道)和电通道(E1或E2或者特殊情况下E3交流重要设备通道(冲压空气涡轮))的输入。就方向舵而言,上舵面由绿和黄液压通道、E1和E2、AC2驱动;下舵面由绿和黄通道、E1和E3驱动。

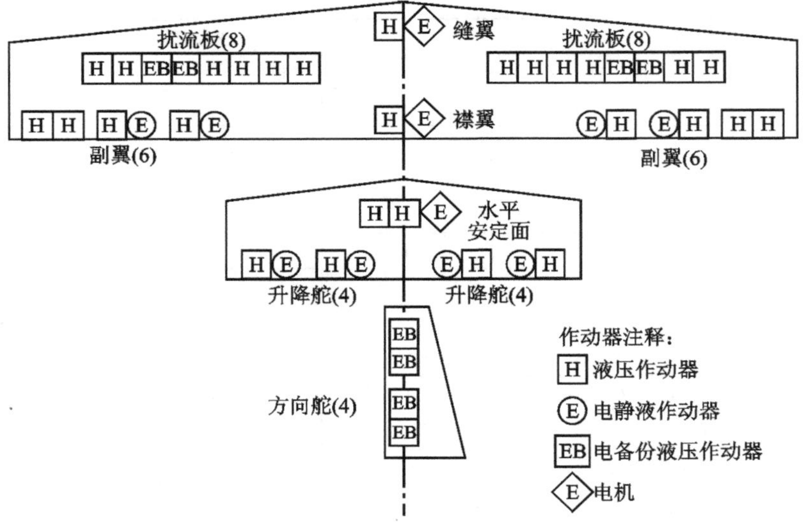

图 8.9.4　A380 飞控作动系统

EBHA有两种工作模式,即液压模式和备用EHA模式。图8.9.5所示是A380电备份液压作动器工作模式。液压模式工作时,作动器接受相关绿或黄液压系统的动力,伺服阀按电传计算机指令调节输入作动器的供压。备用模式工作时,作动器的工作与EHA相同,接受来自飞机交流电气系统的电功率,电传计算机将指令输入EHA控制组件。电机的转向和转速确定了作动器活塞的运动方向与速度。

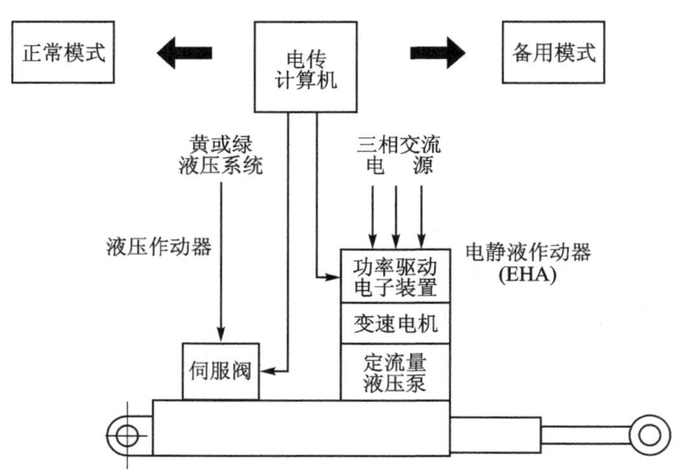

图 8.9.5　A380 电备份液压作动器工作模式

8.9.3　B777 飞控作动器

图 8.9.6 所示是 B777 飞机的主飞行控制系统(PFCS)在系统层次的概貌。图中有 3 台主飞控计算机(PFCS)、4 台作动器控制电子装置(ACE)和 3 台自动驾驶仪及飞行指引仪计算机(AFDC),都与三余度 A629 飞控总线接口。AFDC 在飞控总线和 A629 数据总线上都有终端。

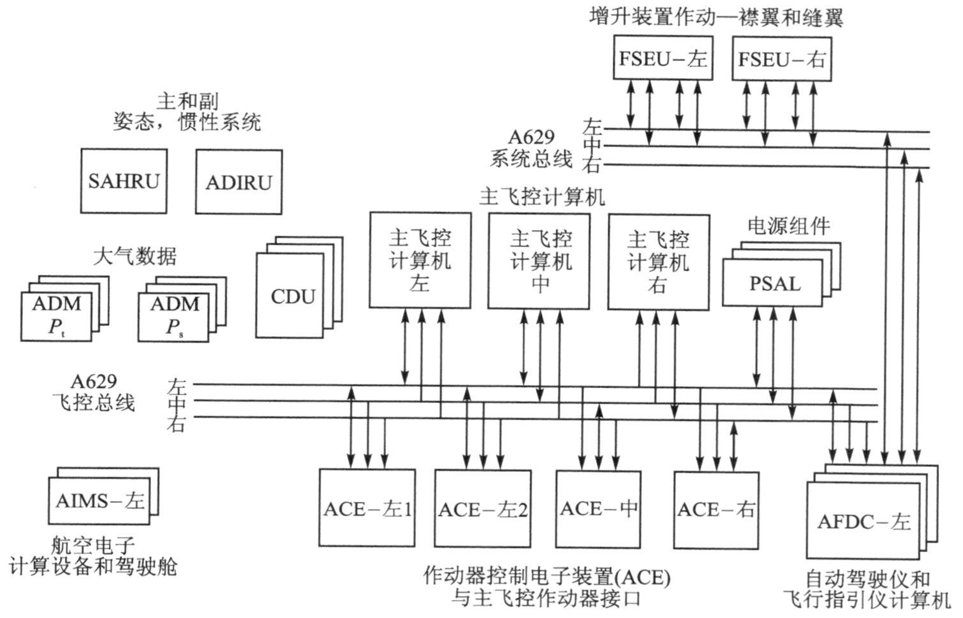

图 8.9.6　B777 主飞行控制系统

PFCS 系统包括的操纵面的作动器和感觉作动器有:4 个升降舵,左、右的内侧和外侧;左、右升降舵感觉器;2 个上、下方向舵;4 个副翼,左、右的内侧和外侧;4 个襟副翼,左、右的内侧和外侧及 14 块扰流板,左右各 7 块。

飞控作动器通过 4 个作动器电子控制装置(ACE)与 3 条 A629 飞控数据总线接口。它们是 ACE -左 1、ACE -左 2、ACE -中和 ACE -右。表 8.9.2 所列是 ACE 与动力装置的接口。

作动器控制电子装置(ACE)中包含系统的 A/D 和 D/A 转换环节。ACE 的简化原理图如图 8.9.7 所示。每个 ACE 与一条 A629 飞控数据总线有一个接口,装置中包含与数字和模拟“世界”接口的信号转换。

作动器的控制回路如图 8.9.7 所示。作动器指令信号输入动力操纵装置后使作动器活塞运动,并将活塞位置信号反馈给控制电子装置 ACE,从而闭合作动器回路。ACE 也与电磁阀有接口,可采用一个电指令接通电磁阀,从而使左液压系统给作动器提供驱动力,这时的操纵面就可以动作了。

表8.9.2 ACE与动力操纵装置(PCU)的接口

左1 ACE	左2 ACE	中 ACE	右 ACE
右外侧副翼	左外侧副翼	左内侧副翼	右内侧副翼
左外侧副翼	右内侧副翼	右外侧副翼	左内侧副翼
		上方向舵	下方向舵
左内侧升降舵	左外侧升降舵	右外侧升降舵	右内侧升降舵
	左升降舵感觉	右升降舵感觉	
扰流板2	扰流板5	扰流板1	扰流板3
扰流板13	扰流板4	扰流板7	扰流板6
	扰流板11	扰流板8	扰流板9
	扰流板10	扰流板14	扰流板12

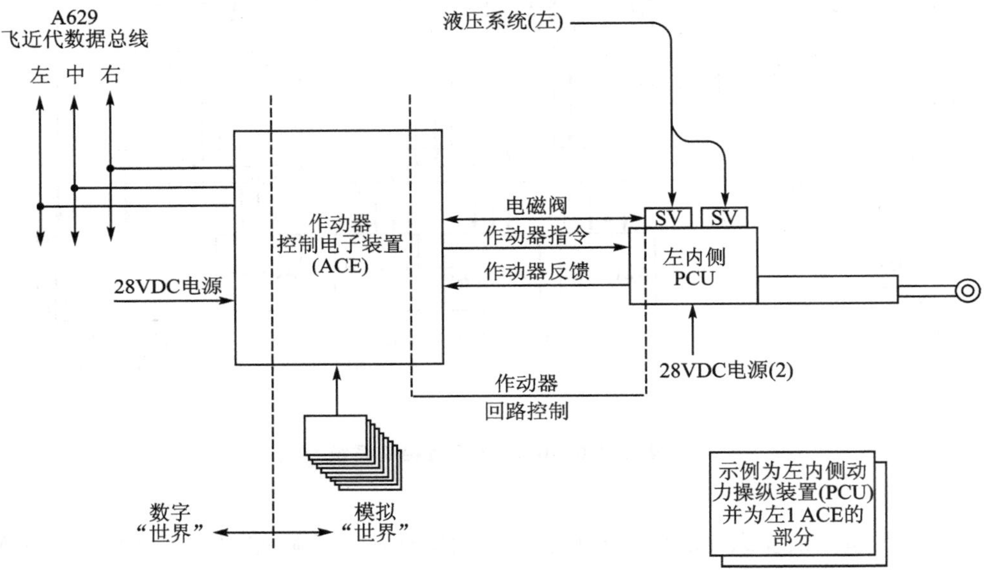

图8.9.7 作动器控制电子装置(ACE)单元

复习思考题

1. 各种舵面操纵动作实现分为哪几种?
2. 飞机操纵功能的实现应注意什么?
3. 襟翼位于飞机机翼的什么位置?放下襟翼对飞机的升力、阻力有什么影响?通常用于飞行的什么情况下?
4. 为什么襟翼放下的角度有一定的限制?
5. 水平安定面的作用是什么?
6. 在水平安定面的液压助力系统中,电器设备参与哪些作用?

7. 飞机起飞时有哪四种典型的起飞不安全因素？
8. 飞机起飞时水平安定面应调整到什么位置？
9. 什么是“前三点式”起落架，有什么优点？
10. 分析起落架的三种工作状态时的工作原理。
11. 分析起落架手柄锁的控制电路原理。
12. 如何防止起落架在地面被收起？
13. 飞机接近失速状态时有什么现象？
14. 飞机失速与哪些因素有关？
15. 飞机的失速角与飞机的速度有关系吗？
16. 中小型飞机上所采用的典型电动调整片的主要组成有哪些？
17. 起落架由主体结构和辅助结构组成，包括哪些装置？
18. 请解释起落架轮子的速度如何被监控，以确定飞机何时接近侧滑条件？

选择题

1. 水平安定面是通过改变________进行水平配平控制的。

A. 机翼的迎角　　B. 机翼的迎角变化率

C. 水平安定面的迎角　　D. 水平安定面的迎角变化率

2. 升降舵、方向舵、副翼等操纵面分别对飞机进行________。

A. 俯仰、侧滚和方向操纵　　B. 俯仰、方向和增升操纵

C. 侧滚、方向和俯仰操纵　　D. 俯仰、方向和侧滚操纵

3. 起落架减震柱的作用是________。

A. 吸收撞击能量，保护飞机结构

B. 防止飞机在地面错误收起起落架

C. 防止空中收不上起落架

D. 防止起飞时起落架舱门打开

4. 中小型飞机上所采用的典型电动调整片的主要组成包括________。

A. 双向串励电动机、摩擦离合器、齿轮减速器、传动杆和中立位置信号接触装置

B. 摩擦离合器、齿轮减速器、传动杆和中立位置信号接触装置

C. 操纵开关、齿轮减速器、传动杆和中立位置信号接触装置

D. 操纵开关、摩擦离合器、齿轮减速器和中立位置信号接触装置

5. 起落架操纵手柄电磁锁的作用是________。

A. 避免在空中时，错误地将起落架收起　B. 避免在地面时，错误地将起落架收起

C. 避免在空中时，错误地将起落架放下　D. 避免在空中时，忘记将起落架收起

6. 当起落架未收上并锁好且手柄不在“放下”位，起落架位置指示________。

A. 起落架位置无指示　　B. 起落架位置指示绿灯亮

C. 起落架位置指示红灯亮　　D. 起落架位置指示红灯与绿灯交替闪亮

7. 当起落架未放下并锁好,________时起落架警告喇叭不响。

A. 襟翼 1～10 单位且至少一个油门收回到慢车位

B. 襟翼 15 单位且一个油门手柄位于慢车位,另一个角度大于 30°

C. 襟翼 15 单位且两个油门收回到小于 30°

D. 襟翼收起时

8. 防滞刹车控制系统由________。

A. 探测组件、控制组件和执行装置组成

B. 控制电路、测试电路和故障隔离电路组成

C. 防滞保护、接地保护和锁轮保护组成

D. 空地信号传感器和轮速传感器组成

9. 飞机调整片的作用是________。

A. 产生升力　　B. 操纵和平衡飞机,减轻劳动量

C. 协助副翼滚转　　D. 作为减速器用

10. 起落架收放常用的动力源是________。

A. 液压或冷气　　B. 电动机构　　C. 机械螺杆　　D. 拉杆与钢索

第 9 章　燃油系统的电气控制

9.1　概　述

燃油系统对飞机的安全性和经济性来说是极其重要的。燃料通过各种方式输送给发动机。燃料系统包括油量指示、油料的配送、加油、放油和燃料抛放。燃料装在密封的箱式结构内。

如图 9.1.1 所示，油箱分为主油箱、备用油箱和中间油箱。民用飞机上的油箱为经橡胶化处理的弹性囊，位于飞机的结构内，小型飞机则是挂在机翼/机身上的金属油箱。

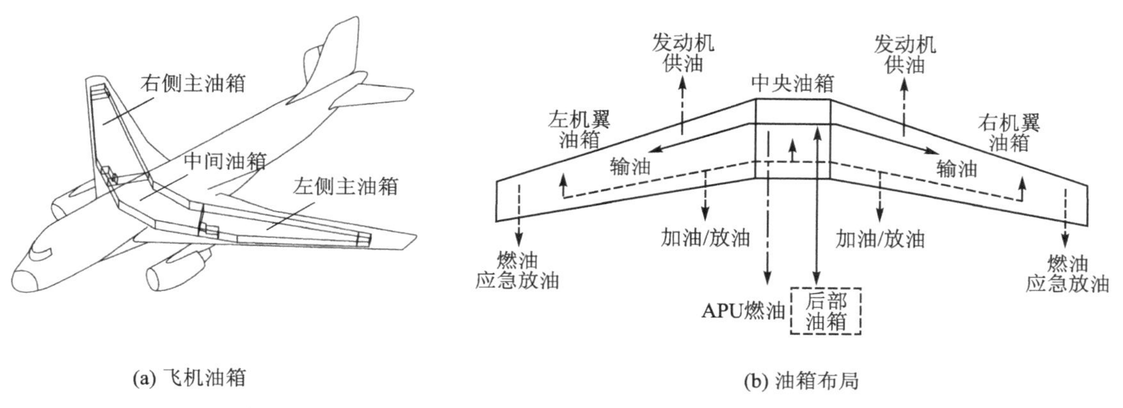

(a) 飞机油箱　　(b) 油箱布局

图 9.1.1　典型民用飞机燃油箱布局

除了左右机翼油箱和中央油箱，飞机也有可能有后部油箱或配平油箱，主要功能是为发动机和 APU 供油、输油、加油和放油、应急放油。

飞机性能越高燃油系统越复杂。随着高性能飞机的出现，产生了对输油泵和增压泵的需求。更为复杂的油箱布局又引发对多阀系统的需要，以便驾驶员可以根据需要在燃油油箱之间转移燃油。

涡轮喷气动力飞机油耗高，要求高的燃油输送压力，以增大飞机的航程。高油耗的另一结果是需应用机翼下油箱或机身下的机腹油箱。必须采用增压系统，将外部燃油输送至飞机内部油箱，同时需要更多的阀来控制油箱的增压，确保油箱不因高压而损坏。由于不断追求高精度测量，导致需要众多的传感器。当前客机的典型精度为 1%～2%，具有补偿温度与密度、飞行姿态、燃油高度和其他变化问题。

近年来，飞机燃油系统应用数字数据总线技术使燃油系统向数字化发展。燃油管理和测量系统都由众多阀门、电动泵、传感器、油面传感器和开关等元件组成，并由微处理控制。

9.2　燃油系统的组成

燃油系统通常由输油泵、燃油增压泵、输油阀和止回阀等组成,工作形式有燃油增压、发动机供油、燃油输送、加油/放油及燃油存储等。

9.2.1　输油泵和燃油增压泵

1. 输油泵

输油泵承担燃油箱之间输送燃油任务,以确保满足发动机供油要求。需要将燃油输送至消耗油箱,消耗油箱执行发动机供油前集合或聚集燃油的任务,必须确保每台发电机的保障性供油。当飞行姿态改变时,例如俯仰或横向平衡时需要输油泵在飞机各油箱间转移燃油。耗油的改变还影响到飞机的质心,例如 A340 飞机的水平安定面中可容纳 7 t 的燃油,在巡航阶段,这些燃油必须不断地前后转移,以确保质心在容许范围。

2. 燃油增压泵

燃油增压泵也称发动机供油泵,用于让燃油从飞机燃油系统流向发动机,并可以防止燃油管路中起泡,可以防止高空和高燃油温度下的"汽蚀",即燃油汽化。燃油起泡和汽化都会导致固燃油油量不足而使发动机熄火,从失去动力。

民用飞机通常配有一个发动机驱动的油泵 EDP。图 9.2.1 所示是简单的油泵系统。它带有增压泵电动机及控制开关,在启动期间为系统做准备。当 EDP 失效时,增压泵还能提供油压。

图 9.2.2 所示是一个带有两级油门控制的油泵系统。当增压泵选择开关处于"低"时,控制电阻器接入电路,电动机低速运行。发动机开始工作时,选择开关处于"高"位,油门微动开关的常闭开关 NC 触头接入。当油门设定低于打开状态的 1/3 时,电阻器仍然串入电动机电路,继续低速运行。当油门进一步打开时,微动开关触头常开 NO 接通,把电阻器短接,电动机全速运行。

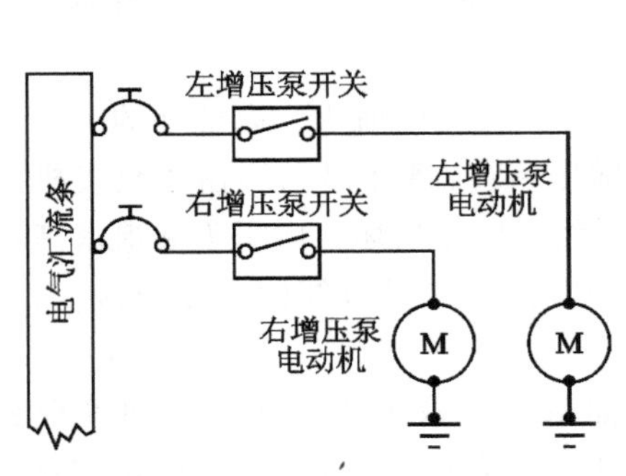

图 9.2.1　简单的油泵系统

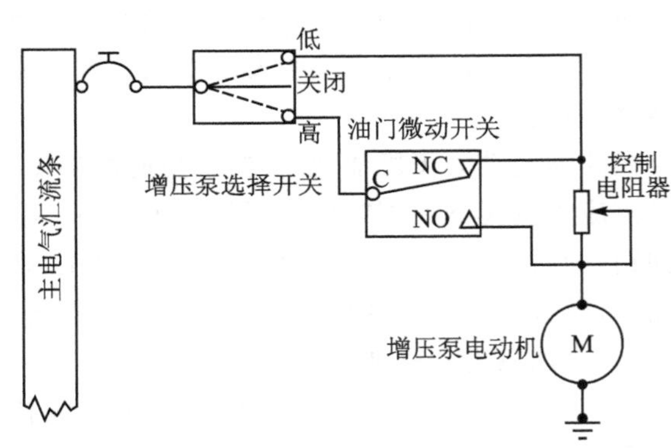

图 9.2.2　两级油泵系统

图 9.2.3 是燃料配送系统供电原理图。油泵由 115 V、400 Hz 的三相交流电动机驱动,增压泵的继电器由 28 V 直流电供电。各种控制开关位于燃料控制面板上。

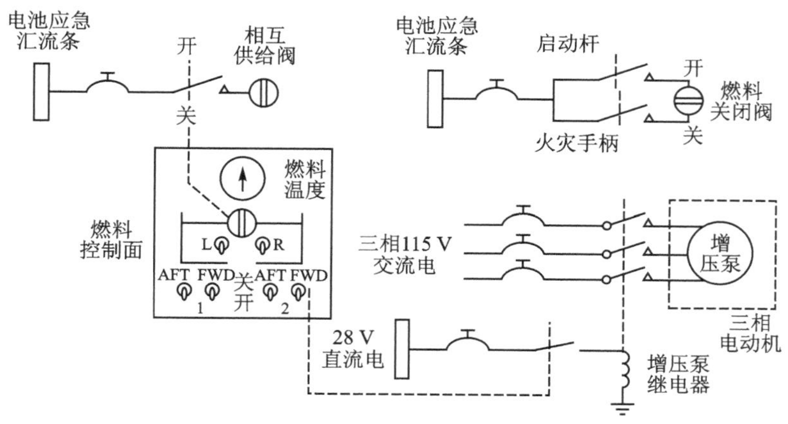

图 9.2.3　燃料配送系统供电原理图

9.2.2　输油阀

飞机燃油系统需使用各种阀门，有关断阀、加油/放油阀、交输油阀和应急放油阀等。关断阀表示切断燃油供给，或切断一个油箱输送至另外一个油箱的供给；加油/放油阀用于飞机燃油补充过程中，将燃油从加油平台输入燃油箱，在放油过程中，可使燃油负载减少到要求的水平，常用于飞机的维护。当需要将燃油从飞机的一端输往另一端时，应采用交输油阀。

应急放油阀用于在应急情况下将飞机多余的燃油排放，降低燃油容量。例如刚起飞就需要应急迫降时，它们的工作尤为关键。而在正常飞行时，阀门不工作。这些阀门由电动机驱动。

燃油通气阀用于在加油过程中排出飞机油箱中的空气，也可用于飞行中排放多余的燃油。止回阀(NRV)用于保持系统的燃油流动逻辑，阻止燃油反向流动。

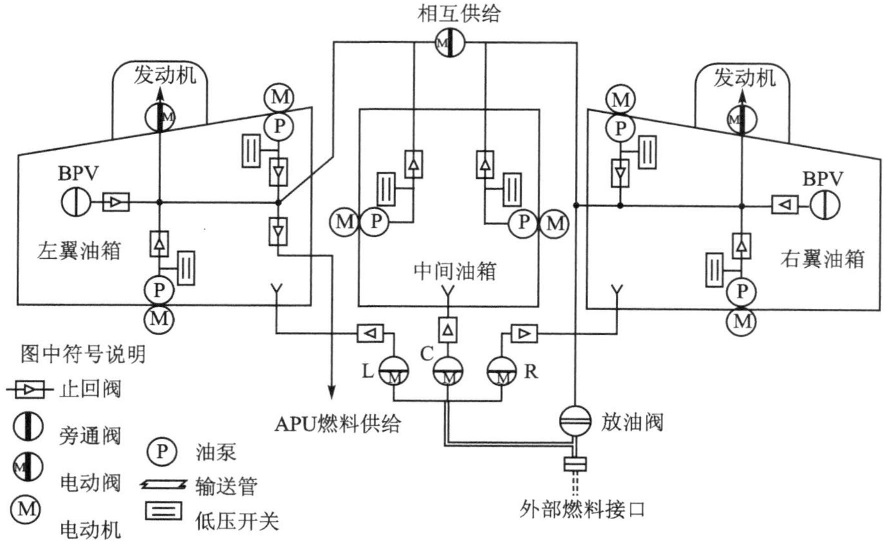

图 9.2.4　燃料配送的三油箱系统

图 9.2.4 所示是燃料配送的三油箱系统,每个油泵的输出经过一个 NRV 供给配送系统。在正常工作条件下,每个油泵通过一个电动低压旋塞供给各自的发动机。如果飞机配有中间油箱来作为三油箱系统的一部分,则油泵可以通过一个燃料传递系统给任何一台发动机供油。在有些飞机上,油箱的油泵位于机翼根部下一个干燥的地方;有些飞机上,油泵位于油箱内部,燃料不能低于某个最低的液面高度。所有油泵、旋塞和阀门以及告警指示使用的控制开关都位于顶部面板或工程师的工作站。如果火灾手柄启动,低压旋塞会自动关闭。

值得注意的是,在低油量条件下使油泵持续运行会有爆炸危险,因为油泵可能会出现过热。如果油泵长时间干转(一般超过 10 min),则会没有足够的燃料用于启动注油,从而会引起油泵在重新加注燃料后无法工作。

9.3 燃油油量的测量

燃油测量是燃油系统的一个重要组成部分。燃油测量系统的测量精度、可靠性和维护性对飞机的整体性能有着重要的影响。对民用飞机而言,提高燃油测量精度可以大大改善其经济性。据有关文献报道,燃油测量精度只要每提高 0.5%,就可以至少增加 2~3 名乘客。各种新的燃油测量技术的研究、开发和应用推动着燃油测量技术不断地发展与完善。

燃油测量方法很多,如机械、振动、超声波、电磁、电、光、辐射等,其中很多方式由于实现难度和制造成本等因素的影响而未能广泛应用。机上广泛使用的是电容式油量测量技术。随着飞机设计与研究水平的不断提高和计算机与微电子技术的不断发展,电容式油量测量技术在近二三十年间得到了很大的发展,使燃油测量系统的发展经历了从模拟式到数字式的跨越。近年来发展起来的利用超声波油量测量技术的研究与应用已日趋成熟,代表了燃油测量技术发展的一种方向。常见的油量测量方法有电容式油量测量技术、电感式油量测量技术、浮子式油量测量技术和超声波式油量测量技术等。

9.3.1 油量的指示

油量的指示方式通常有观测计、浮标和油量浮杆等。

1. 观测计

如图 9.3.1 所示,观测计是采用玻璃或塑料管观测,位于油箱的外部,飞行员可以看到。玻璃管里的油面高度与油箱内的油面高度相同,玻璃管上的刻度指示油箱的油量,因没有活动部件,适用于小飞机上的燃料或润滑油的观测。

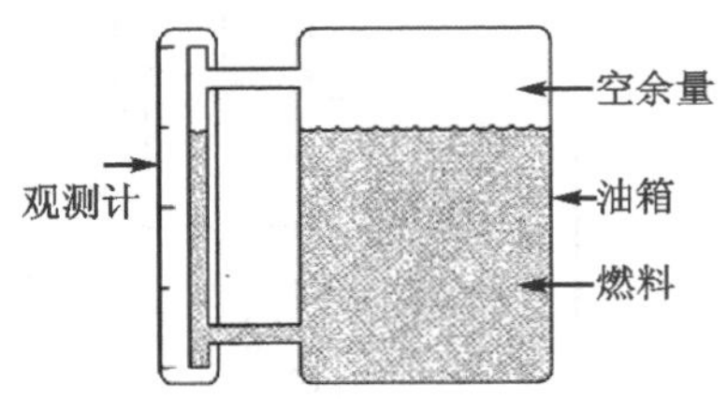

图 9.3.1 油量观测计

2. 浮 标

浮标使用一个穿过油箱盖孔隙的伸出杆,如图 9.3.2 所示。浮子连在杆的底部,浮子随油面升降。通过检查浮标杆伸出油箱盖的多少来确定剩余油量,从浮标杆上直接读数。这种方法的缺点是机动飞行期间,浮标不稳定。

小型飞机使用如图 9.3.3 所示的浮标,也称油量浮阀,将油箱电阻器可变电阻接入直流比率电路中,线圈产生两个相反的磁场。指针由一个永久磁铁构成,并与线圈产生的磁场一致,

指针根据两个线圈的电流比而偏转。

3. 油量浮杆

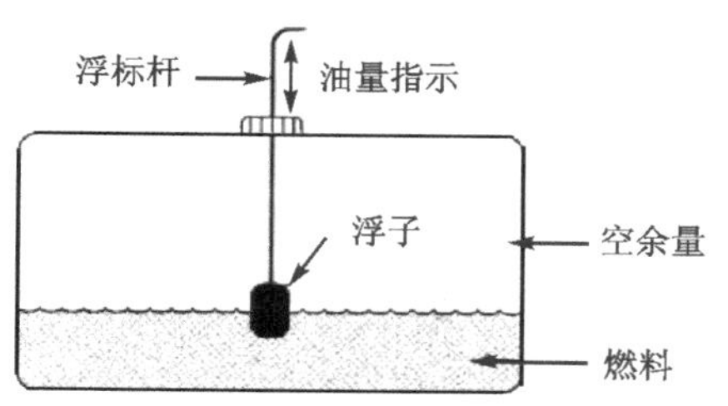

图 9.3.2　油量浮标

图 9.3.4 所示是一种机翼翼下油量计，由油箱内的杆、浮子和磁铁等组成。浮杆不用时，置于一个固定位置，通过一个 1/4 圈的凸轮机构被释放出来。释放后，它滑出油箱，等到两个磁铁对齐时，就保持在这个位置上。把浮杆拉出、推进油箱，直到感受到磁铁吸力，参照机翼表面上的一个基准点读取油量读数，锁定在设定位置。

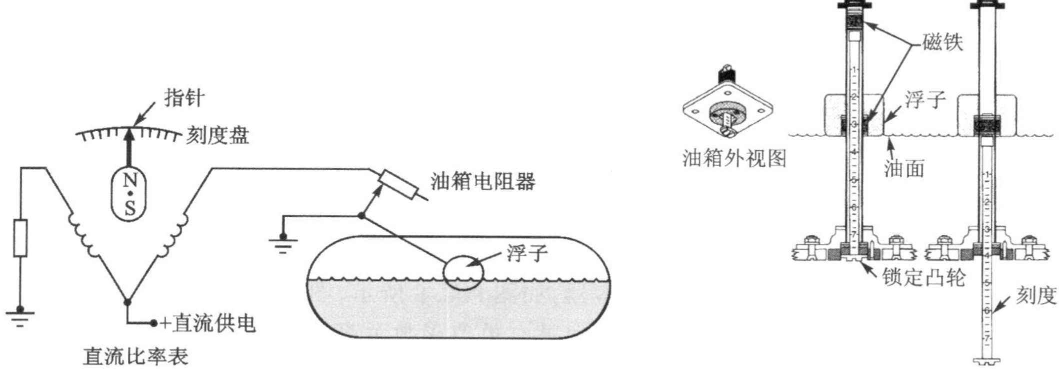

图 9.3.3　油量浮阀　　图 9.3.4　油量浮杆

当电子油量系统失效时，就可以使用浮杆，读取每个油箱所有浮杆的读数，计算油量。典型的中型飞机上，每个机翼油箱有 6 个浮杆，每个中间油箱有 4 个浮杆。这种浮杆在飞机地面维护时经常使用。

9.3.2　浮子式油量测量系统

图 9.3.5 是浮子式油量表原理电路图。浮子随油面移动感受油面高度的变化，从而把油量变化转换成位移，改变了电阻值，使检流计指针发生变化，指示出相应的油量数值。

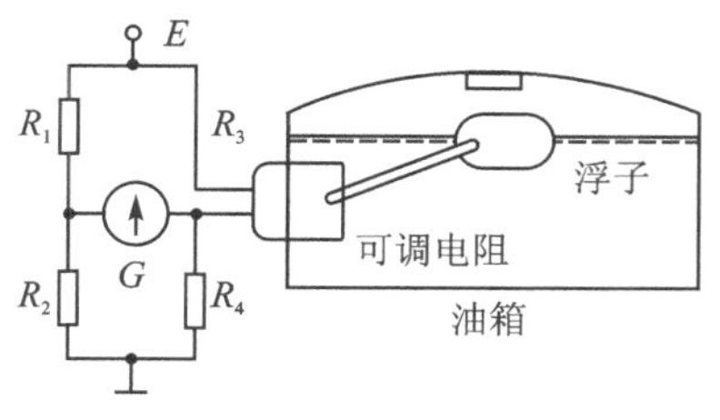

图 9.3.5　浮子式油量表原理电路

系统数字化程度虽然在提高，但仍可以用浮子式传感器进行油位测量。可把浮子连到电位计或可变电阻 W_1 上，把反映油量信号的电压值接到一个接成跟随器的运算放大器的输入端，如图 9.3.6 所示。如果采用图中标出的 10 V 作为参考电压，输出电压与液面的关系为每伏相当于满刻度液面高度的 10%。在电位计和运算放大器之间可以插入一个普通的或特制的 *RC* 滤波器，用以平滑掉噪声(在液体表面的纹波、波动和泡沫等)的影响。

燃油和滑油油量表中一般都有剩油警告装置，由仪表板上剩油警告灯和传感器微动开关

组成。当油量减少到一定数值时,浮子下落触动微动开关,自动接通了警告灯,这时红灯就亮,提醒飞行人员作好着陆准备。

剩油警告电路采用抗干扰强的迟滞比较器来实现,如图 9.3.7 所示。正常时,比较器输出为高电平 1;当油面下降到规定值以下时,比较器输出为低电平 0,这个电平信号可以送给微处理器处理或送给驾驶舱的中央警告系统。

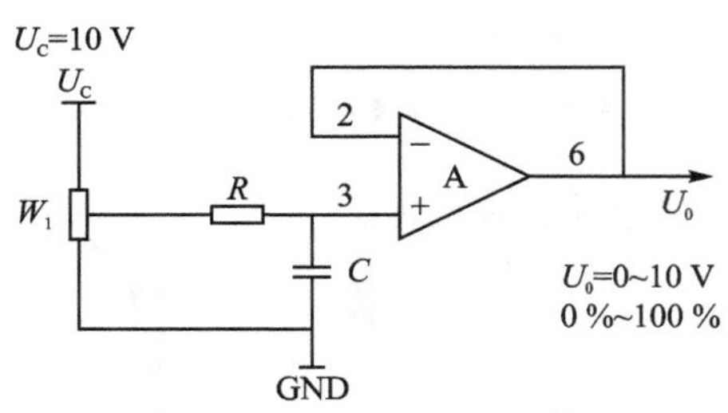

图 9.3.6 用浮子和电位计测量液面

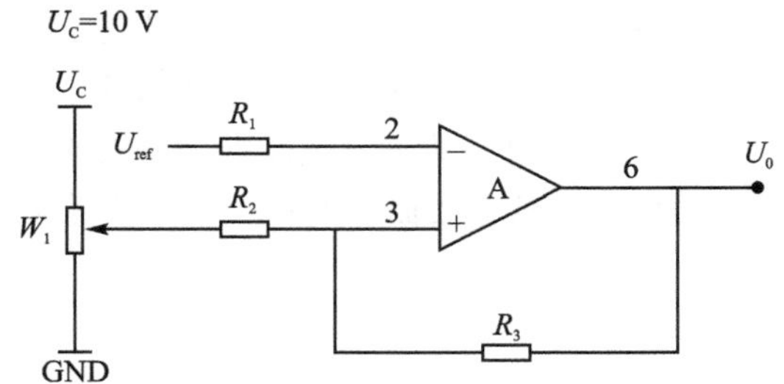

图 9.3.7 剩油检测电路

9.3.3 电容式油量测量系统

电容式油量表是利用电容式传感器把油面高度的变化转换成电容量的变化。电容式传感器是由同心圆筒形极板组成的圆柱形电容器,如图 9.3.8 所示,图(a)是实物图,图(b)是电容等效原理图。圆柱形电容量与油面高度之间具有单值函数关系。当油箱内燃油增加时,油面增高,电容量增大;当燃油减少时,油面降低,电容值相应减小。因此,圆柱形电容器的介质变化反映了电容值的变化,从而反映了油量的变化。

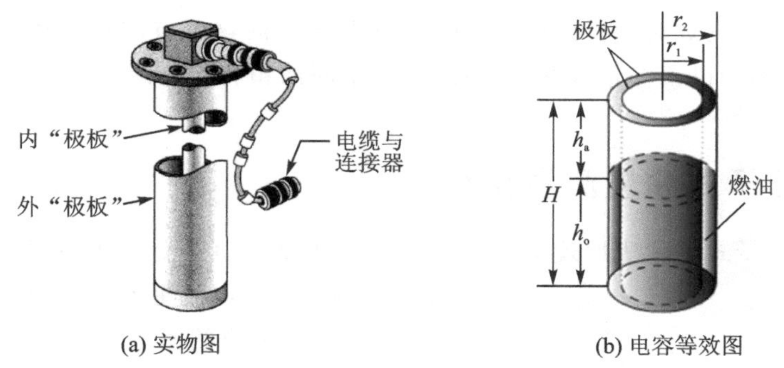

(a) 实物图　　(b) 电容等效图

图 9.3.8 电容式油量传感器

对于具有两层极板的圆柱形电容,介质的介电常数为 ε。设极板的总高度 H 远大于圆筒的半径 r 时,其电容量为

$$C=(2\pi H\varepsilon)/(\ln(r_2/r_1))$$

式中,H 为极板总高度;r_1,r_2 为内、外极板半径;ε 为介电常数。

若将圆柱形电容器垂直插入油箱中,必将有一部分浸没在燃油中,其浸没的深度取决于油面高度 h_o,浸在油中部分电容器的极板间隙中的燃油介质常数为 ε_0,电容器上部露在空气中,高度为 h_a,且 $H=h_a+h_o$,介电常数为 ε_a,空气的相对介电常数 $\varepsilon_a=1$。因而传感器的总电容值等于这两部分电容并联之和,其值为

$$C=C_a+C_0=\frac{2\pi\varepsilon_a(H-h_o)}{\ln\frac{r_2}{r_1}}+\frac{2\pi\varepsilon_0 h_o}{\ln\frac{r_2}{r_1}}=\frac{2\pi\varepsilon_a H}{\ln\frac{r_2}{r_1}}+\frac{2\pi(\varepsilon_0-\varepsilon_a)h_o}{\ln\frac{r_2}{r_1}}=C_0+\Delta C \tag{9.3.1}$$

当油箱空时 $h_o=0$，传感器电容值最小，即

$$C_{min}=C_0=\frac{2\pi\varepsilon_a H}{\ln(r_2/r_1)} \tag{9.3.2}$$

当油箱装满时，$h_o=H$ 传感器电容值最大，即

$$C_{max}=\frac{2\pi\varepsilon_0 H}{\ln(r_2/r_1)} \tag{9.3.3}$$

由式(9.3.3)可知，传感器的总电容由两部分组成，一部分是空箱时的电容 C_0，另一部分是加油后所增加的电容 ΔC。C_0 只取决于传感器的本身尺寸，对已制成的传感器是一个常数，而 ΔC 的大小与油面高度 h_o 和 ε_0 有关。因而，可得出下列结论：

① 燃油的油面高度仅反映燃油的容积，而燃油的介电常数决定于燃油的密度。因而电容式传感器的电容值不仅决定于燃油的容积，也决定于燃油的密度，因此所指示的为燃油的质量(质量＝容积×密度)，相应的指示读数应为千克，而不是升。

② 因为燃油的介电常数 ε_0 总是大于 1 的，所以 ΔC 恒为正值。

③ r_2/r_1 越接近 1(极板间隙越小)时，相同的高度变化量引起的电容值变化量越大，灵敏度越高，但间隙不宜过小，过小会引起毛细现象。一般间隙应选在 1.5～4 mm，在维修时应特别注意。

图 9.3.9 是电容式燃油测量图，油箱电容变化引起电抗 X_C 的变化。

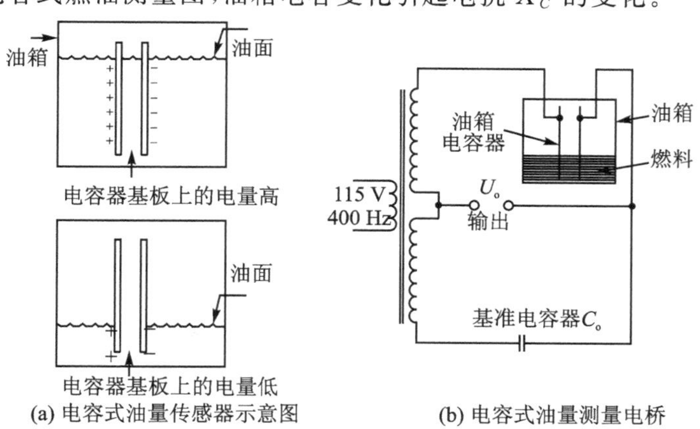

(a) 电容式油量传感器示意图　　(b) 电容式油量测量电桥

图 9.3.9　电容式燃油测量

X_C 是传感电容的容抗，工作频率为电源频率 400 Hz，C_o 为基准电容。假设变压器次级两绕组完全对称，当电桥平衡时，输出电压等于零。当被测电容发生改变时，电桥不再平衡，其不平衡度影响输出电压 U_o 的值，根据这个原理来判断油量的改变。

飞机燃油实际测量系统测量的应该是燃油的质量而不是体积，因为对于相同体积的燃油，密度不同，它的质量和燃烧情况也不同。

第二次世界大战以后，在飞机上大量采用电容式油位测量传感器来感受油面变化，并用模拟电路进行测量和计算。电容式油位测量传感器的内极管与油箱形状有关的成型剖面，使油量/体积变化与电容增量成线性对应关系。由于燃油密度和温度变化会引起的燃油介电常数的变化,通过增加传感器数量和采用补偿传感器等方法来提高燃油测量精度。但是由于飞行中油箱姿态随时可能发生改变,而传感器安装位置和特性并不随之改变,且燃油测量系统不能直接测量燃油密度,所测得的油量精度较低,一般空中为±4%,地面为±3%。同时由于传感器是非线性的,制造工艺十分复杂,系统的校准与标定相当费时,显然不能满足新一代高性能飞机的发展需求。

从20世纪70年代开始,霍尼韦尔公司的数字式燃油测量系统成功应用在B757和B767飞机上。这套系统采用双余度的微型计算机、线性电容式传感器和燃油密度传感器直接测量燃油密度,由数据总线与发动机指示和座舱告警系统(飞行管理任务计算机)等交联,同时还具有机内自检测、故障监测、故障显示等功能,将燃油系统的测量精度提高到了一个新的水平,在空中测量精度为±2%,地面为±1%。这就大大减少了系统硬件数量,提高了系统的可靠性和安全性,改善了系统的维护性,使燃油测量技术跃上了一个新台阶。

9.3.4 电感式油量测量技术

图9.3.10所示是油量测量的实用电路。如果把磁铁芯与反映油面高度的浮子接在一起,就可以测量电感量的变化,达到燃油油量测量的目的。其测量原理是强磁铁芯由浮在油平面上的浮子带动,浮子随油平面的高低上下浮动,铁芯也就跟着伸入或退出电感线圈,这时电感线圈的电感随之发生变化。

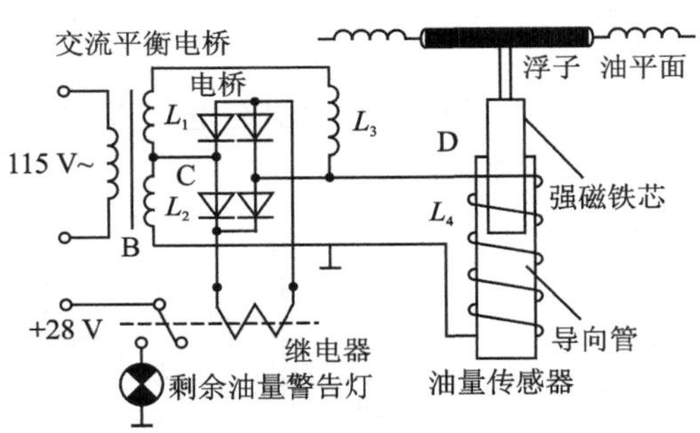

图 9.3.10 油量测量实用电路

当强磁芯进入螺旋管中时,等效电感 L_4 就发生了改变。图中 L_1、L_2 作为变压器的副边绕组,L_3 为一标准电感值,L_4 则为反映燃油油量的电感量。当强磁铁芯落入导向管中时,电感 L_4 将增大,由4个电感组成的电桥将不平衡,将这个不平衡量通过整流桥整流后驱动继电器的线圈,继电器线圈得电后吸合,接通剩油警告灯。用这种方法可以做成关闭油泵电路、剩余油量警告电路和加油活门关闭电路。

9.3.5 现代飞机燃油油量指示系统(FQIS)

图9.3.11是飞机燃油油量指示系统的分布图。燃油油量指示系统提供燃油质量的测量、计算和指示。系统包括油箱测量单元、补偿单元、指示器和油量指示处理器(FQPU)。油量指示处理器可实现油量计算及FQIS故障隔离,FQPU还控制飞机燃油的压力。

燃油油量指示系统是由微处理器控制的系统,其中电容器作为燃油测量的传感器,燃油作

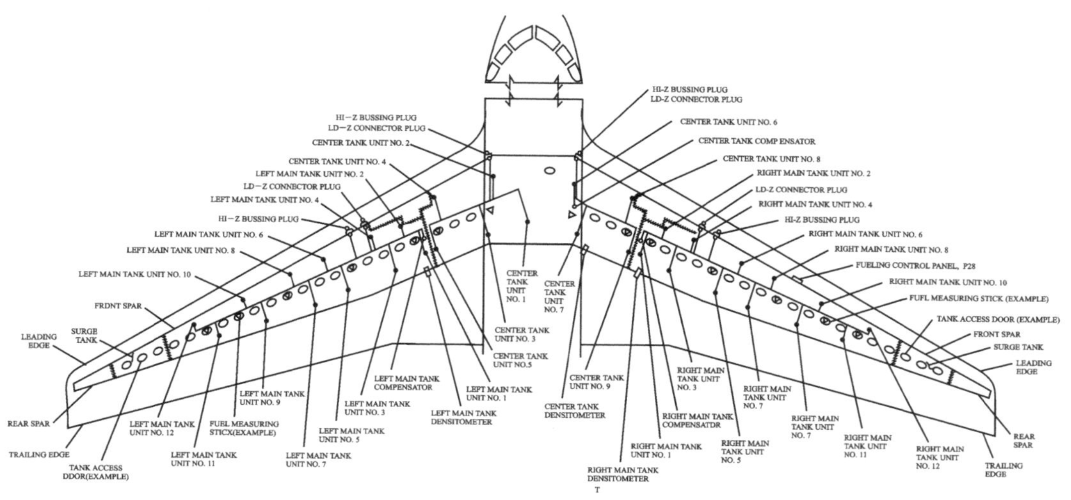

图 9.3.11　飞机燃油系统布局(B757)

为电容器介质，随着油量改变，电容容量发生改变，由于油箱中燃油与电容值具有近似的比例关系，通过测量电容值就可获得油量值。

1. 燃油油量指示系统

图 9.3.12 是 B757 燃油油量指示系统 FQIS 原理图，包括 FQIS 处理器、油箱信号发送装置 TANK UNIT、3 个加载选择指示器 LOAD SELECT INDICATOR、1 个加载选择控制器 LOAD SELECT CONTROL、3 个补偿器 TANK COMPENSATOR、3 个密度测量仪 TANK DENSITOMETER、4 组导线系统及 33 个油箱。

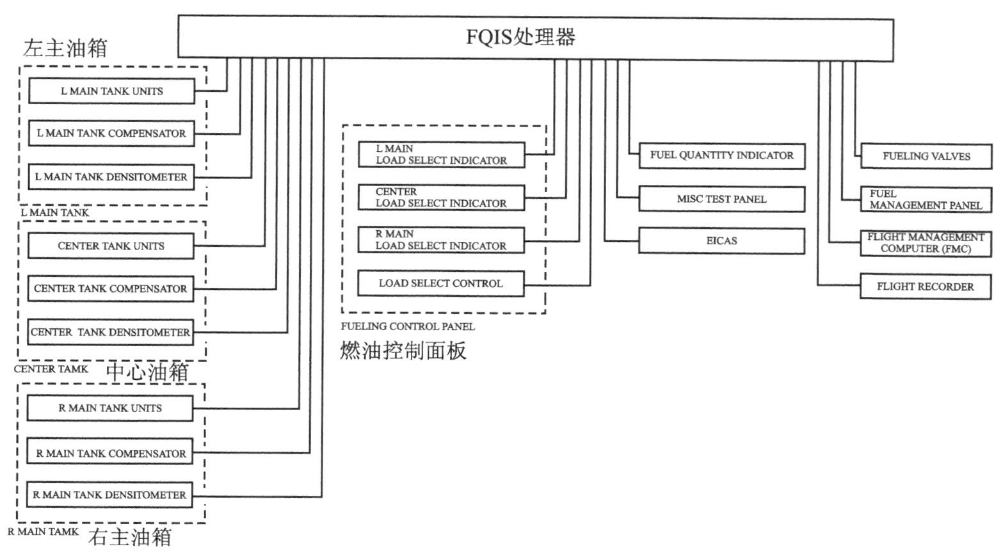

图 9.3.12　燃油油量指示系统(FQIS)原理图

图 9.3.13 所示是 FQPU 设备安装位置和使用面板。FQPU 是 FQIS 的主要组成部分，是数字化双通道微处理器，在电子设备中心的 E3－4 处。

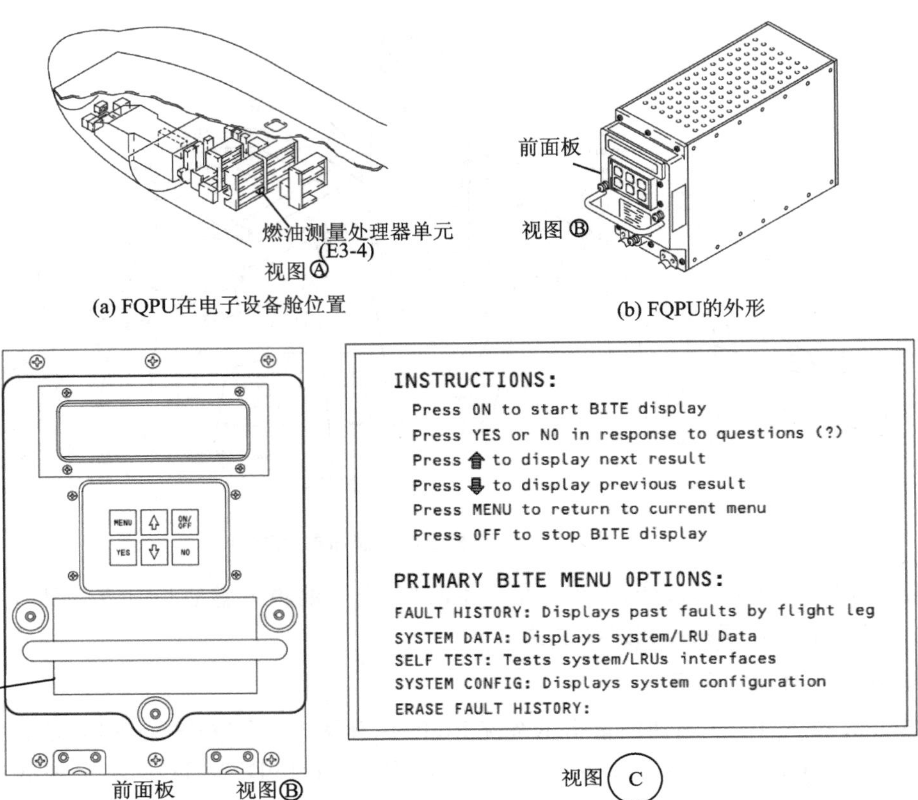

(a) FQPU在电子设备舱位置

(b) FQPU的外形

(c) FQPU面板

(d) FQPU使用说明

图 9.3.13 FQPU 设备安装位置和使用面板

FQPU 发送激励信号给油箱,并从油箱和补偿器读信号,同样还接收密度计数据和计算燃油体积和质量的数据。每个 FQPU 通道包括它自身的故障监视器和内置的测试设备(BITE)。所有测量传感器和燃油质量指示器之间都有故障隔离。瞬时的和永久的故障信息储存在非易失性的存储器中,维修人员可以根据需要调用。FQPU 连续输出下列信号:

① 给 EICAS 和 FUEL CONFIG 灯送信号以示燃油油量低、燃油不平衡或者中心油箱的过载关闭或系统故障。

② 在头顶板 P5 板上的燃油质量指示器上数显燃油油量(主油箱和总油量)。

③ 在燃油控制面板的 P28 上的负载选择指示器上进行数字燃油负载选择。

④ 将体积和燃油质量的关闭信号发送至燃油阀门,用以自动关闭燃油阀门。

油箱测量元件和补偿装置在结构和安装方面相似。在油箱中,电容式传感器测量油面的高度,而补偿装置用于测量燃油介质的介电常数,密度计敏感燃油密度。通过测量燃油密度和体积,燃油油量处理器单元 FQPU 就可计算燃油的油量和质量。

2. 油箱信号发送装置

油箱信号发送装置有 12 个主油箱和 9 个中央油箱油量测量单元,如图 9.3.14 所示。各测量单元除了长度尺寸取决于油箱所在位置外,其工作原理和结构都相同。

油箱信号发送装置的结构如图 9.3.15 所示,由顶盖、固定夹、端部方块、导线引出端、导线

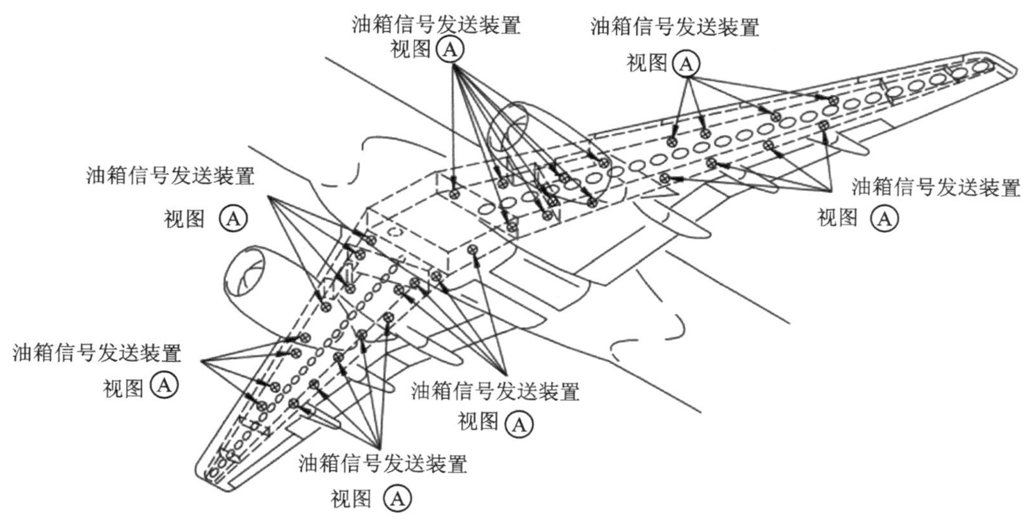

图 9.3.14　油箱信号发送装置在飞机上的布局

应力释放夹、内部和外部电极等组成。

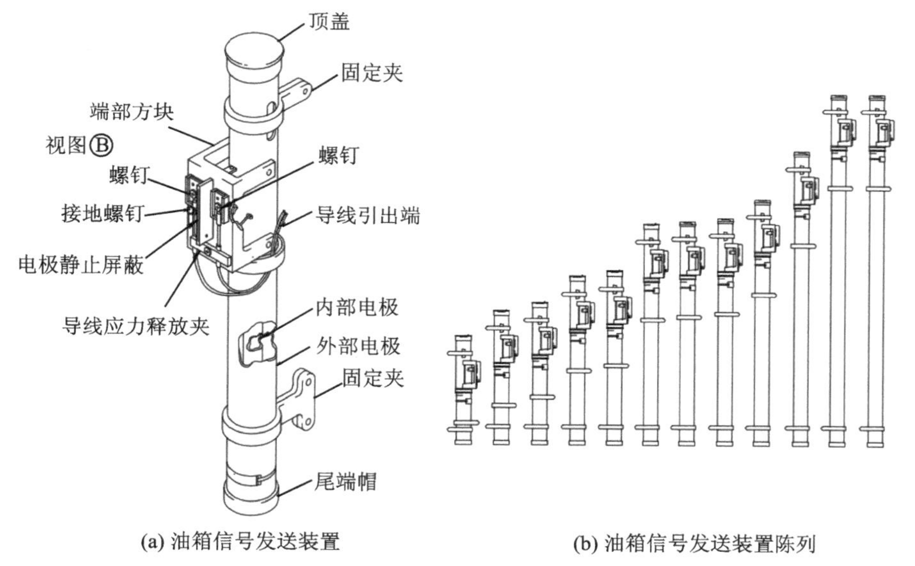

图 9.3.15　油箱信号发送装置

3. 补偿器

图 9.3.16 所示是燃油测量补偿器。每个油箱中安装一个补偿器。补偿器的结构与油箱的固定方式都相似，且所有补偿器相同。每一个补偿器包含三个同心管，或附着支撑的管电极。每个补偿器有一个转盘，安装于电极的顶部，可以转动调节。转动转盘改变电极之间的距离，提供校准方法。补偿器敏感燃油的介电常数。燃油作为电容的电解液，补偿器安装在燃油箱的底部，直到油箱完全空时才露出来。补偿电容的大小一直受到燃油介电常数的影响。

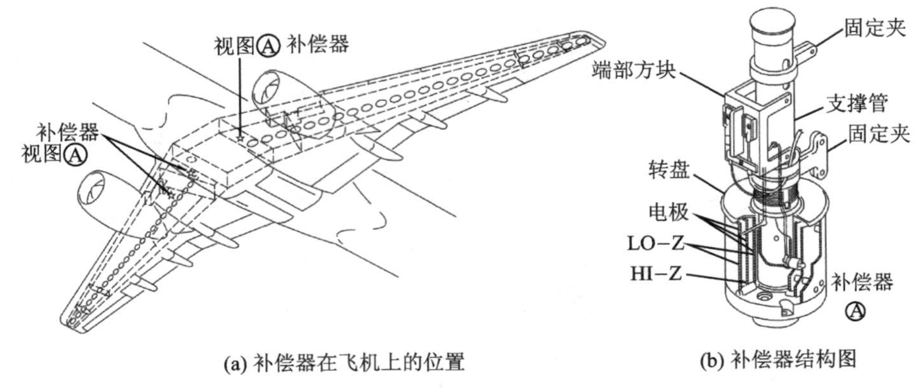

(a) 补偿器在飞机上的位置　　(b) 补偿器结构图

图 9.3.16　补偿器

4. 燃油密度计及电子单元

图 9.3.17 是密度计在飞机上的安装位置和外形图。每个油箱中都装有密度计,用于测量燃油的密度。密度计由两部分组成,即密度计发射单元和密度计电子单元。

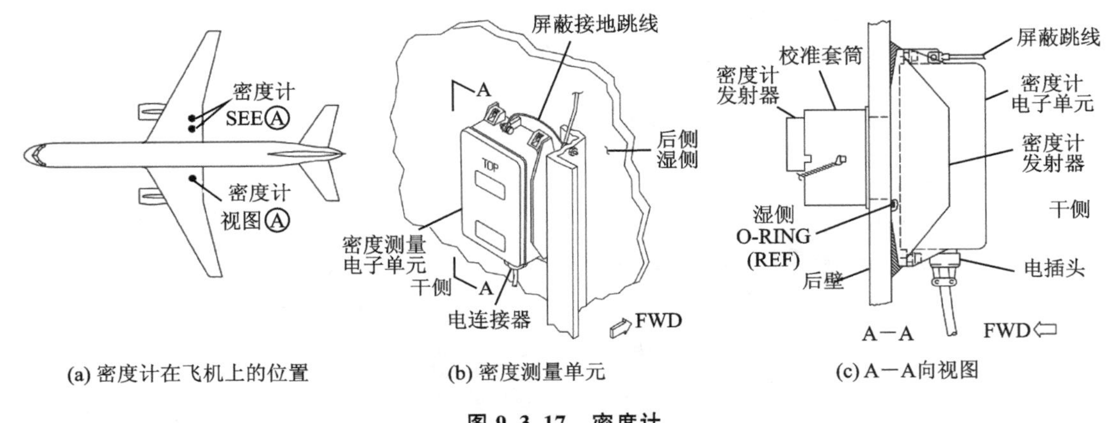

(a) 密度计在飞机上的位置　　(b) 密度测量单元　　(c) A−A向视图

图 9.3.17　密度计

图 9.3.18 所示是密度计检测管及电子单元。密度计电子装置安装在发射固定盘的螺杆上。电子单元由一块电源电路板、两个检测管、一块前置放大器板、一块处理器组件板及电气连接插头组成,用 28 伏直流电源供电。

两个检测管充满了氙气。电源板提供的 1 420 V 的电压加到检测管的阳极时,由于氙气的相互作用,从发射器中发出的 γ 射线在阳极产生一个可变的电压。这个变化的电压或者脉冲经过信号处理电子单元。电子单元的两个脉冲序列信号输出给 FQPU,用于计算燃油密度。燃油密度正比于两脉冲输出信号的自然对数。

5. 密度计发射器

警告: 因密度计发射器含一个低量级的发射源,请确保所有维修的密度计辐射源都完好或者由霍尼韦尔检验合格的产品监视。

密度计发射器由铝壳、AM241 放射源、校准器、开关和卡组件组成。

图 9.3.19 是密度计发射器外形图。密度计发射器的一端有一个矩形的安装盘,另一端有

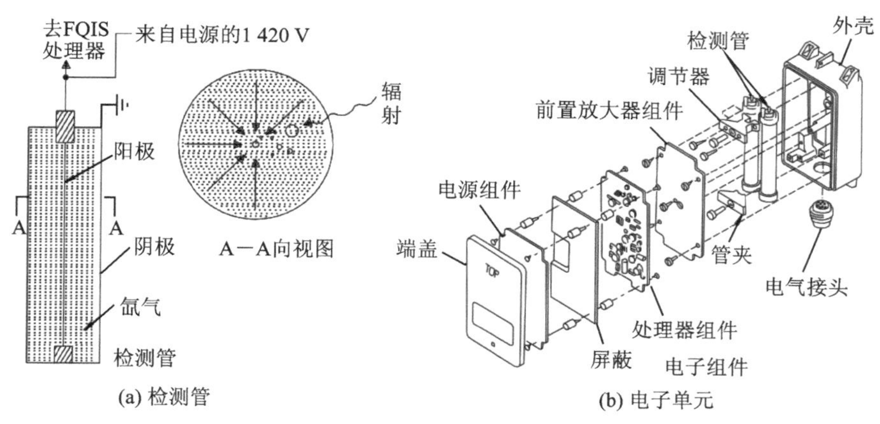

(a) 检测管　　(b) 电子单元

图 9.3.18　密度计电子单元

带螺纹的小空间。在飞机后梁处有一个 0.914m(3 ft)的安装过孔，一个 O 形环状垫片与配套螺纹的管子。安装盘上有 4 个螺栓将密度计发射器与密度计电子装置安装在一起。放射室有 AM241 放射源、校准器、开关和卡组件，如图 9.3.19(c)所示。端盖是焊接上的。开关和插卡组件用于检查燃油是否泄漏到放射源相邻空间。如果发生燃油泄漏，燃油会与来自一大堆燃油敏感膨胀泡沫接触，在膨胀泡沫的驱动下，将发送信号到燃油油量处理单元 FQPU 的开关。

适用放射源的校准器，指示一个通过燃油到两个在密度计电子单元中的探测器的低量放射的圆锥形射线束。

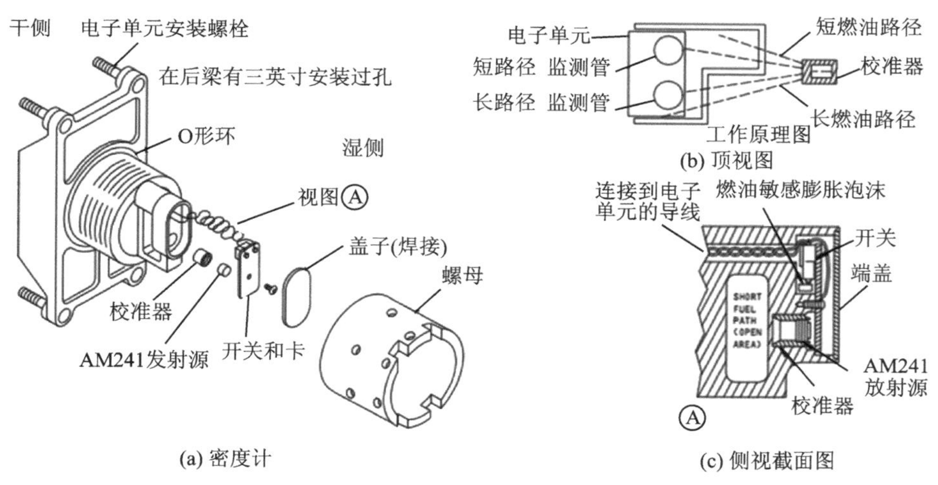

(a) 密度计　　(c) 侧视截面图

图 9.3.19　密度计发射器

6. 燃油油量指示器

图 9.3.20 所示是燃油油量指示系统。指示器安装在头顶板 P5 板上，为每个独立油箱提供数字液晶显示，并显示总的燃油油量和燃油温度。

燃油油量指示器安装在前面板上有 5 个 LCD 显示窗口的铝外壳机箱内，背后有 3 个电连接器。燃油油量指示器由 4 块印刷电路板和 12 个内部指示灯组成。

燃油油量指示器的 28 V 直流电源由 FQIS 的处理器提供。5 V 交流电由飞机内部照明电路电源提供。由P61面板上的FUEL QTY(图9.3.20(b))燃油油量测试开关进行测试。如图9.3.20(c)所示,总的燃油显示为188.8,独立油箱显示为88.8,油温指示为−185±2 ℃。

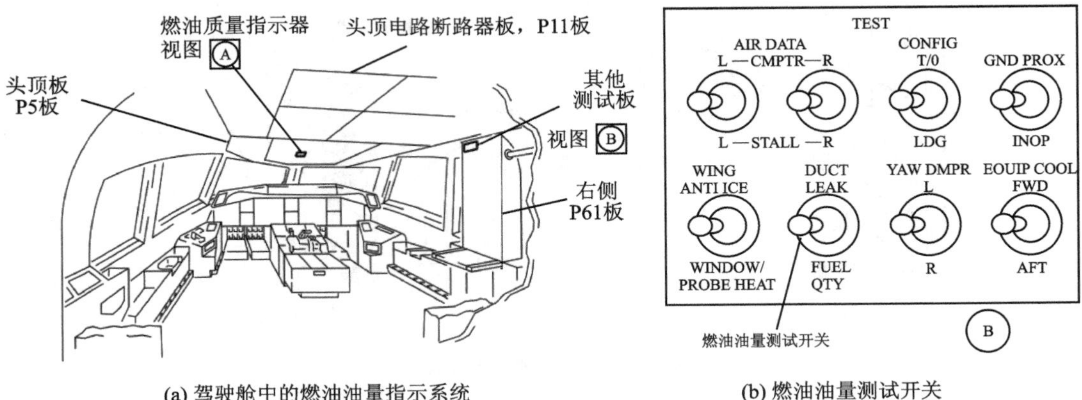

(a) 驾驶舱中的燃油油量指示系统　　(b) 燃油油量测试开关

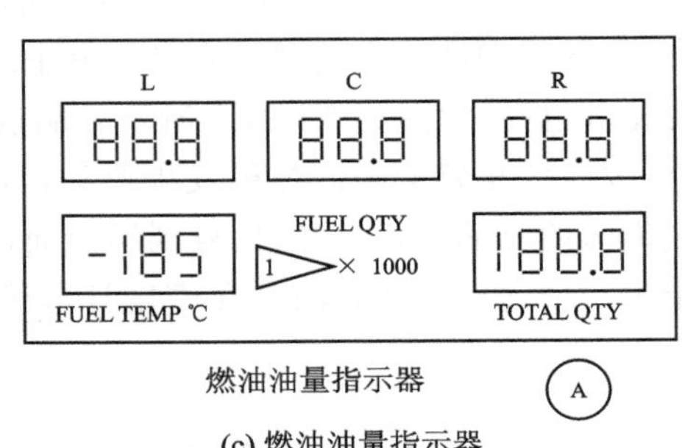

(c) 燃油油量指示器

图9.3.20　燃油油量显示器

7. 燃油QTY质量测试开关

如图9.3.20所示,QTY测试开关在驾驶舱P61板右侧。将燃油QTY开关置在“FUEL QTY”位置时,显示器显示的内容如下:

① 头顶板P5板上的左L、中央C、右R油箱信号发送装置将显示88.8。

② P5板上的总燃油油量指示器将显示188.8。

③ P5板上的燃油温度显示器显示−185±2。

④ P5板上的燃油配置灯亮。

⑤ LOW FUEL信息将在EICAS的顶上显示。

⑥ FUEL QTY IND信息将在EICAS的底部显示。

⑦ FUEL QTY CHANNEL信息将在EICAS底部显示。

⑧ FUEL QTY BITE信息将在EICAS底部显示。

8. 加载选择指示器和控制器

如图9.3.21所示,右机翼上有燃油控制面板P28。它上面有一个加载选择器及控制器,监视每个油箱。每个监视器有2个黑白背光LCD显示器,上层显示读取燃油油量,单位为磅或千克数KGS×1000,下层显示燃油油量加载选择,以磅或KGS×1000为单位。为确保寒冷情况下LCD正常工作,采用7.5 W自动加热器加热。4盏固定安装的白炽灯提供背光指示照

明。当加油口门打开时,电源一直加在指示器上。

为测试加载选择指示器,按下燃油控制面板上的 TEST IND 开关 P28。顶部和底部都显示 88.8。

加载选择控制器如图 9.3.21 所示,也在 P28 面板上。加载选择器由火焰防爆型的透气插头组成,包括 3 个指拨转盘型开关、3 块电阻板和 1 个电气连接器。

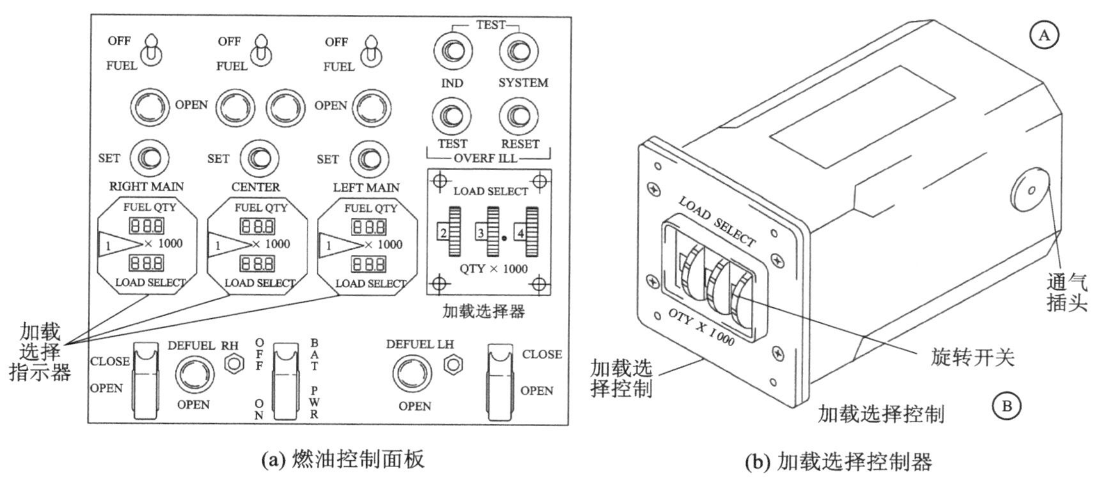

(a) 燃油控制面板　　(b) 加载选择控制器

图 9.3.21　加载选择指示器和控制器

加载选择控制器用于加油人员选择加到每个独立油箱的油量,通过转动开关对需要加油的油箱设置。加载选择控制发送一个模拟信号至 FQPU,用于表示燃油加载。

9. 燃油油量处理单元 FQPU

燃油质量指示系统如图 9.3.22 所示。

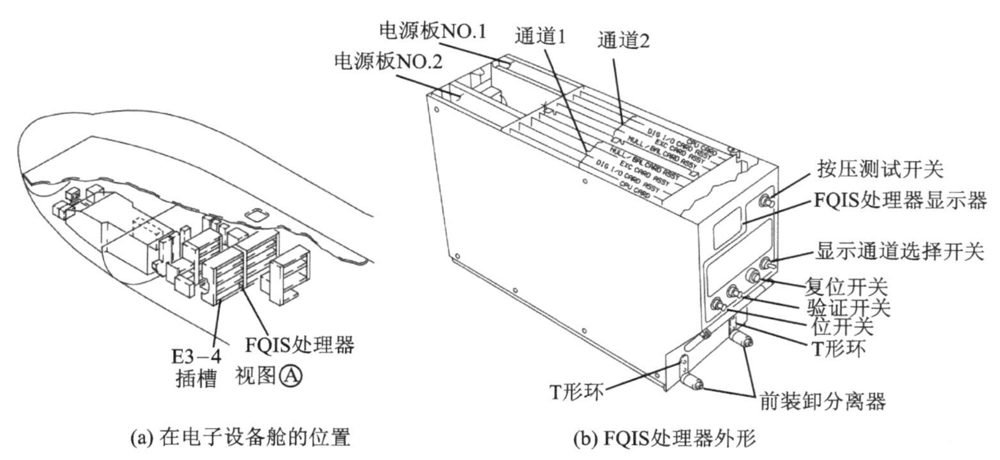

(a) 在电子设备舱的位置　　(b) FQIS处理器外形

图 9.3.22　燃油油量指示系统

油量处理器是一个数字化、双通道计算机。存储器提供 ROM 用以存储程序和 RAM 暂存器功能,电可擦写只读存储器 E^2ROM 用以存储故障信息。FQPU 的所有输入输出端口具有存储映像功能。FQPU 需要 50 W 功率,供电电压为 28V DC。FQPU 安装在主设备舱的

E3－4架上。采用安置在FQPU背面的ARINC600－1和ARINC600－2标准的连接器,与FQIS相连接。在FQPU的前面板上控制着内置测试,有一个红色点(发光二极管)矩阵,显示故障和状态码。

双通道设计可增加FQIS的可靠性。每个通道由4张互连的板卡通过母板组装而成,并加上独立的电源卡。板卡有激励板卡提供信号给油箱信号发送装置和补偿器;无效/平衡板组件接收和数字化从油箱信号发送装置和补偿器来的信号;数字I/O板卡数字化模拟输入并执行FQPU和FQIS单元间的接口;中心处理单元(CPU)板卡实现FQIS系统的计算。

9.4 燃油箱的安全性

9.4.1 影响燃油箱安全性的因素

燃油箱安全性极其重要。由于系统中涉及电气部件和安装,在油箱气相空间中需要提供贫氧的环境。在燃油系统维护时,防静电干扰尤其重要,接地是必需的。下面,主要从几个方面分析燃油油箱存在的不安全因素。

① 油箱内接线。由于正常工作、短路和燃油系统接线中可能产生感应电流/电压,会引起电能进入燃油箱,这可使易燃蒸气点燃。在油箱内电气设计中,现在容许的电流限制值是30 mA。

② 燃油泵接线。泵接线短路会引起电火花侵蚀和热斑。

③ 燃油泵无油运转。部件磨损或泵内部的外来物损伤可能会形成机械火花。

④ 搭接。燃油油箱内部由闪电产生放电、高强度辐射场(MIRF)、静电和(或)故障电流,通过搭接形成低阻抗通路。

⑤ 邻近系统的点火源。由于燃油箱外部的电弧穿透箱壁而点燃油箱中燃油,或由油箱壁热量引起燃油的自动点燃、邻近区域内的爆炸等。

⑥ 电弧气隙。部件与结构之间分离不充分,由闪电引起电弧。

9.4.2 燃油箱的惰性化

在民用飞机上,主燃油箱通常由左、右机翼油箱和中央油箱构成,如图9.4.1所示。中央油箱是较易发生灾难的油箱。油箱由于受到邻近热源的影响而需要燃油惰性化,例如空调装置是重要的热源。而左、右机翼油箱通常被认为是比较安全的油箱,主要是因为内部装纳的燃油温度低,且不受邻近飞机热部件的影响。某些飞机安装的其他油箱,如机身油箱和尾翼配平

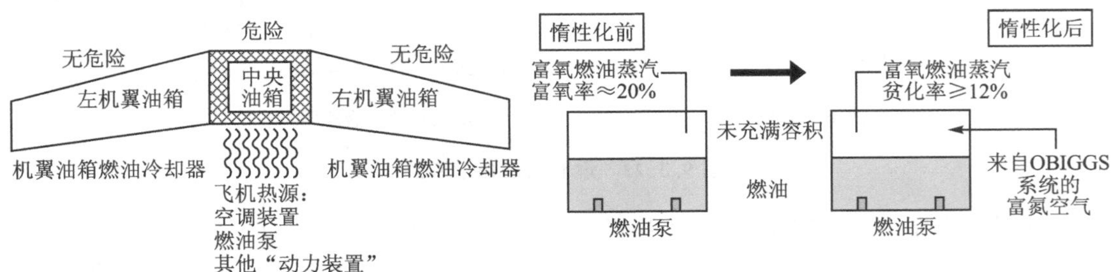

图9.4.1 燃油油箱的惰性化

油箱不受影响。如果没有中央油箱，飞机就没有安装惰性化系统的需要。

在正常燃油箱中，空气隙或燃油气相空间中包含富油的蒸气，其中具有 20%左右气态氧。当存在热源或火花时，这种混合物在某些条件下可产生爆炸性混合气体。燃油箱惰性化系统接受来自机载惰性气体发生系统 OBIGGS 的富氮空气，将富油蒸气中氧的百分比减小至不大于 12%，从而降低系统的可燃性。

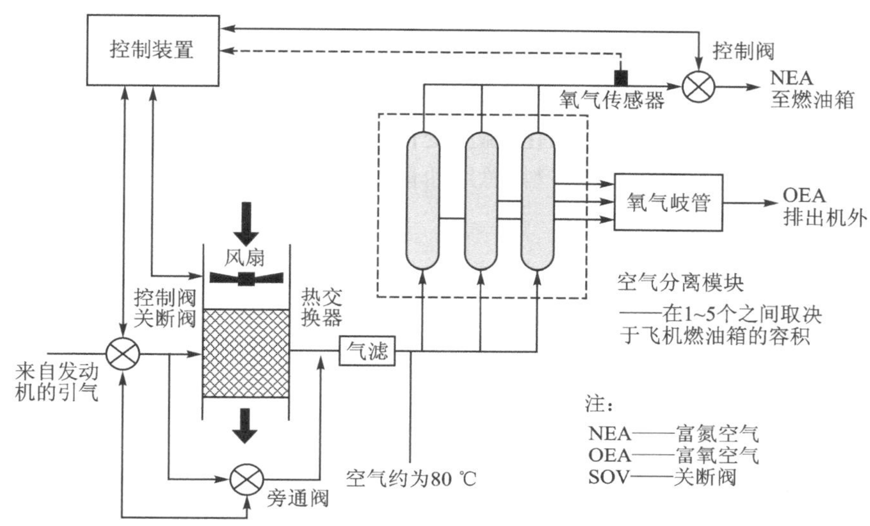

图 9.4.2　典型的燃油箱惰性化系统

典型的燃油惰性化系统如图 9.4.2 所示，供给系统的空气源是从发动机提取的引气。在通过一个关断阀 SOV 后，空气经过空气/空气热交换器，使温度降低至空气分离模块最佳工作的 80 ℃。在通过过滤器滤掉液体微滴和颗粒后，空气进入一组通常为 3～5 个的空气分离模块 ASM。ASM 分离出空气中的氮和氧，富氧 OEA 空气收集于氧气歧管中并放出机外。富氮空气 NEA 先经一组阀的控制，再输入油箱无油容积，以把氧含量降低至安全水平。

多电飞机 B787 不从发动机提取引气，而是应用不同的方法给燃油箱惰性化系统提供空气。通过贯穿机身长度的长管从飞机内部提取空气，然后应用电驱动压气机将这些空气压缩，并以与常规引气方案类似的形式经过空气分离模块 ASM 输入。

为了避免油箱爆炸，设计和维护时要求改进油量指示系统和油泵的设计、改进油箱内导线的检查体系、对靠近高温源的燃料箱进行隔热处理。对油箱安全性更有贡献的长效方案是油箱的惰性化，常采用下列方案：

① 基于地面设备的惰性化；

② 基于机上设备的地面惰性化；

③ 机上惰性气体产生系统；

④ 从地面提供液氮。

地面时，舱门关闭前给油箱加注富氮空气，惰性化用于滑跑、起飞和爬升阶段，此时燃料蒸气温度最高。基于机上设备的地面惰性化，其目的与地面相同，只是惰性设备属于飞机系统。尽管机上惰性气体产生系统带来极大的优越性，但造价高。

关于燃油系统，还有燃油系统的各种工作模式，如增压、发动机供油、输油、加油、放油、应急放油燃料抛放、油箱排放灯，这些内容非常重要，但需要电子电气设备少，限于篇幅而不再介绍。

复习思考题

1. 简述燃油测量的几种方法并分析其特点。
2. 试分析影响飞机油量测量精度的各种因素。
3. 采用带微处理器的油量测量系统有哪些优点？
4. 油箱中燃料的容积随温度而变化，温度变化时燃料的质量和容积是怎样变化的？
5. 查阅最新油量测量的新方法资料，总结油量测量的发展趋势。
6. 为什么油箱要惰性化？

选择题

1. 飞机燃油系统的功用是________。
   A. 储存燃油和可靠地向发动机供油　B. 储存燃油
   C. 可靠地向发动机供油　D. 加油和抽油
2. 能够精确指示发动机燃油消耗量的仪表是________。
   A. 燃油流量表　B. 燃油油量表　C. 燃油压力表　D. 燃油温度表
3. 飞机上的剩余油量警告系统所指示的剩余油量为________。
   A. 飞行中各个油箱剩余的燃油量总和
   B. 飞行中每个油箱剩余的燃油量
   C. 加油前飞机油箱内所存的燃油量
   D. 油箱油量消耗
4. 电容式燃油油量指示系统中的电容器的介质是________。
   A. 电容器的外壳　B. 油箱外部的线圈
   C. 燃油和燃油上部的空气　D. 油箱中的燃油
5. 电容式燃油油量表实际上是一个________。
   A. 浮子式可变电容器　B. 以燃油和空气作为一个极板的电容器
   C. 浮子式可变电阻器　D. 以燃油和空气作为介质的电容器
6. 电容式油量表的电容器的电容值与油面高度之间的关系是________。
   A. 油面增高，电容量不变　B. 油面增高，电容量增大
   C. 油面增高，电容量减小　D. 油面与电容值之间没有对应关系
7. 典型飞机加油控制系统中，当油箱加满油时________。
   A. 浮子开关断开，电磁线圈通电使活门打开
   B. 浮子开关接通，电磁线圈断电使活门关闭
   C. 浮子开关断开，电磁线圈断电使活门关闭
   D. 浮子开关接通，电磁线圈通电使活门打开
8. 燃油系统的各附件必须搭铁并接地，其目的是________。

A. 防止漏电　B. 放掉静电　C. 区别各附件　D. 固定各附件

9. 通气油箱的功用是________。

A. 通气　B. 防溢　C. 通气和防溢　D. 安装燃油系统附件

10. 燃油箱通气的目的之一是________。

A. 维持一定压力差　B. 减缓燃油流动

C. 防止温度变化的凝结　D. 减小油箱内部的空气压力

11. 飞机燃油系统的增压泵通常使用________。

A. 齿轮泵　B. 旋板泵　C. 离心泵　D. 手摇泵

12. 飞机燃油系统使用离心式增压泵的原因是________。

A. 把泵浸入油中节省空间

B. 因为它构造简单

C. 浸在油里电机散热好

D. 流量大,质量轻并且不运转时允许燃油自由流过

13. 在某些飞机上有剩余油量警告系统,其所指示的剩余油量为________。

A. 飞行中每个油箱剩余的燃油量　B. 飞行中各个油箱剩余的燃油量总和

C. 加油前飞机油箱内所存的燃油量　D. 油箱燃油消耗量

14. 在高空飞行的飞机燃油系统中使用离心式增压泵的原因是________。

A. 把泵浸在燃油中以节省空间　B. 因为它是排油泵

C. 给发动机驱动的燃油泵输送一定压力的燃油　D. 使空气转动

第 10 章　飞机结冰、防冰、除冰与防雾

10.1　概　述

由于环境温度和气流速度的作用，飞机的一些部位常出现结冰现象，如图 10.1.1 所示。其中以机翼、尾翼、风挡、空速管、螺旋桨、直升机旋翼、雷达罩、发动机进气道等前缘处最为常见，严重结冰时会危及飞行安全。结冰会影响飞机的空气动力学特性和配平，发动机入口的冰层破碎后可能被发动机吸入，结冰还会影响风挡玻璃的能见度，影响传感器如空速管的工作等。图 10.1.2 所示是设备外壳上的冰凌。

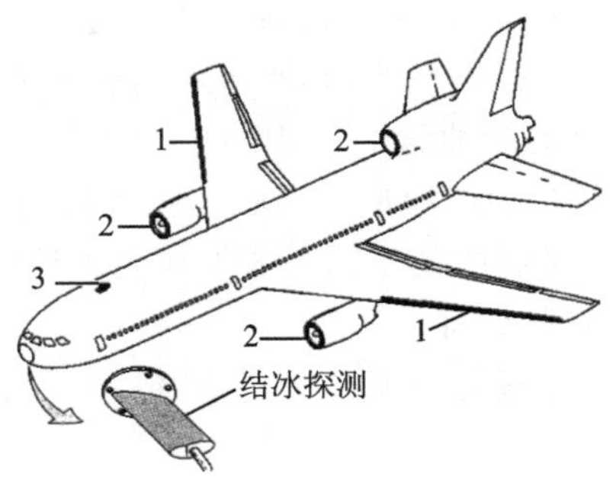

图 10.1.1　飞机结冰部位

图 10.1.2　飞机及设备外壳的冰凌

结冰对飞行危害很大，轻则导致飞行性能下降，重则导致机毁人亡。历史上曾对因结冰发生的事故有过一系列记载，现代飞机因结冰而造成严重事故的例子也不少见。例如 1982 年 1 月，美国佛罗里达航空公司的一架 B737 客机，在起飞阶段由于结冰而未及时打开防冰加温装置，因起飞功率不足掉进华盛顿的一条河里，造成机上 74 人和地面 4 人死亡的惨剧。

飞机结冰主要取决于雾层的温度、云层极小水滴的含有量和云层范围。云层温度是影响飞机结冰的主要气象参数之一。在 0～40 ℃甚至更低的温度下，在不同的飞行高度上飞机都有可能结冰。但是据统计，飞机结冰一般发生在 0～20 ℃温度范围内，而强烈的结冰主要发生

在－2～8 ℃温度范围内。而发动机进气道前缘的结冰又有它的特点，由于气流在进气道内加速，使温度下降，因而在环境介质温度为 5～10 ℃的正温度条件下也可能结冰。云层范围是指云的水平长度和垂直厚度。云层范围很大，飞机在云层中飞行越长，冰层越厚。

飞机上结冰保护有两个策略：除冰和防冰。除冰是允许结冰的，然后定期去除冰。防冰用于不允许结冰的场合，例如机身、发动机进气道、螺旋桨、转子叶片、风挡玻璃等。防冰系统启动后，发动机进气道前缘一直加热。这种方法应用于燃气涡轮发动机和涡轮螺旋桨发动机。除冰和防冰的主要方法有液体、气动和加热三种方法，都由电气系统控制和操作。

10.2　风挡玻璃的防冰、防雨和防雾

风挡玻璃的清洁明亮程度直接影响飞行员的工作和飞行安全。风挡玻璃结冰会严重影响飞行员视线，特别是在起飞、着陆阶段，影响目视判断，使起飞、着陆操纵发生困难，导致起飞着陆产生偏差。风挡玻璃的防冰，有用热气防冰和液体防冰的，但多数是采用电热防冰。就已知的飞机而言，无一例外地采用电热防冰。

10.2.1　风挡玻璃的防冰

电热防冰加温元件常采用极细的电阻丝埋置分布于玻璃内，但加热不够均匀，且电阻丝对光线有一定影响。更多的是采用金属导电薄膜，在风挡玻璃表面镀一层薄的导电膜，给导电膜通电使玻璃温度升高来防冰。图 10.2.1 是根据一些典型风挡玻璃防冰系统电路概括出来的原理图。

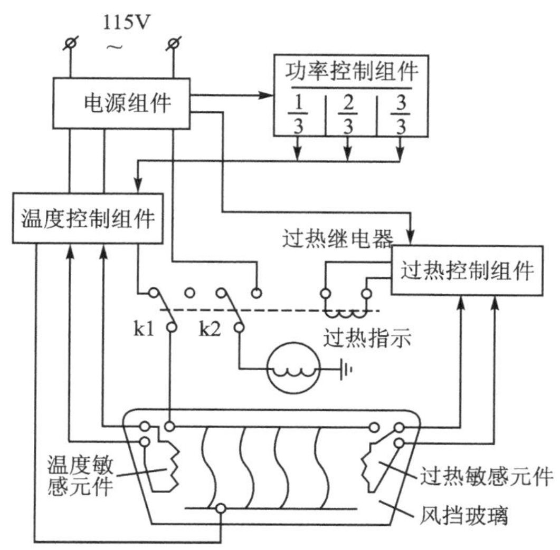

图 10.2.1　风挡玻璃防冰系统原理图

风挡玻璃防冰常将多块玻璃分组，不同组别的玻璃由不同的汇流条供电，以保证某汇流条电源失效时，正、副驾驶员前方的玻璃加温，不至于全部断电。对每组风挡玻璃的加温，由加温控制器或计算机控制。每个控制设备主要包括电源组件、温度控制组件、过热控制组件和功率

控制组件等。功率控制组件用以提供加热功率的电流,其大小受温度组件控制。当环境温度很低、座舱内外温差很大时,功率控制组件应提供满功率的电加热,但应按 1/3、2/3、3/3 阶梯式提供,防止风挡玻璃在冷状态下突然剧烈加热而产生"龟裂"。

温度控制组件接收埋在风挡玻璃里的温度敏感元件提供的信号,温度高时,信号使温度控制组件断开加热元件电路,温度低时则使温度控制组件接通加热元件电路。

过热控制组件是温度控制的备份控制,起过热保护作用。当温度控制组件故障时,埋于座舱玻璃的过热敏感元件感受到超过正常调定温度的较高温度,此时过热敏感元件提供信号给过热控制组件,由此组件控制过热继电器的接通,从而断开电加热元件的电路,并接通过热指示器。由于加热元件电路断开,温度下降达到一定值时,过热信号消失,又将重新接通电加热元件电路,从而使玻璃保持在较高的温度范围内。

飞机在地面时,由于通风条件差,一般不允许对风挡玻璃进行全功率通电检查。为避免玻璃过热损坏,通常由起落架空地感觉开关在地面断开全功率加温电路。

风挡玻璃防冰也采用引气系统提供引气防冰,同时也为风挡玻璃外部提供除雾和排雨。系统通过尾锥中的电控压力调节关断活门和人工位置调节活门向每一个风挡提供发动机引气。风挡玻璃引气人工活门位于相应的引气喷管上,正常情况下都处于关断位。当指示 RAT 高于-18 ℃时,风挡玻璃引气开关选择低位;如果指示 RAT 低于-18 ℃,则选择高位。

打开风挡玻璃防冰后有比较明显的气流噪声,表示系统工作正常。通常在飞行前警告系统测试中,通过选择旋转测试开关至 W/S TEMP(风挡玻璃温度)位,并将风挡引气开关置于高或低位进行温度监控系统的自检,通过检查 W/S AIR O' HEAT(风挡引气过热)信号灯以核实系统是否正常工作,也可在飞行中完成自检。如果风挡引气防冰系统失效,机上还提供一个仅供左侧风挡使用的酒精防冰系统,但是酒精只能提供 10 min 的防冰工作,因此应该尽快离开结冰区域。同时还要注意,在使用酒精防冰时,需要检查排雨手柄是否在按入位。

10.2.2 风挡玻璃雨刷电路

风挡玻璃雨刷器由 28 V 直流电动机带动,变换器供电的电动机带动齿轮机构进而带动雨刷沿风挡玻璃的摆动。图 10.2.2 所示是典型的风挡玻璃雨刷电路。J_1 线圈通电,J_2 线圈不通电时,J_1 的触点 2—3 和 5—6 接通,电动机励磁绕组中电流流向为 $a \to b$ 及 $c \to d$,两个绕组并联后与电动机的电枢绕组串励供电,励磁增强,转矩升高,处于高速运行。当 J_1 线圈断电,J_2 线圈通电时,两个励磁绕组串联后再与电动机电枢绕组串联。励磁绕组电流为$a \to b \to c \to d$,由于回路等效电阻增加,励磁电流下降,转矩下降,处于低速运行。雨刷电动机的控制开关使电动机有两种速度,分别为 160 次/min 和 250 次/min。通常设计成每块玻璃有一个雨刷,以确保出现故障时至少有一个驾驶员的玻璃是清晰的。当关闭雨刷时,电动机/变换器上的一个归位开关把雨刷设定在归位点。

在关闭位置,每台电动机/变换器上的归位开关闭合,雨刷返回到风挡玻璃的底部。在飞机起飞和着陆期间,为保持风挡玻璃上一块清晰区域,采用如图 10.2.3 所示的除雨剂系统。除雨剂瓶位于机身顶部,包含压力表、可视储罐和关闭阀。

图 10.2.4 是一种典型除雨剂系统原理图。左、右除雨剂系统各有一个开关,左右挡风玻璃各有一个由时间延时器控制的电磁阀,用于控制除雨剂的喷射。除雨剂存储在一容器中,容

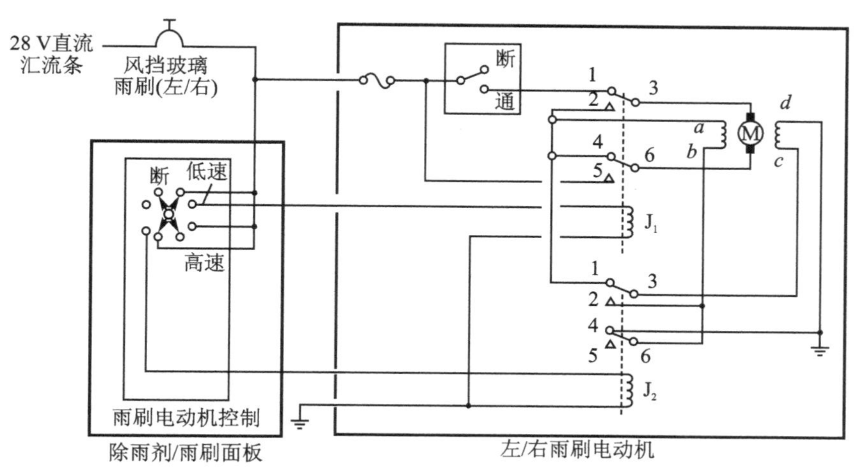

图 10.2.2　风挡玻璃雨刷电路

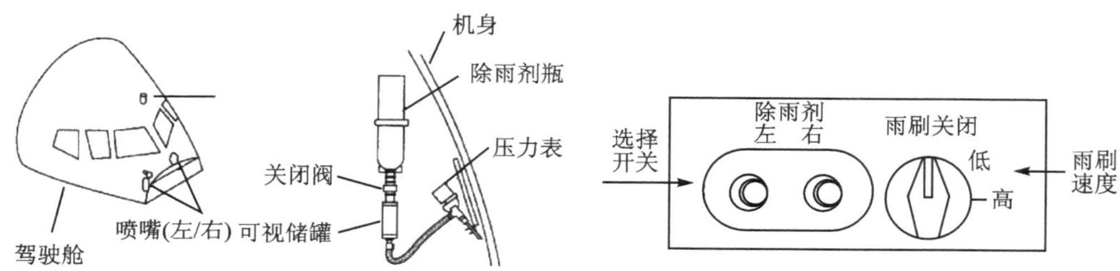

图 10.2.3　除雨剂系统

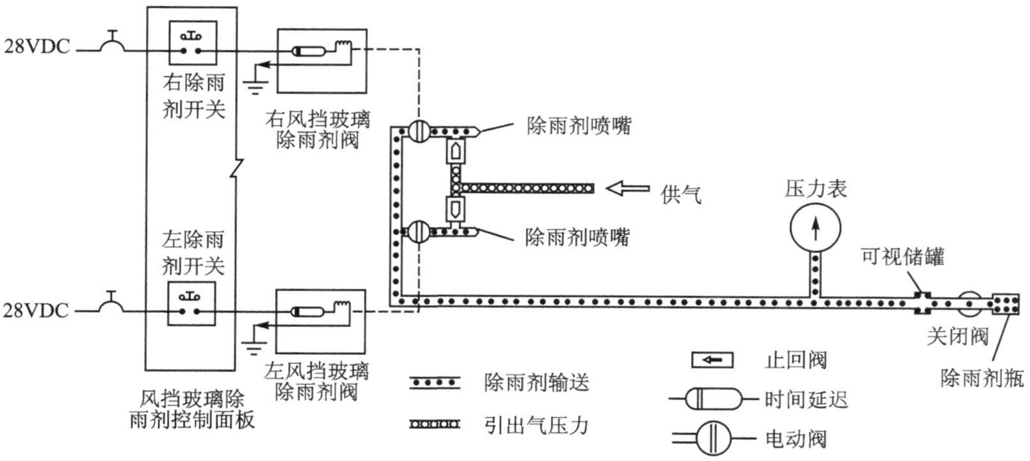

图 10.2.4　除雨剂系统原理图

器从外部气源加压。两个电磁阀控制除雨剂输送到风挡玻璃的流量。机身上的喷嘴把除雨剂喷到风挡玻璃上。除雨剂开关均为瞬时动作型，按一次开关启动相应的电磁阀。电磁阀上的一个时间延迟电路控制除雨剂喷出的量。经过较短的时间间隔(0.5 s)后关闭电磁阀。图中的压力表用于指示何时应该更换容器。

10.2.3 风挡玻璃的防雾

暴露于一定温度和湿度环境中的物体,表面温度等于或低于该环境空气的露点时,在表面就会出现一层极细微水滴,称为结雾。座舱玻璃的内表面温度等于或低于座舱空气的露点时,也会结雾;如果内表面温度等于或低于0 ℃时,还会结霜。雾和霜都会降低玻璃透明度,并使光线发生折射和反射,影响飞行员的视线,考虑防冰时,也要考虑防雾问题。

风挡玻璃防雾的方法有电热防雾、双层壁板式热空气防雾和自由喷射热气流式防雾等多种,但电加热应用较多。对多层结构的风挡玻璃,电热防冰的结构是在外层玻璃的内表面设置导电金属膜,作为加温元件;而电热防雾则是在内层玻璃的外表面设置导电膜作为加温元件,这样使防冰和防雾的问题都得到合理的解决。而且,在选择加温时,应使其既具有防冰和防雾的能力,又使其内表面保持良好的韧性而且具有接近防鸟撞击的最佳温度。

10.2.4 窗户防冰加热

机长和头等舱NO.1～NO.3窗户需要加热。加热系统由窗户、窗户加热控制单元、窗户加热控制面板及附件测试板组成。系统的工作电源为28 V直流汇流条(左)和115 V交流汇流条(左右)。

窗户上贴有导电膜或者导线网路,在外层面和中间提供窗户的电气加热。

如图10.2.5(b)所示,内置测试设备(BITE)的窗户加热控制单元(WHCUS)有2个,控制加热和隔离系统失效。左WHCUS在主设备中心E1架的第2层上,右WHCUS在E1架的第1层上。内置测试设备BITE按钮、故障指示灯和BITE指令在单元的面上。WHCU采用200 V电压(NO.1窗户),NO.2和NO.3窗户采用115 V电压,28 V直流电源用于系统测试。

如图10.2.5(c)所示,窗户加热控制面板M10395安置在飞行员的头顶板P5板上,上有4个窗户加热开关,控制窗户的加热。

如图10.2.5(d)所示,附件测试面板M10398为窗户加热系统提供测试面板。测试面板在驾驶舱右侧的P61板上。

图10.2.6所示是窗户加热选择面板。每个窗户都有其控制通道、温度传感器及加热器。根据传感器的信息,控制通道调节电源给窗户加热,并保持窗户温度达到预置温度。

每个窗户热控制单元WHCU包括一个前窗户(NO.1)通道和两个相对的侧窗户(NO.2和NO.3)通道。

图10.2.7是前窗户加热系统电路图。当需要加热时,就按下窗户加热控制面板(M10395)上的窗户加热开关。如图10.2.5(a)所示,每个开关包含一个显示白色的ON灯和一个琥珀色INOP灯。白色的ON灯亮,表示开关控制的加热通道正在工作;琥珀色INOP开关点亮,表示开关控制的加热通道失效。加热通道失效的信息也会在EICAS显示。注意INOP在外界温度大于29.5 ℃时也会点亮。左右侧窗户加热系统电路原理图与图10.2.7类似,不再重复。

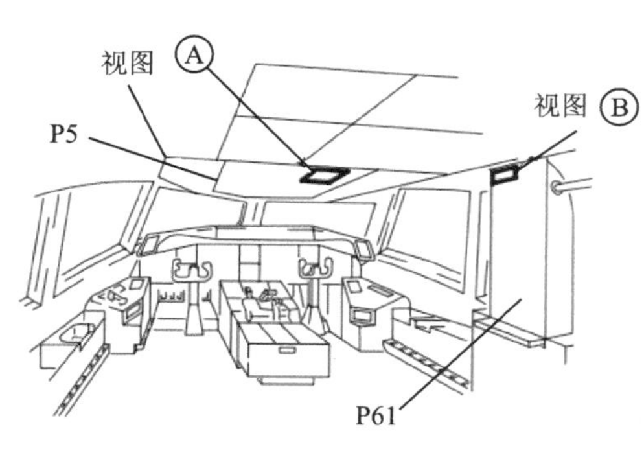

(a) 驾驶舱内与窗户防冰相关的面板

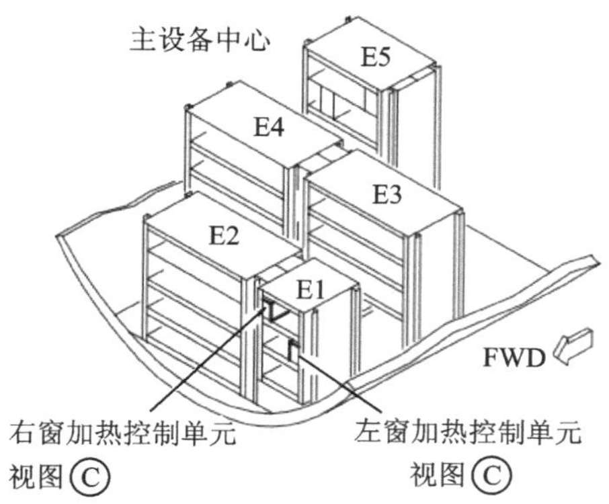

(b) 窗户加热控制单元

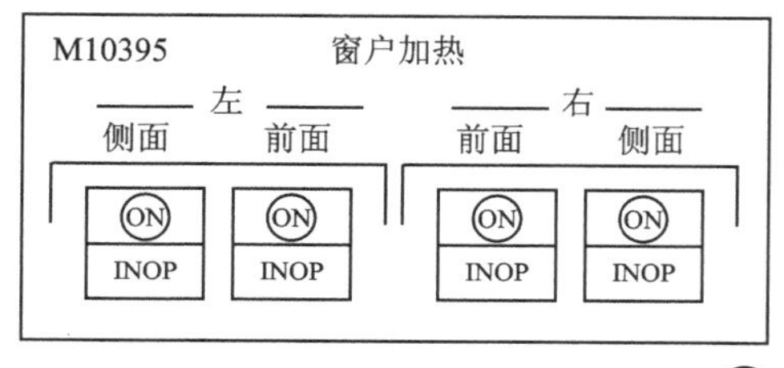

窗户加热控制面板(P5)　　视图 A

(c) 窗户加热控制面板

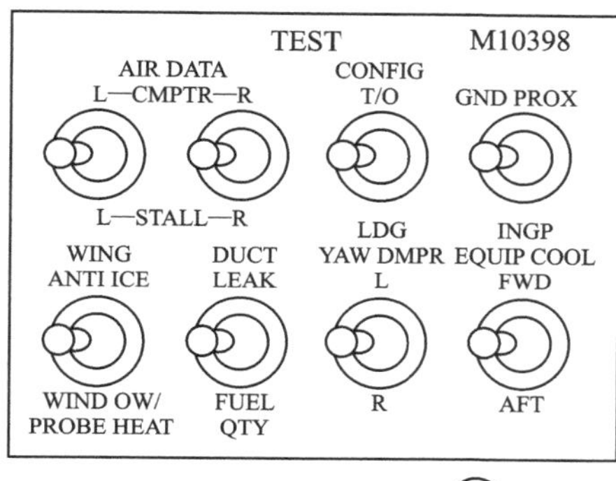

附件测试面板(P61)　　B

(d) 附件测试面板

图 10.2.5　窗户加热系统

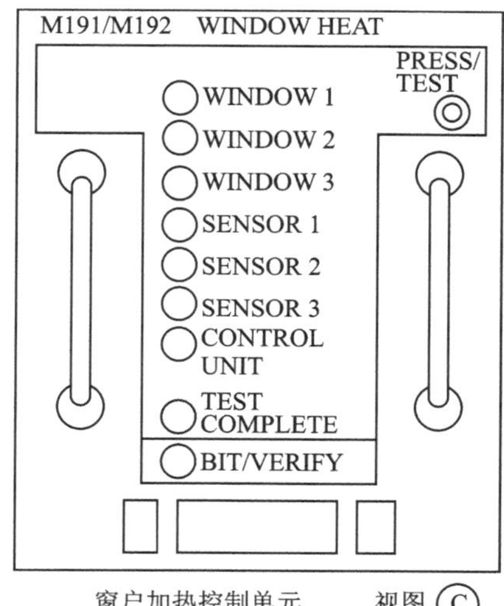

窗户加热控制单元　　视图 C

图 10.2.6　窗户加热选择面板

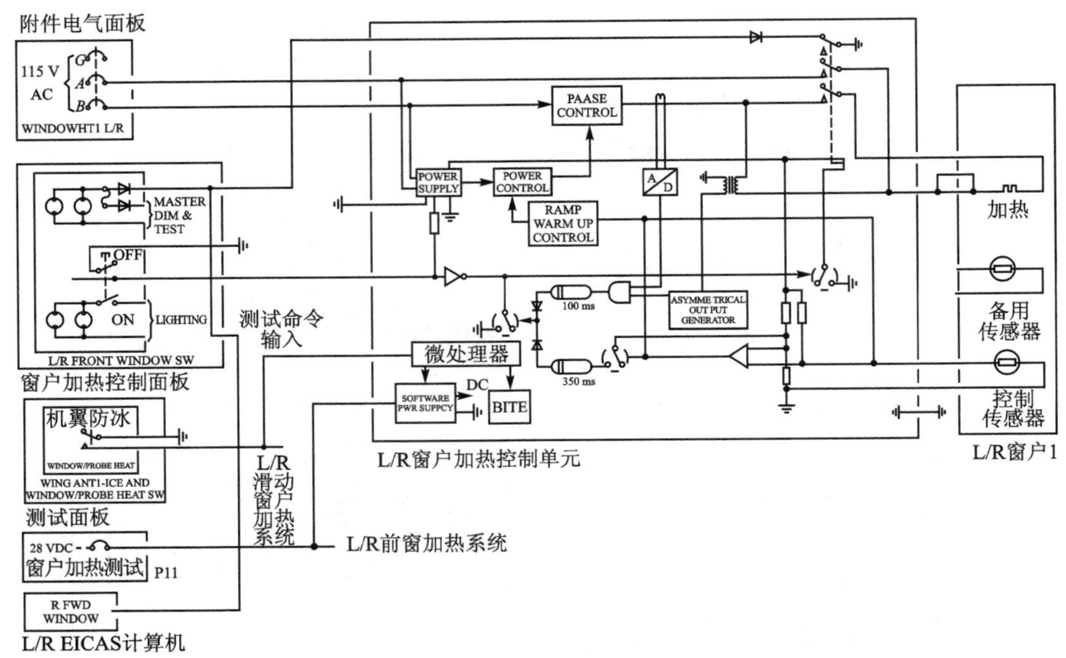

图 10.2.7　窗户加热系统电路图(B757 前窗户)

10.3　发动机、空速管、近角探测和天线结冰、防冰、除冰

10.3.1　发动机结冰、防冰和除冰

1. 发动机结冰

以涡扇发动机为例，在结冰气象条件下飞行时，发动机结冰通常出现在进气道前缘、发动机整流罩支撑及第一级压气机叶片前的导流叶片等处。进气道及发动机结冰会改变进气道内表面的空气动力特性，使气流速度分布不畅，影响发动机的正常工作，引起发动机喘振和叶片变形等，损坏发动机，甚至造成发动机熄火。

发动机进气道前缘通常具有与机翼类似的流线外形，故其结冰情况与机翼有类同之处。但它又有其特殊点，如结冰区域比机翼大，另外由于气流在进气道内加速，使温度下降，所以在环境介质温度为 5～10 ℃的正温条件下也可能结冰。图 10.3.1 为发动机进气道前缘及内外表面结冰情况的示意图。

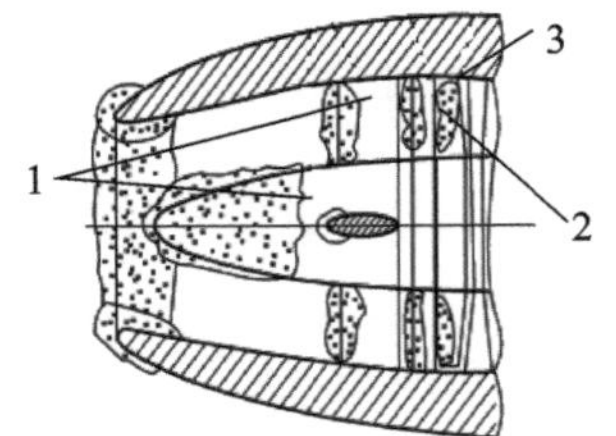

1. 整流罩及整流罩壳体支撑；
2. 入口导向器的固定叶片；
3. 第一级压气机转子叶片

图 10.3.1　发动机进气道结冰

发动机进气道及其部件结冰，破坏了它们原来的气动外形，减小了进气道面积，也减小了压气机相邻叶片间的空气流通面积，使进入发动机的空气流量减少，因而发动机功率

下降。对进气道入口处装有格栅的发动机，结冰时气体流通面积减小更多，可能导致功率严重下降。为了保障发动机的转速和推力，必须加大燃油比流量，这样除增大燃油消耗外，还会使涡轮前燃气温度升高，若超过允许值则会烧坏涡轮叶片，导致发动机停机。

结冰的不对称性及压气机叶片上冰层的不均匀脱落，都会破坏转子的动平衡，除造成动力装置及飞机的振动外，严重时还会导致发动机轴承的损坏。脱落的冰层随高速气流进入压气机，打在叶片上还可能造成压气机的损坏。

2. 发动机进气道防冰/除冰

图 10.3.2 为发动机进气道防冰除冰系统结构图，主要由加热元件、温度调节装置和加热导线组成。由于进气道的结冰面积大、范围广，加热导线也应布置得合理有效。

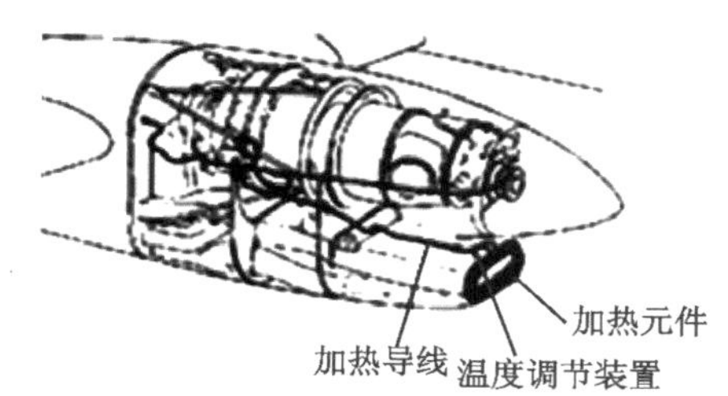

图 10.3.2　发动机进气道除冰

图 10.3.3 是发动机进气道热气防冰图。当防冰开关位于“发动机”位或“机翼/发动机”位时（飞行中发动机转速 $N_2>70\%$），热引气将输送到相应的发动机进气口和发电机冷却空气入口，以提供防冰保护。

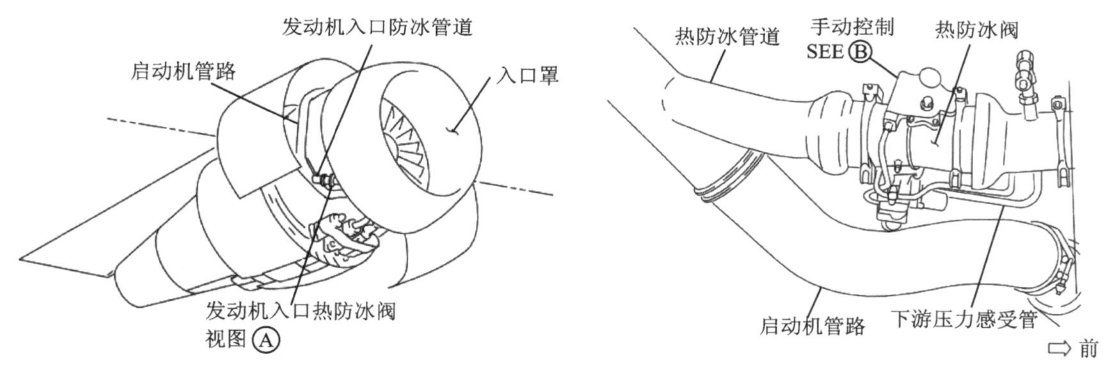

图 10.3.3　发动机进气道热防冰元件的安置(B757)

图 10.3.4 是发动机进气道热防冰电路图。由 28 V 直流电源供电，在头顶板 P11 上有供电开关。由 EICAS 计算机发出热防冰指令。

发动机风扇、定子和转子利用空气动力除冰。如果冰在转子、发动机风扇、定子上堆积，离心力和空气动力的作用会使其脱落。发动机防冰系统由温度传感器监控，当引气温度低于 104 ℃时，ENG ANTI-ICE LH/RH（发动机防冰左/右）信号灯亮。两种情况下发动机防冰信号灯亮，其一是 104 ℃温控开关接通，其二是当发动机 N_2 转速减少至低于 70%转速 1 min 后，主警戒灯都会在信号灯点亮约 1 min 后亮。

10.3.2　空速管和静压孔/迎角探头结冰、防冰和除冰

飞机的空速管和静压孔结冰会使空速表、气压高度表以及升降速表等重要仪表的指示度失真，甚至完全失效。这是极其危险的，因为飞机可能进入复杂状态或危险飞行状态，而飞行员却没有觉察。

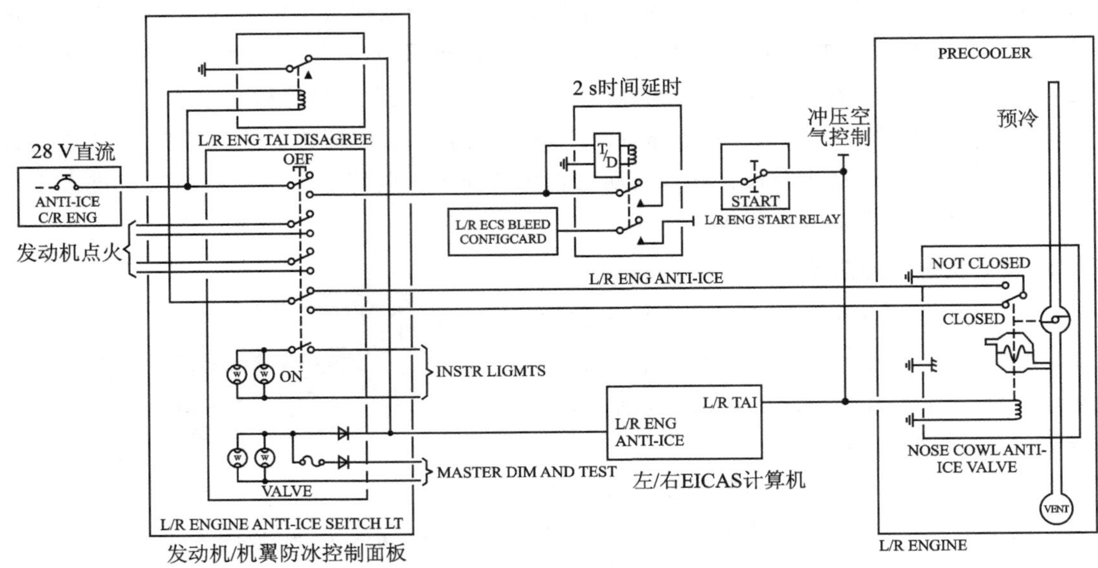

图 10.3.4 发动机进气道热防冰电路图

图 10.3.5 所示是空速管面板在驾驶舱的布局及空速管在机身的位置(B757 飞机)。有 4 根(每边 2 根)空速管用电气加热以防止由于结冰而错误地读取信息。图 10.3.6 所示是空速管辅助报警面板和测试面板。

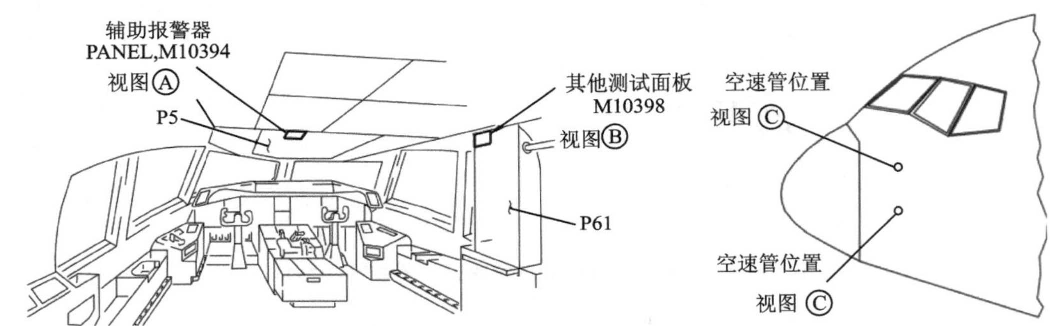

图 10.3.5 空速管面板在驾驶舱的布局及空速管在机身的位置

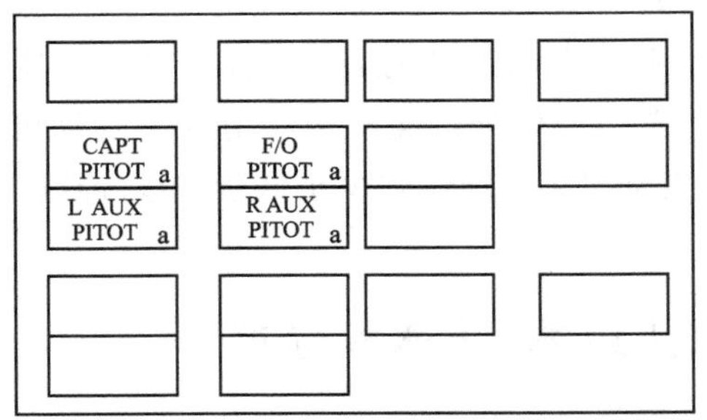

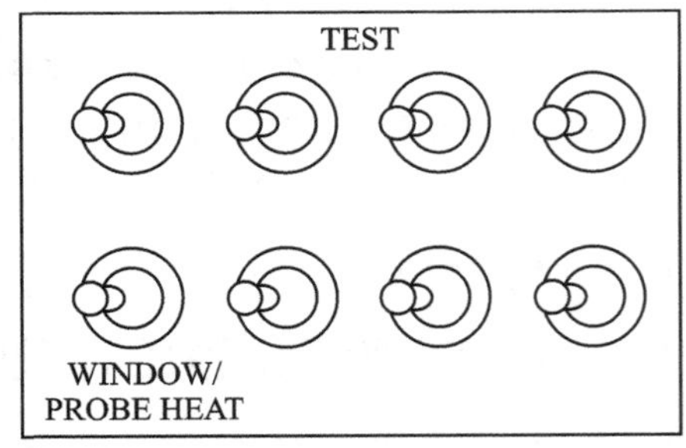

图 10.3.6 空速管辅助报警面板及测试面板

图 10.3.7 是空速管结冰探测和防冰电路图，包括空速管、辅助报警器面板及其他测试面板。电源由 28V DC 和 115V AC 供电，电路断路器在断路器面板 P11 上，交流主电源配电板为 P6 板。

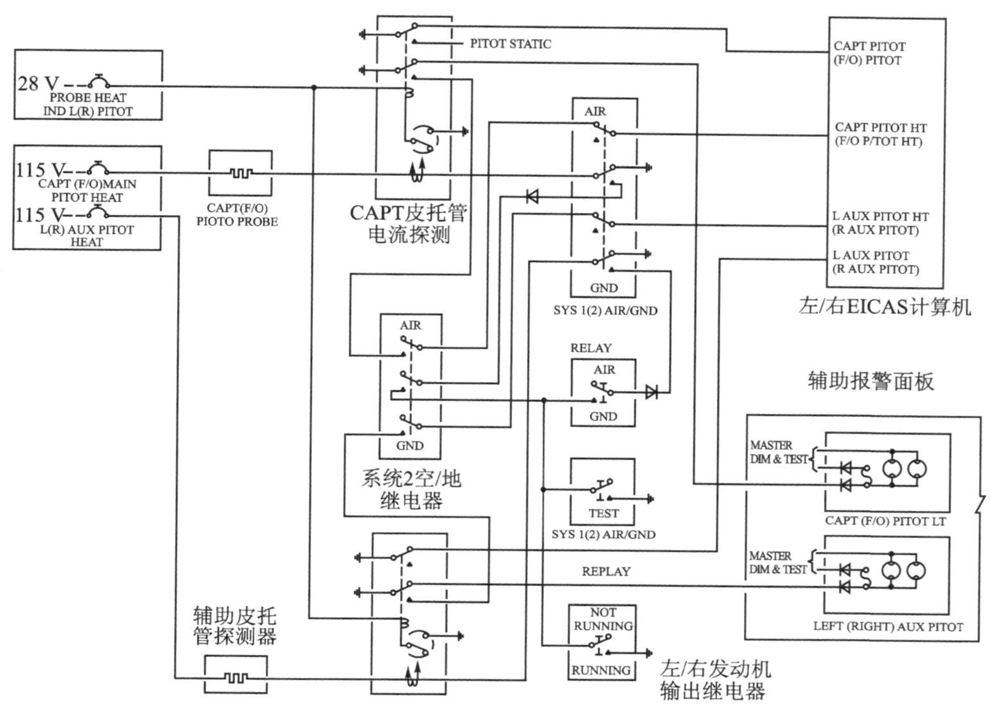

图 10.3.7　空速管结冰探测和防冰电路图

【维修要点】 空速管—静压孔和迎角探头内部都有电热加温部件，全静压加温开关控制所有这些部件。飞行前外部检查时，打开盖开关约 30 s 后关断，然后触摸感觉每一个部件温度以检查其工作情况。地面加温时，应限制在 2 min 以内，以防止部件损坏。空速管和静压孔加温部件的失效由信号灯面板上的 P/S HTR OFF 信号灯来指示。迎角探头加温部件的失效由 AOA HT FAIL 信号灯来指示。

10.3.3　迎角皮托管加热防冰

2 个迎角(AOA)探测装置采用电气加热来防止错误地读取结冰信号。AOA 探测加热系统元件包括 AOA 探测、辅助信号气面板及其他测试面板，如图 10.3.8 所示。

电源来自 28 V 直流汇流条和 115 V 交流汇流条。电路断路器在头顶板 P11 板上，配电在 P6 板上。辅助信号器面板是飞行员的头顶板 P5 板，编号为 M10394。信号器面板包含2 个琥珀色的灯，即 L AOA 及 R AOA。这些指示灯指示探测器加热或系统是否失效。附件项目的测试面板是驾驶舱右侧的 P61 板，编号为 10398，提供探测加热器的地面测试，如图 10.3.9 所示。

图 10.3.10 是迎角传感器在机身的位置及外形图。机身每边都有一个迎角 AOA 探测器，每个 AOA 探测器有一个叶片加热器及壳子加热器。叶片加热以维持金属薄片测量迎角有效，壳子加热器确保叶片的自由旋转。在地面或飞行中，仅当 AOA 探测器的一侧加热时

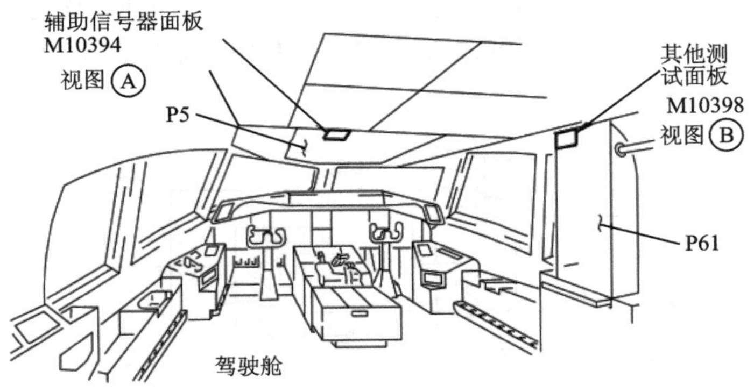

图 10.3.8 与 AOA 相关的探测面板在驾驶舱的位置(B757)

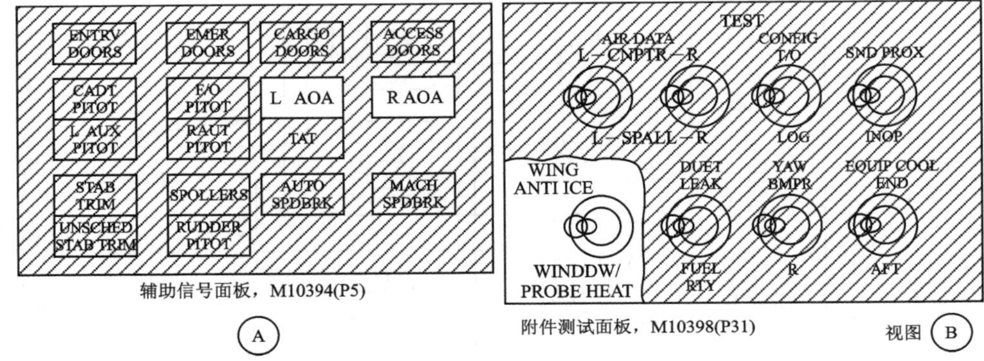

图 10.3.9 AOA 辅助信号面板及附件测试面板(B757)

使用。

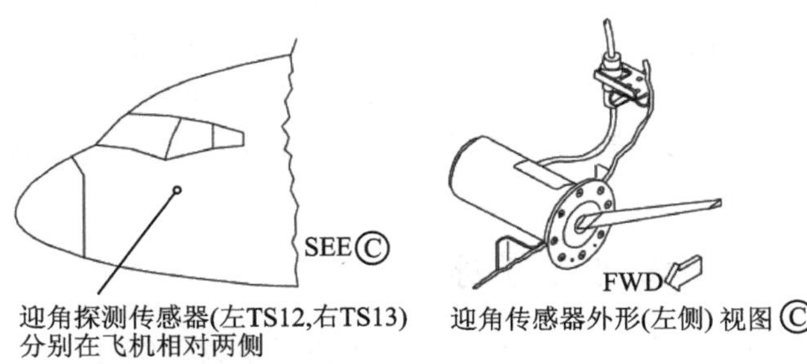

图 10.3.10 迎角传感器在机身位置及外形(B757)

图 10.3.11 是迎角传感器加热电路图,AOA 探测器由空/地继电器实现加热自动控制,空/地开关继电器的位置取决于发动机速度插件。

在地面,AOA 探测器加热取决于发动机速度。空/地开关继电器得电,打开探测器加热电路(空/地开关在左附件继电器面板 P36 板上,右附件电气设备面板是 P37 板)。

如果左右发动机都停车,则发动机速度插件继电器"ENG OUT"失电(2 个 ENG OUT 继电器在 P36 和 P37 板上),探测电路保持开路,探测器没有加热,与每个 AOA 探测器相关的电流检测继电器(CSR)也就没有电流。

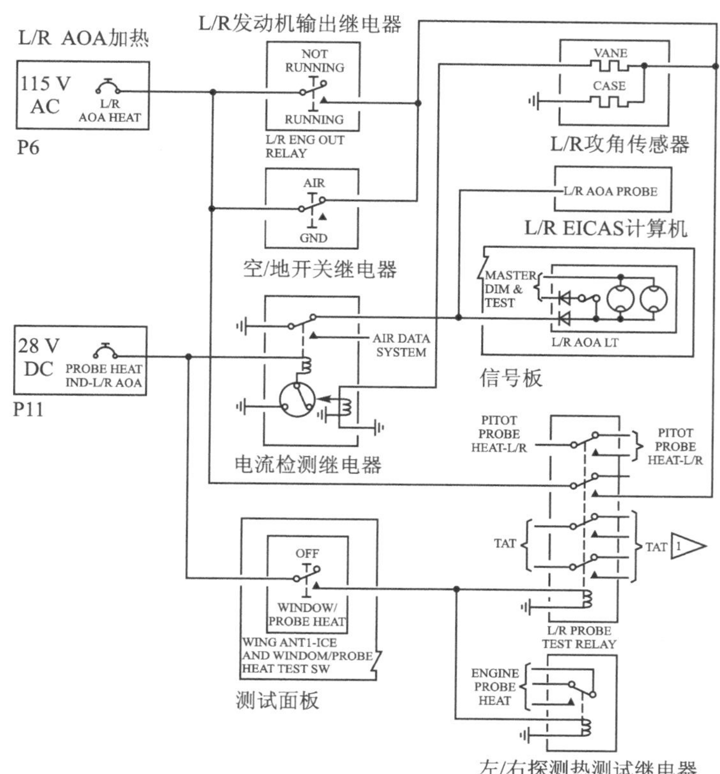

图 10.3.11　攻角传感器加热电路图(B757)

在辅助信号面板上为 AOA 指示灯对地提供一个近的路径。因此在地面，发动机关闭，AOA 探测器不被加热，并且 P5 板上的琥珀色 AOA 灯亮。

此外，还有飞机天线结冰的问题，如天线结冰可能导致无线电通信失效，造成联络中断，结冰造成的天线折断甚至可能损坏机身或发动机。飞机总温探测防冰等内容，限于篇幅就不再详述。

10.4　螺旋桨、机翼及尾翼等结冰、防冰和除冰

10.4.1　螺旋桨结冰与防冰

螺旋桨为高速旋转部件，在结冰条件下，螺旋桨桨叶、整流罩均可发生结冰。螺旋桨桨叶的形状实际上是一个扭曲了的机翼，因此结冰情况与机翼有相同之处，有时甚至比机翼还严重。螺旋桨在桨叶的整个长度上都可能结冰，桨尖的冰在离心力作用下比较容易甩掉。弦向结冰从桨叶前缘开始，结冰范围可达 25%左右。螺旋桨及进气道的结冰情况如图 10.4.1 所示。

螺旋桨结冰后破坏了它的气动外形，增加了翼型阻力，因而降低了螺旋桨的效率。螺旋桨结冰，还会引起振动，冰层甩脱时，可能危及飞机和发动机部件，甚至有击穿蒙皮和气密舱的危险，所以螺旋桨结冰也严重地影响着安全飞行。如图 10.4.2 所示，可将电加热导线和温度调

节装置安置在螺旋桨容易结冰的部位,电加热元件发热,融化已结的冰块。

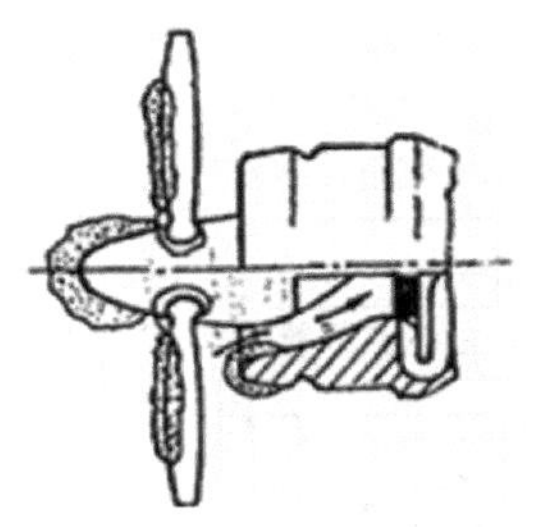

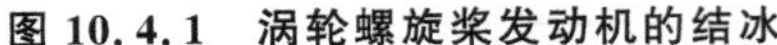

图 10.4.1 涡轮螺旋桨发动机的结冰

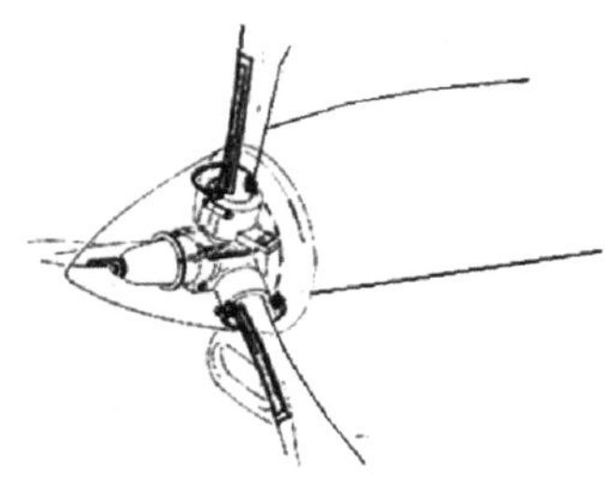

图 10.4.2 螺旋桨电加热元件的布置

10.4.2 机翼和尾翼结冰与防冰

1. 机翼和尾翼结冰

机翼和尾翼前缘表面结冰会大大改变翼型,破坏表面的边界层,造成最大升力系数减小和最大迎角减小,飞机性能下降,失速速度增加,升力损失增大。水平安定面上的微量或轻度结冰都可能严重改变翼面的气动特性,并影响飞机的安定性和操纵性。冻雨和明冰会滞留于整个飞机表面,并且在结冰前流入操纵面,妨碍副翼和襟翼的操纵。

2. 机翼前缘防冰

机翼热气防冰采用发动机引气防冰,给每个机翼提供3个(SLAT NO.2-NO.4)外部斜面热气防冰装置,如图10.4.3所示。防冰系统包括机翼热防冰阀、引气管道、喷雾剂管道、机翼和发动机防冰控制面板及测试面板,采用直流汇流条上的电压,断路器在头顶板P11板上。

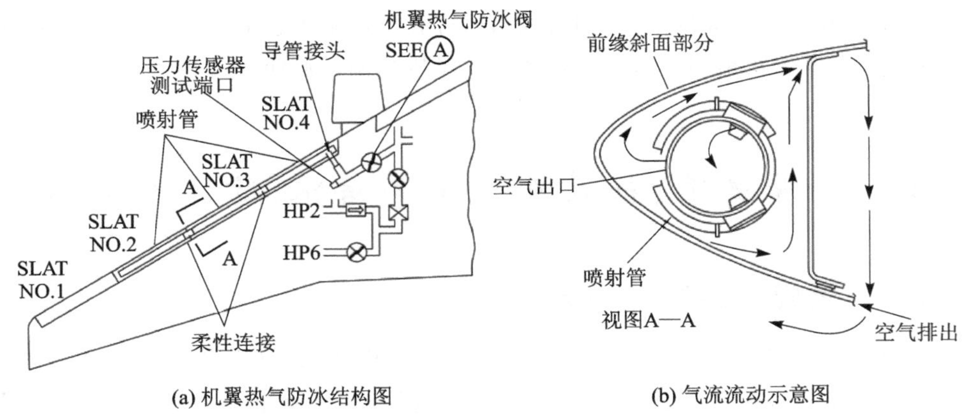

(a) 机翼热气防冰结构图

(b) 气流流动示意图

图 10.4.3 机翼引气防冰和气流流动示意图(B757)

机翼热气防冰(TAI)阀控制着发动机引气到机翼防冰前缘管路的开启。每个机翼的支撑位置都有一个阀门,保持管路压力为137.9～193.1 kPa(20～28 psi)。

阀门上有一个指示器,有闭合和开启两种选择。可以人工设置全开或全闭位置,也能锁定在闭合位置。每个机翼由管道连接到机翼,并汇集到前缘分布管道,热气引气能馈送给前缘斜面。每个机翼斜面是独立的，柔性连接可连接到前缘管路，在管路移动时可以灵活调整误差。每个机翼上有 2 个柔性连接处，如图 10.4.3 所示。在机翼外面的斜面上有 3 个喷管口，可直接引气到机翼前缘表面。

如图 10.4.4 所示，机翼和发动机防冰控制面板上有机翼防冰开关，用于控制机翼热防冰，同样也控制着发动机进气道的热防冰，这些都在头顶板的 P5 板上。测试面板上有机翼防冰窗口/探测热开关，可用于机翼热气防冰 TAI 系统的地面测试。

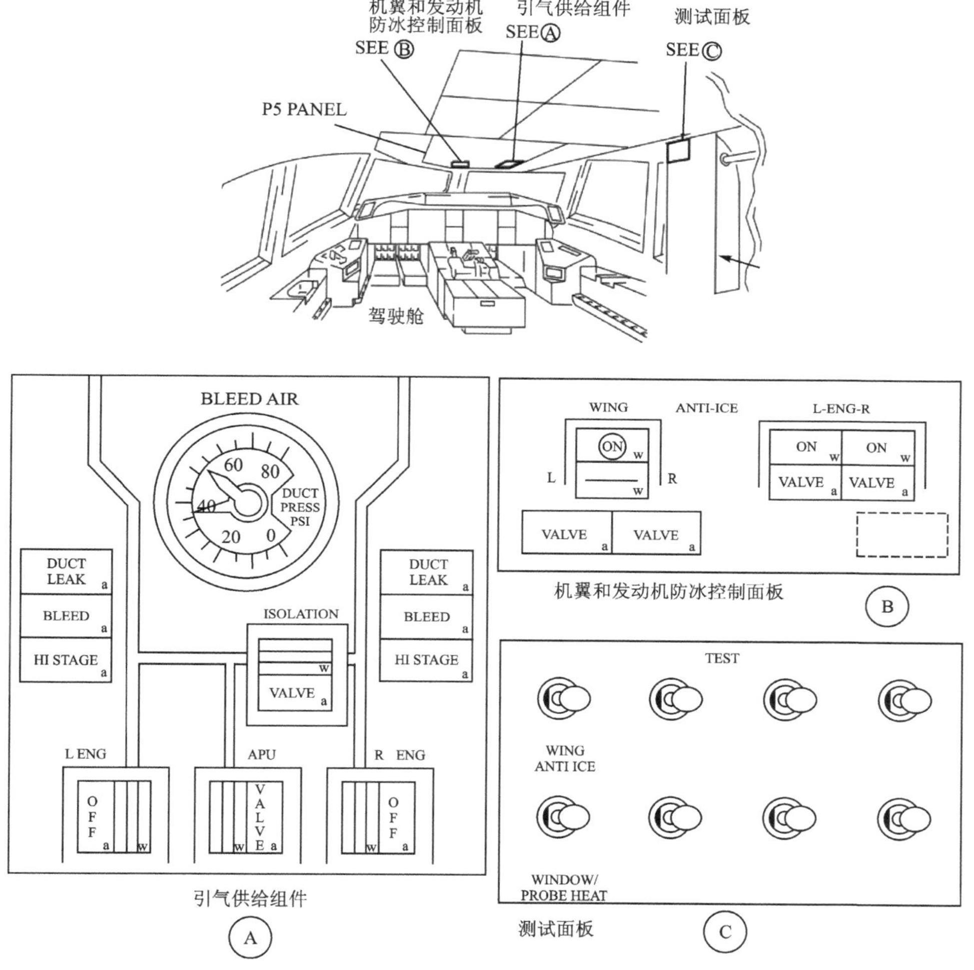

图 10.4.4　机翼和发动机防冰控制面板、引气供给组件及测试面板

图 10.4.5 是机翼防冰电路图。按下 WING ANTI - ICE 开关给热气防冰 TAI 阀门的线圈通电，打开热气防冰阀门，发动机引气则通过机翼前缘管路。当阀门处于开启时，面板上琥珀色阀门信号灯点亮。当阀门打开后，阀门指示灯熄灭。

当机翼的热气防冰阀的位置与指令要求的位置不一致时，机翼的阀门灯亮。EICAS 计算机监视着阀门/开关的不一致问题。如果阀门位置与指令位置的不一致超过 2.5 s，则在 EICAS 显示器 P2 板上显示机翼防冰信息。

发动机引气控制插件(EBCCS)监视热气防冰阀的位置。EBCCS 由输出到发动机电子控

制单元 EEC 微调发动机控制,以满足引气要求的改变。

在地面测试时,空/地开关禁止了在地面加热。可采用面板上的选择开关 WING ANTI-ICE WINDOW/PROBE HEAT 进行地面测试操作。如图 10.4.5 所示,机翼防冰探测加热开关有 3 个位置,WING ANTI-ICE、WIND/PROBE HEAT 及中间关闭位置,显示由 P5 板上的 WING ANTI-ICE 开关确定。当机翼防冰开关关闭时,保证机翼防冰位置上的测试开关打开热防冰 TAI 阀门。只要测试开关维持在最大时间 12 s,阀门上的指示灯点亮。12 s 后地面延时继电器自动关断,防止管路过热。

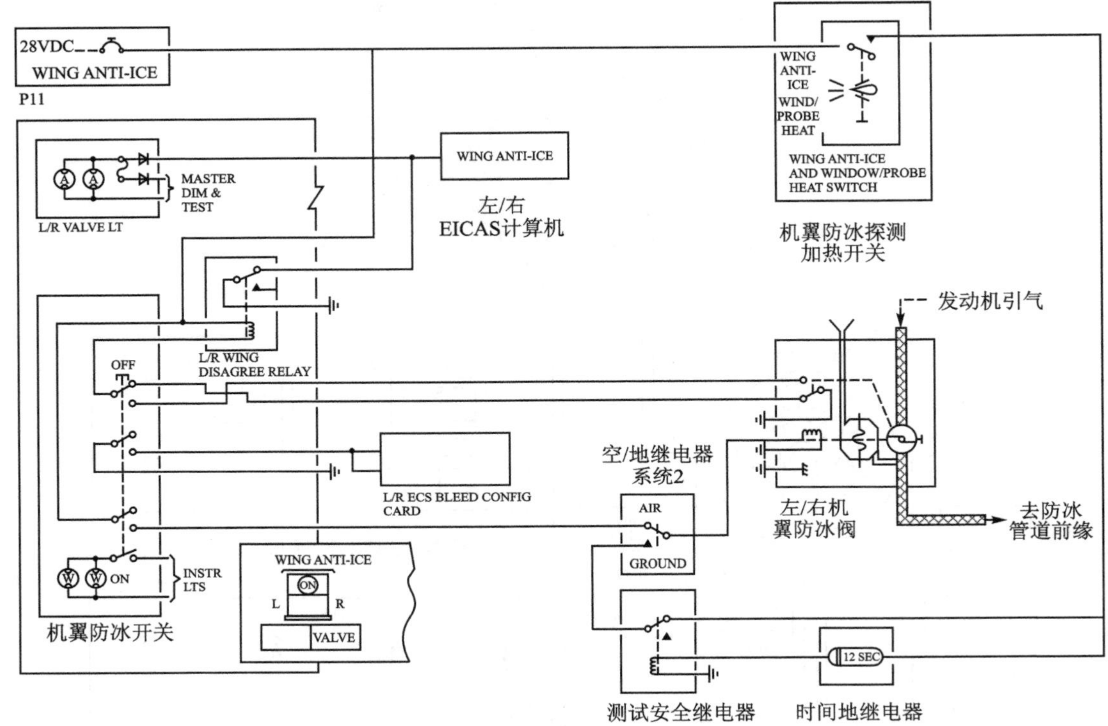

图 10.4.5 机翼防冰电路图(B757)

10.5 飞机结冰信号装置

结冰信号装置又称结冰信号器,有直观式结冰信号器和自动结冰信号器两大类。直观式结冰信号器安装于飞行员容易看到的地方,发现结冰后,飞行员用人工方法接通防冰系统;自动结冰信号器既可向飞行员发出结冰信号,还能自动接通防冰加温系统。

10.5.1 探冰棒和探冰灯

探冰棒是最简单的直观式结冰信号器,其典型的结构形式如图 10.5.1 所示。探冰棒做成翼形截面以减小风阻。由于它的尺寸小,在轻微结冰状态下便会结冰。在探冰灯的旁边装有聚光灯以照明探冰棒,以保证夜间飞行时用。

探冰棒装在机身外飞行员最容易看到的地方。发现结冰后,飞行员人工接通防冰加温装

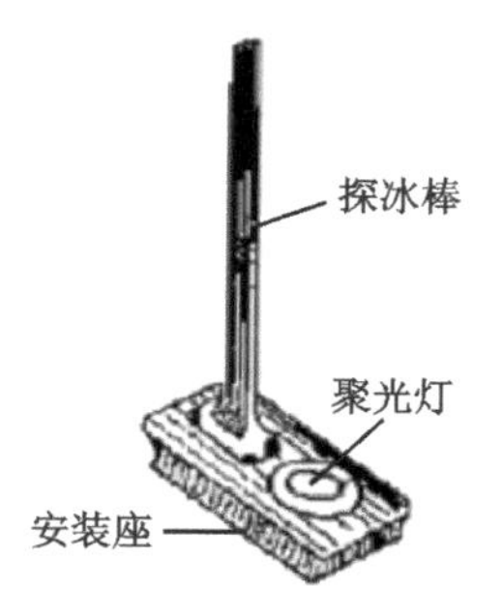

图 10.5.1　探冰棒

置，探冰棒内装有电加热器，接通防冰加温系统时也接通了探冰棒本身的电加热器，就可除去棒上的冰了。

多数飞机装有几种或几套结冰信号器，其中直观式探冰灯常作为探测结冰的辅助设备。探冰灯是一种专用的聚光灯，外形和普通灯差不多，一般安装在机身中部靠近机翼根部稍前部位，左右两侧共两盏。探冰灯接通时，灯光可集中照射到整个机翼前缘，还可观察到发动机进气道口的结冰情况。一般大中型飞机才装有探冰灯，如 B737 飞机。

10.5.2　压差式结冰信号器

压差式结冰信号器又称冲压空气式结冰信号器，利用迎面气流的动压（全压）与静压的差值而制成，其结构形式多样。下面以 CO－4A 型结冰信号器为例来介绍它的基本结构和工作原理。

图 10.5.2 是冲压空气式结冰信号的结构简图。这种结冰信号器是利用金属波纹膜片的弹性而工作。由膜片将静压室与动压室隔开，膜片上装有活动接触点，两室之间由泄压孔相通。动压室通过进气口端面上的小孔承受迎面气流的冲压；而静压室通过信号器侧面的小孔感受空气静压。结冰信号器的头部和根部还有两组加温电阻，是为本身除冰用的。信号器通过插头与外电路连接。

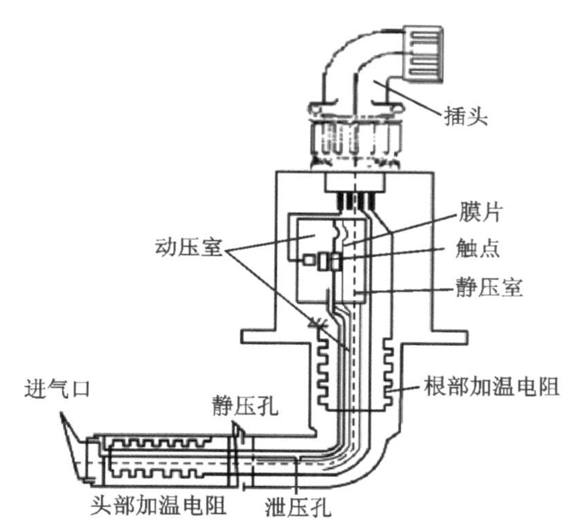

图 10.5.2　结冰信号器 CO－4A 原理图

当冲压空气式结冰信号器用于探测发动机进气道口结冰情况时，被安装于发动机进气道内，进气口对准气流的方向。当发动机不工作没有冲压气流时，接触点处于闭合状态；当发动机工作时，冲压气流进入动压室，由于动静压之差使膜片弯曲，从而使接触点断开。

飞行中，当发动机进气道出现结冰情况时，结冰信号器端口进气口上的小孔被冰堵塞。这时动压室失去冲压气流，动静压两个密闭室的压力通过泄压孔达到平衡。于是膜片上的活动接触点与固定接触点闭合，便接通驾驶舱内的结冰信号灯，同时接通发动机整流罩的防冰加温电路，也接通信号器本身的加温电路。

结冰信号器本身的加温电路接通，经过一段时间后，融化了结冰信号器头部动压孔的冰层（此时由于整流罩防冰加温电路的同时接通，进气道口结冰也应被融化），冲压空气又进入动压室，膜片弯曲又将接触点断开，信号灯熄灭，同时停止加温。这时，飞机如果仍在结冰区，又将重复此过程。因此，飞机飞过较长结冰区域时，结冰信号灯将周期性地闪亮。

10.5.3 金属导电环式结冰信号器

1. 结构组成

图10.5.3所示是金属导电环式结冰信号器,其由受感器和随动器两大部分组成。

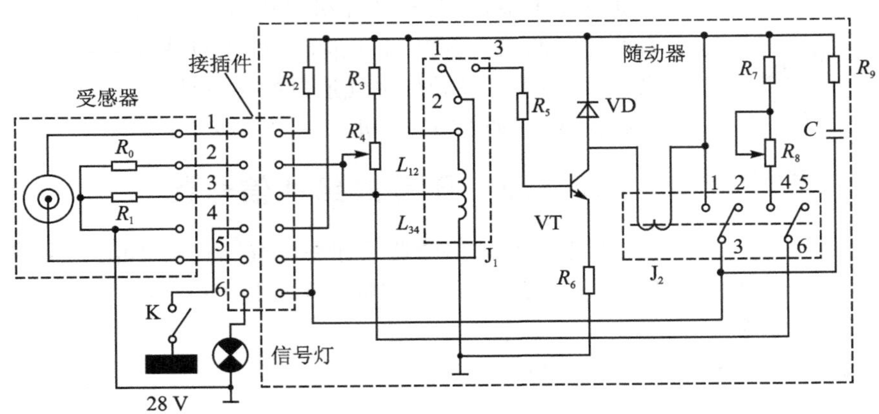

图10.5.3 金属导电环结冰信号器的工作原理

受感器包含电阻温度系数为负的热敏电阻R_0、除冰加温电阻丝R_1和金属导电环。导电环是由两个彼此绝缘的金属套环构成,安装于机身外,作为结冰探头。表面结冰时,两金属套环因短路而导通;没有结冰时,导电环的内外层断开。

随动器由极化继电器J_1、晶体管VT、继电器J_2组成。机上直流电源由开关K引入,经电阻R_2加到导电环上。

2. 工作原理

(1) $t>0$ ℃没有结冰

当温度在0 ℃以上时,由于热敏电阻R_0的阻值很小,通过极化继电器线圈L_{12}的电流大于L_{34}的电流,使极化继电器的活动触点处于电路断开的一边。极化继电器的两个绕组L_{12}、L_{34}与电阻R_3、R_4和电阻R_0构成一个短路电桥。此时的晶体管VT的基极无触发信号而不能导通。

(2) $t<0$ ℃但空气干燥不结冰

当受感器感受到0 ℃以下温度时,如空气干燥飞机未结冰,热敏电阻R_0的阻值增大,通过极化继电器线圈L_{34}的电流增大而通过L_{12}的电流减小,使极化继电器J_1动作,活动触点接通电阻R_5,因而将晶体管的基极与导电环的内套筒连通。但此时没有结冰,晶体管VT的基极上仍然没有电压。

(3) $t<0$ ℃并已结冰且需要除冰

只有当飞机进入结冰区,环境温度低于0 ℃的结冰云层时,受感器导电环内外套环之间由于结冰而导通。这时机上直流电源通过电阻R_2、导通后的内外套筒、J_1的接通触点和电阻R_5而加到晶体管的基极上。晶体管导通使继电器J_2工作。J_2的一对触点接通结冰信号灯,发出结冰信号。同时给受感器内加温电阻R_1通电,使结冰融化,J_2另一对触点将电阻R_8和R_9与短路电桥的上两桥臂并联,使通过线圈L_{34}中的电流增大,而L_{12}中的电流减小,从而使极化

继电器更可靠地保持在工作状态。C 和 R_7 的作用是减弱触点火花。

(4) 温度 t 升高且冰层融化

受感器加热后，冰层融化，热敏电阻 R_0 的阻值随温度 t 的升高而减小，通过极化继电器 L_{34} 的电流减小，直到极化继电器的触点断开。晶体管由于基极断电而关闭，继电器 J_2 断电，受感器停止加热，结冰信号灯熄灭。经过一段时间，受感器冷却后，若内外套环之间重新结冰，则重复上述过程。

受感器的接地线连到起落架空地感觉开关的接点上，因此，在地面时加温电路是不会被接通的，以免地面通电且因散热条件不好而烧坏受感器。在地面检查时，用一个电阻接在内外套环之间模拟结冰状态，另外在加温电路内串入一个电阻，以免受感器过热烧坏。

10.5.4 放射性同位素结冰信号器

图 10.5.4 所示是放射性同位素结冰信号器。结冰信号器由传感仪敏感结冰情况并发出信号。信号经过放大器放大后在最后显示系统显示。此外，还有一些相应地控制加热电路。这里重点介绍放射性同位素结冰信号器的传感仪。

射线源使用的放射性材料是锶(38Sr90)或钇(39Y90)，它们都放射出 β 粒子形成 β 射线。锶的半衰期为 28.4 年。由于它衰减慢，可以认为在使用中 β 射线的强度不变，即单位时间放射出来的 β 粒子数不变。

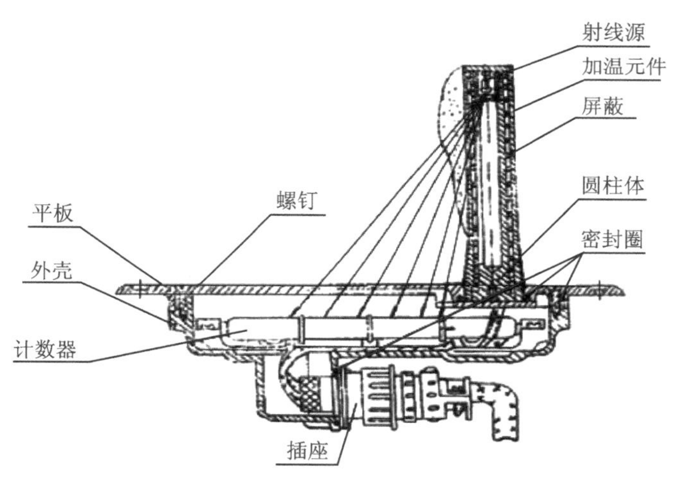

图 10.5.4 放射性同位素结冰信号器传感仪射线源

传感仪中的放射源圆柱体伸到飞机外，其“平板”与飞机蒙皮齐平。传感仪中另一重要部件是“计数器”。这里采用盖革-米勒管(G－M)作为计数管，型号为 CTC－5。它是目前广泛采用的一种脉冲计数器，可以给 β 粒子计数。

图 10.5.5 所示是盖革-米勒管计数管。它是一个密闭的玻璃管，中间的一条细钨丝作为阳极，管壁涂的上薄层导电物作为阴极；管内充入低压惰性气体和少量卤族元素(溴或氯)气体。计数管的电源电压 U 比较高，电压范围为直流 1 000～1 500 V。

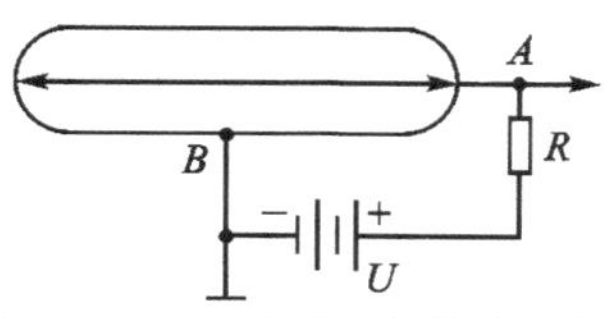

图 10.5.5 盖革-米勒计数管

没有结冰时,放射源射出的β射线,即β粒子流可以电离,迅速使计数管阳极阴极之间发生雪崩击穿,使计数管输出端(阳极)电位瞬间降低,也即A端的电位接近地,产生负脉冲,放电迅速停止。没有结冰时,有大量β粒子,即连续密度较大的β粒子穿过圆柱体窗口到达计数管,因而计数管A端输出负脉冲数很多。

有结冰现象时,圆柱体窗口开始被结冰层覆盖,使到达计数管的β粒子减少,即β粒子流的连续密度减小,因而计数管A的输出负脉冲数减少。可见计数管输出负脉冲数的多少可以反映结冰的情况。这个信号被放大处理后即可用于控制加热系统和信号显示。

对放射性同位素结冰信号器进行维护时,必须注意安全问题。长时间接触放射源或者对放射源进行错误操作,对人体是有危害的,因此必须遵守安全技术规范。

10.5.5 探冰马达

探冰马达是一种机电式的结冰信号器,不仅能发出结冰信号,而且能自动控制发动机防冰系统和机翼、尾翼防冰系统的工作。

图10.5.6是探冰马达的外形及安装关系图。探冰马达是一个特制的单相异步电动机,由机上115 V单相交流电源供电,在启动和运行时,由电容器移相而工作。结构上,它是将电机套装在一个外罩内,外罩固定在飞机蒙皮上,而电机的定子相对于外罩可转动一个角度,因此称为浮动安装。由马达转子的软轴带动一个伸到机外的探头,探头是一个圆柱体,上有沟槽,易于结冰。在探头的旁边,在飞机蒙皮上装有与其轴向平行的固定刀片刀片作为探头的刮冰器,与探头保持很小的间隙。

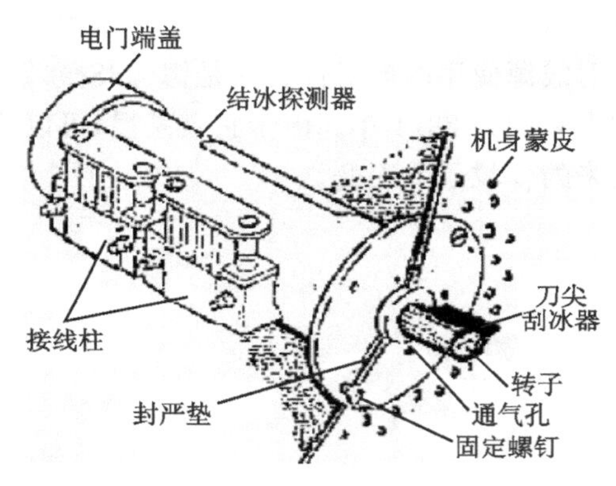

图10.5.6 探冰马达的外形

飞机在无冰区,由马达带动探头自由旋转;进入结冰区后,探头结冰,因刀片与探头的距离很近,所以探头上的冰要被刀片切削,使马达的负载增大,马达转子要转动,而刀片不让它转动,根据作用力与反作用力的关系,浮动安装的电机定子会相对于转子反方向转动一个小角度,达到转矩的平衡。定子转动一个角度后,将电机内的一个微动开关压通,接通飞机上的直流电源使驾驶舱的结冰信号灯亮,同时还通过延时组件使中央警告系统发出信号,并自动操纵发动机防冰系统和机翼、尾翼防冰系统的工作。

10.5.6 超声波探冰技术

图10.5.7所示是一种超声波探测器。其感测探头暴露在气流中,由一个电磁线圈以40 kHz的自然频率振动。探头结冰后,由于质量增加使其振动频率降低。

图10.5.8是超声波探测系统图。探测器壳体内的一个逻辑单元确定探头的振动何时低于39 867 Hz(约40 kHz)。达到该频率时,说明已知质量的冰已经形成,系统就会给圆筒加热把冰融化。

图10.5.9所示是用于检测频率变化所花时间的超声波系统定时器。其加热器一直打开,

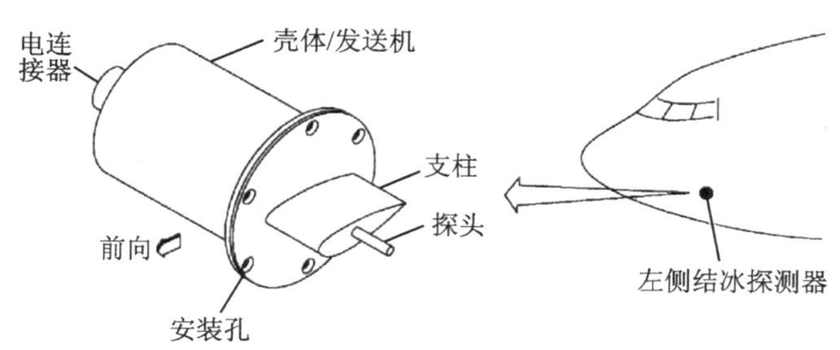

图 10.5.7　超声波结冰探测器

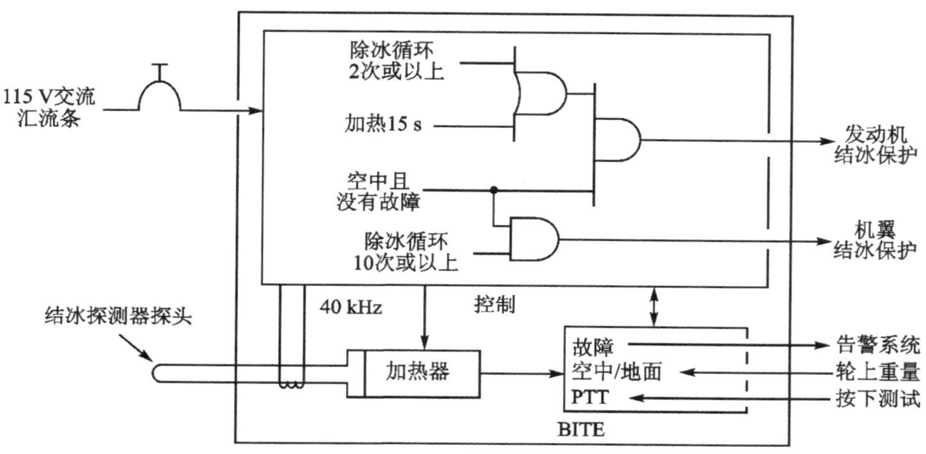

图 10.5.8　超声波探测系统

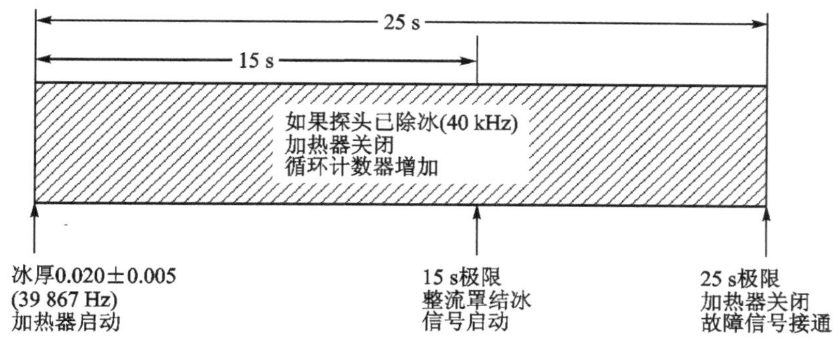

图 10.5.9　超声波系统定时器

直到探头的振动回到标称的 40 kHz。标称加热时间是 6 s，如果加热器工作时间超过 25 s，就会电源切断，同时故障条件发送给机组人员。探测器带有控制功能，用于对发动机和机翼的结冰保护进行选择。

10.6　飞机防冰系统防冰举例

机型不同、部位不同，防冰处理的方法有所不同。下面举例介绍。

10.6.1 利用压缩空气的除冰系统

图10.6.1所示是利用压缩空气的除冰系统,其主要由除冰器、定时器、电路断路器、过热开关、柔性连接器、压缩空气线、压缩空气开关、螺线管阀门、排泄阀、空气调节器等组成。

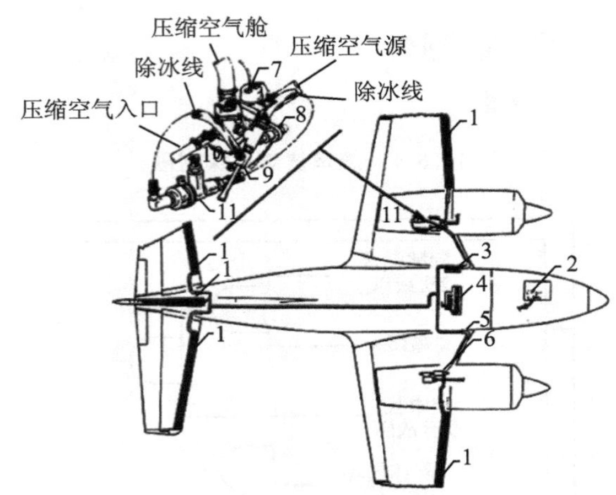

1. 除冰器; 2. 定时器; 3. 断路器面板; 4. 过热开关面板;
5. 柔性连接器; 6. 压缩空气线;7. 压缩空气开关; 8. 螺线管阀门(调节器);
9. 排泄阀; 10. 空气调节器; 11. 螺线管阀(除水器)

图10.6.1 利用压缩空气除冰系统图

10.6.2 B727飞机机翼热电除冰系统

图10.6.2所示是B727飞机的热电除冰系统,图中黑色粗线表示电加热线到达的地方,可以进行防冰和除冰。除冰控制可按驾驶舱内P5控制面板上的说明操作。

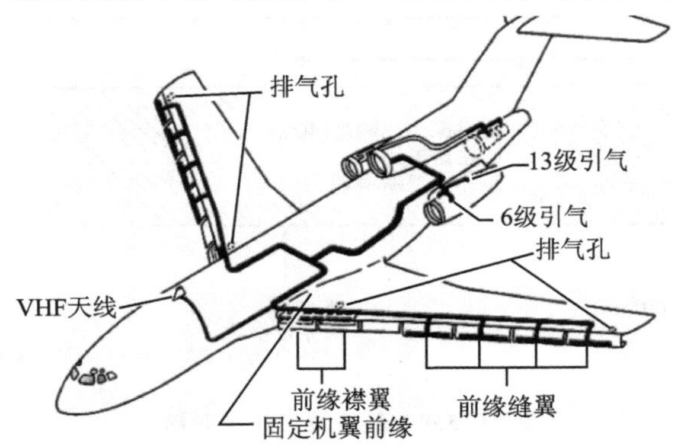

图10.6.2 B727飞机机翼除冰示意图

10.6.3 A380防冰系统

图10.6.3所示是A380飞机的防冰系统,其不受任何结冰条件的限制。发动机和机翼防冰采用发动机尾部的热压缩空气、座舱加热、废水排水口加热、空气数据探测装置(空速管)等,加热采用电气加热。

防冰检测系统可以使发动机和机翼防冰工作或停止。机务人员可以在任何时候手动启动防冰系统。如图10.6.4所示,防冰阀门安装在每个发动机的压缩空气流出口和防冰进气口。

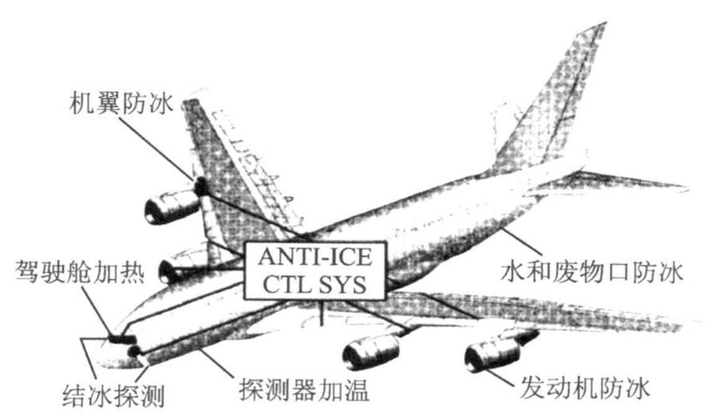

图 10.6.3　A380 飞机的防冰系统

机翼防冰采用的压缩空气的热空气通过阀门加到机翼上，如图 10.6.5 所示。

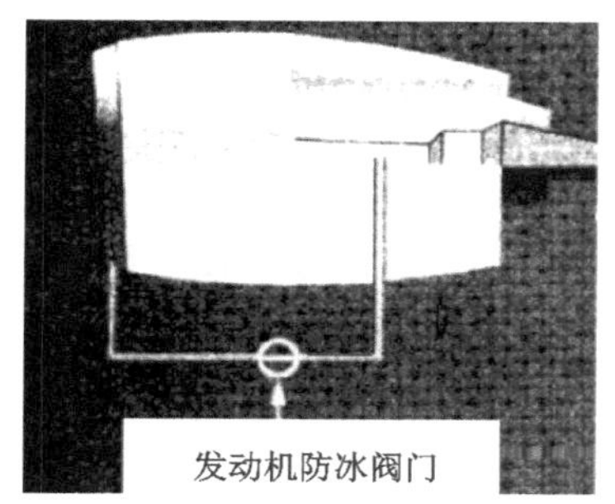

图 10.6.4　A380 飞机发动机的防冰

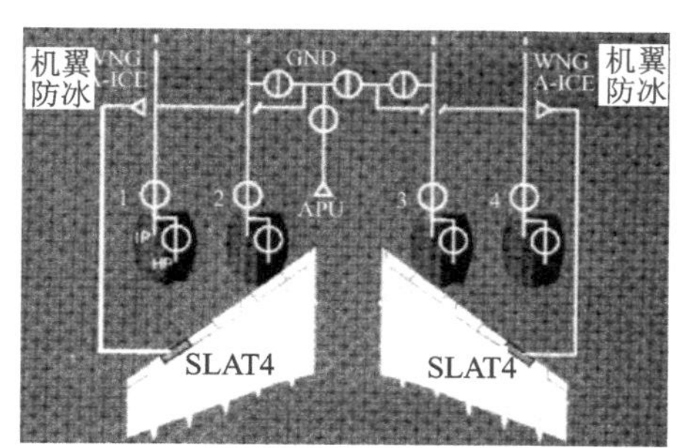

图 10.6.5　A380 飞机机翼防冰系统

由于机翼防冰需要提取发动机的尾气，这在地面和起飞时是绝对不允许的。

10.6.4　飞机的防冰/除冰设备及其使用技巧

① 当外界温度低于 10 ℃时，防冰/除冰系统就应该打开，但风挡防冰和尾翼除冰可以在发现有结冰的情况下打开。

② WING/ENGINE ANTI－ICE 置 WING/ENGINE 位，可分别对相应侧的发动机、发动机吊架处进气道和机翼除冰；如果 WING/ENGINE ANTI－ICE 置 ENGINE ON 位，只能对相应一侧发动机、发动机吊架处进气道加温。

③ 当外界冲压空气温度大于－18 ℃时，风挡引气控制旋钮调到 MAX 位，风挡引气防冰开关置 LOW(260 ℉)位。当外界冲压空气温度小于－18 ℃，风挡引气控制旋钮调到 MAX 位，风挡引气防冰开关置 HI(280 ℉)位置。应急状态时，风挡引气防冰开关置 HI(280 ℉)位置。

④ 当外界温度或冲压空气温度低于－35 ℃，不要使用尾翼气动除冰，因为在此温度下使用尾翼除冰会损伤除冰带。

⑤ 当使用机翼或发动机防冰时，相应一侧的发动机会持续点火。

⑥ PITOT/STATIC(皮托/静压)加温不能超过 2 min，否则会损伤 PITOT/STATIC 和 AOA(迎角传感器)加温元件。

⑦ 在地面，发动机高转速情况下，不要使用风挡玻璃防冰。

⑧ 在地面高转速情况下,ENG/WING ANTI－ICE(发动机/机翼 防冰)信号灯熄灭后,不要持续让 ENG/WING ANTI－ICE 开关处于工作位。

⑨ 有效防冰的最低 N_2 转速为 70%。当转速低于 N_2 的 70%时,发动机和机翼防冰系统会自动关断,以便发动机能更快地由慢车加速。

⑩ 在高于 4 575 m(15 000 ft)、寒冷环境温度中下降,当所有防冰系统都打开时,可能需要保持 70%以上 N_2(73%～78%),以防止信号灯亮,并保证防、除冰系统正常工作。

⑪ 飞机不提供在冻雨或者严重的混合或明冰积冰时的保护。在飞行时飞行员应该有良好的判断,并且做好备份飞行计划。

⑫ 如果在积冰条件下飞行,应维持在 256 km/h(160 n mile/h)的最小速度飞行(除进近和着陆以外),并建议不要长时间放下襟翼和起落架飞行。

⑬ 尾翼除冰带失效时,遇到积冰,允许使用的襟翼最大度数为 15°。

⑭ 在夜间飞入已知或预报积冰区前,所有的机翼积冰检查灯必须工作正常。

10.6.5 严重结冰下运行的注意事项

飞机在冻雨、冻毛毛雨或混合的结冰条件(过冷水滴和冰晶)下,可能会导致超过系统防冰/除冰能力的结冰,或者导致在受保护的表面之后形成结冰。这些结冰即使使用防冰系统也不能完全清除,并且严重影响飞机的性能和操纵性。如果在正常情况下不会结冰的机体以及风挡上出现不同寻常的大范围结冰,应该按下面程序操作:

① 禁止使用自动驾驶仪,因为使用自动驾驶仪,无法感觉到操纵特性的恶化迹象。

② 立即向空中管制请求优先改变航路或高度,以脱离结冰区。

③ 襟翼保留在当前位置,不要收放。

④ 避免突然和过量的操纵,以防止操纵更加困难。

⑤ 若出现非正常或非指令的滚转,立即减小迎角。

10.6.6 冬季地面除冰和飞行前检查

1. 地面除冰

如果飞机在外停放,外界温度低于 0 ℃和湿度过大,有可能在飞机表面形成冰、霜。在机翼表面和前缘形成的明冰用肉眼可能不容易察觉,要通过手去感觉才能发现。如果飞机带有冰、雪、霜起飞,极易造成失速,所产生的后果可能比空中还要严重,所以起飞前必须按手册规定程序对飞机进行除冰、霜、雪,严禁带冰、雪、霜起飞。

2. 飞行前检查

① 通电检查时,打开空速管—静压孔加温开关和发动机防冰开关,检查电防冰系统工作是否正常(注意:电加温打开时间不超过 30 s)。

② 开车后,将发动机 N_2 转速加至 70%以上,打开发动机/机翼防冰和尾翼除冰开关,检查引气防/除冰系统工作是否正常,尤其是当起飞阶段有预知的结冰飞行时。另外,要检查各舵面的活动是否灵活以及襟翼收放是否正常,防止舵面卡阻影响操纵。

10.7　飞机防冰与除冰的技术展望

近几年来，我国屡次发生因结冰造成的重大飞行事故，给国家财产和人民生命安全带来了较大损失。避免飞机结冰安全事故的发生，需要系统性的安全保障，涉及如航空气象预报、飞机结冰探测技术应用、高效可靠的飞机防/除冰系统设备、飞行人员防冰安全意识的强化以及结冰危情的正确处置等。其中，应用机载结冰传感器及探测装置对飞机结冰进行实时探测和报警，是飞机结冰探测技术研究的内容，也是飞机防/除冰系统设备工作的前提。

1. 飞机结冰安全与防护

飞机结冰安全与防护在广义上是指采用各种技术手段避免飞机结冰，以及在飞机结冰后如何保证飞机不发生安全事故，还应包括航空气象对结冰的预报、飞机起飞前的地面除冰、机场跑道除冰等方面的问题。此术语应用更多的应是狭义上的意义，即指飞机在空中飞行时，采用某种装置（多为加热装置）避免飞机结冰，或是在飞机结冰后及时消除结冰。所以飞机结冰安全与防护可分“飞机防冰”和“飞机除冰”两个方面。

2. 飞机防冰

主要指对飞机上那些绝对不允许有结冰发生的部位，设置有某种装置（通常是电加热或/和热气加热装置），保证这些部位在任何气象条件下，在飞行的任何时刻，都不会有结冰的情况发生。

3. 飞机除冰

主要指飞机飞行时，飞机上有些部位允许在一定时间内发生一定严重程度之内的结冰。飞行人员在结冰探测器的提示下，开启除冰装置（如各种加热装置、除冰气囊等），以对结冰进行消除，避免结冰对飞机产生安全危害。显然，这也包括地面起飞前的除冰工作。

4. 结冰探测系统

结冰探测器是由一个或多个结冰传感器所组成，同时包含信号处理和报警电子系统。而结冰探测系统是由多个结冰和/或其他（如温度、飞机姿态）传感器所组成，并具有高级信息处理能力的一种结冰状况报警和信息指示系统。系统对结冰探测有时间上的超前性，从而具有结冰预警功能。系统还能给出多个结冰部位的不同结冰速率（结冰强度）、绝对结冰厚度（结冰程度）等信息，使关于结冰状况的信息更为具体和全面。此外，系统还能给出除冰效果信息等。总之，系统对飞机结冰的探测和预警更为及时、准确和可靠，大大提升了飞行人员对结冰危情处置的能力，增强了飞机结冰安全防护水平。

目前，技术先进国家已经在研发基于神经元网络技术的飞机结冰探测系统，还计划将气象信息与飞机姿态信息相综合，构成结冰安全自动控制和管理的飞行员专用信息系统。国内也有科研人员提出，融合多个温度和结冰传感器信息，构成多传感器信息融合的飞机结冰信息处理和报警系统的技术思路。这些飞机结冰信息处理和报警系统都属于结冰探测系统。

复习思考题

1. 防冰和除冰有什么不同？查阅关于飞机最新的防冰与除冰方法的资料。

2. 为什么风挡玻璃防冰采取阶梯式供电?
3. 试分析放射性同位素结冰仪的工作原理。
4. 试画出金属导电环式结冰信号器的各个阶段的等效电路图。

选择题

1. 在飞行中,当飞机发动机进气道出现结冰时,压差式结冰信号器________。
   A. 动、静触点闭合,结冰信号灯亮　B. 动、静触点打开,结冰信号灯亮
   C. 动、静触点闭合,结冰信号灯灭　D. 动、静触点打开,结冰信号灯灭
2. 飞机防冰系统中放射性同位素结冰信号器的组成为________。
   A. 光电管、加温元件　B. 盖革-米勒计数管、光电管
   C. 传感仪、放大器和信号显示　D. 传感仪、计数管和信号显示及光电管
3. 飞机防冰系统中灵敏度是指当结冰信号器________。
   A. 发出结冰信号时所需最小冰层厚度　B. 发出结冰信号时所需最大冰层厚度
   C. 不发出结冰信号时所需最小冰层厚度　D. 不发出结冰信号时所需最大冰层厚度
4. 飞机驾驶舱风挡玻璃防冰系统的电路组成是________。
   A. 电源组件、温度控制组件
   B. 功率控制组件、过热控制组件和刮水刷
   C. 电源组件、温度控制组件、功率控制组件
   D. 电源组件、温度控制组件、功率控制组件、过热控制组件
5. 结冰信号器有多种形式,一般可以分成________。
   A. 飞行员直观式结冰信号器和自动结冰信号器两大类
   B. 探冰棒和探冰灯两类
   C. 探冰棒和压差式结冰信号器两类
   D. 探冰灯和压差式结冰信号器两类
6. 各种类型结冰信号器的主要技术参数包括________。
   A. 区域延时、加温延时和可靠性　B. 灵敏度、加温延时和可靠性
   C. 灵敏度、区域延时和可靠性　D. 灵敏度、区域延时和加温延时
7. 加温延时指的是________。
   A. 结冰信号器传感仪上的冰融化到灵敏度以下时,继续给传感仪加温,以确保传感仪上的冰完全化除的时间
   B. 飞机飞离结冰区后,继续发出结冰信号的时间
   C. 结冰信号器发出结冰信号时所需的最小冰层厚度
   D. 结冰信号器发出结冰信号时的滞后时间
8. 飞机飞离结冰区后,继续发出结冰信号的时间是________。
   A. 加温延时　B. 区域延时　C. 报警延时　D. 固定延时
9. 风挡玻璃的防冰主要采用________。
   A. 液体防冰　B. 气热防冰　C. 电热防冰　D. 化学物防冰
10. 气热防冰的结构形式主要包括________。

A. 双层壁式热空气和外表面喷射热气流式

B. 电阻丝式和导电膜式

C. 电阻丝式和双层壁热空气式

D. 导电膜式和外表面喷射热气流式

11. 风挡玻璃加温控制系统的核心部件是________。

A. 过热控制组件

B. 功率控制组件

C. 加温控制组件

D. 电源组件

12. 风挡玻璃加温控制系统中功率控制组件的功用是________。

A. 调节加温电流的大小，使系统在调定温度值正常工作

B. 控制过热继电器的工作，对系统起过热保护作用

C. 保护风挡玻璃在开始加温时免受热冲击

D. 控制加温电源的通断

13. 探冰棒和放射性同位素结冰信号器________。

A. 均属于直观式结冰信号器

B. 均属于自动结冰信号器

C. 前者属于自动结冰信号器，后者属于直观式结冰信号器

D. 前者属于直观式结冰信号器，后者属于自动结冰信号器

第 11 章　飞机火警与烟雾探测及灭火系统

11.1　概　述

不管是在飞行中还是在地面，火对飞机来说是最大的威胁之一，所以火警的探测与灭火是极其重要的，必须在飞机的动力装置和机体的关键部位安置火警探测装置，再配以灭火装置。但是火警的种类较多，表现形式不一样，有时温度很高(如发动机周围的温度)，但不是火警；有时温度不高(如明火出现早期)却是火警；有时飞机没有明火但有烟雾，也可以导致火灾；更有时灰尘或粉末散落在空中，也会影响烟雾探测的准确性，误当成火警。火警的分布范围广而复杂，例如发动机周围的火警分布范围广，单纯安装一个或几个传感器是解决不了问题的，需要像网格一样的安置方案。货舱、盥洗间(吸烟烟头丢入废纸篓)的火警常以烟雾的形式出现，因此应研究不同情况下的火警形式与检测方法，以期准确地判断火警是否发生。

所有飞机上都有可燃物、高温区与起火点，因此都存在着着火危险。飞机着火会烧坏发动机、引爆油箱、座舱失火的烟雾可使机上人员窒息而死，直接导致机毁人亡。国内外都曾多次发生飞机着火事故。所以，通常在动力装置和机体的某些部位安装固定式火警探测器和灭火设备，以便对可能的"火区"进行防护。在乘客和机组人员座舱内，则配备足够数量的轻型灭火器。图 11.1.1 为某运输机火警探测器分布图。

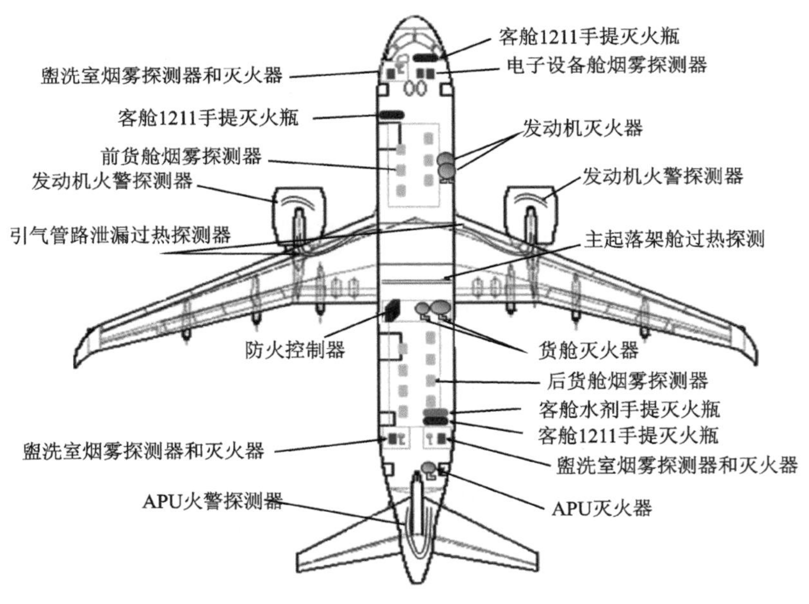

图 11.1.1　运输机火警探测器分布

现代飞机都安装有自动化程度很高的火警探测和灭火系统，尤其在发动机、辅助动力装置等高温区域大都安装有双环路的探测元件，一旦探测到高温或者火情就会在驾驶舱产生明显的灯光与声响警告，并提示机组采取灭火措施。机组通过操作位于驾驶舱的灭火手柄，使特定区域安装的惰性气体灭火瓶释放灭火。图 11.1.2 是飞机防火系统的组成框图，主要有发动机过热/火警探测、APU 火警探测、货舱烟雾探测、盥洗室烟雾探测、电子设备舱烟雾探测、主起落架舱过热探测和引气管泄漏过热探测。

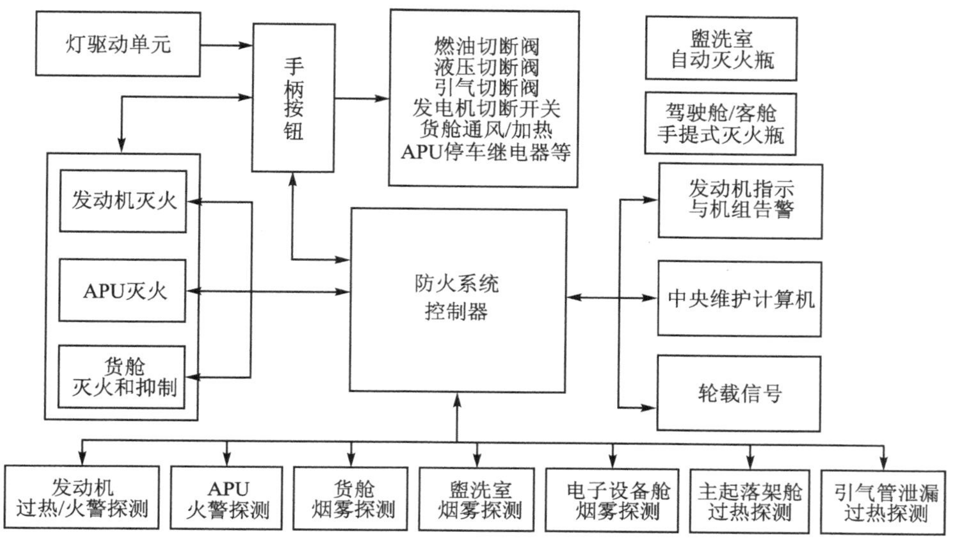

图 11.1.2　运输机火警探测与防火系统组成框图

防火系统控制通常以计算机为核心，发现火情时，一方面可以向中央维护计算机、发电机指示与机组告警及轮载信号送出火警信息，另一方面可以向发动机灭火、APU 灭火和货舱灭火和抑制发出灭火指令。可以进行人工操作的是手柄/按钮，用于切断燃油、液压、引气、发电机、货舱通风/加热及 APU 停车继电器等。

11.1.1　运输机火警探测器分布与防火系统组成

火警探测系统通常由火警传感器、火警控制盒、火警信号装置和连接导线等组成，用以探测火警或准火警条件，并以灯光或音响等形式发出火警信号，以便机组人员及时采取灭火措施。有的还能在发出火警信号的同时，自动接通灭火电路。有些飞机已经采用不同探测原理的多重火警探测装置与微处理器一起工作，以提高报警的准确性和可靠性。

飞机上常用过热探测器、温升探测器、火焰探测器、烟雾探测器、机组人员观察等方法中的一种或几种进行火情探测，而机组人员的观察只是作为探测着火的辅助手段。理想的火警探测系统将尽可能多地满足下列要求：

① 在任何飞行或地面状态下，系统不应发出错误的警报；

② 迅速显示着火信号和准确的着火位置；

③ 准确指示火的熄灭和火的重燃；

④ 着火期间连续指示；

⑤ 飞机驾驶舱中有探测系统的电器试验设备；

⑥ 探测器在油、水、振动、极限温度的环境中或运输中不易损坏；

⑦ 探测器质量轻,并易于安装;

⑧ 探测器电路直接由飞机电源系统控制,没有变换器,常用应急蓄电池供电;

⑨ 无火警指示时,所需电流最小,功耗最低;

⑩ 每个探测系统都能接通驾驶舱的警告灯,指示出着火的部位,并有发声警告系统;每台发动机都有单独的探测系统。

一般来讲火警系统已经融入机组综合显示系统 EICAS 系统中。

11.1.2 火警传感器

火警传感器是将表征火警条件的物理量转换为电学量或其他物理量的装置。根据工作效应的性质,火警传感器通常可分为发生器式火警传感器和参量式火警传感器。发生器式火警传感器本身是一种电能发生器,可以直接将表征火警或准火警条件的物理量转换成电动势。参量式火警传感器能把表征火警条件的物理量转换为电气参量(电阻、电感、电容量)的变化。

根据不同的火灾发生特点,常用的火警传感器类型有双金属片式火警传感器、PN 结温度传感器、热电偶发生器式火警传感器、热敏开关式火警传感器、电阻式参量火警传感器(感温线)、电容式参量火警传感器(感温线)、气体式参量火警传感器(感温线)、光电式烟雾探测器、离子型烟雾传感器。此外,还有辐射敏感探测器、光敏火警传感器、光导纤维传感器等。对各种类型的火警传感器的主要要求是精度、灵敏度、互换性和可靠性等参数。表 11.1.1 列出了 B757－200 飞机上火警探测器布置方案。

表 11.1.1 B757－200 飞机的火警探测布置方案

序　号	检测名称	英文名称	检测部位	传感器类型
1	发动机火警和过热检测	Engine fire and overheat detection	左、右发动机过热和火警检测	火警线用于过热检测 热电偶用于火警检测
2	厕所烟雾检测	Lavatory smoke detection	所有卫生间	光电型传感器 离子型传感器
3	APU 火警检测	APU fire detection	APU 发动机过热和火警检测	和发动机的火警检测类似,增加遥测功能
4	上、下货舱 烟雾探测	Upper and Lower cargo compartment smoke detection	货舱布置多个烟雾传感器,烟雾弥散后才能检测	离子型烟雾传感器 光电型烟雾传感器
5	轮舱火警检测	Wheel well fire detection	主轮的过热检测	在摩擦严重部位布置一定量的温度传感器

火警探测器在飞机上不同部位的布置如图 11.1.3 所示。

影响火警探测器反应时间的因素主要包括火情规模、蔓延速度、燃料类型、与探测器的距离等。如发动机火警探测器对平均温度 1 100 ℃、15.24cm(6 in)直径火焰的平均反应时间小于 5 s。火警探测器通常在壳体上标注有表示报警温度的数字,安装时需要特别注意。

大多数火警探测系统都是双系统,即在某个位置的火警探测系统中有两个完全独立的探测器和控制电路。只有在两个探测器同时探测到火警时才触发火警警告,防止由于各种原因

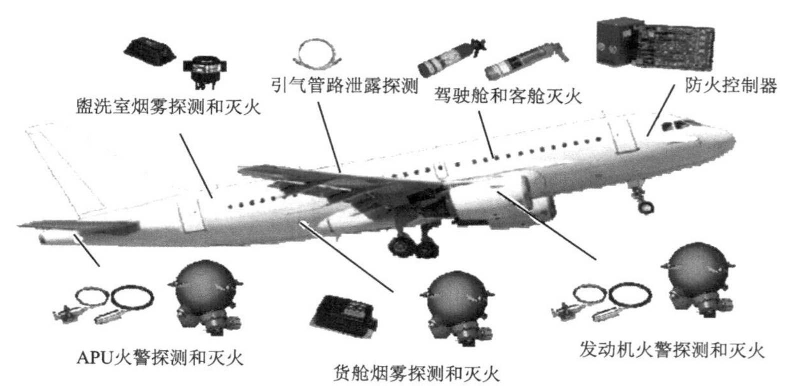

图 11.1.3　飞机火警探测系统示意图

导致的虚假火警警告。当测试到一个探测器出现故障时，允许另一个直接触发火警警告。

11.1.3　火警信号处理与控制单元

将各种传感器检测到的火警信号输入到火警信号与控制单元，经过对火警信号处理后，输出一个表示火警存在的信号。通常将火警传感器的信号处理为电平信号或者可以与 MCU 微机系统接口的标准信号等。火警信号处理与控制单元实际上是带有微处理器的线路板或包含有各种功能的信号处理装置。根据所用火警传感器类型及技术发展的情况，火警信号处理与控制单元可分为极化继电器式、晶体管电路式、带有微处理机的固体电路印制板式。

随着微电子技术的发展，火警控制盒变成以微处理器为核心的计算机控制电路，可以实现智能化、自检测、自诊断功能，并降低功率损耗。在没有火警时可以处于休眠状态，有火警时立即准确报警，从而进一步提高了系统的准确性、可靠性、低功耗和智能化程度。

在选择微处理器时要注意，单片机芯片应具有低功耗和睡眠功能，具有抗干扰能力强等特点，具有与上位通信的接口功能等。

11.1.4　火警信号装置

为了表示火警信号发生的部位、发生的具体情况，在显示器的面板上通常用带有“火警”(FIRE)字样的红色标记或发光二极管，并且还带有音响信号装置。音响装置可以为电磁式振铃、耳机或扬声器。在装有电子显示系统的飞机上，还设有例如“No. 1 ENG FIRE”(1 号发动机火警)等文字信息显示。

根据火情发生的特点，应采用不同的火警传感器。表 11.1.1 所列的各种火警情况应采用不同的探测方法，否则无法准确地进行判断和灭火。下面针对各种火警情况，讨论飞机上常用的火警检测方法。

11.2　火警探测技术

火警探测方法有很多，主要有热电偶式、电阻感温线式、电容感温线式、气体感温线和光学原理等方法。

11.2.1 热电偶式火警探测系统

将两种不同导体A、B连成闭合回路，且两节点的温度 T_0、T_1 不同，则回路内将有电动势产生，这种现象叫作热电效应，回路内的电势称为热电动势，简称热电势。固定温度的节点称基准端(冷端)T_0，恒定在某一标准温度，待测温度的节点称测温点(热端)T_1，置于被测温度场中。这种将温度转换成热电动势的传感器称为热电偶，这两种不同的金属导体称热电极。由于热电偶惯用于各种条件下的温度测量，因而结构形式多样。按热电偶本身结构形式划分，有普通型热电偶、铠装式热电偶和薄膜式热电偶。当热电偶两端出现温差时就会产生温差电动势。图11.2.1所示是热电偶式火警传感器，图(a)是结构图，图(b)表示热电动势，图(c)是实物图。热电偶分工作端(热端)和非工作端(冷端)。

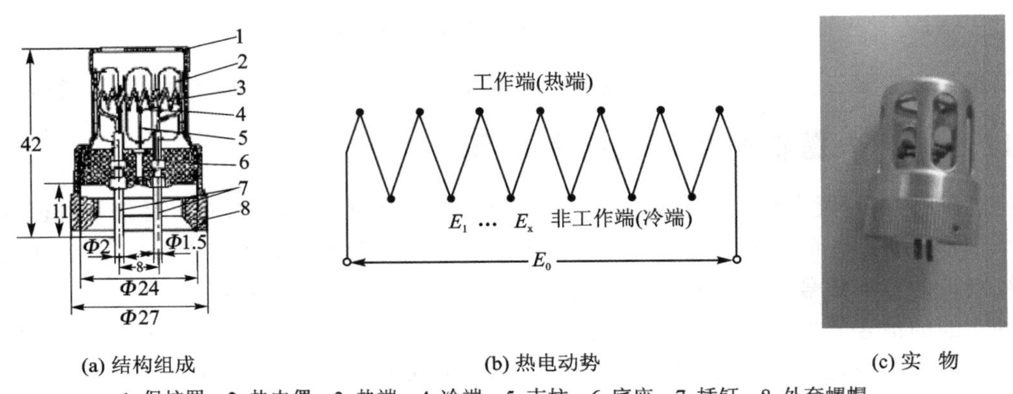

(a) 结构组成　　(b) 热电动势　　(c) 实　物

1. 保护罩；2. 热电偶；3. 热端；4. 冷端；5. 支柱；6. 底座；7. 插钉；8. 外套螺帽

图11.2.1　热电偶式火警传感器

热电偶式火警传感器是由几个串联铬镍合金烤铜热电偶组成的，金属丝的直径为0.7 mm。其工作端(热端)焊接在薄圆片上，非工作端(冷端)的两根金属丝直接焊接在一起。工作端与非工作端分别暴露在传感器底座的上方，可以与周围空气相通。故当遇到火焰时，圆片的面积大，热端的温度升高快，而冷端的温度升高慢。这时，在冷端和热端之间便产生温差电动势，几个热电偶串联总电动势是相加的，即

$$E_0 = E_1 + \cdots + E_n = E \tag{11.2.1}$$

利用热电偶产生的温差电动势与其他元器件可制成火警探测与灭火器装置。如图11.2.2所示，热电偶式火警信号系统由火警传感器(热电偶)、控制盒(内装极化继电器)和火警信号灯组成。

当出现火情时，热电偶的输出电动势上升，继电器 P_1 的线圈得电，触点1和2接通，使失火警告灯亮，同时给灭火电路的继电器送出28 V直流信号，自动打开灭火分配电磁活门组和使用第1组灭火瓶向失火区喷射灭火剂。

飞机上已将火警传感器和火警控制盒分别安装。通常火警传感器布置在火灾易发区，而控制盒安装在电子舱，常用极化继电器作为动作装置。当热电偶感受到火焰而温度突然升高时，可得到较大的电动势，可以使一个高灵敏度的极化继电器动作。

在火警探测系统中，极化继电器可用于接收来自发动机、机翼和副油箱等部位的火警传感器发出的失火信号，并接通极化继电器以控制火警信号和自动灭火的操纵电路。盒内装有多

个高灵敏度、低阻抗的极化继电器(具体数目可根据可能着火的区域数目而定)。极化继电器本身带有一个永久磁铁,如图 11.2.3 所示,目的是提高继电器的灵敏度。中间的杠杆(衔铁)上绕有线圈,衔铁的运动方向取决于通入线圈电流的方向。衔铁平时停在中立位置,因热电偶产生的电流方向只有一个,故接触点只向一个方向接通。

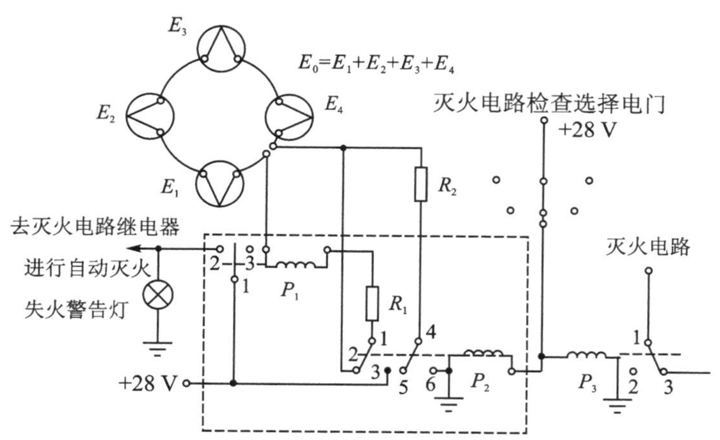

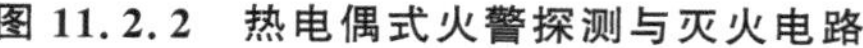

图 11.2.2　热电偶式火警探测与灭火电路

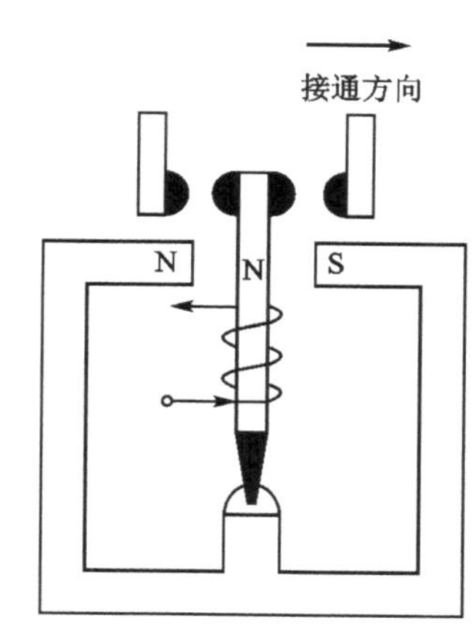

图 11.2.3　极化继电器

当火警探测器的感温元件感受到的失火火焰温度升高时,热电势增大,假设电流的方向如图 11.2.3 所示,衔铁的极性柱上方为 N 极,下方为 S 极,因此接通右边接触点,从而接通火警信号灯和自动灭火电路。

由于极化继电器具有体积质量大、触点外露、动作与晶体管比较慢等特点,因此随着电子技术的发展,现已采用晶体管电路作为火警控制的主要电路。图 11.2.4 是火警探测与处理系统原理框图,图 11.2.5 是火警控制盒的外形图,其体积小、质量轻、维护方便且故障率低,已在现代飞机中广泛采用。

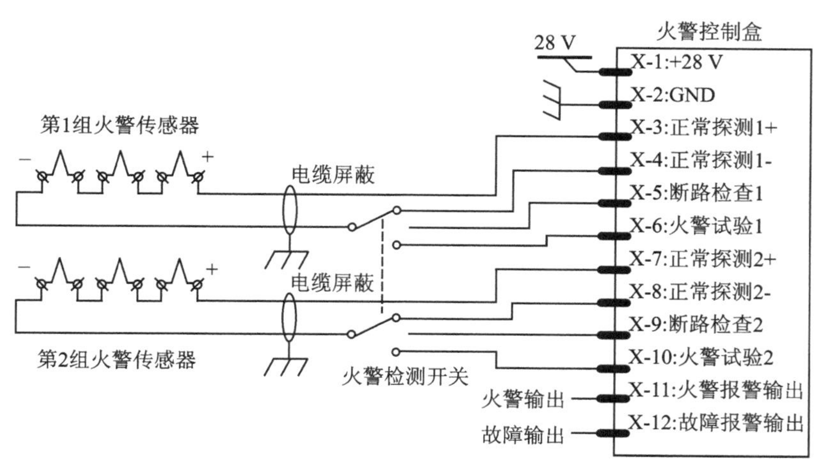

图 11.2.4　火警探测与处理系统原理框图

值得注意的是热电偶式火警信号系统的工作原理是利用传感器(热电偶)将周围介质温度的变化转变为热电动势,输出控制信号而使系统工作。热电偶只能感受由于火焰引起的温升速率而输出相应的热电势。在缓慢的温升速率下,这种传感器输出的热电势很小,甚至无输出,从而能区分火焰或呈超温现象的准火警状态。

假如热电偶冷、热两端接点受热速度相同,例如在发动机短舱里,发动机的工作使温度正常地逐渐升高,由于是逐渐升高的,热电偶两端接点温度的加速度相同,就不会产生热电势,因而没有警告信号发生。

图 11.2.5 火警控制盒外形

当某一机翼隔舱或发动机短舱失火,并且温度以不小于 2 ℃/s 的速度超过 150 ℃时,在该区域内的火警传感器热电偶的热端将比冷端加热得快,产生的热电动势在探测器电路内引起电流,只要电流大于 4 mA,就会使控制盒里的极化继电器 P_1 工作。这时,继电器的工作接点使相应的灭火分配电磁活门组打开,自动接通第 1 组灭火瓶进行灭火;同时红色火警信号灯点亮,警告喇叭响。

为了检查系统电路的工作是否良好,继电器盒内还装有检查继电器 P_2 和限流电阻 R_2。限流电阻 R_2 的作用是检查时限制外电源通过极化继电器线圈的电流,以防止极化继电器烧坏。此外,还有相应的调节电阻 R_1,用以选定输入信号(温度)的工作点。

在飞机上的有些场合,如发动机周围经常温度较高,但不一定是故障,只有当温度超过某一值时才认为是故障,但这种故障不是明火,而是以过热的方式出现。另外发动机所涉及的范围比较广,单纯用多点布置的温度传感器检测,会出现误报现象,而且所使用的温度传感器数量太多,处理电路非常复杂。为了解决范围较大的火警测量问题,可以采用参量传感器。常用的参量传感器有电阻感温线式传感器和电容感温线式传感器,用这些传感器缠绕在需要检测的部位,根据其受温度变化而使参量发生的改变进行检测。下面分别介绍其工作原理和应用。

11.2.2 电阻感温线式火警探测系统

1. 电阻感温线的构造及工作原理

图 11.2.6 是电阻感温元件的结构示意图。它采用一根或两根导线嵌在因康镍(Inconel)合金管中,两者之间充填细小颗粒的硅混合物(silicon compound)或共晶盐(eutectic)隔离材料,并在绝缘材料中嵌有一根镍铬导线(芬沃尔环线)或两根导线(基德环线)。在基德环线内两根导线中的一根线的两端与管壁相接并通过固定卡环接地。电阻型感温环线的填充材料不同,感温特性也不相同。

硅混合物绝缘材料具有负温度系数,其电阻-温度特性曲线如图 11.2.7 所示。在大气温度 T_1 时,芯内导线对地具有高电阻 R_1。传感器被加热时,绝缘材料的电阻降低。当温度达到警报点 T_2 时,硅混合物的阻值降至预设值 R_2。

另一种填充材料共晶盐是一种可在特定温度熔化的盐化合物,其温度特性如图 11.2.8 所示。共晶盐在常温下为结晶体,电阻很大,当温度升高到特定温度时,熔化成溶液状态,此时阻值降低,达到报警点。当温度下降时,盐化合物将重新凝固,阻值上升。

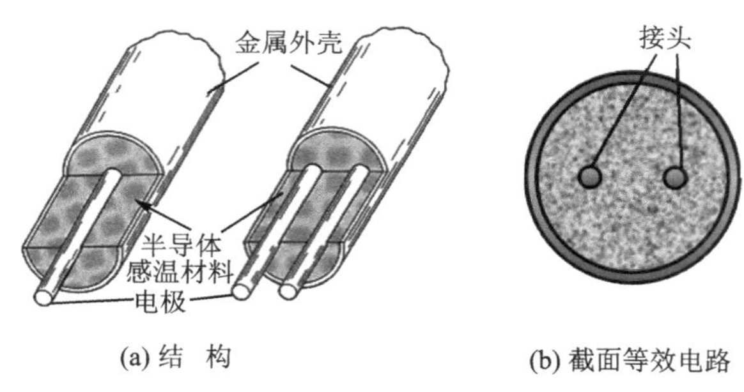

(a) 结　构　　　　(b) 截面等效电路

图 11.2.6　电阻感温线的结构及特性

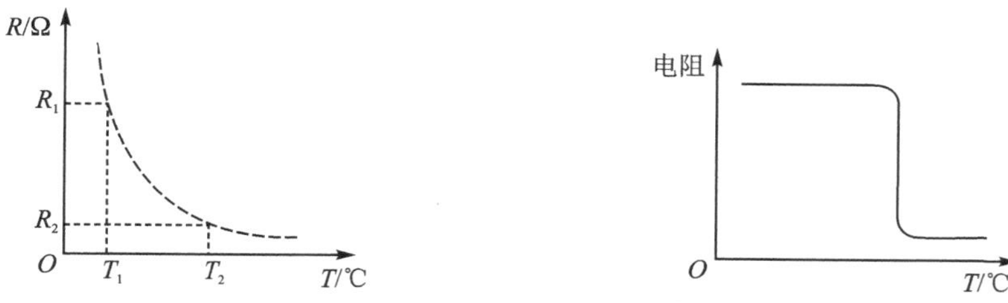

图 11.2.7　硅混合物绝缘材料负温度系数特性　　图 11.2.8　共晶盐绝缘材料的温度特性曲线

它采用一根或两根导线嵌在因康镍(Inconel)合金管中，两者之间充填半导体材料电阻温感线做成均匀的陶瓷柱体。可以把它做成足够长，缠绕在需要检测的部位，特别适用于大范围的温度检测。半导体式火警探测器是负温度系数，在常温下火警探测器的阻值很大，但随着环境温度的增高，其阻值会急剧下降，通过阻值的变化监测飞机发动机隔舱或 APU 舱的过热与着火情况。

2. 电阻感温线火警探测系统的工作原理

图 11.2.9 所示是 B707 型飞机发动机火警探测电路。火警探测控制电路由晶体管 VT_1 和 VT_2 组成一个单稳态触发电路，在各种状态下的工作情况分析如下。

(1) 无火警情况

无火警情况，不应报警，警铃不应响，警告灯不应点亮。由于发动机火警探测器的等效电阻值 R_{AB} 很高，经 R_1 与 R_{AB} 等分压使 M 点的电位足够高，VD_1 反偏截止。另外 VT_1 的基极电位比发射极电位高，使 VT_1 导通，U_{C1} 低电平输出，使 VT_2 截止。继电器 K_1 线圈中没有电流流过。当 VT_1 导通时，二极管 VD_3 导通，VD_3 的导通阻止了继电器 K_2 线圈的通电。从图 11.2.9 可以分析出，发动机火警灯 VD_7、短路信号灯 VD_6、警铃都不工作。

(2) 有火警情况

有火警时应立即报警，发动机火警灯点亮、警铃响、短路信号灯不亮。由于温度升高，感温元件的电阻 R_{AB} 减小，当电阻 $R_{AB} \leqslant 450\ \Omega$ 时，感温元件 R_{AB} 上的压降减小到约等于 VT_1 发射极电位的数值，因而 VT_1 截止，使 VT_2 导通，K_1 继电器线圈中有电流流过，K_1 的常开触点闭合，常闭触点断开，发动机火警灯 VD_7 点亮，而短路信号灯 VD_6 不亮。此时的 K_3 线圈中因 K_1 常开触点闭合而有电流，从而使 K_3 的常开触点闭合，触发了警铃而报警。K_1 断开 VT_4 集电极的一条电路，并断开短路信号灯的负线。

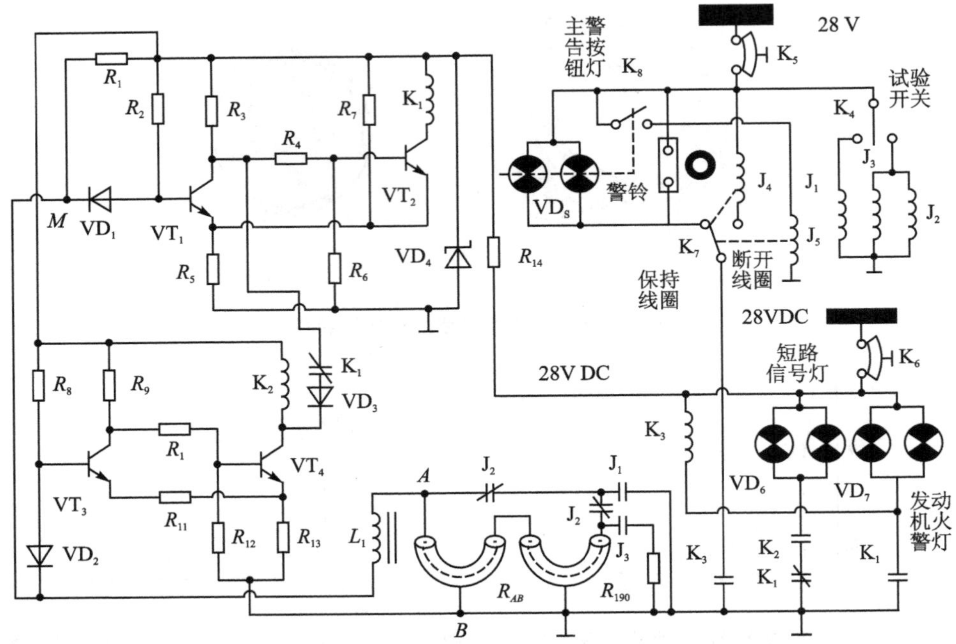

图 11.2.9　B707 飞机电阻感温线火警探测电路

(3) 短路故障鉴别

火警线铺设范围广,如果出现短路,决不能当成火警信号报警,否则将出现误报警。短路鉴别电路能够判断是短路还是火警。图 11.2.9 中的 VT_3 和 VT_4 及其外围电路构成了短路鉴别电路,其工作方式与火警探测电路基本相同。短路时,感温器的等效电阻 $R_{AB}=0$,所以晶体管 VT_3 截止,VT_4 导通;不同的是当 VT_4 导通时,会使 VT_1 的集电极电阻 R_3 流过一股大电流,并使 VT_2 保持截止,从而继电器 K_1 不能通电,此时的电流通路是,电源→R_3→K_1(常闭)→VD_3→VT_4→R_{13}→地,VT_4 的集电极电流使继电器 K_2 通电,从而接通短路鉴别灯的电路。火警电路调定感温元件电阻在 450 Ω 时工作,短路鉴别电路则将感温电阻调定在大约 225 Ω 或以下时工作。

如果感温元件电阻值的减小是由于短路而不是着火引起的,电阻值实际上一下子就降到 225 Ω 以下。由于此时感温元件的阻值低于火警电路和短路鉴别电路的工作值,故此时火警电路和短路鉴别电路都通电。但是,火警电路由于继电器 K_1 工作时间稍有延迟,就使短路鉴别电路先工作,从而防止了火警电路工作,只有短路鉴别继电器 K_2 通电。如果消除了短路,短路鉴别电路马上恢复正常;再发生火警,火警电路就能工作。

(4) 火警探测系统的试验

试验开关分“火警”和“短路”两种测试状态。试验开关在“火警”位置时,使继电器 J_2、J_3 工作(J_2 为发动机试验,J_3 为主轮舱试验)。J_2 继电器的触点使感温线接入一个 330 Ω 的电阻,即 $R_{190}=330$ Ω,然后接地,人为地使感温线的电阻减小到相当于火警状态。此时,如果感温线环路良好和电路工作正常,则应发出火警信号,松开试验开关后,电路恢复正常。

试验开关在短路位置时,使短路试验继电器 J_1 工作,其触点使发动机感温元件环路直接接地,造成“短路”状态,从而发出短路信号。

系统的警告装置控制盒可使已发出的实际警告或试验时的警告信号(主火警灯和警铃)解除,包括断开线圈和保持线圈。当按压主火警灯开关后,使"断开线圈"通电,从而断开往火警灯和警铃的负线;同时,"保持线圈"接通,直到实际警告信号或试验信号消失为止。图 11.2.10 所示为火警探测系统试验面板,根据面板指示可完成各种功能的试验。

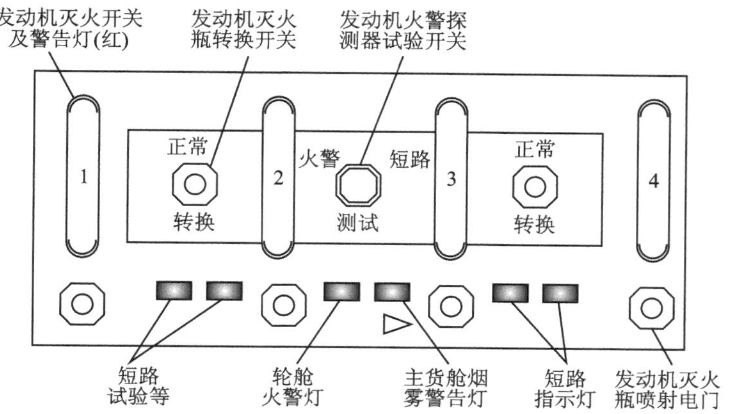

图 11.2.10　火警探测系统试验面板

火警线探测一般用在发动机隔舱中。图 11.2.11 所示是发动机电阻式火警探测线应用。

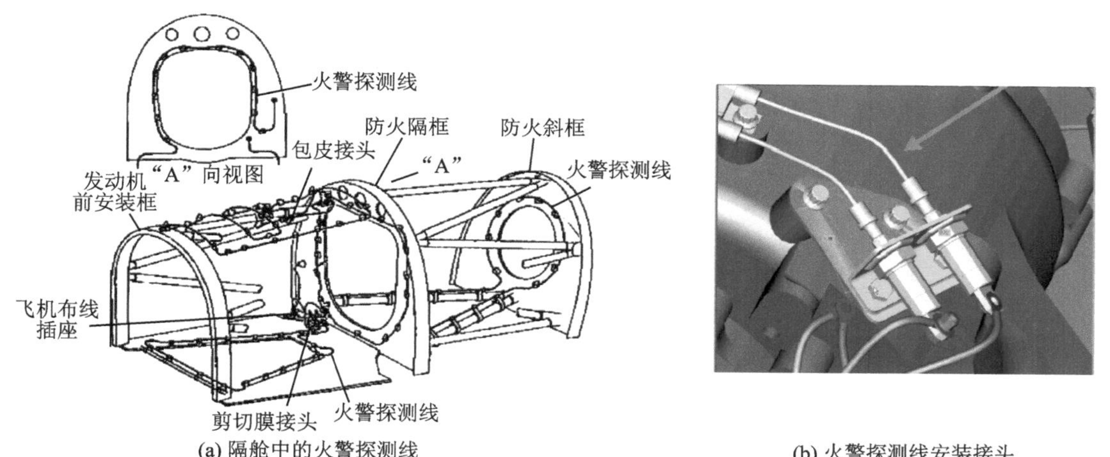

(a) 隔舱中的火警探测线

(b) 火警探测线安装接头

图 11.2.11　发动机电阻式火警探测线应用

电阻型感温环线探测系统结构简单,探测范围大,但这种探测元件在结构受损时容易产生虚假信号。这种系统常用于发动机火警探测和引气超温探测,更适合于热气泄漏探测,包括大翼前缘、轮舱和地板下区域的热气管道泄漏探测。

11.2.3　电容感温线式火警探测系统

电容器的容量与电容器的极板面积、极板间的距离和极板间介质的介电常数有关。利用这个原理,将反映温度变化的材料作为电容器的介质,当有火警信号时,介质的介电常数发生

变化,电容值随之发生改变,将这个反映温度变化的电容器接入电路进行测量,就可以进行火警的探测与报警。

1. 系统的基本组成及其工作特性

电容感温线式火警探测系统如图 11.2.12 所示,包括一个火警感温线环、控制器和相关的警告设备等。火警线由一定长度的感温元件组成,也可由几段连接而成。每一段火警线都有一根不锈钢的外管,管内装中心电极,用温度敏感充填材料使中心电极与外管内壁隔绝。敏感元件受热时有接受和存储充电电能的能力。火警感温线环类似电容,容量随温度的升高而增大。当达到某一温度时,电容达到某一数值,使控制器警告系统的线路接通。

控制器装在密封圆筒里,圆筒由三根不锈钢焊接而成。控制器一端成空壳形,内有接插头;中段有两个圆片,由小柱隔开,安装电气元件;末段呈深杯状,包住中段及其上面的元件。

每一段火警线的两端都接在接线柱上,当元件被切断时,仍可保持系统继续有效地工作。每个接线柱又与相关的控制器相接,通过控制器里继电器的接触点,把电输送到警告装置。

如果火警线短路,控制器不会把虚假信号传送出去。这种情况在元件被折断使中心电极与通地的外管相接触时,可能发生。当感温线环里或其接头部位发生短路时,这种电阻性短路会造成一个增大了的信号,低于警告值但高于复原值,所以敏感元件环或其线路的短路不会造成假警告。

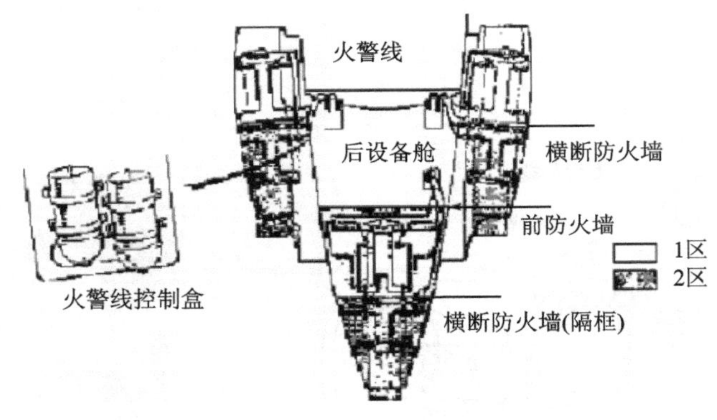

图 11.2.12　电容感温线式火警探测系统

2. 电容感温线式火警探测系统的工作原理

火警控制器如图 11.2.13 所示,由变压器与机上 115 V、400 Hz 交流电源汇流条相连。火警感温线铜芯两端接在控制器的④、⑤号接线柱上,并通过试验继电器 J_2 的"常闭"触点连接在一起,感温线的外部钢壳和机体相连。

控制器内的变压器有 AB、BC 和 CD 三个次级绕组。BC 绕组饶向和 AB、CD 绕组相反,若使感应电势在电源的某半周极性为 A^+、B^-、C^+、D^-,则另一半周电源的极性为 A^-、B^+、C^-、D^+。AB 间的电压为 25 V,BC 和 CD 间的电压为 15 V。J_1 是火警探测继电器,控制火警电路。

火警控制器是一个具有可控硅元件的电路,绕组 AB 和二极管 VD_2、继电器 J_1、电容 C_2、可控硅 SCR 等元件构成主回路;绕组 BC 和 CD,二极管 VD_1,电阻 R_1、R_4,电感 L_1,火警线电容等元件构成触发电路。它的工作条件是可控硅 SCR 触发导通,使继电器线圈 J_1 通电工作。

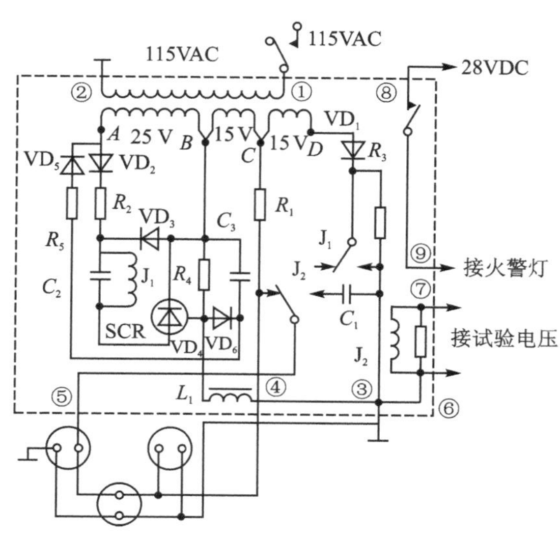

图 11.2.13 电容感温线式火警探测系统工作原理

而要使 SCR 导通，R_4 须在一定的时间内有较大的自下而上的电流流过，以使其上的压降成为足以触发 SCR 的正向压降。

在 B、D 为正，A、C 为负的半周，VD_2 截止，SCR 的阳极加不上电压，火警线电容被充电。充电电流一路由 B 经 R_4、L_1、火警线电容、R_1 到 C 点；另一路由 D 经 VD_1、R_3、火警线电容及 R_1 到 C 点。在 A、C 为正，B、D 为负的半周，VD_2 导通，SCR 阳极被置于正向电压之下，火警线电容放电。放电电流自下而上流过 R_4，其上的压降为 SCR。

当发动机着火后，由于火警线感受到高温，电容变得很大，时间常数增加，放电速度变慢，则有大电流在较长时间内自下而上流过 R_4，可控硅管 VD_2 便触发导通。导通后，电流流向为 $A \rightarrow VD_2 \rightarrow R_2 \rightarrow J_1 \rightarrow SCR \rightarrow B$，使 J_1 吸通，同时向 C_2 充电。到 A、C 又为负，B、D 又为正的半周，C_2 放电，保持 J_1 吸通。J_1 继电器有两对触点，其第一对触点接通警告电路，第二对触点使 R_3 短路，从而使火警感温线上的电荷增加。这就保证了警告系统在较低的温度(低于使电路断开的温度时)复原。

当火警感温线温度降至正常时，其放电电流减小，使可控硅不能保持导通，因而使继电器 J_1 断开，断掉了警铃电路和相连的灭火开关及中央警告系统紧急警告牌的电源。

3. 电容感温线式火警探测系统试验

火警电路中有试验开关。当扳动发动机火警和过热试验开关时，试验继电器 J_2 通电，其触点转换，使附加电容器 C_1 与火警感温线中心电极并联。如果通过火警感温线中的电流是连续的，附加电容 C_1 就会被充电放电，模拟起火的情况，从而使电路工作。如果火警感温线接地或开路，试验电路就不能使警告设备工作。

11.2.4 气体感温线式火警与过热探测系统

气体式火警探测器是由气体压力操纵工作的，其构造如图 11.2.14 所示，产品外形如图 11.2.15 所示。探测器主要由感应管和反应管等零件组成。感应管是一个不锈钢管，直径为 1.6 mm，其长度可由用户自定，最长可达 12 m，因此又常称为气体感温线式火警探测器。

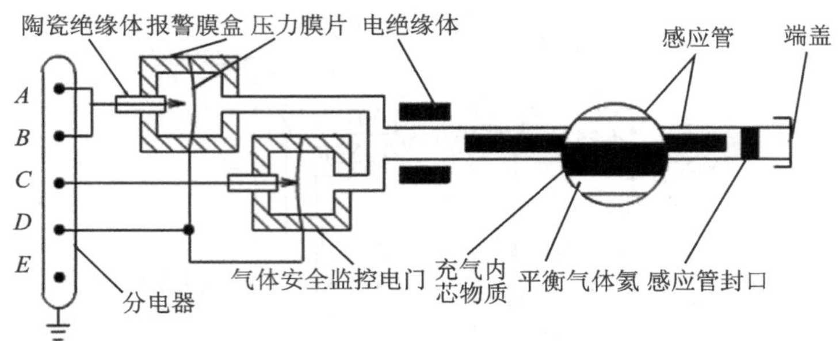

图 11.2.14　气体式火警探测器的构造

图 11.2.15　气体式火警探测器示意外形

气体式火警探测器是利用密封在不锈钢毛细管内的惰性气体高温膨胀的原理对发动机舱进行过热报警，利用密封在不锈钢毛细管内经过贮氢处理的金属丝，在火焰烧及条件下释放氢气，管内气体压力增加对发动机舱进行着火报警。

感应管连通两个压力感应开关，每个压力开关由一个金属膜片作动。感应管内则充满氦气；中间的内心物质是充有氦气的材料，有释放氦气和吸收氦气的特性。当外界温度上升，感应管内气体受热压力增大，增大到预定值后，气体压力便推动膜片，报警开关闭合，接通报警电路。

气体式探测器的工作特性如图 11.2.16 所示。

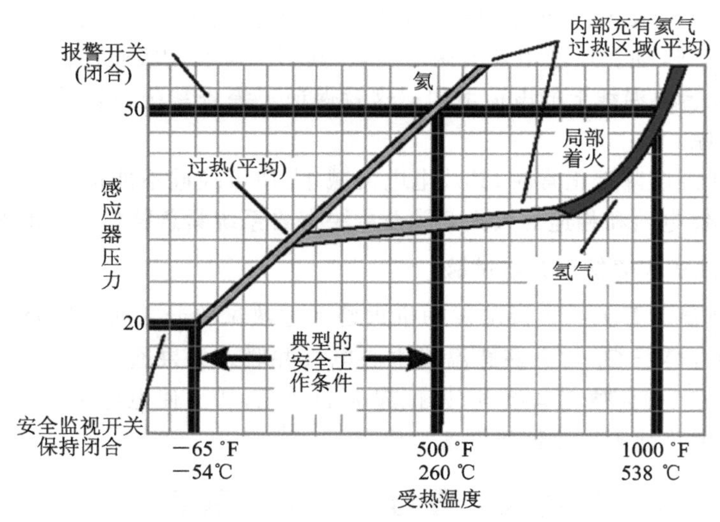

图 11.2.16　气动式火警探测器报警曲线

气体式探测器有两种功能，能感应“平均”过热，也能感应局部性火焰或热气引起的“局部”过热。“平均”或“局部”过热的控制极限可按需要由工厂生产时调定，一般不允许在使用中

调整。

平均过热：当探测器周围温度普遍上升，感应管内部氦气的压力将与绝对温度成正比地增加，达到预定的“平均”过热温度时，将推动感应膜片，闭合报警开关。平均过热温度一般设置在 200～700 ℉(95～370 ℃)之间。

局部过热：当探测器感应管的某一小部分感受到“局部”高温时，感应管内充满氦气的内芯材料就放出大量的气体，使感应管内压力上升，达到预定的温度时，同样将推动感应膜片，闭合报警开关。

“平均”与“局部”过热作用是可复位的。当感应管冷却后，平均气压降低，氦气将返回内芯物质，感应管内部压力降低，使感应膜片恢复到正常位置，切断报警系统的电路。

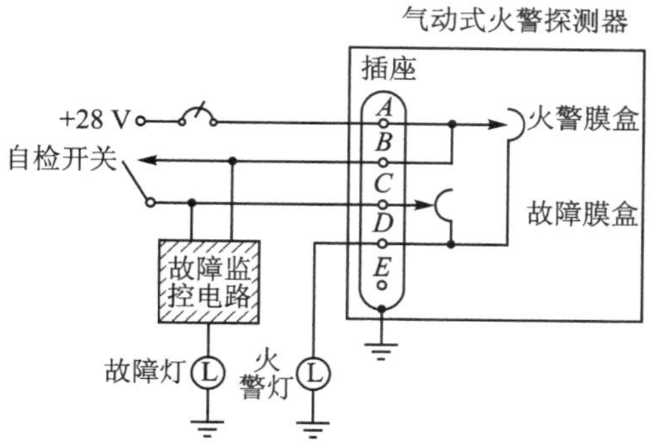

图 11.2.17　气体式火警探测器电气接口示意图

安全监控：气体安全监控开关在－65 ℉(54 ℃)以上任何温度时，由感应管内均衡气压保持监控开关处于闭合状态。一旦感应管漏气了，压力降低，导致安全监控开关断开而发出信号，显示探测器作用不完全。因此，气体安全监控开关又称完整性监控开关。

气体式探测器电气接口电路如图 11.2.17 所示，用于检查电源、监控电路和报警器是否正常。28 V 电源由 A 端输入，从 B 端插孔输出，连接到自检开关。当自检开关闭合时，故障灯灭，故障膜盒处于闭合状态，火警灯亮，表示线路正常。

正常工作时，如果有火警，则火警膜盒闭合，由接头 D 输出，火警灯亮。

图 11.2.18 所示是火警/超温探测系统中用来探测和指示发动机短舱内的火警及超温状况的传感器。打开发动机整流罩就可以接近该传感器，左右发动机相同，其安装位置如图 11.2.18(b)所示。需要注意的是左发动机的火警探测系统由右电源汇流条对其供电，右发动机的火警探测系统由左馈线电源汇流条供电。

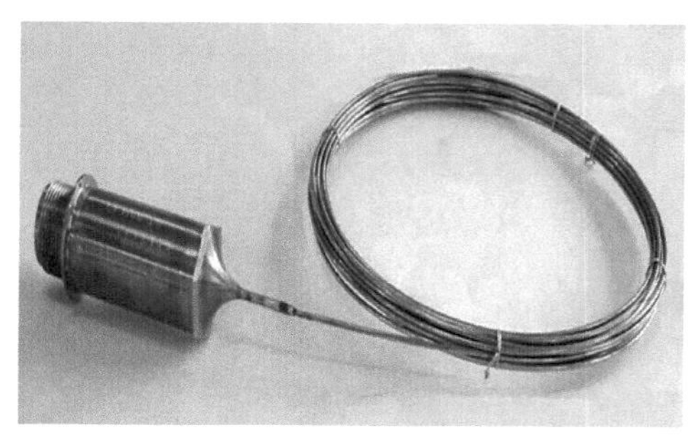

(a) 火警线实物

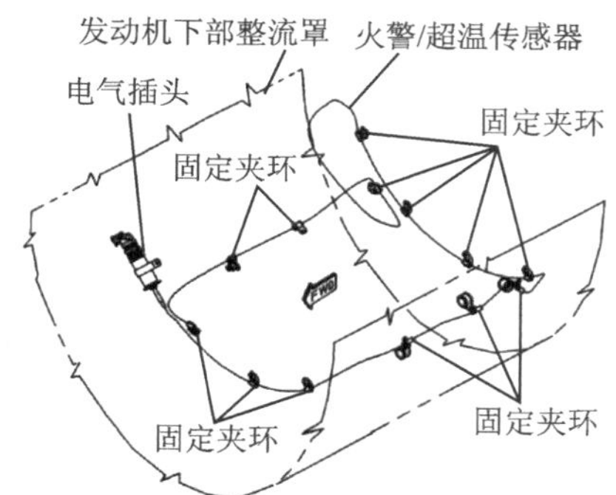

(b) 火警线在发动机上的安装

图 11.2.18　MGQ－25A 气体火警线外形及安装位置

11.2.5 双金属片火警探测系统

1. 双金属片火警传感器

双金属片火警传感器实际上是一种热继电器,或称为热能接触开关,用于探测环境超温或火焰引起的高温条件。其原理是双金属片在温度变化时产生变形而使触点动作输出信号。此种火警传感器的热惯性大,触点常呈裸露状态,易受玷污而影响其电接触可靠性,有逐渐被淘汰的趋势。

2. 双金属片火警探测系统

双金属火警探测器是一个用双金属片制成的热接触器,如图 11.2.19 所示。平时双金属片呈球面突起,当周围温度达到 150～170 ℃时,双金属片变形,球面凹下,使一对通电的触点相碰,接通火警信号电路。双金属火警探测器通常由几个相同的探测器并联连接,而探测器又分别固定在不同的部位,任何一个探测器感受到高温时,触点接通,发出火警警告。

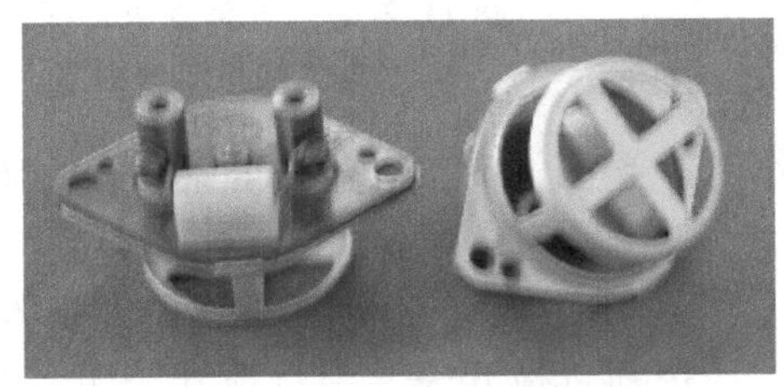

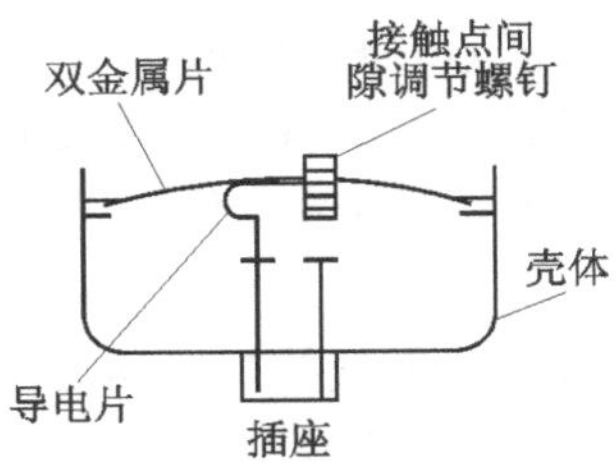

图 11.2.19 双金属片感温器

球面中间装有调整螺钉,用以调节接触点之间的间隙,以保证工作的可靠性。接触点的接通主要取决于双金属片的温度膜片的材料、面积和形状。禁止用手触摸膜片,以防失去弹性。

双金属片火警探测器利用周围介质温度升高时双金属变形原理对过热或火灾进行探测。工作时还必须配有火警控制盒,把火警信号输出。图 11.2.20 所示是 HKH－12 火警控制盒原理框图及实物外形,电源输入为 28 V,火警输出有 28 V 和 5 V 两种,火警控制盒具有自检功能。

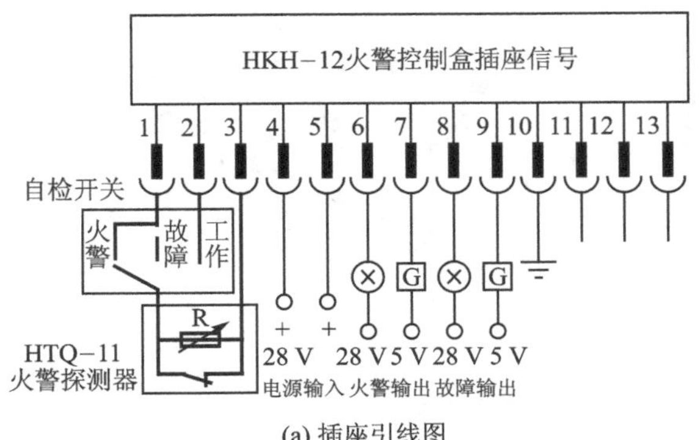

(a) 插座引线图

(b) 外形图

图 11.2.20 HKH－12 双金属片火警控制盒及其外形

双金属片感温器工作性能不好，主要有如下缺点：

① 使用时间过久，容易失去弹性或弹性减小，一经振动就容易接通，输出假信号；

② 只感受温度而不能感受火焰，一旦发生着火，周围尚未达到一定温度就不能及时发出信号；

③ 当火灾已经扑灭，需等待一段时间冷却后，才能断开信号。

11.2.6　热敏开关式过热探测系统

1. 热敏开关

热敏开关也称热控开关，是双金属片火警传感器的一种改进产品。热敏开关一般包括一个快速动作的双金属圆盘敏感元件，通过弹簧触臂提供接通和断开开关动作。所有元件密封在一个不锈钢壳体内。热敏开关标定在预调温度，并使其在预置温度时闭合开关触点，在温度减至预调温度以下时即断开开关触点。

2. 大翼前缘过热探测

B747 飞机每个大翼前缘上沿着热气导管装有 9 个热控开关，各热控开关是并联的。在正常情况下，两个大翼前缘的所有热控开关均处于开启状态。如引气导管泄漏或破裂导致过热情况发生时，在这些区域的一个或几个热控开关闭合，接通"大翼过热"指示灯。大翼前缘过热探测系统简明线路如图 11.2.21 所示。

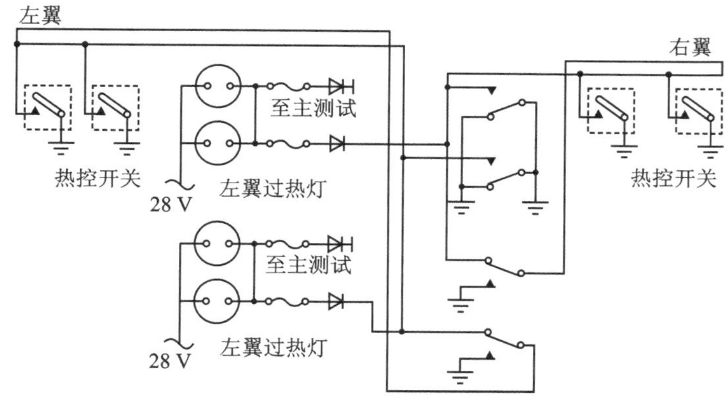

图 11.2.21　B747 飞机大翼过热探测系统简图

大翼过热探测系统采用 28 V 直流电源。正常工作时，试验开关应放在中央(关断)位置，过热指示灯熄灭。每侧大翼前缘的热控开关，根据安装部位的不同分别选定外界温度在 300 ℉，250 ℉和 200 ℉时闭合。一个或多个开关的闭合会给相应的"大翼过热"指示灯提供接地途径，指示灯亮。当外界温度降低时，即操纵热控开关重新开启，"大翼过热"指示灯熄灭。

11.2.7　烟雾探测器

烟雾探测系统用来监测货舱和行李舱是否有着火征兆的烟雾存在。它采用"烟雾探测器"或"探烟器"以及有关警告电路和元件，根据烟雾的浓度改变其输出的电信号。利用不同的探测原理，可制成各种烟雾传感器，如利用烟雾对光线的吸收和反射原理可制成光电式烟雾传感器；根据烟雾存在改变了空间的电离状态和非化学配比这一原理，可分别制成离子型烟雾传感器和半导体烟雾传感器。烟雾探测装置主要有一氧化碳探测器、光电烟雾探测器与目视烟雾探测器等。

一氧化碳探测器常用于驾驶舱和客舱，安装于易见处。一种形式的工作原理是当CO含量正常时，指示器感受剂为绿色，深浅与CO浓度成正比。另一种形式的感受剂正常为棕黄色，随CO的浓度增大逐渐变为深灰色与黑色，以此显示可能存在不完全燃烧。

图11.2.22所示为光电式烟雾探测器的剖面结构。烟雾探测器包括试验灯、信标灯、光电管、连接电路以及具有一个进气口和一个排气口的烟雾集散室。室内元件的安排使得信标灯垂直于光电管的视线投射光束。当室内出现烟雾时，来自信标灯的光线被烟雾反射到光电管，使光电管的电阻减小，于是有足够的电流经过控制放大器，启动报警信号。只要烟雾集散室内有烟雾存在，使透射的光比透过清晰空气的光弱5%，放大器电路就工作。烟雾发射来自信标灯的光，只反映烟雾特性，没有减小光的透射度。

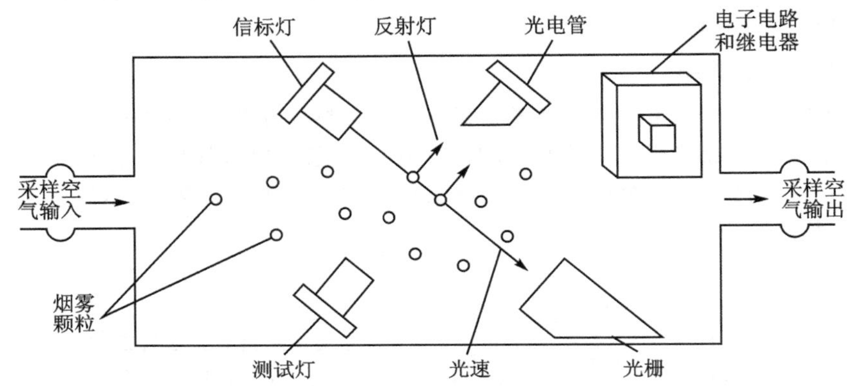

图11.2.22　光电式烟雾探测器

图11.2.23是光电式烟雾探测系统的原理图。飞行中探测器通电时，工作灯一直亮。当没有烟雾时，由于工作灯光射不到光电管，光电管不输出电信号；当有失火烟雾发生时，进入探测器的烟雾使工作灯光折射到光电管，光电管内电阻显著下降而输出电信号，发出火警信号。检查试验时，接通试验灯，光线直射光电管而发出信号，表明探测系统工作正常。

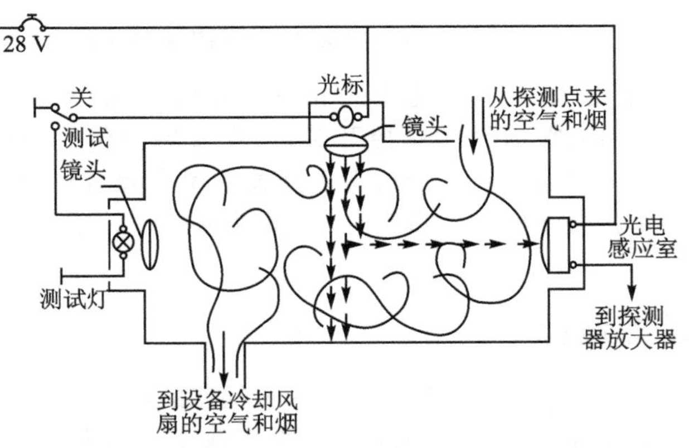

图11.2.23　光电式烟雾探测系统

11.3　火警探测系统与灭火应用举例

相关内容请扫码查阅。

11.4　灭火系统

11.4.1　灭火剂的种类

飞机上常采用若干固定式灭火系统，以对可能的“火区”进行防护。火区是设计制造时划定的若干个区域范围，需要配有火警探测和灭火系统，其本身也应有较高的抗燃性。“固定式”是指永久固定性安装的灭火系统，不同于任何手提式的灭火设备。

根据灭火作用，灭火剂可分为两类，即卤代烃(氟利昂)灭火剂和惰性气体灭火剂。

1. 卤代烃(氟利昂)灭火剂

它是由烃基甲烷和烃基乙烷用卤素原子置换一个或多个氢原子而形成的化合物。这里的卤素是氟、溴或氯。

卤化剂能够灭火的机理是：在燃油和氧化剂两者一起燃烧的过程中，卤化剂起一种“化学阻碍物”的作用，能够有效地阻挡住未燃烧的燃油分子，使燃烧过程减慢到完全停止而熄灭，被称为“化学冷却”或“能量传递中断”。这种灭火机理比减少氧和冷却有效得多。

但是应当注意到问题的另外一面。在灭火过程中，由于加热而引起的化学反应，使得某些灭火剂有相当大的毒性。例如，四氯化碳灭火剂可形成光气(碳酰氯)，它是一种有毒气体，应慎重使用。有效的灭火剂应是用量少、灭火快、生成物少灭火剂。

灭火剂是按 Halon(海龙)数系列分类的。Halon 数用于说明的构成灭火剂的化学元素的种类。在化合物分子中，第 1 位数表示碳原子的数量，第 2 位表示氟原子的数量，第 3 位数表示氯原子的数量，第 4 位数表示溴原子的数量，第 5 位表示碘原子的数量，0 表示某一位数所代表的原子不存在。例如，溴三氟甲烷 $CBrF_3$，称为 Halon1301。

2. 惰性冷却气体灭火剂

常见惰性气体灭火剂有二氧化碳(CO_2)和氮气(N_2)，两者都是有效的灭火剂。

(1) 二氧化碳

二氧化碳不可燃，并且不与任何物质起反应。二氧化碳是有效的灭火剂，主要用于易燃液体着火和电气设备着火，但在自供氧的化学剂着火时，如硝酸盐纤维(某些飞机上的涂料)，二氧化碳灭火剂是无效的。另外，当镁和钛(在飞机结构和部件材料中使用)着火时，不能使用二氧化碳灭火。

二氧化碳被认为只有轻微毒性，但在灭火过程中，人若稍长时间吸入二氧化碳，也能引起窒息或死亡。

(2) 氮　气

氮气是一种更好的灭火剂，通过冲淡氧气和隔离氧气来灭火。氮对人体的危害与二氧化碳相同。氮的主要缺点是必须以液态储存，这就需要一个能承受高压的真空瓶和相应的连接

管路。液态氮要保持在－160 ℃的低温下。

能长时间排放液态氮的系统比一般只能短时间排放的系统更具有优越性。因为灭火以后,它能冷却可能重新点燃的火源。液态氮系统在不久的将来可望得到大量使用。

(3) 其他灭火剂

水和水基灭火剂、干化学品灭火剂多作为轻便式手提灭火瓶配备于飞机上,供驾驶舱和座舱着火时用。水用于含有碳质材料的着火灭火,是通过把燃烧物冷却到燃点以下来灭火的。干化学品灭火剂通过将火覆盖住,将氧隔离开而灭火。干化学品的覆盖能阻止再次起火。干化学品均是非导电体,更适用电气设备的灭火。

11.4.2 灭火系统举例

飞机灭火系统常由 5 个部分组成,即发动机灭火、APU 灭火、盥洗间废物箱灭火、货舱灭火及手提灭火。限于篇幅仅以 B757 飞机发动机灭火系统为例进行说明。

如图 11.4.1 所示,发动机灭火系统具有向每侧发动机舱喷射灭火剂的作用。发动机灭火系统包括 2 个发动机灭火瓶、发动机火警面板及爆破测试控制面板。

发动机灭火系统接收来自 28 V DC 热蓄电瓶电压,通过各自的主电源配电板 P6 板上的断路器向各自的电路供电。发动机灭火瓶有左、右 2 组,每组有 2 只灭火瓶。

如图 11.4.1(d)所示,发动机灭火瓶安置在后货舱前部,灭火瓶包括 2 个爆破筒、1 个压力开关及 1 个安全泄放和过滤口;每个灭火瓶的释放口处有 2 个爆破筒,当爆炸阀门打开时喷射灭火剂。压力开关检测到灭火瓶压力下降后点亮灭火瓶释放灯。压力开关能采用手动测试。热膨胀压力过大时安全释放阀门会破裂,如果瓶的压力过高,安全释放阀门也会破裂,允许灭火瓶释放,注入口允许灭火剂和气体注入。

图 11.4.2 是发动机灭火电路图。当探测到发动机火警时,合适的火警开关手柄和红色告警灯点亮。电磁阀门断电使手柄的机械互锁解除。

把火警开关手柄拉出后转动,把灭火剂释放喷射到发动机舱的适当部位。反时针方向转动手柄,1 号灭火瓶释放灭火剂;顺时针转动手柄,2 号灭火瓶释放灭火剂。

由于灭火剂的释放或泄漏,把灭火瓶的压力减小,激活压力开关并送出一个信号,点亮标有“ENG BTL DISCH”琥珀色灯,在发动机火警控制板 P8 上的“ENG BTL 1and 2 DISCH”灯亮,在灭火瓶压力下降到标志处,“ENG BTL 1 or 2 DISCH”信息在 EICAS 显示器上出现。发动机灭火剂分别对每侧发动机喷射,从灭火瓶经机翼翼梁喷到每个发动机舱。灭火剂从发动机舱的前部和后部的出口喷嘴喷出。

发动机灭火系统测试有爆破测试和压力开关测试两种。

(1) 爆破测试

爆破测试用于在爆破片测试控制面板完整检查灭火瓶爆破片。按下测试开关 1 和 2,应用当前有限的压力给合适的灭火瓶爆破片释放筒。测试开关 1 检查灭火瓶 1 的左右爆破片,测试开关 2 检查灭火瓶 2 的左右爆破片。如果爆破和电路都是好的,面板上绿色的 ENG L/R 灯点亮。

(2) 压力开关测试

压力开关测试方法是手动激活灭火瓶压力开关,连续测试释放灯电路。当地面测试按钮

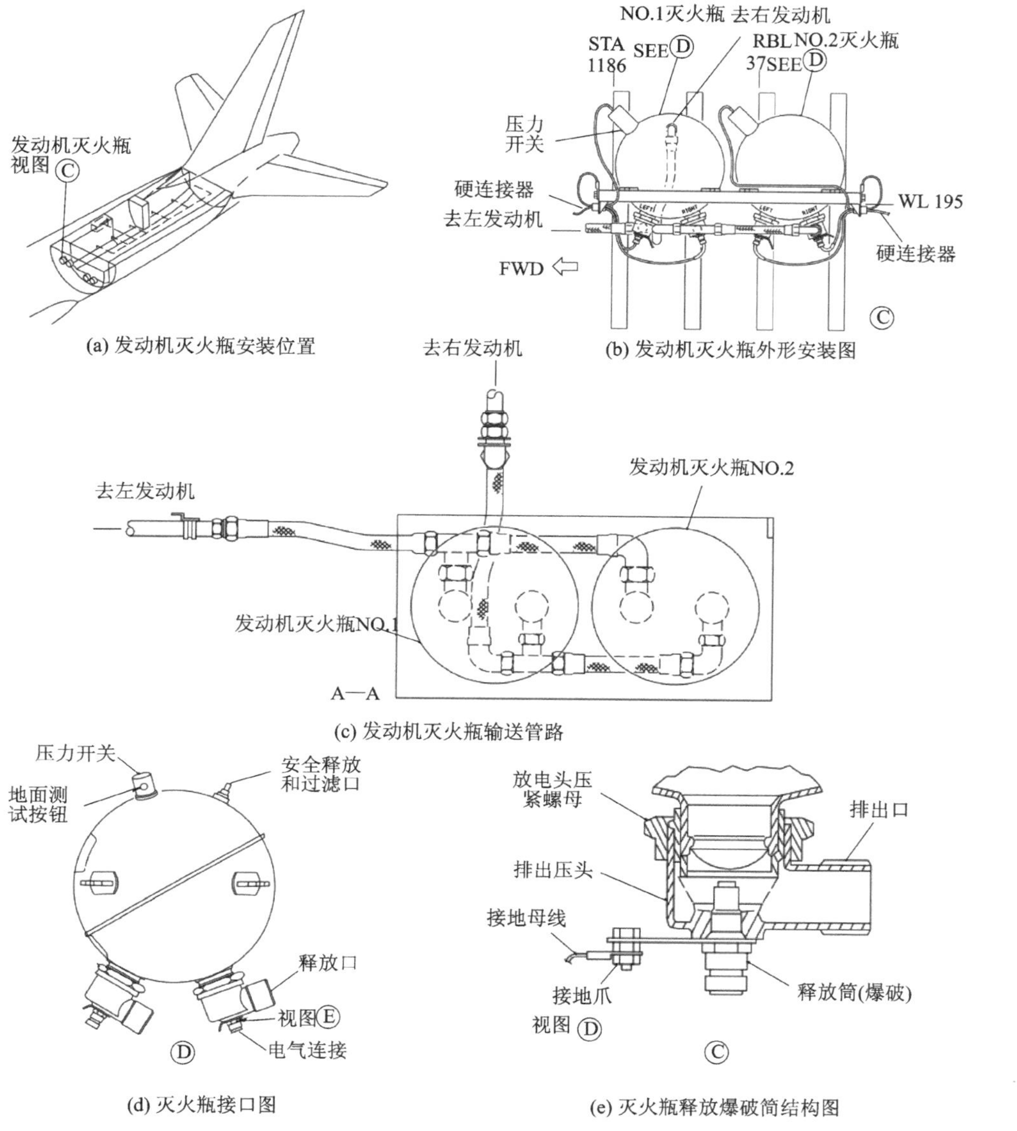

(a) 发动机灭火瓶安装位置

(b) 发动机灭火瓶外形安装图

(c) 发动机灭火瓶输送管路

(d) 灭火瓶接口图

(e) 灭火瓶释放爆破筒结构图

图 11.4.1　发动机灭火系统组件

按下并保持时，琥珀色 ENG BTL1or 2 DISCH 灯亮，且 ENG BTL 1or 2 DISCH 信息出现在 EICAS 显示页面上，指示测试成功。

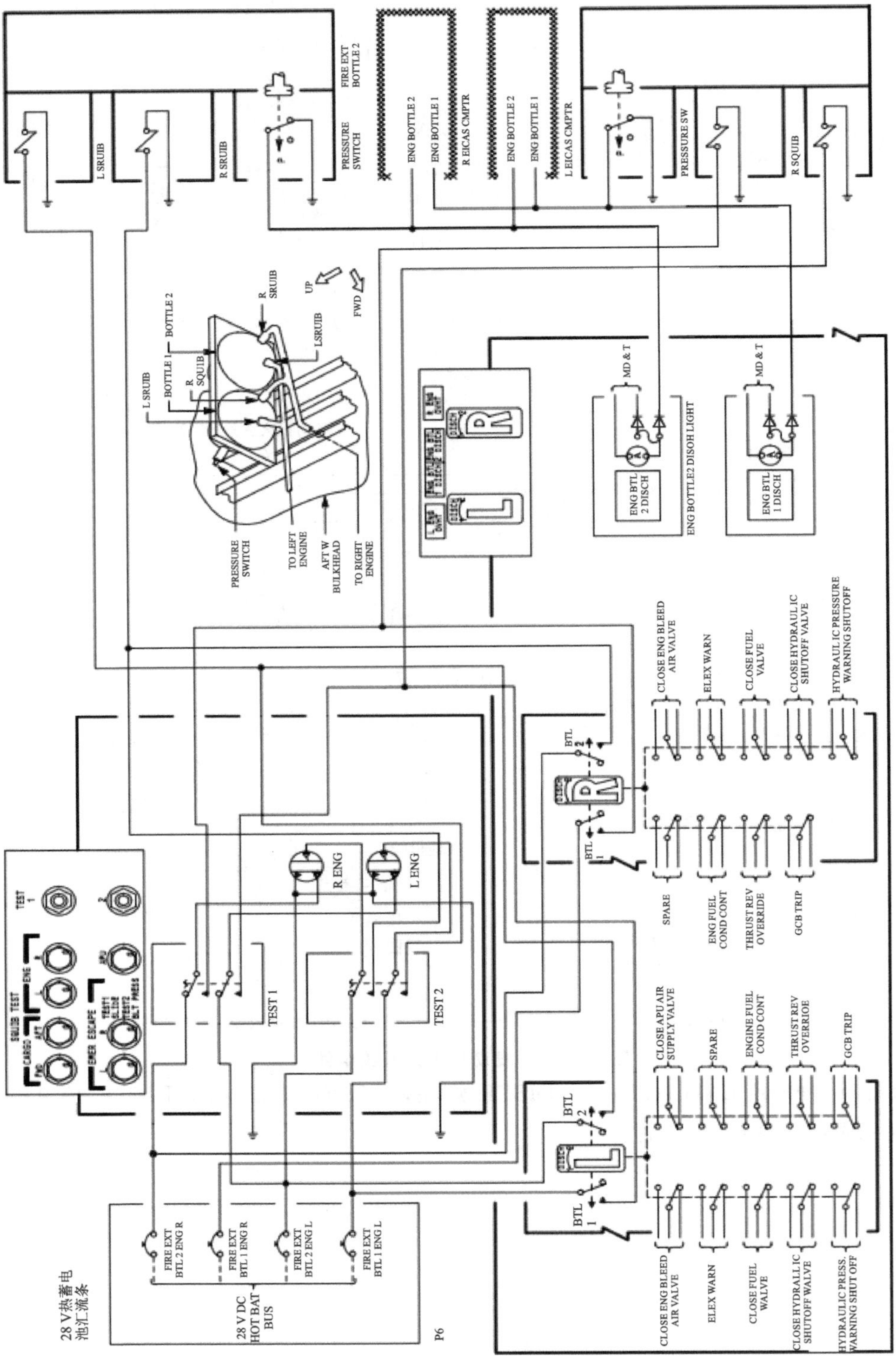

图11.4.2 发动机灭火电路

11.5　灭火系统的测试和维护

灭火瓶是否实施灭火，除了正确判断火警信息外，还需要按照火警信息实施灭火。实施过程中，对灭火瓶爆炸帽的电气控制十分重要。下面以 B737NG 飞机为例来说明。

B737NG 火警系统由火警控制面板、爆炸帽、灭火瓶和电路组成。出现火警时，飞行员通过操作灭火瓶释放开关，触发爆炸帽来释放灭火瓶。

火警系统的测试是必做的维护检查工作，而且必须测试爆炸帽。下面以发动机和 APU 灭火瓶爆炸帽测试为例进行介绍。

11.5.1　爆炸帽测试

爆炸帽测试面板如图 11.5.1 所示，B737NG 的爆炸帽在座舱的 P8 板上。

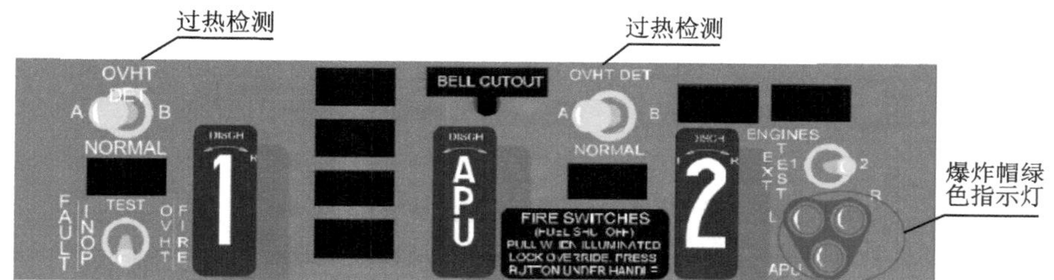

图 11.5.1　爆炸帽测试面板

灭火瓶爆炸帽测试时，是将电流流过爆炸帽线圈来测试的。通常按下检测面板上的 TEST 按钮，如果爆炸帽绿色指示灯点亮，则说明货舱灭火系统正常；若灯不亮，则说明灭火瓶可能无法正常释放。

爆炸帽有 3 个绿色测试灯，其中 1 个是 APU 灭火瓶爆炸帽指示灯，另外 2 个是发动机灭火瓶的爆炸帽测试指示灯。

1. 发动机爆炸帽测试

图 11.5.2 所示是 B737NG 轮舱里的左右两个发动机灭火瓶（engine fire extinguisher bottle），每个灭火瓶有 2 个爆炸帽，分别编为 1 号和 2 号爆炸帽，共有 4 个爆炸（squib）帽。

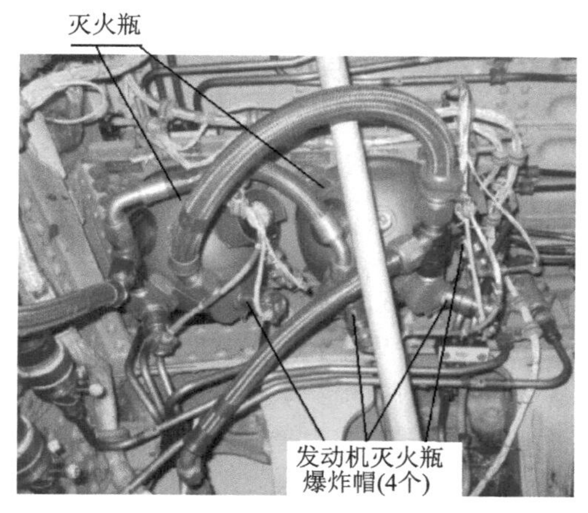

图 11.5.2　发动机灭火瓶爆炸帽（4 个）

图 11.5.3 是发动机和 APU 火警测试原理图。

进行 APU 灭火瓶测试灯检查时，主要有 4 种工作情况：

1）L3 左掰灭火瓶测试

L3 左掰灭火瓶测试灯亮（L3 L BOTLE TEST LIGHT）的条件是左掰爆炸帽有电，即

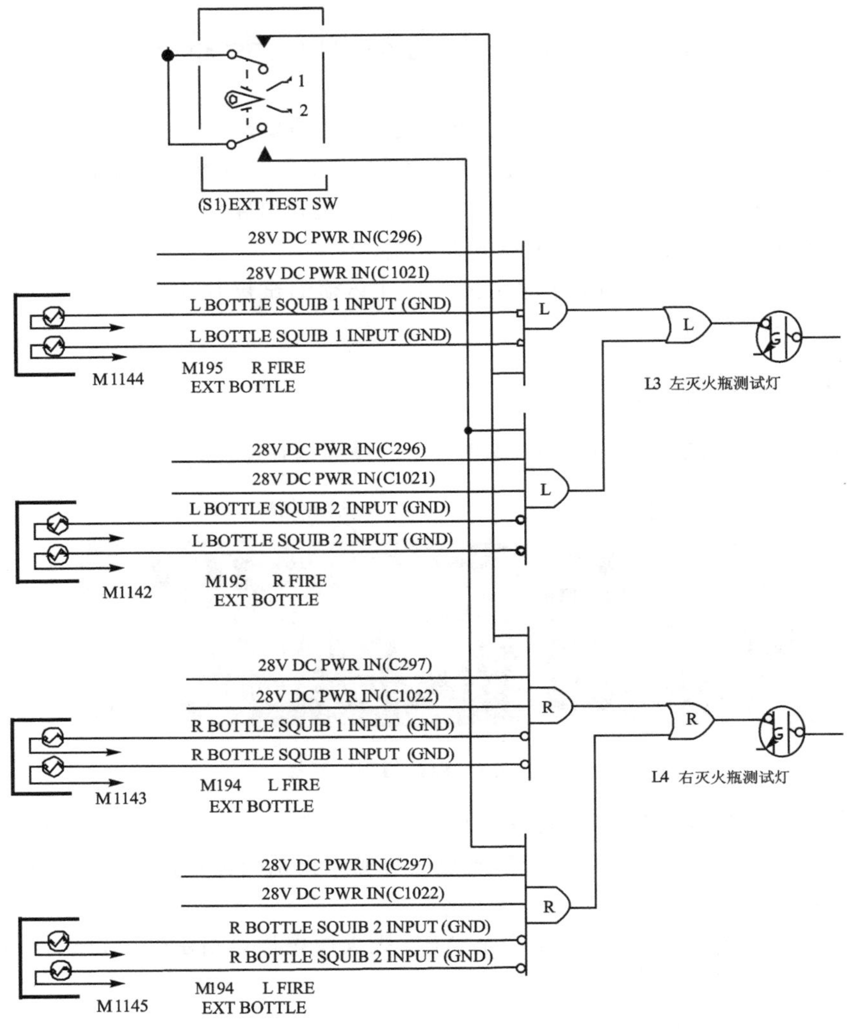

图 11.5.3 灭火瓶爆炸帽测试原理图

① 外电源测试开关(EXT TEST SW)处于“1”号位置,接通控制信号;

② 28V DC PWR IN(C296)和 28V DC PWR IN(C1201)汇流条有电;

③ 左掰灭火瓶的 1 号爆炸帽的 2 个接地回路连通,即 2 个 L BOTTLE SQUIB1 INPUT (GND)接地,输入到门电路“L”的有效信号为低电平。

或者是:

① 外电源测试开关(EXT TEST SW)处于“2”号位置,接通控制信号;

② 28V DC PWR IN(C296)和 28V DC PWR IN(C1201)汇流条有电;

③ 左掰灭火瓶的 2 号爆炸帽的 2 个接地回路连通,即 2 个 L BOTTLE SQUIB2 INPUT (GND)接地,输入到门电路“L”的有效信号为低电平。

2) L4 右掰灭火瓶测试

L4 右掰灭火瓶测试灯亮(L4 L BOTLE TEST LIGHT)的条件是右掰爆炸帽有电,右爆炸帽测试灯亮,即

① 外电源测试开关(EXT TEST SW)处于“1”号位置,接通控制信号;

② 28V DC PWR IN(C297)和 28V DC PWR IN(C1022)汇流条有电;

③ R BOTLE TEST LIGHT 右掰灭火瓶 2 个爆炸帽各自的 2 个接地回路接地,即 2 个“R BOTTLE SQUIB1 INPUT(GND)”为低电平,使门电路“R”的对应输入端为低电平有效。

或者是:

① 外电源测试开关(EXT TEST SW)处于“2”号位置,接通控制信号;

② 28V DC PWR IN(C297)和 28V DC PWR IN(C1022)汇流条有电;

③ 右 R BOTLE TEST LIGHT 右灭火瓶 2 个爆炸帽各自的 2 个接地回路接地,即 2 个“R BOTTLE SQUIB2 INPUT(GND)”为低电平,使门电路“R”的对应输入端为低电平有效。

图 11.5.4 所示是火警探测跳开关面板。如果按下跳开关“红色外圈 5(‘5A’)”测试,就可以看到图 11.5.5 所示的测试结果。

图 11.5.4　火警探测跳开关面板

图 11.5.5　爆炸帽指示测试(LEFT)

一般情况下左边的绿色指示灯熄灭,只有当爆炸帽测试的条件全部满足时,测试灯才会点亮。需要注意的是,图 11.5.5 中的 L 爆炸帽测试灯不亮,但是灭火瓶还是可以释放的,爆炸帽测试灯不亮并不一定意味着对应的灭火瓶不能引爆。

2. APU 灭火瓶爆炸帽测试

APU 灭火瓶爆炸帽测试不同于发动机爆炸帽测试。APU 灭火瓶爆炸帽只有一个,所以左右掰都用于测试同一个爆炸帽。图 11.5.6 是 APU 爆炸帽测试实物图。

图 11.5.7 是 APU 爆炸帽测试原理图,是通过控制晶体管 VT_1 的基极电平实现的。当 VT_1 的基极为低电平时,来自热汇流条的 28V DC 接入 APU 电瓶测试电路。

由于 APU 灭火瓶只有一个爆炸帽,因此左右掰的测试信号来自同一个开关。当扳手处于“1”或“2”号位置时,都接收来自 APU 火警外部测试信号,即爆炸帽 SQUIB 的输出端 D594 端的信号。从图中可以看出是低电平有效信号,也就是当 D594 端输出低电平信号时,爆炸帽测试晶体管 VT_1 导通,热电汇流条供电电源加到了 L11 上。

APU 发动机的灭火瓶爆炸帽测试是用热电瓶汇流条供电的,即使主发电机没有工作,也能进行 APU 爆炸帽测试。图 11.5.8 是 APU 爆炸帽测试指示图。从图中可看出,APU 爆炸

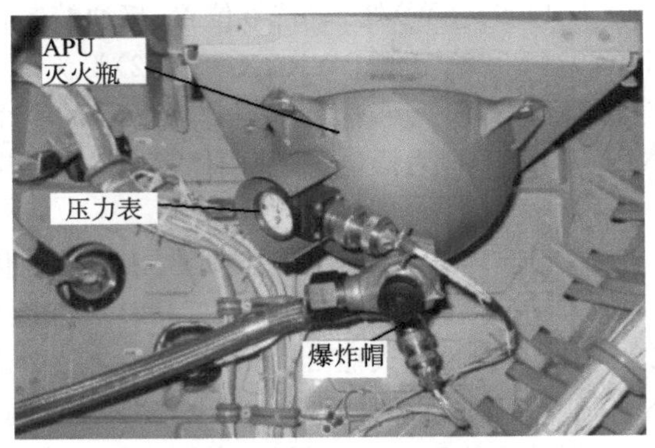

图 11.5.6 APU灭火瓶爆炸帽

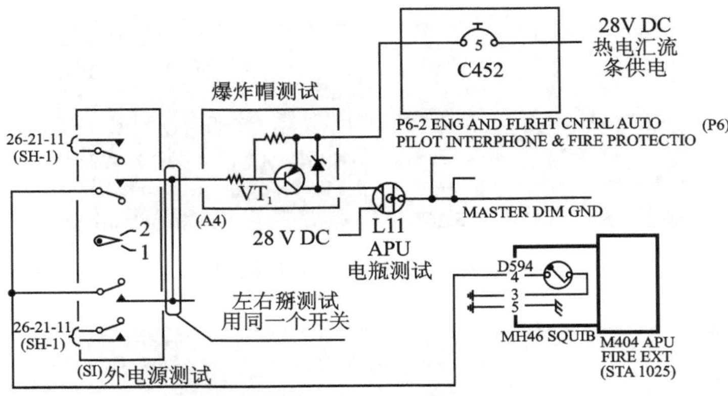

图 11.5.7 APU爆炸帽测试原理图

帽测试指示灯亮而其他两个灯不亮，原因就是发动机灭火瓶爆炸帽灯是由 MASTER DIM SECT 5 供电(图 11.5.9)，而 APU 爆炸帽灯是由热电瓶汇流条供电。

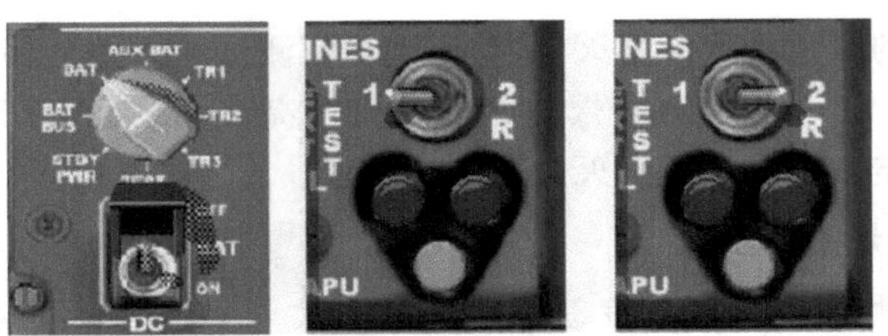

图 11.5.8 APU爆炸帽面板测试指示灯

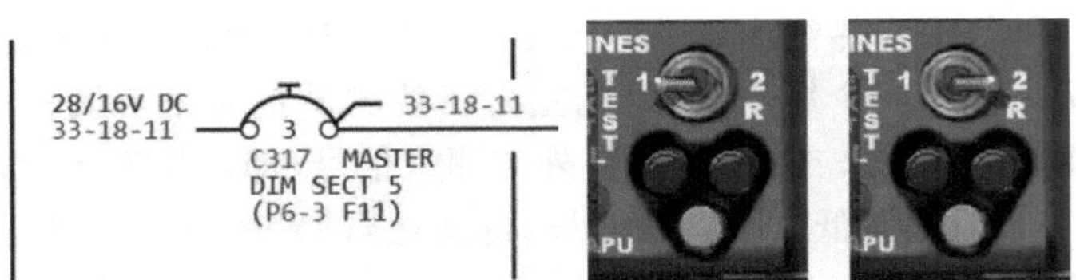

图 11.5.9 接通跳开关“P6-3 MASTER DIM SECT 5”试验

图 11.5.9 所示是接通跳开关“P6 - 3 MASTER DIM SECT 5”跳开关，可以进行发动机灭火瓶爆炸帽测试。实验证明，发动机灭火瓶的爆炸帽灯是不能点亮的。

此外，还有货舱爆炸帽测试，这里不再讲述。需要特别提醒的是，所有测试都是在 VMT\IPT 上测试模拟，发动机、APU、货舱火警爆炸帽电路都连接在热电汇流条上面，切记请勿在真实飞机上操作。

11.5.2　灭火瓶的维护

灭火系统的维护工作主要包括如下项目：

① 灭火瓶的检查和灌充；

② 爆炸帽和排放活门的拆卸与安装；

③ 喷射管路渗漏和电气导线连续性测试等。

1. 灭火瓶定期压力检查

定期检查灭火瓶压力，以确定灭火瓶压力是否在制造厂所规定的最小极限压力和最大极限压力之间。所有灭火瓶上都有压力开关，当灭火瓶压力减小到正常压力的 50%以下时，驾驶舱控制板上灭火瓶低压灯亮。每次飞行前，都要在驾驶舱内查看防火控制板上的琥珀色灭火瓶释放灯是否点亮。有些灭火瓶上有压力计，但在检查灭火瓶内的压力时必须考虑到灭火瓶内的压力是随温度变化的，因此需要根据图 11.5.10 所示的温度压力图表来确定灭火瓶内的压力是否正常。按压灭火瓶上的压力开关或使用一个六角扳手旋转灭火瓶上的压力开关，使驾驶舱火警控制面板的灭火瓶释放灯亮，以检查灭火瓶的压力检测指示电路是否正常。

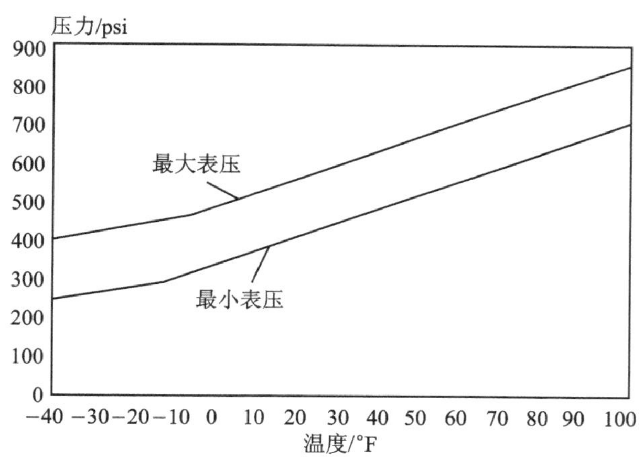

图 11.5.10　灭火瓶温度-压力关系曲线

2. 灭火瓶质量的定期检查

灭火瓶需要定期检查其质量。称重时应拆下灭火瓶上的释放活门，如称得的灭火瓶质量与标签上相同，则说明灭火瓶没有泄漏；如果实际质量与标签上的质量不同，则说明灭火瓶已经释放或泄漏，需要填充灭火剂。当周围环境温度变化时，灭火瓶的压力也会变化，但要符合图 11.5.10 所示的温度-压力曲线。如果压力不在曲线极限值内，该灭火瓶就需要更换。

3. 灭火瓶爆炸帽的定期检查

灭火瓶内的易碎片非常薄,大的振动和撞击都有可能使其破裂导致灭火剂的不正常释放,因此在拆卸释放活门和搬动灭火瓶时要非常小心。灭火瓶释放爆管内的爆炸帽都有使用寿命,应当严格按照使用寿命时限的要求及时更换到期的爆炸帽。灭火瓶体上的日期为释放爆炸管的安装日期。释放爆管安装在灭火瓶上的使用期限大约是6年,而释放爆炸管上的日期是释放爆炸管的制造日期。释放爆炸管的最大储存期和使用期限大约是10年。

4. 释放爆管内的爆炸帽

释放爆管内的爆炸帽时,由于静电产生的火花可能产生意外爆炸会使维护人员受到伤害,因此必须由经过专门培训的人员处理释放爆管。在维护时,把释放活门从瓶上拆下或把灭火瓶从飞机上移开之前,都必须拆除释放爆管。拆除释放爆管的正确方法是,在驾驶舱断开爆炸帽的跳开关,拧下电源插头,戴上合适的静电防护帽,用手慢慢拆下,最后要使用合格的容器储存和运输释放爆管。更换爆炸帽和释放活门必须小心,要严格按照维护手册的程序进行。不论何种原因,拆下爆炸帽后都不能错装,否则可能会造成触点接触不良。

5. 灭火瓶爆炸帽导线连续性检查

爆炸帽电路的连续性检查在驾驶舱的防火控制板上进行,这也是每次飞行前规定的必检项目。爆炸帽测试可以与火警测试使用同一个测试按钮,也可以使用一个独立的爆炸帽测试板。在这两种情况下按住测试按钮,若测试灯亮则表明测试合格,测试灯不亮就表明爆炸帽线路断路。为了防止爆炸帽被误引爆,测试电流非常微弱,爆炸帽测试灯也是由测试电流点亮的,因此在更换测试灯灯泡时必须非常小心,一定要采用同型号灯泡,不同的灯泡有可能引爆爆炸帽。

选择题

1. 安装在飞机内部的灭火瓶通常灌充的是________。
   A. 溴氟甲烷(Halon1301)　　B. 干粉灭火剂
   C. 水和碳酸钠　　D. 四氯化碳
2. 安装在飞机上的手提式灭火瓶中,灭火剂一般是________。
   A. 水　　B. 四氯化碳　　C. 干粉　　D. 二氧化碳
3. ________的二氧化碳手提式灭火瓶可用于扑灭电气失火。
   A. 喷射喇叭管是非金属的　　B. 手柄是非金属的
   C. 喷射喇叭管是铝合金的　　D. 操纵手柄是非磁性的
4. 热电偶火警系统是________。
   A. 由缓慢地加热到某一温度值而引起工作的
   B. 由于加热而引起热电偶的电阻变化而引起工作的
   C. 由温度上升的速率超过一定值而引起工作的
   D. 由受热时热电偶两种金属膨胀系数不同变形而引起工作的
5. 使用氟利昂灭火剂灭火之后,需要________。
   A. 用氮气吹洗整个系统并更换灭火瓶　B. 用水冲洗整个系统并更换灭火瓶

C. 更换灭火瓶　　D. 用空气吹洗整个系统并更换灭火瓶

6. 光电式烟雾探测器的工作原理是________。
   A. 由烟雾颗粒把光折射入光电池，而发出信号的
   B. 由烟雾作用使射入光电池的光减弱而发出信号的
   C. 一种电气机械装置测量在空气中的光线传输率的变化而发出信号的
   D. 一种电气测量装置直接测量光线的明暗变化情况而发出信号的
7. 在飞机的________安装一氧化碳探测器。
   A. 燃烧加温器舱内　　B. 驾驶舱和座舱内
   C. 辅助动力装置内　　D. 发动机吊舱内
8. 飞机上光电烟雾探测器的组成为________。
   A. 光电池、收集器和日光灯
   B. 光电池、收集器、信标投射灯和日光灯
   C. 光电池、收集器、试验灯和信标投射灯
   D. 光电池、收集器、报警灯和信标投射灯
9. 飞机火警探测系统的主要维护工作是________。
   A. 修理损坏的敏感元件　　B. 更换损坏的敏感元件
   C. 重新校准敏感元件　　D. 重新检查和校准敏感元件
10. 飞机上“火区”的防火要求是________。
   A. 具有火警探测系统和灭火瓶
   B. 具有灭火系统和灭火瓶
   C. 具有火警探测和灭火功能
   D. 具有火警探测和灭火功能，本身具有抗燃性
11. 飞机客舱内采用的灭火方式是________。
   A. 自动灭火　　B. 自动喷射灭火
   C. 人工手提灭火瓶灭火　　D. 自动报警和人工灭火
12. 飞机上采用自动报警人工灭火方式的部位是________。
   A. 驾驶舱和客舱　　B. 发动机舱和 APU 舱
   C. 电子舱和货舱　　D. 客舱和货舱

第12章　警告系统

警告信号系统用来对危及飞行安全的最危险的故障状态提供目视和音响的报警，以及时引起空勤人员的注意并采取必要的纠正措施。

警告信号通常分为系统警告和主警告。系统警告是指与飞机各个系统对应的警告，可以是一个单独的信号灯、信号牌，也可以是按照飞机的系统排列的由警告灯、提醒灯组成的信号装置。每一个信号器均具有说明有关系统失效的文字。

警告信号的采集与处理以及报警都由带微处理机的计算机系统实现，通过软件编程，可以实现友好的人机交互界面，可以有存储、打印、系统自动检测等智能化功能。

12.1　警告信号系统

为了提高信号的易识别性，常用不同的颜色来表示各种飞机各系统的状况。红色信号灯表示某种警告性失效，需要立即采取纠正措施；琥珀色信号表示某种提醒失效，需要引起注意，不必立即采取纠正措施。

主警告和系统警告是协同工作的，由安装在驾驶舱前遮光板上的两套主警告灯和主提醒灯组成。一套在正驾驶员前方，一套在副驾驶员前方。当系统警告发出任何警告信号时，主警告灯或主提醒灯点亮。系统警告中一些警告性失效信号可同时点亮主警告灯，另一些提醒性失效信号则使主提醒灯点亮。主警告灯一般为红色，主提醒灯一般为琥珀色。

主警告灯和主提醒灯可通过按压灯罩使其熄灭。但相应的系统警告信号灯仍点亮，直至系统故障排除为止。

按工作方式来讲，飞机上通常采用的警告信号装置，可分为灯光式、音响式和文字信息式。其中，音响警告信号一般都伴随着灯光或文字信息警告一起出现。

12.1.1　警告信号系统主要组成

警告信号系统主要由指示灯、信号灯盒、检灯装置、调光装置和主警告灯装置组成。指示灯是飞机上主要用于显示各系统和机构工作状态的灯光信号装置，有时也作为系统警告的灯光信号。

指示灯前端的滤光片有各种颜色，一般红色作为紧急信号指示用，黄色（或琥珀色）作为提醒用，白色、绿色、蓝色等则作为一般通用指示用。

信号灯盒又称“信号盒”“信号盘”，是由两个或两个以上指示灯组合而成的集合装置，用于座舱内以各种颜色的灯光信号指示各系统或某一机构的工作状态。信号灯盒一般由信标显示、调光装置和检灯装置三个基本部分组成。有关系统或机构的电信号使相应的指示灯点亮，显示规定标志；电信号消失后，指示灯即熄灭。

检灯装置是检查指示灯、信号灯盒中发光器件及其电路工作的可靠性装置。通过由开关、继电器和晶体管元件组成的电路，对座舱内设置的指示灯和信号灯盒中的发光器件及其电路进行模拟检测。操作开关接通检测电路时，被检测的所有发光器件都应发亮。

通常在每个信号灯盒中都单独设有检灯装置，可随时对所有信号灯进行快速检查。对于分散的指示灯，可按系统设置检灯装置对其进行集中检测，也可以通过按压对显示式指示灯单个进行检测。调光装置是用来调节灯具的光照特性（光通量、发光强度、亮度）的装置。

电气调光装置直接调节发光体的电流或电压，有连续式和分段式两种，特点是调节方便，工作可靠，工作寿命长，一般用于各种信号灯盒、荧光灯和座舱灯等。

主警告灯是危及飞机安全最危险的报警灯光显示装置。从各系统警告信号中，引出几个最紧急的信号，输给总警告灯，并用闪烁的高亮度红光（表示警告）或琥珀色（表示提醒）信号报警，以及时引起空勤人员的注意。信号控制盒可以收到一个或几个紧急电信号。

12.1.2　飞机紧急状态信号概述

如果飞机处于紧急状态，必须向飞行人员发出警告信号，而且还要马上采取措施。紧急故障信号通常有燃油剩油量、滑油剩油量、直流应急供电、交流和直流发电机故障、舱门打开、座舱失密、燃油压力低、油滤堵塞、发动机危险振动和飞机危险高度以及空速管加温故障的灯光信号。紧急故障如表 12.1.1 所列，紧急状态信号均属于系统警告范围。

表 12.1.1　飞机紧急状态信号

序　号	名　　称	内　　容
1	燃油油量警告	当某一侧机翼油箱中的燃油余量为 375 L 时，剩油警告信号灯亮。向飞行人员发出燃油剩余油量警告信号，提醒飞行人员必须在半小时内寻找机场着陆
2	滑油油量警告	当某一发动机的滑油剩余 20 L 时，滑油剩油警告信号灯亮，向飞行人员发出发动机剩余滑油警告信号
3	直流发电机故障信号	当左（或右）直流发电机故障时，相应信号灯点亮，发出左（或右）直流发电机故障信号
4	应急供电信号	当两台直流发电机故障，由机上电瓶向网路做应急供电信号灯燃亮，警告飞行人员飞机直流电源处在应急状态
5	交流发电机故障信号	当左（或右）交流发电机故障时，相应信号灯点亮，发出左（右）交流发电机故障信号
6	发动机故障信号	当发动机的滑油压力减小到 98 N/cm^2 以下时，发动机故障信号灯燃亮。与此同时，自动顺桨系统立即开始工作，使该发动机顺桨停车
7	舱门信号	用来向飞行人员发出飞机应急舱门、登机门和货舱门关好以及应急窗口销子未插好的灯光信号，当任一个舱门未销好或应急窗的销子未插上时，位于中央仪表板上的信号牌中的舱门信号燃亮，提醒和警告飞行人员应立即关好有关舱门
8	燃油压力低	当发动机低压燃油泵出口处的燃油压力低于 17.6 N/cm^2 时，信号灯亮，发出燃油压力过低的警告信号
9	发动机油滤堵塞信号	当发动机细油滤出入口的燃油压差达到 3.92 N/cm^2 时，油滤堵塞信号器工作，燃亮信号灯，发出油滤堵塞信号
10	危险高度警告	当飞机的飞行高度下降到 45～50 m 时，左右仪表板信号牌上的两个危险高度信号灯亮，提醒飞行人员注意飞机的高度
11	发动机振动信号	当发动机的振动超过 5.5 级时，发动机振动放大器发出信号，燃亮信号灯，向飞行人员发出危险振动信号
12	空速管加温故障	当左（或右）座飞行员的空速管加温电路发生故障时，燃亮相应的信号灯，表示空速管加温电路故障

注：表中数据均来自以运-7 飞机。

12.1.3 飞机起落架和襟翼位置信号指示

起落架的状态和襟翼的位置对飞行安全十分重要,是绝对不能发生错误状态的,因此设置专门信号指示系统指示飞机起落架位置信号(前、左、右)和襟翼位置信号,并在飞机起飞和着陆时发出起落架和襟翼所处位置的灯光和音响警告信号。

图12.1.1为某着陆信号器的外形图着陆信号器安装在一个铸铝矩形盒中,壳体内装有带卡口的灯头和灯泡,底板上装有散热片、栅格、调光片和滤光玻璃盖子。此外调光片上装有"昼一夜"位置转换和灯泡检查按钮,调光片用来调节信号着陆器的亮度。在白天飞行时,调光片将栅格窗口全部打开,而在夜间飞行,调光片可将栅格窗口遮蔽,仅留下缝隙透光。

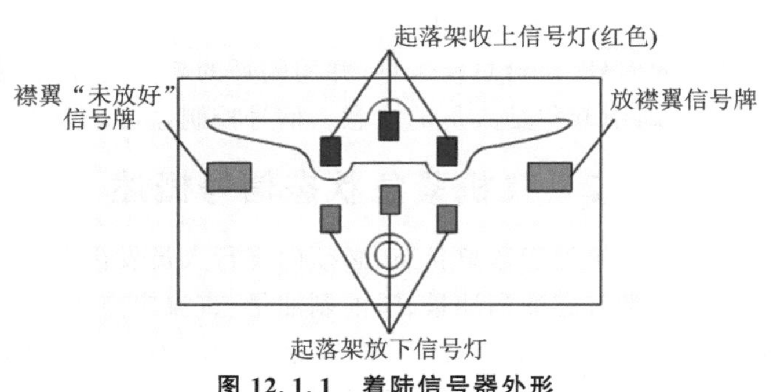

图12.1.1 着陆信号器外形

在信号器壳体内装有一个检查信号灯用的按钮,当按下外部按钮时,接通信号灯电路,使信号灯点亮。为直观起见,在信号器的起落架位置信号灯的窗口处有小飞机轮廓线,以红、绿灯分别显示起落架收上或放下位置。

图12.1.2是起落架和襟翼的控制原理图,主要由起落架放下信号电路、起落架收上信号电路、提醒放起落架电路、提醒放襟翼电路和断开喇叭音响信号电路等组成。

1. 起落架放下信号

当起落架(前、左、右)在放下位置时,终点开关157、159、162接通。28V DC正电从配电板→保险开关(183)→终点开关157、159、162的(3—4)→信号器(1、3、6)的信号灯→地。放下位置绿色信号灯点亮,表示起落架已放好,并在锁上位置。

2. 起落架收上信号

当起落架(前、左、右)在收上位置时,终点开关156、158、161接通。28V DC正电从配电板→保险开关(183)→终点开关156、158、161的(1—2)→信号器的(2、4、5)信号灯→地。起落架收上位置红色信号灯亮,表示起落架已收上,并在锁上位置。

3. 提醒放起落架电路

当起落架未放好(未在放下锁好位置),飞行员收油门着陆(油门小于24°±2°)的情况下,位于信号器中的"起落架未放好"红色信号灯亮,并发出音响(喇叭叫)警告信号,以提醒飞行员放下起落架,其工作电路是:28V DC正电从配电板→保险开关183→终点开关157、159、162的(1—2)→继电器169→终点开关170(3—4)→171(3—4)→地。

继电器169工作后,则正电从配电板→保险开关183→继电器169(3—2)→"起落架未放好"红色信号灯→地,另一路从继电器169(6—5)→继电器167(4—5)→继电器168(1—2)→喇叭190→地。此时,信号灯亮,喇叭响,提醒飞行员放起落架。

4. 提醒放襟翼电路

当起落架在放好位置而襟翼放下角度小于15°,油门在76°以上起飞或着陆时,终点开关

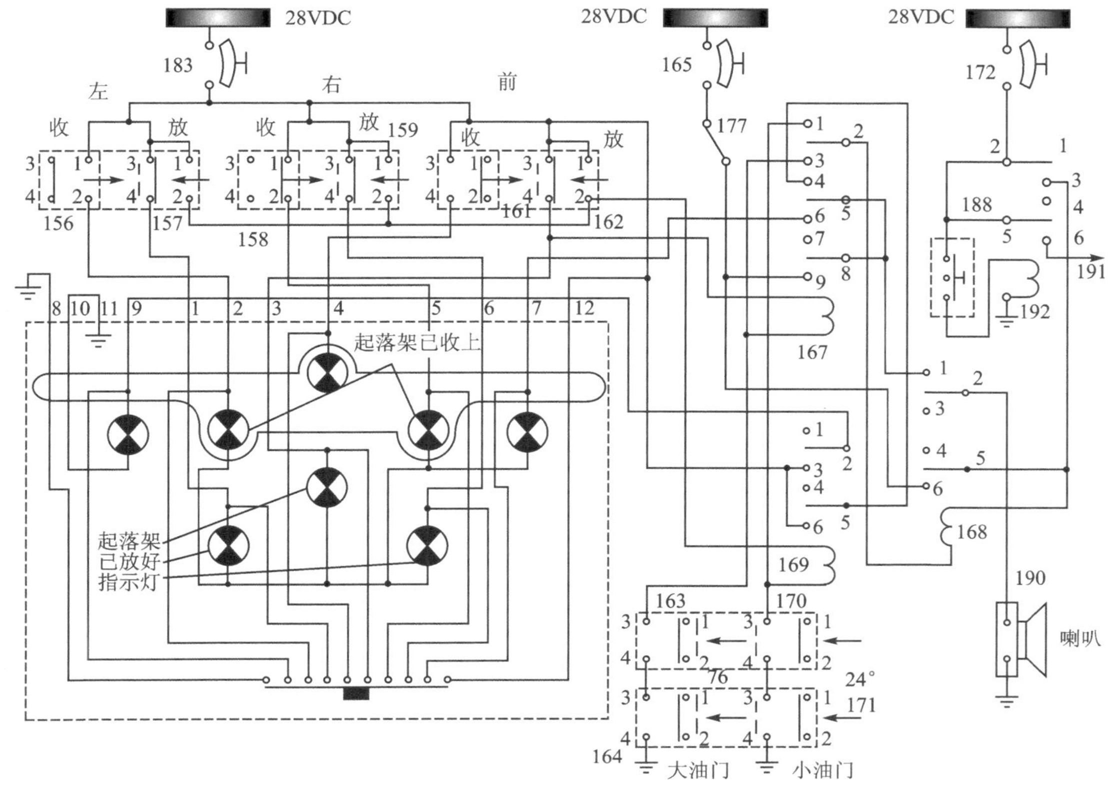

图 12.1.2　起落架、襟翼信号原理图

163、164、177 接通，向飞行员发出襟翼未放 15°的灯光和喇叭警告信号。

28V DC 正电从配电板→保险开关(183)→终点开关 162(3—4)→继电器 167 线圈→终点开关 163(3—4)→164(3—4)→地，继电器 167 接通工作。

继电器 167 工作后，正电从配电板→保险开关 165 →终点开关 177 →继电器 167(9—8)、(5—6)→信号器内“襟翼未放好”红色信号灯→地。与此同时，正电从继电器 167(9—8)→继电器 168(1—2)→喇叭 190 →地，此时信号灯亮，喇叭响，提醒飞行员放好襟翼。

5. 断开喇叭音响信号电路

断开提醒放起落架喇叭电路的工作过程为：按下喇叭断开按钮 188，使继电器 192 工作。继电器工作后，28V DC 正电从配电板→保险开关 172 →继电器 192(2—3)→继电器 168 线圈→继电器 167(2—1)→终点开关 170(3—4)→171(3—4)→地。继电器 168 工作后，其触点(1—2)断开喇叭电路，而其(5—6)借助终点开关 177 保持继电器 168 自锁。

断开提醒放襟翼喇叭电路与断开提醒放起落架喇叭电路相仿，只是由于油门大小不同，继电器 168 通过继电器 167(2—3)→终点开关 163(3—4)→164(3—4)→地。继电器 168 工作，断开触点(1—2)，使喇叭停止发声。

12.2 EICAS 警告系统

12.2.1 EICAS 产生的历史背景

随着大规模集成电路和计算机的发展及其在飞机上应用,装在驾驶舱的仪表设备不断更新换代,大致经历了 5 代变换,如图 12.2.1 所示。

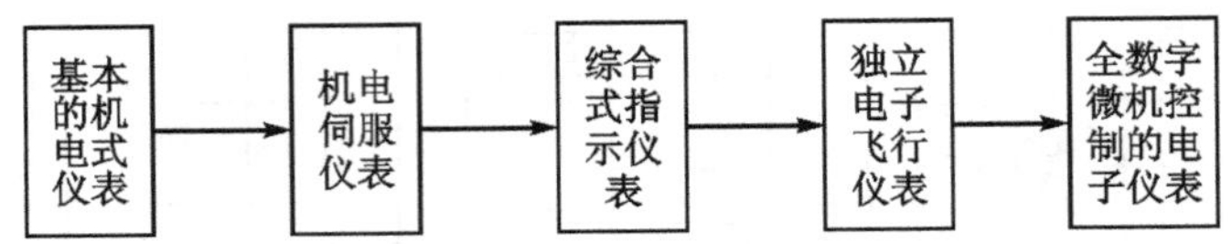

图 12.2.1 飞机驾驶舱显示仪表的发展历程

自 1982 年以来,投入航线飞行的飞机上,体积小、质量轻、信息量大、操作维护方便的电子显示设备得到了应用。由于航空电子和飞机仪表比航空技术其他领域发展得更快,因此自 20 世纪 70 年代末开始大量采用集成电路和微处理机等数字器件,出现了新一代具有综合性显示功能和再次显示功能的彩色显示装置,其中发动机指示和机组警告系统 EICAS(engine indication and crew alerting system)已在机上得到广泛应用。

EICAS 的诞生是现代技术取得重大进步的标志之一,具有下列主要优点。

1. 全程监控和多种显示功能

为了了解飞行工作的全过程,包括航前准备工作、飞行阶段的状态以及飞行后维护等的所有阶段,EICAS 系统已具有对发动机和飞机各系统进行连续监控及数据显示的功能。为了照顾飞行员原来观察仪表的习惯,各显示页面还采用了模拟仪表和数字仪表双重显示方式。

2. 存储信息的功能

EICAS 不仅可以显示发动机和飞机其他系统的现行动态数据和信息,还能通过非易失存储器(NVM)记录发动机超值和飞机系统发生的某些自动事件,并且可以记录发生该事件瞬间的相关数据,可以在空中或地面根据需要随时进行人工事件记录。这些数据信息可供地面维护人员调用,并作为排除故障的参考。

3. 分级报警

在飞行中,警告信息按不同的等级设计成不同的颜色和不同的方式,以表达其相应的紧迫性及故障程度,并根据实际需要设置了状态信息和维护信息。

4. 采用彩色显示,可提供鲜明的视觉警告

为了减轻飞行员的负担,常用不同颜色代表不同的故障状态。EICAS 显示器以 8 种颜色显示不同的状态信息。用白色、淡蓝色或绿色表示系统正常工作;用黄色(琥珀色)、红色表示不正常的工作状态。例如,发动机排气温度(EGT)接近极限值(进入黄区)时,指针、数字及其方框都由白色变为黄色;当达到或超过极限值后,指针、数字及其方框都变成了引人注目的红色。又如液压系统,当加注过满或欠加油时,均显示粉红色的提示字符;而文字信息可根据报警等级用红色、黄色及白色加以区分。在出现警告或告诫信息的同时,相应红色主警告灯或琥

珀色的主提醒灯亮，并有相应的声响警告。

飞行过程中，EICAS 能对发动机和飞机各系统进行连续监控，可以帮助机组人员正确操作，同时减轻了机组人员在飞行后填写飞行记录的负担，特别是在出现空中停车和再启动前，EICAS 自动显示飞行包络线和接通燃油开关标记，免除了机组人员繁重的人工计算任务。在地面维护时，地勤人员可以通过按压维护面板开关，将检测到的故障和数据记录再显示出来，从而很容易对系统和部件进行故障诊断，不仅缩短了维修时间，还提高了飞机的利用率，降低了运行成本。

EICAS 系统问世以来，虽然在设计和显示编排上还存在着某些缺点，但具有显著的优点，显示了强大的生命力，在新型飞机上得到了广泛的应用。

12.2.2　B757、B767 型飞机的发动机指示和机组警告系统

1. 概　述

B757、B767 型飞机采用了先进的电子显示技术，以屏幕文字显示取代了以往通用的机电式指示器和复杂的目视与音响报警方式。这是一个全新的指示和报警系统，在 B757、B767 型飞机上称为发动机指示和机组警告系统(EICAS)。

EICAS 系统的显示组件是两个全色的阴极射线管，随着技术的发展，液晶显示器、LED 显示器亦相继出现。除了显示发动机各参数外，EICAS 还可以把飞机各系统参数显示出来，各系统相关的故障或各种不正常情况都可用各种类型的文字信息(简略的文字叙述)显示出来。

2. EICAS 系统的基本组成

图 12.2.2 是典型的 EICAS 系统简图，包括两个全色阴极射线管显示器、两台计算机、两个控制面板、两个显示转换组件以及“取消/重读”开关和主警告灯等。EICAS 计算机按机组的要求处理所有发动机和飞机系统的信息。两个显示转换组件同时显示，但只需要一个计算机工作。计算机的工作与否可通过显示选择板来选定。

发动机主要参数和机组警告信息在上显示组件上显示，发动机次要参数在下显示器上显示，飞机各系统参数和状态信息或者维护数据和信息也可在下显示器上显示。

两个主提醒灯(caution)位于正、副驾驶员遮光板上，是提醒信息显示的后备指示。按压主提醒灯灯罩(按钮式开关)，主提醒灯被取消，但提醒信息仍然显示。提醒信息和咨询信息可使用取消和重读开关进行查询和控制。

两个主警告灯(warning)与主提醒灯组合在一起(主警告灯占上一半，主提醒灯占下一半)，是警告信息显示的后备指示。

3. EICAS 信息显示的工作情况

EICAS 系统监视着来自发动机和飞机各系统传感器 400 多个模拟输入信号，并产生相应的警戒、状态和维护等信息。警戒信息使用红色和黄色显示，状态和维护信息使用白色显示。

信息级别如下：

- A 级——警告(warning)显示红色文字信息，红色信号灯和红色主警告灯亮，并伴随有相应的音响报警。机组需立即采取纠正措施。
- B 级——提醒(caution)显示黄色文字信息，黄色信号灯和黄色主提醒灯亮，并伴随有

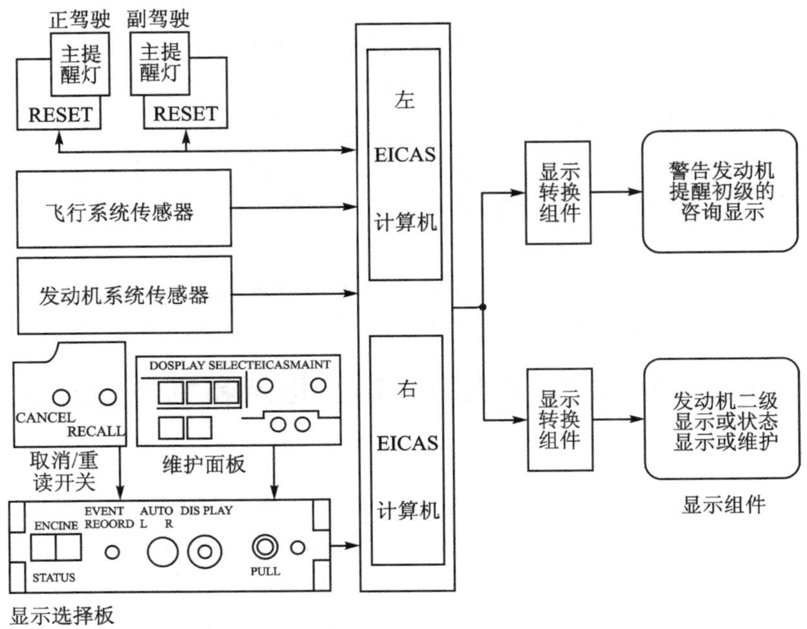

图 12.2.2 EICAS 系统简图

相应的音响报警。机组需立即知道,允许随后采取纠正措施。

➢ C 级——咨询(advisory)显示黄色文字信息,需要机组知道并待以后再采取纠正措施。

➢ D 级——状态(status)显示白色状态信息,反映与最低设备放行清单有关的项目,需机组在放行之前知道。

➢ M 级——维护(maintenance)显示维护信息,仅供地面维护使用。

➢ E 级——发动机电子控制维护(EEC maintenance) 显示发动机有关的维护信息。

4. EICAS 警戒信息的工作情况

EICAS 警戒信息是指 A 级、B 级和 C 级三类信息。警戒信息的显示都是在 EICAS 上部显示器的左上角出现,并按如图 12.2.3 所示的次序排列。

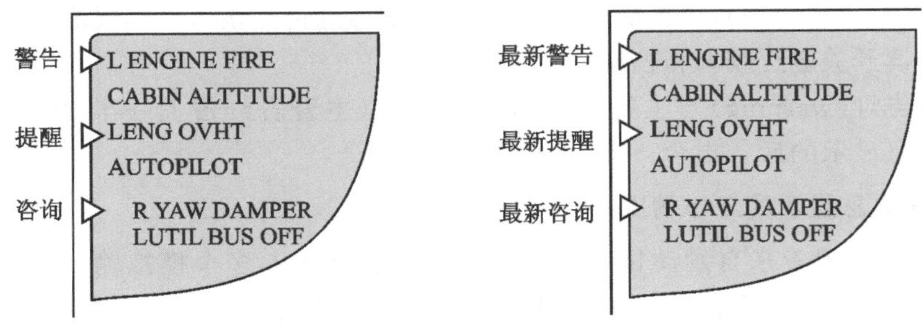

图 12.2.3 EICAS 警戒信息显示格式

➢ A 级——红色警告信息,位于显示器的顶部。

➢ B 级——黄色提醒信息,位于警告信息之下。

➢ C 级——黄色咨询信息,位于提醒信息之下,并且比提醒信息向右退一个字格。

在仅存在某单一的一种警戒信息时，它总是出现在显示器的顶部。一旦出现某警戒的最新信息，该最新信息总是在某同类信息的上部显示出来。

(1) A 级警告信息及其有关指示

任何时候产生了 A 级警告，EICAS 上部显示器便出现红色警告信息。同时，警告系统信号使主警告灯亮，并使火警铃或报警器发出音响警告。

按压任一警告灯，可以恢复主警告灯和有关的 A 级音响警告系统的电路，使主警告灯熄灭，警告音响停止。

(2) B 级提醒及其有关的指示

任何时候产生了 B 级提醒信号，EICAS 上部显示器便出现黄色的提醒信息。同时，两个主提醒灯亮，警告系统发出嘟嘟的音响。按压任一主提醒灯，可以恢复主提醒灯的控制电路，使两个主提醒灯熄灭。

(3) C 级咨询信息

任何时候产生了 C 级咨询信号，EICAS 上部显示器便出现黄色咨询信息。该信息位于 B 级信息下面，并且比 B 级信息向右退一字格。咨询信息没有音响和主警告一系列的指示信号。

(4) EICAS 警告信息的取消和重读(检索)

EICAS 警告信息不能被取消，但 EICAS 提醒信息和咨询信息可以从显示器上取消，并且可以重新查询，此功用由 EICAS 取消/重读开关完成。

如图 12.2.4 所示，EICAS 上部显示有三条警告信息，从上至下分别为：座舱高度(A 级)、左发动机过热(B 级)和右偏航阻尼器故障(C 级)。

按压“取消”(cancel)开关，只是从显示器上清除 B 级和 C 级信息，红色的 A 级信息，即座舱高度警告信息仍然保留不动。再按压“重读”(recall)开关，被取消了的 B 级和 C 级信息可以重新显示出来。与此同时，在信息显示的最下一行还瞬时出现“重读”(recall)字迹信息。

(5) EICAS 警告信息的翻页功能，显示清除提醒咨询重读信息

如图 12.2.4 所示，EICAS 警告信息具有多页显示功能。在同一时刻(或在同一页面)最多只能显示出 11 条警告信息。如果有 11 条以上的信息需要显示，则此时只有 10 条信息显出，在第 11 条信息的位置则依次被推到后面的页面，这就是信息溢出特性。

使用“取消”和“重读”开关可以使提醒信息和咨询信息进行循环显示。按压“取消”开关，

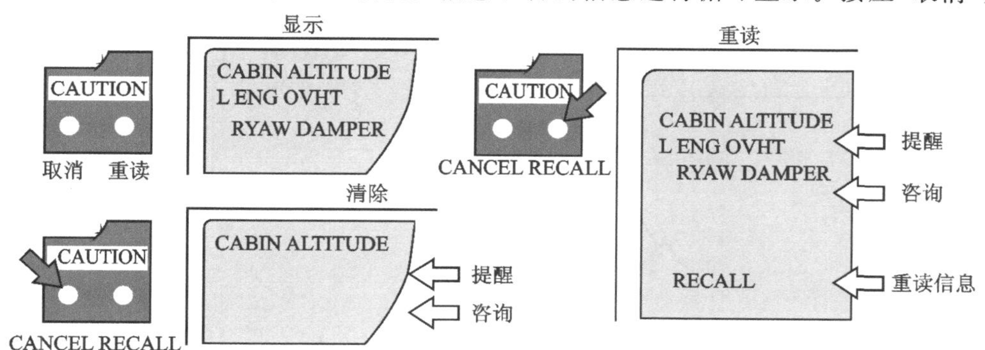

图 12.2.4　EICAS 信息的取消和重现

清除了正在显示的 B 级和 C 级信息,并使溢出的 B 级和 C 级信息得到显示。同时,页面号码相应增加,如图 12.2.5 所示。

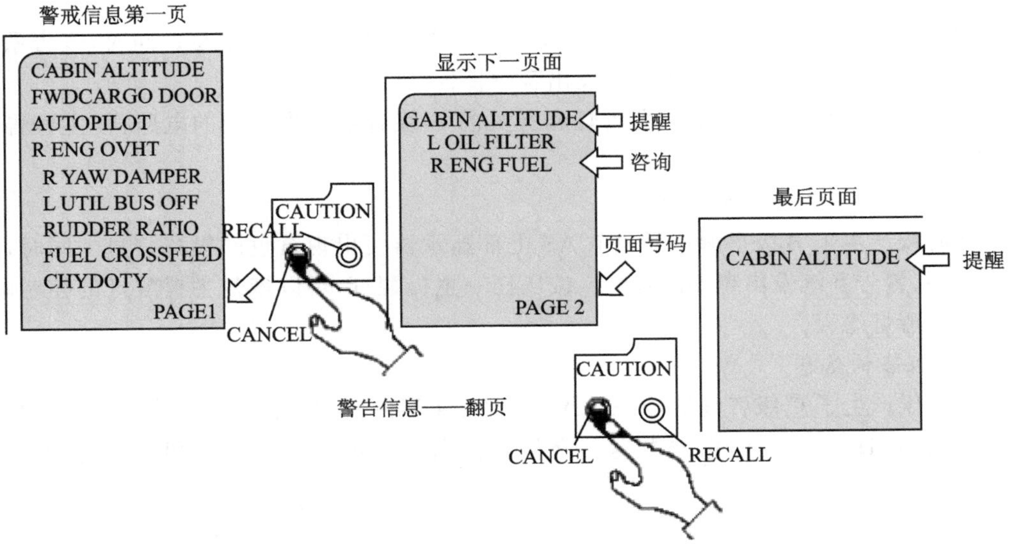

图 12.2.5　EICAS 的信息翻页功能

出现最后一页信息显示之后,再按“取消”开关,在清除 B 级和 C 级信息的同时,页面号码也将消失。注意,警告信息不受影响。

(6) 新的警告信息

如图 12.2.6 所示,在所有 B 级和 C 级信息被清除后,或者在第一页以外的页面显示时再产生新的信息,则新的信息将自动出现在当时的显示页面上。根据新信息的级别,将分别定位在 A 级、B 级或 C 级信息的最上一行,并显示下一页最后页面提醒。

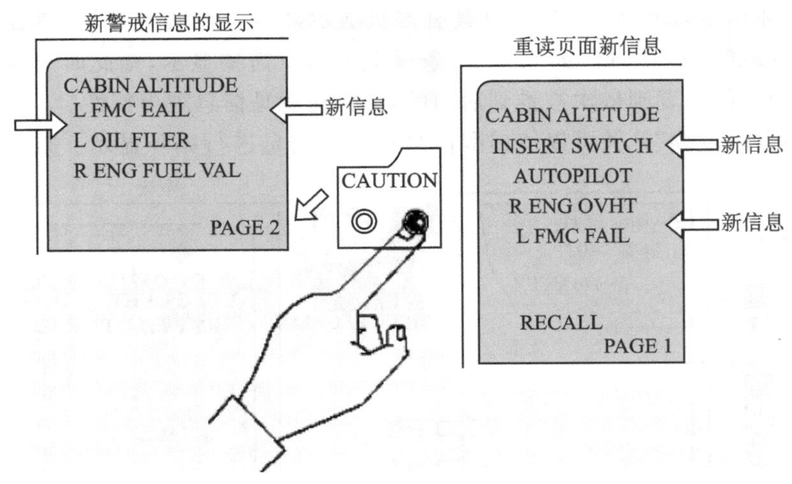

图 12.2.6　EICAS 新的警告信息

按压“重读”开关，使第一页的信息显示重现。在信息条款的最下一行，除有“第一页”(PAGE1)指示以外，还有“重读”(Recall)字样瞬时显现。如前所述，新的信息仍然位于它所在信息类别的最上一行。

选择题

1. EICAS 系统的主要组成包括________。
   A. 两台计算机、两台显示器、两块控制面板和 EICAS 继电器
   B. 一台计算机、一台显示器、一块控制面板和 EICAS 继电器
   C. 一台计算机、两台显示器、一块控制面板和 EICAS 继电器
   D. 一台计算机、两台显示器、两块控制面板和 EICAS 继电器
2. 按照功能和使用要求，EICAS 的显示方式分为________。
   A. 工作方式和维护方式　　B. 工作方式、状态方式和维护方式
   C. 状态方式和维护方式　　D. 工作方式和状态方式
3. EICAS 系统按飞行中的要求显示发动机参数和机组警告信息，并对发动机和飞机系统进行连续监控的显示方式是________。
   A. 巡航方式　B. 状态方式　C. 工作方式　D. 维护方式
4. EICAS 系统提供与飞机放飞的适航准备状态有关的系统信息，并以模拟图形形式或数据信息形式显示在下显示器上的显示方式为________。
   A. 巡航方式　B. 工作方式　C. 维护方式　D. 状态方式
5. EICAS 系统在下显示器显示与维护有关的维护信息、发动机性能数据以及飞机系统的参数的显示方式为________。
   A. 维护方式　B. 工作方式　C. 状态方式　D. 巡航方式
6. 下述关于 EICAS 计算机的说法，正确的是________。
   A. 正常时，右 EICAS 计算机主用，左 EICAS 计算机热等待
   B. 正常时，左 EICAS 计算机主用，右 EICAS 计算机热等待
   C. 正常时，左 EICAS 计算机工作，右 EICAS 计算机不工作
   D. 正常时，右 EICAS 计算机工作，左 EICAS 计算机不工作
7. 下述关于 EICAS 计算机的说法，不正确的是________。
   A. 正常时，左、右 EICAS 计算机都工作
   B. 左 EICAS 计算机失效时，由右 EICAS 计算机驱动显示
   C. 正常时，左 EICAS 计算机工作，右 EICAS 计算机不工作
   D. 正常时，左 EICAS 计算机主用，右 EICAS 计算机热等待
8. EICAS 系统正常工作为________。
   A. 两台计算机都不驱动显示　　B. 两台计算机轮流驱动显示
   C. 两台计算机分别驱动上下显示器显示　　D. 只有一台计算机驱动显示
9. EICAS 系统的信息级别划分，除 E 级外，包括________。
   A. A 级、B 级和 C 级　　B. A 级、B 级、C 级和 M 级
   C. A 级、B 级和 C 级、S 级和 M 级　　D. S 级和 M 级

10. 按压 EICAS 系统的“取消”开关,可以取消________。
    A. A级、B级、C级、S级和M级信息 B. A级、B级和C级信息
    C. A级信息 D. B级和C级信息
11. 当 EICAS 显示器出现 A 级警告信息时________。
    A. 红色文字信息显示,主警告灯亮,并有强烈的声响警告
    B. 黄色文字信息显示,主警告灯亮,有较弱声响警告
    C. 只有黄色文字信息显示
    D. 只有声响警告提醒飞行员注意
12. 当 EICAS 显示器出现 B 级警告信息时________。
    A. 红色文字信息显示,主警告灯亮,并有强烈的声响警告
    B. 黄色文字信息显示,主警告灯亮,有较弱声响警告
    C. 只有黄色文字信息显示
    D. 只有声响警告提醒飞行员注意
13. 当 EICAS 显示器出现 C 级警告信息时________。
    A. 红色文字信息显示,主警告灯亮,并有强烈的声响警告
    B. 黄色文字信息显示,主警告灯亮,有较弱声响警告
    C. 只有黄色文字信息显示
    D. 只有声响警告提醒飞行员注意

第13章　灯光照明系统

飞机上配备照明系统有多种原因，包括安全、运行和维护需要以及旅客的方便。飞机照明一般用于飞行舱（驾驶舱）、客舱、外部和服务（货仓和设备舱）。照明灯由通断开关、可变电阻器或自动控制电路控制。机上使用的照明技术有很多种，如白炽灯、荧光灯、闪光灯、电致发光和发光效率高的LED灯及其功率驱动技术。照明一般分成机内照明、机外照明和应急照明。

13.1　机内照明

飞机的机内照明可以分为驾驶舱设备和控制板的照明、客舱照明以及乘客信息标志、系统运行状态的指示和警告的应急照明，其中服务照明包括餐厅、厕所、货舱以及设备舱的照明。

13.1.1　驾驶舱设备和控制板的照明

驾驶舱照明必须保证对所有仪器、开关和控制等的足够照明，同时也要保证这些设备安装面板的照明。驾驶舱照明中，有的光源放置在仪器内部，或用灯柱照明，也有很多照明装置安置在面板上来照亮附近的小区域，并提供对单个仪器的照明。

驾驶舱还采用泛光照明，即灯被放置在驾驶舱以提供对操纵台或一整片区域的泛光照明；有时在夜间和能见度差的情况下需要提供对一些操纵、提醒和指示文字信息的临时照明。驾驶舱还用来为仪器仪表、控制面板、基座、侧面操纵杆以及驾驶舱地板的一些区域提供总体照明。这些灯通常是白炽灯和荧光管，取决于飞机的种类，有时两种形式可能共同采用。

电致发光照明在很多飞机中作为乘客信息标志使用，在某些情况下，可以提供仪表盘的位置及需选择的阀或开关的照明。电光灯是很薄的平面结构，两个电极把一层磷包在中间，其中的一个电极是透明的。这种灯需要交流电源，通电后电极和磷颗粒发光，也就是说，可见光从透明的电极中发射出来，光强度取决于交流电源的电压和频率。通电时产生"电光"现象的磷实际上夹在两个电极之间，因此如果光后面的电极被做成字母或图形的形状，通过透明电极射出的光线就是其后面的电极所示的图形。

13.1.2　客舱照明以及乘客信息标志

客舱照明的强度取决于客舱的大小，而且很大程度上取决于这种飞机的内部装饰。因此它可以是安装在天花板上很小数量的白炽灯，也可以是天花板和衣帽处的很多的荧光灯，用来提供隐蔽的、令人愉悦的和功能性的光照效果。照明所需要的电源一般是28 V直流或115 V交流电。在民航运输机上，灯的控制装置都安置在客舱的服务员间的控制面板处。除了座舱照明外，照明还用于照亮乘客信息提示，比如"系紧安全带"和"回到客舱"等。随着信息技术的发展，飞机客舱的装备越来越直观、简便和人性化，服务质量大大提高。图13.1.1是空客A380的客舱照明实景，图13.1.2是座位信息指示系统。

图 13.1.1 A380座舱照明实景

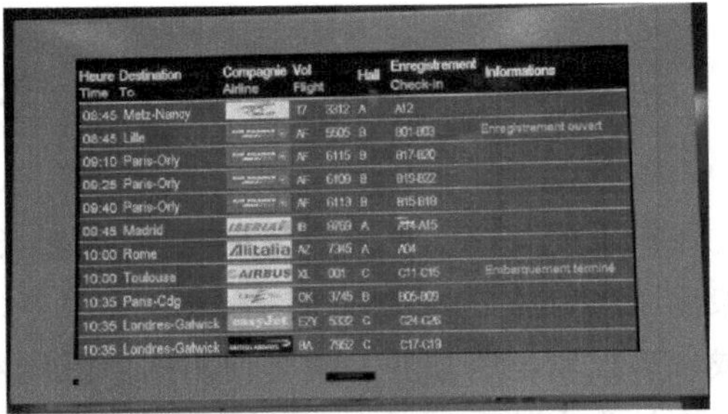

图 13.1.2 A380座位提示信息屏

随着计算机技术和显示技术的发展,座舱发生了巨大的变化。现在,高清晰度的液晶LCD显示屏在座舱里显示了飞行中所需要的各种数据。

13.1.3 系统运行状态的指示和警告的应急照明

当飞机处于应急状态,为完成迫降和迫降后机上人员应急撤离,需要应急照明。图13.1.3是飞机应急逃生出口示意图,各应急出口都必须安装应急照明灯。应急照明主要包括确保安全迫降所需要的仪表,如磁罗盘、地平仪等的照明,以及客机迫降后为机上人员迅速撤离飞机而设置的客舱主通道、应急出口区域、出口指示、应急撤离路线和应急撤离设施的照明。

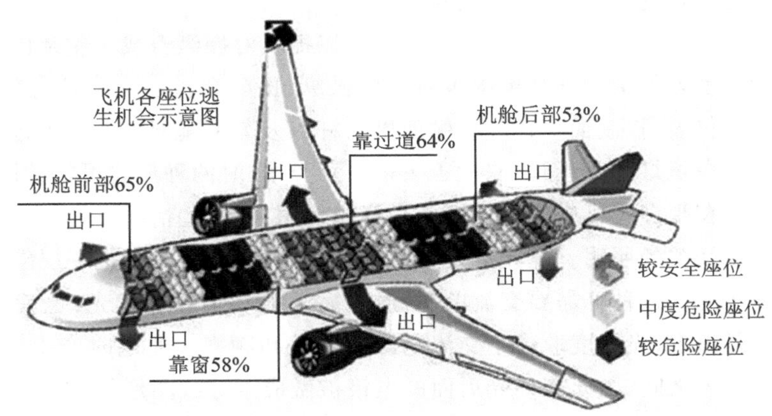

图 13.1.3 飞机应急逃生出口

因应急灯光与机上人员的安全直接有关,对其有下列特殊要求:

① 应急灯光独立于机上正常的照明系统,通常使用自备充电电池供电;

② 具有规定的亮度、照度、颜色和照明时间;

③ 主电源失效或接通应急开关时,应急灯点亮。

应急开关应安装在有关人员易接近处,并有防止偶然误动作的措施。

应急撤离通道照明灯有传统型和荧光条型两种。传统型采用块状分立式的高亮度灯泡HID或LED作为发光源。LED型耗电量小,持续时间长,采用独立自备的应急照明电池组件为应急灯供电。

飞机不同位置按需求装有应急照明电池组件，如 B757 飞机装有 9 个应急照明电池组件。一般至少在每个客舱门和应急舱门附近都装有应急照明电池组件，以向每个舱门和附近通道应急灯和出口指示灯供电。应急撤离通道照明组件至少有两个电池组件供电，以提高应急照明的可靠性。图 13.1.4 所示是 B757 飞机应急灯安装位置，每个应急照明组件供电的应急照明灯如表 13.1.1 所列，其中 STA 为站位号。

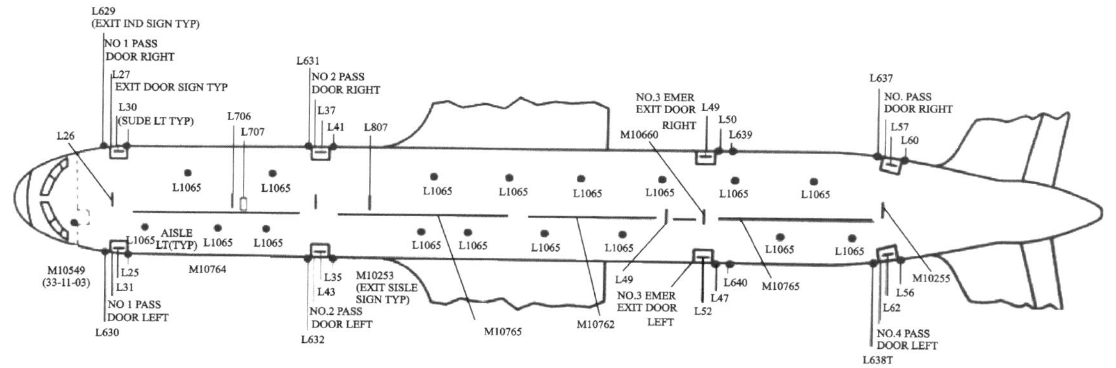

图 13.1.4　B757 飞机应急灯安装位置

表 13.1.1　B757 飞机每个应急照明电池组件供电范围

序　号	应急照明电池组件编号	应急照明灯、应急出口指示、应急出口位置、通道指示组件等编号
1	M730	L26、L27、L30、L629、M10764、L1065(STA 470R)、L1065(STA 420L)
2	M731	L25、L31、L630、L707、M10764、L1065(STA 530L)、L1065(STA 650L)
3	M732	L37、L41、L631、M10253、M10764
4	M733	L35、L43、L632、L706、M10763、L1065(STA 590R)、L1065(STA830L)
5	M734	L50、L639、M10680、M10765、L1065(STA 1130R)
6	M735	L47、L52、L640、M10762、L1065(STA 1190L)、L1065(STA 1240R)、L1065(STA 1470L)
7	M736	L57、L60、L637、M10765、L1065(STA 590R)、L1065(STA 830L)
8	M737	L56、L62、L638、M10255、M10765、L1065(STA 1585L)
9	M738	L49、L807、M10762、M10763、L1065(STA 950L)、L1065(STA 890R)、L1065(STA 1010R)、L1065(STA 1070L)

荧光条型照明灯采用连续长条形独立的荧光条作为发光源，一般用来指示撤离通道，不需要任何电源，但必须采用光照的方法在始发航班前完成荧光条发光能量的初始补充。

当驾驶舱里的应急灯总开关处于“自动”或“预备”位置，飞机失去了正常照明电源时，全部应急灯光自动转由自备电池供电并点亮，此时，客舱内部的应急照明灯、应急撤离通道照明灯、头顶应急出口指示牌和应急出口外部照明灯等均由自备充电电池供电，自动为旅客照明撤离路线、出口标志和应急出口外部区域，协助乘务员组织旅客按顺序以最快的速度沿着最近的应急出口撤离飞机。机内自备充电电池的放电时间应大于 15 min，安全撤离工作必须在此段时间内完成。当应急灯总开关处于“接通”位置时，全部应急灯由人工强制转由自备电池供电点

亮,其工作与"自动"方式类似。

另外,滑梯内部还配有应急滑梯。当滑梯在"预位"状态时,乘务员打开舱门时滑梯放出,滑梯灯点亮,这样可使旅客迅速撤离飞机。

应急灯是飞机处于应急状态,主电源不能正常供电时仍能维持必要照明的灯光设置。应急灯一般由灯具、光源、蓄电池和控制线路组成。当飞机电源正常供电时,由机上电网对应急灯的小型蓄电池充电。当飞机电源发生故障,通过控制线路迅速使应急灯改由蓄电池供电,作为应急照明。图13.1.5所示是常见的三种灯光调节电路,它们的亮度调节装置置于面板上,供相关人员调节。

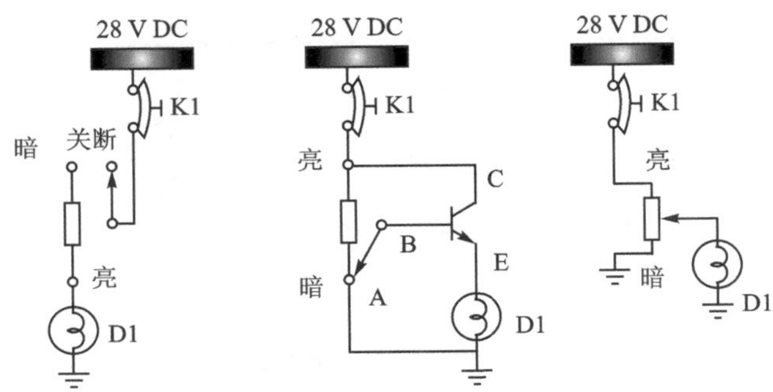

图13.1.5　灯光亮度调节装置

13.2　机外照明

机外照明是飞机在夜里或能见度差时飞行和飞行前准备时必需的,是飞机在夜间或复杂气象条件下飞行和准备时必不可少的条件之一。如图13.2.1所示,机外照明的主要功能有:通过导航灯来标记飞行器的方位,通过闪烁灯来标记方位,降落和着陆时前方照明,对机翼和引擎的空气入口的照明以检查是否结冰,在紧急迫降后使乘客快速撤离的照明。

13.2.1　着陆灯

着陆灯安装在两侧机翼翼根,左右各2只。在夜间或天气条件恶劣、能见度低时,着陆灯提供飞行器着陆、跑道滑行以及到终端地区的基本照明,如图13.2.2所示。

在某些飞行器中,着陆灯以固定的预定角度发射光线,可以通过电机和机械设备驱动到预先选定的角度并缩回。微型限制开关被安装到电机回路中,在某些飞行的极限情况下可以停止电机的运行。

用于照明的着陆灯一般为600～1 000 W的白炽灯,功率很大,使用时产热很高,需要高速气流冷却,因此在地面起飞前才能打开,或者在飞机起飞滑跑前打开,离地后关闭;飞机最后进近阶段打开,落地后即关闭。

照明工作所需要的电源可以是28 V直流电,也可以是115 V交流通过变压整流器整流成的28 V直流电。灯和电动机的电源供给由驾驶舱控制板上的开关控制。图13.2.3所示为一可伸缩照明系统电路,其中M为电动机,按照开关的工作状态带动3个凸轮转动,可以自动断开或接通供电电路。

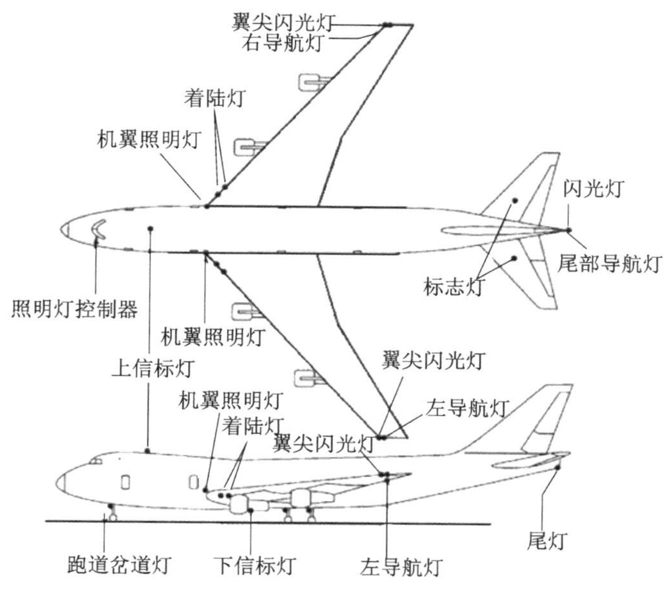

图 13.2.1　大型客机的外部灯

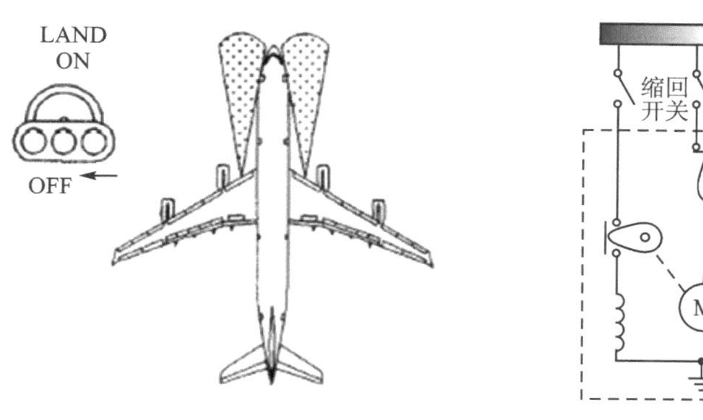

图 13.2.2　着陆灯

图 13.2.3　伸缩照明电路

现代大中型飞机一般都装有 2 只活动的或固定的着陆灯，以保证足够的光强和可靠性，目前着陆灯的光强为数十万烛光。某些飞机还采用了光效高、光色好、寿命长的新型光源作为着陆灯光源，如氙灯、溴钨灯、石英碘灯等。

13.2.2　滑行灯

滑行灯是飞机滑行时照亮前方跑道及滑行道的机上灯光装置，一般由光源和棱镜等部分组成，其灯光水平扩散角比较大，是着陆灯的数倍，但光强比着陆灯弱，一般只有几万烛光。这样可以满足飞机滑行时要有宽视野和较长的滑行照明时间的要求。不同机型的着陆灯和滑行灯的光束角度、照射距离、照射宽度等都有不同的要求。图 13.2.4 为 B747 型飞机滑行灯的光束图形，图 13.2.5 为麦道 82 型飞机着陆灯和滑行灯光束图形。滑行灯是密封的，置于机身的头部，而且多数情况下是在机头的起落架组合处。滑行灯的功率通常比着陆灯要低，需要的

电源是 28 V 直流或交流电变换成的 28 V 直流电。

图 13.2.6 是收起式着陆/滑行灯电路图。工作所需要的电源可以是 28 V 直流或交流 115 V 通过变压整流器整流成的 28 V 直流电。灯和电动机的电源供给由驾驶舱控制板上的开关控制。

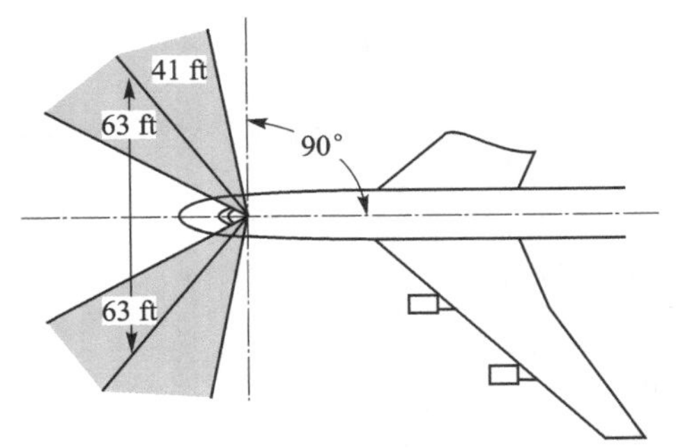

图 13.2.4　B747 型飞机滑行灯的光束图形

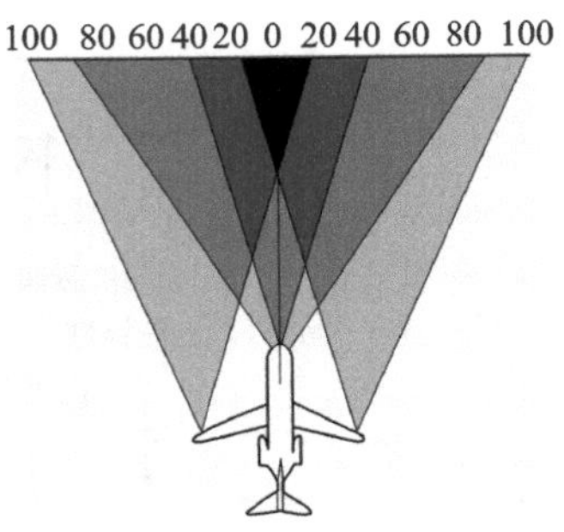

图 13.2.5　麦道 82 型飞机着陆滑行灯光束图形

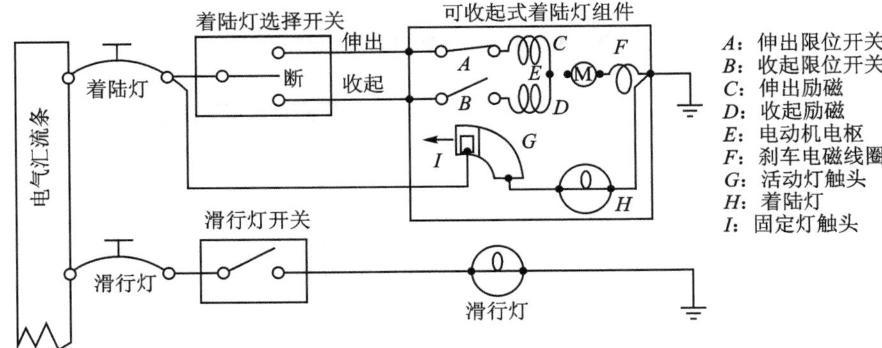

图 13.2.6　收起式着陆/滑行灯电路图

13.2.3　航行及标志灯

航行灯及标志灯如图 13.2.7 所示，是显示飞机轮廓的机外灯光信号装置，以便于在黑暗中辨认飞机的位置及运动方向，以免碰撞，造成不良后果。航行灯为左红、右绿、尾椎白，分别安装在机翼尖和尾部，用于判明飞行物是飞机及指示飞行方向。标志灯分别安装在两侧的水平安定面翼尖上，提供对垂直安定面上的航空公司标志的照明。空客飞机有两组航行灯，主起落架减震支柱被压缩或襟翼伸出 15°以上时标志灯亮。只要飞机上有人航行灯就必须打开。

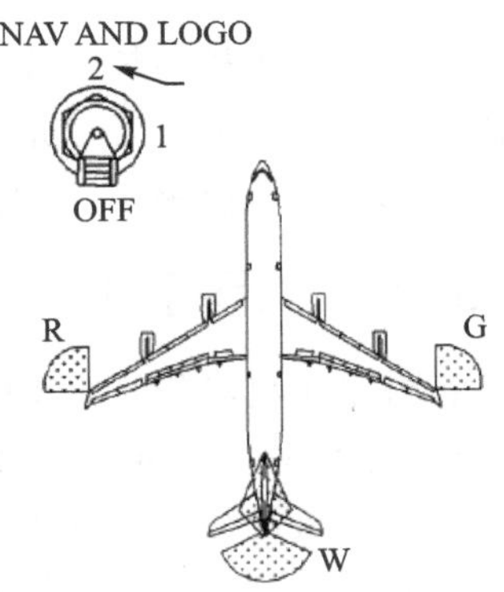

图 13.2.7　航行及标志灯

航行灯采用功率为数十瓦的航空低压白炽灯作为光源，并带有反射镜和滤光罩。航行灯有装在机翼两端的翼尖灯(左红右绿)和装在机尾的尾灯(白)。国际上对航行灯的位置、颜色和空间能见范围有统一规定。能见距离取决于飞机飞行相对速度和飞行员从看清航行灯到做完机动转弯所需的时间。各种飞机航行灯飞行方向光强为 30～150 cd,在 7 000 m 高空时能见度达 15～20 km,尾灯最大光强为 3～50 cd。航行灯可以有连续工作和闪光工作两种工作状态,以闪光方式工作的航行灯可代替防撞灯。

13.2.4 机头灯(空客飞机)

机头灯(NOSE)安装在前起落架上,2 个灯分别叫作起飞灯和滑行灯。如图 13.2.8 所示,开关放在 T.O 位置时,起飞灯和滑行灯都亮,放在 TAXI 时,只有滑行灯亮。此灯用于滑行道及跑道的前照明,飞机滑行时放在 TAXI 位,进跑道后放在 T.O 位置。飞机起飞后,前起落架收起时,自动关闭。

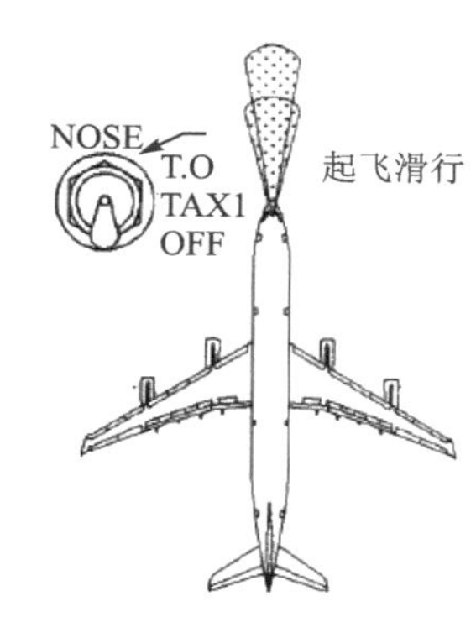

图 13.2.8 机头灯(起飞滑行灯)

13.2.5 信标灯

信标灯也称红色防撞灯,即 BEACON LIGHT 或 BEACON,如图 13.2.9 所示,分别安装在飞机的上下中部,用途是防止飞机在空中相撞。根据机型适配的控制器,信标灯以一定的频率闪烁。只要飞机开始动就必须打开此灯,即在飞机推出及发动机运行时打开就得开灯。

防撞照明起到标记飞机位置的作用,并与航行灯相连后提供更稳定的照明,并可提前确定飞机的位置。照明系统的灯光可以是旋转的光柱,也可以是短周期高强度的闪光灯。在有些飞机中,前述两种方式都被采用,后者起到了一种补充照明的作用,如图 13.2.10 所示。

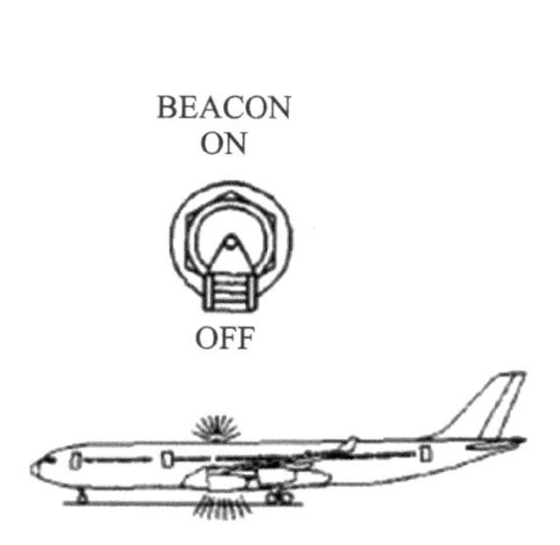

图 13.2.9 信标灯

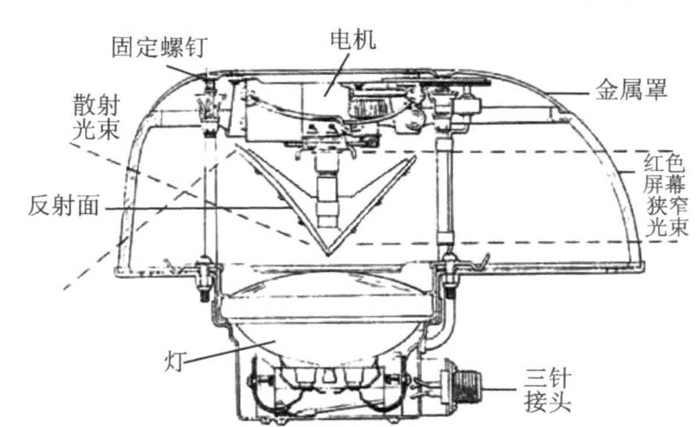

图 13.2.10 旋转灯柱式防撞灯

13.2.6 防撞灯

防撞灯常常是强化导航灯,可以采用闪光灯、旋转信标灯或两者的组合,如图 13.2.11 所示。防撞灯还用做警告灯,表示发动机正在运转或准备启动。它们一般在地面人员可以安全地接近飞机时才会关闭。闪光灯一般位于垂直尾翼、翼尖、尾翼/机翼下表面和机身。

图 13.2.11　防撞灯

防撞灯由一个单独的开关控制，带有单独的保护装置，与导航灯一起使用可以增强附近飞行员的现场感知能力，尤其是夜间飞行或在能见度比较低的情况下。旋转灯柱式防撞灯通常是由灯泡和电动机组成的，电动机用来驱动反射器，传动系统常常由大小齿轮啮合而成，并可改变旋转速度。所有的部件都安装在一个由红色玻璃封盖的壳体里。供给灯的电源通常为直流 28 V，但是有相当数量的供电采用交流电源。电动机需要 115 V 的电源，而灯需通过变压整流器转换成 28 V 直流后供电。通过调节电机的转速和齿轮的齿轮比可使反射器和灯泡提供一个恒定转速的光柱，通常设计转速为 40～45 r/min。

闪光灯位于翼尖和垂直尾翼，以强化导航灯的效果。闪光灯通过白色或红色滤光片产生高亮度白色闪光，发光时间为 1 ms，频率约为 70 次/min。

13.2.7　高亮度白色频闪灯

高亮度白色频闪灯又叫作高亮度白色防撞灯，如图 13.2.12 所示。此灯一般在翼稍前后及尾椎各安装 1 只。波音飞机在左右翼稍后尖各安装 1 只，尾椎 1 只，共 3 只；空客飞机在左右机翼前后翼尖及尾椎安装，共 5 只。其用途同防撞灯，用于防止飞机在空中相撞。此灯根据机型适配的控制器不同，以一定的频率爆破闪烁，亮度很高。注意：在得到进跑道许可后才可以打开此灯，落地脱离跑道前要关闭此灯。

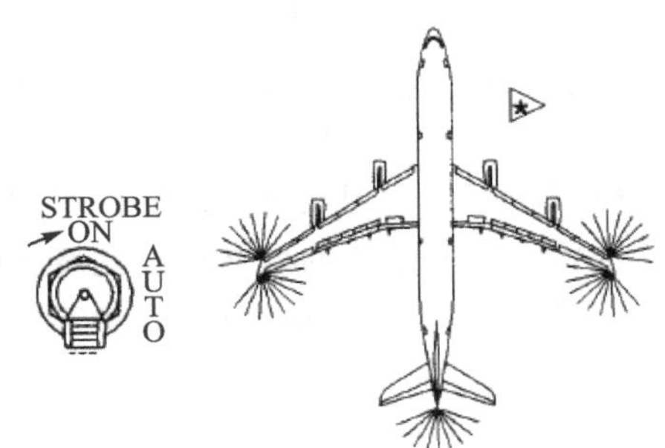

图 13.2.12　高亮度白色频闪灯

13.2.8　机翼灯

机翼灯又叫 WING LIGHT，发出位于机翼每侧的两个单光束灯光，照明机翼前缘及发动机进气口，用于供机组人员目视检查机翼前缘和发动机进气口等部位的结冰情况，如图 13.2.13 所示。机翼灯应在飞机有结冰时打开，实际应用中一般为常开。机翼灯光源采用功率为几十瓦至上百瓦的航空白炽灯。

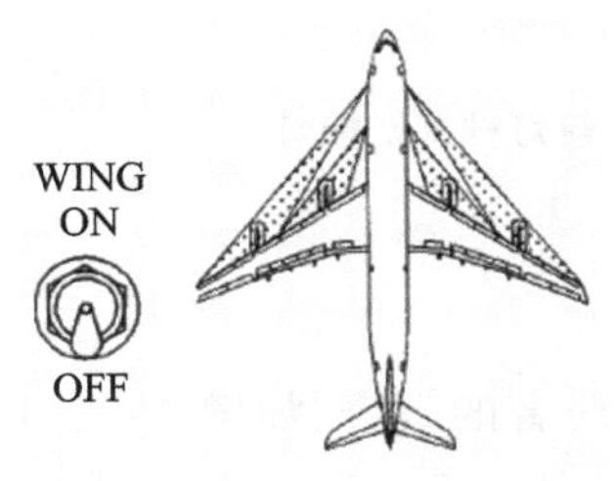

图 13.2.13　机翼灯

此外，还有飞机之间或飞机与地面之间进行联络的各种信号灯，指示飞机内部各系统或机构工作状态的指示灯。它们都带有色滤光罩，红色表示警告或紧急信号，白色、绿色或蓝色供一般指示。

13.3 其他照明

13.3.1 标志照明

图 13.3.1 所示是外部照明灯(岔道/标志灯)。标志灯用于照亮垂直尾翼,有时为了宣传,在机场凸显航空公司的标志,常用于在繁忙的空域,以引起注意。滑行灯带有 250 W 灯泡的密封式光束装置,位于机头、起落架或机翼根部。它们有时与着陆灯相结合,在接近或离开跑道时使用。在地面运转期间,滑行灯能改善可见性,指向的角度要比着陆灯高。机翼根部的跑道岔道灯通常只在跑道照明比较差的晚间使用。

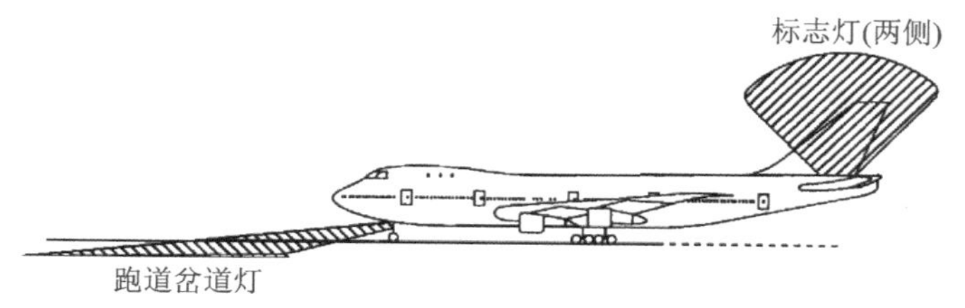

图 13.3.1　外部照明灯(岔道/标志灯)

13.3.2 服务灯

飞机各部分都装有服务灯,如图 13.3.2 所示。这些灯由飞机地面服务汇流条供电,安装在货舱、起落架舱、设备舱和加油面板舱等。起落架舱照明灯仅在夜间的飞行前检查中使用,也可以用于在夜间观察起落架的机械锁定标志。

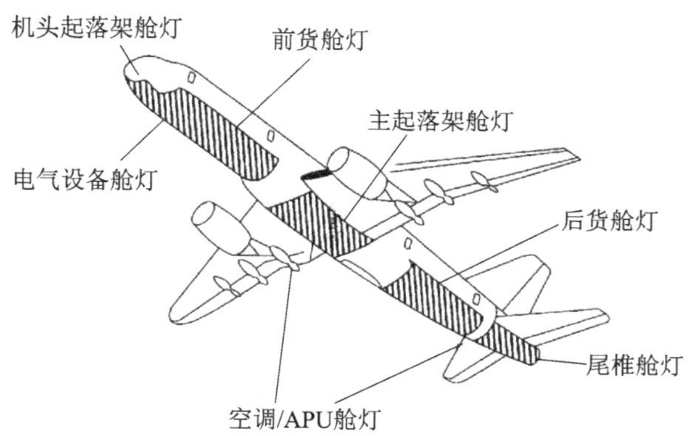

图 13.3.2　外部照明灯(服务灯)

13.4 B787 照明技术

13.4.1 外部照明系统概述

B787 的照明均采用以 LED 照明为技术背景的产品。普通照明主要用在飞机位置标志灯

和防撞灯等。高亮度(HID)照明系统主要有着陆灯、跑道关闭灯、机翼频闪照明灯、航空公司的标记灯、外部货舱灯等。

机上的白炽灯用于飞机普通区域的照明,例如起落架舱照明(机头和主起落架舱),环境控制系统(ECS)分隔区的照明(RH 和 LH),机身前部和后部的电气设备舱照明以及 APU 和机尾照明。

13.4.2 LED 照明技术

B787 采用的高亮度 HID 和 LED 照明技术相当成熟,主要采用固态技术、没有移动部件及没有灯丝熔断问题,不会有突然失效和熔断。

采用 LED 的照明技术比传统照明有超过 10 倍的工作时间。如果需要带颜色的照明还不需要滤光镜,色彩直接由发光元件产生,没有光的损失。LED 照明容易实现在一定视角范围的定向照明,提高了照明效率。因此,使用 LED 照明技术需要的电能也大大减少。

近年来发光二极管照明技术得到广泛应用,有环保、节能、长寿命等优点,但对驱动电源有特殊的要求。

1. LED 光源的特点

发光二极管属于场致发光器件,是一种把电能转化为光能的电子器件,具有普通二极管的特性。其基本结构是一块封装在环氧树脂中的电致发光半导体模块,通过正、负两个引脚与外部驱动电源相连。与其他光源相比,LED 主要优点有:

① 节能。LED 的工作电流为毫安级,单管功率在 0.03~1 W 之间,电光转换效率接近 100%。

② 长寿命。LED 光源的工作温度低,属于固体冷光源,采用环氧树脂封装,灯体内没有灯丝,不存在灯丝发光易烧、热沉积、光衰快等缺点,使用寿命可达 5 万~10 万小时,比传统光源寿命长 10 倍以上。

③ 利环保。LED 光谱中没有紫外线和红外线,热量低,无频闪,无辐射,无汞等污染物,废弃物可回收,可以安全触摸,属于典型的绿色照明光源。

此外,LED 照明光源还具有光线质量高、抗冲击性和抗震性好、不易破碎、体积小、维护费用低等优点,因此其应用越来越广泛。

2. LED 驱动电源

LED 具有结构简单、使用方便等诸多优点,但要想让 LED 发挥其功效,必须给 LED 配置合适的驱动电源。根据 LED 的工作特性,LED 最适合恒流驱动电路,其可以有效提高 LED 的发光效率,减少 LED 的光衰度。LED 的正向伏安特性斜率非常大,正向动态电阻非常小,如果加在 LED 灯上的电压略有变化,就会引起 LED 灯中流过电流的大幅度变化,从而损坏 LED。为了使 LED 的工作电流保持稳定,确保 LED 能正常、可靠地工作,人们设计出了各种各样的 LED 驱动电路。下面简要介绍几种驱动电路。

(1) 串联限流电阻

在 LED 中串联一只限流电阻,如图 13.4.1 所示。当多只小功率 LED 作为一个光源使用时,常采用串联接法,先在每条 LED 串联支路中接入限流电阻,然后再并联。这种接法可以在一只 LED 故障时,不影响整个电路的工作。

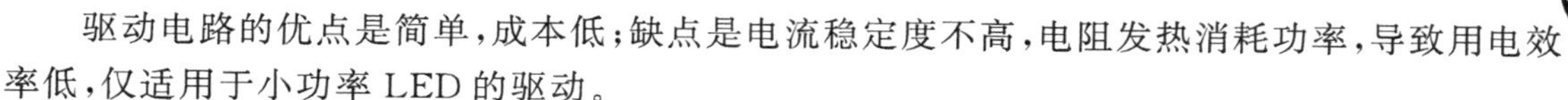

驱动电路的优点是简单，成本低；缺点是电流稳定度不高，电阻发热消耗功率，导致用电效率低，仅适用于小功率 LED 的驱动。

（2）线性恒流驱动

图 13.4.2 为分立元件组成的线性恒流驱动电路。该电路只用了 6 个电子元器件，即三极管 VT_1，VT_2，电阻 R_1，R_2 和 R_3 以及电容 C_1。为了得到较高的电流放大倍数和较大的输出电流，调整管 VT_2 采用达林顿管。

电路的恒流工作原理如下：当电源电压 U 上升或 LED 负载减小时，LED 中的电流 I 将上升，电路发生以下调节作用：$I\uparrow \rightarrow U_{R_1}\uparrow \rightarrow I_{b_1}\uparrow \rightarrow I_{c_1}\uparrow \rightarrow U_{R_2}\uparrow \rightarrow I_{b_2}\downarrow \rightarrow I\downarrow$；当 LED 中的电流 I 受干扰下降时，调节作用相反。正是这种电流负反馈作用，维持了负载电流 I 的基本恒定。

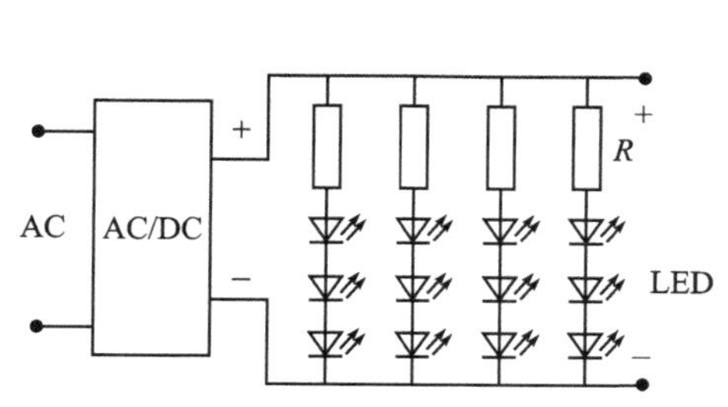

图 13.4.1　LED 限流电阻接法

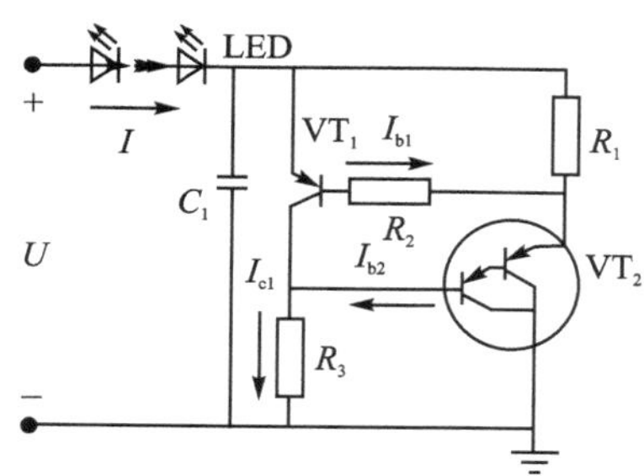

图 13.4.2　线性恒流驱动电路

线性恒流驱动电路虽然具有电路简单、元件少、成本低、工作可靠等优点，但也存在不足之处：

① 调整管（VT2）工作在线性状态，工作时功耗大，发热严重，不仅要求较大尺寸的散热器，而且降低了用电效率；

② 电路对电源电压及 LED 负载变化适应性差。更换不同的 LED 灯时，驱动电路的参数必须进行调整。此外，线性恒流驱动器只能工作在降压状态，不能工作在升压状态，即电源电压必须高于 LED 的工作电压。

（3）开关恒流驱动

采用开关电源，再辅以其他电路，就可以组成恒流驱动电路，其组成框图如图 13.4.3 所示。图中的输入处理电路对输入电压进行变换、整流、滤波、隔离等，辅助电路包括浪涌吸收电路、功率因数校正电路及保护电路等，DC/DC 变换器通过各种控制方法，实现恒流输出，反馈电路用于检测输出电压和电流，通过控制电路 DC/DC 开关电路的工作状态，以保持恒流输出。

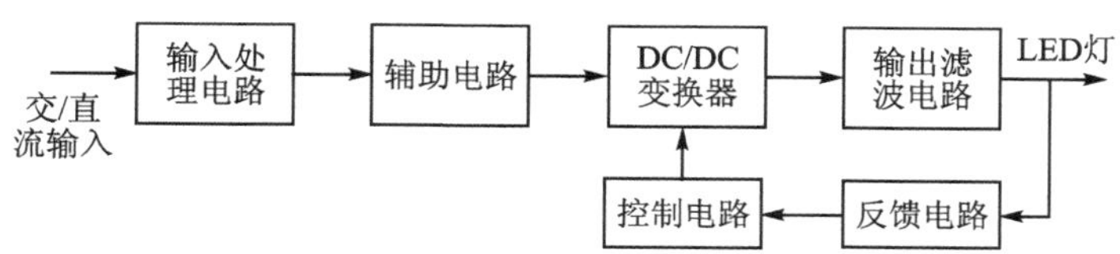

图 13.4.3　开关恒流驱动电路组成框图

尽管 LED 是一种节能、环保、小尺寸、多色彩、长寿命的新型光源，但与 LED 配套的驱动器却存在各种各样的问题。实践证明，LED 灯故障的 80％都是源于驱动电路的可靠性问题，由此造成LED灯的实际使用寿命远低于其10万小时的设计寿命。由此可见,研制出高性能和高可靠性的LED灯驱动电源还有许多技术问题要解决。

3. LED照明技术在B787上的应用

图13.4.4是B787采用的照明技术应用实例图,其中图(a)是驾驶舱照明,图(b)是内部照明。

(a) 驾驶舱照明

(b) 内部照明

图13.4.4 B787照明技术应用

B787的外部照明系统也采用LED技术,图13.4.5所示是机上用的LED照明灯头。现役飞机上使用霍尼韦尔公司生产的系列高性能LED照明灯,具有低功耗、比现有的标志照明灯和防撞照明灯的可靠性更高,估计有20 000 h的工作寿命。

图13.4.5 高性能LED照明灯实物(霍尼韦尔产品)

图13.4.6是B787的机外照明灯图,可以看出其标志灯、防撞灯均采用了LED照明技术。

图13.4.6 B787外部照明示意图

图13.4.7是B787的位置标志信号灯,左侧为红色灯光,右侧为绿色灯光,水平方向覆盖

的角度为 0°～110°，垂直方向的覆盖角度为－90°～＋90°。机身后部的照明灯颜色为白色，水平方向覆盖角度为 140°±70°，垂直方向覆盖的角度为－90°～90°。夜间飞行时，一架飞机对另一架飞机用红、绿和白色 3 种颜色信号表示飞机飞行方向的信息。

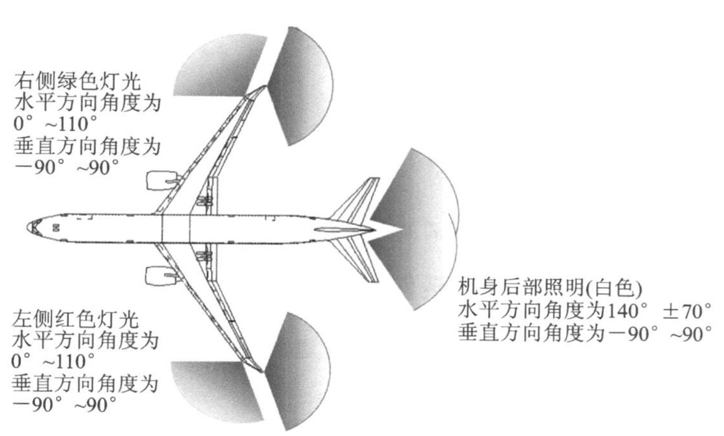

图 13.4.7 B787 红、绿、白的位置标志信号灯

图 13.4.8 所示是红色防撞频闪灯。频闪灯位于机身的上面和下面，图(a)是防撞频闪灯的俯视图，图(b)是频闪的侧视图。其水平方向 360°覆盖，垂直方向 0°～75°覆盖。

图 13.4.9 是 LED 白色频闪防撞灯示意图。在飞机的前左右侧机翼及飞机的尾部都安装有白色的频闪防撞灯。水平前向覆盖角度为 0°～110°，垂直方向覆盖的角度为－75°～75°，在飞机的机尾也有白色的频闪防撞灯，其水平后向覆盖的角度为 140°±70°，垂直方向覆盖的角度为－75°～75°。

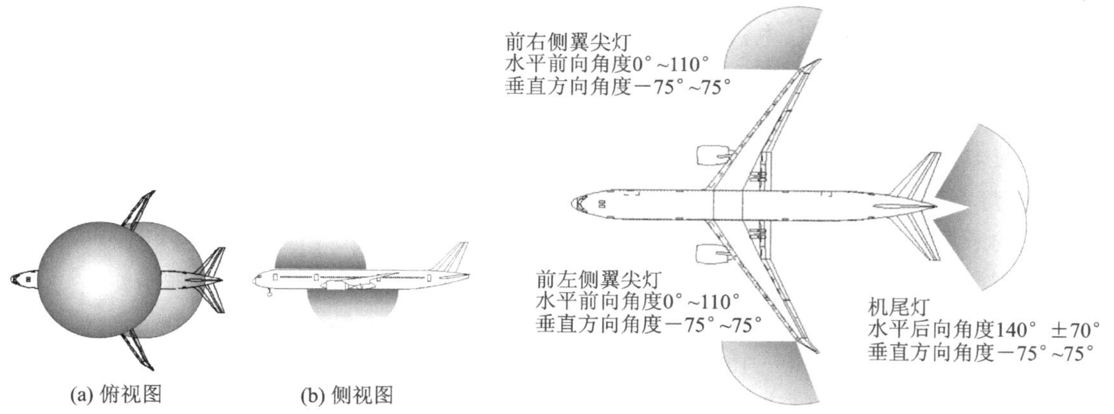

(a) 俯视图　(b) 侧视图

图 13.4.8 机身上下面灯

图 13.4.9 LED 白色频闪防撞灯

图 13.4.10 所示是 LED 照明灯在飞机翼尖的安装位置，将蒙皮上层揭开后露出 LED 白色防撞灯组件和 LED 红色位置标志灯组件。

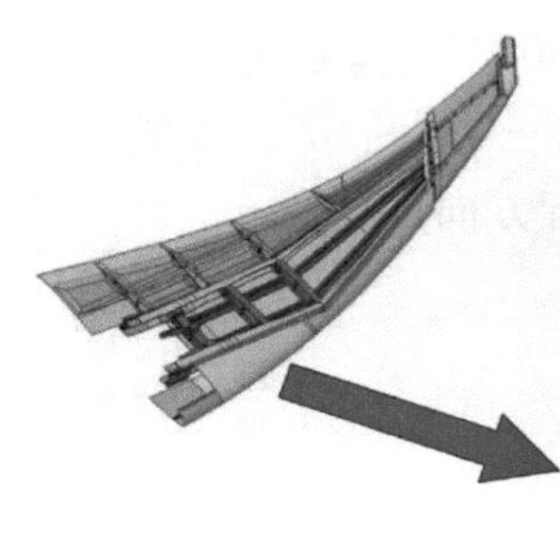

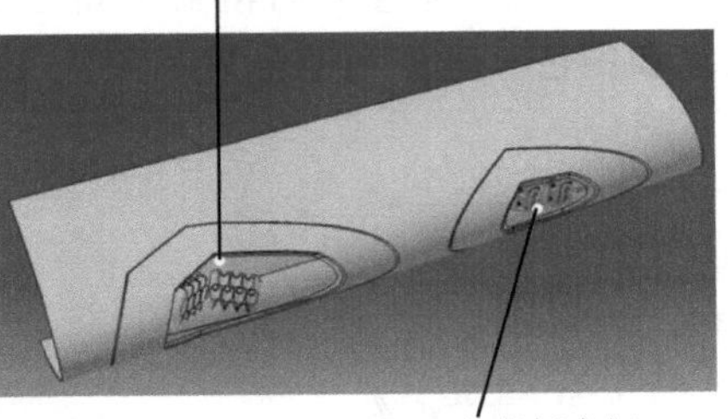

图 13.4.10 LED 照明的翼尖安装位置(左侧翼尖,蒙皮上层揭开)

13.4.3 HID 高亮度照明系统

飞机需要的高亮度照明主要有着陆灯、飞机跑道照明灯、滑行灯、机翼照明灯、标志灯、外部货舱照明灯等。

采用 HID 照明技术使可靠性大为提高,主要体现在:

① 采用氙气放电替代逐渐点亮的白炽灯灯丝产生 HID 照明的灯光。

② 由于采用 HID 技术,机身下部照明设备的功率损耗相当于白炽灯功率的 20%。

③ 采用 HID 照明技术,比白炽灯照明的可靠性至少高出 10 倍。

HID 灯主要包括高压汞灯、高压钠灯、金属卤化物灯和氙灯等。许多飞机上的防撞灯、频闪灯使用的是高压氙气灯。B787 飞机的着陆灯、滑行灯和跑道转弯灯都是 HID 灯。下面介绍其基本结构和工作原理。

1. 高压氙气灯的基本结构和工作原理

高压氙气灯工作时壁管的温度高,管内压力大,因此其灯泡采用耐高温和耐高压的玻璃制成。放电管内封有一对电极,电极采用钼箔封接。管内充入一定压力的惰性气体氙气和金属卤化物,目的是提高管内蒸气压力,提高发光效率。

高压氙气灯的内部结构如图 13.4.11 所示。氙灯分为长弧氙灯、短弧氙灯和脉弧氙灯。飞机上的防撞灯、频闪灯都属于脉冲氙灯,其优点是能解决光亮度与热量的矛盾,另外,闪光灯,以更明显的方式标明飞机的轮廓和运动方向,更能引起人的注意。

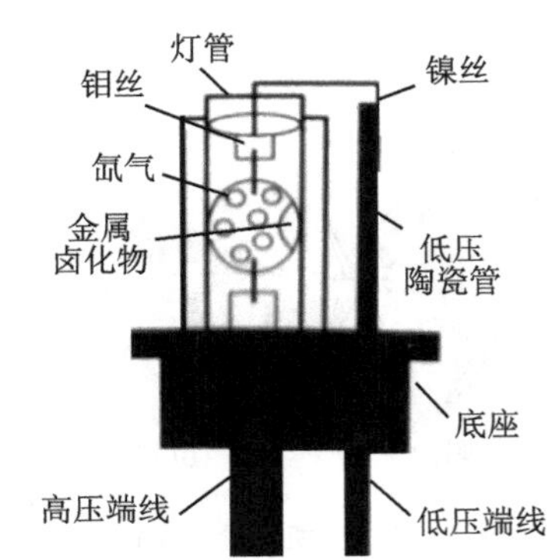

图 13.4.11 高压氙气灯结构示意图

典型的脉冲氙灯的工作电路如图 13.4.12 所示,电路中包括一个低压电源和一个 400 V 的高压直流驱动电源。驱动电源和氙气之间要采用屏蔽导线降低电磁干扰。当灯管内的气体电离时会产生高能电流脉冲,气体的电离使气体的电阻降低,进而产生数千安的电流。当电流流过灯管时,将能量传递给氙气周围的电子,使其能量上升。当电子能量等级迅速回落时产生光子,使得灯管发出亮光。

飞机上的频闪灯是短波紫外线辐射和强烈的近红外线辐射光源,由其产生的总体效应是高强度的白色闪光。

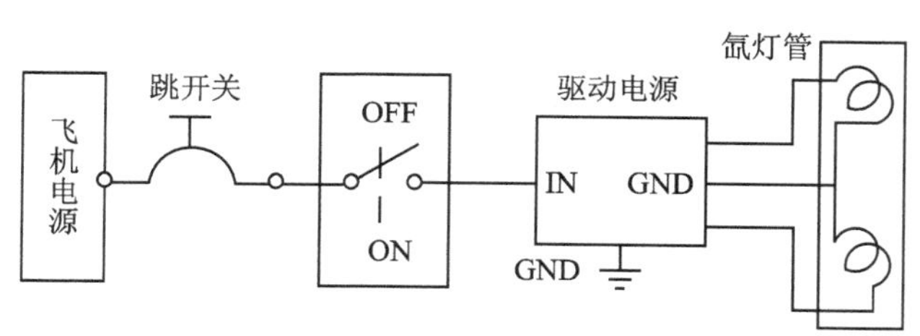

图 13.4.12　高压氙灯工作电路示意图

2. 高压氙气灯的特点

高压氙灯被誉为 21 世纪照明领域的革命性产品，主要优点如下：

① 亮度高。氙气灯的光亮度约为卤素灯的 3 倍，非常适合于需要高亮度照明的场合，如飞机防撞灯和着陆灯等。

② 寿命长。氙气灯是利用电子激发气体发光的，没有钨丝，因此寿命长，可达 3 000 h，而卤素灯的寿命只有 250 h 左右。

③ 节能。需要同样亮度照明的场所，采用氙气灯比卤素灯可节电 40%，比传统的光源节电 70%，是一种性能优良的绿色节能灯。

④ 光衰小。与 LED 灯相比，氙灯的光衰小，实际使用寿命长。

⑤ 成本低。与 LED 灯相比，其成本不及 LED 灯的 1/3。

3. HID 氙气灯的注意事项

氙气灯不同于白炽灯和卤钨灯，使用时应注意：

① 灯泡接线时必须特别注意正、负极不能接反，粗电极"+"端为阳极，细电极"−"端为阴极，如果接反则几秒钟内就会将阴极烧坏。

② 维护时注意不要污染石英泡壳，可采用酒精棉花擦拭干净，以防止灯泡受热不均而爆裂。

③ 由于氙气灯工作时电流较大，灯头和灯座之间接触必须良好并保持接触点清洁。

④ 因灯内充有高压气体，故在装卸运输时，尤其是在装机时要避免碰撞。

⑤ 在地面试验 HID 灯时，由于没有迎面气流冷却，通电时间不要太长，以防过热烧坏。

4. HID 在 B787 上的使用情况

HID 照明灯 1998 年开始生产，并在航空上应用成功。图 13.4.13 是 HID 高亮度照明的关键组件图，主要由发光组件、控制单元和氙气灯管组成。

(a) 发光组件

(b) 控制单元

(c) 氙气管

图 13.4.13　HID 照明的关键元件

图13.4.14是B787机外采用HID照明技术的示意图，主要有着陆灯、跑道转向灯、货舱照明灯、机翼照明和标志照明灯等。图13.4.15所示是HID着陆灯，共6盏，需要足够的照亮距离远光灯。机翼头部安装2盏50 W的HID着陆灯，每侧机翼根部各有2盏50 W的HID灯。

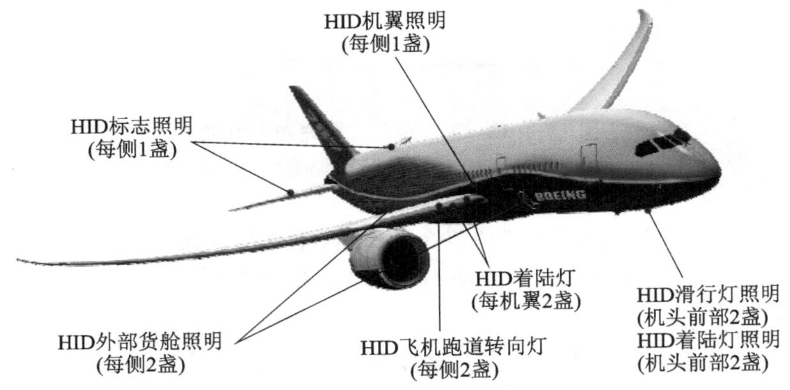

图13.4.14　HID照明技术在飞机机外照明上的应用(B787)

图13.4.16所示是飞机跑道照明灯，除了足够的远光灯外，还需要足够的照亮视角宽度。每侧有1盏50 W的HID灯源，用于飞机跑道起飞。每侧还有2盏50 W的HID照明源安装在机头，用于飞机的滑行，如图13.4.17和图13.4.18所示。

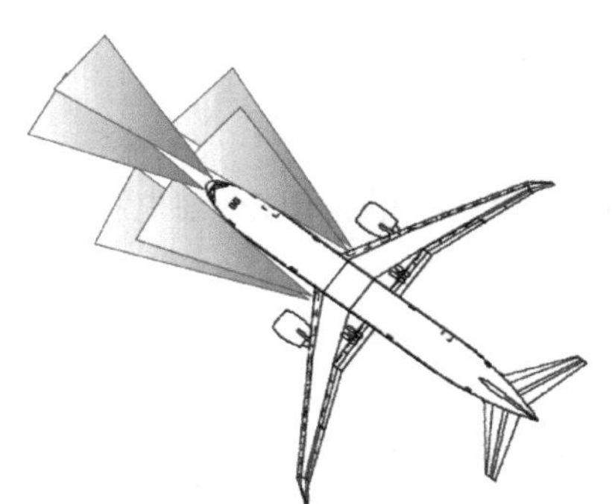

图13.4.15　HID着陆灯(共6盏)

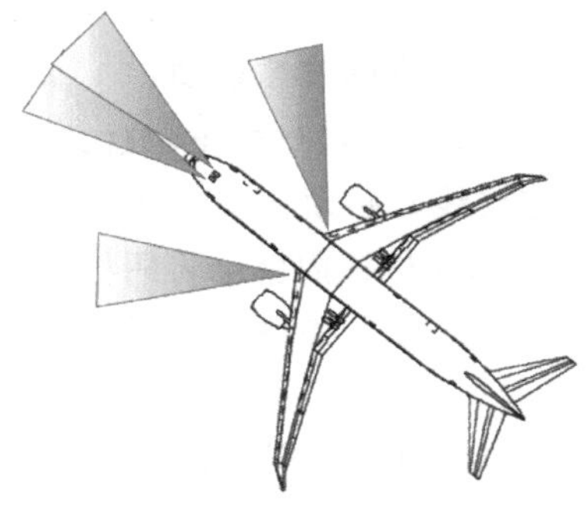

图13.4.16　HID飞机跑道照明灯(滑行灯)

图13.4.17　HID着陆灯和滑行灯(安装在机翼)

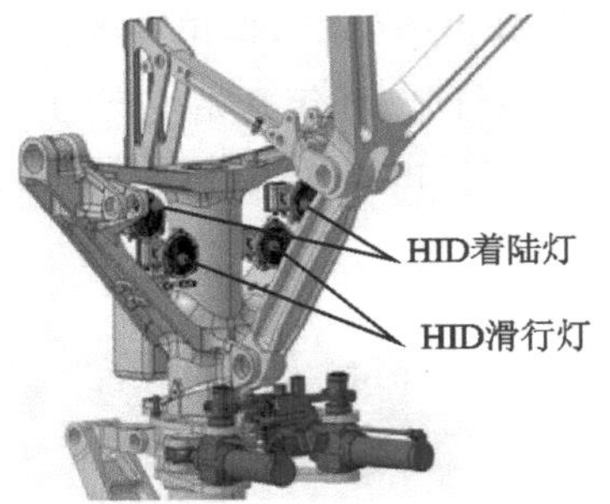

图13.4.18　安装在机头部起落架上的HID着陆灯和滑行灯

图13.4.19是机翼照明灯示意图，每侧各有1盏50 W的HID灯。图13.4.20是HID外部货舱照明灯示意图，接近每个货舱门的是50 W的HID灯，其中接近大货舱门的是2盏

50 W 的 HID 灯。图中还有航空公司的 LOGO 标记灯，每侧有 1 盏 50 W 的 HID 灯。

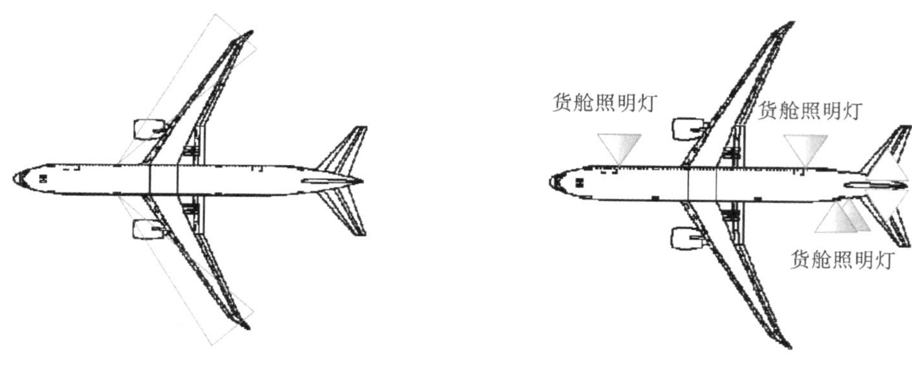

图 13.4.19　HID 机翼照明

图 13.4.20　HID 外部货舱照明灯和标志灯

13.4.4　外部照明系统的照明控制

外部照明系统的照明控制方案通常有两种，即单通道开关和带软件的内部时钟开关。图 13.4.21 所示是单通道控制开关。

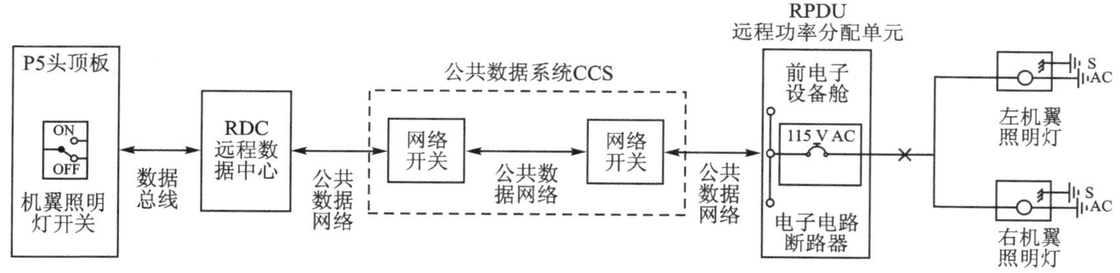

图 13.4.21　单通道控制开关

机翼照明灯的总开关在驾驶舱的头顶板 P5 板上，通过数据总线与远程数据中心 RDC (remote date concentrator)通信，经公共数据网络 CDN(common data network)总线与公共数据中心系统通信，再经过公共数据网络与前电子设备舱的电子电路断路器相连，在远程功率分配单元 RPDU(remote power distribution unit)的控制下给左右机翼照明灯供电。图中的供电电源采用 115V AC。

图 13.4.22 所示是带内部时钟的软件开关控制系统，其除了采用公共数据系统进行数据分配与控制外，其余与单通道开关控制类似，不再重复。

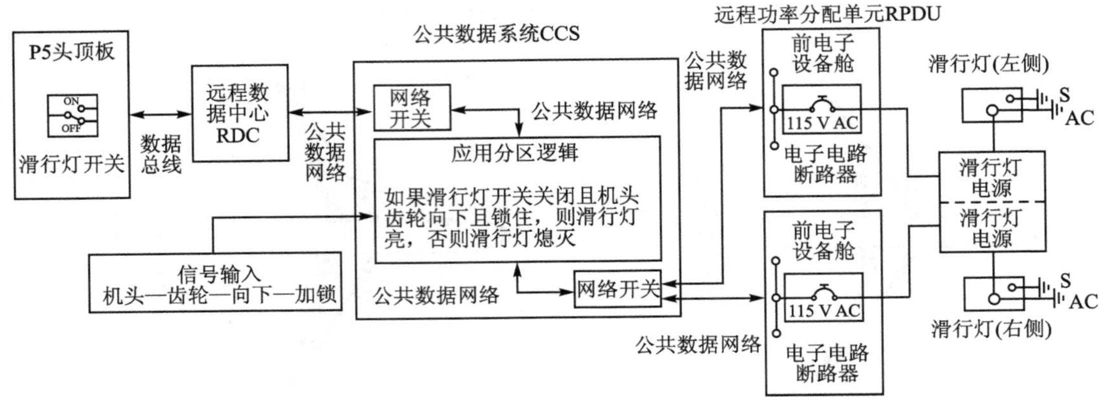

图 13.4.22　带内部时钟的软件开关控制系统

13.5　灯光系统的使用和维护

13.5.1　正常飞机外部灯光使用的顺序

① 飞机打开总电源开关后，由航前机务打开航行灯，根据需要打开机翼灯、LOGO 灯；

② 飞机推出时打开红色防撞灯(地面试车也要打开)；

③ 飞机启动发动机后，打开转弯灯准备滑出；

④ 得到滑出许可后，打开滑行灯开始滑行；

⑤ 进入跑道后，打开白色防撞灯；

⑥ 得到起飞许可后打开着陆灯起飞；

⑦ 离地后，关闭滑行灯、转弯灯(收起落架后可以自动关闭)；

⑧ 高度上升至 3 048 m 以上时，关闭白色闪光灯；

⑨ 巡航时至少应该保持红色闪光灯、航行灯常开，根据需要打开 LOGO 灯和机翼灯；

⑩ 飞机下降至 3 048 m 以下时，打开白色闪光灯；

⑪ 飞机放起落架后打开滑行灯；

⑫ 最后进近阶段打开着陆灯；

⑬ 接地后，打开转弯灯，关闭着陆灯、白色闪光灯；

⑭ 滑行到位后关闭滑行灯、红色闪光灯；

⑮ 如果飞机不再有航班任务而停机过夜，由航后机务最后关闭航行灯，关闭飞机总电源后离机！

13.5.2　注意事项

灯光系统的日常维护工作主要是清洁和更换灯泡，维护时，应遵守下列注意事项。

① 要做好外部灯光的清洁。尤其是在夏天，飞机起飞着陆时，蚊子和飞虫等昆虫会迎面撞在着陆灯、滑行灯和转弯灯等灯泡上，影响灯泡的正常照明，因此需要及时清洁。同时，清洁工作有利于发现灯泡是否损伤，灯丝是否烧坏等故障。

② 在地面给大功率的外部照明灯光通电时，灯丝通电的时间要尽可能短，因为飞机静止不动时，没有迎面气流给灯泡冷却，容易烧坏灯丝或缩短灯丝的使用寿命。

③ 对于安装了荧光条应急撤离通道照明灯的飞机，由于客舱灯光照明对于荧光条的能量补充起着至关重要的作用，因此应保持客舱照明灯光的正常。

④ 对于安装了荧光条应急撤离通道照明灯的飞机，在每天第一个航班之前，应按照相应机型和荧光条制造厂家现行有效的维护手册，完成荧光条发光能量的每日初始补充。

⑤ 注意检查驾驶舱的备用灯泡存放盒，存放盒应保持有足够的备用灯泡，用于飞机在外站需要时更换。

⑥ HID 防撞灯关闭 5 min 之内禁止用手直接触摸防撞灯，否则可能会导致灼伤或电击；不要让 HID 防撞灯闪光直接对着人的眼睛，高强度的闪光灯会导致人员暂时性失明；不要用手直接触摸灯泡，指纹可能会模糊灯光，导致灯的照明范围和工作寿命降低。

⑦ 维护着陆灯和下防撞灯时，必须确保灯的接线头封严良好，以防止火花放电，导致燃油蒸气爆炸。

⑧ 维护滑行灯的时候，必须仔细安装所有起落架安全销，防止因起落架突然作动而引发安全事故。

选择题

1. 飞机灯光照明系统包括________。
   A. 机内照明、机外照明和应急照明
   B. 普通照明和航行标志照明及显示器亮度
   C. 客舱照明和驾驶舱照明及显示器亮度
   D. 客舱照明和驾驶舱照明及货舱照明
2. 飞机在夜间或复杂气象条件下飞行或准备时，使用________。
   A. 机内照明和应急照明　　B. 机内照明和机外照明
   C. 机外照明和应急照明　　D. 驾驶舱照明和客舱照明
3. 飞机在夜航或复杂气象条件下飞行，驾驶舱必需照明，驾驶舱照明包括________。
   A. 机内照明和应急照明　　B. 机内照明、机外照明和应急照明
   C. 一般照明和局部照明　　D. 一般照明和应急照明
4. 飞机的机外照明，对不同灯有不同的要求，但对它们的共同要求是________。
   A. 足够的发光强度和高的发光效率及闪亮
   B. 足够的发光强度和可靠的作用范围及闪亮
   C. 可靠的作用范围和适当的颜色
   D. 足够的发光强度、可靠的作用范围和适当的颜色
5. 在机外照明中，要求光强最大的、会聚性最好的灯是________。
   A. 活动式和固定式着陆灯　　B. 着陆灯和滑行灯
   C. 着陆灯和防撞灯　　D. 着陆灯、滑行灯和防撞灯
6. 用于标明飞机的轮廓、位置和运动方向的灯是________。
   A. 防撞灯　　B. 航行灯　　C. 滑行灯　　D. 标志灯

7. 应急照明灯用于________。

A. 某些客舱灯失效时备用　　B. 某些驾驶舱灯失效时备用

C. 主电源全部中断时使用　　D. 某些驾驶舱灯或客舱灯失效时备用

8. 检查活动式着陆灯时,应注意________。

A. 不要做放下或收上操作　　B. 不要放下

C. 不要在白天进行　　D. 不要长时燃亮灯丝

9. 航行灯是显示飞机轮廓的机外灯光信号,因此它的颜色规定为________。

A. 左红右绿尾白　　B. 左绿右红尾白

C. 左红右红尾白　　D. 左绿右绿尾红

10. 用于给垂直安定面上的航徽提供照明的灯是________。

A. 探冰灯　　B. 标志灯　　C. 航行灯　　D. 防撞灯

第14章　环境控制系统的电气控制

14.1　控制环境的需求

在整个飞行中，都必须给机组人员和乘客提供舒适的环境、合适的温度、新鲜的空气和适当的大气压力。由于飞机飞得很快，气候条件变化迅速，环境条件的调节也必须迅速跟上。

环境控制系统 ECS(environment control system)必须应对很宽的温度范围、适当的湿度以及足够浓度的氧气，航空电子设备、燃油和液压系统也必须有合适的环境温度。环境控制系统还需提供除雾、防冰、抗过载和去除雨滴等功能。

14.1.1　大气物理特性

大气物理特性指大气的压力、密度和温度随高度变化而变化的规律。标准大气是由权威性机构颁布的一种"模式大气"，根据实测资料，用简化方式近似地表示大气温度、压力和密度等参数的平均垂直分布。国际性组织颁布的这些参数称为国际标准大气，国家颁布的称为国家标准大气。标准大气是校准飞机航行仪表和比较飞机性能的依据。

通用的国际标准大气规定的大气是静止的，空气是干燥洁净的理想气体。海平面大气物理属性的主要常数如表 14.1.1 所列。

表 14.1.1　海平面大气物理属性

名　称	数　值	名　称	数　值
温度 t_0/℃	15	空气密度 $m_0/(kg \cdot m^{-3})$	1.225
空气压力 p_0/mmHg	760	声速 $a_0/(m \cdot s^{-1})$	340.294
标准重力加速度 $g_0/(m \cdot s^{-2})$	9.806 65	干空气的气体常数 $R/J(K \cdot kg)^{-1}$	287.053

大气压力、密度和温度随着高度升高呈下降趋势。图 14.1.1 是环境温度与高度的关系图，图 14.1.2 是环境压力随高度的变化曲线，图 14.1.3 是空气密度比随高度的变化曲线。

表 14.1.2 所列是温度、压力及密度与高度之间的关系数据，到了万米上空就进入同温层，温度约为－56 ℃。

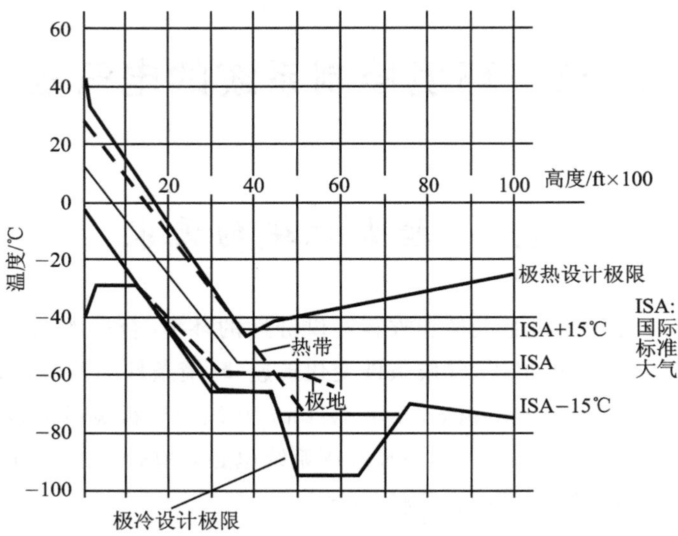

图 14.1.1　环境温度与高度的关系曲线

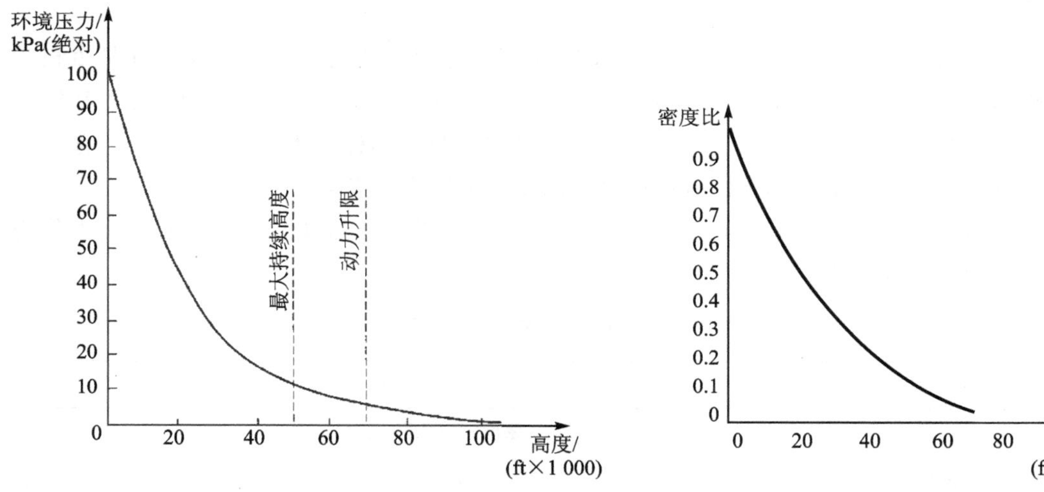

图 14.1.2　环境压力随高度的变化曲线　　　　图 14.1.3　空气密度比随高度的变化曲线

表 14.1.2　温度、压力及密度与高度之间的关系

高　度	温　度		压　力			密　度	
H/m	T/K	t/℃	p/kPa	p/mmHg	p/p_0	m/(kg·m^{-3})	m/m_0
−1 000	294.65	21.50	113.93	854.55	1.124 4	1.347 0	1.099 6
−500	291.40	18.25	107.47	806.15	1.060 7	1.284 9	1.048 9
0	288.15	15.00	101.325	760.00	1.000 0	1.284 9	1.000 0
1 000	281.65	8.50	89.876	674.12	0.887 0	1.111 7	0.907 5
2 000	275.15	2.00	79.501	596.30	0.784 6	1.006 6	0.821 7
3 000	268.66	−4.49	70.121	525.95	0.692 0	0.909 3	0.742 3
4 000	262.17	−10.98	61.660	462.49	0.608 5	0.819 4	0.668 9
5 000	255.28	−17.47	54.048	405.39	0.533 4	0.736 4	0.601 2
6 000	249.19	−23.96	47.217	354.16	0.466 0	0.660 1	0.538 9

续表 14.1.2

高　度	温　度		压　力			密　度	
7 000	242.70	−30.45	41.105	308.31	0.405 7	0.590 0	0.481 7
8 000	236.22	−36.93	35.651	267.40	0.351 9	0.525 8	0.429 2
9 000	229.73	−43.42	30.800	231.02	0.304 0	0.467 1	0.381 3
10 000	223.25	−49.90	26.499	198.76	0.261 5	0.413 5	0.337 6
11 000	216.77	−56.38	22.699	170.26	0.224 0	0.364 8	0.297 8
12 000	216.65	−56.50	19.399	145.50	0.191 5	0.311 9	0.254 6
13 000	216.65	−56.50	16.579	124.35	0.163 6	0.266 6	0.217 6
14 000	216.65	−56.50	14.170	106.28	0.140 0	0.227 9	0.186 0
15 000	216.65	−56.50	12.111	90.85	0.119 5	0.194 8	0.159 0

14.1.2　高空环境对人体生理的影响

1. 高空缺氧

随着飞行高度的增加，大气压力下降，在大气中氧气分压和肺泡空气中的氧气分压也会相应降低，血液中的氧气饱和度减少，机体组织细胞得不到正常的氧气供应，人身体就可能出现各种不适情况，头痛、反应迟钝、听觉不灵、视力衰退、情绪不安、嘴唇指甲发紫等。

2. 低压的危害

大气压力变化对人体的生理影响主要体现在缺氧的危害、低压使人体肿胀和气肿，还有压力变化速度过快导致爆炸减压的危害等。随着大气压力的降低，人体可能会出现高空胃肠气胀和高空减压症。

3. 压力变化率和爆炸减压的危害

压力变化率太大，会产生耳鸣、晕眩、恶心。人体对压力增加速率过大更为敏感，因此飞机下降时，耳疼较严重。爆炸减压就是座舱在高空突然失密的情况下，压力变化率极大，对人体产生极大的危害。发生爆炸减压事故后的安全措施是迅速将飞机下降到 4 000 m 左右的安全高度，尽快使用氧气设备。

【例 14.1.1】　当高度增加到 19.2 km 时，大气压力降到 47 mmHg。在此压力下，水的沸点为 37℃，即人体体温。此时，人体体液沸腾，导致组织肿胀，人体损伤，航空医学称这种现象为高空减压症。

(1) 温度和湿度的影响

环境温度和湿度对人体的温度和水分的平衡影响很大。人体适宜温度为 15～25 ℃。湿度对人体影响主要是干燥，需供应饮料。

(2) 其他影响因素

座舱空气的清洁度，密封舱通风，空中来自发动机喷气噪声和通风噪声等都是影响人体舒适度的因素。

为了克服空中环境的危害，常采用供氧装置及气密座舱，使舱内压力大于外界大气压力，并对座舱环境参数进行调节，创造舒适的座舱环境，满足人体生理和工作需要。

14.2 座舱增压控制

14.2.1 座舱压力与高度的关系

由于空气中的含氧量随高度增加而减少,对人的影响从海拔 1 500 m(5 000 ft)就有了,乘客在 2 500 m(8 000 ft)可能不会出现不良反应,因为这时氧的含量比海平面减少了大约 25%。3 000 m(10 000 ft)以上,就需要补充氧气。为了不经常使用氧气,机组人员和旅客可以自由走动,要求座舱高度不超过 2 438 m(8 000 ft),导致座舱与外部环境间压力差很大。表 14.2.1 所列是不同机型的巡航高度、座舱高度及其变化率和余压数据。

表 14.2.1 各种机型的座舱高度及变化率和余压的数据

机型	最大巡航高度		座舱高度		座舱余压						座舱高度变化率
	ft	m	ft	m	正常		最大		负余压		
					psi	Pa	psi	Pa	psi	Pa	ft/min
B737	37 000	11 277.6	8 000	2 438.4	7.8	53 779	8.6	59 295	1.0	6 895	300～500
B747	42 000	12 801.6	8 000	2 438.4	8.9	61 363	9.25	63 777	1.0	6 895	300～500
B767/757	36 000	10 972.8	7 500	2 286	8.6	59 295	8.95	6 1708	0.3～0.5	2 068～3 447	300～500
A310	41 000	12 496.8	8 000	2 438.4	8.3	57 227	8.8	60 674	0.5	3 447	300～500
A320	39 000	—	8 000	—	8.06	—	—	—	—	—	—
MD82	37 000	11 277.6	8 000	2 438.4	7.7	53 090	8.0	55 158	—	—	300～700

如果巡航高度是 10 668 m(35 000 ft),座舱高度是 2 438 m(8 000 ft),座舱壁内外存在约 50 kPa(0.5 个标准大气压)的压差。驾驶舱内可选择所希望的座舱高度,当达到这一高度时,座舱将开始增压。

图 14.2.1 是典型增压调节曲线主。为了使座舱能自动增压,座舱压力控制阀应设计成根据高度自动保持座舱高度。高空时如果座舱增压失效,应有充分的时间使飞机下降。

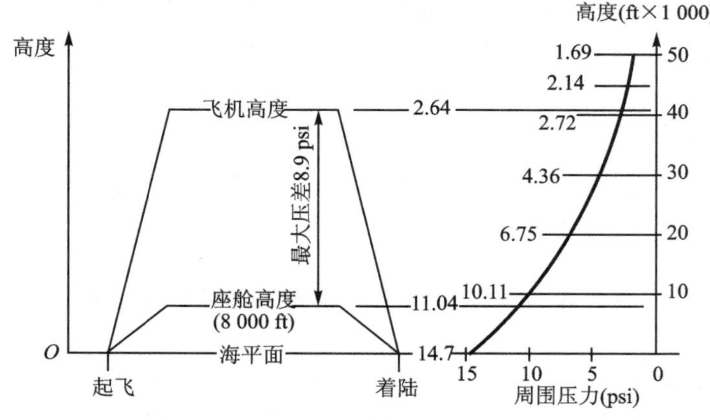

图 14.2.1 典型民用飞机增压调节曲线

14.2.2　座舱压力增压控制原理

座舱必须设计成一个具有最小泄漏的压力容器。增压失效时座舱压力阀立即关闭，这时唯一的泄漏是通过结构泄漏。座舱壁的空气分配管路上安装止回阀，当供气故障时，座舱里的空气不会由管路泄漏。如果压力控制阀故障，且座舱内部压力太高，座舱壁上安装的安全阀可用来释放压力。图 14.2.2 是座舱增压控制原理图。

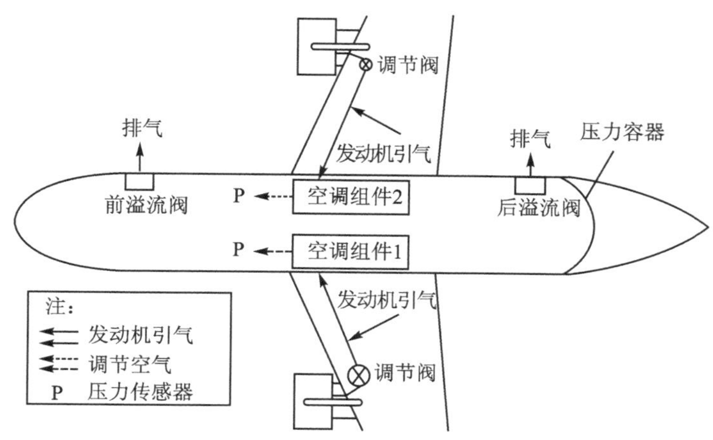

图 14.2.2　座舱增压控制示意图

装在座舱壁上的压力控制阀可调节流出座舱的空气流量，达到控制座舱压力的目的。图 14.2.3 是 B777 飞机增压控制原理图。左右气源和座舱压力电子控制器连接到 A629 总线，保证巡航高度上舱内压力等效于 2 500 m(8 000 ft)高度上的压力。位于机身尾部下方的后溢流阀 OFV 的调节控制可选择自动/人工方法，使舱内的压力高于大气压力。

【例 14.2.1】　如何进行座舱增压系统的工作检查?

主要有：

① 压力调节器工作检查。

② 释压活门、内释压活门工作检查。

③ 座舱气密性检查，采用动压试验方法，即给座舱增压到规定的压力后，停止增压，用压力表测定在规定时间间隔内压力的下降数值是否在维护手册规定的范围内，以检查座舱气密性。

④ 座舱完整性强度检查，静压试验。给座舱增压到规定的实验值，并保持压力稳定，观察飞机蒙皮外部有无裂纹、变形、凸起，铆钉是否有变形松动等情况。

【例 14.2.2】　如何进行增压故障查找?

在飞机维护手册中给出一种图表，该图表给出了常见故障的可能原因、查找程序和排除方法。在表中找出与系统发生实际故障最接近、最类似的故障现象及原因；在表中所列查找程序中逐个完成查找程序，直到发现故障为止；按表中所列方法进行故障排除。

14.2.3　座舱压力警告

座舱增压控制受到监控，出现故障时会提供警告。图 14.2.4 是客舱压力警告图。当客舱

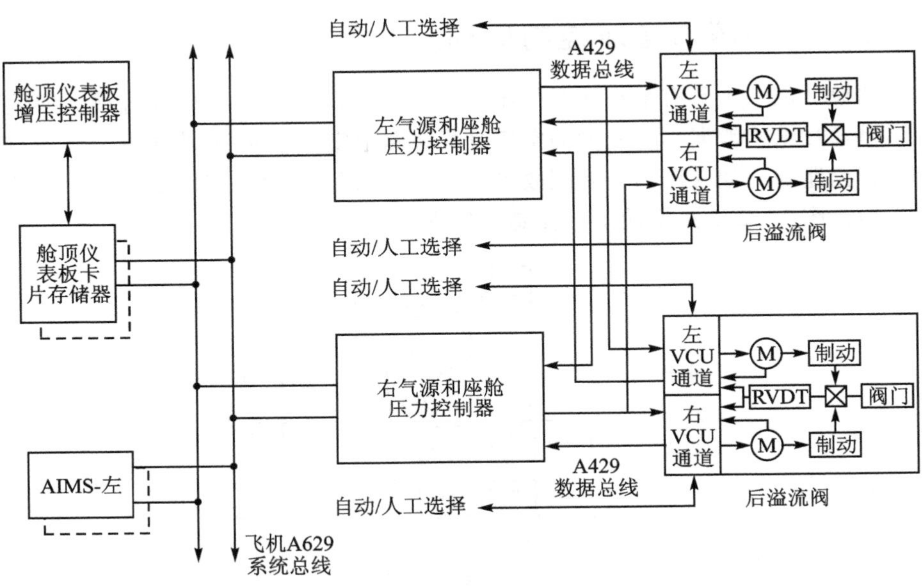

图 14.2.3 波音 777 增压控制原理图

压力降低时,主警示面板上的警告灯会点亮,同时喇叭会响起。

为保护飞机结构,舱内压力过高而出现过量载荷时,压力释放阀打开。客舱和大气之间的压力差为 51.7～55.2 kPa(7.5～8.0 psi),约为 3 048 m(10 000 ft)高度压力。在 3 048 m(10 000 ft)以上出现增压失效是一种紧急情况,此时客舱压力可能是 69 kPa(10 psi),而大气压力只有 13.8 kPa(2 psi)。此时,必须紧急下降高度,启动氧气面罩。氧气面罩自动投放高度为 4 267 m(14 000 ft)。因探测缓慢失压困难,因此极其危险。快速失压也是致命的,但极其少见。

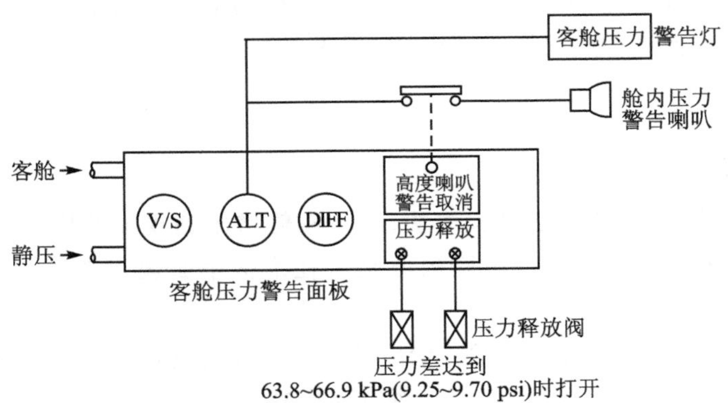

图 14.2.4 客舱压力告警

巡航高度飞行时,若客舱里保持海平面压力,结构寿命就会降低。当座舱增压系统失效并下降至安全高度后,可选择打开压力阀,迫使冲压空气通过面对外部气流的进气口进入配气系统。如果座舱被来自主环控系统供气的蒸气或烟雾所污染,也可采取冲压空气来净化系统。货舱增压与客舱相同,不再叙述。

发动机的典型的工作压力约为 650 kPa 绝对压力(6.5 个大气压力),空气温度约为

100 ℃，但是从发动机高压压气机引出空气的压力和温度往往都比需要的高。例如战斗机上，空气压力可达绝对压力为 3 700 kPa(37 个大气压)，温度超过 500 ℃，足以使普通材料制成的管路变得赤热，但从压气机较低压力级引出压力和温度较低的空气，又有损于发动机。因此在民用飞机上，可根据发动机速度选择不同的引气流。

高压力下阀的密封可能存在问题，为了安全的原因和减少部件复杂性，需要尽可能将进气压力降至要求的工作压力。

可采用减压阀来降低发动机引气的压力，无论上游压力多大，可使下游压力为常值。通过保持这一下游压力来控制从发动机流经环境控制系统的流量大小，对于速度变化很小的民航客机，是可以接受的。而飞机飞得越快，气动力加热的影响越大，需要的调节空气就越多。在超声速飞机上，如果减压阀设计成在高速时提供足够的冷却空气，则在低速时流量就过剩了，造成浪费，降低发动机性能。

一旦空气压力降至合适的工作压力，就需要将空气温度降至 100 ℃左右，以用于除冰和防雾等。利用冲压空气和热交换器将不需要的热量排放至冷却介质中，如图 14.2.5 所示。

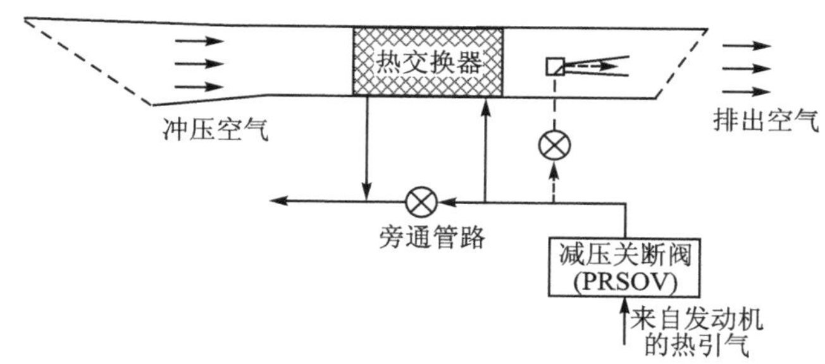

图 14.2.5　热交换器的出口空气与热空气混合

14.3　座舱空气调节

14.3.1　空调系统的功用

座舱空调系统应在各种飞行状态和外界条件下，都能使飞机的驾驶舱、旅客舱、设备舱及货舱具有良好的环境，保证飞行人员和乘客的正常工作条件和生活环境、设备的正常工作及货物的安全。飞机座舱密封后供气增压，舱内压力大于舱外大气压力，创造出舒适的座舱环境，以满足人体生理和工作的需要。

气密座舱的环境参数有温度、压力、压力变化率及通风量。空调系统设计成空气从舱顶管道进入座舱，并从地板层排出，以减小座舱空气前后流动的风险，减小乘客之间的交叉污染。

14.3.2　空气分配

气源系统的作用是向座舱提供增压气源，对供入的空气进行压力、流量及温度控制，再经空调组件调节其温度、压力等后供入座舱，对发动机或机翼前缘等的防冰加温，并对水系统、液压系统增压等。气源的种类有发动机压气机引气、增压器引气、APU 引气和地面气源车。

发动机引气的气源是涡轮风扇发动机的压气机。引气部位有低压级引气和高压级引气。

为了减少发动机功率的损耗,现代客机采用两级引气。当低压级引气不足时,可以用高压级引气来补充,此时低压级有单向活门(NRV),防止反流。

交输供气由交输活门控制。任何一台发动机引气可供任一路空调系统工作及发动机启动。交输供气的主要缺点是污染气源和对发动机性能有影响(功率损失)。

将座舱的环境空气抽至航电设备内,因航空电子设备热载荷不大,环控系统具有足够的能力将座舱温度保持在可以接受的水平。因设备舱里紧密地排满了设备,几乎没有什么空间用于安装冷却空气的管道,因此设备安装架和空气分配系统的设计必须审慎地确保温度分布均匀。

非调节舱中的空气并不是完全静止的。飞机通道一般设计成有不断的通风气流通过每一个设备舱,特别是在急速爬升和下降中,舱之间不会建立起压力差,通风气流往往是调节舱的出口气流。

设备可用下列方法冷却:

① 使对流空气吹过设备外壳而冷却,适用于热载荷小的设备。当热载荷大时,效率很低,为了达到同样的程度,需要的冷却空气比其他方法要多许多。

② 空气穿过设备并吹到内部印刷电路板上,是比较有效的冷却方法。设备外壳的散热设计应使元件的热载荷传导到冷却板散热片,冷却板起到小型热交换器的作用。

③ 空气吹过设备内用于热交换的冷却板,设备舱的布局不存在重新吸入其他设备排出的热空气的可能性,但这不适用于安装密度高的设备舱中。

应特别注意那些关系到飞机安全性的设备,调控的计算机必须连续地调节,受考验的是计算机长期工作的可靠性。

图14.3.1是典型的空气分配示意图。配气管道给购置于安装设备机架中的压力通风腔供应空气。空气经机架和设备盒上的小孔直接输入设备。用机架和设备盒之间的柔软密封装置阻止空气泄漏。

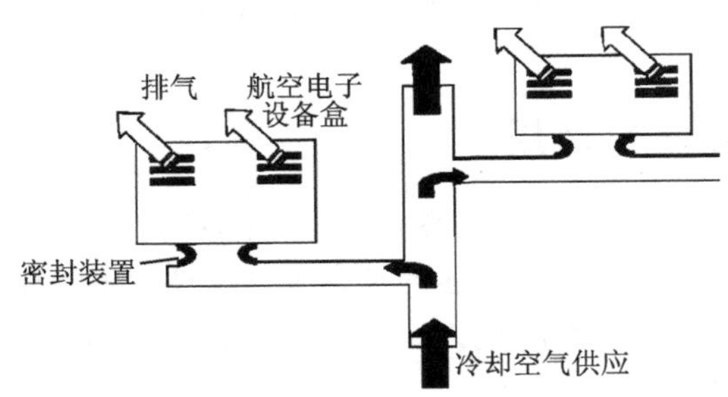

图14.3.1 典型的空气分配示意图

在紧密安装设备舱的冷却中,前三种冷却方法往往一起应用于为适应不同的冷却空气接口而专门设计的机架上。设备外壳的标准将规定壁与壁间合适的空隙,以保证装置之间合适的冷却空气流动。图14.3.2是冷却航空电子设备的安装方法示意图。

座舱分配系统均设计成尽可能提供舒适的环境,而无过热点、过冷点或风。因乘客可以自由走动,座舱各处都必须有良好的舒适度。可自行控制各自的通风口及流量和气流方向。现代大型飞机由于空调系统性能好,提供总体的空气调节,不再提供个人通气口。

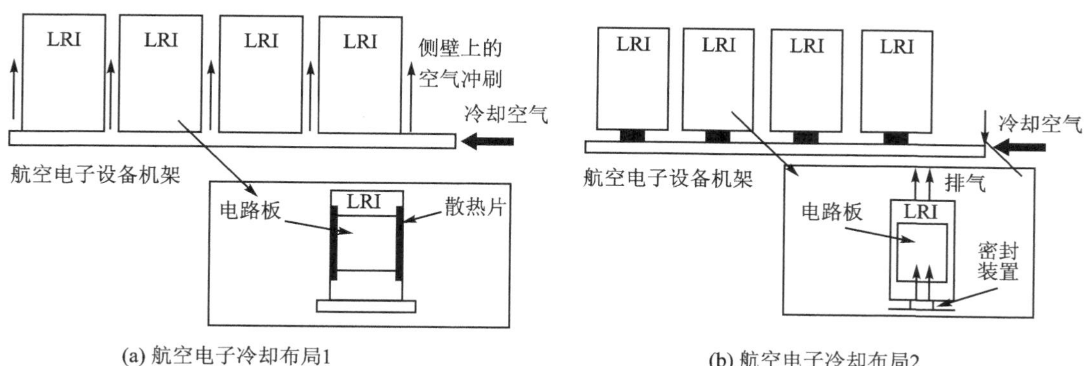

图 14.3.2 冷却航空电子设备的不同方法

图 14.3.3 是 B777 的空调分配系统示意图。座舱中空气从舱顶进入，经过每位乘客的前方，从地板层排出。高达 50%的排气经过过滤器“净化”，消除细菌和病毒后回流再循环，与洁净的输入空气混合。

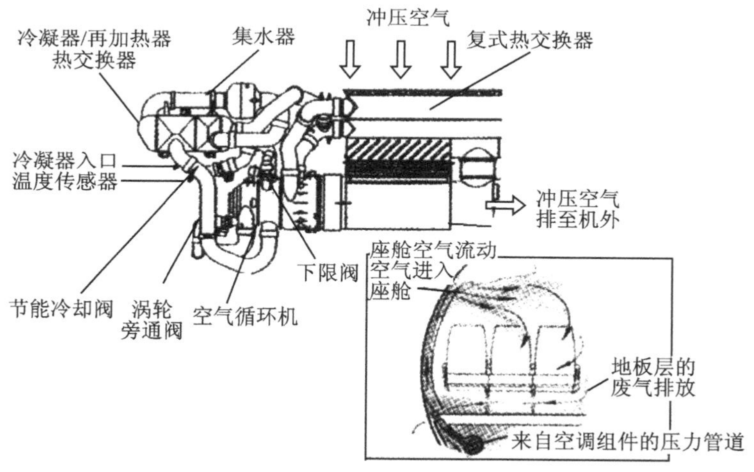

图 14.3.3 空调和分配系统

14.3.3 冷却和制冷

必须把热量从热源转移至散热介质(也称热沉)，并将热量排出机外。外部空气和内部燃油是常用的散热介质。外部空气可作为冲压空气直接应用，或作为发动机的引气间接应用。散热介质的温度通常比使系统的冷却所需的温度高，因此必须有一定形式的散热装置。常用的冷却方法有冲压空气冷却、燃油冷却、发动机引气冷却等。

1. 冷　却

(1) 冲压空气冷却

冲压空气冷却是将热量排至周围气流中,通过从飞机边界层或临近区域开孔进气而实现。空气经外部气流的进气口,再经过热交换器翅片,靠飞机的向前运动将其排出机外。由于进气口、管路和热交换器翅片的阻力减慢了冲压空气流,因此增加飞机阻力。

由于冲压空气温度随空速增大而升高,超过座舱和设备所需温度,因此应用冲压空气作为冷却介质存在局限性。

当空气温度为 40 ℃,海平面马赫数为 0.8 时,冲压空气约为 80 ℃。气动力有加热的作用,因此冲压空气本身是一种热源。特别在高空时空气密度变得很低,由于减小了冲压空气质量流量,从而也减小了冷却能力。单纯靠冲压空气冷却是不合适的。

民用飞机上的空气冷却常采用冷却风扇,而军用飞机用引射器提供滑行或低速飞行中的冲压空气流量。图 14.3.4 是采用引射器提高热交换器中冲压空气的冷却作用图。引射泵的引射流来自发动机的引气,通过引射流的移动喷射引射作为二次流的冲压空气,并使冲压空气向下游流动。

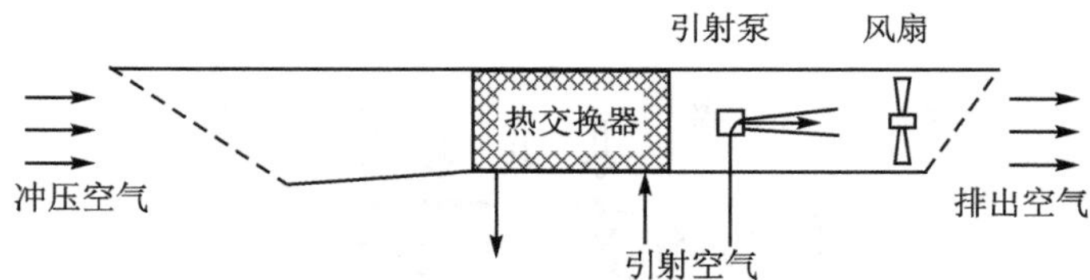

图 14.3.4　应用风扇和引射泵增加冲压空气流

(2) 燃油冷却

燃油冷却系统将热量从热源转移到燃油中,但会受到燃油流量变化的限制,当发动机收油门时,燃油流量大大降低。因燃油具有较大的热容量和导热系数,作为冷却介质,比空气的效果要好得多。燃油常用于冷却发动机的滑油、液压油和传动机匣滑油。

图 14.3.5 是应用燃油作为冷却剂冷却液压油或发动机滑油图。当燃油流量小时,燃油温度升高很快,应用回流管路将热的燃油流回燃油箱,需要在回流管路中通入冲压空气冷却的燃油冷却器,以防在燃油箱油面很低时油箱中燃油温度迅速增高。这仅在低速飞行中冲压空气

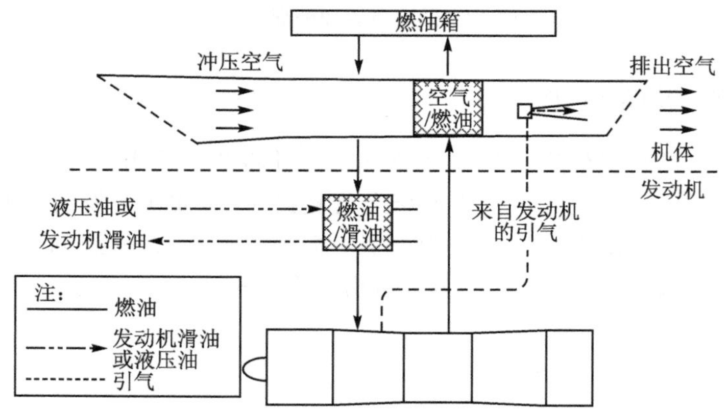

图 14.3.5　应用燃油作为冷却液压油或发动机滑油

温度足够低时才用，可防止在着陆后由于燃油箱几乎是空的情况下，油箱中燃油的温度迅速升高。

(3) 发动机引气冷却

现代飞机用于调节空气的气源来自发动机高压压气机的引气。只要发动机在运转，就可以提供气源，也可用于座舱增压。引气系统有开环式和闭环式两种。开环式环境控制系统不断地从发动机引出大量的空气，将其制冷，然后用于冷却乘客、空勤人员以及设备，再将空气排出机外。闭环式制冷系统收集座舱调节已用过的空气，将其制冷和再循环重新使用，如图 14.3.6 所示。这种引气仅用于提供增压、少量通风用的供气和补偿闭环系统中泄漏的空气流量。

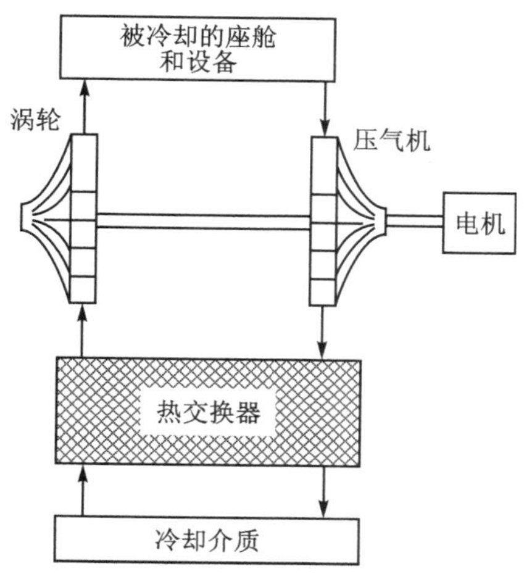

图 14.3.6　闭环式制冷系统

闭环引气系统所用发动机引气比开环式少得多，对发动机性能影响相应减小。因此，应用闭环系统，飞机有更高的工作效率，对于远程飞行具有特别的意义。

由于这种方式仅从发动机引出少量空气，对冲压空气冷却引气的需要降低了。但为了回流调节空气，设备舱必须密封和增压。

由于收集和再使用调节空气存在实际的困难，到目前为止闭环式系统仅用于少量的飞机，而且也往往比相当的开环式系统的质量更大，费用更高。采用空气循环制冷来冷却发动机引气的开环式系统在飞机上最为常用。

2. 制冷系统

制冷系统有两类，即空气循环式制冷系统和蒸发循环式制冷系统。

(1) 空气循环式制冷系统

空气循环式制冷系统用于冷却发动机引气，使发动机的引气降到座舱和设备调节所需的温度。由于可以取用发动机的引气，且空气循环式制冷是解决冷却问题最简单的方法，满足了既进行冷却又给座舱增压的要求，所以这种方法得到了广泛的应用。

尽管空气循环式制冷系统比蒸发循环式制冷系统更轻和更紧凑，但仍有其限制。在大热载荷应用场合，需要很大的空气流量，这需要大直径的管道，带来了在机上有限空间中的安装问题。发动机大的引气流量会损害发动机的性能，并由于需要冲压空气冷却而使飞机阻力增大。

(2) 涡轮风扇冷却系统

图 14.3.7 所示是典型的涡轮风扇系统。它应用于低速的民用飞机，其冲压温度不会很高。冷却空气和发动机引气经热交换器给风扇和涡轮后送至座舱和设备舱。

(3) 升压式冷却系统

图 14.3.8 所示是升压式冷却系统，其常用于在高冲压温度条件下提供足够的冷却。基本系统由一个冷却空气装置和一台热交换器组成。涡轮与压气机两者装于同一转轴上，这一旋转组件通常由滚珠轴承支撑，最新的技术采用了空气轴承。这种方案几乎不需要维护、质量较轻，不需要润滑。

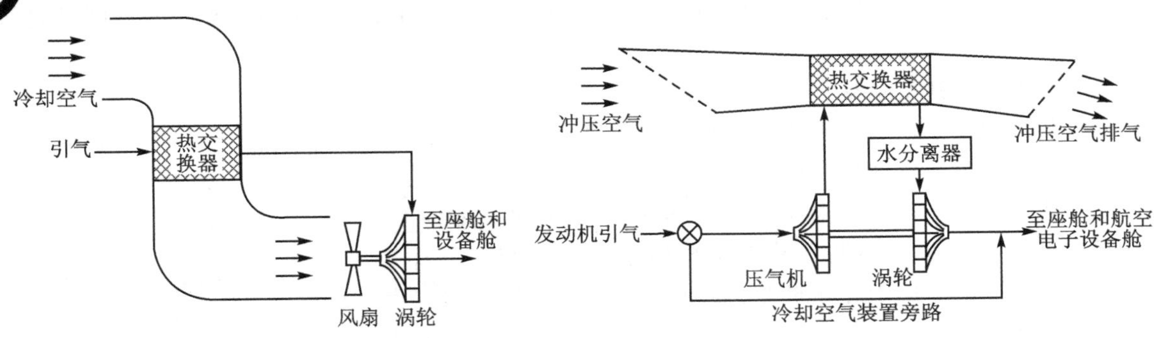

图 14.3.7　涡轮风扇冷却系统

图 14.3.8　升压式冷却系统

在大型飞机上装有三轮冷却空气装置或空气循环机,在压气机和涡轮共用的同一根转轴上还装一个热交换器的冷却介质风扇。在地面和低速飞行时,应用引射器抽取通过热交换器的冷却空气。图 14.3.9 是英国宇航公司先进涡轮螺旋桨飞机 ATP 的环境控制系统。

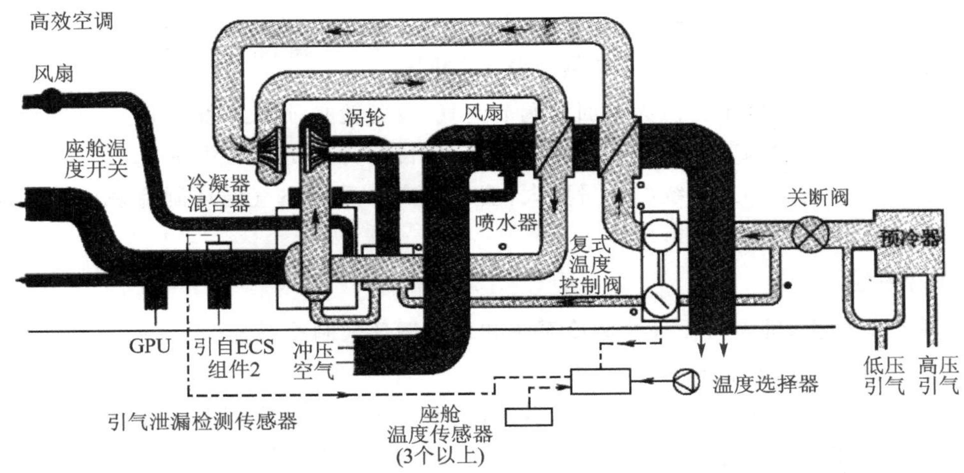

图 14.3.9　环控系统(ECS)典型实例

压气机用于增大空气压力,相应地提升温度,然后再用冲压空气冷却的热交换器降低温度。这种温度降低可导致从空气中冷凝出水分,特别当飞机在潮湿气候条件下工作时。涡轮入口处的水分离器用以除去大部分游离水,有助于防止涡轮叶片结冰和将水喷雾至座舱和设备舱中。当空气经过涡轮膨胀时,温度有时可降到低于 0 ℃。图 14.3.9 所示的冷却空气装置的旁通管路用于将涡轮出口温度调节至座舱和设备冷却所要求的数值。通过温度控制阀改变旁通空气的容积流量,直至涡轮出口处混合空气达到所要求的温度。图 14.3.10 是用于 B737、B757 和 B767 上的一些空气循环机的实物图片。

(4) 逆升压式制冷系统

图 14.3.11 是逆升压式制冷系统图。因为引气在进入冷却空气装置压气机以前先经过其涡轮,所以称为逆升压式系统。空气首先在初级热交换器中经冲压空气冷却,再在再生热交换器中进一步冷却,最后经涡轮膨胀,使温度相应地降低,就可用于冷却空气或液体的闭环系统,如雷达发射机的冷却。最后空气通过再生热交换器的冷却介质周边,由压气机压缩后排出

机外。

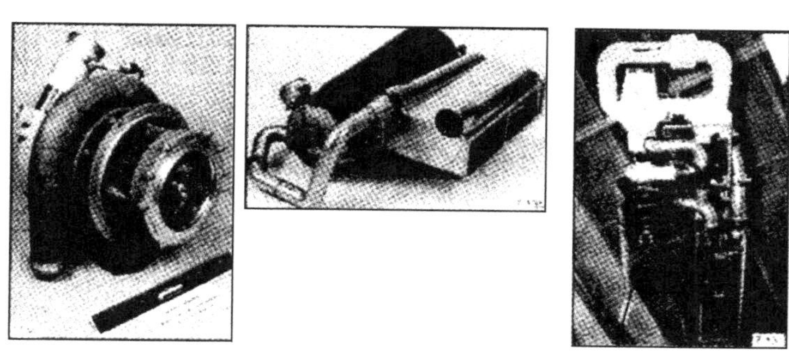

图 14.3.10　空气循环机和空调组件图片

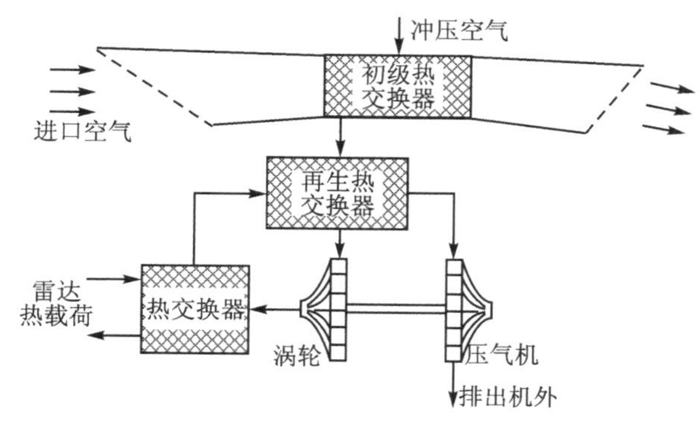

图 14.3.11　逆升压式制冷系统

(5) 冲压驱动逆升压式制冷系统

有时需要冷却设备的位置可能离环境控制系统较远，用管道从主环境控制系统供气不合适，因此必须使用单独的冷却装置。例如设备安装于垂尾翼尖或翼下吊舱中的军用飞机上，不可能找到安装管道或管子的合适通路。冲压驱动逆升压式空气循环系统可满足这种特殊的冷却要求。

图 14.3.12 是冲压驱动逆升压系统图。它依靠冲压空气经涡轮膨胀降低温度的作用，增大了冲压空气冷却系统的能力，可提供比单纯冲压空气冷却系统大得多的空气速度的冷却能力。但是在地面和低速飞行时，冷却仍是一个问题。因此，这一系统常用作仅在飞行中的设备的独立冷却系统。

(6) 蒸发循环式制冷系统

图 14.3.13 是蒸发循环制冷系统图。蒸发循环式冷却系统是一种闭环系统，其中热载荷由蒸发器中的液体制冷剂如“氟利昂”的汽化而被吸收，然后制冷剂经过压缩机相应地提高压力和温度，继而在冷凝器中冷却，将热量排放至介质中。

虽然蒸发制冷系统效率很高，典型性能系数为相应闭环空气循环系统的 5 倍，但与空气循环系统相比，温度范围受到限制且质量大，因此其应用也受到限制。许多制冷剂的最高工作温度在 65～70 ℃之间，大大低于在全球范围内工作所要求的温度，且氟利昂危害臭氧层，也限制了其使用。

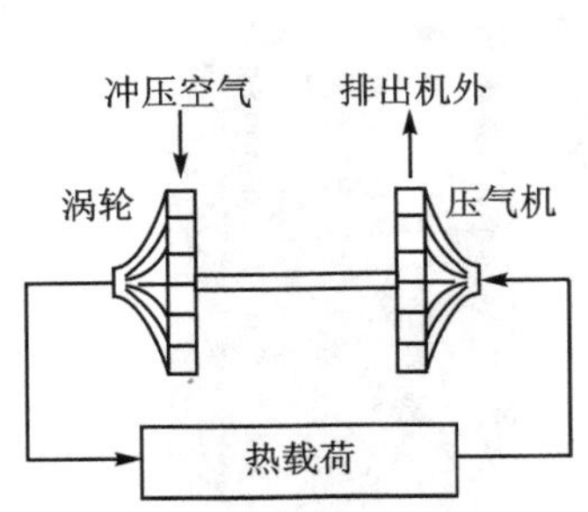

图 14.3.12　冲压驱动逆升压式系统

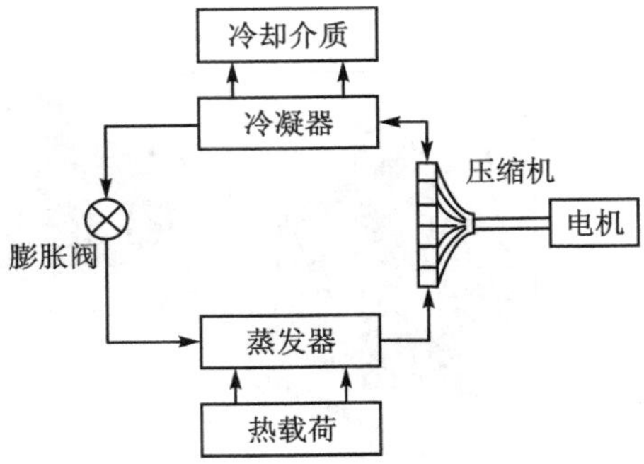

图 14.3.13　蒸发循环式制冷系统

(7) 液冷式系统

硅酸酯介电导热液,也称科伦诺,常用于航空电子设备的散热。图14.3.14所示是典型的液冷式系统。液体很容易作为热介质流过冷板热交换器。典型的液体回路包括空气/液体交换器、泵和液箱。空气/液体热交换器用于排放由液体带入空气调节系统的热载荷。

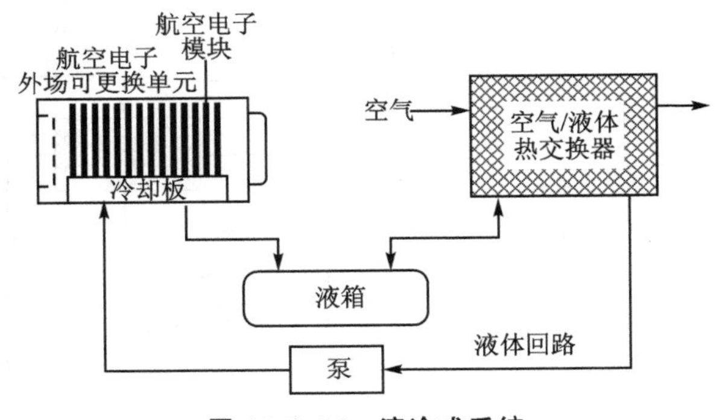

图 14.3.14　液冷式系统

这是一种有效的冷却热源,设备的质量和体积比用其他方法需要的空气调节设备小,但不够经济,且冷却液有毒。凡是因维护需要而断开管路之处,必须提供自封接头以防止液体溢出。

14.4　座舱温度控制

14.4.1　影响环境温度的因素

低速飞行需要大型的加热系统补偿由于机外气温低而造成的热量损失。超声速飞行的军用飞机,气候恶劣时也需要加热。例如在寒冷的夜间飞行,为了让长时间搁置于地面冰冻条件下的飞机迅速升温,可通过从发动机引出的热空气作为调节空气源。而在环境温度较高的情况下,又要给驾乘人员和航空电子设备降温。这是一个较为复杂的问题。

当飞机蒙皮由于空气分子间摩擦而发热时会引起动力加热。低空跨声速飞行时,蒙皮温度可达100 ℃或更高;在中空和高空超声速飞行时,甚至可以达到更高的温度。但在有些飞行情况下,例如在冷天、高空、亚声速巡航时,却需要加热。

飞机前缘由于摩擦而产生气动力加热,达到的温度称为总温。离开前缘的其他所有表面温度稍低,称为恢复温度。飞行过程中非空调设备舱可达到恢复温度。

太阳辐射对飞机温度影响很大。内部加热和太阳辐射会对驾乘人员产生严重的影响,因

此需要相当多的冷却空气。

航空电子设备的热载荷也影响飞机的温度。尽管现代电子设备的效率高，发出的热量降到很低，但航空电子设备应用的增多和高密度数字电子装置的发展已增加了航空电子设备单位体积的热载荷，因此总的热量是增加的。

航空电子设备从上电直到断电一般都是连续地供电，因而连续散发热量。设备通常以标准尺寸模块式安装在航空电子设备舱或设备机柜中。空气通过管道进入这些区域用于设备的冷却，然后再循环或排出机外。

14.4.2　航空电子设备工作温度

航空电子设备上的半导体元件可安全工作的环境温度为 100 ℃左右，常把调节舱的最高温度设计为 70 ℃，这样不会影响电子元件的可靠性；而最低温度设计成－30 ℃左右。飞机必须设计成可在较宽的温度范围内使设备不会损坏。全球范围内使用的典型温度为－30～＋90 ℃，这是由储存条件和长时间停留在外场极端条件确定的。

环境控制系统、液压系统、发电机、发动机和燃油系统部件都产生热量，并以辐射的方式传播。例如泵和马达等耗能部件辐射热量，滑油等冷却液散热而辐射热量。为了保持工作效率和防止油液的化学变质造成性能降低，必须冷却油液。

14.4.3　座舱温度分区

大型客机的座舱容积大，为使各处温度比较均匀，除控制空调组件出口空气温度外，还将座舱分成若干区域，即驾驶舱、前客舱、中客舱和后客舱，对各区域的温度进行分区调节，如图 14.4.1 所示。空调和环境控制系统 ECS(environment control system)通常从每个涡轮发动机的压缩级提取高压空气。这种引出气的温度和压力，因发动机的转速而变化。压力调节关闭阀 PRSOV(pressure regulation switch of valve)根据需要限制空气流量，以维持环境控制系统期望的压力。

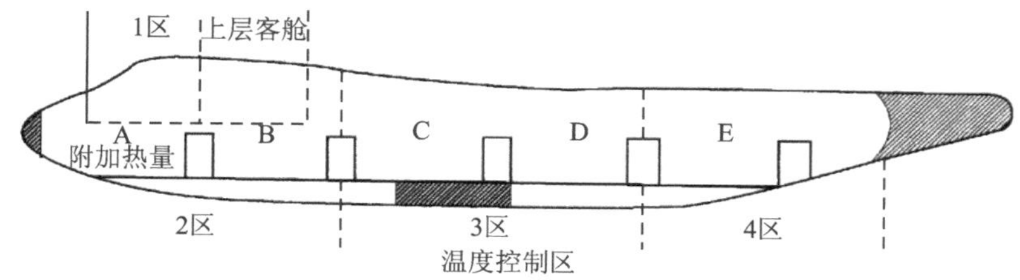

图 14.4.1　空调系统的客舱温度分区

空调系统的工作离不开供气、加热、制冷、温度控制和配送。为了提高环境控制系统的效率，空气通常从发动机的两三个点引出。

空调系统基于空气循环机 ACM(air circle machine)制冷装置，如图 14.4.2 所示。空调装置位于飞机的各个位置，包括下部机身的两翼之间、后机身尾舱、驾驶舱下面的飞机前端。

发动机的引出气温度量级为 150 ℃和 200 ℃，压力介于 207～241 kPa(30～35 psi)，引出气送入主级热交换器。具有环境温度和压力的外部冲压空气是热交换器的冷却介质。然后将冷却的引出气进入空气循环机(ACM)离心压缩机。用这种方法给空气加热，最高温度约为

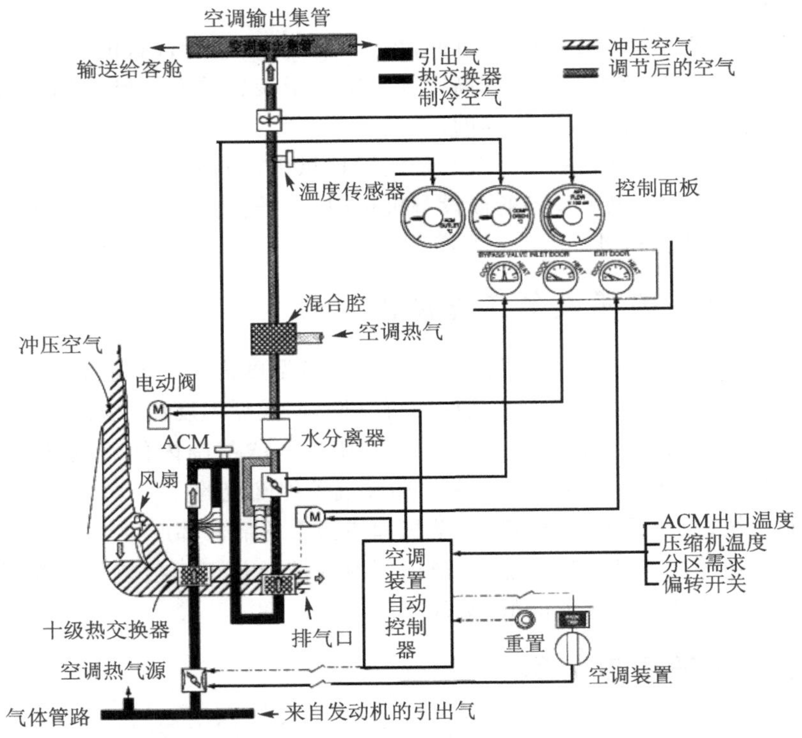

图 14.4.2　空调系统

250 ℃,并送入次级热交换器。次级热交换器利用冲压空气作为冷却介质,由主级热交换器所做的预冷却通过降低进入压缩机的空气温度来提高 ACM 的效率。

由温度传感器 RTD 测出的温度可作为控制系统输入的一部分。当热交换器的空气温度高于外部大气温度时,将其压缩、冷却送入 ACM 的膨胀涡轮;当空气膨胀时,涡轮就开始做功,从而把空气冷却到－20～－30 ℃。即使飞机在环境温度较高的地面上,ACM 仍可以把空气冷却到 0 ℃以下。涡轮所做的功驱动转轴,使 ACM 的离心压缩机和冲压空气进口风扇运转。

在地面运行期间,风扇吸入外部空气,采用电动旁通阀控制送入涡轮的空气量。在整个热交换器内采用电气驱动冲压空气风扇提供气流。为便于冲压空气的恢复,有些飞机在冲压空气排气口使用调节叶片。

空气冷却后会产生水蒸气。为了去除水蒸气,膨胀涡轮的潮湿空气输出通过了一个水分离器。它利用离心力把水滴甩进了一个吸收潮气的凝聚袋。这种冷凝水有时会送回进入次级热交换器的冲压空气中,以改善其性能。与制冷空气混合的空调热气,经调节达到客舱空气温度后再送入客舱。安装的温度感测器 RTD 用于监测 ACM 出口的温度,采用流量传感器监测进入客舱的空气流量。

现代客机上,进入客舱的气流大约 50%为引出气,50%为过滤空气。过滤气体来自循环风扇,与客舱的空调出口空气混合送入混合集合管。

14.4.4 座舱温度的调节与控制

飞机座舱温度总是随环境条件的变化而变化，对输入座舱的空调空气必须进行温度调节。要维持座舱温度不变，必须使供给热量等于散失热量，使座舱空气处于热平衡状态。

1. 座舱温度调节系统的主要类型

(1) 简单的人工控制方式调温系统

由飞行员根据驾驶舱内的温度指示，通过驾驶舱内的操纵开关或机械手柄改变温度调节活门的开度，以达到调节座舱温度的目的。这种温度调节系统结构简单，精度差，已经被淘汰。

(2) 电桥式座舱温度调节系统

1) 基本原理

常采用惠斯通电桥作为温度调节的信号电路，如图 14.4.3 所示。利用座舱内感温电阻作为电桥的一个桥臂，用以反映实际温度值。温度选择器是可变电阻，作为另一桥臂，用以反映所要求的预调温度。其余两桥臂为固定电阻值，电桥 C、D 端与直流电源连接，信号由 A、B 端输出。

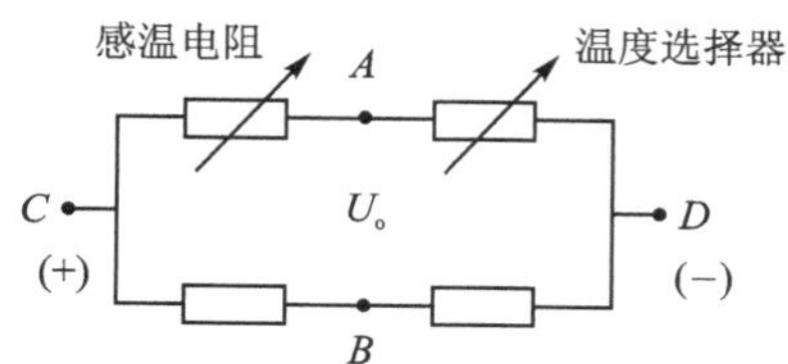

图 14.4.3　温度调节电桥

当座舱的实际温度与温度选择器预调的温度相等时，电桥平衡，没有信号输出；当座舱温度变化偏离预调温度时，感温元件电阻值变化，电桥失去平衡，在 A、B 端有信号输出，这个信号的极性可以反映温度偏高还是偏低，信号的大小反映温度偏差的大小。信号经过放大，操纵电动机构工作，控制温度调节门的开度，从而使座舱温度调节在选定值上。

电桥式客舱温度调节系统具有较高的调节精度，通常可达到(±1～±2) ℃，并且可根据调节要求附加电路以改善调节过程的质量，因此电桥式温度调节系统得到了广泛的应用。B737 等飞机的舱温调节就采用电桥电路。

2) 座舱温度调节系统举例

以 B737－200 飞机为例，来说明座舱温度调节系统的概况、面板的操纵和指示及电路的工作情况。

① 舱温调节概况。图 14.4.4 是座舱温度调节系统简图。座舱温度的调节是通过控制每个空调组件冷空气与热空气的比例实现的。在空调组件活门的下游有一个混合活门，是由一个电动机同轴驱动的双联蝶形活门。当热路活门的蝶形阀全开时，冷路活门全关，当热路活门向关的方向运动，冷路活门则向开的方向运动。电动机构还有一个电位计，用以指示混合活门的开度。

混合活门的位置取决于温度控制系统的信号，这些信号主要有三类：一是由温度选择器来调定温度信号，即要求温度值；二是由座舱温度传感器来的实际温度信号；三是包括从极限温度传感器和其他高温传感器来的过热保护信号；还有从管道温度预感器来的信号，它能提前反映进入座舱的空气温度，减少温度调节的波动。由座舱温度调节器综合这些信号来控制混合门的开度。温度调节器多为双通道自动工作部件。所谓双通道就是一个温度调节器具有两套同样的电路，可同时控制两套电路工作。

温度选择器有自动和人工两种工作方式。自动方式是选定温度后，经过温度调节器去控制混合门，人工方式则直接控制混合门朝冷、热方向打开或关闭。

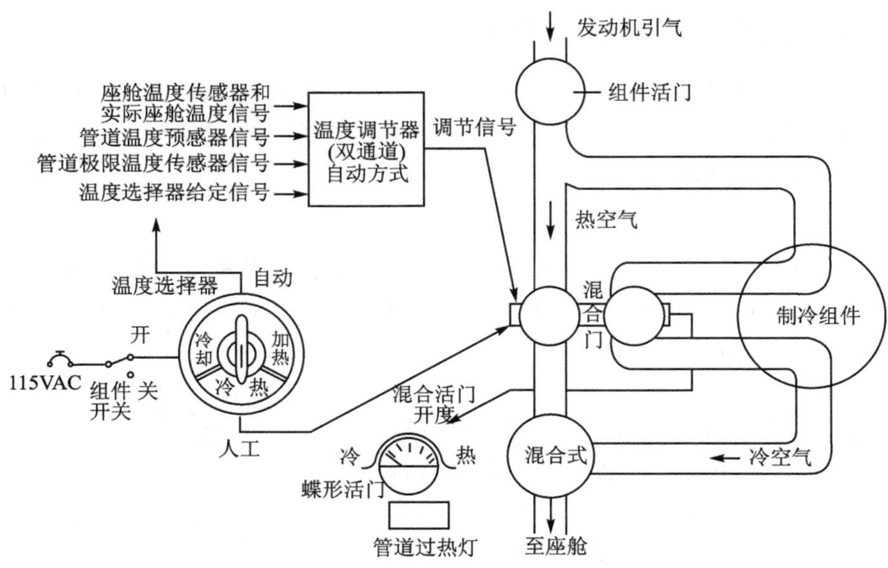

图 14.4.4 座舱温度调节系统简图

② 温度控制面板。图 14.4.5 所示是座舱温度控制和指示面板。面板位于驾驶舱顶板上，上面有温度选择器 1、管道过热灯 2、混合门指位表 3、座舱温度或管道温度表 4 和温度选择器 5。图上部标有“驾驶舱”，用以控制左空调组件，因为驾驶舱空调空气是从主分配总管的左端引出的，图上标的“客舱”用于控制右组件。

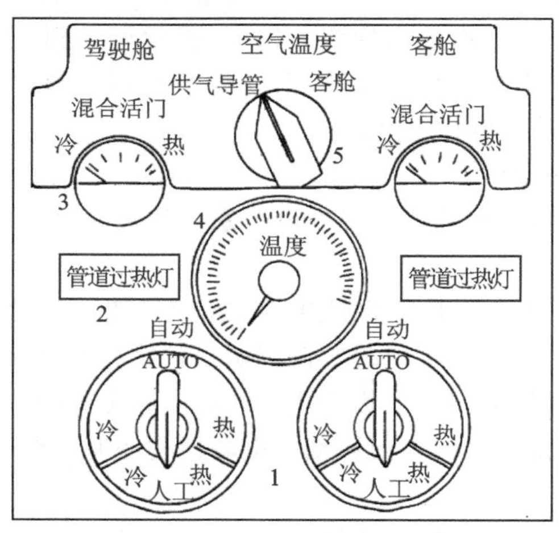

图 14.4.5 座舱温度控制面板(B737)

3) 控制电路的工作情况

图 14.4.6 为 B737 座舱温度调节系统原理电路图。下面以右组件为例说明其工作原理。

① 人工控制方式。接通右空调组件开关，则右组件活门“打开”电磁线圈通电，115 V 交流电源供电到客舱温度选择器的三个触点处。若选择器旋钮在人工“断开”位置，则三个触点均开路。转动温度选择器旋钮到“冷却”位，三个开关中最上一条电路接通，驱动混合活门朝冷却方向运动。温度选择器按钮在同一时间只能接通三个触点中的一个。

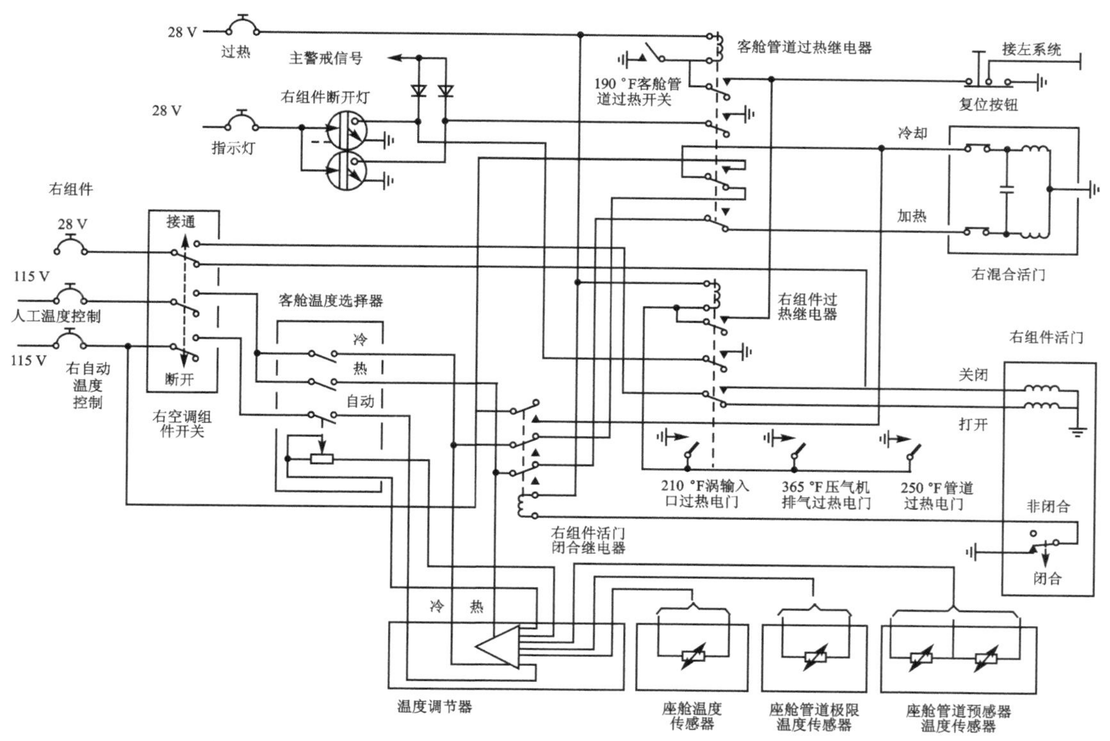

图 14.4.6　典型座舱温度调节电路

② 自动控制方式。接通右空调组件开关后，当温度选择器旋钮转动到“自动”位时，选择器上的“自动”电路接通，这样便接通了到温度调节器的电路。转动温度选择器旋钮使其对准某一选定温度，则调整了固定在旋钮轴上的电位计，此电位计是温度调节电桥上的一个基准电阻。座舱温度传感器是温度电桥的另一个桥臂电阻。若座舱温度已经和选定温度相同，则温度调节器没有信号输出；若座舱温度不等于选定温度，座舱温度传感器的电阻将大于或小于温度选择器提供的另一桥臂电阻，因此调节器有信号输出到混合门电动机构，使混合门的“冷却”或“加热”电路通电，从而将舱温调回到选定温度。预感电桥和管道温度极限电桥也同时感受相应的空气温度，减少控制过程中温度变化速率，避免座舱温度突然冷和突然热，并防止管道温度超过极限值。

③ 过热保护与指示。190 °F客舱管道过热开关防止管道空气过热。当它闭合时，客舱管道过热继电器工作并经“复位(重置)”按钮接地而自锁。过热继电器的接通使混合门朝“冷却”方向运动，也使客舱管道过热灯亮，同时可接通驾驶舱的主警戒信号。

一旦上述过热开关失效，还有一个 250 °F管道过热开关可作高温保护。当开关闭合时，组件过热继电器工作也经“复位”按钮自锁，组件过热继电器的触点使组件活门关闭，同时使组件断开灯亮。还有 210 °F和 365 °F过热开关与 250 °F开关并联，按同样电路分别监控着各自的保护点。当过热状态矫正后，可以按压“复位”按钮将警告灯熄灭，并使电路恢复正常工作状态。

2. 座舱舱区划分与温度控制

图 14.4.7 是座舱温度控制系统的典型舱区划分图。舱区分为 1 区～4 区，各舱区可分别

设置温度。

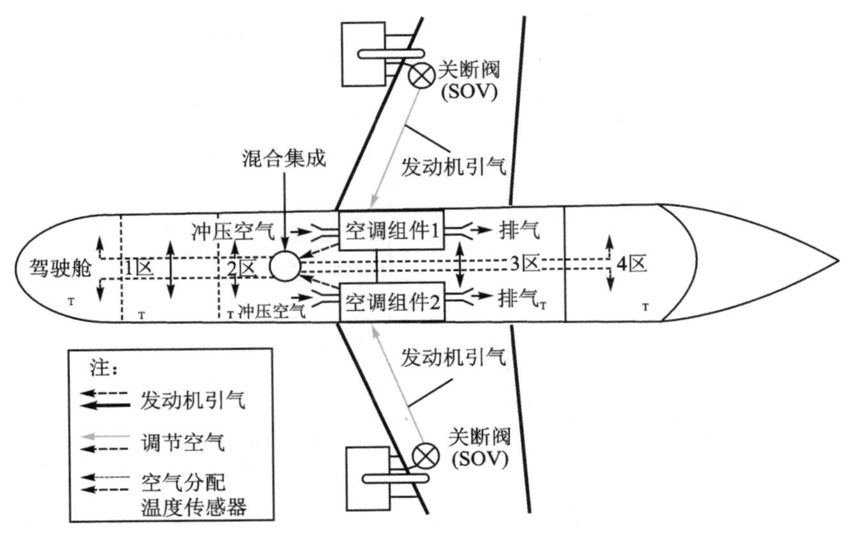

图 14.4.7　座舱温度控制系统舱区划分

在某些飞行状态,特别是在寒冷的天气,热交换器的出口温度可能大大低于除冰和除雾所需的 100 ℃,这时应采用来自热交换器上游适当比例的热空气与热交换器出口气体混合,使混合空气的出口温度至少保持为 100 ℃。

14.5　B787 环境控制系统

多电飞机采用电动环境控制系统,取消了从发动机引气,由闭式电动空气循环系统、电动闭式蒸发循环系统和液体冷却系统等组成,其核心为电动涡轮空气循环制冷系统。

电动涡轮制冷系统是以电动涡轮冷却器为核心附件的制冷系统,与传统涡轮制冷系统相比,有以下两个方面的特点:

① 可使常压状态下的空气经增压后膨胀做功降低温度,增大涡轮制冷系统的应用范围;

② 可通过对电机的控制,达到调节涡轮制冷功率的目的,从而使制冷系统始终工作在最优状态。

多电飞机环控系统取消了从发动机引气,因此必须应用电驱动压气机来增压座舱,并提供环控系统的空气源。图 14.5.1 是 B787 电驱动环控系统组成结构图。从图中可以看出,每个环控组件有 2 台电驱动的电机压气机,每台电机压气机采用 125 kVA 的永磁电机,由位于电气设备舱中的电机控制器控制。

电环境控制系统需要的电功率很大,主要益处是不再从发动机中央涵道提取空气。更重要的是,输送空气的温度和压力低了很多。图 14.5.2 是传统的环控系统和多电环控系统的比较。从图中可以看出,在引气供气的常规环境控制系统中,进入发动机引气的典型温度为 400 ℉,压力为 206 kPa(30 psi)。经过空气循环机冷却后,典型输出约为 60 ℉和 81.3 kPa(11.8 psi),这一压力相当于约 1 830 m(6 000 ft)的座舱高度。而采用电驱动电机压气机的输

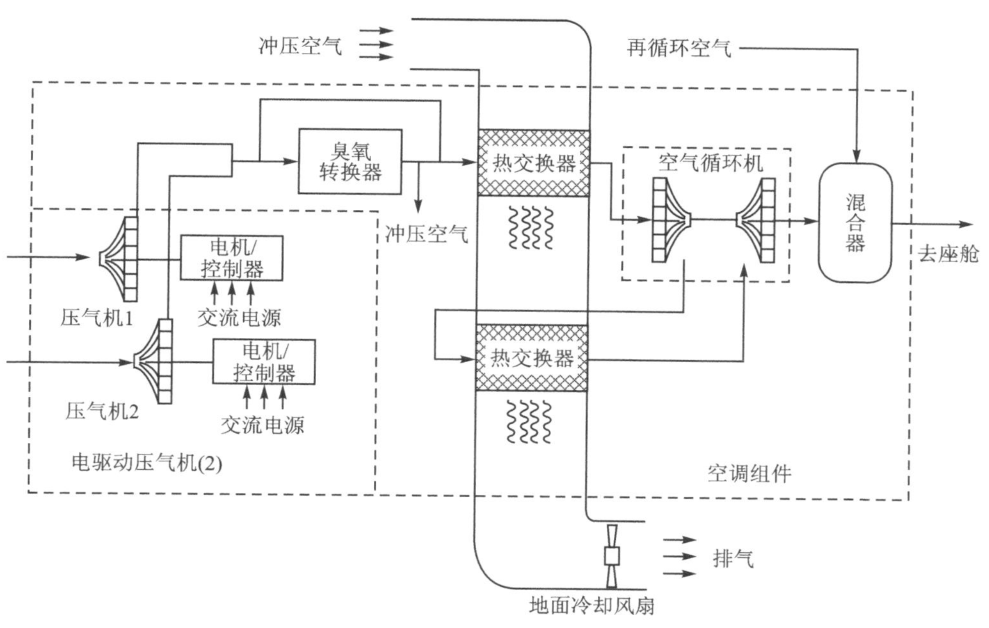

图 14.5.1　电环控驱动系统(B787)

出空气约为 200 ℉和较低的 103.4 kPa(15 psi),同样经循环冷却后输出 60 ℉和 81.3 kPa(11.8 psi)。

图 14.5.1 中的 2 台压气机将电能转换为气能,电动机输出口的空气压力和流量是电动机

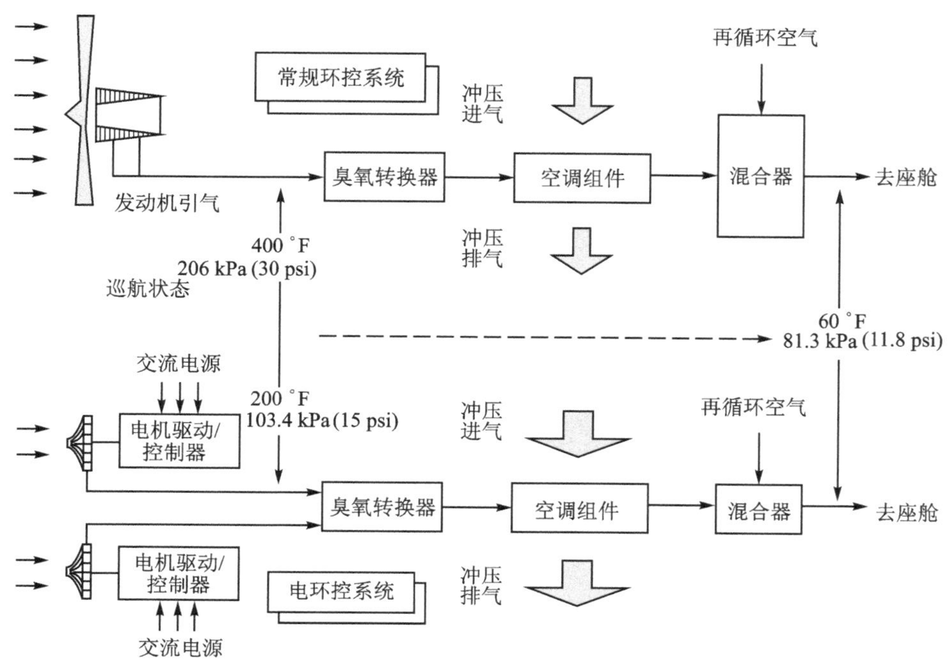

图 14.5.2　引气和电驱动环控系统的比较

的负载,应研究电动压气机在不同流量下从电网获取能量大小及其他电参数的变化规律。从利用电能的角度研究电气负载对电源的影响很有必要。

复习思考题

1. 客舱温度调节使用哪种传感器?请查阅该传感器的详细资料,进行进一步学习。
2. 用什么方式可使冲压空气得到恢复?
3. 从发动机引气提供舱内增压,对发动机的总效率有什么影响?B787采用什么方法解决的?
4. 什么是客舱高度?现代飞机大约是多少?
5. 客舱高度较低带来什么不良后果?

选择题

1. 货舱增压通常是________。
   A. 与客舱压力相等　　B. 高于客舱　　C. 低于客舱压力
2. ________高度以上飞行一般需要补充氧气。
   A. 915 m(3 000 ft)
   B. 3 050 m(10 000 ft)
   C. 海平面
3. 舱内高度一般为________。
   A. 巡航高度　　B. 海平面　　C. 6 000～7 000 ft
4. 为便于冲压空气恢复,有些飞机使用________。
   A. 位于冲压空气排气口的调节叶片
   B. 位于冲压空气进气口的调节叶片
   C. 位于ACM出口的调节叶片
5. 个人风扇用于客舱通风,为的是________。
   A. 增加空气出口处的压力
   B. 循环过滤舱内的空气
   C. 便于冲压空气恢复

附录 A　常用单位及换算关系

常用单位及换算关系

类　别	名　　称	符　　号	换 算 关 系
长度	米 千米，公里 厘米 毫米 微米 英里 英尺 英寸 海里	m km cm mm μm mile ft in n mile	 1 km=1 000 m 100 cm=1 m 1 000 mm=1 m 1×10^6 μm=1 m 1 mile=1 609.344 m 1 ft=0.304 8 m 1 in=2.54 cm 1n mile=1852 m
时间	小时 分 秒 毫秒	h min s ms	 1 000 ms=1 s
速度	米/秒 公里/小时 海里/小时 英尺/秒	m/s km/h n mile/h ft/s	 1 km/h=0.2778 m/s 1 n mile/h=0.514 4 m/s 1 ft/s=0.304 8 m/s
转速	转/分	r/min	1 r/min=1 rpm=(1/60) s^{-1}
质量	克 千克，公斤 磅 盎司	g kg lb oz	 1 kg=1 000 g 1 lb=0.454 kg 1 oz=28.35 g
密度	克/立方厘米	g/cm^3	
容积、体积	立方米 立方厘米 升 美加仑 英加仑	m^3 cm^3 L(l) USgal UKgal	 1×10^6 cm^3 =1 m^3 1 L=10^{-3} m^3 1 USgal=3.785 L 1 UKgal=4.546 L
压力、压强	帕斯卡 标准大气压 毫米汞柱 公斤/平方厘米 磅/平方英寸	Pa atm mmHg kg/cm^2 psi	1 Pa=1 N/m^2 1 atm=1.013×10^5 Pa 1 mmHg=133.32 Pa 1 kg/cm^2=9.8×10^4 Pa 1 psi=1 lb/in^2=6 894.76 Pa

续表

类别	名称	符号	换算关系
电工单位	伏特 千伏 毫伏 安 毫安 微安 欧姆 千欧 兆欧 微法	V kV mV A mA μA Ω kΩ MΩ μF	1 kV=1 000 V 1 V=1 000 mV 1 A=1 000 mA 1 A=10^6 μA
电工单位	瓦 千瓦 伏安 乏 赫兹 千赫 周/秒 安时	W kW VA VAR Hz kHz c/s Ah	1 W=1 J/s 1 kW=1 000 W
流量	千克/秒 磅/秒 磅/分 升/分	kg/s lb/s lb/min L/min	1 lb/s=0.454 kg/s 1 lb/min=0.007 57 kg/s
温度	开(尔文) 摄氏度 华氏度	K ℃ ℉	1 K=1 ℃+273.15 1 K=5/9(1 ℉+459.67) 1℃=5/9 ℉−17.8 1 ℉=1.8 ℃+32
其他	分贝 焦耳 卡 千卡/小时,大卡/小时	dB J cal kcal/h	1 J=1 N·m 1 cal=4.18 J

附录 B　中英文对照缩写表

中英文对照缩写表

序　号	英文全称	中文名称	英文缩写
1	AC Motor Pump	交流电泵	ACMP
2	AC Exciter	交流励磁机	ACE
3	AC Generators Constant Frequency	恒频交流发电机	ACGCF
4	AC Power Supplies	交流电源	ACPS
5	Acid Trap	酸池	AT
6	Actuator	激励器	ACTR
7	Actuator Control Electric	作动器控制电子装置	ACE
8	Advanced Turbine Propeller	先进涡轮螺旋桨	ATP
9	Advisory Light	咨询灯	ADL
10	Air Data Computer	大气数据计算机	ADC
11	Air Driven Generator	空气驱动发电机	ADG
12	Air Intake Anti - Icing	进气道防冰除冰	AIAI
13	Air Separate Model	空气分离模块	ASM
14	Air Turbine	空气涡轮发动机	AT
15	All Electric Aircraft	全电飞机	AEA
16	Amplifier	放大器	AMPL
17	Annunciator Relay	信号转接器	AR
18	Annunciator Reset Relay	信号复位转接器	ARR
19	Anti CYcling Relay	防循环继电器	ACYR
20	Anti - Brake System	防抱死制动系统	ABS
21	ANNunciator	信号器	ANN
22	Automatic Fire/ Overheat Logic Test	自动着火/过热逻辑测试	AFOLT
23	Auto TransFormer	自耦合变压器	ATF
24	Auto Transformer Rectifier Unit Controller	自耦合变压整流单元控制器	ATRUC
25	Automatic / Pilot	自动/飞行	A/P
26	Automatic Test Equipment	自动测试设备	ATE
27	Auxiliary Power	辅助供电	AP
28	Auxiliary Power Breaker	辅助电源断路器	APB
29	Auxiliary Power Control Relay	辅助电源控制继电器	APCR
30	Auxiliary Power Control Unit	辅助动力控制单元	APCU
31	Auxiliary Power Generator Control	辅助动力发电机控制	APGC

续表

序　号	英文全称	中文名称	英文缩写
32	Auxiliary Power Relay	辅助电源继电器	APR
33	Auxiliary Power Slave Relay	辅助电源随动继电器	APSR
34	Auxiliary Power Unit	辅助动力装置	APU
35	Battery Charger Regulation Unit	蓄电池充电调节装置	BCRU
36	Battery Charger Transfer Relay	蓄电池充电器转换继电器	BCTR
37	Battery Master Switch	蓄电池主控开关	BMS
38	Battery Relay	蓄电池继电器	BR
39	Battery Switch	蓄电池开关	BS
40	BReaKeR	断路器	BRKR
41	BrushLess Direct Current Motor	无刷直流电动机	BLDCM
42	Built－In Test Equipment	内置式测试设备	BITE
43	Bus Control Unit	汇流条控制单元	BCU
44	Bus Power Control Unit	汇流条功率控制单元	BPCU
45	Bus Protection Panel	汇流条保护面板	BPP
46	Bus Tie Breaker	汇流条连接断路器	BTB
47	Bus Sensing Relay	汇流条敏感继电器	BSR
48	Caution Advisory Computer	警告咨询计算机	CAC
49	Charger	充电器	CHGR
50	Circuit Breaker	电路断路器	CB
51	Common Motor Start Controller	公共电动机起动控制器	CMSC
52	Constant Speed Device	恒速驱动装置	CSD
53	Contactor	电流接触器	CNTOR
54	Continuous	持续	CONT
55	Control Relay	控制继电器	CR
56	Cross Tie Lockout Relay	交叉连接闭锁继电器	CTLR
57	Cross Tie Lockout Slave Relay	交叉连接闭锁从继电器	CTLSR
58	Cross Tie Relay	交叉汇流条继电器	CTR
59	Cross Tie Time Delay	交叉汇流条时间延迟	CTTD
60	Current Transformer	电流互感器	CT
61	Current Return Network	电流回馈网络	CRN
62	DC Isolation Relays	DC 隔离继电器	DCIR
63	Dead Bus Slave Relay	死区汇流条从继电器	DBSR
64	Dead Bus Relay	死区汇流条继电器	DBR
65	DECRease	减少	DECR
66	Direct Current	直流	DC
67	Digital Flight Control System	数字飞行控制系统	DFCS

续表

序　号	英文全称	中文名称	英文缩写
68	Differential Current	差动电流	DIFF CUR
69	Differential Protection	差动保护	DP
70	Differential Protection Control Transformer	差动保护控制变压器	DPCT
71	DISconnect	断开	DISC
72	Distribution System Annunciator Relay	配电系统指示继电器	DSAR
73	Drive Annunciator Relay	驱动报警继电器	DAR
74	Drive Disconnect Relay	驱动断开继电器	DDR
75	Drive Running Slave Relay	驱动运行从继电器	DRSR
76	E－Brake Power Supply Units	电刹车用直流电源	E－BPSU
77	Electronic Centralized Aircraft Monitor	电子式中央集中飞机监视器	ECAM
78	Electrical/Electronics	电气/电子	E/E
79	Electrical Load Control Unit	电气负载控制单元	ELCU
80	Electrical Load Management System	电气负载管理系统	ELMS
81	Electro－Hydraulic Actuator	电液作动器	EHA
82	Electro－Hydraulic Back－up Actuator	电静液备份作动器	EHBA
83	Electro－Magnetic Pulse	电磁脉冲	EMP
84	Electro－Mechanical Actuator	机电作动器	EMA
85	Electronic Flight Instruments System	电子飞行仪表系统	EFIS
86	ELectronic Interface	电子界面	ELI
87	Electric Fuel Pump Measurement System	电动燃油泵测量系统	EFPMS
88	Electric Load Control Unit	电气负载控制装置	ELCU
89	Electrical Wire Interconnect System	电气导线互联系统	EWIS
90	Emergency Condition	紧急情况	EC
91	Emergency DC Bus Sensing Relay	应急直流汇流条敏感继电器	EDBSR
92	Emergency Power Transfer Relay	紧急电源转换继电器	EPTR
93	Engine Driver Pump	发动机驱动的油泵	EDP
94	Engine Exhaust Temperature	发动机排气温度	EET
95	Engine Indication and Crew Alerting System	发动机指示和机组警告系统	EICAS
96	Engine Running Signal Relay	发动机行车信号继电器	ERSR
97	Equipment Unit	设备装置	EU
98	EXCitation	励磁	EXC
99	External Power	外电源	EP
100	External Power AVAILable	外电源可用	EP AVAIL
101	External Power Contactor	外电源接触器	EPC
102	External Power Control Relay	外电源控制继电器	EPCR
103	External Power Monitor	外电源监视器	EPM

续表

序　号	英文全称	中文名称	英文缩写
104	External Power Relay	外电源继电器	EPR
105	Fault Selector Time Delay	故障时间选择继电器	FSTD
106	Fan Driver Generator	风扇轴驱动发电机	FDG
107	Feeder Fault	馈电线故障	FF
108	Feeder Fault Warning	馈电线故障告警	FFW
109	Flight Director	飞行指令仪	F/D
110	Flight Control Computer	飞行控制计算机	FCC
111	Flight Management Computer	飞行管理计算机	FMC
112	Fuel Control Oil Cold	燃油冷却的滑油冷却器	FCOC
113	Full Authority Digital Engine Control System	全权数字发动机控制系统	FADECS
114	Fuel Control Unit	燃油控制装置	FCU
115	Fuel Management Unit	燃油管理装置	FMU
116	Galley Load Relay	厨房负载继电器	GLR
117	Generator	发电机	GEN
118	Generator Annunciator Relay	发电机报警继电器	GAR
119	Generator Breaker	发电机断路器	GB
120	Generator Control	发电机控制器	GC
121	Generator Control Annunciator Relay	发电机控制报警继电器	GCAR
122	Generator Control Breaker	发电机控制断路器	GCB
123	Generator Control Current Transformers	发电机控制电流互感器	GCCT
124	Generator Control Panel	发电机控制面板	GCP
125	Generator Control Relay	发电机控制继电器	GCR
126	Generator Control Relay Auxiliary(contacts)	发电机控制辅助继电器	GCR AUX
127	Generator Control Switch	发电机控制开关	GCS
128	Generator Control Unit	发电机控制单元	GCU
129	Generator Relay	发电机继电器	GR
130	Generator Slave Relay	发电机从继电器	GSR
131	Generator Phase Sequence Relay	发电机相序继电器	GPSR
132	Ground Handing Relay	地面操纵继电器	GHR
133	Ground Power Control Unit	地面电源控制单元	GPCU
134	Ground Power Current Transformer	电面电源电流互感器	GPCT
135	Ground Power Unit	地面电源设备	GPU
136	Ground Refueling Relay	地面补给燃料继电器	GRR
137	Ground Switch	地面开关	GS
138	Ground Service Auxiliary Power Relay	地面维修辅助电源继电器	GSAPR
139	Ground Service External Power Relay	地面维修电源外电源继电器	GSEPR

续表

序 号	英文全称	中文名称	英文缩写
140	Ground Service Relay	地面维修继电器	GSR
141	Ground Service Select Relay	地面维修选择继电器	GSSR
142	High Pressure	高压	HP
143	Hot Battery Busbar	热电瓶汇流条	HBB
144	Hydraulic Electric Motor Pump	液压电动泵	HEMP
145	INOPerative	不起作用	INOP
146	Input/Output	输入/输出	I/O
147	Integrate Drive Generator	组合传动发电机	IDG
148	Integrated Actuator Package	组合式作动器组件	IAP
149	INTerLock	互锁	INTL
150	Intermediate Turbine Temperature	涡轮中间温度	ITT
151	Intermediate Pressure	中压	IP
152	Interior Permanent magnetic Synchronous Motor	内嵌式永磁同步电机	IPSM
153	Inter System Bus	内部系统汇流条	ISB
154	INVerter	逆变器	INV
155	Light Emitting Diode	发光二极管	LED
156	Line Vary Differential Transformer	线性可变差动变压器	LVDT
157	Line Replaceable Module	外场可更换模块	LRM
158	Liquid Crystal Display	液晶显示器	LCD
159	Load Controllers	负载控制器	LC
160	Local Hydraulic Central	局部液压中心	LHC
161	Low Pressure	低压	LP
162	Magnetic Level Instruct	磁性油面指示器	MLI
163	Main Bus Bar	主汇流条	MBB
164	Maintenance Control & Display Panel	维护控制和显示面板	MCDP
165	Manual Trip	人工跳开	MT
166	Master Caution & Warning	主提醒和告警	MC&W
167	Master Warning Panel	主告警面板	MWP
168	Master Warning System	主告警系统	MWS
169	Mode Control Panel	方式控制板	MCP
170	MOTor	电动机	MOT
171	Nitrogen—Enriched Air	富氮空气	NEA
172	Non Return Valve	止回阀,单向阀门	NRV
173	Normal Contact	常闭	NC
174	Normal Open	常开	NO
175	OFF - Reset	断开-复位	OFF R

续表

序　号	英文全称	中文名称	英文缩写
176	On Board Inertia Gas Generator System	机载惰性气体发生系统	OBIGGS
177	OPen Phase	开相	OPP
178	Over Current	过流	OC
179	Over Frequency	过频	OF
180	Over Excited	过励磁	OE
181	Over Fluid Valve	溢流阀	OFV
182	OVerHeaT	过热	OVHT
183	Over Voltage	过压	OV
184	Over Voltage Relay	过压继电器	OVR
185	Oxygen - Enriched Air	富氧	OEA
186	Parallel Type System	并联供电系统	PTS
187	Permanent Magnet Generator	永磁发电机	PMG
188	Permanent Magnet Gynchronous Motor	永磁同步电动机	PMSM
189	Permanent Magnet Generator Relay	永磁发电机继电器	PMGR
190	PHase SEQuence	相序	PH SEQ
191	Printed Circuit Board	印刷电路板	PCB
192	Power Control Actuator	功率控制激励器	PCA
193	Power Distribute Central	功率分配中心	PDC
194	Power Electric Model	功率电子模块	PEM
195	Press To Test	按下测试	PTT
196	Primary Flight Controls	主飞行控制	PFC
197	Pulse Width Modulator	脉冲宽度调制	PWM
198	Ram Air Turbine	冲压式空气涡轮	RAT
199	Remote Power Distribute Unit	远程功率分配装置	RPDU
200	Reverse Current Breaker	反流割断器	RCB
201	Reverse Current Relay	反流继电器	RCR
202	REGulator	调节器	REG
203	ReLaY	继电器	RLY
204	Reset Relay	复位继电器	RR
205	Reset SWitch	复位开关	RSW
206	Resistance Temperature Device	电阻温度器件	RTD
207	Rotary Variable Displacement Transformer	旋转可调变压器	RVDT
208	SEcond Power Distribute Central	次级配电中心	SEPDC
209	SELector	选择器	SEL
210	Sensor	传感器	SNSR
211	SEQuence	序列	SEQ

续表

序 号	英文全称	中文名称	英文缩写
212	Servo Pump Valve	伺服阀门	SPV
213	SHieLD	屏蔽	SHLD
214	Shut Off Valve	关断阀	SOV
215	Silicon Control Rectifier	硅控制整流器	SCR
216	SOLenoid	螺线管	SOL
217	SOLenoid Valve	螺线管阀	SOLV
218	Solid State Relay	固态继电器	SSR
219	Split Bus System	分立式汇流条系统	SBS
220	Split Parallel System	分组并联分列式供电系统	SPS
221	Split System Breaker	分立系统断路器	SSB
222	STandBY	备用	STBY
223	Starter/Generator	起动发电机	S/G
224	Starter Relay	启动继电器	SR
225	Surface Permanent magnetic Synchronous Motor	表面贴片式永磁同步电机	SPSM
226	SWitch	开关	SW
227	Symbol Generator Unit	符号发生器单元	SGU
228	SYNCHronization BUS	同步汇流条连	SYNCH BUS
229	Test Point	测试点	TP
230	Thermal Anti - Ice	热防冰	TAI
231	Tie Bus	连接汇流条	TB
232	Tie Bus Fault	汇流条故障	TBF
233	Tie Bus Differential Protection	汇流条差动保护器	TBDP
234	Time Delay	时间延迟	TD
235	Trans ducer	传感器	TDCR
236	Transfer Bus Sensing Relay	转换汇流条敏感继电器	TBSR
237	Transfer Bus Control Relay	转换汇流条控制继电器	TBCR
238	Transfer Rectifier Unit	转换整流单元	TRU
239	TRANsformer	变压器	TRAN
240	Transmitter	发射机	TRSM
241	Turbine Gas Temperature	涡轮气体温度	TGT
242	Turbine Input Temperature	涡轮入口温度	TIT
243	Turbine Output Temperature	涡轮出口温度	TOT
244	Under Excited	欠励磁	UE
245	Under Frequency Relay	欠频继电器	UFR
246	Under Frequency Time Delay	欠频时间继电器	UFTD
247	Under Voltage	欠压	UV
248	Under Voltage Relay	欠压继电器	UVR
249	Voltage Regulator	电压调节器	VR
250	Voltage Regulator Annunciator Relay	电压调节报警继电器	VRAR

附录C　主要变量符号注释表

主要变量符号注释表

序号	符号	定义	序号	符号	定义
1	B	磁通密度(磁感应强度)	31	L	自感
2	B_r	剩磁	32	L_σ	漏磁电感
3	B_m	磁通密度的最大值(幅值)	33	m	相数
4	C	常数、电容	34	n	电机转速
5	C_e	电机电势系数	35	n_1	同步转速
6	C_m	电机转矩常数	36	p	极对数
7	D	占空比	37	p	微分算子
8	d	电解液密度	38	P	功率
9	E	感应电动势(交流有效值)电枢反电势	39	P_N	额定功率
10	E_0	空载电势(有效值);励磁电势	40	P_0	空载功率
11	E_a	电枢反电势(交流为有效值)	41	P_1	输入功率
12	E_l	线电势有效值	42	P_2	输出功率
13	E_m	电势最大值	43	P_{Cu}	铜耗
14	E_p	相电势有效值	44	P_{Fe}	铁耗
15	E_1、E_2	变压器一次侧、二次侧电势(有效值)	45	PF	功率因数
16	e	电动势的瞬时值	46	ΔP	总功率损耗
17	F	磁势,力	47	Q	无功功率
18	f	频率	48	q	纹波因数
19	f_N	额定频率	49	R_f	励磁回路总电阻
20	I	电流有效值	50	R_L	负载电阻
21	I_a	电枢电流	51	R_m	磁阻
22	I_N	额定电流	52	r_a	电枢回路电阻
23	I_k	短路电流	53	S	容量,视在功率,脉动系数
24	I_p	相电流	54	S_N	额定容量
25	I_l	线电流	55	s	转差率
26	I_{st}	启动电流	56	t	时间
27	i	电流瞬时值	57	T	周期,转矩,温度
28	j	电流密度	58	T_{em}	电磁转矩
29	k	变压器变比	59	T_N	额定转矩
30	K_z	整流系数	60	THD	失真度

续表

序　号	符　号	定　义	序　号	符　号	定　义
61	U_2	变压器副边电压的有效值	74	W_f	主发电机励磁绕组
62	U	电压(交流为有效值)	75	W_{ff}	励磁机励磁绕组
63	U_d	整流输出电压平均值	76	x	电抗
64	U_f	励磁电压有效值	77	$x_{1\sigma}$、$x_{2\sigma}$	变压器一次侧、二次侧绕组漏电抗
65	U_N	额定电压	78	Φ	磁通量,发电机每极下总磁通
66	U_{ref}	基准电压	79	Φ_m	变压器或异步电机的主磁通幅值
67	u	电压瞬时值	80	Φ_σ	漏磁通
68	u_1	基波电压、变压器原边电压瞬时值	81	Φ_a	电枢反应磁通
69	u_2	变压器副边电压瞬时值	82	Φ_0	基波磁通
70	u_d	整流输出电压瞬时值	83	φ	功率因数角,相位角
71	u_e	误差电压	84	δ	气隙
72	u_G	发电机端电压瞬时值	85	ω	角频率
73	W	变压器线圈匝数	86	η	效率

参考文献

[1] [英]伊恩·莫伊而,阿伦·西布里奇.飞机系统:机械、电气和航空电子分系统综合[M].凌和生,译.3版.北京:航空工业出版社,2011.

[2] 周洁敏.飞机电气系统[M].北京:科学出版社,2010.

[3] 周洁敏.开关电源理论及设计[M].北京:北京航空航天大学出版社,2012.

[4] 周顺荣.电机学[M].北京:科学出版社,2002.

[5] [英]迈克·图利,戴维·怀亚特.飞机电气和电子系统——原理、维护和使用[M].张天光,张博宇,译.上海:上海交通大学出版社,2011.

[6] 谭卫娟,白冰如.航空电气设备与维修[M].北京:国防工业出版社,2012.

[7] 曾允文.变频调速 SVPWM 技术的原理、算法与应用[M].北京:机械工业出版社,2011.

[8] 韩世杰.多电飞机蓄势待发[J].国际航空杂志,2006(5):77-79.

[9] 党晓民,林丽,成杰.我国大型飞机环境控制系统研制展望[J].飞机工程,2009(4):42~45.

[10] 程国华.大型民用飞机电源系统的现状与发展[J].民用飞机设计与研究,2008(4).

[11] 梁嘉琳,周元钧,董世良.多电飞机电力系统集成仿真技术的研究[J].电力电子,2006(4):11-14.

[12] 田建学.机载设备电磁兼容设计与实施[M].北京:国防工业出版社,2011.

[13] Cao Wenping, Barrie C Mecrow, Glynn J. Atkinson Overview of Electric Motor Technologies Used for More Electric Aircraft[C]. IEEE TRANSACTIONS ON INDUSTRIAL ELECTRONICS, VOL. 59, SEPTEMBER 2012, 3523-3531.

[14] 齐容,林辉,周素莹.多电飞机电气系统关键技术研究[J].航空计算技术,34(1):97~101.

[15] 王进.A320/CFM56-5B 发动机火警环路原理及排故探讨[J].民航科技,2006(5).

[16] 王天顺,刘叔伦.飞机电缆敷设[J].飞机设计,2003(6):36-40.

[17] Eismin T K. Aircraft electricity & Electronics Copyright by Glencoe [M]. New York: Mc Graw-Hill, 1995.

[18] Shang Airlines. BOEING DIGITAL Technical documents for BOEING 757. chapter 24 Mar 09/2005.

[19] Shang Airlines. BOEING DIGITAL Technical documents for BOEING 757. chapter 24 Sept 28/2002.

[20] Shang Airlines. BOEING DIGITAL Technical documents for BOEING 737. chapter 24 Oct 30/2003.

[21] Shang Airlines. BOEING DIGITAL Technical documents for BOEING 737. chapter 24 Oct 10/2005.

[22] Thomas WWILD. Transport Category Aircraft System [M]. The United States of America Jeppesen, 2008.

[23] 张专成,黄天录,庞新法.多参量火警监测器的软判决与单片机实现[J].单片机开发与应用,2008,24(3-2):149~151.

[24] 严仰光,谢少军.民航飞机供电系统[M].北京:航空工业出版社,1998.

[25] 严仰光.航空航天器供电系统[M].北京:航空工业出版社,1995.

[26] 郑先成,张晓斌,黄铁山.国外飞机电气技术的现状及对我国多电飞机技术发展的考虑[J].航空计算技术,2007,37(5):120-126.

[27] 邹丽萍.多电飞机电源系统的负载并联稳定性分析[J].电力电子,2009(2):26-30.